油气藏开发
智能完井技术及工业化应用

何祖清　编著

中国石化出版社

图书在版编目（CIP）数据

油气藏开发智能完井技术及工业化应用/何祖清编著．
—北京：中国石化出版社，2022.3
ISBN 978-7-5114-6588-7

Ⅰ.①油… Ⅱ.①何… Ⅲ.①智能技术-应用-油气藏-完井 Ⅳ.①TE257-39

中国版本图书馆 CIP 数据核字（2022）第 030643 号

中国石化出版社出版发行

地址:北京市东城区安定门外大街 58 号
邮编:100011 电话:(010)57512500
发行部电话:(010)57512575
http://www.sinopec-press.com
E-mail:press@sinopec.com
北京柏力行彩印有限公司印刷
全国各地新华书店经销

*

787×1092 毫米 16 开本 27.75 印张 702 千字
2022 年 5 月第 1 版 2022 年 5 月第 1 次印刷
定价:238.00 元

前　　言

保障我国复杂油气资源合理动用与高效开发，不仅是国家能源安全的战略问题，也是我国稳就业、惠民生、促发展的重要举措。目前，我国东部老油田均已进入高含水开发阶段，分层开采是缓解层间突出矛盾、发挥不同储层贡献能力、提高多层系动用程度、实现油气田稳产高产的必要开发手段；同时，随着特低渗透、高温高压、含硫凝析等复杂油气藏开发规模的加大，尤其在目前国际油价持续低位运行的形势下，如何改善复杂油气藏的开发效果，提高采收率，确保老区油气田高效持续开发，成为我国油气战略安全的重要措施；如何安全高效完井打开油气藏、如何优化开发过程中的注采两个剖面、如何辨识复杂油气水运移规律、如何控住水稳好油进一步提高采收率等改善开发效果的开发难题同样给石油工程技术带来了巨大挑战。我们经过十多年的持续攻关，攻克了世界性的四大“卡脖子”技术难题，形成了能够改善复杂油气藏开发效果的四大核心完井技术体系。

本书编著技术体系创新了基于无缆信号识别传输与控制的井下智能分采分注工具和配套完井技术体系，解决了如何低成本开发高含水低产出油气井的难题，与传统的分采技术需下入多趟管柱才能满足找水、堵水、调层的要求相比，新型的智能分采技术能一趟管柱实现找、堵、测、调、产，提高单井采出程度15%，提高精细分注合格率5.2%，可降低50%以上的作业费用。发明了改善复杂储层均衡入流剖面的自适应调流控水完井方法，形成了能够结合含水率曲线特征以及潜力参数计算模型等定量评价单井调流控水措施潜力的技术，进而实现单井产能最大化，项目成果共应用167井次，新井平均延长低含水采出期711d，老井平均降低含水率19.5%，控水效果明显。开发了具有温度敏感性固砂调剖的聚合物化学体系，形成了利用井下温度直接激发膨胀自充填油套环空防砂功能的疏松砂岩油气藏井壁稳定及生产控制技术。能够利用一趟管柱进行长裸眼水平井的环空充填完井，实现防砂、控水、支撑井壁一体化，解决了复杂井充填难、效果差的防砂难题，与常规砾石充填防砂相比延长修井周期32%。创建了油气水及地层物性高精度识别方法，形成了利用生产动态数据分析剩余油动态分布规律表征新技术，攻克了如何识别油气水复杂关系、找准剩余油分布规律的难题，识别有效率可达90%以上。

本书所著油气藏开发智能完井技术在中国石化、中国石油、中国海油及海外油气田进行了工业化成功应用。在江汉、胜利、华北、河南、冀东及渤海等高含水开发油田应用10年以上，平均采收率提高0.73%、新增可采储量近3000×10^4t，助推了老油田增储上产；对比传统的分采技术，可降低50%的作业费用，累计节支1.2×10^8元，大幅降低了国内老油田开发的成本。在西部华北、长庆等致密油气田盘活了大量因高产水而停产的水平井约173口，节约投资约3.25×10^8元，节约污水处理费0.63×10^8元，为国家能源清洁高效开发、节能减排、绿色发展提供了技术示范。该技术已推广至南美及中亚等地区，业已成为我国高效获得海外资源权益的利器。研究的自适应调流控水完井技术在新疆西北油田进行了83口井的推广应用，有效率100%，累计增油8.1×10^4t，新增产值2.58×10^8元，产生利润1.18×10^8元，有效地支撑了国内深层边底水油气田的深度开发，取得了显著的经济和社会效益。

本书涵盖油气田勘探开发、石油工程、完井工程及采油工程等领域，系统地著述中国石化近十多年来完井工程技术尤其是智能完井新技术的研究发展历程与支撑油气田开发作用发挥效果。本书共分5章28节，包括理论方法、工艺方案、井下工具、机械电子、模型软件、测试评估、配套综合与示范应用等四大新型技术体系近百种实用技术。本书第二章智能分层采油与分层注水技术、第三章自适应调流控水完井方法和技术体系、第四章油气藏井壁稳定及生产控制技术、第五章油气水及地层物性高精度识别方法与技术分别得到了中国石化石油工程技术研究院彭汉修、赵旭、段友智和庞伟等同志大力支持与精心编纂，在此深表感谢！

由于水平有限，纰漏在所难免，恳请批评指正！

目　　录

第一章　概述

第一节　技术背景及意义

随着石油勘探开发的不断深入，如何改善复杂油气藏的开发效果，提高采收率，确保老区油气田高效持续开发，成为我国油气战略安全的重要措施。其中高含水油气藏的低成本高效开发、边底水油气藏长效开采、疏松砂岩油藏小井眼持久防砂、井下复杂油气水有效识别等难题是困扰老区油气田高效持续开发的技术瓶颈。

对于高含水油气藏的低成本高效开发的难题，调研了以江汉油田、中原油田、胜利油田等为代表的我国老油田，这些油田均已进入高含水开发期，油、气、水关系复杂，层间矛盾日趋突出，导致开发效果越来越差，采收率低，开发成本增加。由于多年的强采强注，层间矛盾突出、层间干扰较为严重，分采的作用越来越重要，同时开采一段时间后，地层能量不足需要注水。分层开采和分层注水是化解层间矛盾、充分发挥不同渗透层的生产能力、维持油田稳产高产、提高油层动用程度及提高油藏采收率的重要手段，在目前低油价环境，更是油田降本增效的主要方式、油田效益的重要保证。

与传统的找堵水技术需要下入多趟管柱才能满足找水、堵水、调层的需要相比，智能找堵水技术能一趟管柱实现找水、堵水、测试、调层等目的，具有效率高、投资少、数据录取全、可方便实现任意层换层等特点。该技术可为老区提效、剩余油分布规律判断及产能方案落实提供很好的技术支撑。

对于边底水油气藏长效开采的难题，对国内的胜利、塔河等油气田进行了分析，发现目前已开发的油气储层中，约有 80% 为边、底水油气藏。但边底水储层开发中，往往存在早期见水、含水上升快、产能递减快等问题，油气井一旦出水后，治理手段有限，成本高，效果差。因此，控制并治理边底水，抑制水体突破，实现边、底水储层的控水稳产开发是国内外各大石油公司关注的重点。国内外的研究表明，应用调流控水分段完井技术能很好地控制底水抬升，抑制底水、边水的局部突进。

对于疏松砂岩油藏小井眼持久防砂的难题，对胜利、江汉等老油田的低成本开发方式进行了调研。发现利用侧钻井开采剩余油，是老区提高采收率、降低开发成本的重要手段。可是在疏松砂岩油藏，侧钻井因为井眼小，长效防砂是困扰其大规模应用的难题。目前，在众多的防砂完井技术中，砾石充填完井技术被认为是非常高效的防砂完井技术。这种完井方式具有防坍塌、耐冲蚀、完井有效期长等优势，但施工工艺复杂，无法在小井眼内进行充填，易砂堵，充填长度受限等不足，在一定程度上影响了这项技术的应用范围。

对于井下复杂油气水有效识别的难题，对国内以鄂尔多斯盆地、江汉油田等为代表的的油气田进行了分析，发现随着油气田开发的进行，井下油气水的分布越来越复杂，严重影响了油气田采收率的有效提高。如何利用温度、压力、流量等参数正确认识油气藏，并精确区分井下油气水的分布规律，是油气田开发中需要解决的一个大难题。

基于上述难题，开展了改善复杂油气藏开发效果的提高采收率完井技术研究，全力打造成具有低成本、高效率、能更好适应现场需要的技术，助力我国老油田打赢“战寒冬、求生存、谋发展”的攻坚战。

第二节　主要技术内容

1. 基于无缆信号传输与控制的井下智能分采/分注技术

采用二进制进行编码，通过压力波进行上传，实现地面对井下开关器的远程控制及测控信号双向传输。利用智能控制软件监测压力和流量，再通过带有自学功能的系统软件，来控制井下智能开关的开度，并根据地层油藏动态变化，进行跟踪式分采。

2. 改善复杂储层均衡入流剖面的自适应调流控水完井技术

以机理分析、室内试验、数值模拟、现场应用为手段，通过理论设计、工具研发、工艺建立等措施，开展自适应调流控水完井技术研究，研发新型自适应核心控制器和自适应调流控水装置，形成评价测试系统和优化设计方法，建立自适应调流控水完井技术系列和复合技术体系。

3. 具有自充填防砂功能的疏松砂岩油气藏井壁稳定及生产控制技术

实现一趟管柱对不限长度的水平段进行充填的完井技术，完井后具有对不规则井壁具有形状适应性、对裸眼井壁具有支撑性、防止地层出砂的自膨胀充填等技术特点的完井技术为最终技术目标。同时，实现缩短完井周期、降低施工难度、提高充填效果、降低综合完井成本的经济目标。

4. 油气水及地层物性高精度识别技术

以井下复杂油气水和地层物性高精度识别为目标，以鄂尔多斯盆地、江汉油田等东部老油田和涪陵页岩气田等非常规气田为依托，建立不同储层类型和流体类型的试井分析模型，与地质、生产测井、数值模拟技术相结合，攻关储层物性和油气水高效识别新方法，研发配套解释软件，并通过现场应用进行理论方法和软件完善。

第三节　主要技术成果

一、主要研究成果

1. 发明了基于无缆信号传输与控制的井下智能分采/分注工具和配套技术体系

（1）发明了一种用于井下通信的数据传输装置及控制方法，首次在注水井内利用一组数据实现了温度、压力、流量计状态等 4 类井下生产数据实时上传，可对 4000m 以上的井实现无缆数据传输，摆脱了以前通过电缆才能实现井下数据传输的制约。

（2）发明了一种可满足高温/高压井分层开采需求的智能分采新技术，攻克了难以进行高温/高压井分采作业的难题。创新了一种高温型智能分采管柱，可应用于深井的高温高压油气藏，为该类高含水油气藏的高效治理提供了有效的技术手段。

2. 建立了能够改善复杂储层均衡流入剖面的自适应调流控水完井方法和技术体系

（1）在国内首次自主研制了旋流通道式自适应节流控制器，该控制器能够实现自动识别流体、自动调整节流压降，自适应稳油控水的功能。通过耐冲蚀、耐腐蚀性能分析和加工材料优选，设计了钨钴合金混合适量钛、镍的高强度耐磨、耐腐蚀材料，该材料洛氏硬度达到90，满足了耐冲蚀、耐高温、抗 H_2S、CO_2 腐蚀的性能要求。在此基础上，对烧结成型的加工工艺进行了优化，完成了自适应节流控制器的加工试制，节流件的各项技术指标均达到了设计要求。

（2）根据井下工况需要，结合现有筛管技术，设计了自适应控水精密复合滤砂网筛管；研制了与自适应调流控水装置配套使用的两种筛管接箍结构，实现了自适应调流控水装置、自适应调流控水用精密复合滤砂网筛管、普通筛管、盲管之间的任意组合搭配使用，有效地降低了完井成本。

（3）通过工具整体结构及配套的优化、尺寸小型化研究、气井用自适应节流控制件的研发，扩展了工具的应用范围，形成了自适应调流控水工具的系列化。

（4）为了实现自适应控水装置管内憋压，达到封隔器坐封的要求，自主研制了配套微型单流阀。单流阀通过 1/4inNPT 螺纹与控水短节连接，单体可承压 25MPa，打开压力为 0.025MPa。通过样机试制和地面测试，目前各项性能参数已达到现场应用条件。

（5）先后制定了《自适应控水工具制造要求》《水平井调流控水筛管控水性能室内测试方法》《自适应调流控水筛管完井现场施工规程》和《凝析气藏自适应调流控水完井施工技术要求》4 项企业标准，实现了自适应调流控水完井工具的标准化。

3. 形成了具有自充填防砂功能的疏松砂岩油气藏井壁稳定及生产控制技术

（1）研制了一种适用于井下环境应用、具有过流挡砂功能的形状记忆聚合物材料。

（2）研发了可将形状记忆材料高温浇注成具有中心孔的套筒型及多瓣式压缩定型方法及装置。

（3）研发了具有激发自充填筛管充填环空功能模拟及综合性能测试的实验方法及装置。

（4）研制了一种利用井下热力激发而自身体积发生膨胀，从而实现环空密实充填，形成具有挡砂、过流及防窜功能的自充填防砂筛管及环空自充填防砂完井方法。

（5）建立了一条包括制作自充填套筒原始尺寸毛坯的高温浇注成型模具、液压驱动压缩定型装备及芯轴脱除装备的生产整机尺寸自充填套筒的生产线。

4. 创建了油气水及地层物性高精度识别方法

（1）首次建立了生产制度油气井突变试井技术，保证图版横坐标单调递增，避免生产制度突变造成生产数据在典型图版上的杂乱分布，降低了多解性。

（2）形成了变生产制度条件下基于地层压力校正的油气井生产制度频繁变化试井技术，在每次生产制度变化后计算该时刻地层平均压力代替原始地层压力。同时，提出了虚拟等效时间概念对生产试井典型图版进行校正。与国外采用的变表皮方法相比，物理意义更明确，准确度更高。

（3）基于油气水多相流动机理分析，建立了多相流不规则裂缝油气井试井分析模型。

分别建立气相和水相运动方程和连续性方程，以相渗曲线为桥梁，通过定义拟压力函数，联立得到油气水流动控制方程。

（4）为了更精细的描述智能分采油气井油气水分布规律，形成了基于油藏数值模拟技术的分析方法。

二、主要创新点

（1）发明了基于无缆信号传输与控制的井下智能分采/分注工具和配套技术体系，攻克了如何低成本开发高含水低产出油气井的难题。

（2）建立了能够改善复杂储层均衡流入剖面的自适应调流控水完井方法和技术体系，提高了单井控制储量及采收率。

（3）形成了具有自充填防砂功能的疏松砂岩油气藏井壁稳定及生产控制技术，解决了疏松砂岩油藏长效防砂的难题。

（4）创建了油气水及地层物性高精度识别方法，形成了剩余油动态分布规律描述新技术。

第四节　技术经济与社会效益

一、经济效益分析

项目所形成的技术成果，在中国石化西北、胜利、华北、江汉等油气田进行了大量应用，取得了良好的经济效益和社会效益。

其中，无缆信号传输与控制的井下智能分采/分注技术已在江汉、华北、冀东、河南及渤海等油田应用 3 年以上，平均采收率提高 0.73%，含水率降低 18%；为老区高效提液、增储上产、剩余油分布规律认识及产能方案落实提供了核心技术支撑，同时也奠定了中国石化低效油田综合治理水平的国际领先地位。

改善复杂储层均衡入流剖面的自适应调流控水完井技术解决了非均质、中高渗碎屑岩水平井常规完井后的采油治水难题，现场应用 11 井次，同比延长低含水采油期 380d 以上，部分井至今仍低含水自喷生产，累计增油超过 50160t。项目应用期间，项目新增利润为 10144.1 万元，极大提高了塔河油田深层碎屑岩储层开发的经济效益，取得了较高的投资回报率。

具有自充填防砂功能的疏松砂岩油气藏井壁稳定及生产控制技术作为一项新技术，在以下领域应用具有推广优势：一是对于大位移水平井，尤其是长裸眼水平井，自充填防砂完井由于避免了传统砾石充填完井工艺的砾石沉降导致砂堵，并造成充填失败及井下事故的影响，具有极大的优势；二是目前的多分支水平井，智能人工井壁可实现多分支水平井的充填完井，提高防砂精度及有效期；三是海上及深水开发力度不断加大，智能人工井壁完井技术充填完井施工工艺简单，无须复杂的橇装泵注设备，完井周期段，也具有极大的推广优势。四是天然气水合物开发目前唯一报道开发成功的案例就是采用本项目研究的自充填完井方法。因此，该技术具有良好的应用前景。

油气水及地层物性高精度识别技术形成了适用于非常规油气勘探开发全生命周期的测试

技术，研发了多尺度页岩井产能评价方法，开发了功能完备、特色突出的非常规油气试井及产能评价软件。用于500余井次的非常规油气井测试、生产动态分析、产能评价、配产和措施优化，测试资料解释符合率大于90%，产量和压力的预测精度大于90%，起到了增加可采储量、提高产量和采出程度的作用。该技术还解决了非常规油气测试手段缺乏、成本高、产能评价准确性低、国外软件适应性差的问题，对非常规油气田稳产保效起到了支撑作用；研发的具有自主知识产权的非常规油气井试井及产能评价软件，取得了良好的应用效果，具备了与国外同类软件“同台竞技”的能力；制定了多项行业标准和企业标准，对非常规油气藏测试及产能评价技术的发展起到了引领作用。

二、社会效益分析

（1）推动了我国复杂油气藏提高采收率开发的进展。这些新技术的突破和应用，为鄂尔多斯盆地、江汉油田等高含水油气低成本高效开发提供了坚实的技术支持。有效提高了资源的开发利用率，保障了国家能源安全，促进了地方经济建设和社会繁荣发展。

（2）大幅降低了我国复杂油气田开发的成本。和传统的技术相比，基于无缆信号传输与控制的井下智能分采分注可提高采出程度15%，降低作业费50%；改善复杂储层均衡入流剖面的自适应调流控水完井技术可实现单井产能最大化，产能提高23%；具有自充填防砂功能的疏松砂岩油气藏井壁稳定及生产控制技术可延长修井周期32%以上；油气水及地层物性高精度识别技术可实现井下油气水有效率达90%以上。从而大幅降低了国内老油田开发的成本，具有广阔的推广应用前景。

（3）大幅提升了我国在复杂油气藏高效开发及智能油田建设的核心技术。项目发明了基于无缆信号传输与控制的井下智能分采分注，打造了改善复杂储层均衡入流剖面的自适应调流控水完井技术，攻克了具有自充填防砂功能的疏松砂岩油气藏井壁稳定及生产控制技术，形成了油气水及地层物性高精度识别技术，显著提高了我国石油工程技术的核心竞争力，为我国的低效井有效开发提供了新的技术方法。

（4）促进了我国复杂油气藏工具及智能完井工具行业的快速发展。这些新技术的推广应用，带动了智能分采分注工具、调流控水筛管、具有自充填防砂功能的新型材料、井下电子元器件研制及油田技术服务等方面的投资，并带动相关装备制造业和技术服务业的发展。同时，也将带动相关技术和设备的出口以及海外低效井治理技术服务市场的开拓。

（5）促进了中国石化“采收率提高完井工程创新团队”的建设。形成了一支结构合理、特色鲜明并具有国际竞争力的科研团队，共培养博士20名、硕士10名、工程师20名、高级工程师35名、教授级高工10名，为国家在油气田高效开发提供了高素质的人力资源。

第五节　技术结论与认识

（1）结合我国东部老油田及复杂油气藏开发实际，通过科研攻关、矿场实践、技术升级换代和产品工业化应用表明，新型智能分采分注、分布式调流控水完井、自膨胀充填防砂以及复杂油气水动态产能评价等关键井筒工程技术能够为我国复杂油气藏高效勘探开发提供技术支撑。

（2）基于无缆信号传输与控制的井下智能分采分注技术具有无缆数据传输功能，可实现油气田分采分注作业的实时控制，为油田进一步摸清油藏分布规律、提高低效井治理的准确性及有效性、增加老区油田整体开发效果提供了有力的技术支撑。

（3）改善复杂储层均衡入流剖面的自适应调流控水完井技术不仅可以更有效地实现调流控水装置以产液量为依据的入流剖面调整作用，还可根据产液含水率变化，自动调整其调流压降，从而实现油井整个生命周期均衡油相入流剖面的作用。现场应用效果表明：较国内外常规控水技术具有更强、更智能的产出剖面调节能力，更长的产出剖面调节有效期。适用于长水平段、复杂井型及海上平台等井场条件受到限制的油气井防砂完井。

（4）具有自充填防砂功能的疏松砂岩油气藏井壁稳定及生产控制技术，研制的形状记忆聚合物材料形状回复率 >95%，形状记忆温度 45 ~ 85℃可调，通过与储层特性与下入保护工艺的优化匹配，可适用于多数出砂油气藏的储层温度。采用自主研发的高温浇注成型及多瓣式压缩定型方法及装置加工的自充填套筒，可一体成型，无拼接、易加工、均质性好，压缩体积为 1/4 原始体积后定型，激发膨胀后无缺失，确保环空的密实充填、防止串流、渗透率及挡砂精度。

（5）油气水及地层物性高精度识别技术建立了气水两相流不规则裂缝非常规油气井试井分析模型，可满足不同类型非常规油气井的试井分析。形成了生产制度突变和频繁变化的非常规气井试井分析方法，通过校正地层平均压力替代国外的变表皮方法，物理意义更明确，解释精度大于 90%，可有效评估每个压裂段的裂缝长度、导流能力、渗透率等参数，进而进行不规则裂缝或缝网建模，预测不同压裂段的贡献；开发了自主产权的软件，结构化设计便于二次开发，功能完备简便实用，特色突出针对性强，经过了中国石化科技部软件测试和上百井次检验，具备了与国外同类软件“同台竞技”的能力。油气水及地层物性高精度识别技术可更准确地评价不同层段的油气水产出规律，进而优化智能找堵水施工方案，以及为后续措施提供依据。

第二章　智能分层采油与智能分层注水技术

第一节　智能分采分注技术现状

智能分层注采技术是通过电缆或压力脉冲的方式将采集数据传输到地面，在地面将数据处理分析之后，再由地面控制系统或后台人工干预发出指令，调节井下流量直至满足配注配产要求，也可以通过网络将数据传回基地服务端进行分析及调控，实现生产参数优化和远程调参。

一、国内外分采技术现状

（一）概述

分层采油是指在开采多油层的生产井内，用封隔器将油层分隔成若干层段，采用卡封或配产的方式来减少层间干扰，使油层充分发挥其应有的作用，减少或消除层间干扰。分层采油技术是油田高含水阶段解决层间和平面矛盾、充分开发中低渗透储集层、减少无效水循环、实现剩余油挖潜的重要技术手段。

分层采油技术分为单管分采和多管分采。单管分采是在开采多油层的生产井内，用封隔器将油层分隔成若干层段，采用卡封或配产的方式来减少层间干扰；多管分采是在一口井内下几根油管，一根油管开采一个层段，用封隔器将层段分隔开。

（二）国外分采技术现状

国外一般从完井阶段开始应用控水采油工具，其分层采油技术以直井桥塞封堵技术、流入控制技术和智能完井技术为代表，主要应用于水平井和高产直井。

1. 直井桥塞封堵技术

国外油田直井一般采用由下向上、逐层开采的方式进行生产，分层开采的主要目的是封堵底水，一般采用桥塞封堵工艺，包括液压控制坐封桥塞和电缆控制坐封桥塞。液压控制坐封桥塞采用管柱携带方式将封堵桥塞投送到预定深度经油管加压坐封，通过正转油管或加压剪断销钉方式实现桥塞丢手，起出投送管柱完成封堵作业。电缆控制坐封桥塞由电缆携带，下入到目的深度后，地面发送电信号点燃坐封机构内的药柱提供能量推动桥塞坐封，坐封后在桥塞上部铺设厚5m以上的砂或水泥，保证桥塞封堵效果。

2. 流入控制技术

随着钻井水平的提高，水平井逐渐成为国外油田的主要开发井型。在边底水油藏开发中，为提高油田的采收率并延长油井寿命，防止水、气过早突破，根据测井资料，完井阶段在水平井各段安装生产压差控制工具，调节油藏生产剖面，使水平井各段产液速度保持一致，控制水平井底水均匀推进，延长油井无水采油期，达到均衡生产、提高整体开发效益的目的。

早期的流入控制装置（ICD）实际上是固定直径的喷嘴，通过调整 ICD 的数量来调整不同产液段的流压，实现均衡生产。但是，ICD 无法根据油藏条件变化进行自动调整，且完井测试数据不准确将导致油藏与 ICD 设定参数不匹配，对均衡生产效果产生不良影响。自动流入控制装置（AICD）是近年来发展的新一代流入控制装置，通过特定的结构或流道设计使 AICD 对水、油、气表现出不同的流入控制特性。目前主要发展形成 3 大类型 AICD：浮动圆盘型、夹片型和流道控制型，可以根据油水不同物理特性（如黏度）实现油水比例探测和流入阻力的自动调整，在合理运用条件下均可达到控水、控气和增油的目的。Tendeka 公司的 FloSure 自动流入控制装置依据伯努利原理工作，是典型的浮动圆盘型 AICD（图 2－1－1）。当黏度较高的油流经阀体时，缝隙流体产生的压降增加，圆盘下滞压腔的压力基本不变，浮动圆盘下移，阀开度增大，阀的总体压降减小；当相对黏度较低的水或气流经阀体时，缝隙流体产生的压降减小，浮动圆盘上移，阀开度减小，阀的总体压降增大。因此 AICD 能够实现油、水、气比例的自动识别和阀门开度的自动调整，从而实现控水、控气和增油于一体的分层段开采。在实际生产中，在浮动圆盘面积一定的情况下，可以通过调节 AICD 的入口尺寸以满足不同排量生产需求，还可以通过多个阀并联组合的方式，来满足更大的排量需求。目前，FloSure AICD 在全球的使用数量超过 42000 个，广泛应用于北海、加拿大、中东、东南亚等地区。

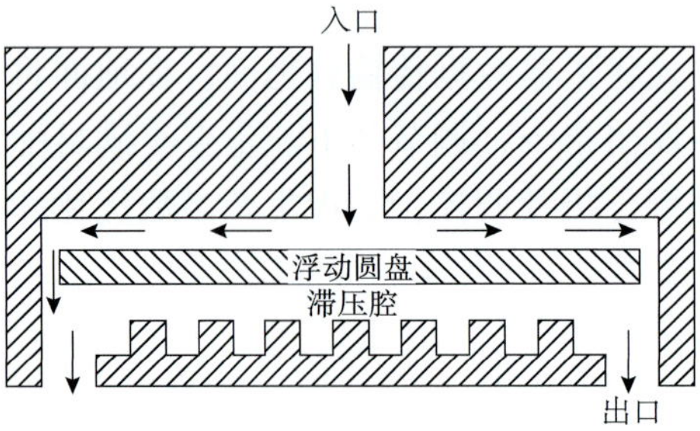

图 2－1－1　浮动圆盘型 AICD 工作原理示意图

相比基于 ICD 的均衡生产技术，基于 AICD 的均衡生产技术具有独特优势，能够自动识别流体黏度并限制低黏度的水和气，工作过程无须人工干预。流入控制装置的阀片材料为硬质合金和高强度不锈钢，具有良好的耐冲蚀性能，能够保持长期有效。然而，AICD 技术的成功应用存在一些先决条件：①AICD 只适合各层段含水饱和度有差异的油藏，油的黏度必须与水有明显区别；②对单段产液量有启动排量要求，且流场稳定的产液井最佳；③AICD 在液流通道附加的生产压差会导致地面举升能耗增加。

3. 智能完井技术

智能完井技术是分层采油的完备解决方案，由穿越式封隔器实现油井分层，每层均安装温度、压力、流量传感器和液压控制滑套，传感器信号通过电缆传到地面的井下动态监测系统，滑套则通过液压管线和地面的液压控制装备相连。通过液压控制管线和电缆可以方便实现分层采油和井下参数的动态监测。智能完井技术的开发最初是为了实现深水区复杂井的远程控制，但很快扩展应用到浅水区生产井和陆上高产油井中。最初的研究重点是通过安装在地面的设备来控制井下的滑套开关，实现井下多个油层的选择性开采。随着技术进步，智能完井技术可利用井筒中的温度、压力和流量传感器所提供的动态监测数据，不断优化开采方案，有效控制水和气的锥进，实现油井开采过程的精细化管理，最终达到提高油井产量的目的。

智能完井典型结构如图2-1-2所示，主要由井下动态监测和控制系统、井下数据传输系统和地面油藏开发方案优化软件系统组成。井下动态监测和控制系统主要由井下温度、压力和流量传感器组成的井下参数监测系统和井下流量调节滑套组成，用于井下状态参数的采集和流量调整。井下信息传递和滑套控制由电缆和液压管线组成的复合管线实现，复合管线敷设在油管外并穿过井口与地面控制系统相连，通过电缆完成地面到井下的双向数据传输，液压管线用来实现滑套的开度控制。地面油藏开发方案优化软件系统是地面的控制中心，根据井下参数的实时监测数据，结合油藏地质特性，对开发参数进行优化并确定最优控制参数，进而通过液控滑套对分层流量进行实时调整。智能完井技术在优化生产参数、改善油藏管理、降低作业风险、提高最终采收率和节省修井时间等方面具有独特优势。

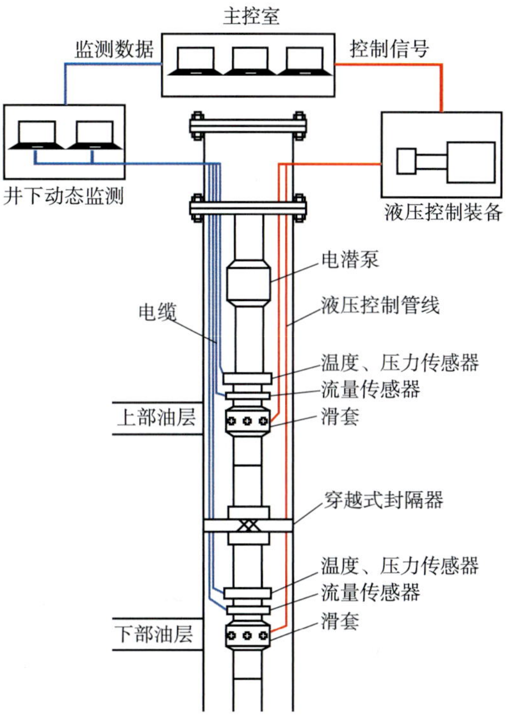

图2-1-2　典型的智能完井系统

目前，国外典型的智能完井系统有Halliburton公司的SmartWell系统和SCRAMS系统、Baker Hughes公司的InForce系统等，在世界各地的高产井中都有一定规模的应用，但智能完井系统复杂、施工难度大、投资成本高，仅适合高产井。

（三）国内分采技术现状

我国油田在开发初期普遍采用笼统采油方式，由于层间和平面矛盾的复杂性，采出剖面不均衡。采用分层注水技术后，层间矛盾得到一定程度的改善，但由于油藏的非均质性，各油层渗透性存在差异，在渗透性较好的油层注入水单层突进，过早见水，从而导致采出液含水率上升，低渗透储集层动用效果不好；油田进入高含水期后，各层压力和吸水能力差异逐年增大，油水分布更加复杂，层间干扰进一步加剧。为了控制油井含水率上升、减少层间矛盾、充分开发中低渗透储集层产能，实现各类油层均衡开采，油田普遍研发并应用了各种形式的分层采油技术。以大庆油田为例，随着油田开发进程的不断深入，面临的矛盾不断变化，分层采油技术的功能和实现方法也在发生演变，从“自喷分层配产”到“机采井找堵水”，再到“液压可调层”发展到目前的“智能分层采油”，配套的分层配产工具、封隔器、调整工艺等也随之变化。

国内分采技术主要分为堵水分采和分层配产两大类，具体有井下智能分采与测控技术、振动波控制分层采油技术、桥式分采器分采技术和井下可调式分层配产技术。

1. 井下智能分采与测控技术

井下智能分采与测控技术主要用于油井分层开采、找水、堵水、地层参数测试等，其基本原理是将井下装置随生产管柱一同下井，在每个目的层段的对应深度都配置一套该装置。

井下装置内含一支智能开关器，主要由阀门开关、传感器、测量控制板、动力舱组成。井下装置在下井前预先设置好开采方案，随管柱下井后在控制软件的作用下自动实现预设的方案进行分层开采、地面计量、化验确定出水层位，堵水或换层时，由地面向井下发送指令，控制井下装置做出相应动作，即打开或关闭层位。

井下智能分采与测控技术的关键在于智能开关器阀门及驱动机构和压力平衡系统结构；测量与控制单片机程序及地面回读软件；堵水及调层控制指令的传输方法及识别与执行技术。

在国内，此技术已在江汉、坪北、长庆、南阳等油田现场试验 39 口井 42 井次，其中成功 40 井次，成功率 95%，试验最大井深 3500m，最长工作时间 682d，试验效果良好，累计增油 2000t 以上。试验结果表明：多数井下入开关器后液量在换层时明显发生变化，对确定产水层、主力油层提供了直接数据依据，智能开关器控制软件及数据采集硬件电路工作正常，各层之间没有因为指令的传输产生干扰或误动作，因此，该项技术具有很好的推广应用前景。

2. 振动波控制分层采油技术

振动波控制分层采油技术，是以振动波方式对井下配产器进行控制，该技术无须下入电缆，以油管或套管为传输介质，振动波为载波，通过数字调制实现井下信息传递，实现分层采油的远程控制。该技术系统包括地面部分和井下部分，地面部分包括：振动波控制系统、井口振动波发生器；振动波控制系统与井口振动波发生器相连接；井下部分包括：依次连接的丢手工具、油管、封隔器、井下配产器、油管堵头；丢手工具、油管、封隔器、井下配产器、油管堵头一起组成井下工具管柱串；井下工具管柱串与井口振动波发生器依靠其产生的振动波实现信息交互。

3. 桥式分采工具分采技术

针对长庆油田等多层开采油井的三层分采，分采配套装置必须具备以下功能：产层产液单向过流进入油管、油管内各产层产液多级过流进入抽油泵、产层间实现有效封隔以消除层间干扰。为实现以上目的，在分析、借鉴防气式分采泵两层分采技术基础上，提出了“层间封隔器封隔产层产液单流阀式单向过流、层间桥式过流”的桥式分采器技术思路，研发了桥式分采器，设计了桥式分采器三层分采工艺管柱，2013 年在长庆油田首次成功开展了三层分采试验，取得良好分采效果。

桥式分采器设置侧向进液通道、单流阀球、排液孔，建立产层产液由油套环空到油管之间单向油流通道；设置过桥通道，建立上下产层产液在油管内的桥式过流通道，各产层产液最终在油管内汇合，由抽油泵举升至地面。

4. 井下可调式分层配产技术

油田进入高含水开发后期，油井多层高含水且油水分布复杂，找水难度大，常规机械堵水效果差，有效期短，导致无效水循环日趋严重。为此，进行抽油机井过环空分层配产技术研究，通过环空下入测调仪器，在测取单层产液量的基础上，可对井下分层连续可调式控水装置开度进行调节，实现控制无效水循环，挖潜剩余油的目的。

井下可调式分层配产技术主要用于多层配产，该技术的关键在于通过电机控制凸轮的长短行程，来实现支撑爪的任意弹开或收起，满足多层段调节需要；可调配产器在承压状态下单向阀的漏失量能够满足释放封隔器；测调仪与井下可调配产器需准确对接；井下配产器关闭后再次开启需克服较大的开启压差。

表 2－1－1 是 4 种分采技术的综合对比。

表 2－1－1　4 种分采技术综合对比

技术类型	管柱类型	开关、分采器	
		类型	开关方式
井下智能分采与测控技术	丢手	智能开关	井下电机驱动
振动波控制分层采油技术	丢手	智能开关	井下电机驱动
桥式分采器分采技术	不动	分采器	地面预设
井下可调式分层配产技术	丢手	配产器	电缆测调

（四）存在问题及发展方向

分层采油技术的发展适应了油田开发各个阶段的生产需求，一定程度上解决了阶段性生产矛盾。针对高含水油田采出井分层控制水平较低、找堵水困难、作业成本高、缺乏有效的井下参数长期监测手段等问题，未来分层采油技术应继续向智能化方向发展，具体体现在提高技术水平和适应性、构建分层采油技术与管理综合平台、注采一体化等方面。

1. 提高技术水平和适应性

现阶段层间矛盾突出，油水分布复杂，应用静态资料分析判断高含水产层的准确性较低，且无法快速适应生产状态的动态变化，为此，应提高分层采油技术的实时监测水平，实现井下分层流量、压力、含水率等参数的长期监测，提高油藏认识水平，为精细油藏分析与挖潜提供准确依据；同时，当油藏动态变化需调整生产方案时，分层采油技术应具备实时调整能力。目前，分层采油在井下传感、双向通信、井下工具服役周期、水平井适应性等方面仍存在技术难题。

2. 构建分层采油技术与管理综合平台

结合分层采油井下监测、地面控制、远程传输等技术和油井日常生产管理与作业项目，可构建分层采油技术与管理综合平台。

对于已经实现抽油机数字化和远程控制的油井，可以将数字化人工举升系统与分层采油系统整合，充分利用井下监测数据进行动液面实时监测等功能性拓展，实现抽油机井的全过程自动化控制；同时，两者结合可搭建更加完备的分层采油技术与管理综合平台，实现地面和井下一体化管理。针对目前大多数日常生产管理作业需要人工完成的油井，可将日常管理与分层采油系统结合，例如通过井下的分层流量和分层含水率监测，完成每 10d 左右（各油田的规定不同）需进行的量油和含水率化验工作。在充分利用分层采油监测数据、适当拓展地面控制系统功能的基础上，智能分层采油技术和油井日常管理的结合可实现油井生产自动化、智能化，减少人工操作，降低油井平台整体生产成本。

3. 注采一体化

开发过程中，注入井与受效采油井在平面上、层段上关系复杂，多套井网交叉，地质分析的连通状态与实际的连通状态吻合度差，层系封堵不完善，很多采油井存在有采无注、油层互串的现象，导致油层动用不均衡，开发效果差。目前，受油田总体开发思路、技术成熟度与适应性、投资成本等因素影响，堵水和配产技术都采用单井实施的模式，实施规模小；此外，分层注水和分层采油从本质上属于同一系统，但应用时往往按照独立工艺技术实施，未发挥出协同效应。

未来应开展分层采油、分层注水技术的区块协同应用，分层采油、分层注水方案一体化设计，强化采出端和注入端井下层段的对应分析，即利用同一区块注入端和采出端多层段连续、长期、丰富的井下监测数据，开展大数据驱动的精细地质建模，获取分层注采实时数据约束下的油藏流体饱和度和压力场演化模型，深化对油藏非均质性及流动条带的认识，降低剩余油分布预测的不确定性。最终利用实时调控技术进行注入端和采出端参数匹配调整，实现开发调整由“滞后调控”向“实时优化”转变，提高井网控制程度和调整水平，控制自然递减和含水率上升，提高动用程度和采收率。进而，在井筒注采自动化、海量数据处理的基础上，利用人工智能开发油藏分析与优化系统，实现真正意义的“智慧油藏管理”。

二、国内外分注技术现状

（一）概述

随着石油的开采，地层内部石油储量降低，压力变小，后期石油开采石油越来越困难。为了提高油层的压力，需要采取注水方式增大油层压力，但由于各油层会产生层间干扰现象，油层之间压力和渗透率的不同，使得油层间的吸水能力不同，因此采取分层注水的方法。所谓的分层注水，就是将油井开采中的每个油层，按照性质、饱和度和压力进行划分，把层与层作为原则来划分注水层段。也就是在注水井下安置分隔器来进行分层注水井段，每个注水井段配置一个配水器，装上不同直径的水嘴，以此来达到分层注水的效果。这样，油井就不会因为长期的开采导致油层压力减小，进而影响出油量及质量。分层注水采油技术主要针对的是在石油潜藏阶段，是在采油工程中确保油田高产稳产的重要技术。

（二）国外分注技术现状

国外注采技术迅速发展，至今已经达到分层注采精细化控制的水平，并将油田分时控制注水开发技术作为重点研究对象。20 世纪 60 年代 Acro 公司研制了 PLC 控制注水泵，20 世纪 70 年代中期美国出现了 W 型多级高压离心式注水泵技术，20 世纪 80 年代后期 LUFKIN 公司出现了 DOS 注水监测控制技术，英国石油公司开始使用自动化控制注水技术进行油田开发，20 世纪 90 年代壳牌公司开始利用智能完井技术开发油田，21 世纪初期出现了基于脉冲注水法的驱油技术，使得油田注水开发技术进一步发展。

国外的注入水水质处理工艺较为先进，注入水基本上不堵塞地层，注水过程中没有不动管柱洗井的要求，因此注水封隔器没有洗井通道，结构简单，减少了烦琐的定期洗井工序，大大延长了管柱的使用寿命。分层注水工艺相对简单，主要是分层注水完井工艺，配水主要采用井口流量调节器和井下流量调节器进行定量配水，一般不需要进行井下流量测试，不配套专门的井下流量测试技术，管柱寿命可达 3 年以上。

1. 国外分注管柱

国外分层注水工艺管柱可分为单管注水工艺管柱和多管注水工艺管柱。

(1) 单管注水工艺管柱。

单管注水工艺管柱多为支撑式结构，管柱主要由卡瓦式封隔器、流量调节器和伸缩短节组成。封隔器用于分层和锚定管柱，能有效克服管柱的蠕动对封隔器密封性能的影响，密封压力较高，工作寿命较长。伸缩短节一般装在第一级封隔器的上方，用于补偿注水过程中温度和压力效应引起的管柱长度变化，改善封隔器的受力条件，因而管柱的寿命较长。

(2) 多管注水工艺管柱。

多管注水工艺管柱按其相对位置来分，又分为同心管注水完井工艺管柱、平行管注水完井工艺管柱和混合分注完井工艺管柱，其优点是测试及调配简单，可以在地面控制各层的注入水量及注入压力，且易实现分层注水，但其管柱结构复杂，完井成本高，施工操作难度大，因而很少应用。

2. 分层注水工具

(1) 卡瓦式张力封隔器。

国外因为注水水质较好，且封隔器钢材防腐性能好，注入水对管柱的腐蚀较小，一般多采用卡瓦封隔器，它既可以实现分层，又能锚定注水管柱，消除管柱的蠕动，延长管柱的工作寿命，既可以单独使用，也可与串联封隔器配套应用，因而应用较广。

(2) 串联张力封隔器。

该封隔器用于单管注水，作为上封隔器使用，但不能单独使用，需要与其他封隔器(如卡瓦式张力封隔器等) 串联使用。

(3) 双管张力封隔器。

它是双管可回收的张力封隔器，一般用于多管注水的分层注水封隔器，能控制大量的注入液。

(4) 配水工具。

国外的分层注水大都采用井下流量调节器来完成配注，井下流量调节器采用调速阀原理，利用注水时孔板节流压差的变化调节注入孔的大小，在孔板一定的条件下，流量基本恒定，不随压力的变化而变化。为了满足测试调配的需要，大部分井下流量调节器都是可取式的，需进行调配时，利用钢丝投捞将流量调节器取出，根据配注需要在地面更换孔板后再将流量调节器投送至目的层，即可达到调配的目的。

由于国外的配水工具控制的流量恒定，不随注水压力变化，不需进行井下流量测试，因此没有专门的注水井井下流量测试工艺，国外的注水井测试主要是指吸水剖面的测试。当需要掌握各层吸水状况时，利用同位素示踪剂的方法测出各层的相对吸水量。

(三) 国内分注技术现状

为了实现我国油田产量高产稳产的目标，在当前油田注水开发中，分层注水采油开发已经成为主体开发技术，我国分层注水工艺经历了固定式分层注水、钢丝投捞式分层注水、电缆测调式分层注水三个发展阶段。实践证明，提高注水合格率是提高油层动用比例的有效方法，目前的高效智能测调技术提高测调效率 1 倍以上，成功地将测调周期由 6 个月缩短到 4 个月，长期的分注合格率由 60% 提高到 70% 以上，统计现场试验效果动用比例提高 10% 。目前我国注采油田正处在以智能化为基础，向一体化、高效化发展的第四代分层注水技术阶段，将实现长期分注合格率在 80% 以上。

国内油田注水开发技术也竞相发展，20 世纪 50 年代，甘肃省玉门老油田完成了国内首次注水驱油，开启了国内油田注水开发的大门，证明了注水驱油开发的可行性和高效性。国内油田注水开发最初采用笼统注水及固定配水器注水开发，笼统注水方式简单易行，操作成本低，但有一个致命的缺点：注水过程不区分注水层段，故只适用于单一且渗透率较高的储层，对于多储层且渗透率较高的油藏，使用笼统注水会导致各储层压力异常，发生溢油污染等情况，不利于油田生产井合理、有效的开发。20 世纪 70 年代至 90 年代我国油田数量及开发面积不断扩大，注水井数量迅速增加，固定式配水器及笼统注水方式很难满足分层注水工艺的调配，所以第二代钢丝投捞水嘴试凑式注水技术在这一时期蓬勃发展，形成了以空心配水器、偏心配水器、同心集成配水器为代表的又一代油田注水开发工艺。随着油田的不断开发，油层含水率大大增加，对注水工艺的要求也越来越高，21 世纪初期，为适应新时期油田开采需要，一种更高效的根据储层注水情况而改变配水器工作状态的分层注水技术应时而生，形成了以桥式偏心、同心分层注水技术为代表的新一代油田注水开发工艺，这标志着油田分层注水开发技术正式进入第三代机电一体化的测调联动时代。

1. 分注工艺

国内油田分注工艺有空心分注工艺、地面定量分注工艺和偏心分注工艺。

（1）空心配水工艺自上而下配水芯子逐级减小，因此其分注层数有限，一般不超过 3 层，投捞式必须自上而下逐级投捞水嘴芯子，因此投捞测试烦琐，工作量大，且成功率较低，目前现场应用较少。

（2）地面配水分注工艺，地面配水通过调配地面水嘴，无须进行井下投捞，水量调配简单、准确。但管柱组合复杂，只能满足 3 层以下分注，且无法满足深井分注，不能进行反洗井，但后期地面管理简单方便。

（3）偏心配水工艺各级配水器内通径一致，能够实现多级分层注水，可投捞任意一级堵塞器，随意调配各级水嘴而不用动管柱，因此该工艺可实现随意调配分层配水量，大大减少了作业、投捞测试工作量。测试时可以不用投捞堵塞器，不改变注水状态，直接下仪器测试，一次可测试多层，测试资料较为准确可靠，测试效率大大提高，配水合格率也得到较大提高。

（4）桥式偏心直读测调分注工艺技术由大庆油田研发并进行广泛应用，取得了较好的效果。桥式偏心配水器是在常规偏心配水器的基础上增加了桥式通道，桥式通道在测试时连通上下，实现测试不改变分层注水状态，提高单层测试准确率。电缆直读测调技术，由电动测调仪、电缆车、地面控制系统组成。井下电动测调仪与桥式偏心配水器的堵塞器对接，实现流量自动调整，无须投捞堵塞器，同时对井下的流量、压力、温度等信号在线采集，实现压力和流量的在线监测，大幅提高分注井测调效率，地面控制系统通过电缆完成对井下仪器的供电、控制、通信及数据采集处理，可实现井下各层配水器的实时监测、调配、成果曲线绘制及吸水指示曲线绘制等。

2. 分注管柱及配套工具

（1）分层注水工艺管柱。

国内的注水管柱主要由封隔器、配水器和其他配套工具组成。按照受力状态，可分为悬挂式分层注水管柱和锚定支撑式分层注水管柱。国内的注水管柱大多数采用了悬挂式结构，根据配水器的不同，主要可分为空心注水管柱和偏心注水管柱，一般分注 2～3 层。其中，空心注水管柱最多可分注 3 层，偏心注水管柱理论上讲最多可分注 8 层。近几年，随着对管柱蠕动危害认识的提高，为适应油田开发状况的需要，提高注水效果，降低生产成本和延长管柱的工作寿命，各油田都开展了对管柱结构、锚定支撑技术和补偿技术的研究。研制出了具有锚定补偿功能的可适应不同类型油藏注水需要的多种注水管柱。其中较典型的有胜利油田的锚定补偿式分层注水管柱、江苏油田的斜井分层注水管柱和江汉油田的锚定式注水管柱等。

（2）分注工具。

国内的注水封隔器主要有 Y341 水力压缩式封隔器和 K344 水力压差式封隔器两种类型。其中 K344 水力压差式封隔器是油田分层注水应用最早的注水井封隔器，它具有结构简单，使用方便之优点而应用较广。但水力压差式封隔器分注工艺要求配水器水嘴压力损失必须大于 0.7MPa，以保证封隔器坐封和密封，其耐压耐温性能较低（90℃）、承压能力低（15MPa），工作寿命较短，因此常用于浅层油藏低压注水。

水力压缩式封隔器分注工具具有耐温耐压高、工作寿命长的特点，因此常用于深井高温油藏分注。Y341 型封隔器采用水力压缩封隔件坐封，坐封后锁紧使封隔件处于永久密封状态，即使在停注时封隔器仍处于密封状态。为方便于洗井工艺，封隔器上设计有洗井通道，可进行不动管柱反洗井，采用上提管柱的方式进行解封。近几年为改善注水封隔器的工作性能，适应深井高温高压注水的需要，国内各油田都在封隔器改进方面做了许多工作。另外还根据高温高压注水的要求，对注水封隔器的胶筒结构和材料配方进行了优化设计，研制成功了耐温 150℃、耐压 35MPa，带有肩部保护的高温高压胶筒，研制成功了钢骨架胶筒，从根本上提高了封隔器的工作性能。

（3）分层测试调配工艺。

注水井测试主要采用井下流量计测试法。测试时要用录井钢丝将井下流量计下入井内逐层进行测试，仪器到位后利用降压法（或升压法）进行调点测试。测完后通过地面数据处理系统，得出各层的吸水量和吸水能力。井下流量计由原来的浮子流量计、涡轮流量计逐步发展到现在的电磁流量计、超声波流量计等。其中电磁流量计、超声波流量计是最近几年研制成功的目前应用最广的注水井流量测试仪器，具有承压能力高、精度高、资料可靠、数据处理快捷方便等特点而应用较广。

3. 国内各油田应用情况

（1）大庆油田分层注水工艺技术情况。

1960—1964 年，大庆油田试验开发阶段的注水方式主要采用笼统注水。1965—1975 年，大庆油田研究并应用了由扩张式封隔器、空心配水器、洗井阀等工具组成的空心活动式分层注水工艺。1976—1990 年，大庆油田研究并应用了压缩式封隔器、偏心配水器等配套工具形成的偏心分层注水管柱，进行了大规模推广应用。1991—2002 年，大庆油田研究并应用了同心集成细分注水、桥式偏心分层注水技术。自 2003 年至目前，大庆油田研究并应用了恒流配水、偏心集成式细分注水、高效测调联动偏心分层注水等分层注水技术。

（2）胜利油田分注工艺技术情况。

胜利油田分层注水工艺主要以偏心和空心两种方式为主，偏心分注井总计 1396 口井（占 47%）、空心分注井 1378 口（占 47%）、固定式占 6%；分注级别主要以两层和三层为主，最多分四层。近年来，胜利油田分层注水工艺的主要是锚定补偿式细分注水技术，管柱设计为锚定补偿式，可以克服管柱蠕动，提高管柱的工作寿命；管柱下部设计机械定位装置，通过特殊套管确定封隔器卡封位置，实现细分层系；管柱设计为上提解封方式，尤其是水力卡瓦的解卡设计为上提解卡，减少复杂事故产生。

（3）新疆油田分注工艺技术情况。

在20世纪60年代，新疆油田就已经开始分层注水工艺技术的研究，采用了同心双管分注技术；80年代末，借鉴国外技术，广泛开展了地面定量配注技术推广。到了90年代初，根据油田对分注技术的要求，又广泛应用井下偏心分注技术；近年来又形成了液力投捞分层定量配水技术，目前这套技术已在新疆油田广泛推广应用，但这些技术都广泛应用于直井上。

（4）江汉油田分注工艺技术情况。

目前主要有4项：一是油套保护分层注水工艺管柱，管柱具有反洗通道，并在注水层上部增加了一级封隔器，可对上部油套环空进行替套管保护液以保护油套管，延长其使用寿命；二是套管变形井分层注水工艺管柱，管柱由JHY341－105、JHY341－110水力压缩式注水封隔器、KPX－105偏心配水器小直径工具组成。三是斜井分层注水工艺管柱，即分注管柱上下均增加了KZ－114强力支撑扶正器，具有扶正并支撑斜井管柱的功能。四是高温高压分层注水工艺管柱，由管柱伸缩补偿器、KQW水井双向锚、Y341注水封隔器、偏心配水器、952－1循环阀和筛管丝堵等工具组成。其特点是：具有锚定和补偿的功能，可以使封隔器长期处于静止和扶正状态，极大地延长了注水封隔器的工作寿命；这一工艺在矿场应用200多井次，成功率98%，其中超高压注水管柱矿场应用近20井次，最高工作压力达到28MPa，最高注水压力49.7MPa，最高工作温度140℃。

（四）存在问题及发展方向

随着油田开发的不断深入，滩海及复杂断块油田相继投入开发，其开发难度越来越大，对注水工艺的要求越来越高。为适应油田注水开发的需要，还需要深入研究，加强攻关，提高注水开发水平和开发效果，促进我国注水工艺的进一步完善和提高。

（1）加强分层注水工艺基础理论研究。如封隔器的密封机理研究、分层配水理论研究、管柱的蠕动及受力分析等。

（2）有针对性地加强高温、高压、低渗透油藏、裂缝溶洞型油藏、潜山裂缝型油藏分层注水工艺技术研究，进行水平井分层注水系统研究、复杂结构井分层注水工艺技术研究等。

（3）开展智能测试调配一体化技术研究。有效提高水井测调施工成功率，监测分注井的分注效果，及时有效地调整注水量，确保水井的层段合格率。目前胜利油田、中国海油一些油田开展了同心测调一体化分注技术研究与试验，以避免进行水嘴的投捞，但测试工艺工复杂、费用高，目前该技术还处于试验阶段。

因此分注技术的发展趋势一方面是研究改进偏心分注管柱和投捞测试等配套工艺技术，以满足50°以内斜井分注的需要；另一方面针对大于50°以上的斜井，开展测调一体化分注技术和智能测调一体化技术研究。

三、国内外井下信号传输与控制技术现状

（一）概述

井下信号传输与控制技术对石油资源的勘探与开发，探明油层的地质结构，测试油井的状态和保持对资源的可持续利用都有着重要的意义，是一种具有广阔应用前景的创新工作。其应用范围广泛，并对合理开采和利用油气资源，提高生产效率，降低生产成本，延长油气井寿命做出巨大贡献。为促进石油天然气工业的发展带来显著的经济效益和社会效益有着极为重要的作用。

从宏观上来看，在油田测井过程中，井下信息采集系统和地面控制系统的通信方式可分为：有线通信和无线通信。在石油领域使用的井地间无线数据通信方式主要有声波、泥浆压力脉冲和电磁波3种。

（二）国外信号传输与控制技术现状

目前国外井下信号传输与控制最常用的是无线传输技术，无线传输技术近年来在石油行业试井、完井监测、随钻测井方面应用较多。国际上知名公司哈里伯顿、斯伦贝谢、EX-PRO、贝克等公司都广泛应用了此项技术。主要有两种类型无线传输方式：以哈里伯顿为代表的声波无线遥测系统ATS和以斯伦贝谢为代表的电磁波无线遥测系统ENACT。

1. 哈里伯顿ATS声波遥测系统

该系统主要用于和5in外径的DST工具连接，该系统最大作业深度12000ft（3650m），系统参数见表2－1－2。

表2－1－2 ATS声波无线遥测系统参数表

传输方式	外径	内径	工作压力	工作温度	采样间隔时间	电池寿命
声波	5.25in	2.25in	15000psi	165℃	10s—实时 1s—存储	20d

系统使用了模块的概念，中继器是系统的核心，负责工具之间的系统通信，增加系统间的通信距离。中继器一般相隔1500ft，也根据井况而变化。系统最多可安装6个中继器。

多用途压力计可以测量不同深度处的温度和压力，实时传输到了地面，该系统装有双蓝宝石/单/双石英压力计，存储能力达1MM数据组。

2. 斯伦贝谢ENACT无线井下油藏测试系统

斯伦贝谢开发的ENACT无线遥测传输系统基于低频的电磁信号，在系统中，将无线传输和原有的IRDV技术相结合，形成一个综合技术。系统的通信是双向的，地面—井底和井底—地面。遥测性能取决于地层电阻率、完井结构和井筒流体。现场测试从HUB到地面传输范围达到1828.8～3200m。安装中继器能够扩展深度范围。对于典型的油藏测试环境，只需要一个中继器，对于深井可能需要更多的中继器。

在地面，系统有连接到井口的电缆，离井口大约300ft，连接着地面传送和接收盒，地面这两点能够传送和接收信号。系统参数见表2－1－3。该无线系统可以和无线激发点火头一起使用，可用于多层选择射孔。

表 2-1-3　ENACT 主要指标表

参数/系统单元	HUB	中继器
最大外压/MPa	90	103
工作温度/℃	150	150
最大外径/mm	133	42.8
内径/mm	57	—
测量压力计/个	4	1
单级传输距离/m	610~3048	610~3048
最大数目	6	6

3. EXPRO 无线遥测系统及在生产完井上的应用

EXPRO 公司 2005 年将其电磁遥测系统（CATS）应用于生产完井中，使用完井或油管作为电磁传输路径，不需要永久电缆、电缆夹子和电缆穿越井口和封隔器。电磁系统按规定的间隔传输数据，能够有效地管理油藏，代替电缆作永久监测。系统由电池供电，传输的数据量主要取决于工具的下入深度，但是完井、地层电阻率和地面设备也都有一定的影响。系统已经从 10000ft 将数据传输到地面，不需要任何中继器。

（三）国内信号传输与控制技术现状

国内井下信号传输与控制目前使用的产品有：

1. 数字程控调度、动力载波通信等传统有线方式

该类型中广泛使用的产品是：SL-1 型数字程控变换机，是由加拿大北方电信生产的，交换机之间均采用 PCM 数字自动中继方式。它采用 120 路数字传输系统。

2. 漏泄无线通信

该类型中广泛使用的产品较多，主要包括：

KDLT_ Ⅳ型井巷综合漏泄通信系统，其工作频段为 150~170MHz。在一根电缆中，可以同时容纳 1~16 个信道的话音或数据信号而互不干扰。在话音信道，各信道可以独立选用广播式通话，或者选呼式通话。系统的其中一个信道可以实现地面/井下联网。通过有无线转接器，系统可以与有线交换机相连，从而使手机在井下可随时与有线电话互相拨号呼叫。在数据信道，可以通过无线 MODEM 将井下传感器采集的温度、风速，开/停等工况参数和信息传输至开发的 KT6 型矿井无线电泄漏通信系统，该系统是我国在 1989 年完成的，但该系统是单信道，只是完成语音通信功能的系统。

FlexCom 系统，该系统采用无磁泄漏电缆作为天线，较好地解决了井下通信问题。Fex-Com 井下无线通信系统已在全球范围内成功安装 140 多套。该系统在国内中美合资的现代化矿井漳村矿也已得到了应用。

3. 感应通信

中频无线电话机，我国在“七五”期间立项研发的国家攻关 30 路项目，所用额率为 500kHz，在井下巷道中通话距离为 1300m，穿透煤层的通话距离为 90m，穿透岩层的通话距离为 70m，在 1990 年通过鉴定。

4. 中低频通信

PED 井下无线急救通信系统。PED 井下无线急救通信系统是一套超低频（即 ULE）信号可以穿岩层进行传播的通信系统。它有两方面的含义即个人急救通信设备和提高生产效率设备。PED 系统的工作原理是采用超低频透地通信方式，系统信号在功率发射机下放大，经过长达数 10km 的环形天线传输，信号穿透岩层传达到井下的接收机。在紧急情况发生时，能够迅速有效地与井下的工作人员进行通信，在最短时间内（30s 左右）通知井下所有人员迅速撤离，从而最大限度地减少伤亡，保障井下人员的生命安全。

SC2000 系统，该系统为单工，工作频率一般为 100～544kHz，这个频段的无线信号甚至可以在大多数煤矿巷道中的管道和电缆等介质中传输，因而非常适合在大多数煤矿井下使用。

5. 基于现代通信技术的新型通信系统

该类型产品中以基于 PHS 技术的产品为主，其中 KT18 系统是目前国内成熟的煤矿井下无线通信系统。该系统与目前应用于井下的各种通信系统有着完全不同的设计理念，其技术来源于目前国家公众移动电信网络中广泛应用的技术与设备，尤其是系统中的个人终端，直接来自公众通信网络的个人终端。即是把“中国电信”目前在全国各大中小城市中广泛应用的公众通信系统 PHS 系统无线市话亦称小灵通按“煤安标办”标准进行了安全技术处理，将其移植、延伸到煤矿井下，成为同时服务于地面、井下的个人无线移动通信系统或生产调度系统。

得到应用的基于 PHS 的井下通信系统还有：我国上湾煤矿开发的“井下小灵通无线通信系统”，锦州通信设备电子工程有限公司研发的“KT29、KT30、KT2000 以及 TK4—小型煤矿井下通信系统”等。

（四）存在问题及发展方向

随着机械化、自动化、信息化等方面的发展，特别是井下综采机、数字化自动控制设备越来越多地投入到生产当中，国内油田生产井测井系统正向精细化控制方向发展，目前较先进的是智能分层采油系统，系统组成分为井下信息探测部分、信息遥传部分和地面控制系统部分，多以单芯电缆为传输载体，可对储层注水系统完成实时监测、精细化注水控制，对新时期油田开采的稳定性和可靠性具有重要意义。

第二节　油水井无缆信号传输与控制技术

井下智能分采、分注技术的突出特点就是数字化和自动化，可实现注采层段和注采参数的监测和自动调整，进一步增强措施针对性及对油藏的适应性，对油田开发提高油藏精细管理水平有着积极的作用。无缆信号传输与控制技术是实现井下智能分采、分注的核心技术，由于不用下入电缆，其对井型的适应性更强、投入成本更低，安装施工和后期操作也较简单。在今后的油田开发生产中，无缆信号传输与控制技术凭借其技术优势和技术升级越来越受到重视。

一、传输技术原理

本书研究的无缆信号传输与控制技术采用声波作为载波信号，可将井下信息传输至地面，亦可以将地面信号传送到井下，实现地面与井下的双向通信。声波传输方式的系统构造简单，对传输介质没有特殊的要求，同时声波在井液中的幅度衰减比电磁波小，便于接收端对信号的获取，所以声波传输方式能很好地应用于注水、采油过程中的数据传输。

（一）井下声波传输信道

声波是一种机械波，它不仅可以在流体介质中传播，还可以在固体中传播。常温下，声波在水中的传播速度为1483m/s，在钢中的传播速度可达6000m/s。所以，从理论上讲，井下可以作为声波信号的传输通道的有：地层、井下工具本体和井下液体。

1. 地层信道

由于地层的多层性、各向异性和具有孔隙度等特性，并且在井下难以往地层中发射声波等原因，一般不将其作为可用的井下声波通信信道来考虑。

2. 井下工具信道

井下的另一种介质：井下工具，包括各种钻杆、钻铤等钻井工具和油管等生产作业工具。钻进时，各种钻具连接成一根钻柱，连接地面和井下，连接处多为丝扣连接。生产时，工具和油管通过螺纹连接。这些钻具和工具一般由钢、铝等金属制成，材质均匀且致密，就材料特性而言多为各向同性。

3. 井下液体信道

井下液体可分为钻井液和油水混合液体。钻井液作为循环介质，连接井下与地面，是油气钻井中不可缺少的要素。在不同的钻井工况下所采用的钻井液的类型可能不同，其成分以及密度也会不同，另外，钻井液中还可能含有地层析出气和钻屑等气相和固相成分。而在分采时，油水混合液体为生产作业时的循环介质，在分注时，水为循环介质。它们几乎不会受到钻井液类型和地层特性等外界因素的影响，其特性仅取决于本身。因此，进行井下智能分采、分注时，水或油水混合的液体是一个理想的通信信道。

（二）水声通信原理

当进行井下智能分采、分注时，需要通过声波在井下进行传输，环境内的介质主要是水或油水混合的液体，因此井下声波通信系统的理论基础来源于水声通信。水声通信相对于空间无线电通信的起步要晚，相关的通信技术也随着无线电通信的成熟应用逐渐引入到水声通信当中。目前，水声通信系统大多是数字通信系统，主要包括发射与接收换能器、编码与译码器、调制与解调器以及水声信道，如图2-2-1所示。

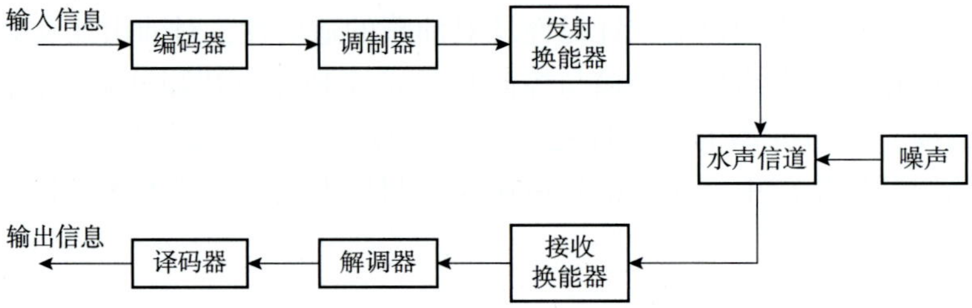

图2-2-1 水声通信系统结构图

水声通信系统的工作过程是：在发射端，待传输的信息通过编码器转换成数字电信号，调制器将数字信号转换成适合在信道中传输的模拟信号，驱动发射换能器，将电信号转换成声信号，进入信道中传输；接收换能器将捕捉到的声信号转换成电信号，通过相应的解调以及译码工作，最后恢复出原始信息。下面对系统各部分的功能进行简要地介绍。

1. 信道和噪声

信道是信息载体在介质中传输的通道，信道具有一定的频带范围，可以把信道视作一个特殊的滤波器，它允许频率在通带内的信号通过而对带外的信号进行限制和损害。具体到水声通信中，水声信道是指将声波作为信息传输的载体，以水作为传输介质的无线传输通道。对于频带范围而言，通常声音信号的频率越低，在水中的衰减越小，穿透的距离越远，但信号的传输速率会相应地降低，因此在水声通信中，数据传输的距离与速率是一对矛盾的性能指标。

噪声是指通信系统中除有用信号以外的其他干扰信号，通常包含系统自身各种设备工作时产生的内部噪声以及信号在信道中传输时引入的外部噪声。由于水声信道中的液体介质一般处于不断波动的状态，信号在传输过程中会产生严重的幅度与相位失真，同时信道环境中的噪声也不容忽视。

2. 编码与译码器

编码分为信源编码与信道编码。水声通信一般采用数字通信系统，因此需要将模拟信号转换为数字信号，这一过程由相应的编码来实现信源编码。除了传输信号的模数转换，在某些情况下要进行数据压缩，例如声音或者图像数据，以减少传输的数据量，提高数传效率。

因为信道中存在噪声，导致信号在传输过程中出现错误，接收方与发射方数据不一致，使通信系统的性能下降。信道编码就是为了解决数据在信道中出现不可靠传输的问题，通常采用差错控制编码技术，将传输中出现差错的概率降低到可以接受的水平。编码器通过一定的算法在信息码元中加入监督码元或冗余码元完成对信息码元的差错控制，而相应的解码器则依据这些额外加入的码元进行检错或者纠错。

3. 调制与解调器

原始数据通过编码器得到数字基带信号，若直接在信道中传输，则称为数字信号的基带传输。基带传输常用于有线通信，在短距离的有线信道中，信道的噪声通常不是很大。但由于水声信道的频带范围有限，并不适合基带信号的传输，因此要将基带信号调制到一定频率的载波上，使之变为适合在水声信道中传输的频带信号。通常把基带信号搬移到载波信号上的这一过程称为调制，常用的数字调制方式有幅度键控（ASK）、频移键控（FSK）、相移键控（PSK）等。从已调信号中提取出基带信号的过程就称为解调。除了基本的数字调制方式以外，还有正交幅度调制（QAM）、正交频分复用（OFDM）等其他调制技术。

4. 同步

同步是数字通信系统中的一个至关重要的问题，通信系统能否稳定可靠地工作，在很大程度上取决于同步系统的性能。同步通常包括载波同步、码元同步、帧同步等。载波同步为解调端提供一个与已调信号的载波同频同相的载波信号，供相干解调使用。码元同步产生的抽样判决脉冲必须与码元的频率与相位保持一致，才能将相邻码元区分开来。而帧同步的目的是按照事先约定的数据格式，从解调出的码元中提取有用信息。

（三）常用数字调制原理

在数字通信系统中，调制与解调是系统的核心部分，常用的数字调制方式有幅度键控

(ASK)、频移键控（FSK)、相移键控（PSK）等。

1. 幅度键控

幅度键控中，载波信号的幅度受基带信号的控制，例如在二进制幅度键控（2ASK）中，载波信号的幅度根据基带信号中“0”与“1”进行切换。2ASK 中最简单的调制方式被称为通断键控（OOK)，载波信号随着基带信号“0”与“1”的不同而接通或是断开。OOK 调制信号的一般表达式为

$$s_{OOK}(t) = a_n A\cos\omega_c t \tag{2-2-1}$$

式中，A 是载波信号的幅度；ω_c是载波信号的角频率；a_n是第 n 个码元的取值；可以表示为：

$$a_n = \begin{cases} 1, & 出现的概率为 P \\ 0, & 出现的概率为 1-P \end{cases} \tag{2-2-2}$$

OOK 调制的波形如图 2-2-2 所示。

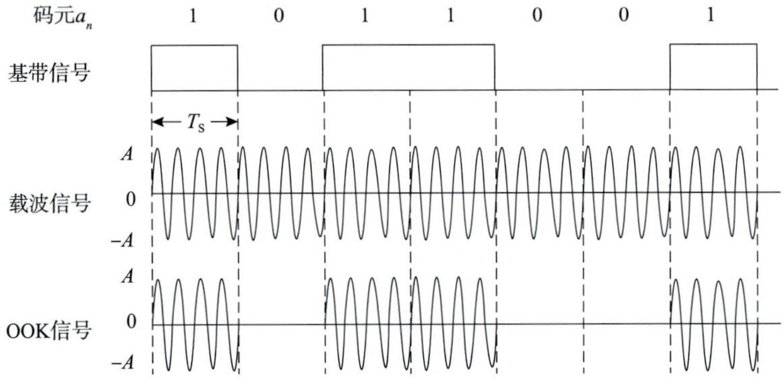

图 2-2-2　OOK 调制信号波形

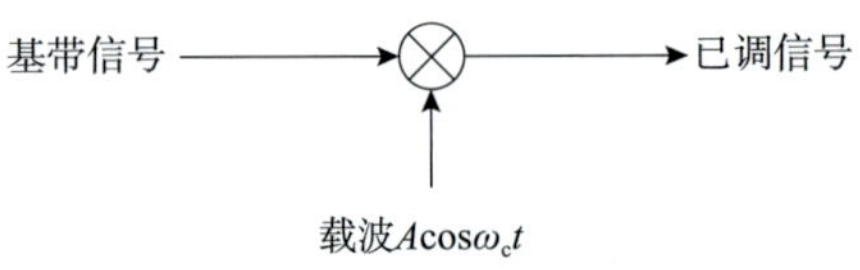

图 2-2-3　2ASK 调制原理图

二进制幅度键控的调制可以用一个乘法器来实现，如图 2-2-3 所示。特别的，对于 OOK 调制而言，可以用一个模拟开关来代替乘法器。

2ASK 的解调方法有包络检波与相干解调两种，其原理框图如图 2-2-4、图 2-2-5 所示。包络检波方式的电路结构相对简单，相干解调的接收端需要提供一个与发送端同频同相的相干载波，因此结构复杂，很少在 2ASK 调制系统中使用。

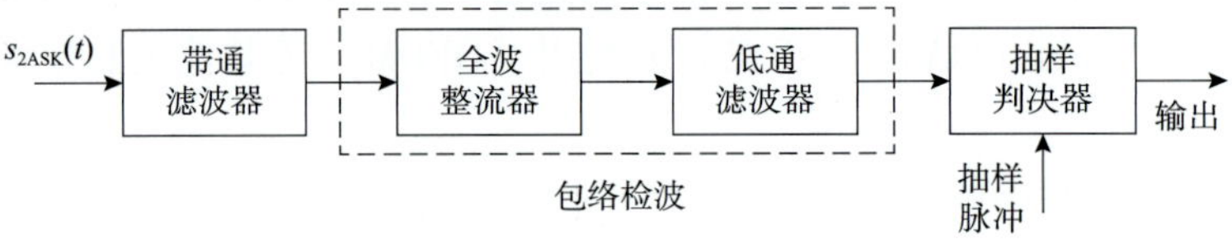

图 2-2-4　2ASK 包络检波解调原理框图

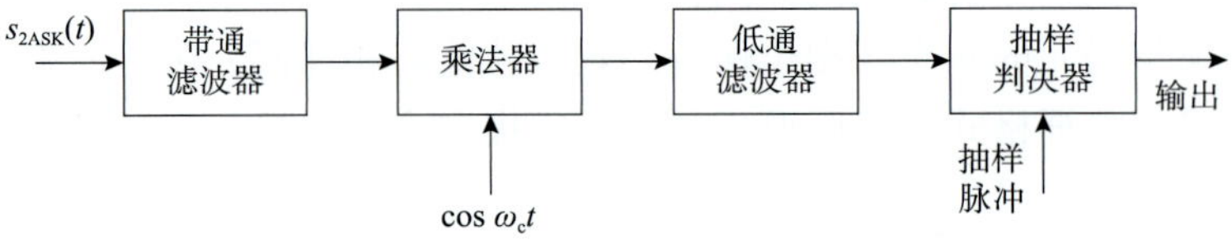

图 2-2-5　2ASK 相干解调原理框图

2. 频移键控

在频移键控中，载波信号的频率变化受基带信号控制，例如在二进制频移键控（2FSK）中，用载波频率f_1传递二进制信息1，用载波频率f_2传递二进制信0。因为2FSK可以看作是两个不同频率的2ASK信号交替传输，则2FSK的调制信号的时域表达式如下

$$s_{2FSK}(t) = \left[\sum_n a_n g(t-nT_s)\right]\cos\omega_1 t + \left[\sum_n \overline{a_n} g(t-nT_s)\right]\cos\omega_2 t \qquad (2-2-3)$$

式中，$\omega_1 = 2\pi f_1$；$\omega_2 = 2\pi f_2$；$\overline{a_n}$是a_n的反码，其取值为：

$$a_n = \begin{cases} 0, 概率为 P \\ 1, 概率为 1-P \end{cases} \qquad \overline{a_n} = \begin{cases} 1, 概率为 P \\ 0, 概率为 1-P \end{cases} \qquad (2-2-4)$$

2FSK调制信号的波形如图2-2-6所示。

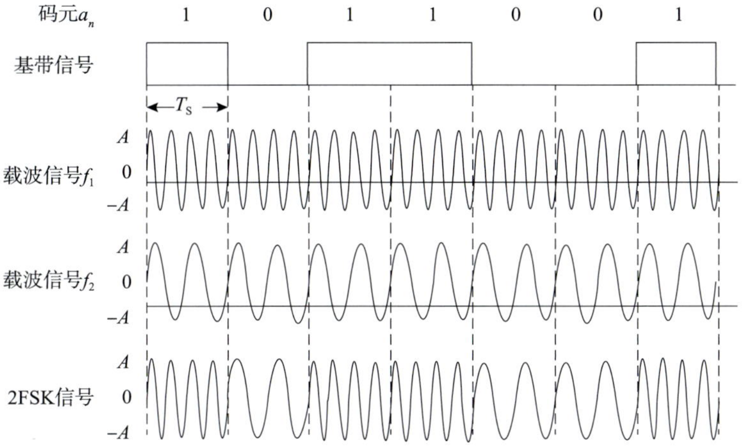

图2-2-6　2FSK调制信号波形

在实际应用2FSK调制时，当载波信号的频率发生改变，已调信号的相位通常不是连续的，原因是2FSK调制一般采用键控法实现，两个不同频率的载波信号分别单独产生，当码元发生变化时，难以保证两者的相位一致。采用键控法产生2FSK信号的原理框图如图2-2-7所示。

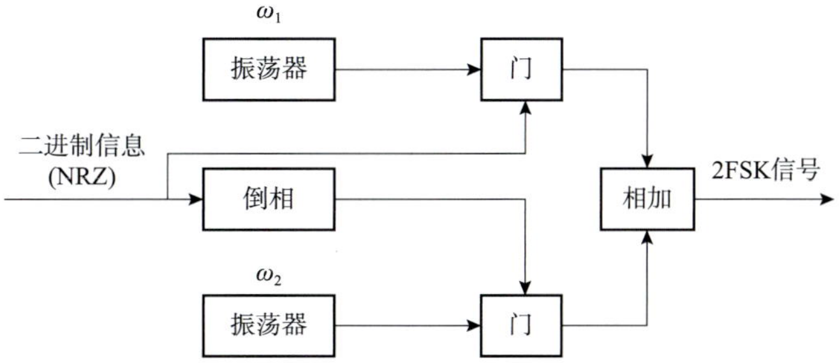

图2-2-7　2FSK调制原理框图

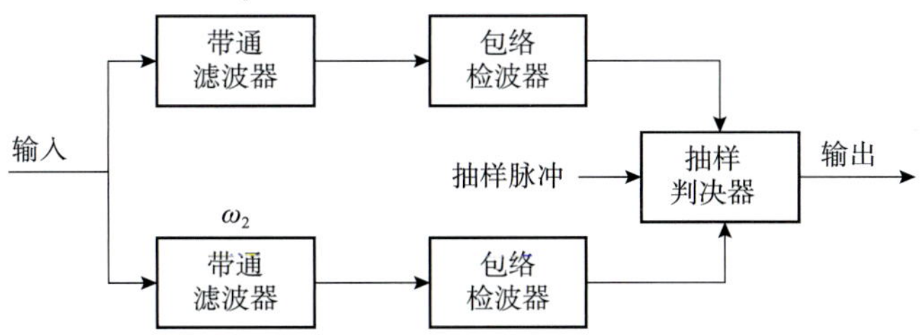

图2-2-8　2FSK非相干解调原理框图

2FSK信号的解调方式有相干与非相干两种。因为2FSK信号含有两种频率的载波信号，所以解调端由两个2ASK接收机并联而成。图2-2-8、图2-2-9分别是2FSK非相干与相干解调的原理图。除此之外，2FSK解调还有其他的非相干解调方法，如鉴频法、过零

比较法、差分检波法等。

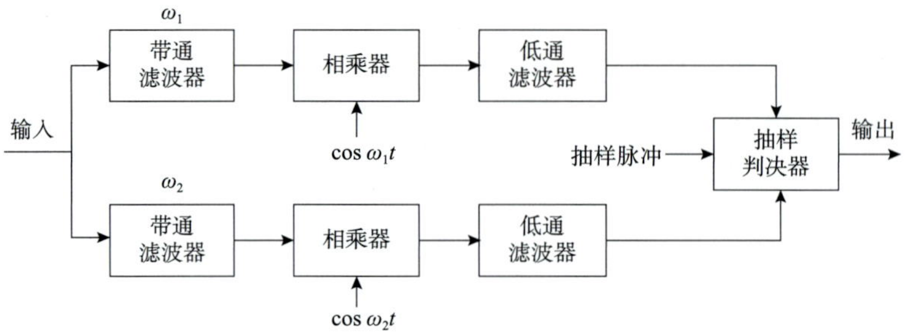

图 2-2-9　2FSK 相干解调原理框图

3. 相移键控

在相移键控中，载波信号的相位变化受基带信号控制，例如在二进制相移键控（2PSK）中，用相位 0 传递二进制信息 1，用相位 π 传递二进制信息 0。则 2PSK 调制信号的时域表达式如下：

$$s_{2PSK}(t) = \left[\sum_n a_n g(t - nT_s)\right]\cos\omega_c t \tag{2-2-5}$$

式中，a_n的取值为：

$$a_n = \begin{cases} 1, 概率为 P \\ -1, 概率为 1-P \end{cases} \tag{2-2-6}$$

当基带信号的传输速率与载波信号的频率满足整数倍关系时，2PSK 调制信号的典型波形如图 2-2-10 所示。

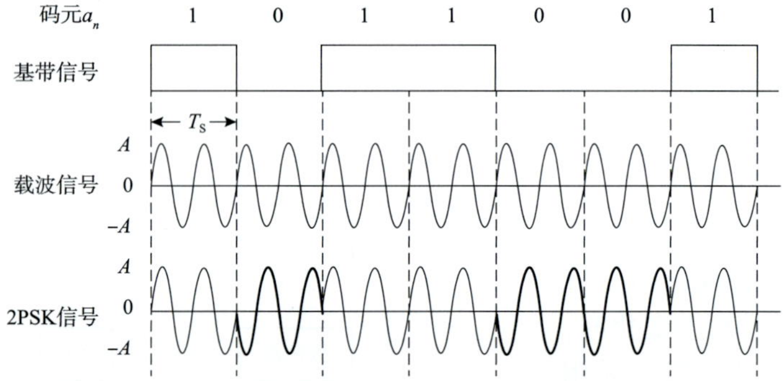

图 2-2-10　2PSK 调制信号波形

依照 2PSK 信号的时域表达式，已调信号的实现可以直接改变信号的相位，也能够通过改变信号的极性实现 0 和 π 相位的改变，如图 2-2-11 所示。

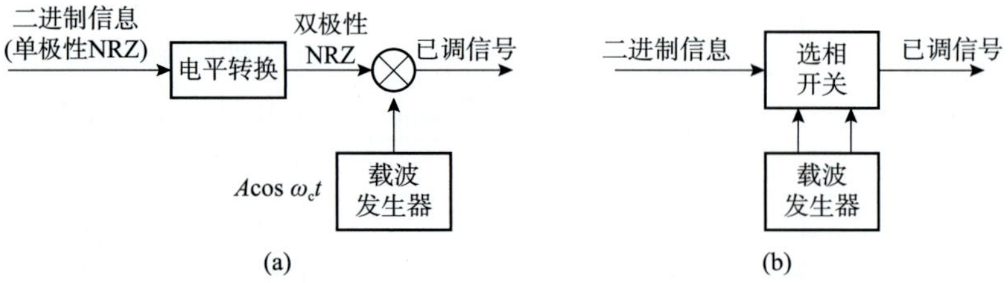

图 2-2-11　2PSK 调制原理框图

由于2PSK调制中载波信号的幅度与频率完全相同，无法通过包络检波的方式进行解调，因而要从接收信号中恢复出本地载波，采用相干方式进行解调。2PSK相干解调的原理框图如图2－2－12所示。

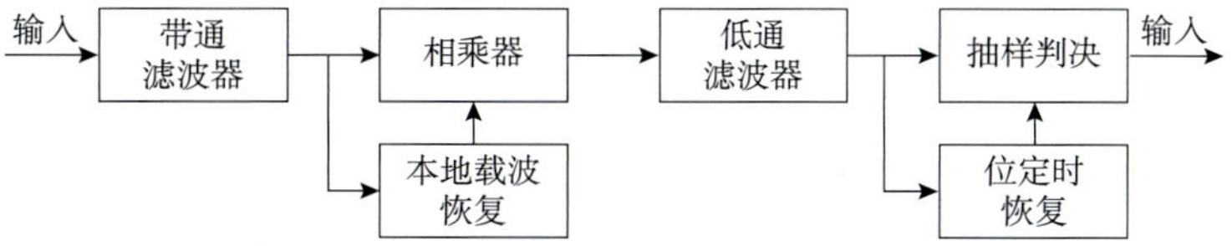

图2－2－12　2PSK相干解调原理框图

二、控制电路设计

控制电路及控制软件是无缆信号传输与控制的核心，可分为地面和井下两部分。地面部分主要是一套控制指令发送、接收装置及相关配套软件组成。当需要调节配注量时，由该装置发送某种特定规格的控制指令，通知井下部分完成各种动作，指令包含层位、流量、休眠唤醒、调节完毕等信息。

（一）总体技术方案

控制电路及控制软件井下部分由指令接收传感器、控制及测量电路、水嘴流量传感器、压力传感器、温度传感器、控制软件和电源等组成。当指令接收传感器接收到地面指令后，控制及测量电路对该信号进行识别和确认后执行相应动作，如从休眠状态下唤醒、驱动电机调节水嘴流量或压力、冻结当前状态等。控制及执行过程流程图如图2－2－13所示。

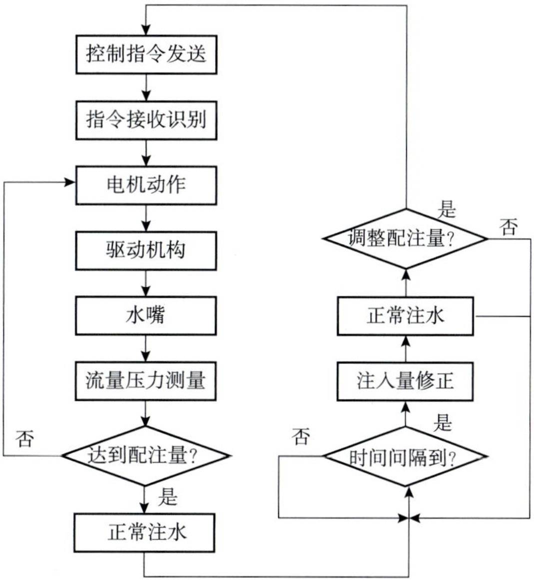

图2－2－13　控制及执行过程流程图

1. 信号传感检测技术选择

信号传感检测的目的是通过测量井下流体的流量、压力等相关参数，确定井下地层注入水量，从而进行井下水量的调配工作。可通过两种方法实现以上功能：①测量地层的注入流量；②测量配水器外即地层入口处压力。

流量传感检测技术。在遥控配水器上设有流量计，检测通过水嘴的液体流量，控制软件将井筒传输的预设配注量信号解码后，与从流量计检测到的实时流量数据进行对比，根据数据偏差控制电机运转，调节可调水嘴的通径，最终使注水量达到预设配注量。

压力传感检测技术。在正常注水状态下测取射孔层位流体入口处的压力数据，即可获取该压力下的注水量。方法是在注水管柱封隔器坐封后，通过调节水嘴使每个层单独注水，注水稳定后，调节至各层的配注量，在此流量下，地层入口处的压力是一定的，也即在该压力下，流量值是恒定的。在各单层调配完后，根据设计的配注量进行分层注水，这时不断调节水嘴，同时入口处的压力也随之变化，只要压力达到单注时的压力值（配注流量下），此时的流量值即为配注的流量值。

2. 电路控制技术选择

控制电路由指令接收传感器、流量或压力温度传感器、三路信号测量放大处理电路、单片机系统、电源和电机组成。指令接收传感器拟采用声波传感器，接收的信号经放大、解码等处理后送单片机识别，对整个系统及电机进行过程控制，调节水嘴时实时采集流量或压力温度数据，经处理后由单片机进行闭环控制，同时保存数据。控制电路工作原理图如图 2－2－14 所示。

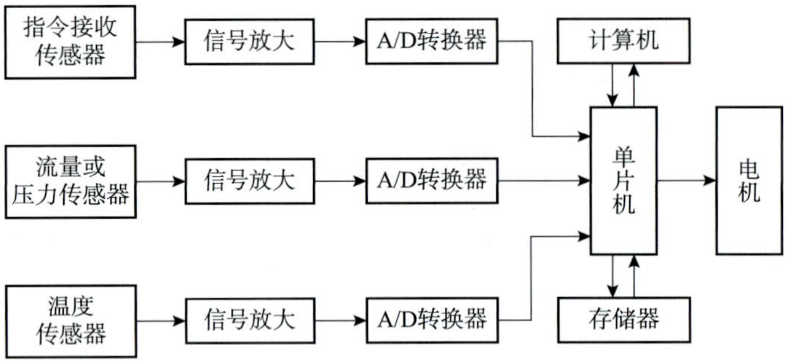

图 2－2－14　控制电路工作原理图

电路设计主要从降低功耗和提高可靠性两方面考虑。

（1）元器件的选择：

①直流电机。

根据计算，现有的小型测井专用电机功率在 2.5W 左右，基本可以满足要求，考虑到可靠性要求，选择 2.5～5W 电机。工作电压为 9～12V，电压过高需要较多的电池串联，或者在电路中增加升压模块，其自身需要消耗一定的功率，过低则电流较大，受电池最高放电电流限制。

②高温电池。

锂亚硫酰氯高温电池单节电压可达 3.6V，3 节串联组成电池组总电压为 10.8V，可以直接驱动电机。国产 ER18505S 型高温锂电池，单节容量达到 2.5Ah，按 3W、9V 最大电机功率计算，考虑到高温下电池放电容量 60% 以及控制电路的消耗，电机可连续运转 3h 以上，而实际上电机每次运转时间仅数秒，因此电机动力充足，满足使用要求。

③单片机系统。

单片机是整个系统能否优化设计的关键。井下存储式测量装置采用的单片机要求耐高温、低功耗、小体积，PIC 系列单片机能同时满足这三个条件。美国微芯公司生产的 PIC 系列单片机，品种齐全，而且每种产品均有 E 型军品级供货。本电路选用的 PIC16F628A－E 为 18 脚微功耗贴片式封装，工作电流仅为 μA 级，片载硬件看门狗、双定时器、串行通信、上电复位等模块，极大地方便了整个控制及电路的设计。

（2）电路设计方案：

①电机驱动电路。

小功率单相直流电机驱动电路较为简单，多采用 H 桥型电路，其原理图见图 2－2－15。当开关 S1、S3 同时导通，S2、S4 同时关闭时，电机正转；S1、S3 同时关闭，S2、S4 同时导通时，电机反转。实际电路中，开关由大功率场效应管或极型三极管代替，并由单片机通过小功率极型开关三极管控制。

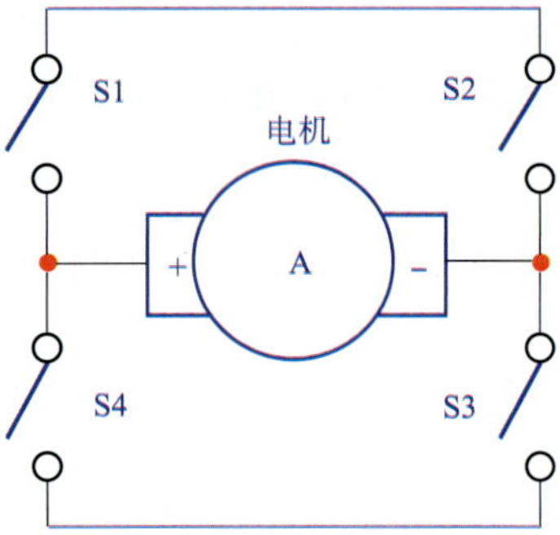

图 2－2－15　H 桥型电路原理

②控制及采集存储电路。

控制部分主要由软件实现，在硬件方面，单片机的控制电平通过 I/O 口输出，经过整形后控制小功率开关三极管，进而控制 H 桥路的大功率管。采集存储电路由传感器、信号调理电路、电压基准、A/D 转换器、存储器、通信电路等组成。

传感器：声波传感器拟采用压电式声波接收探头，可直接接收微伏级声波信号，抗干扰能力强；流量传感器选用无转动结构的涡街传感器，这种传感器流体黏度越小越好，特别适合注水井测试；压力传感器选用应变式溅射膜压力传感器，这种传感器性能较为稳定、精度中等、价格便宜，长期稳定性好；温度传感器用于对压力数据的校正，通用型薄膜铂电阻 PT1000 可以胜任。

信号调理电路：INA2321 为廉价低压、低功耗、低温漂双差动放大器，只用一片就可以完成压力和温度的前级调理。

A/D 转换器及电压基准：MAX1240 是单通道单电源 16 位模数转换器，内置最大 8 倍可编程放大器，REF3212 提供 1.25V 基准电压。选择较低的基准电压可降低前级放大倍数，减少干扰。

存储器及通信电路：AT24C1024 存储容量为 1M 位，可提供 1 万组以上的存储空间，可根据需要及电池容量进行扩展。通信电路用于设置参数及数据回读。

较低的工作电压可有效地降低功耗，一般地，+3V 供电较 +5V 供电可降低 50% 的功耗，较低的功耗同时意味着较低的电流，而电流是影响器件故障率及工作寿命的主要因素，尤其在井下高温环境中。因此，低压工作可提高器件的可靠性。

整个电路全部采用低压、低功耗型元器件，工作电压设计为 +3V，每个器件均有关断引脚，在定时和采样间隙可由单片机控制为关断状态，进一步降低功耗。测量系统对采样速度要求不高，单片机可以选择较低的工作频率，考虑到通信速度不能太慢，因此晶振频率控制在 1MHz 左右。另外，在软件设计方面，灵活运用中断、恰当地使单片机进入休眠状态都可以达到降耗的目的。在可靠性方面，除了降低工作电压以外，电路板的设计要合理隔离大小电流、高低频率、模地数地等，加强对电源的干扰抑制。

3. 软件控制技术

控制软件分地面和井下两部分。地面部分，软件安装于 PC 机内，用于仪器的工作参数设置、存储数据的回读以及资料解释。井下部分为单片机控制程序，是遥控配水器的技术关键，主要功能包括：控制指令读取和识别、流量或压力温度数据的采集、数据计算、电机动作控制、延时修正、低功耗控制等。

（二）元器件选型

井下测量装置元器件的选型非常关键，元器件的质量将直接影响仪器的性能和技术指标。因此，应着重考虑元器件温度性能、工作寿命以及功耗等特性。

1. 单片机选择

控制电路的核心为单片机，其性能的优劣直接影响到系统的各项性能指标。选用具有低功耗特性的单片机可以大大降低系统功耗，可以从供电电压、单片机内部结构设计、系统时钟设计和低功耗模式等方面考察单片机的低功耗特性。CPU 内核的选择原则为“够用就好”。目前，单片机的运行速度越来越快，但性能的提升往往带来功耗的增加。一个复杂的 CPU 集成度高，功能强大，但片内晶体管多，漏电流大，即使进入 STOP 状态，漏电流也不可忽视；而简单的 CPU 内核不仅功耗低，成本也低。目前国内主流的单片机以 8 位单片机为主，8 位单片机由于内部构造简单，体积小，成本低廉，在一些较简单的控制器中应用很广。8 位单片机种类繁多，可根据指令内核的不同分为 3 大类，即 51 系列、PIC 系列和 AVR 系列。3 类单片机的优缺点见表 2－2－1。

表 2－2－1　几种单片机功耗比较

类型	型号	工作电流（4MHz，3V，25℃）	休眠电流（看门狗开，3V，25℃）	休眠电流（看门狗关，3V，25℃）
51 单片机	AT89C2051	3mA	20μA	5μA
PIC 单片机	PIC16F883	480μA	2μA	0.15μA
AVR 单片机	Mega48	550μA	5μA	0.1μA

经过综合评估，本控制电路采用 PIC 单片机作为主控芯片。为保证本项目的高效稳定开发，结合现有人力资源，并考虑到开发成熟度以及功耗等性能，采用 STM32 系列作为主控芯片。

本项目采用的单片机为美国 Microchip 公司的 PIC16F883 芯片，它与同类的单片机相比，通常能实现 2：1 的代码压缩率和 4 倍的速度提升，集成了很多功能部件，减少了外部元件的使用，提高了系统可靠性，并降低了功耗。

本项目采用的 STM32L476RX 主控芯片是基于高性能 ARM ® Cortex ® – M4 32 位 RISC 内核的超低功耗微控制器（MCU），工作频率高达 80MHz，具有嵌入高速存储器（FLASH 1MB，SRAM 128KB）和灵活的外接存储器控制器（FSMC），Quad SPI 闪存接口和各种增强的 I/O 外设。STM32L476RX 在采用了 Cortex – M4 核心的同时，使用了新的生产工艺，从 STM32L0、STM32L1 的 110nm 工艺进化到 90nm 工艺，使其在继续保持超低功耗特性同时，性能上有了跳跃式提升。

2. 其他元器件选型

除单片机以外，控制电路的主要元器件还包括模数转换器、振荡器、运算放大器、稳压电源等。经过大量的类比和筛选，结合项目的总体设计方案，最终确定了控制电路的主要元器件型号。

模数转换器选用美国 Texas Instruments（TI）公司生产的 ADS1112，这是一种精密的连续自校准的 16 位 A/D 转换器，具有结构紧凑、开发方便、测量精度高等特点。

系统振荡器选用美信公司的 MAX7377，为带有复位的双速率硅振荡器。MAX7377 可为 3V、3.3V、5V 应用中的微控制器提供主时钟源、辅时钟源以及复位功能。具有在工厂编程的高速振荡器、32.768kHz 振荡器、时钟选择器输入和微处理器（μP）上电复位（POR）监控器。时钟输出可随时在高速时钟与 32.768kHz 时钟之间切换，实现低功耗工作模式。

运算放大器选用 TI 公司生产的微功耗 BiMOS 型轨对轨输出双运放 TLV27L2，其工作电流极低，每通道只有 7μA。

稳压电源选择了两款 LDO 稳压器，均为 TI 公司生产，其中非可控稳压器为 TPS71530，采用 SC－70 封装，具有 50mA、3.0V 输出电流和电压，输入电压高达 24V，而其最大负载时工作电流仅有 3.2μA。可控稳压器 TPS76930 是一款超低功耗 100mA 输出低压降线性稳压器，工作电流 17μA，非使能时芯片漏电流小于 1μA。

指令及数据存储器选用的是 Microchip 公司的 24LC1025，它是一片只有 8 管脚的 1024kBit 串行 EEPROM 芯片，可重复擦写 10000 次以上，在掉电情况下，测试数据亦不会丢失，特别适合作为井下测量电路的数据存储器。选用的几款器件主要技术指标见表2-2-2。

表2-2-2　几款器件主要技术指标

名称及型号	工作电压	工作温度	封装	功耗
单片机 PIC16F883	2.0~5.5V	-40~+125℃	DIP28	<1mA @5V，4MHz <480μA @3V，4MHz <0.1μA 低功耗 Sleep 模式
模数转换器 ADS1112	2.7~5.25V	-40~+125℃	MSOP10	<1mA，2.5MHz <240μA，1MHz
硅振荡器 MAX7377	2.7~5.5V	-40~+125℃	8μMAX	32kHz 时 11μA
双运放 TLV27L2	2.7~16V	-40~+125℃	SOIC8	25℃时 7μA
稳压器 TPS76930	2.7~13.5V	-40~+150℃	SOT23	100mA 时 17μA
存储器 24LC1025	1.8~5.5V	-40~+125℃	SOIJ	CMOS 低功耗技术，最大写入电流为 3mA

（三）传感器及电池的选择

配水器内安装有压力和温度传感器，压力传感器用于接收压力脉冲信号并测量注入压力，温度传感器用于温度测量和压力数据校正。

1. 压力传感器选型

压力传感器主要用于检测流体或固体的压力，并能进行信号传输。压力传感器的类型包括电阻应变片压力传感器、半导体应变片压力传感器、压阻式压力传感器、电感式压力传感器、电容式压力传感器、谐振式压力传感器及电容式加速度传感器等。其中压阻式压力传感器和压电式压力传感器具有极低的价格和较高的精度以及较好的线性特性，因此应用最为广泛。

压阻式压力传感器的工作原理是当压敏电阻受压后产生电阻变化，通过放大器放大并采用标准压力标定，即可进行压力检测。压阻式压力传感器的性能主要取决于压敏元件（即压敏电阻）、放大电路，以及生产中的标定和老化工艺。压电式压力传感器是利用某些晶体的极化效应，即当晶体沿着一定方向受到机械力作用发生变形时，就产生了极化效应；当机械力撤掉之后，又会重新回到不带电的状态，也就是受到压力的时候，某些晶体可能产生出电的效应。压阻式压力传感器无论是性能的稳定性、压力的测量范围还是测量精度、耐温性能等方面都要优于压电式压力传感器。

根据传感器的不同特点，选用长沙科力奥传感科技有限公司生产的 SCD-1111 型油井专用压力传感器，量程为 70MPa。SCD-1111 的压力敏感元件采用溅射工艺，在压力介质直接作用的 17-4PH 不锈钢膜片上，以分子键合的方式制作出“微米”级的电阻膜。再经过微电子工艺制作出需要的惠斯通电桥，组成全金属型敏感元件，无任何粘贴剂和活动件，无须密封腔和充油腔，因此具有适用恶劣环境和长期稳定性工作的特点。该压力传感器是专门为油田测井、试井和压力仪表设计的高性能压力传感器，产品在高温状态下长期稳定工作，抗振动，耐冲击，防潮。适用于油田测井、试井、数字压力表、内燃机、压缩机、试验机等高温高压、恶劣环境场合的压力测量。

SCD-1111 型压力传感器技术主要指标：

精度：±0.1%FS（精度包括：非线性、迟滞和重复性）；

稳定性：（一年）±0.1% FS；

压力限制：2 倍标称压力；

破坏压力：10 倍标称压力；

压力循环：>100 万满压循环；

工作/贮存温度：－40～150℃；

零点温度漂移：小于 0.005% FS/℃；

灵敏度温度漂移：小于 0.005% FS/℃；

冲击：20G，11msec，1/2 sine；

震动：10G peak，20～2400Hz；

防护等级：IP－67；

供应电源：四线制 1～20VDC；

输出信号：1～2.6mV/V（根据量程变化）；

零点偏差：<0.5mV；

电桥输入阻抗：3～4kΩ；

电桥输出阻抗：2.8～3.8kΩ；

外壳材料：316L 不锈钢。

2. 温度传感器选型

铂电阻温度传感器具有精度高、稳定性好、可靠性强、产品寿命长等优点，在井下仪器、工具的应用具有优势，本项目拟采用 ADT7410 芯片作温度采集模块，ADT7410 输出的是数字信号，与主控间通过 IC 通信，具有体积小，抗干扰能力强，精度高的特点。可耐高温至 150℃，支持 3.3V 供电，静态功耗 2μA，满足本项目需求。

ADT7410 采用不锈钢外壳封装，内部填充导热材料和密封材料灌封而成，尺寸小巧，适用于精密仪器、恒温设备、流体管道等温度的测量。敏感元件为 Pt1000，连接扣型为螺纹 M10×1.5mm，保护管材质为 316 不锈钢，A 级精度，测量范围为－50～200℃，最大工作电流小于 0.5mA，时间常数小于 1s。它具有温度反应快、迟滞系数小、体积小、稳定可靠、抗震性强等特点，符合井下测量装置低功耗等技术设计要求。

3. 电池选型

配水器长期在井下工作，考虑到下入工艺复杂性和项目成本，采用电池对其进行供电。根据配水器的工作环境、工作特点以及内部结构，要求选用的电池具有体积小、容量大、耐温性能好、供电平稳等特点。

目前，在石油勘探开发过程中唯一能够在井下使用的电池为高温锂电池。高温锂电池的使用级别一般可分为 100℃、125℃、150℃、175℃和 200℃及以上。普遍使用的一次高温电池所采用的电化学体系可分为锂－亚硫酰氯和锂－硫酰氯两种。这是因为在目前所有电化学体系中，这两种体系的比能量最高，使用温度范围最广，贮存时间最长，工作电压最高。低于等于 100℃使用的电池，不需要特殊设计，一般市面上的电池经适当改进即可使用。低于等于 125℃使用的电池，只要在常规电池生产工艺基础上做适当调整和控制，就可生产出合格产品。在 150℃和 175℃使用的电池，则需要特殊设计。180℃和 200℃以上使用的电池，因为大于锂的熔点（180.5℃）已不适于作负极，此种电池须采用锂合金为负极。锂－亚硫酰氯电化学体系是目前比能量最高的电化学体系，它有如下优点：①电压高且平稳，额定电压为 3.6V 或 3.9V，高温负载电压 3.4～3.9V，放电曲线平稳，直到接近放电终点（2.0V）

时，曲线才发生突变。②比能量高，可达600Wh/kg。③使用温度范围广，高温电池为-20～+125℃，中高温电池为-20～+155℃，高温150～180℃，特殊设计可达+200℃或以上。

本项目选用3B3700锂电池，属于美国ELECTROCHEM公司生产的耐温150度的高性能产品系列的PMX150系列，该系列含有1/2AA、AA、C、CC、DD尺寸电池，相当于5号、2号、1号等电池，其中AA尺寸相当于5号电池，C尺寸相当于2号电池，此类电池广泛应用于军工、油田、钻井等环境恶劣和温度要求高的领域，电池性能属于世界顶尖水平。

PMX150系列产品型号有3B5700、3B1065、3B3700、3B3000、3B2800，属于高电流率电池，工作温度为-20～+150℃，性能参数见表2-2-3。

表2-2-3　3B3700性能参数

型号	尺寸	额定电流/mA	最大连续电流/mA	容量/Ah	端电压/V
3B3700	C	50	500	6.2	3.93

配水器需要供电的部分包括直流电机及驱动电路、控制电路、传感器。阀门水嘴在动作时需要克服一定的压力差，所以直流电机要有足够的扭力，根据电机驱动机构的设计计算，电机功率至少在2W以上，当电机功率确定后需要考虑的是电机的电压等级，功率一定，电压越高则电流越小，反之则电流越大。一般工业用直流电机供电电压为6V、9V、12V、24V和36V，考虑到电池连续放电能力及串联个数，选择12V电机较为合适，连续工作电流按2W计算为167mA，三节电池串联总电压11.8V，刚好满足使用要求。在前面元器件的选择已经确定，控制电路和传感器的供电电压为+3V，可由一节电池经稳压后提供。这样，配水器供电电池组必须提供两组电压，+12V和+3.9V，+12V不经稳压直接给直流电机和电机驱动电路供电，+3.9V经过稳压后形成+3V电源给控制电路和传感器供电。

电源功耗计算：3B3700型锂电池，容量为6200mAh，开路电压3.93V，总能量为（电池串联时总容量仍等于单节电池容量，但电压叠加）：

$$J = UIT = 3.93 \times 6200 \times 10^{-3} \times 3600 = 87718\ (\mathrm{J}) \qquad (2-2-7)$$

水嘴阀门的动作由直流电机驱动，电机又是由驱动电路控制实现正转和反转，即阀门的打开和关闭等动作，下面给出的电机工作电流包括了驱动电路本身的工作电流。配水器在整个工作过程中，水嘴需要动作的时机是：上电后水嘴自检，全开、全关一次，管柱下井后进行首次配注，每给一次指令水嘴动作一次，达到配注量后正常注水，之后每隔一定时间自我调节一次，每次水嘴动作2次，在大部分时间里水嘴处于静止状态，此时不消耗电能。

电机在井下大扭矩状态下工作，较地面空载电流167mA要大许多，这里假设为300mA，水嘴全开或全关动作时间按30s计算，则消耗的能量为：

$$J = UIT = 3.93 \times 300 \times 10^{-3} \times 30 = 35.4\ (\mathrm{J}) \qquad (2-2-8)$$

锂电池并不能百分之百完全放电，按最恶劣条件下70%的放电率，电池容量的个体差异按5%的折损，电池年自耗率在高温下按10%计算，驱动电路自身漏电损耗的电量按10%计算，另外串联的电池电压下降到7V以下时将无法驱动电机，这部分的残余容量按60%计算，因此，能够给电机提供的有效容量为：87718×70%×(100%-5%)×(100%-10%)×(100%-10%)×60%=28349J，电机全开或全开一次消耗的功率为35.4J，28349/35.4=800，即水嘴可单向动作800次。配水器在井下工作期间，每隔一定时间水嘴自我调节一次，这种设计即可防止水嘴阀体结垢，又可对配注量进行修正，若每2d调节一次，每次水嘴动作2次，则电池电量可支持的时间为800/365 = 2.19（年），约26个月。考虑到不定时的地面配注动作以及配注量进行自我修正时的微调，况且水嘴动作并非每次都是全开或全关，有时只是开一半或关一半，因此，18个月的有效工作时间是可以保证的，另外，在实际应用中，每2d水嘴自我调节一次属于较为频繁的保守设计，因此，对于电池及电机的选择满足设计要求。

4. 单元电路设计

配水器控制电路包括稳压电路、单片机系统、压力检测电路、温度检测电路和电机驱动电路，对于压力负脉冲信号传输方式还有脉冲检测电路，对于电子信息球信号传输方式，还有唤醒电路，信息读写电路。稳压电路由非可控稳压器TPS71530和可控稳压器TPS76930组成，稳压器输出均为3V；单片机系统以PIC16F883单片机为核心，外围电路有模数转换器、存储器；压力和温度检测到的信号经过处理后分别输入到模数转换器；单片机通过2根I/O口线控制电机驱动电路，并检测电机是否过流；脉冲检测电路将压力差信号进行放大和比较后对单片机产生一个中断信号，由单片机在规定的时间内进行计数，根据脉冲数的多少确定水嘴执行何种动作；当有导磁体经过唤醒电路时会产生磁感应信号唤醒单片机，单片机唤醒后给读写器供电，接收线圈得电即可与信息球进行数据交换，读写器将数据即控制指令写入存储器，由单片机读取并识别和执行。

（1）稳压电路设计。

稳压电路原理图如图2-2-16所示。

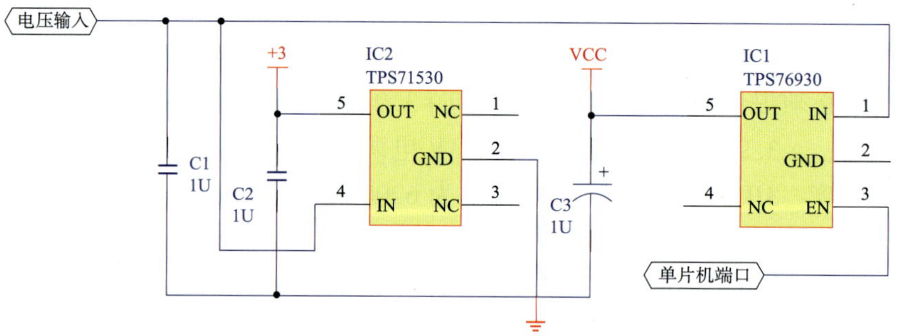

图2-2-16 稳压电路原理图

电路由非可控稳压器TPS71530和可控稳压器TPS76930组成，稳压器输出均为3V（VCC也是3V），TPS71530上电及输出稳定的3V电压供单片机及振荡器。TPS76930给单片机系统以外的所有电路包括传感器供电，其是否输出电压由单片机控制，正常工作时使能TPS76930，系统休眠前关断。

（2）单片机系统设计。

单片机系统电路设计着重在于低功耗方面。单片机低功耗模式指的是系统的等待和停止模式。处于这类模式下的单片机功耗将大大小于运行模式下的功耗。过去传统的单片机，在运行模式下有wait和stop两条指令，可以使单片机进入等待或停止状态，以达到省电的目的。等待模式下，CPU停止工作，但系统时钟并不停止，单片机的外围I/O模块也不停止工作；系统功耗一般降低有限，相当于工作模式的50%~70%。设计原则有以下几个注意的方面：

①停止模式。

停止模式下，系统时钟也将停止，由于外部事件中断重新启动时钟系统时钟，进而唤醒CPU继续工作，CPU消耗电流可降到μA级。在停止模式下，CPU本身实际上已经不消耗什么电流，要想进一步减小系统功耗，就要尽量将单片机的各个 I/O 模块关掉。随着 I/O 模块的逐个关闭，系统的功耗越来越小，进入停止模式的深度也越来越深。进入深度停止模式无异于关机，这时的单片机耗电可以小于 20nA。其中，片内 RAM 停止供电后，RAM 中存储的数据会丢失，即唤醒 CPU 后要重新对系统作初始化。因此在让系统进入深度停止状态前，要将重要系统参数保存在非易失性存储器中，如 EEPROM 中。深度停止模式关掉了所有的 I/O，可能的唤醒方式也很有限，一般只能是复位或 IRQ 中断等。

保留的 I/O 模块越多，系统允许的唤醒中断源也就越多。单片机的功耗将根据保留唤醒方式的不同，降至 1μA 至几十 μA 之间。例如，用户可以保留外部键盘中断，保留异步串行口（SCI）接收数据中断等来唤醒 CPU。保留的唤醒方式越多，系统耗电也就会多一些。其他可能的唤醒方式还有实时钟唤醒、看门狗唤醒等。停机状态较浅的情况下，外部晶振电路还是工作的。

②选择合适的时钟方案。

时钟的选择对于系统功耗相当敏感，设计者需要注意两个方面的问题：

第一是系统总线频率应当尽量低。单片机内部的总电流消耗可分为两部分——运行电流和漏电流。理想的 CMOS 开关电路，在保持输出状态不变时，是不消耗功率的。

第二是时钟方案，也就是是否使用锁相环振荡。使用外部晶振还是内部晶振等问题。

单片机系统原理图如图 2-2-17 所示。

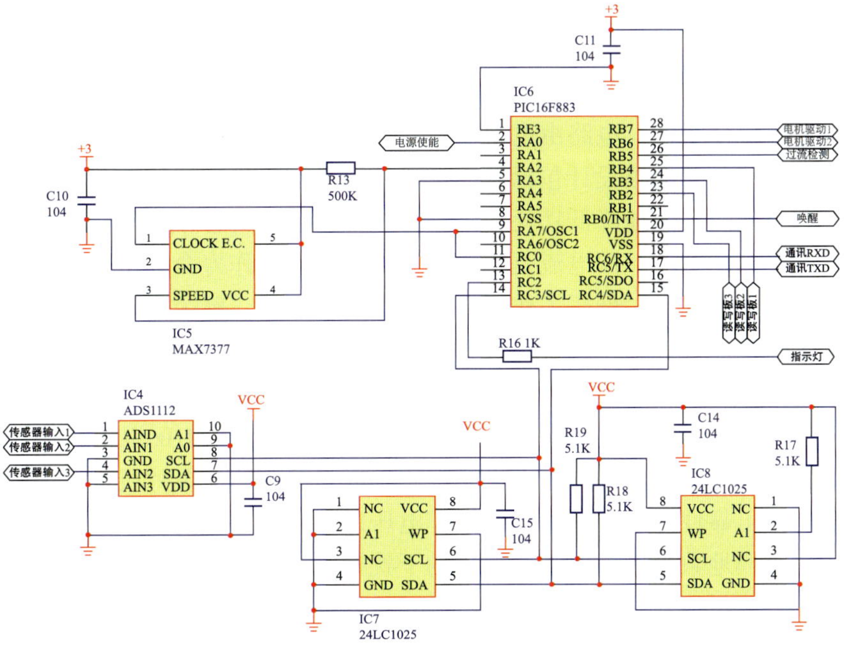

图 2-2-17　单片机系统原理图

IC6 为单片机 PIC16F883，RA0 接稳压器 TPS76930 使能端，低电平有效，RA2 接 IC5 振荡器 MAX7377 频率控制端 3 脚，RA2 置高时 MAX7377 频率输出端 1 脚输出 4MHz 高频，置低时输出 32768Hz 低频，高频时系统与 PC 机通信，低频时系统低速低功耗正常工作。RA7 为单片机外部主时钟输入端，RC0 为内部 T1 计数器外部时钟输入端，该端与 RA7 相连，当系统休眠时内部主时钟停止，但外部振荡器 MAX7377 仍然工作，T1 照常计数，为系统提供定时唤醒中断，完成定时采集温度和压力数据或进行其他操作。RC2 通过限流电阻 R16 连接指示灯，用于系统正常或故障显示。RC3 和 RC4 为主控同步串行（MSSP）模块时钟和数据端口，组成 I2C 串口通信方式，实现单片机与外接设备的串口通信，A/D 转换器 IC5、存储器 IC7 和 IC8 挂接在此线上。RC5、RC6 为增强型通用同步/异步收发器（EUSART）模块收发端子，与 PC 机串口交叉相连。RB0 为单片机唯一的一个外部中断端子，系统休眠前打开此端口的中断功能，当压力负脉冲或磁感应信号有效时唤醒单片机，接收控制指令。RB2、RB3、RB4 为读写板控制与通信端子，信号传输为压力负脉冲方式时悬空。RB5 检测电机是否过流，当电机电流超过设置值时该端子输出低电平。RB6、RB7 为电机正反转控制端子，与电机驱动板相连，控制 H 桥路的单向导通，高电平有效，这两个端子不能同时为高。

IC4 为模数转换器 ADS1112，这是一款精度为 16 位的 A/D 转换芯片，内含两路差分/三路单端，板载参考电压 2.048V，内部增益最高为 8，工作频率 15～240Hz。能长期工作于 150℃的高温环境中，在存储式测井仪器中有着特殊的应用，是一款不多见的集高精度、低功耗、低电压、耐高温于一体的 A/D 转换器。温度和压力传感器信号以单端形式输入，在 ADS1112 内部时钟作用下完成模数转换，ADS1112 通过 I2C 总线与单片机进行通信。

IC7 和 IC8 为 1Mbit（×8）的 EEPROM 存储器 24LC1025，温度压力数据每组 4 个字节，可储存 65536 组，若每 15min 采集数据一次，则每天采集 97 组数据（其中一组为日标识），65536/97＝675(d)，约合一年又 10 个月。调整采集时间间隔可延长或缩短仪器的工作时间。24LC1025 通过 I2C 总线与单片机进行通信，硬件连接时 I2C 总线必须接上拉电阻，取值 1～10kΩ，读写数据越快上拉电阻应越小，本电路读写速度适中，取 5kΩ 较为合适。

配水器在井下长期工作，电路由电池供电，而电池容量有限，因此配水器高可靠性及低功耗设计尤为重要。整个电路设计包括硬件和单片机控制软件都围绕这两方面进行。

较低的工作电压可有效地降低功耗，＋3V 供电较＋5V 供电可降低 50% 的功耗，较低的功耗同时意味着较低的电流，而电流是影响器件故障率及工作寿命的主要因素，尤其在井下高温环境中更是如此。因此，低压工作可提高器件的可靠性。整个电路全部采用低压、低功耗型元器件，工作电压设计为＋3V，每个器件均有关断引脚，在定时和采样间隙可由单片机控制为关断状态，进一步降低功耗。测量系统对采样速度要求不高，单片机可以选择较低的工作频率，考虑到通信速度不能太慢，因此晶振频率控制在 1MHz 以下，这也是降低功耗的手段之一。另外，在软件设计方面，灵活运用中断及恰当地使单片机进入休眠状态都可以达到降耗的目的。可靠性方面，除了降低工作电压以外，电路板的设计要注意合理隔离大小电流、高低频率、模地数地等，加强对电源的干扰抑制。

单片机 PIC16F883 简介及设计要点：PIC16F883 是采用纳瓦技术的 28 引脚增强型闪存 8 位 CMOS 单片机，具有以下技术特性：

高性能精简指令集，仅有 35 条指令，除跳转指令外，所有指令均为单周期指令。8 级深的硬件堆栈，直接、间接和相对寻址模式。高精度内部振荡器，可通过软件选择的频率范围为 31kHz 至 8MHz，双速启动模式，在工作期间切换时钟模式可以节能。

宽工作电压范围（2.0～5.5V），工业级及扩展级温度范围（－40～150℃）。带有片上振荡器的增强型低电流看门狗定时器（Watchdog Timer，WDT），可软件使能（在软件选择最大分频比时，标称周期为 268s）。

高耐用性闪存可承受 10 万次擦写，EEPROM 可承受 100 万次擦写，数据保持时间大于

40 年。工作电流：32kHz、2.0V 时典型值为 11μA，4MHz、2.0V 时典型值为 220μA，待机电流：2.0V 时典型值为 50nA。

外设方面有：11 个通道的 10 位分辨率 A/D 转换器；带 8 位可编程预分频器的 8 位定时器/计数器 Timer0；带预分频器的 16 位定时器/计数器和专用低功耗 32kHz 振荡器的增强型 Timer1；带 8 位周期寄存器、预分频器和后分频器的 8 位定时器/计数器 Timer2；增强型 USART 模块支持 RS－485、RS－232 和 LIN 2.0；主同步串行口（Master Synchronous Serial Port，MSSP）模块支持 3 线 SPI（总共 4 种模式）和带有 I2C 地址屏蔽功能的 I2C（TM）主/从模式。

PIC16F883 在硬件设计上主要考虑如何配置振荡器：PIC16F883 内部配置有多种振荡方式，硬件和软件相结合，灵活方便，但由于系统长期在井下高温环境下工作，又需要频繁在休眠和工作状态上切换，根据以往的使用经验，在高温下休眠唤醒较为困难，往往容易造成系统死机而带来无法预料的后果。因此，在设计振荡器配置时，采用外部振荡器作为系统的主振荡器，当系统休眠时外部振荡器依然工作，从而不存在系统起振困难的问题，但需要考虑外部振荡器要有足够的温度稳定性和低的功耗。

振荡器 MAX7377 简介及设计要点：硅振荡器是美国美信公司近年开发的新产品，作为单片机辅助器件，具有体积小、功耗低、频率稳定、温度适用范围广等特点。对于大多数微控制器的时钟要求而言，硅振荡器是一种简单而有效的解决方案。与晶体和陶瓷谐振器不同的是，硅定时器件对于振动、冲击和电磁干扰（EMI）不敏感。此外，硅振荡器不需要精心匹配定时元件或严格的电路板布线。在实际应用中，除了一些环境因素外，时钟源的选择标准通常依据 4 个基本条件：精度、供电电压、尺寸和噪声。精度需求通常取决于特定应用所采用的通信标准。MAX7377 是带有复位功能的双速硅振荡器，是陶瓷谐振器、石英晶体、晶体振荡器模块和分立复位电路的替代品。

MAX7377 提供时钟源，并集成了复位、看门狗和电源失效检测功能。看门狗定时器可由引脚编程，提供 16ms 至 2048ms 范围的看门狗超时检测。电源失效检测输出能够产生预警信号。MAX7377 的电源失效检测阈值由内部设置。MAX7377 还提供一个独立的看门狗输出，用作状态指示器或控制对安全性要求苛刻的系统单元。

MAX7377 的时钟输出由工厂设置，可在高速时钟与 32.768kHz 时钟之间切换，实现低功耗模式。切换过程由内部同步，切换时不会产生脉冲干扰信号。与典型晶振和陶瓷振荡器不同，MAX7377 具有较强的抗震、抗 EMI 优势，能够可靠工作在较高温度。高输出驱动电流、无高阻节点，使这些振荡器不易受恶劣或潮湿工作条件的影响。

由于 MAX7377 具有较高的性能指标，尤其是高温性能，非常适合应用于测井仪器的高温环境。据统计，单片机系统长期在高温环境下使用，其故障率的 50% 是由于晶体振荡器高温性能较差引起的，用 MAX7378 代替晶体振荡器为单片机系统提供时钟源可大大提高系统在高温环境下的运行稳定性，减小故障率。另外，MAX7377 还提供了高精度的 32.768kHz 低频时钟，而一般地，单片机系统在此时钟下功耗可降至高速时（4MHz）的 10% 以下，这点对井下测试仪器尤为重要。如采用 PIC 系列单片机，在 32.768kHz 的时钟频率下，工作电流可控制在 50μA 以下，低的工作电流减小了芯片的自身发热量，带来的直接好处是提高了系统高温稳定性和可靠性，对于无须高速采样的系统来讲，此频率既可保证仪器正常工作，又为系统内部提供诸如精确定时、精密 I/O 口控制输出等。

MAX7378 电路设计要点：

第一点：MAX7377 使用逻辑输入引脚 SPEED 设置时钟速率，该引脚拉低选择低速时钟（标称值为 32.768kHz），该引脚拉高时选择高速时钟。SPEED 输入可以接至 Vcc 或者 GND 以选择高速或低速时钟，或者接到逻辑输出（如单片机的 I/O 口），用于控制时钟速率，如果 SPEED 输入接单片机端口，并在输入情况下上电时，应在 SPEED 输入端接上拉或下拉电阻，从而在上电过程中将时钟设定为所期望的速率。经过电阻流入 SPEED 输入的漏电流非常小，因此可以使用高达 500kΩ 的电阻。

第二点：MAX7377 工作在 2.7 ~5.5V 电源电压，为保证 MAX7377 的电源抑制能力，需要良好的电源去耦，旁路电容应安装在尽可能靠近器件的位置。可能的话，可以将 MAX7377 安装在靠近单片机的去耦电容的位置，这样就可以省去额外的去耦电容。如果 MAX7377 驱动大的容性负载时，需要使用大容量的旁路电容，旁路电容的容量值至少是输出负载电容的 1000 倍以上。

模数转换器 ADS1112 简介及设计要点：ADS1112 是 TI 公司生产的一款具有两个差动或三个单端通道的自校准 ADC，可配置为提供 12 位到 16 位精度。该产品使用板上 2.048V 参考电压（精度为 0.05%，漂移为 5ppm/C）执行转换过程，其可编程数据速率为 15、30、60 或 240 采样/每秒。板上可编程增益放大器（增益高达 8），能够以极高的精度测量弱信号。

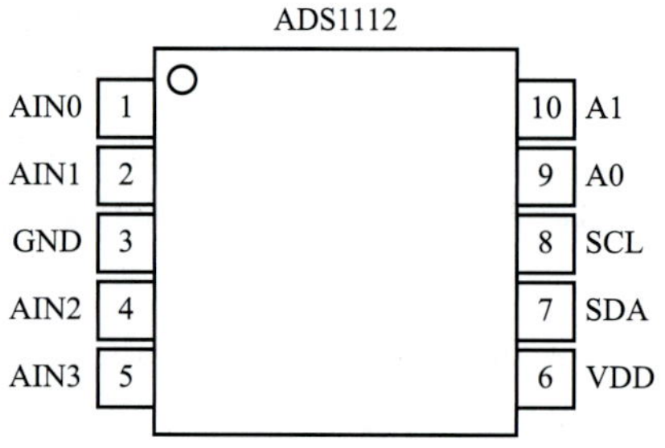

图 2-2-18　ADS1112 引脚图

ADS1112 具有极低的电流消耗量（240μA），通过编程可以将其设定为完成转换后自动断电，从而达到降低功耗的目的。该器件采用 I2C 接口，工作时使用一个 2.7V 到 5.5V 的电源供电。封装形式有 MSOP 与无引角 QFN，MSOP 封装引脚图如图 2-2-18 所示。

ADS1112 电路设计要点：

第一点：ADS1112 由小型低电压工艺构造而成，模拟输入以对电源具有保护功能的二极管为特点，然而，这些二极管的电流管理能力受限制，而且如果模拟输入电压维持在高于满幅度 300mV 则会对 ADS1112 造成永久性的损害，防止过压的方法是在输入线上加限流电阻。ADS1112 的模拟输入可承受最大 10mA 的瞬间电流。

第二点：如果 ADS1112 由运放驱动，且处于宽电源电压如 +12V 时，即使运放已经配置不会超出输出电压范围也应该提供保护功能，在加电时，通常是在输入稳定之前，多数运放立即寻求电源，该瞬间脉冲会损害 ADS1112。有时，这一损害还会增加并导致慢性，长期故障，此故障对永久装配的低维护度系统的损伤更为严重。若将运放或另外的前端电路与 ADS1112 一起使用，则一定要考虑电路性能，这些设备的连接强度以其最弱的链接为基准。

第三点：对 ADS1112 采取 PCB 布线技术相对容易一些，而且 16 位性能也不难达到。任何数据转换器实际上只相当于其基准，对于 ADS1112 其基准就是电源，因而电源必须足够干净以达到期望的性能，如果采用了电源滤波电容器，则应将该电容器置于靠近 VDD 引脚处，在电容器和 VDD 引脚之间没有通路，引至该引脚的路径应尽可能宽，即使它在器件上必须被收缩至瓶颈状。

存储器 24LC1025 简介：美国微芯科技公司（Microchip Technology Inc.）生产的电擦写式只读存储器系列 24LC1025 容量为 1024 千位，以 x8 位存储器块进行组合。该器件支持 2 线串行接口总线，兼容 I2C™。施密特触发器输入以抑制噪声，兼容 100kHz（1.8V）和

400kHz（≥2.5V）两种传输速率。低电压设计允许工作电压最低可至1.8V，待机电流和工作电流分别为1μA和1mA。具有128字节页写入缓冲。具有硬件写保护功能，擦写次数可达100万次，数据保存超过200年，扩展工作温度-40～+150℃。功能性地址线允许连接到同一条总线上的器件数目达4个。24LC1025引脚图如图2-2-19所示，应用时A2脚必须接VCC。

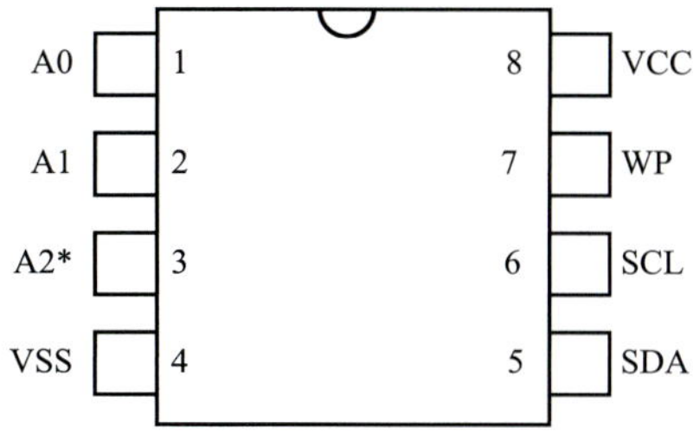

图2-2-19　24LC1025引脚图

24LC1025设计要点：根据总线协议的定义，只有在总线空闲时才可启动数据传输，所为总线空闲是指数据线和时钟线同时为高电平。数据传输期间，在时钟线为高电平时，无论何时，数据线都必须保持稳定。在时钟线为高电平时改变数据线将视为起始或停止条件。时钟（SCL）为高电平时，SDA从高电平变为低电平表示起始条件产生。起始条件必须先于所有的命令产生。时钟（SCL）为高电平时，SDA从低电平变为高电平表示停止条件产生。所有操作都必须以停止条件结束。数据线的状态表明数据何时有效。在起始条件之后，数据线在时钟处于高电平期间保持稳定。必须在时钟信号为低电平期间改变数据线。一个数据位对应一个时钟脉冲。数据的每次传输以起始条件开始，以停止条件结束。在起始条件和停止条件之间传输的数据字节数目由主器件决定。每一个被寻址的接收器在接收到每一字节数据后，应发送一个确认位。主器件必须提供一个额外的时钟以传输确认位。串行总线上的数据传输次序如图2-2-20所示。

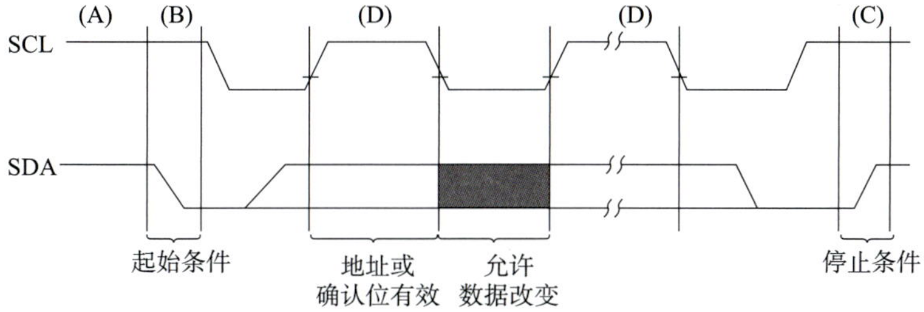

图2-2-20　串行总线上的数据传输次序

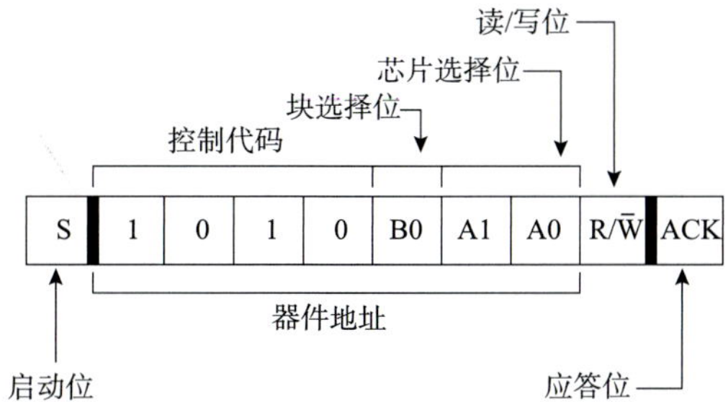

图2-2-21　控制字节格式

在起始条件之后，从主器件接收的第一个字节是控制字节。控制字节以4位控制码开始，这4位设置为‘1010’以便进行读/写操作，之后是1位块选择位（B0），存储器内有128000个字节，2字节的存储单元寻址能力只有64000字节，B0位为‘0’时选择前64000字节，为‘1’时选择后64000字节，随后的2位为片选位（A1、A0）。片选位的不同组合允许在同一条总线上使用的24LC1025器件达4个，并用于选择访问哪一个器件。控制寄存器中的片选位必须与相应器件引脚A1和A0上的逻辑电平保持一致。控制字节的最后一位定义将要进行的操作，设置为‘1’，选择读操作；设置为‘0’，选择写操作。控制字节格式如图2-2-21所示，地址序列位分配如图2-2-22所示。

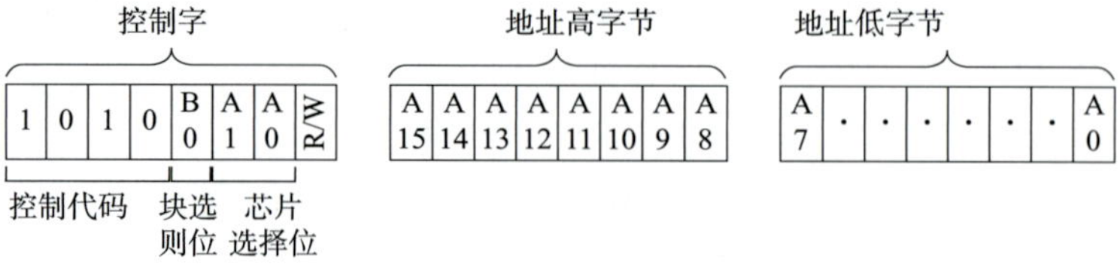

图 2-2-22　地址序列位分配

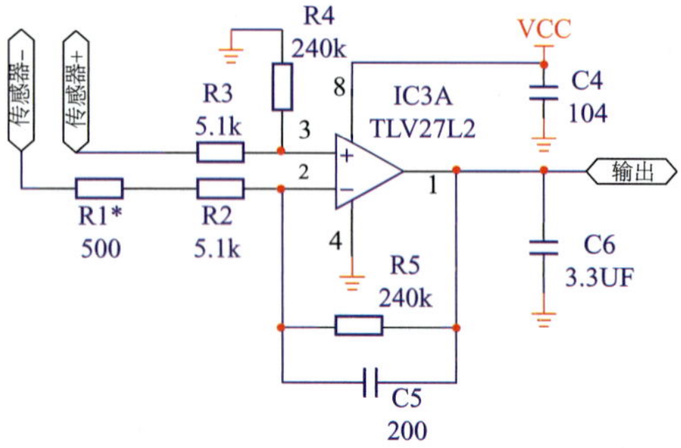

图 2-2-23　压力检测电路原理图

(3) 压力检测电路设计。

电路原理图如图 2-2-23 所示。这是典型的差分输入放大器电路，R1* 与 R2 组成电路输入电阻，R5 为反馈放大电阻，R1* 调节正反相输入端输入电压的平衡，使电路输出为一合适的基值，克服压力初始端变化率死区提高电路线性。R3、R4 为输入平衡电阻，其取值遵循 R4∥R3 = R5∥R2。电路输入接模数转换器 ADS1112 的 1 脚。

前述 ADS1112 内部参考电压为 2.048V，假设将 ADS1112 内部放大倍数配置为 8，则压力检测电路输出最大值为 2.048/8 = 0.256V。已知 SCD-1111 压力传感器灵敏度平均为 1.8mV/V，传感器 3V 供电，满量程输出 1.8×3 = 5.4mV，故电路放大倍数应为：256/5.4 = 47（倍），若 R2 取值 5.1kΩ，则 R5 反馈电阻为 241kΩ，取标称值 240kΩ。

运放 TLV27L2 特性：这是一款低功耗 BiMOS 型轨对轨输出单电源双运放，具有如下特性：

输入失调电流小于 1pA；

增益带宽 160kHz；

每通道工作电流 7μA；

输入噪声 89nV；

供电电压 2.7～16V；

军品级温度 -40～150℃。

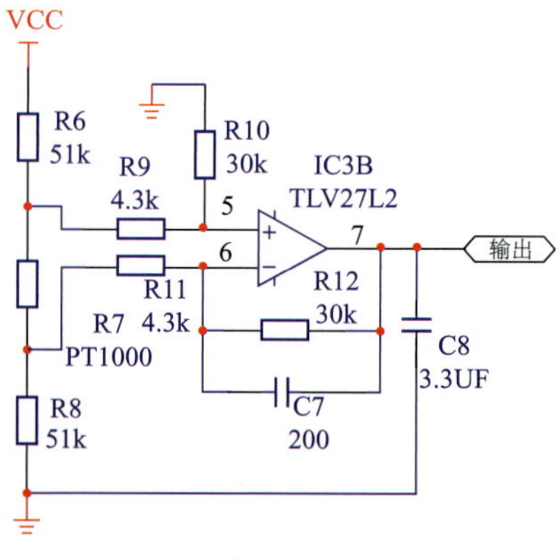

图 2-2-24　温度检测电路原理图

(4) 温度检测电路设计。

电路原理图如图 2-2-24 所示。与压力检测电路一样，这也是一个典型的差分输入放大器电路。ADS1112 放大倍数为 8，电路输出最大值 256mV，根据 PT1000 分度表，150℃时电阻值为 1479.514Ω，运放差分输入电压为：[3/(51 + 1.4795 + 51)]×1.4795 = 42.89mV，电路放大倍数为 256/43 = 5.9（倍），为使测量留有余地，电路设计的放大倍数为 5.6。

(5) 电机控制电路设计。

电路原理图如图 2-2-25 所示。

配水器水嘴阀门的打开和关闭由电机的正转和反转来完成，电机的正反转由单片机控制。为满足电机正反转要求，电机供电必须采用悬浮式供电方式，即电机供电端子相对于参考地是悬浮的，其控制电平可高低变化。根据这一要求并结合所选用的电机参数，专门设计了一种具有针对性的 H 形桥式电路。由于配水器在井下长期工作，砂、蜡等脏污难免沉积、结垢，当结垢或沉积严重时会使电机负荷加重甚至堵转，严重时还会损坏电机，因此电路中还设计了电机过流保护电路。KZ1、KZ2 接单片机控制输出，当 KZ1 为高电平，KZ2 为低电平时，Q6、Q7 导通，Q7 导通使 Q3 导通，Q5、Q8 截止，Q8 截止使 Q4 截止，电流从 Q3 经电机流入 Q6，电机正转；同理，当 KZ2 为高电平，KZ1 为低电平时，电流从 Q4 经电机流入 Q5，电机反转。无论电机正转、反转，电流最终经 R10、R11 入地。R10、R11 为限流取样电阻，当电机遇阻或堵转时电流上升，R10 上电压降升高，当达到某个预定值时 Q9 导通，R14 电平由高变低，产生一中断信号送单片机，由单片机作出相应的过流保护处理。

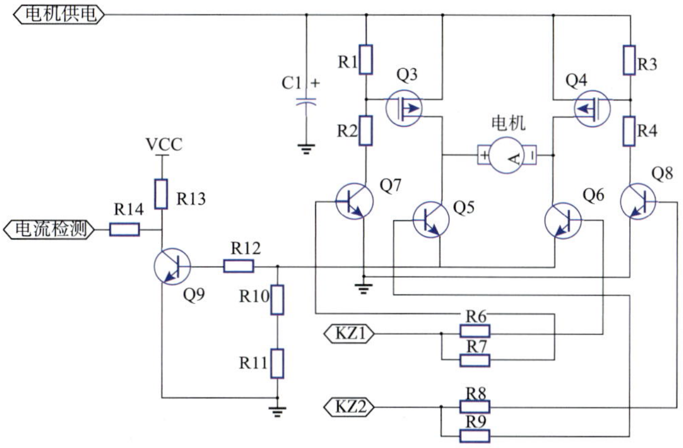

图 2-2-25　电机控制电路原理图

三、控制软件设计

通过对压力采集、信号处理和识别等方面进行设计，开发出基于井筒压力脉冲信号无线双向传输系统，实现井下工具高效、稳定、低成本的操作和控制。

（一）软件流程

软件主要任务：

（1）与地面设参调试软件交互：控制板硬件属性参数的设置及回传、地层压力及温度等数据处理及回传；

（2）系统控制流程执行：井上下传压力波通信信号的接收和处理以及其指令解析和执行、井下往井上发送数据编码及压力波信号发生控制、系统整体流程管理、状态记录和故障机制。

（二）压力波双向通信

1. 井上到井下通信

井口信号控制柜控制井口机构向井下发送一组负压脉冲，这一组信号格式为 $n+m$（地址 + 动作指令），周期为 15min，前 6min n 个信号某个控制板所在层位号（也就是一个地址对应多个控制板中的某一个控制板），后 9min m 个信号代表井下控制板要执行的动作指令。如下：为实际现场发送 3 +3 指令到井下，有效脉宽 2 ~3s，压力恢复时间 20 ~30s，最小可识别幅度 0. 5MPa。

2. 井下到井上通信

井口布置有综合信号控制柜及其他井口机构，井口机构配有压力计，进行上传数据的接收，综合信号控制柜进行上传数据的解析及处理。

井下的井筒壁分层置入多个智能调测仪板块，智能调测仪配有控制电机，电机调节水嘴开度，水嘴嘴前压力、嘴后压力都会发生变化，嘴前压力会引起井筒压力变化，井口压力计捕捉到该压力变化作为信号输入，上传数据以该压力信号为传输介质，以一定数据格式进行通信。

井下压力传感器接收到负压脉冲信号，由井下控制板采集解析。地址指令对应层位的控制板工作，执行控制命令（控制命令包括全开、半开等），控制命令的落实对象是双向直流电机（无须调速），由电机控制阀体开闭实现井下压力波产生（图2－2－26）。

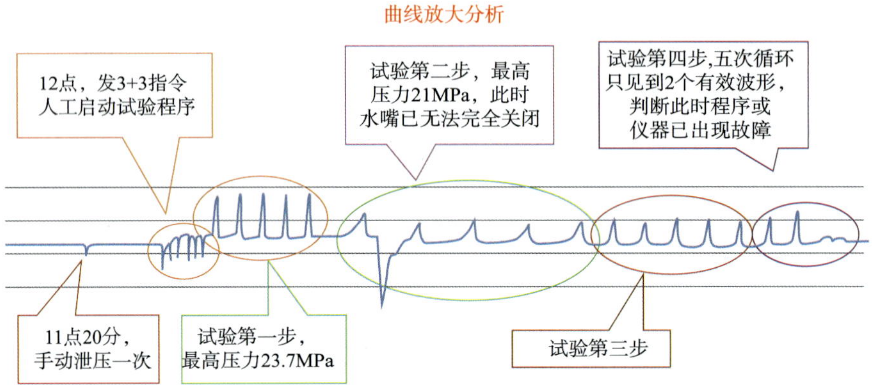

图2－2－26　脉冲信号波形

井下向井上传输数据时，井下阀体周期性开合，产生压力波将采集到的底层压力数据传输到井口综合信号控制柜，检测到单位时间内高压信号为信号1，单位时间内无高压信号为信号0，目前数据格式为16位数据位，加校验码等位达18位。

当井下接到上传指令，智能调测仪按需调取存储的压力、温度、状态或流量数据，进行二进制编码，并按照上述数据格式进行数据帧封装，随后控制电机进行动作，按位输出数据信号。井口综合控制柜压力计捕捉到压力脉冲信号，对数据信号进行解析，将数据进行处理和存储。

（三）通信处理

1. 数据传输协议

（1）井上到井下：$n+m$（地址＋动作）。

井上到井下主要用于井下控制及工作状态检测，目前格式包含上述两项内容。

（2）井下到井上：同步码＋16位数据＋校验码。

目前井上与井下控制板的通信是一对一开展，不会同时多个控制板通信，工作的开启由井上地址码决定，井下上传数据可以不带地址位，16位数据位充足，可根据数据种类需求修改，附加码主要基于准确安全，基本起止位，验证位即可。但此部格式与井口上位机相关，需保持一致格式。

2. 记录黑匣子设计

记录控制系统的关键工作状态、各分任务流程异常状态、数据存储（温度、压力）、故障机制总体管理（归类记录、更新记录避免存储数据过多）。

3. 检测模块

增加外部存储记录调试、运行过程数据，以便进行后续系统的故障及数据特点分析，包括：

(1) 各任务执行状态详细跟踪记录，任务内各个节点执行状态记录；

(2) 压力波通信下传指令原始数据（脉冲个数或通信信号采样值）、解析结果（操作、地址）记录；

(3) 压力波通信上传原始数据（温度、压力、流量相关）。

4. 流量计算

根据采取的管内压力值、管径，可对照规范压力、管径、流速对照表（图2-2-27），推算出流速：

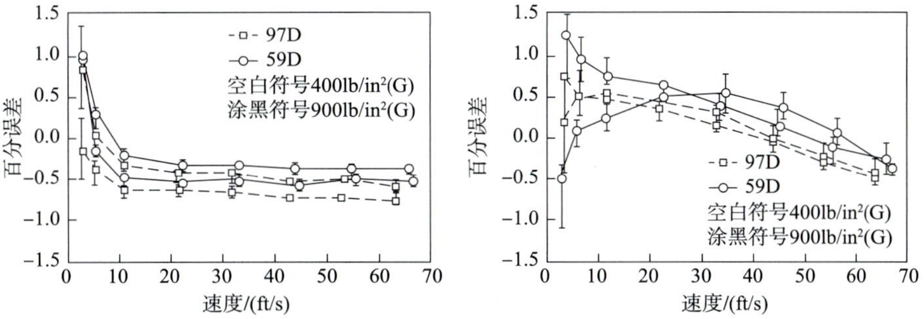

图2-2-27　压力、管径、流速对应表

再根据流速、压力、管径、流量对照表推算出流量。流量的计算考虑放在上位机进行，主要根据压力、管径数据开展，但LabView处理数据计算能力较弱，精度要做取舍。

(四) 软件系统设计

1. 系统模式及低功耗设计

为适应井下环境，基于单片机低功耗模式建立状态机控制系统。

(1) STM32L4单片机需使用的工作模式。

运行模式：即单片机全速运行模式，使用高速时钟，在井上设参、通信时启用；

低功耗运行模式：使用低速时钟，USB关断无法工作，井下压力波通信时启用；

低功耗睡眠模式：由低功耗运行模式进入，CPU休眠，不执行指令，其他外设时钟关闭，任意中断时间唤醒，非通信状态启用；

睡眠模式：区别于低功耗睡眠，由运行模式直接进入睡眠模式，CPU休眠，不执行指令，其他外设时钟关闭，任意中断时间唤醒，非通信状态启用。

待机模式：PLL，MSI，HSI16和HSE被禁用，LSI和LSE保持运行，软件指令切换进入和退出，在下井后压力波通信前或睡眠模式激活后启用。

图2-2-28是几种工作模式的汇总。

(2) 状态机状态逻辑。

状态机起始状态为调试状态与运行状态，首先进行状态刷新，确定状态。

调试状态：在井上，与地面设参调试软件通过USB通信进行交互，可进行控制板自检、参数设置、数据读取工作，上位机设置进入调试状态，设置成功，刷新到运行状态。

运行状态：在井下，与井口机构进行压力波双向通信。

Mode	Regulator(1)	CPU	Flash	SRAM	Clocks	DMA& Peripherals[2]	Wakeup source	Consumption[3]	Wakeup time
Run	MR range1	Yes	ON[4]	ON	Any	All	N/A	112 μA/MHz	N/A
	SMPS range 2 High							40 μA/MHz[5]	
	MR range2					All except OTG_FS,RNG		100 μA/MHz	
	SMPS range 2 Low							39 μA/MHz[6]	
LPRun	LPR	Yes	ON[4]	ON	Any except PLL	All except OTG_FS,RNG	N/A	136 μA/MHz	to Range 1: 4 μs to Range 2:64 μs
Sleep	MR range1	No	ON[4]	ON[7]	Any	All	Any interrupt or event	37 μA/MHz	6 cycles
	SMPS range 2 High							13 μA/MHz[5]	
	MR range2					All except OTG_FS,RNG		35 μA/MHz	6 cycles
	SMPS range 2 Low							15 μA/MHz[6]	
LPSleep	LPR	No	ON[4]	ON[7]	Any except PLL	All except OTG_FS,RNG	Any interrupt or event	40 μA/MHz	6 cycles

图 2-2-28　单片机工作模式

（3）低功耗设计。

主要针对进入井下工作开展：

a. 调测仪井上与设参软件通信单片机采用全速运行模式，完成设置刷新系统状态并存储记录，进入系统运行状态，此时默认单片机工作模式为待机模式，短暂定时等待超时后，如无指令操作，系统进入睡眠模式，关机待下井；

b. 调测仪下井后，开机调取系统状态，状态应为运行状态，首先进入待机模式，无指令操作睡眠，有指令操作进入低功耗运行状态，接收井上压力波下传指令，解析指令；

c. 低功耗运行模式：压力、温度数据采集，电机动作向井上通信传输数据；

d. 通信交互成功，进入睡眠模式，等待外部中断输入进行下一次通信；

e. 数据异常、异常复位等情况记录相关状态，进入待机模式；

f. 休眠模式启动前，I/O 输出控制晶闸管开关，关闭外设硬件电源，以达到最佳节能效果。

2. 指令解析

（1）硬件解码。

主控以下传压力脉冲作为外部中断退出睡眠，脉冲个数（$n+m$）为对应指令。

（2）软件解码。

压力波模拟数据经 AD 转换，DMA 暂存，减少 CPU 负荷，以起始平恒压力基准 $P0$，脉冲峰值开始下降值确定脉冲峰值 $P1$，平均计算设置阈值（$P0+P1$)/2，大于阈值为 1，小于阈值为 0。当下一次脉冲峰值 $Q1$ 到来，根据上次峰值 $P1$，校准基准 $Q0$，计算阈值（$Q0+Q1$)/2，大于阈值为 1，小于阈值为 0。

睡眠退出以另一路压力传感器作外部输入激活主控。

3. 任务线程

（1）数据采集线程。

在运行状态下，进行地层压力、温度等数据的采集。结合低功耗要求以及数据采样频率不高的特点，采用固定周期 T（可根据生产调整设置）采样数据。当系统在井下正式进入运行状态后，依次执行以下步骤：

每达到周期时间 T 时，系统开启数据采集，不达到周期时间不采集；

进行 AD 转换得到数据，存储数据；

进行数据监控，确定是否异常（传感器数据为 0、满量程等，判断传感器是否故障或其他井下状况，生成对应状态信号），如状态异常，循检一定次数，断定传感器失效，停止采集（采集停止后可由通信线程指令恢复）。

线程执行流程如图 2－2－29 所示。

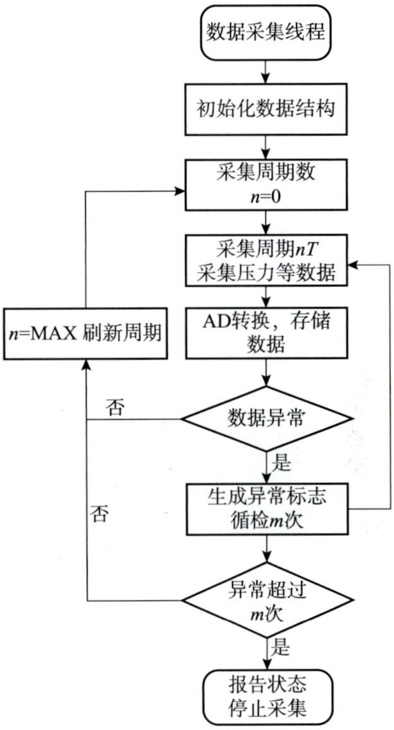

图 2－2－29　数据采集线程

(2) 通信线程。

在运行状态下，进行与井口机构的压力波双向通信。当控制板上电后，设置休眠待机。下传压力指令信号由外部中断输入，当控制板主控接收到井口信号，主控激活，进入低功耗运行状态。在命令解析之后，根据相应地址码，确定井下某块控制板工作，非需控制板进入非通信状态，只进行数据采集线程。每一次通信结束，记录通信状态以及关键任务执行状态（如下传指令中操作跟随记录），各执行步骤执行状态、解析的指令均存入外部存储。当异常复位时，可根据状态记录，恢复执行节点（图 2－2－30）。

(3) 调试线程。

进行井上的调试自检、设参工作。在调试状态下，通过 USB 与设参调试软件进行交互：可进行参数设置及回传、存储数据的回传，以及电机、传感器的直接控制测试（图 2－2－31）。

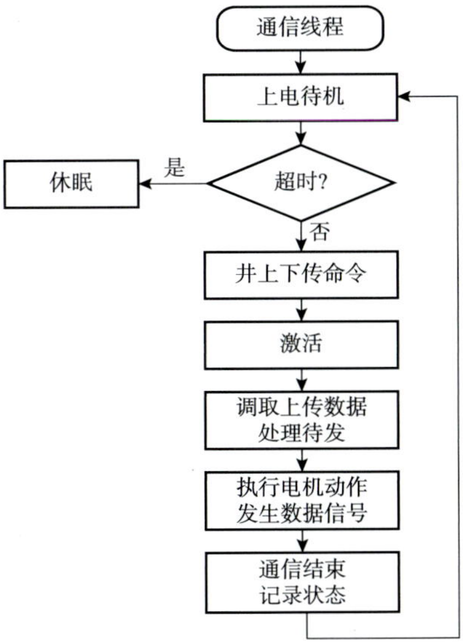

图 2－2－30　通信线程

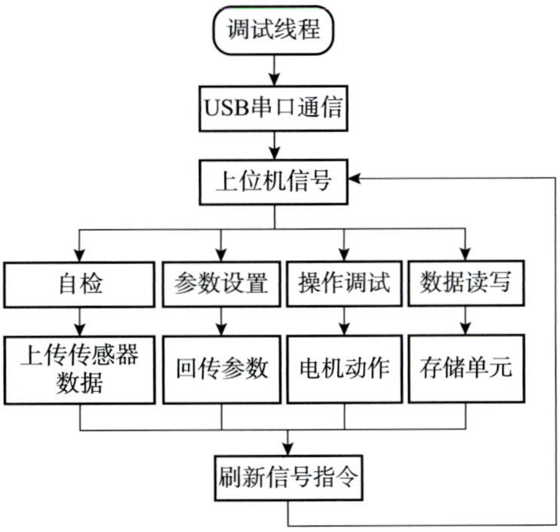

图 2－2－31　调试线程

四、传输测试

（一）通信传输室内试验

1. 指令输入测试

（1）测试目的。

测试控制板压力波指令输入功能，鉴于实验室内测试环境条件，采用模拟压力波信号进行测试。

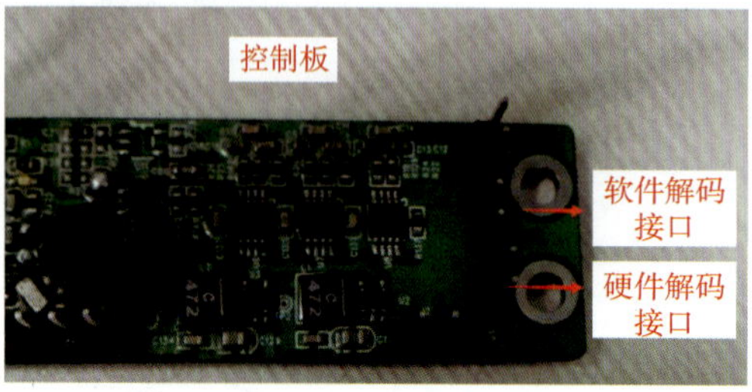

图 2-2-32 控制板接口

（2）测试步骤。

搭建模拟输入电桥电路，将模拟信号接入压力信号接收端（图 2-2-32）；

输出随机指令记录解析情况，解析情况同步至 LED 输出（仅调测阶段）（表 2-2-4）。

表 2-2-4 随机指令解析表

指令		地址位（n）	动作位（m）
二进制	001111	001	111
计数	111111	3	3
硬件解码		001111	
软件解码		001111	
LED 跟随同步		√	
工作状态切换		工作状态	睡眠状态
		进入	进入

（3）测试结果：

输出指令 001111，分别接入硬件解码接口、软件解码接口，同步至 LED 跟随记录确认，两项解码解析均正确完成；计数方式可在激活的前提下计数正确，也可作为软件解码激活信号成功进入工作状态，传输解析结束进入睡眠状态。指令解析功能流程上可靠、数据准确性均可实现。

2. 数据输出测试

（1）测试目的：

测试控制板压力波数据输出功能，按照数据输出协议，制动电机，鉴于实验室条件，直接同步记录电机输出状态。

（2）测试步骤：

①按照数据协议，每帧输出一串包含以下类型有效数据位（图 2-2-33）。

②按照低位帧、高位帧串行输出，低位校验 01，高位校验 10，跟随记录电机输出状态，填入表 2-2-5。

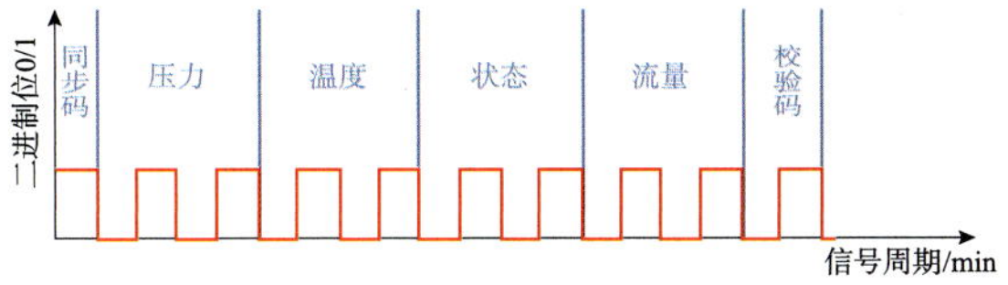

图 2－2－33　有效数据位组成

表 2－2－5　电机输出状态表

位定义	同步码	数据位				校验
	1	压力	温度	状态	流量	01
低位	1	1001	1100	0010	1100	01
高位	1	0001	0001	0000	0010	10
动作输出	√	00011001	00011100	00000010	00101100	√

（3）测试结果。

按低位帧、高位帧输出待传输数据帧，跟随记录电机输出状态，输出同步无误，无缺位、校验错出现。

3. 采集数据测试

（1）测试目的：

主要测试主控采集数据的转存、上位机转换的效果。

（2）测试步骤：

①温度/压力数据采集测试，为了方便观测，测试周期以 s 为单位时间测试，不以实时时间为标准时间。

②温度数据一组测试为 30s 主控采集一次，共测 8 次，只测室温，90s 后物理加温一次，观测一组数据主控直接输出与上位机回读情况；

③主控直接读出数据，见表 2－2－6。

表 2－2－6　主控输出数据

次数	1	2	3	4	5	6	7	8
原始数据	26.2	26.0	28.0	42.3	49.7	50.0	33.4	31.4

④上位机绘制一组数据，如图 2－2－34 所示。

⑤压力数据采用模拟输入量测试，50s 内连续采集每秒采集一次，每 10s 固定输入状态，有效区间为 10～60s，模拟输入为整数，测试幅度为 0～50mV，20s、40s 递增 25mV，如图 2－2－35 所示。

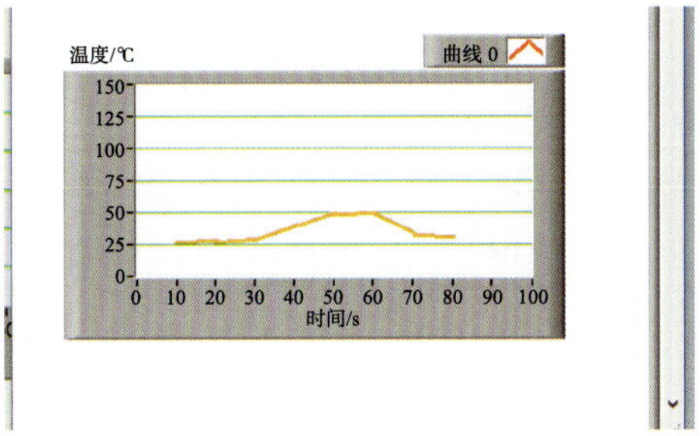

图 2－2－34　上位机数据

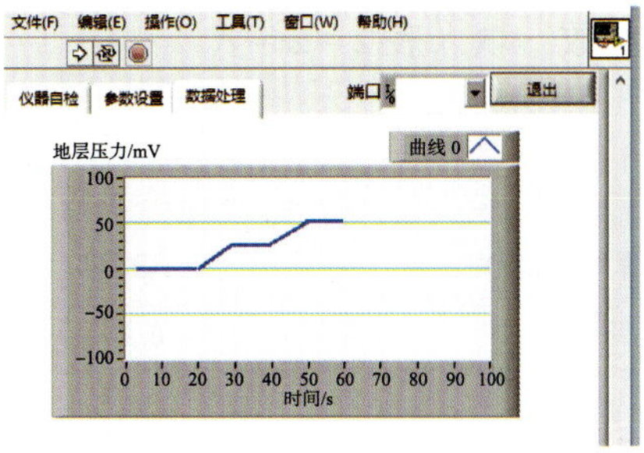

图 2－2－35　上位机绘制数据

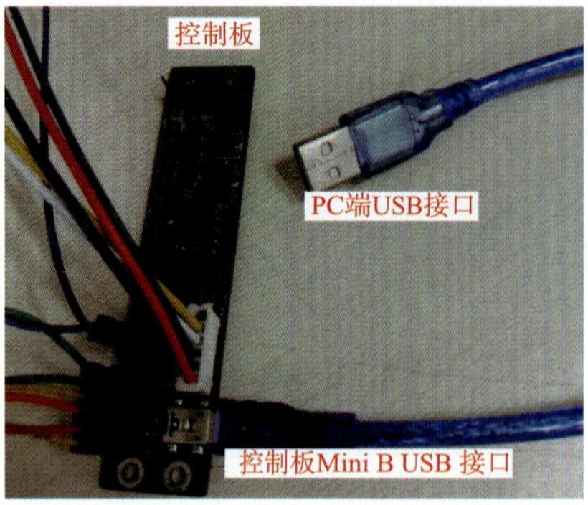

图 2-2-36　USB 测试实物连接

（3）测试结果：

温度/压力数据转存成功，采集存储数据与回读读出数据一致，上位机可以按照设定时间周期进行数据图表绘制。

4. USB 测试

（1）测试目的：测试 USB 的主控端、PC 端驱动效果，上位机连接情况（图 2-2-36）。

（2）测试步骤：

①使用 Mini B 型接口 USB 线连接智能调测仪主控板与 PC（图 2-2-37）。

②安装 USB CDC 驱动程序；打开电脑设备管理器，刷新硬件扫描，可以看见正常的智能调测仪 USB 端口如图 2-2-38，无叹号、STM32 设备名可见即为驱动成功。

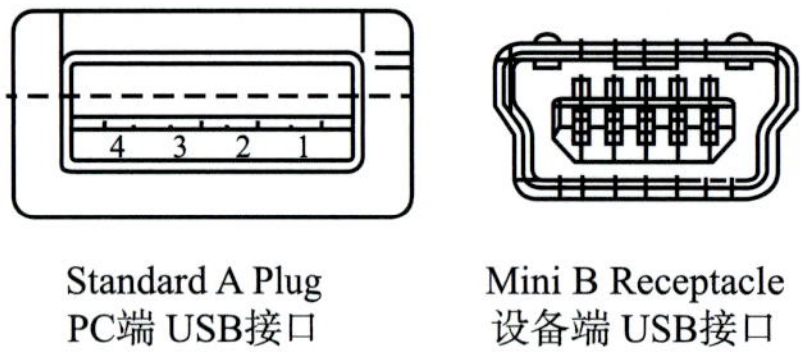

图 2-2-37　USB 线缆端口类型

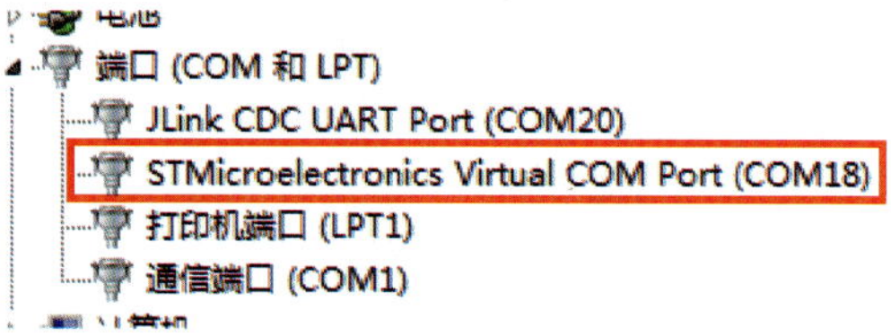

图 2-2-38　设备 USB 驱动成功

③上位机通信端口选择，选择对应 STM32 设备端口，可以选中即可连接（图 2-2-39）。

（3）测试结果：

由以上连接情况确定，STM32 设备 USB 底层驱动成功、上位机 USB 驱动成功。

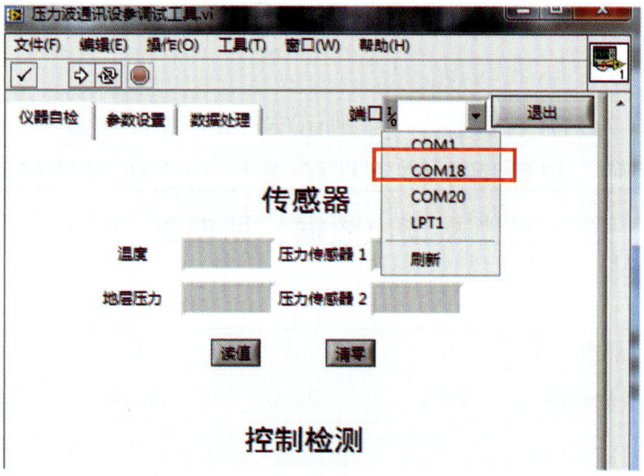

图 2-2-39　连接对应端口 USB 设备

（二）电机驱动测试

1. 测试目的

测试 DRV10970 集成驱动芯片的驱动无刷直流电机的效果，测量各项输出参数，得出该驱动方案与本设计工作需求的匹配程度。

2. 测试步骤

①连接控制板与驱动板，启动控制板，观察电机运行状态；同时使用示波器观测三相输出各项参数，填入表 2-2-7。

表 2-2-7　DRV10970 三相输出情况

参数	A 相	B 相	C 相
峰-峰值/V	13.8	13.04	13.70
平均值/V	6.27	6.40	6.42
频率/Hz	135.5	132.1	134.5

②示波器观测三相输出波形质量，填入表 2 -2 -8，并做基本分析。

表 2 -2 -8 DRV8332 三相输出波形

	波形图	描述
理想 PWM 驱动波形	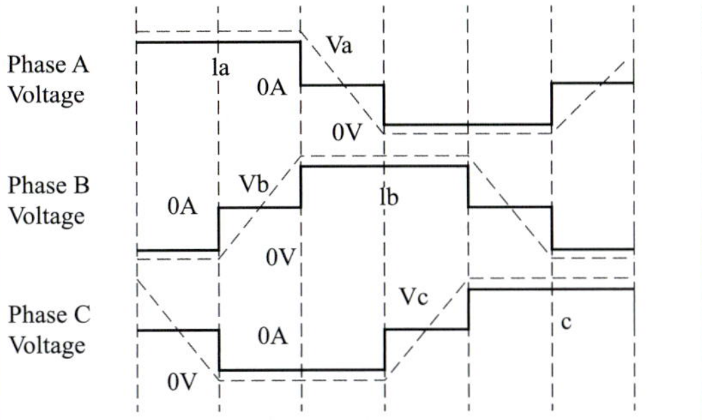	方波驱动理想波形不同于接近正弦波的理想直流波形（IO 驱动），三相输出波形为相位差为 120°的梯形波； 如左图所示，为一个电机一个机械周期，电压、电流波形，虚线为电压波形，实线为电流波形
W 相 U 相	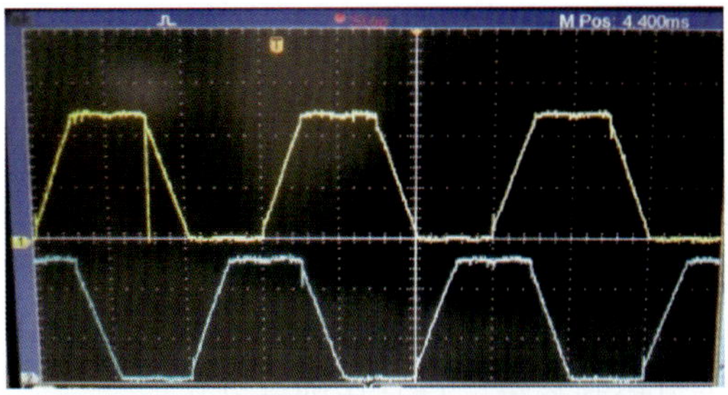	W 相、U 相可分别对应于理想波形中 A 相、C 相，波形形态良好、干净无杂波，两相幅值接近，相位无超前及滞后情况
W 相 U 相	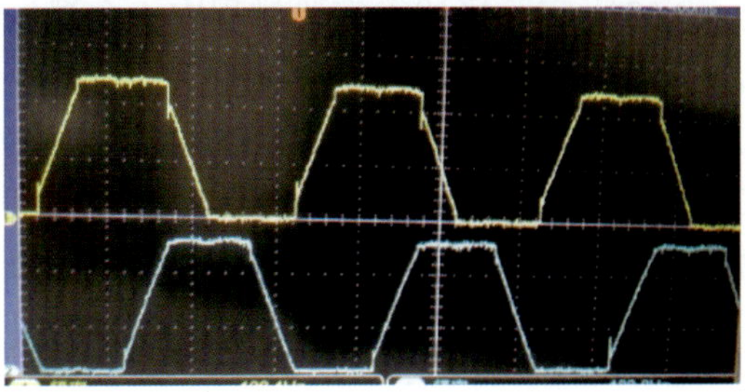	W 相、U 相可分别对应于理想波形中 A 相、B 相，波形形态良好、干净无杂波，两相幅值接近，相位无超前及滞后情况

③调节电源电压，测试该驱动能力的稳定性，数据及处理见表 2 -2 -9。

表 2 -2 -9 电源电压 – 反馈频率变化趋势

电源电压/V	平均电压/V	反馈频率/Hz
6	3. 42	64
8	4. 16	89
10	5. 46	112
12	6. 27	137
14	7. 29	162
16	8. 49	185

3. 测试结果

①驱动芯片 DRV10970：三相输出波形质量优良，无杂波噪声，各相之间波形参数接近，无相位超前或滞后情况，接近理想状态；

②改变输入电压，观察电机变化趋势，变化基本遵循线性，驱动能力稳定；

③电机运行状态平稳，无噪声卡顿，总驱动电流 0.05A（包括霍尔传感器供电），基本等于额定电流；

④该方案整体驱动效果良好，符合本设计工作要求。

（三）调测仪 - 无刷驱动电机高温高压油浸联调实验

1. 实验目的及内容

（1）在油浸实验罐中，通过模拟极端井下环境，对调配测试仪在温度 150℃、压力 40MPa 下的控制电路、控制软件进行可靠性检验。

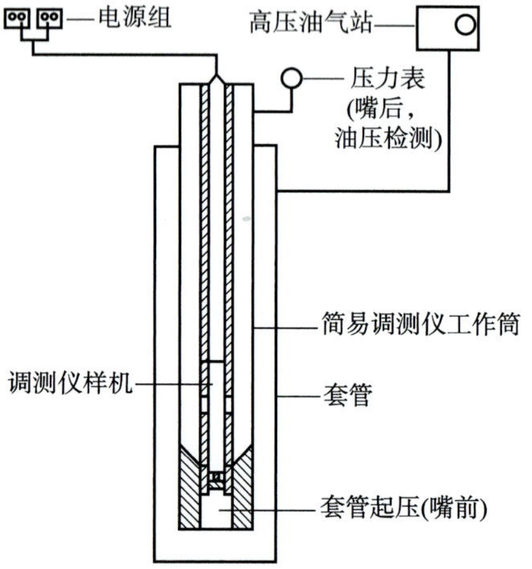

图 2－2－40　无刷驱动电机调测仪高温高压油浸实验流程图

（2）通过专门加工的配件实现地面供电，观察并检测无刷驱动电机在高温高压下的启闭能力。实验流程如图 2－2－40 所示。

2. 实验概况

（1）实验材料：无刷电机调测仪样机 1 支、过线式电路筒、空心萝卜头、简易调测仪工作筒、压帽、60MPa 压力表 1 支、直流稳压电源 2 台。

（2）实验设备：5½in 油浸实验罐及自动化温度压力控制系统、1#高压油气站。

（3）实验概述：实验过程中 4 个温度点分别为常温（约 40℃）、80℃、100℃、150℃，每个温度点分别起压 5MPa、10MPa、15MPa、20MPa、25MPa、30MPa 6 个压力点，记录下水嘴全关—全开、全开—全关的启动电流值，同时进行高压环境承压运行实验，在满足技术需求、保障设备承压安全性的情况下，实验后期在高温下追加了 35MPa 及 40MPa 两个高压点的开启实验。

3. 实验方法和步骤

（1）准备好无刷电机调测仪样机一支，写入实验程序，实验程序如下：

①通信等待时间改为 1min，通信操作不变，可设置参数以及检验电机各种动作，再次上电不需要通信；

②1min 内没有通信，仪器闪烁后即进入连续开或关状态；

③水嘴初始状态为关，因此第一个动作为开，休眠 5min 后关，无限循环。

（2）对样机通电，试运行 4～5 个循环无故障为合格；

（3）将仪器电路板 3 个供电点用高温线引出，上紧过线式电路筒；

（4）起出 5½in 油罐萝卜头及油管，按顺序下入空心萝卜头、简易调测仪工作筒、井口压帽，并上紧压力表；

（5）两台地面直流电源启动供电；

（6）在常温下，对照实验程序启闭时序，在调测仪水嘴全关状态下分别起压 5MPa、10MPa、15MPa、20MPa、25MPa、30MPa，观察最大启动电流及压力连通情况，判断仪器工作状态；

（7）加温至 80℃待温度稳定后，对照实验程序启闭时序，在调测仪水嘴全关状态下分别起压 5MPa、10MPa、15MPa、20MPa、25MPa、30MPa，观察最大启动电流及压力连通情况，判断仪器工作状态；

（8）加温至 100℃待温度稳定后，对照实验程序启闭时序，在调测仪水嘴全关状态下分别起压 5MPa、10MPa、15MPa、20MPa、25MPa、30MPa，观察最大启动电流及压力连通情况，判断仪器工作状态；

（9）加温至 150℃待温度稳定后，对照实验程序启闭时序，在调测仪水嘴全关状态下分别起压 5MPa、10MPa、15MPa、20MPa、25MPa、30MPa、35MPa、40MPa，观察最大启动电流及压力连通情况，判断仪器工作状态；

（10）40MPa 环境压力下（嘴前嘴后压力平衡），观察 2～3 个循环，记录下电机工作电流；

（11）仪器断电，降温至常温，取出调测仪样机，实验结束。

4. 实验数据与现象分析（表 2－2－10、表 2－2－11）

表 2－2－10　实验基础信息表

样机编号	JZP8－6W－17001	供电电压/V	电机：12，控制电路：3.7
电机工作电流/mA	正常运行电流区间（不含高压开启）		30～48
	高压环境下运行电流区间（40MPa）		32～52

表 2－2－11　无刷驱动电机调测仪水嘴高温高压油浸实验情况表

实验温度	嘴前压力/MPa	嘴后压力/MPa	开启最大电流/mA	评价与备注
常温	5.4	0	77	合格
	10.6	0	99	合格
	15.9	0	106	合格
	21	0	122	合格
	26	0	201	合格
	31	0	226	合格
80℃第 1 次循环	5.7	0	85	合格
	10.4	0	106	合格
	15.2	0	118	合格
	20.1	0	142	合格
	25.3	0	171	合格
	30.5	0	272	合格
80℃第 2 次循环	5.2	0	72	合格
	10.1	0	99	合格
	15.3	0	147	合格
	21	0	151	合格
	25.1	0	173	合格
	31.1	0	303	合格

续表

实验温度	嘴前压力/MPa	嘴后压力/MPa	开启最大电流/mA	评价与备注
100℃第1次循环	5.9	0	80	合格
	10	0	96	合格
	15	0	141	合格
	19.9	0	162	合格
	25.2	0	181	合格
	30	0	230	合格
100℃第2次循环	5.7	0	69	合格
	10.2	0	94	合格
	15.1	0	111	合格
	19.8	0	162	合格
	25.2	0	170	合格
	29.8	0	190	合格
135℃第1次循环	4.8	0	76	合格
	10.1	0	98	合格
	15.2	0	198	合格
	20.4	0	240	合格
	25.2	0	292	合格
	30.5	0	324 未打开	不合格
	继续尝试两次，电流分别为269mA及282mA，怀疑电源功率不够，更换500mA电源一台			
150℃第1次循环	30.3	0	333	合格
	35.8	0	382 未打开	不合格
	联系电机厂家，电机可以提供更大瞬间电流，问题应该出在电路和软件上有限流保护，取出仪器短接限流电阻后，此时井筒温度约为70℃			
70℃仅试高压	30.6	0	281	合格
	35.2	0	258	合格
	40.6	0	320	合格
150℃仅试高压	30.1	0	283	合格
	35.5	0	345	合格
	40.5	0	524 持续5s打开	合格
	高电流持续5s才打开，说明电机本身没问题，原因为电源无法提供更大电流。下面两组为：对仪器进行极端指标考验后，回头降低指标试可靠性			
	35.1	0	330	合格
	35.1	0	349	合格

五、井口综合信号控制柜研制

井口综合信号控制柜是脉冲信号的发生及接收器，是脉冲信号及电磁信号的转换器，还是和PC控制终端的连接器，从而实现远程控制。井口综合信号控制柜串接在井口，由程序控制装置内的高压阀快速打开，井口瞬间泄压，形成压力扰动，对井下压力接收传感器意味着产生了压力脉冲；之后高压阀快速关闭，井口压力恢复，由此完成负脉冲的传输，形成一条控制指令（控制指令包含层位及动作信息），用来控制井下智能工具动作。

主要包括机械液压、电控两部分。由进、出口接头、压力传感器、压力表、调压螺母及电控箱等组成，电控箱上带操作屏幕，并通过两根控制线对装置进行控制，使用时通过操作屏幕按钮利用软件对装置发出控制指令（图 2－2－41）。

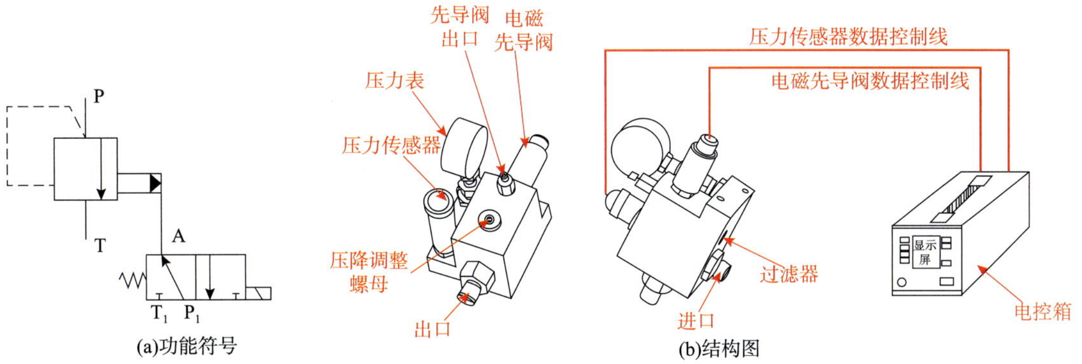

图 2－2－41　调试线程

该装置功能上应具备以下 3 点：

（1）由内置程序控制装置内的高压阀快速打开和关闭，产生一个符合要求的有效压力负脉冲，由一连串负脉冲构成一条控制指令，用来控制井下智能工具动作；

（2）装置应自带压力变送器或压力传感器，用以检测井口压力变化，并通过控制电路和控制软件对检测到的压力变化进行分析，实现井下数据的无线上传；

（3）装置应自带 GPRS 接口及模块，一方面实现井下数据远程传输至终端，一方面可在终端远程控制井口装置执行相应指令。即实现数据及指令的远程双向传输。

设计指标：

（1）最高工作压力 35MPa；（2）最高工作温度 50℃；（3）供电电压 24V；（4）最大流量 100L/min；（5）阀门响应时间 <0.5s；（6）装置功耗 <20W。

（一）信号解码程序设计

（1）解码程序设计流程如图 2－2－42 所示。

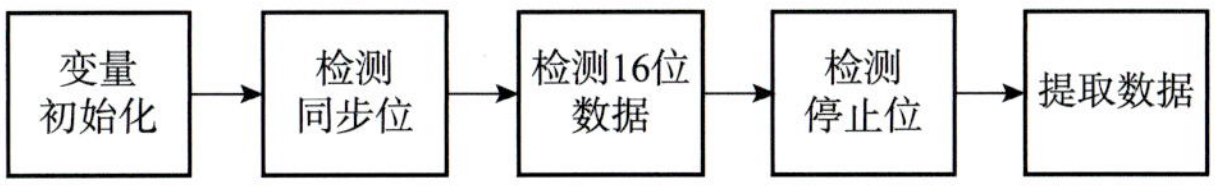

图 2－2－42　程序流程图

一帧数据 18min，采样周期 0.2s，总共采样点数 5400 点，对这 5400 点数据进行滑动数据完整性判断。数据有效性的判断依据：$\Delta P \geqslant 0.5$MPa，且 $P-P+\Delta P-P$ 的正脉冲波形产生时间（脉冲宽度 TW）$5 \leqslant TW \leqslant 30$s。

（2）模拟压力脉冲信号发生装置，通过单片机 DA 输出模拟信号模拟压力信号，产生完整一整数据给解码程序，判断是否解码成功。

（二）硬件设计

井口综合信号控制柜的系统结构如图 2－2－43 所示。整个系统包括锂电池、GPRS 模块、阀体、压力传感器和显示屏等。

单片机系统包括电源转换电路、电磁阀驱动电路、单片机外围电路和 RS232 通信电路。具体系统如图 2－2－44 所示。

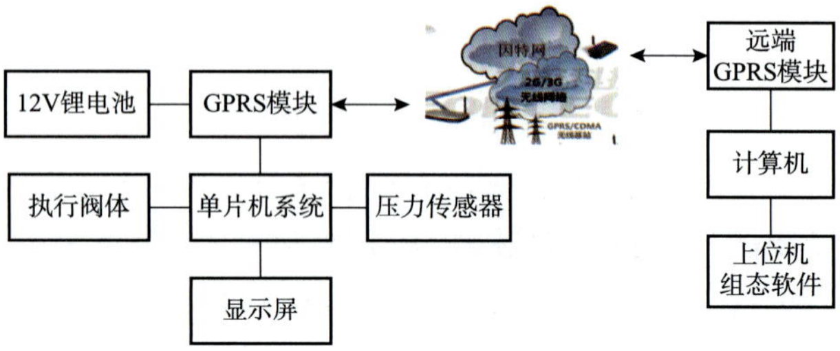

图 2－2－43　系统结构图

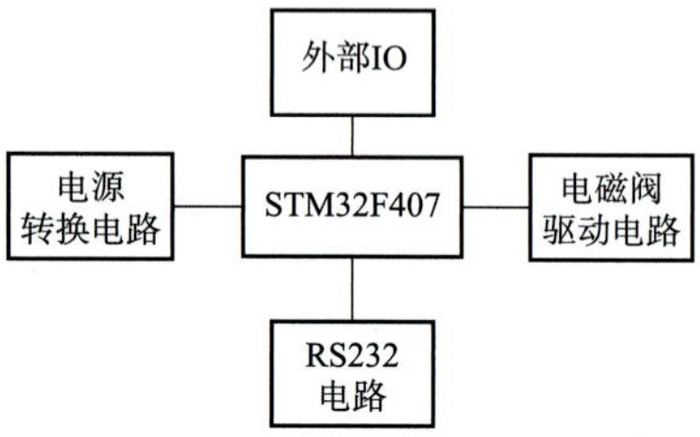

图 2－2－44　控制器系统图

（1）MCU 的外围电路如图 2－2－45 所示。选用 ARM 系列的单片机，主频达到 72MHz。

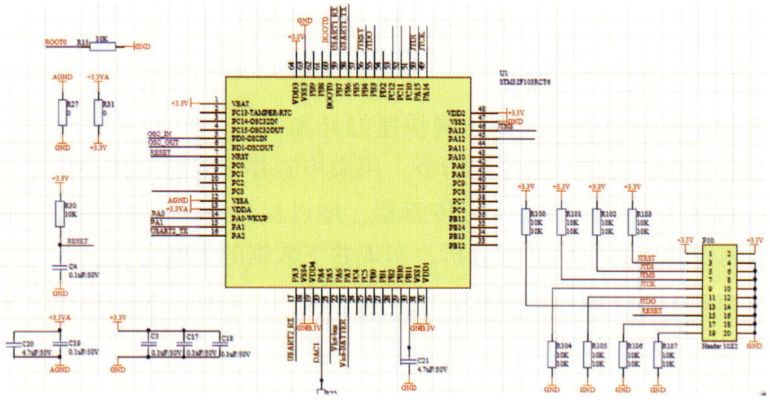

图 2－2－45　MCU 外围电路图

（2）RS232 通信电路如图 2－2－46 所示。

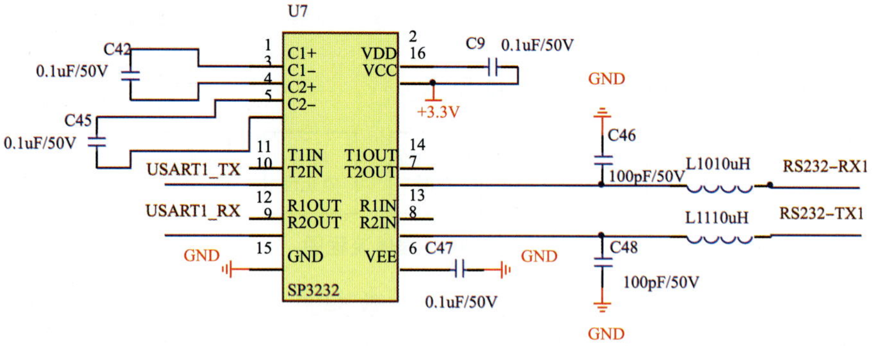

图 2－2－46　通信电路图

（3）电源转换电路如图 2－2－47 所示。此电路实现 12V 转换成 24V 电压，作为传感器电源。

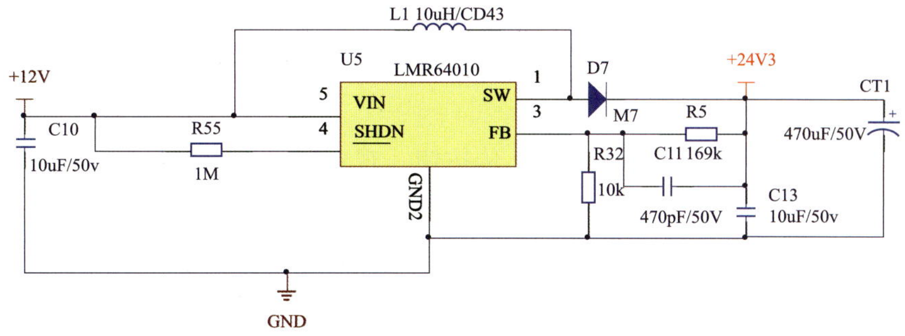

图 2-2-47　电源转换电器

（4）电磁阀驱动电路如图 2-2-48 所示。

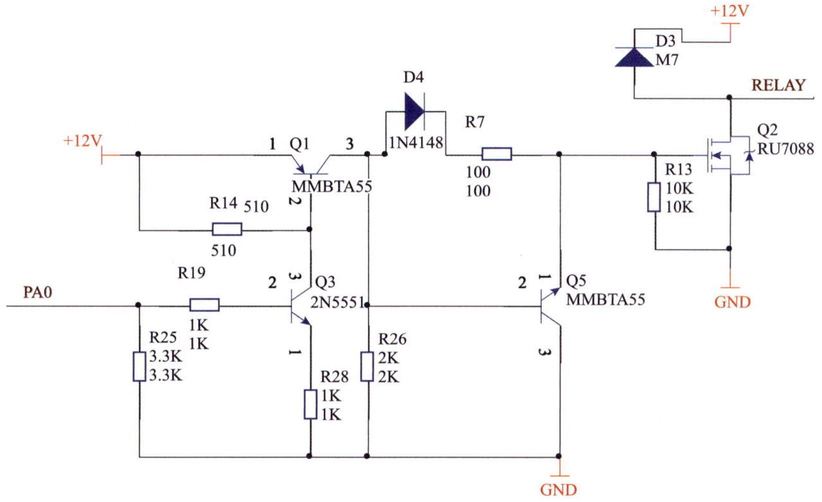

图 2-2-48　电磁阀驱动电路

（三）井口综合信号控制柜压力传感器敏感度测试

（1）由于每套井口综合信号控制柜的压力传感器漂移量不同，因此必须进行敏感度测试，检测其对于井口压力正脉冲的识别精度。

（2）通过井口综合信号控制柜的触控液晶屏上的“敏感度测试”按钮进入测试模式，在该模式下，无须发送上传指令并等待 15min 再进入监测状态，而是即时开始监测压力波动。

（3）井口解码程序的判别规则：操作人员通过活塞压力检定装置任意产生一个 $P-P+\Delta P-P$ 的正脉冲波形，观察井口设备是否识别，无须按照数据解码规则也不受 18 位的限制，两个连续的正脉冲之间间隔可以小于 1min，判断有效的规则为：$\Delta P \geqslant 0.5$MPa，且 $P-P+\Delta P-P$ 的正脉冲波形产生时间（脉冲宽度 TW）$5 \leqslant TW \leqslant 30$s。

（4）从 $\Delta P=0.1$MPa，每次增加 0.1MPa，一直到波形被识别，试验人员依次操作，记录下被识别时的 ΔP 为该设备的敏感度，操作时先严格按照“升压过程 $T1 \approx 5$s，稳压时间 $T2 \approx 1$s，降压过程 $T3 \approx 5$s”且平稳升降压的要求操作，即脉冲宽度 $TW \approx 11$s 左右，相关试验数据记录在敏感度测试数据记录表中。

（5）敏感度确定后，对脉冲宽度 TW 进行测试，在 $\Delta P \geqslant 1$MPa 的情况下，分别选取

TW = 2s、4s、5s、11s、25s、30s、32s、35s、45s 9 个点进行试验，测试解码程序对于脉冲宽度应处于 $5 \leqslant TW \leqslant 30s$ 区间的执行情况，相关试验数据记录在敏感度测试数据记录表中。

数据 $N+1$ 上传实验：

（1）点击屏幕“1 +1”第一层数据上传按钮，观察指令运行情况。

（2）等待 15min，指令结束。

（3）仿照井下实际情况，操作活塞压力检定装置模拟水嘴从全开到全关再到全关的压力变化情况，即从 15MPa 匀速调节至 20MPa，再匀速调节至 18MPa。此过程要求 15s 左右完成，井口解码软件应屏蔽此过程，同时考虑到井下和井口的时间非同步误差，建议井口解码程序以指令进行到 15min 为基点 T，$T+45s$ 后开始监测同步位，若 $T+6min$ 仍未检测到同步位，则判断数据上传解码失败，井口综合信号控制柜应提示“数据同步位缺失，解码失败!”并终止数据上传，同理，若前面数据解码正常，最后未接收到校验位，井口综合信号控制柜应提示“数据校验位缺失，解码失败!”并终止数据上传。

（4）$T+60s$，将试验准备中设定好的第一组数据（已解析为二进制）按照“同步 1 位 + 数据 16 位 + 校验 1 位”的顺序逐位“上传”。

（5）所有 18 位信号上传（如位为 1），均应按照 $\Delta P \geqslant 1MPa$，$TW \approx 11s$ 操作，若该位解码成功，应在数据 $N+1$ 上传试验数据记录表中的对应位置打钩。

（6）重复(1)～(5)操作步骤，完成 3 组数据的 $N+1$ 数据上传解码试验，并做好相关记录。

$N+0$ 刻度数据上传实验：

（1）点击屏幕“1 +0”第一层“刻度”按钮，观察指令运行情况。

（2）等待 15min，指令结束。

（3）仿照井下实际情况，操作活塞压力检定装置模拟水嘴从全开到全关再到全关的压力变化情况，即从 15MPa 匀速调节至 20MPa，再匀速调节至 18MPa。此过程要求 15s 左右完成，井口解码软件应屏蔽此过程，同时考虑到井下和井口的时间非同步误差，建议井口解码程序以指令进行到 15min 为基点 T，$T+45s$ 后开始监测同步位，若 $T+6min$ 仍未检测到同步位，则判断数据上传解码失败，井口综合信号控制柜应提示“数据同步位缺失，解码失败!”并终止数据上传，同理，若前面数据解码正常，最后未接收到校验位，井口综合信号控制柜应提示“数据校验位缺失，解码失败!”并终止数据上传。

（4）$T+60s$，将实验准备中设定好的第 4 组数据（刻度第一组，已解析为二进制）按照“同步 1 位 + 数据 16 位 + 校验 1 位”的顺序逐位“上传”。

（5）所有 18 位信号上传（如位为 1），均应按照 $\Delta P \geqslant 1MPa$，$TW \approx 11s$ 操作，若该位解码成功，应在表 3 - $N+0$ 刻度实验数据记录表中的对应位置打钩。

（6）等待 5min（解码程序应从上一个数据的第 18 位解码成功后立即开始计时），将实验准备中设定好的第 5 组数据（刻度第 2 组，已解析为二进制）按照“同步 1 位 + 数据 16 位 + 校验 1 位”的顺序逐位“上传”，所有 18 位信号上传（如位为 1），均应按照 $\Delta P \geqslant 1MPa$，$TW \approx 11s$ 操作，若该位解码成功，应在表 3$N+0$ 刻度实验数据记录表中的对应位置打钩。若等待 10min 仍未检测到同步位，则判断刻度第 2 组数据上传解码失败，井口综合信号控制柜应提示“数据同步位缺失，解码失败!”并终止数据上传，等待用户重新开始 $N+0$ 刻度操作。

同步位或校验位缺失陷阱实验：

（1）点击屏幕“1+1”第一层“上传”按钮，观察指令运行情况。

（2）等待15min，指令结束。

（3）仿照井下实际情况，操作活塞压力检定装置模拟水嘴从全开到全关再到全关的压力变化情况，即从15MPa匀速调节至20MPa，再匀速调节至18MPa。

（4）任选实验准备中设定好的某组数据（已解析为二进制），在$T+6$min前不生成同步位，查看解码软件对同步位陷阱的识别情况，相关实验情况记录在解码软件陷阱判别情况表。

（5）任选实验准备中设定好的某组数据（已解析为二进制），前面17位正常发送，在第18min不发送校验位，查看解码软件对校验位陷阱的识别情况相关实验情况记录在解码软件陷阱判别情况表。

第三节　基于无缆信号传输与控制的智能分采技术

一、基于无缆信号传输与控制的智能分采技术

（一）技术原理

目前国内外常用的分采方法，主要有以下几种：

1. 产液剖面测试找水技术

在油井正常生产情况下，从环空下入产液剖面测试仪器进行测试，找出产水层，然后作业实施分层开采。该技术的优点是能在抽油机不停抽的情况下获得井下分层的流量、含水率等数据，为分析油井动态，制定合理的工作制度及采取增产措施提供了可靠依据。其缺点是受井况条件限制较多，仪器在环空起下困难，应用范围有限。

2. 封隔器找水－堵水技术

用封隔器分隔每个油层，使其单独生产，再重新调整管柱，逐一换层生产，直至找到产水层后，采用封隔器堵水，进行分层开采。该技术的优点是工艺简单，可靠性高，缺点是施工成本高，周期长。

3. 井下液压开关调层分采技术

该方法是下入含有压控开关器的分层开采管柱后，通过地面泵压控制井下开关动作，完成调换生产层位。该技术的优点是下入一趟管柱即能实现分采，简化了常规分采工艺，有效解决了因选层失误而造成的堵水失败的问题。其缺点是受井况影响大，施工成功率不高。

4. 井下电动开关调层分采技术

利用堵水封隔器将各个油层卡开，在每一层段的管柱上带有滑套开关器。通过偏心井口用电缆从环空下入开关控制仪至相应油层的滑套开关器中，由地面控制电源给开关控制仪供电，撑开对接爪，通过开关控制仪对接爪与滑套开关器内的上或下弹簧爪相配合，上提电缆，完成滑套开关器的打开或关闭动作，进而找出油层，封堵水层，达到分层开采的目的。其优点是实现了在抽油机井内下入一趟管柱即可完成分采，并可在任意堵水层段反复调整。

但该方法需要在环空起下仪器操作，受井况影响大，现场实施比较困难。

（二）施工工艺

1. 不停产机械卡堵水管柱及工艺

（1）任一层卡堵水工艺管柱。

对于卡封单层的井，根据油层位置分别设计了整体式和丢手式封下采上、封上采下工艺管柱，如图2－3－1～图2－3－4所示。以能封闭目的层的Y341型封隔器为核心，以Y441封隔器、丢手工具、水力锚、分流开关、采油阀为配套工具，可形成封上采下、封下采上等多种分采工艺管柱，满足了分层控水采油的工艺要求。

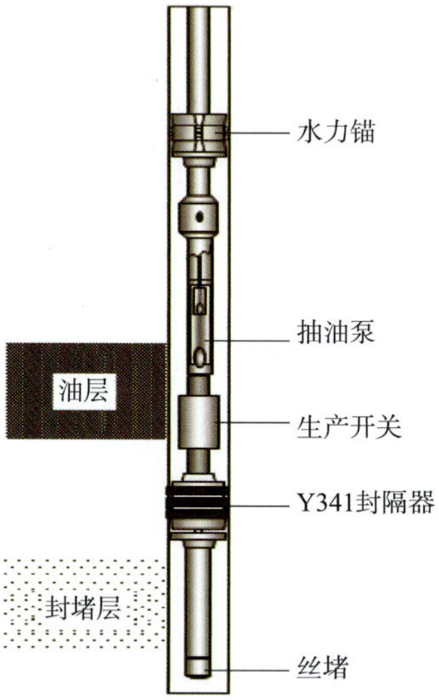

图2－3－1　封下采上工艺管柱示意图

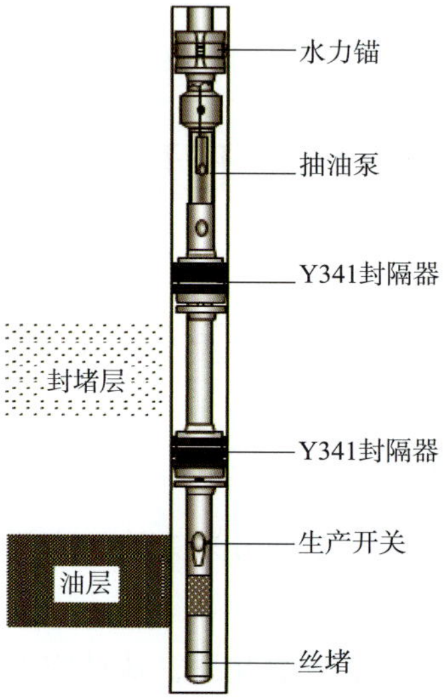

图2－3－2　封上采下工艺管柱示意图

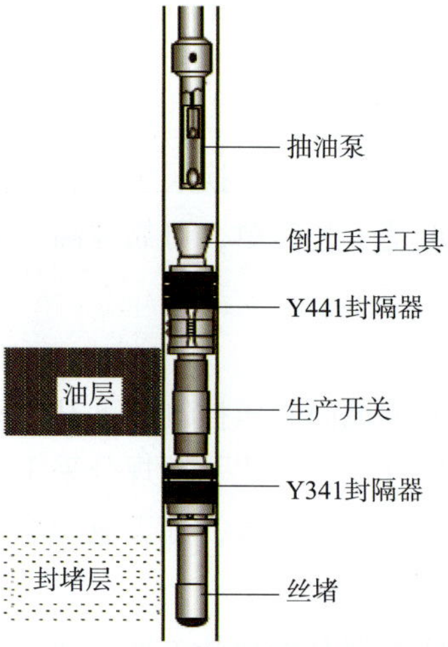

图2－3－3　任一层生产工艺管柱示意图

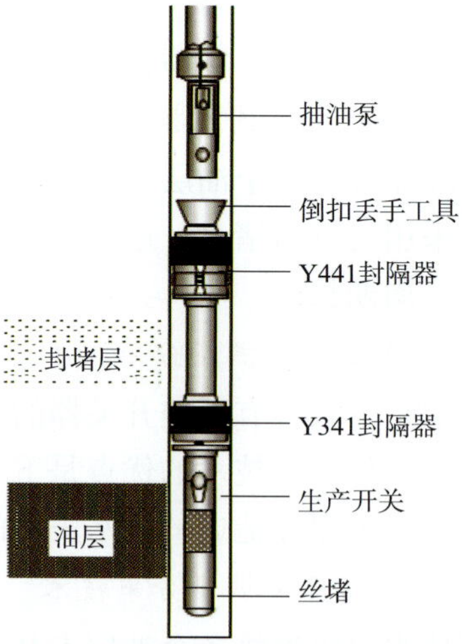

图2－3－4　任一层卡封工艺管柱示意图

单层卡堵水施工工艺，以丢手式封上采下管柱为例加以说明。

①按施工设计配接好管柱下到封隔器设计井深；②坐封、丢手：从油管内加液压，坐封Y441和Y341封隔器，实现管柱丢手；③起出丢手管柱，下入生产管柱；④需要解封时，起

出生产管柱，下入打捞工具；⑤上提管柱，解封封隔器，起出管柱。

（2）多层段卡堵水工艺。

对于需要卡封多层的井，设计了整体式和丢手式不动管柱选择性分采工艺管柱，丢手式不动管柱换层工艺管柱满足了分层卡堵水、多层油井不动管柱换层生产等工艺要求，能有效提高分层卡堵水的效果，减少作业次数，减缓层间矛盾，提高储量的动用程度。

①工艺技术原理：根据完井管柱设计下井前调整好开关的初始状态，在管柱按要求下入井内设计位置后，从油管打压坐封封隔器并完成丢手。首先对油层 1 生产一段时间，待油井产量稳定后，可根据需要换层生产。若首先生产的油层含水过高，可通过井口作业操作，使换层开关处于换层状态，从而实现换层生产油层 2。若油层 2 的含水高于油层 1 的含水，同理可实现不动管柱重复换层。其管柱坐封、丢手及 YK 开关换向时的压力数据可由压力测试系统接收并处理存档，为下次换层生产提供开关换向依据。同理可进行 3～4 层的换层生产。

②工艺技术特点：换层方法简单方便，可以多层重复换层，减少了作业次数；提高了多层油井分层卡封效果，延长了油井免修期；可以满足多级封隔器分层卡封都能验封的要求。

2. 选择性分采管柱及工艺

我们经过近两年的攻关，成功研发了“水平井选择性分采工艺技术”，它只需一趟管柱就实现了分采、生产、调层、测试等多项功能。同时在生产过程中，内置压力计可连续监测分层压力资料，直接解释出油井分层资料如分层压力、渗透率、污染系数等，为高含水油田稳油控水开发提供了一种新技术。

（1）分采管柱及工艺原理。

其原理是用封隔器将井下各层位封隔，管柱上对应每一个目的层位安装一套智能开关器，分采过程中开关器能按照设定的时间顺序自动打开或关闭油层，无须地面复杂的操作，就可实现油井的分采，达到任意选层开采、降水增油的目的。

其中井下智能分采开关器为该技术的核心，其结构如图 2－3－5 所示。开关器设计为一工具短节，上下与油管连接。短节与油层沟通并开有上下层位的直通孔。液体进入短节后由球阀、出液筒进入油管。开关器内有电池、电路板（微处理器）、电机驱动机构等，通过微处理器控制电机运转，带动阀体运动来实现层位的打开和关闭。同时，开关器内置有压力传感器，时刻监测井下压力的变化，来作为微处理器程序运行的判断依据。施工工艺程序如下：

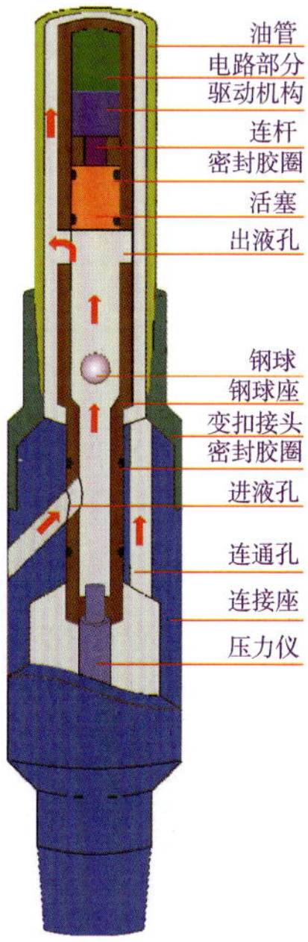

图 2－3－5　智能分采开关器示意图

①设计管柱并下井：根据井况参数设计分采丢手管柱，利用堵水封隔器将各个油层卡开，在每一油层位置串接一个智能开关器，一起随丢手管柱下入井中（图 2－3－6）。

②坐封丢手并投产：油管打液压使封隔器坐封，然后投球至丢手接头，再加压实现管柱丢手。起出施工管柱后下入泵抽生产管柱，油井投入正常生产。井下各个智能开关器按程序设定的时间表运行，在规定的时间打开或关闭油层。

③找水过程：井下每个智能开关器的时间表是不同的，在找水阶段，同一时间内只有一个开关器是打开的，也就是单层生产，每个层轮流打开单独生产几天，地面人员通过计量化

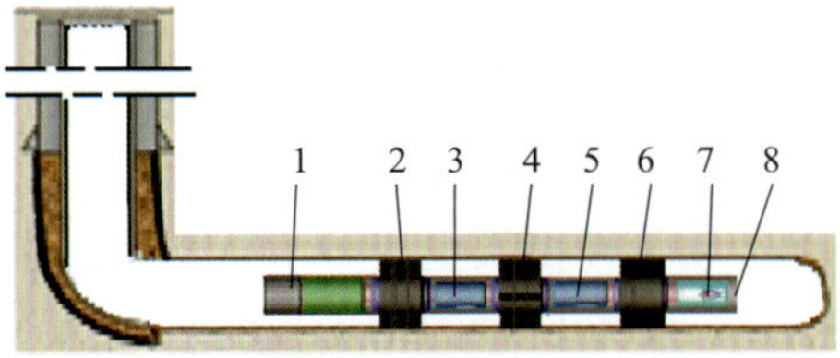

图 2-3-6　智能机械分采技术管柱组合示意图

1—丢手接头；2—分采封隔器 a；3—分采智能开关器 a；4—分采封隔器 b；5—分采智能开关器 b；6—分采封隔器 c；7—分采智能开关器 c；8—盲堵

验确定出各层的流体性质，得到该层的流量、含水率等数据。

④测试过程：开关器内置有压力测试电路，下部也留有压力测试仪连接口，可根据要求配接用于分层测试。当开关器处在关闭状态时，仪器可测试得到地层的压力恢复曲线，当开关器处在打开状态进行生产时，仪器可测试得到地层的压力降落曲线。对存储的压力数据进行试井解释，可得到宝贵的井下分层地质参数，如分层压力、分层渗透率、分层污染系数等。

⑤堵水过程：当各层的产液状态确定后，地面技术人员综合分析，确定一个最佳开采方案，也即确定出关闭哪层、打开哪层。此时停抽抽油机，在不动管柱的情况下，先用水泥车（或洗井车）从井口将套管注满，然后选择层位对应的压力指令波形图，进行“打压—泄压—打压”操作。井下智能开关器接收并识别指令后，按指令要求产生动作，打开需要生产的层，关闭不需要生产的层，实现地面遥控井下、任意选层生产的目的。

⑥再次调层：当需要再次调层时，地面重复⑤的操作，智能开关器根据监测到的压力波指令信号，产生动作，从原来的状态改变到新的状态。这个过程可多次重复操作。小直径智能开关器外径不大于 80mm，分级数大于 5 级，通过无线微波来控制开关（表 2-3-1）。

表 2-3-1　智能开关器主要参数

规格/in	外径/mm	耐压/MPa	耐温/℃
4½	80	70	150
5½	105	70	150

工艺特点：智能开关器根据预先编制的程序，自主打开或关闭，自主计量并判断各层出液状况，然后将各层的出液数据通过微波传递至地面控制系统，依据各层的出水情况，来判断是哪个层位为出水层，最后通过地面控制卡封出水层，从而实现降水增效。

（2）分层测控技术。

①元器件的选择。井下测量装置的元器件的选用非常关键，元器件的质量直接影响仪器的性能和技术指标。因此，应着重考虑元器件温度性能、工作寿命以及功耗等特性。选用具有低功耗特性的单片机可以大大降低系统功耗。可以从供电电压、单片机内部结构设计、系统时钟设计和低功耗模式等几方面考察一款单片机的低功耗特性。当然硬件的设计必须与软件的设计相结合。选择 CPU 内核时的原则应该是“够用就好”。现在单片机的运行速度越来越快，但性能的提升往往带来功耗的增加。一个复杂的 CPU 集成度高、功能强，但片内晶体管多，总漏电流大，即使进入 STOP 状态，漏电流也变得不可忽视；而简单的 CPU 内核不仅功耗低，成本也低。

依据总体设计方案，确定了以美国 Microchip 公司 PIC16FXX 单片机芯片，它与同类的单片机相比，通常能实现 2∶1 的代码压缩率和 4 倍的速度提升，集成了很多功能部件，减少了外部元件的使用，提高了系统可靠性，并降低了功耗。存储器选用 AT24LCXX，它是一片只有 8 管脚的 1024kBit 串行 EEPROM 芯片，可重复擦写 10000 次以上，在掉电情况下，测井数据亦不会丢失，特别适合作为井下测量电路的数据存储器。以美国 AD 公司生产的 ADS1112 作为模数转换器，这是一种精密的连续自校准的片内带基准电压的 16 位 A/D 转换器，具有结构紧凑、开发方便、测量精度高等特点。选用的几款器件主要技术指标见表 2－3－2。

表 2－3－2　几款器件的主要技术指标

器件名	工作电压/V	工作温度/℃	功耗
PIC16F 单片机	2.0～5.5	－40～＋150	＜2mA @5V，4MHz ＜15mA @3V，32kHz ＜1mA 低功耗 SLEEP 模式
ADS1112 模数转换器	2.7～5.25	－40～＋150	＜1mA，2.5MHz ＜500mA，1MHz
AT24C1024 存储器	1.8～5.5	－40～＋150	CMOS 低功耗技术， 最大写入电流为 3mA

②传感器及动力源的选择。压力传感器：压力传感器用于测量层位压力以及接收堵水及调层压力波指令，根据现场井况、施工工艺、测试的目的，通过对生产测井仪器中常用压力传感器的对比分析，选用金属膜溅射压力传感器作为压力一次元件，它具有良好的抗震性和体积小等优点，安装在测量装置上符合内外压力测量要求，可以满足井下测试工艺设计要求。

温度传感器：温度传感器用于测量层位温度变化以及对压力传感器进行校正。根据井下测量仪器的设计经验，铂电阻温度传感器具有很好的精度、稳定性和较宽的测量范围。选用的薄膜铂电阻温度传感器 $R0=1000\Omega$，最大工作电流小于 0.5mA，时间常数小于 1s。它具有温度反应快、迟滞系数小、体积小、稳定可靠、抗震性强等特点，符合井下测量装置低功耗等技术设计要求。

动力源：井下高温电池是井下动力及测量装置的供能单元，要求体积小、容量大、耐温性能好、供电平稳。开关器的动力源为一组高温锂电池，提供＋12V 和＋3.6V 两组电压，＋12V 供给直流电机，＋3.6V 供给控制系统。ER26500 型国产锂电池，容量为 2500mAh，开路电压 3.6V，功率为：

$$J=UIT=3.6\times2500\times10^{-3}\times3600=32400(\mathrm{J})$$

假设电机正常运行电流平均 80mA，每次运行时间平均 3min，则消耗的功率为：

$$J=UIT=3.6\times80\times10^{-3}\times180=52(\mathrm{J})$$

$$32400\times70\%\times50\%/52=218(次)$$

即电机可单向运行 218 次，考虑到电池的有效放电率以及放电指数，电机至少可以保证 200 次的单向运行，足以满足设计要求。

开关器在正常工作时每 30min 采集数据一次，采集时电流 2.2mA，时间 4s，休眠时电流 0.04mA，时间 1796s，故 1h 中采集数据时间 8s 2.2mA，休眠时间 3592s 0.04mA，系统 1h 消耗的功率为：

$$J=UIT=8\times2.2\times10^{-3}\times3.6+3592\times0.04\times10^{-3}\times3.6\approx0.58(\mathrm{J})$$

$T=32400\times70\%\times50\%/0.58=19551(\mathrm{h})=2.2(年)$，考虑到电池的有效放电率以及放

电指数，控制系统至少可以保证运行两年，满足设计要求。

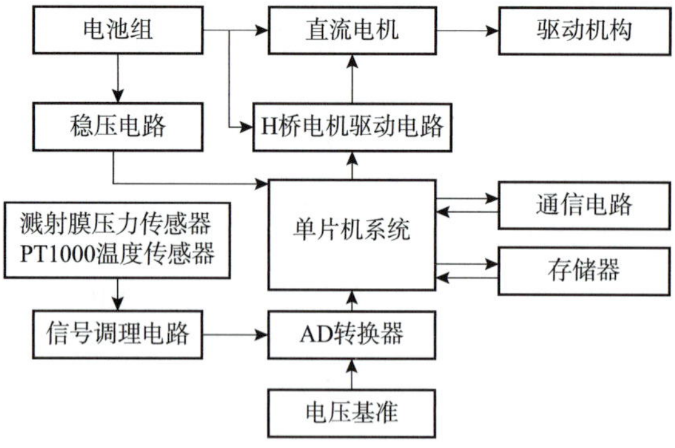

图2-3-7　开关器电路控制图

③单元电路设计。

智能开关器电路部分主要实现电机的控制、控制指令的接受及处理和压力温度信号的采集及存储等功能，原理框图如图2-3-7所示。工作流程：单片机系统为整个电路的核心，上电后首先通过通信电路与计算机联络，进行系统自检、参数设置等操作，压力和温度传感器输出信号经信号调理电路处理后进行A/D转换送单片机，若为正常信号则存储，若为控制指令信号则先判断是否本层指令，是则输出两路信号通过H桥电机驱动电路使直流电机产生开启或关闭动作。电池组由高能高温锂电池组成，输出+12V和+3.6V两组电压，+12V电压供给直流电机，+3.6V电压经稳压后输出+3V供给其他单元模块。电压基准为AD转换器提供1.25V基准信号电平。

A. 电机控制电路设计。智能开关器开关阀的打开和关闭由电机的正转和反转来完成，电机的正反转由单片机控制。为满足电机正反转要求，电机供电必须采用悬浮式供电方式，即电机供电端子相对于参考地是悬浮的，其控制电平可高低变化。根据这一要求并结合所选用的电机参数，专门设计了一种具有针对性的H形桥式电路。由于开关器在井下长期工作，砂、蜡等难免沉积、结垢，当结垢或沉积严重时会使电机负荷加重甚至堵转，严重时还会损坏电机，因此电路中还设计了电机过流保护电路。

B. 信号调理电路设计。信号调理电路包括电源、信号放大、A/D转换3个部分。电源电路原理如图2-3-8所示。较低的工作电压可有效地降低功耗，一般地，+3V供电较+5V供电可降低50%的功耗，较低的功耗同时意味着较低的电流，而电流是影响器件故障率及工作寿命的主要因素，尤其在井下高温环境中更是如此。为此，工作电压设计为+3V。开关器在井下工作时，大多数时间处于休眠状态，电源部分还设计有可控稳压芯片。上电后，IC1首先将外接的+3.6V电压降压至+3V供单片机，单片机根据程序设计要求，控制IC2是否使能，产生VCC为单片机以外所有电路（包括传感器）供电。

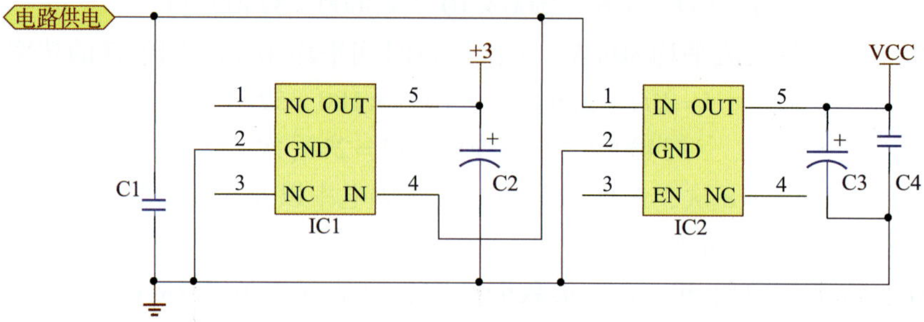

图2-3-8　电源电路原理图

信号放大及A/D转换电路原理如图2-3-9所示。压力传感器为应变式溅射膜压力传感器，温度传感器为金属铂电阻。IC3A、IC3B为低噪、低功耗、低电压精密运放，设计成差动放大器，放大压力和温度信号。IC3A 除了测量地层压力外，还负责接收地面传送的压力编码信号。IC4 是精密的连续自校准双通道模/数（A/D）转换器，全差分输入或双路单端输入，增益可调，16 位分辨率，转换按比例进行，以电源作为基准电压。IC4 使用可兼容的 I2C 串行接口，在 2.7V 至 5.5V 的单电源下工作。

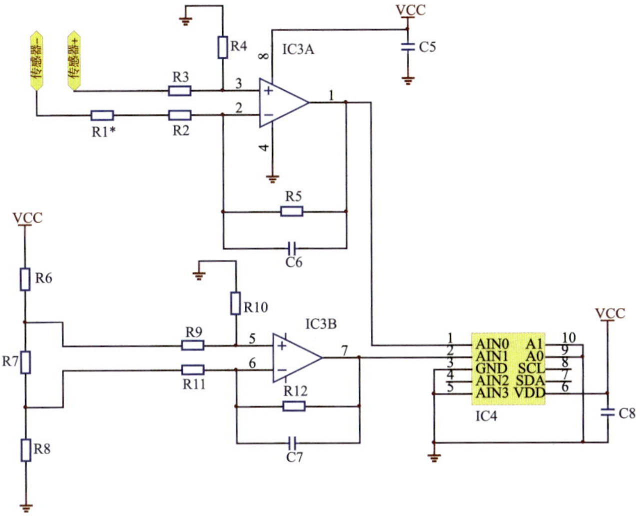

图 2-3-9　转换电路原理图

C. 单片机系统电路设计。单片机系统电路原理如图 2-3-10 所示。其中 IC5 为 8 位 CMOS 闪存单片机，具有多用途、低成本、高性能和全静态的特点，采用先进的 RISC 架构，具有增强的内核功能、8 级深度的堆栈以及多种外部中断源。哈佛架构独立的指令总线和数据总线，允许同时取 14 位宽指令字与独立的 8 位宽数据。两级指令流水线使得除了程序转移指令（需要两个周期）以外的所有指令都能在单个周期内运行。总共有 35 条指令（精简指令集）可用，辅之以大的寄存器组。IC5 内集成了很多功能部件，从而减少了外部元件的使用，降低了系统成本，提高了系统可靠性，并降低了功耗。

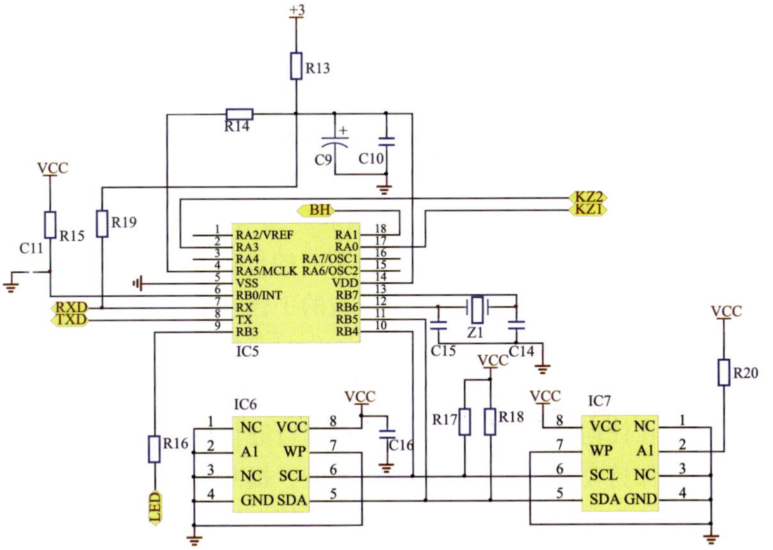

图 2-3-10　单片机系统电路原理图

KZ1、KZ2 为电机控制端子，控制 H 形桥路的单向导通，高电平有效，因此这两个端子不能同时为高。BH 为过流检测端子，当电机电流超过设置值时该端子输出低电平。IC5 的 5 脚为干簧管检测端，当干簧管吸合导通时，该引脚为低电平。晶振 Z1 为外部振荡器，为系统提供精确计时脉冲，同时也起休眠唤醒作用。LED 为指示灯输出，用于上电自检显示。IC6、IC7 为串行电可擦除存储器，容量共 128k 字节，每组温度压力数据按四字节计算，可存储 32768 组数据，每 30min 采集数据一次，则每天采集 49 组数据（其中一组为日标识），32768/49 = 668（d），约合 1 年又 10 个月。调整采集时间间隔可延长或缩短仪器的工作时间。

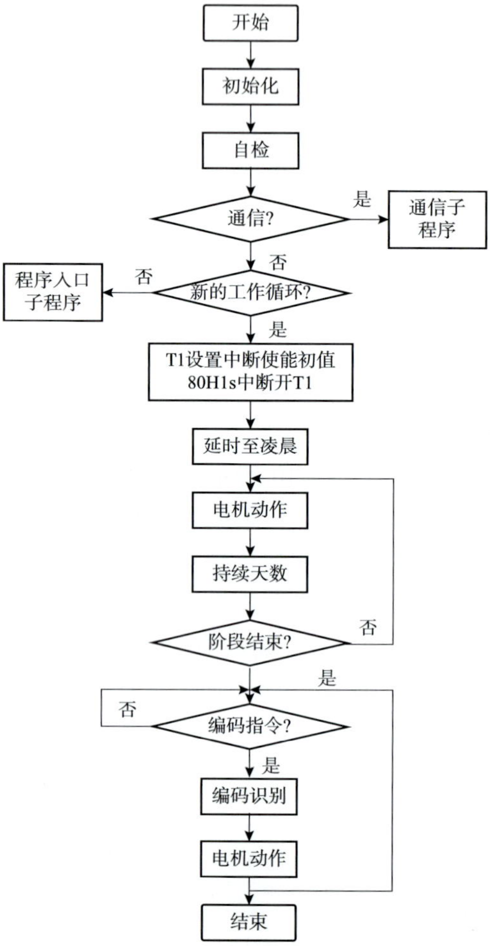

图 2-3-11　控制软件流程框图

④控制软件的研究。

软件的设计是整个系统设计的重中之重，系统整体功耗的控制、外围电路模块的使用、调度和切换等，均需要通过软件的编程来实现。单片机控制软件功能模块包括通信、程序入口判断、自检、电机动作控制、仪器标定、数据采集、压力判断、清存储器等。

A. 控制软件主流程：流程框图如图 2-3-11 所示。程序上电运行后首先进行初始化，内容包括通信波特率设置、各定时器功能定义、特殊寄存器赋值、各变量赋值等。初始化完成后系统开始正常工作，首先进行自检，判断仪器设置所在的层位以及压力和温度传感器是否正常，通过指示灯显示出来，如仪器被设置为第一层且温度压力传感器正常，指示灯闪烁 3 次，每次闪一下表示仪器正常，若设为第二层则指示灯闪烁 3 次，每次闪两下表示仪器正常，依此类推，当传感器存在故障时，指示灯连续闪烁 9 次，表示仪器需要检修。

自检完成后，系统处于等待通信状态，在规定的时间内若没有来自 PC 机的通信指令，则单片机进入正常工作程序。PC 机与单片机进行通信可以实现井下参数的设置、存储器内数据的读取、通过自检确定传感器的状态等。系统进入工作状态后，首先判断是否新的工作开始，判断的依据是 PC 机正常通信后所进行的任何操作均给一个变量置位，判断该位为高表明是新的工作开始，若为低表明程序上电或复位是因为某种原因造成，此时系统读取并判断上次工作时存储的中间变量决定程序跳转至程序何处，即程序入口地址，本程序设置了 8 个入口，这样保证了程序在跑飞或系统掉电等情况下复位后能接着运行，在任何情况下上电，只要不进行通信，系统便按照上次设定的参数继续运行，使得数据记录保持完整，开关状态保持不变，提高系统运行可靠性。

开关器在井下长期工作，而开关动作时间按天计算，因此必须确定一个时间基准，若在井下电路中设计一套实时时钟电路是可以实现的，但增加一套时钟电路一者增加功耗（实时时钟必须不间断地工作，不能采用休眠工作方式，其基本工作电流大于50μA），二者到目前为止业内还没有此类高温器件，无法满足井下高温的应用要求。所以，时间基准的判断在本程序中依靠地面人为设置，该基准为每日的凌晨零点。系统正常工作后，程序进行倒计时，倒计时结束后即按设置的时序表运行。

时序表运行时先判断电机当前状态是否与设置相符，不符则进行开或关动作，然后维持此状态直到持续天数结束电机切换到下一种状态。系统每隔1min判断一次压力值是否超过某个门槛值，若压力超过门槛值3min以上则认为地面调层指令到来，程序转而去接收指令。若压力小于门槛值则判断采集数据间隔是否到，到则采集温度压力数据并存储，由于存储器容量的限制同时也没有必要过密地采集数据，所以本程序设置一个固定的采样时间间隔30min。系统每分钟除了判断压力一次以外还存储一次当前程序的各中间变量值，即程序入口参数，避免程序跑飞或掉电后紊乱。

时序结束后（或者说找水阶段结束后），程序处于等待指令状态，每隔一定时间采集、判断一次井筒压力，当压力大于某个门槛值时，判断为有指令到来，硬件接收指令后，程序进行判断是否当前层位及要执行何种动作。之后仪器再次进入等待状态。时序设置多达8次，即单层轮采时层位开启或关闭有8次变化，以三层井第一层为例，若轮采后第一层为开则只变化2次，这样就可以设置层位的两两组合开采或第二、第三轮单采，非常灵活方便，而堵水、调层次数不受时序次数限制。为了适应现场各种复杂状况，堵水作业可在任何时候进行，若此时时序处于轮采状态则终止该状态而不必等待时序走完。

B. 电机控制子程序：流程图如图2-3-12所示，电机动作由单片机的两根口线控制，通过口线的高低电平变化控制电机的正反向导通，电机的正反转控制开关器阀门的打开和关闭。阀门运动方向上起点和终点各有一只干簧管用于行程限位，当电机运转时先延时20s时间，再判断干簧管是否吸合，若吸合则电机停止动作，阀门到位，若不吸合则转而判断电路是否过流，若没有过流则继续判断干簧管直至吸合，若过流则电机反向运转之后在按原方向运转并继续判断是否过流，如此反复5次，仍然过流，则电机彻底停止运转保护电机。若在规定的时间内没有检测到干簧管吸合则电机也停转，这种设计是一旦干簧管损坏则可依靠单片机定时来完成阀门动作。阀门动作到位后，电机反转10s，以避开干簧管的有效磁场区。因为经过试验，当开关阀门长时间停留

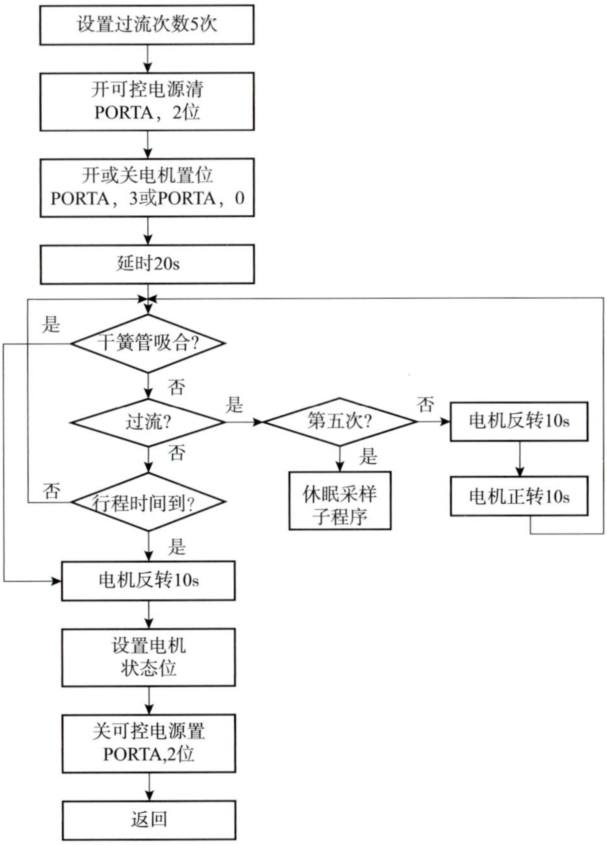

图2-3-12　电机控制程序流程图

在干簧管的磁场区很容易磁化簧片，使之长期吸合，下次电机动作时会造成程序误判。

C. 通信子程序：流程图如图 2－3－13 所示。智能开关器上电方式有两种，一是连接好与 PC 机通信线，打开串口，利用串口电平经过整流后给仪器供电；二是焊接上电池供电，通信时采用前者方式供电。同样是上电，仪器并不能自动判别是哪种方式，因此在 2min 之内，开放串口中断，若 2min 之内没有中断则进入主程序，若串口接收到数据则仪器产生相应的操作。仪器与 PC 通信可实现读取工作参数、仪器参数、存储器数据的读操作，可以实现设置工作参数、仪器参数的写操作，可以进行仪器自检，观察温度压力数据是否正常，判断传感器好坏，还可以清除存储器。单片机接收到控制字节后与预置数进行比较，是则执行相关操作，否则继续判断下一个字节。如控制字节为 16 进制的 0AAH 表示单片机准备接收 11 字节的工作参数，转接收子程序，待接收完毕，将把这 11 个字节的工作参数存入单片机内部存储器中并返回给 PC 机显示，直观判断写入的工作参数是否正确。0DDH 表示将进行自检操作，转温度和压力采集子程序，将采集的数据返回 PC 机进行滚动显示，观察数据是否正常，由此判断传感器好坏。只要进行了通信操作都会置位一个变量，表示是新的工作开始，由主程序判断是否进入程序中间入口。

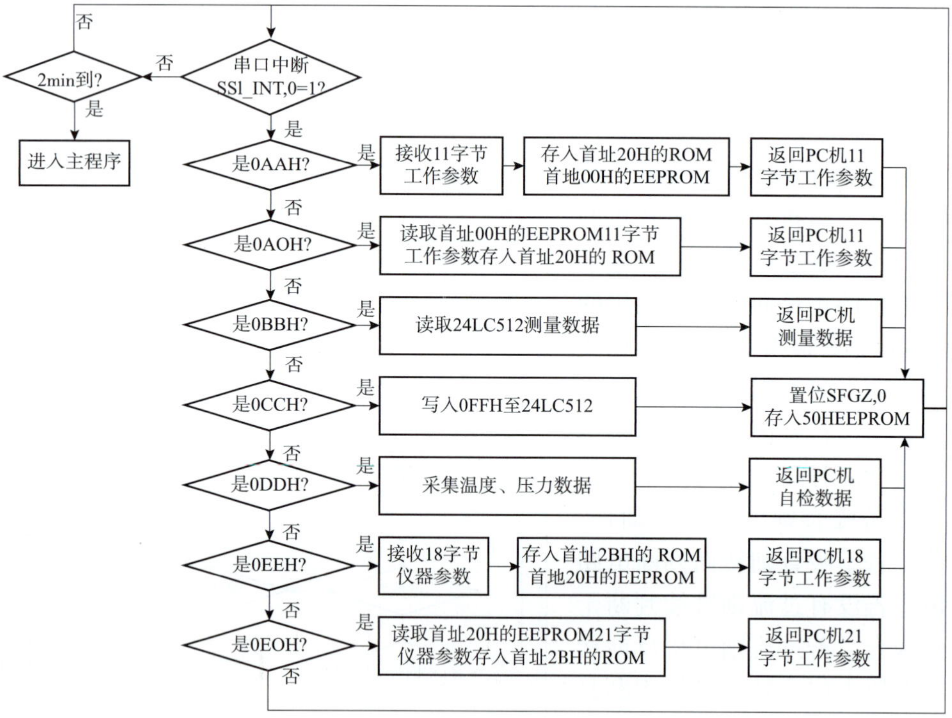

图 2－3－13　通信程序流程图

D. 程序入口子程序：流程图如图 2－3－14 所示。开关器正常工作时，每隔 1min 记录一次程序中间过程有关变量，这些变量主要是存储器最后存入的数据地址、开关状态、时序表中当前开关状态运行剩余天数、当日至次日剩余时间等，有了这些中间过程的保护，程序复位后仍可以回到原来的位置继续运行。仪器上电后首先读取单片机内部某一特定数据，判断不是新的工作循环则进入入口子程序。先读取内部的 12 字节过程变量，赋值给另外一组临时变量，并判断一个状态字节，确定入口地址。时间基准入口：当程序未进入时序表时，进入后倒计时继续运行，第一至第八阶段（框图中未画出）入口对应时序表的 8 种开关状态，进入后程序从开关的当前状态及剩余天数处继续运行，等待指令入口是指时序表运行结束处于等待调层指令状态，进入后继续等待并保持按时间间隔采集温压数据。

为了进一步降低功耗，除了硬件电路的优化设计外，软件设计也至关重要，一个好的设计，往往能使休眠电流成倍降低。开关器长期在井下工作，但真正全速运行的时间很短，大部分时间系统都处在休眠状态，因此充分利用各种手段降低休眠电流是本程序设计的重点。根据经验及实际调试结果，程序设计时考虑了以下几个重要因素：

——用“中断”代替“查询”

一个程序使用中断方式还是查询方式对于一些简单的应用并不那么重要，但在其低功耗特性上却相去甚远。使用中断方式，CPU 可以什么都不做，甚至可以进入等待模式或停止模式；而查询方式下，CPU 必须不停地访问 I/O 寄存器，这会带来很多额外的功耗。程序中通信的发起、干簧管位置的判断、有效调层压力波指令、写入存储器完成等处均采用中断方式。

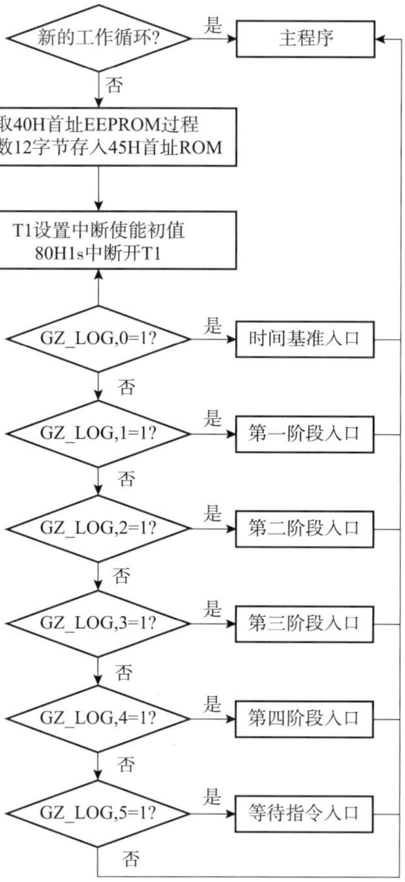

图 2－3－14　子程序流程图

——用“宏”代替“子程序”

读 RAM 会比读 Flash 带来更大的功耗。正是因为如此，低功耗性能突出的 ARM 在 CPU 设计上仅允许一次子程序调用。因为 CPU 进入子程序时，会首先将当前 CPU 寄存器推入堆栈（RAM），在离开时又将 CPU 寄存器弹出堆栈，这样至少带来两次对 RAM 的操作。因此，程序员可以考虑用宏定义来代替子程序调用。对于程序员，调用一个子程序还是一个宏在程序写法上并没有什么不同，但宏会在编译时展开，CPU 只是顺序执行指令，避免了调用子程序。唯一的问题似乎是代码量的增加。目前，单片机的片内 Flash 越来越大，对于一些不在乎程序代码量大一些的应用，这种做法无疑会降低系统的功耗。开关器电路单片机系统具有 4k 字节的程序存储容量，对应程序将近 4000 行，实际编程量不到 3000 行，因此只是在迫不得已的情况下才用子程序，一般都用“宏”定义来代替子程序调用。

——尽量减少 CPU 的运算量

减少 CPU 运算的工作可以从很多方面入手：将一些运算的结果预先算好，放在 Flash 中，用查表的方法替代实时的计算，减少 CPU 的运算工作量，可以有效地降低 CPU 的功耗（很多单片机都有快速有效的查表指令和寻址方式，用以优化查表算法）；不可避免的实时计算，算到精度够了就结束，避免“过度”的计算；尽量使用短的数据类型，例如，尽量使用字符型的 8 位数据替代 16 位的整型数据，尽量使用分数运算而避免浮点数运算等。程序在运行时涉及的运算主要是压力指令波以及门槛压力和采集数据的换算，为减少 CPU 的运算量，都将可能的结果以表格形式存入程序存储器中，尽量将运算部分移植到 PC 机软件当中。

——让 I/O 模块间歇运行

不用的 I/O 模块或间歇使用的 I/O 模块要及时关掉，以节省电能。RS232 的驱动需要相当的功率，可以用单片机的一个 I/O 引脚来控制，在不需要通信时，将驱动关掉。不用的 I/O 引脚要设置成输出或设置成输入，用上拉电阻拉高。因为如果引脚没有初始化，可能会增大单片机的漏电流。特别要注意有些简单封装的单片机没有把个别 I/O 引脚引出来，对这些看不见的 I/O 引脚也不应忘记初始化。程序设计中，所有没有用到的引脚均设置为输出并置“0”，B 口弱上拉全部关闭，特别重要的是 I2C 口线，系统进入休眠状态前将其设置为输出并置“0”，可以大大减小功耗。

通过软件细节的精心设计和优化，系统休眠电流从 30μA 降到 10μA 以下，功耗只为原来的三分之一，开关器工作寿命大大提高。

⑤室内实验。

A. 电机控制电路实验。

在实验板上按原理图搭接好电路，供电电源为两路，H 形桥路为 +14V，VCC、KZ1、KZ2 为 +3V，桥路中间接电机，KZ1、KZ2 分别接上单刀开关，一端接地，一端接 +3V。将开关分别接 +3V 和地，观察电机正反转情况。电机正常运转时在其两端分别并上不同阻值的电阻，这时流经 R10、R11 的电流将增加，检测 R14 电平翻转时 R10、R11 电流，即为电机限流值。该值应为电机额定电流的 1.0～1.2 倍。

实验结果及分析：在实验板上按原理图搭接好电路，供电电源为两路，H 形桥路为 +12V，VCC、KZ1、KZ2 为 +3V，桥路中间接电机，KZ1、KZ2 分别接上单刀开关，一端接地，一端接 +3V。将开关分别接 +3V 和地，观察电机正反转情况。实验结果见表 2－3－3。实验结果表明 H 桥路只要单端供电，电机就发生动作，该电路设计符合要求。

表 2－3－3　电机控制电路实验结果

开关 KZ1	开关 KZ2	电机动作
关	关	不动作
开	关	正转
关	开	反转
开	开	不动作，电路短路

电机正常运转时在其两端分别并上不同阻值的电阻，这时流经 R10、R11 的电流将增加，检测 R14 电平翻转时 R10、R11 电流，即为电机限流值。该值应为电机额定电流的 1.0～1.2 倍。试验结果并联一个 4Ω 电阻时，翻转电流 200mA，达到设计要求。

B. 电源电路实验。

常温实验。电源单元由两片稳压芯片组成，U1 设置为不受控工作方式，上电即有稳定的 +3V 额定输出，U3 设置为受控工作方式，输出 +3V。系统上电后 U1 首先工作，输出 +3V 电压供给单片机，单片机开始工作，系统采样时，单片机输出一控制信号给 U3 使能端（3 脚）使 U1、U3 同时工作，整个系统进入测试工作状态。U1、U3 选用低功耗 5 脚封装的 TPS76030，实验资料见表 2－3－4。实验结果表明稳压芯片稳压性能较好，受控电源 U3 开关阈值电压1.6V，电平适中，且十分灵敏，符合单片机CMOS电平要求。U1、U3均能稳定工作在6V输入电压下，具有较好的电压适应性。

表2-3-4　稳压芯片实验资料表

型号	输入电压/V	输出电压/V	控制阈值电压/V
TPS76030U1	3.6 6.1	2.98 2.97	
TPS76030U3	3.6 6.1	2.97 2.98	1.6 1.5

高温实验。将TPS76030芯片带上负载，负载为一可变电阻器，调节阻值可改变芯片输出电流，将电路板置空气浴内加温，监测输出电压和电流。实验数据见表2-3-5。

表2-3-5　TPS76030芯片高温实验

温度/℃	I_{out}/mA	V_{out}/V	I_{out}/mA	V_{out}/V	I_{out}/mA	V_{out}/V	I_{out}/mA	V_{out}/V
常温	10	2.98	15	2.98	20	2.97	25	2.97
80.1	10	2.98	15	2.98	20	2.97	25	2.97
90.7	10	2.98	15	2.98	20	2.97	25	2.97
100.2	10	2.98	15	2.98	20	2.97	25	2.97
110.0	10	2.98	15	2.98	20	2.97	25	2.97
130.5	10	2.98	15	2.98	20	2.96	25	2.96
150.9	10	2.97	15	2.97	20	2.96	25	2.96

通过该实验得知：TPS76030稳压集成电路最高使用温度150℃，稳定输出负载电流可达25mA，在这个范围是可以满足仪器设计要求的，可以使用。由于该芯片技术指标为50mA、150℃，因此组装仪器前应对芯片进行温度和带负载能力试验，以确保元件的可靠性。

C. 压力、温度检测电路实验。

根据合同中所要求仪器达到的各项技术指标，井下电路电子元器件物理体积、宽度不能大于14mm，耐温指标应采用军品级（150℃）；另外，仪器为井下存储式，采用高温电池供电，因此应尽量选用低功耗的CMOS电路元器件，且测量精度应达到要求。

——压力信号检测电路的设计

压力测量在0~100MPa变化时，其传感器输出电压变化为0.2~7.8mV，为了保证A/D转换器的转换精度，根据AD转换器的工作原理，设计了压力信号检测电路。

压力传感器输出一般是毫伏级的微弱信号，传统的测量方法是在A/D转换之前增加一级高精度的测量放大器，因而系统较为复杂。AD转换器是美国Analog Devices公司推出的24-Bit AD77XX系列中的新品，适用于低频、高精度工业级转换。该器件具有完整的模拟前端，可以直接测量传感器输出的直流微弱信号，转换精度达到24位无误码。采用三线串行口与微控制器，通过软件编程可以对增益、信号极性、输入通道作出设置。该芯片具有自校准、系统校准和背景校准功能，可以消除零点误差、满量程误差及温度漂移的影响。+3V供电时消耗电流只有0.35mA，非常适合本仪器。AD转换器除了晶振和微调电容以外，几乎无须其他元件。参考电压由电桥激励电源通过分压电阻 R6、R7 提供，可以消除因激励电压变化引起的测量误差。全部采用贴片封装时体积可以缩到很小。AD 转换器包括两个全差分模拟输入通道，片内的增益可编程放大器可选择 1、2、3、8、16、32、64、128 八种增益之一，能将不同幅度范围的各类输入信号放大到接近 A/D 转换器的满标度电压再进行 A/D 转换，这样有利于提高转换质量。

利用 AD 转换器的 1 通道作为压力输入信号端，同时对传感器输出电压进行增益放大。考虑到 AD 转换器的最大增益为 128 倍，将电压变化范围放大 128 倍，则输入电压达到 25.6 ~ 998.4mV。AD7705 的供电电压为 3V，其基准电压由 R6 和 R7 两电阻经分压后确定，考虑到当输入电压越接近基准电压时，AD 转换器的转换精度越高，确定 R6 阻值为 100kΩ，R7 阻值为 62kΩ，经分压后基准电压为 1.148V。

记录模拟输入与数值量输出值，分析其线性。实验结果见表 2-3-6。分析数据可以看出，转换器的转换随着输入电压的升高，其比率呈上升趋势，最大变化量为 1.1%，符合该转换器的精度要求。

表 2-3-6　信号放大及 A/D 转换电路线性实验数据

模拟输入/mV	数值量输出	比率（数值量）/mV
29	1840	63.45
100	6313	63.13
150	9491	63.27
200	12701	63.51
250	16011	64.01

——温度信号检测电路的设计

铂电阻在 0 ~ 150℃时，电阻值随温度变化的关系近似于线性，其表达式为

$$Rt = R0[1 + a(T - T0)]$$

式中，$R0$ 为 0℃条件下的电阻值；Rt 为 t℃条件下的电阻值；a 为电阻温度系数；$T0$、T 为分别为 0℃和被测介质温度。

选用的薄膜铂电阻温度传感器 $R0 = 1$kΩ，最大工作电流小于 0.3mA，时间常数小于 1s。

该电路直接把随温度变化的电阻值转换为电压信号，并通过 AD 转换器的 2 通道输入。在温度为 0 ~ 150℃时 9 脚电压为 43 ~ 65mV，10 脚电压为 52mV，经差分后电压为 -9 ~ 13mV，再经 64 倍增益后，电压达到 -576 ~ 832mV，都接近基准电压，此时 A/D 转换精度最高。

D. 单片机系统实验。

——整机功耗实验

该仪器所使用的高温电池容量有限（6200mAh），要求测试系统在完成数据采集、存储的同时，尽可能地降低功耗，延长仪器的井下有效工作时间，满足压裂施工过程时间长的要求。本实验的目的是改变单片机的工作模式，降低整机功耗。分别实验单片机在时钟振荡频率为 4MHz 时正常工作、睡眠闲置两种模式的系统耗电电流，实验结果见表 2-3-7。

表 2-3-7　单片机 PIC16FXX 功耗实验

晶振/Hz	正常工作/μA	休眠方式/μA	150℃下休眠电流/μA
4M	2200	10	15

从实验中可看出 PIC16FXX 在时钟振荡频率 4MHz 时，最小系统电路正常工作时电流 2200μA，休眠方式时降至 10μA，在高温下休眠电流 15μA。通过实验证明：单片机 PIC16FXX 在低功耗方面完全满足仪器要求；为节约电池消耗，延长仪器有效工作时间，在非采样时间内可工作在睡眠模式下。

——各单元联调实验

将已调试好的电源、A/D 转换、控制单元电路组合起来，构成一套完整的模拟测试系统，接上压力和温度传感器，调节这两个参数，与 A/D 转换单元试验时检测到的电压信号一致。控制单元的核心是低压、低功耗单片机 PIC16，实验结果该单片机能在 2.7V 的供电下稳定工作，3V 时工作电流不大于 3mA，测试精度及各项控制功能均符合设计要求。

——时序及电机控制实验

为了缩短实验时间，有利于观察数据，实验时以 15min 代替实际 1d。为便于识图，规定开关器状态“0”为关，“1”为开，开关器为 0 时，采集的压力数据为实际值，开关器为 1 时，采集的压力数据为 16 进制的反相值。时序运行曲线如图 2-3-15、图 2-3-16 所示。

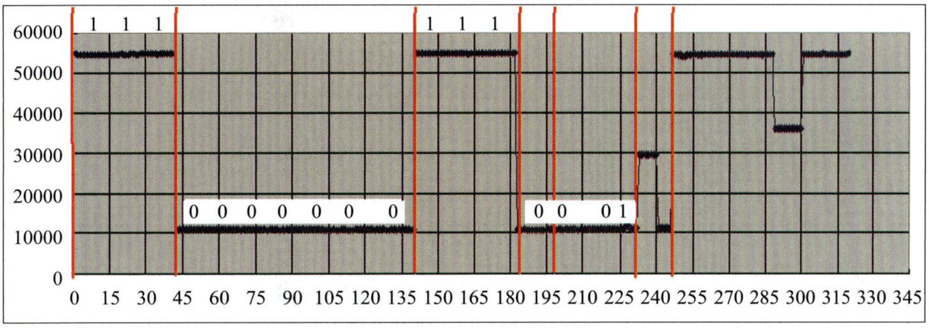

图 2-3-15　时序运行图

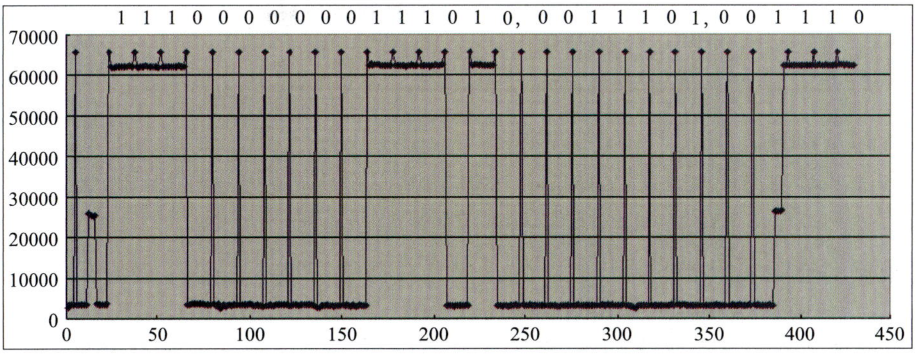

图 2-3-16　时序运行曲线图

实验分析：图 2-3-15 曲线可以看出，仪器能够按要求正常运行，开关器为 0 时采集实际压力值，为 1 时数据取反（65535-实际值），堵水阶段压力有效时，时序延时后进入模拟循环。程序做了一些改进，增加每日标志位，即 15min 到达之后存储一个最大值，从曲

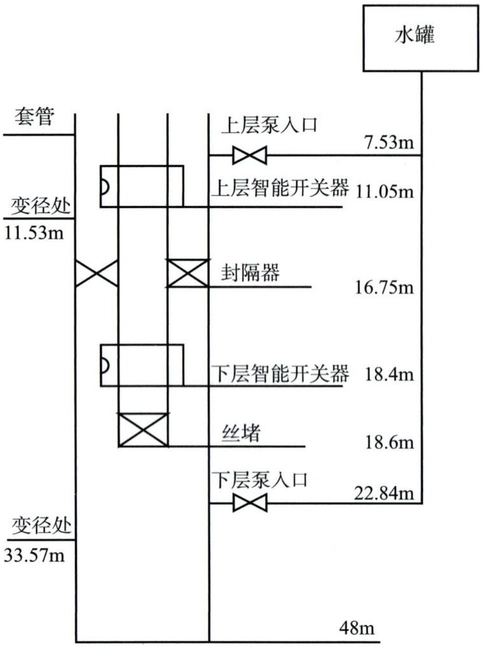

图 2－3－17　模拟实验流程图

线看可以一目了然程序运行的天数，曲线反映的信息与图 2－3－16 相同。

——定时时间及单片机的运行可靠性实验

定时时间的偏差主要是温飘，根据实验数据，15min 误差 4s，1d 误差在 5min 以内，这个时间的偏差不影响整个时序运行，如果要求更高的精度，修改程序很容易实现，系统振荡采用的石英晶体温飘一般不超过 50ppm，在 150℃ 条件下能够满足要求。系统长期运行稳定性、可靠性经过 10 次运行，均未发生复位、程序跑飞现象，说明系统可靠、稳定，抗干扰能力强。

⑥智能开关器整机模拟实验。

实验管柱如图 2－3－17 所示，模拟两级两层的分采管柱。开关器原始状态为开，为加快实验进度，软件上以 60min 代表 1d。以下所说的“一天”，均实际对应 60min 时间。

——开关器时序设计

工作时序图见表 2－3－8。前 8d 为分采阶段，其中前 4d 为找水阶段，后 4d 为堵水阶段，8d 以后每 4d 一次模拟循环。开关器启动压力为封隔器坐封压力（15～20MPa），设计 15MPa 开启，中止压力 10MPa。第 6d 打压中止，第 21d 打压切换开关器动作，或根据实际情况打压实验开关状态。

表 2－3－8　开关器时序表

时间/d	1	2	3	4	5	6	7	8	9	10	11	12	13	14	15	16	17	18
上层	开	开	关	关	开	关	开	关	开	关	开	关	开	关	开	关	开	关
下层	关	关	开	开	关	开	开	关	关	开	开	关	关	开	开	关	关	开
时间/d	19	20	21	22	23	24	25	26	27	28	29	30	31	32	33	34	35	36
上层	开	关	开	关	开	关	开	关	开	关	开	关	开	关	开	关	开	关
下层	开	关	关	开	开	关	关	开	开	关	关	开	开	关	关	开	开	关

——过程及步骤

一是智能开关器及配套工具各单元分步组装并连接好，安装时胶圈部位应涂上润滑脂，装好后对下井的井下智能开关器自检，设置相关初始化参数。

二是根据实验要求配接下井管柱；将封隔器、井下智能开关器连接好后下入试验井内（图 2－3－17），管柱下到位后固定井口。

三是油管内憋压 15MPa 坐封封隔器。坐封后稳压 5min，保证智能开关能识别启动压力信号，此时开关器中的压力计感压激活控制电路，不同层位的开关按设计的程序开始启动。

四是记录时间为整点，根据时序表，开关器按设计时间动作后，分别给上下层位泵入清水，观察井口出水状况是否与开关器状态相吻合。

五是第 6d 从井口中心管打压 10MPa，中止开关器动作，此时上层开关关闭，下层开关打开，给每个层位泵入清水检验开关器动作是否正确。

六是中止压力到后，开关器进入模拟循环状态，第 21d 时从井口中心管打压 10MPa，使开关器动作，此时上层开，下层关，给每个层位泵入清水检验开关器动作是否正确。

七是进入模拟状态后，根据实际时间，随时打压切换开关器动作并观察井口出水情况。

八是记录实验数据：实验的环境温度、实验时间、实验结果。

能完成四、五、六步工作为合格。上提管柱解封封隔器，并起出管柱及井下工具。

实验结果及分析：表 2－3－9 是第一次模拟实验结果。先压力 20MPa，稳压 8min。等待 1h 后第二层开关按设计状态进行动作（关闭），2h 后，第一层关、第二层开，16：00 和 17：00两层开关都正常按设计状态进行动作，在 17：12 打压 15MPa，稳压 8min，保持此时间的开关工作状态（终止）。整个试验过程判断开关是否打开或关闭，观察井口是否有水喷出进行判断。第二天上午 8：00～10：00 分别打压、稳压 8min，开关能按设计的工作状态动作。11 点后开关的工作状态不对，不能按设计状态进行。

表 2－3－9　第一次模拟实验井（开关器时序设计及验证表）

时间	12	13	14	15	16	17	18	19	2007	08	09	10	11	12	13	14	15	16
天数	1	2	3	4	5	6	7	8	9 14	15	16	17	18	19	20	21	22	23
设计一层	开	开	关	关	开	关	开	关		开	关	开	关	开	关	开	关	开
设计二层	关	关	开	开	关	开	开	关		开	关	关	开	开	关	关	开	开
验证一层	开	开	关	关	开	关				开	关	开	关			关	开	
验证二层	关	关	开	开	关	开				开	关	关	关			关	关	
动作时间	12：04		14：06	15：10	16：07	17：07				08：38	09：26	10：39	11：22			14：26	15：20	

表 2－3－10 是第二次模拟实验结果。针对第一次实验出现的问题，进行了相应改进后再次下模拟井，实验过程与第一次相同。从结果来看，设计一层开关状态与验证一层开关状态不同，从现象看好象出现了错误，但在 4 日下午起出管柱后，发现第一层开关状态与设计一层状态相同，经分析可能是封隔器上部的出水管漏或进水管被堵导致出现此结果。图 2－3－18～图 2－3－20 是实验数据回放局部曲线图。

表 2－3－10　第二次模拟实验井（开关器时序设计及验证表）

时间	12	13	14	15	16	17	18	19	2007	08	09	10	11	12	13
设计一层	开	开	关	关	开	关	开	关		开	关	开	关	开	关
设计二层	关	关	开	开	关	开	开	关		开	关	关	开	开	关
验证一层	关	关	关	关	关	关					关	关	关		
验证二层	关	关	开	开	关	开					关	关	开		
动作时间	12：01		13：59	15：09	15：59	16：59					09：19	10：22	11：21		

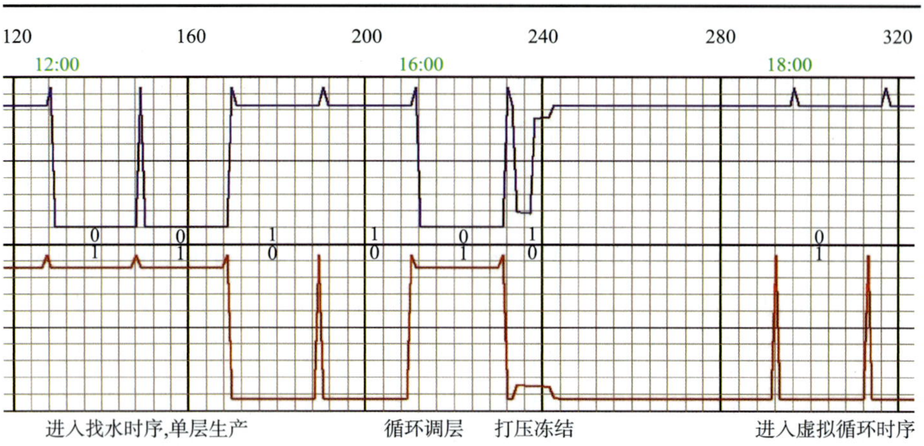

图 2－3－18　实验时序曲线图 1

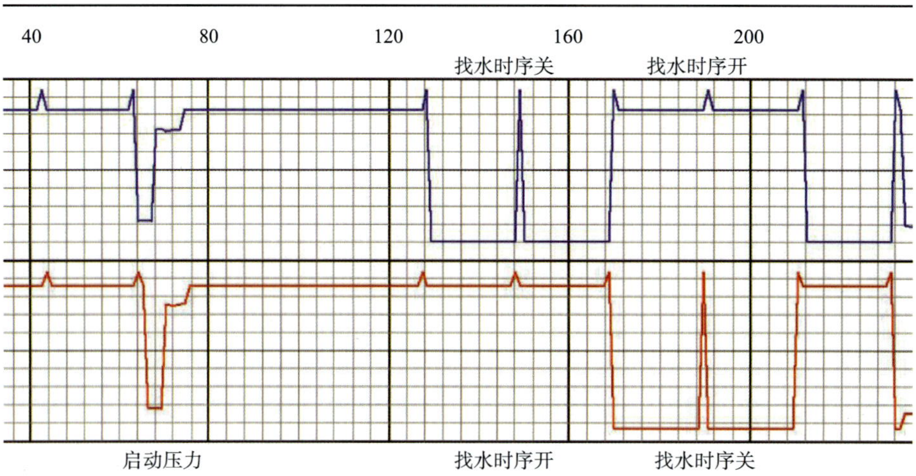

图 2－3－19　实验时序曲线图 2

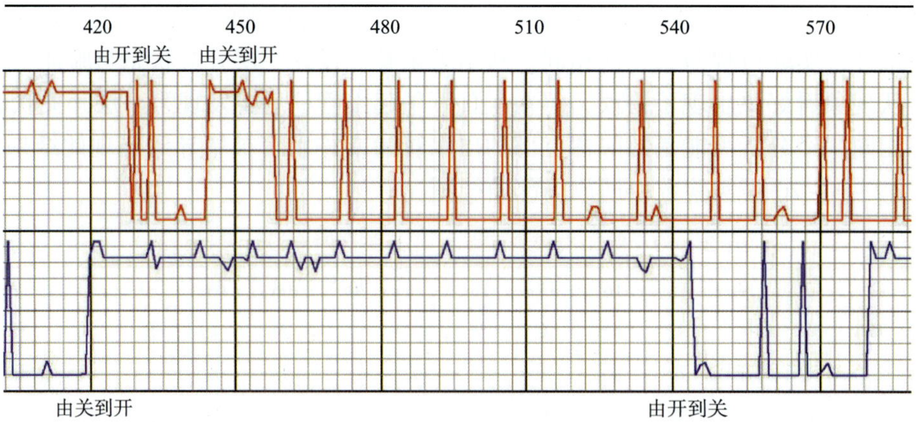

图 2－3－20　实验时序曲线图 3

第三次模拟实验采用压力编码方式。开关器可根据不同层位对应的压力编码波来实现动作，根据选择层位对应的压力编码波形图，进行“打压—停止—打压”过程，打开或关闭相应层位的智能开关器。整个实验进行了 11 次“打压—停止—打压”过程，取得了较好效果，其中有两次是给出的错误指令，对两一、二层开关器均无影响，说明开关器的纠错能力强。采用压力编码方式打压，开关器根据编码方式能作出相应动作，符合设计要求。

⑦智能开关器标定刻度实验。

整机模拟实验井实验完成后开展标定刻度实验，对温度和压力传感器进行标定。实验时开关器设置为标定状态，每隔 2s 采样存储一次，在每个温度点下压力每 10MPa 正反打压一次。标定完成后用专门的刻度软件回放处理数据，最终得到温度和压力拟合系数。图 2-3-21 为软件数据处理界面，将标定原始数据显示成曲线，填入温度点，在每个温度点下用鼠标取平均值填入表格内，点转换按钮即可得到标定的温度和压力系数，图 2-3-22 为处理结果界面。表 2-3-11 和表 2-3-12 分别为 1#和 2#样机标定原始数据，表 2-3-13 和表 2-3-14 分别为其拟合系数。

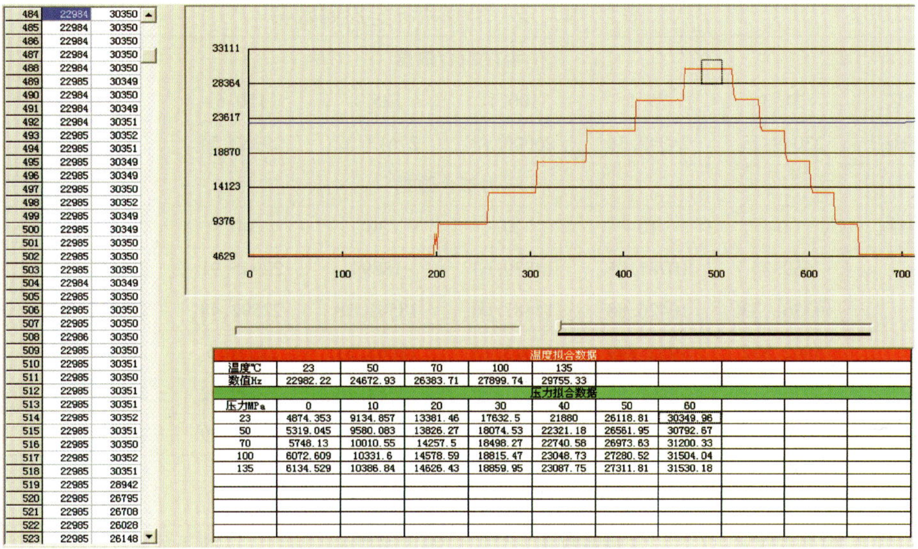

图 2-3-21　软件数据处理界面

温度拟合结果							
标定值℃	23	50	70	100	135		
拟合值℃	23.4767069194942	48.0758775957935	73.0689923194567	97.9553245867378	135.424066265632		
拟合误差	-.47670691949417	1.92412240420646	-3.06899231945673	2.0446754132622	-.424066265632291		
拟合系数	-1950.66918945313	.21488593518734	-8.14671147963963E-06	1.10269501862881E-10			
压力拟合结果							
标定值MPa	0	10	20	30	40	50	60
23	-.002972830350132	10.0023035530547	19.9928911975848	29.9994987991252	40.00114739186	49.99359500817	59.9970936357989
	.002972830350132	-2.30355305472507E-03	7.10880241524237E-03	5.01200874779784E-04	-1.1473918600089E-03	6.40499182995313E-03	2.90636420105272E-
50	6.30032256037051E-04	10.0025828930583	19.9963600508213	30.0020408726723	40.0050764266491	50.0032206156328	60.0079485583714
	-6.30032256037051E-04	-2.58289305825166E-03	3.63994917868737E-03	-2.04087267227138E-03	-5.07642664913988E-03	-3.22061563284137E-03	-7.9485583714316E-
70	-1.34366308982752E-02	9.98925882723657	19.9879642401383	29.984653183882	39.9896471050073	49.9813304421941	59.9820006474096
	1.34366308982752E-02	1.07411727634315E-02	1.20357598616785E-02	1.53468161180044E-02	1.03528949926712E-02	1.86695578059428E-02	1.79993525903654E-
100	-3.33596362763842E-03	9.9935284868409	19.9970563402048	29.994988433614	39.9938145977558	49.9974813174924	59.996335958235
	3.33596362763842E-03	6.47151315910399E-03	2.94365979522127E-03	5.01156638603106E-03	6.18540224422759E-03	2.51868250764886E-03	3.66404176499202E-
135	1.63026736308053E-02	10.0174380678479	20.0163173406507	30.017721779094	40.016565305883	50.0164750030824	60.0165674554107
	-1.63026736308053E-02	-1.74380678478538E-02	-1.63173406506623E-02	-1.77217790939856E-02	-1.65653058830131E-02	-1.64750030824123E-02	-1.65674554106872E-

图 2-3-22　软件处理结果界面

表 2-3-11　1#样机标定原始数据

温度拟合数据							
标定点/℃	32.7	75.0	100.3	125.2	150.2		
测量值/Hz	22843.24	24014.68	25644.46	27193.91	28952.82		
压力拟合数据							
标定点/MPa	0	10	20	30	40	50	60
32.7	5489.　842	9786.8	14070.12	18344.08	22612.47	26872.18	31122.45
75	5627.484	9922.65	14203.04	18476.54	22734.92	26994.04	31243.89
100.3	5798.438	10088.79	14364.23	18630.78	22895.3	27149.65	31394.73
125.2	5935.926	10216.1	14478.22	18730.26	22976.2	27218.53	31451.41
150.2	5786.543	10034.03	14278.93	18514.45	22744.82	26970.04	31193.41

表 2-3-12　2#样机标定原始数据

温度拟合数据							
标定点/℃	31.3	75.1	100.1	125.1	150.6		
测量值/Hz	23049.15	24342.38	26006.13	27613.32	29382.54		
压力拟合数据							
标定点/MPa	0	10	20	30	40	50	60
31.3	669.34	10781.05	14839.63	18894	22945.91	26988.78	31021.54
75.1	6336.　33	10426.88	14487.06	18541.38	22592.48	26636.　3	30670.73
100.1	5862.852	9952.849	14013.13	18063.31	22110.5	26149.24	30182.25
125.1	5375.111	9460.9	13521.23	17564.14	21599.62	25628.95	29656.26
150.6	4592.13	8573.733	12616.75	16651.95	20676.19	24695.46	28705.62

表 2-3-13　1#样机标定拟合系数

仪器号	温度系数 A_0	温度系数 A_1	温度系数 A_2	温度系数 A_3	
JZK7110-1	-648.49064941406	.058859683573246	-1.89591021E-06	2.673164158E-11	
温度	32.7	75.0	100.3	125.2	150.2
压力系数：B_0	-10.005087852478	2.34597851267E-03	1.613413574E-09	-6.　36269093E-14	1.072445487E-18
压力系数：B_1	-4.386135436E-02	-5.5521496784E-07	7.099077893E-11	-3.14120247E-15	4.179392497E-20
压力系数：B_2	-1.149865983E-04	-1.1743609951E-10	-5.53075692E-13	3.555173914E-17	-5.56270458E-22
压力系数：B_3	1.8299008567E-06	3.27315141659E-11	-1.57856677E-16	-6.87393004E-20	1.414870149E-24

表 2-3-14　2#样机标定拟合系数

仪器号	温度系数 A_0	温度系数 A_1	温度系数 A_2	温度系数 A_3	
JZK7110-2	-474.58443594	.03934458456	-1.17436E-06	1.815209E-11	
温度	31.3	75.1	100.1	125.1	150.6
压力系数 B_0	-14.484210405	2.50536179E-03	5.194191E-09	-1.60554E-13	1.90097E-18
压力系数 B_1	-5.524603E-02	2.93419136E-06	-2.67858E-10	8.193143E-15	-8.57954E-20
压力系数 B_2	-1.108517E-04	-5.0935273E-08	4.511793E-12	-1.39439E-16	1.494699E-21
压力系数 B_3	1.5933708E-06	2.34008006E-10	-2.02853E-14	6.443041E-19	-7.14381E-24

3. 小井眼分采工艺安全优化

水平井技术已成为开发深层油气藏的重要技术手段，合理预测和控制下入管柱摩阻对于水平井的完井管柱的安全性能通常来说非常重要。完井管柱的下入性问题同钻杆摩阻/扭矩计算和套管下入性问题有区别之处：

①完井管柱同钻杆、套管相比，直径较小，抗拉、抗内压和外挤强度比较低。

②管柱不能采用旋转和漂浮下放的方式来实现顺利下入。

智能分采完井管柱是用于已经开采一段时间的低效水平井，部分该类井口二次完井时需要钻除预置滑套中的多级球座，钻除工艺实施后，井筒直径进一步缩小（98mm），又由于水平段长、台阶级数多，给智能分采管柱设计和下入带来困难，因此管柱的下入能力及强度问题对于作业成功有着重要的指导意义。

（1）管柱下入可行性分析。

水平井井眼轨迹通常由直井段、造斜段（增斜段或降斜段）、稳斜段（包括水平段）组成。在直井段，管柱受重力作用，因此可以顺利下入。但到达弯曲段时，井眼轨迹不规则，管柱与井壁大面积接触，使得管柱受到较大的摩阻力。同时，随着井眼的弯曲，管柱也会弯曲，从而会出现直井段中不可能遇到的一些问题：

①随着井斜角的增大，管柱与井壁接触面积不断增大，使得管柱受到的摩阻力不断增加，管柱下入过程受阻而无法顺利下至井底。同时，在弯曲段随着井眼的弯曲，管柱承受弯曲应力作用。弯曲应力随井眼曲率半径的减小而增加，当其超过钢材许用应力，就会造成管柱的破坏。

②管柱进入水平段后，此时井眼的井斜角近似为90°，因此管柱会完全贴在井壁上。地层与管柱的摩擦阻力进一步加大，可能使得管柱无法下入。同时，在井眼曲率半径较小的弯曲段，由于管柱刚性很大而卡在井眼中，以致其无法继续下入。

③管柱基本上属于薄壁管或中厚壁管。当管柱弯曲应力未超过钢材的屈服极限时，可能由于管柱丧失稳定性而发生变形，形成椭圆状管柱截面，使得某些后续生产所用到的工具无法下入，这是不允许的。弯曲程度严重时，会产生屈曲变形。

④管柱连接处的螺纹在随井眼弯曲时产生弯曲变形有可能引起管柱的密封失效，从而导致完井管柱的破坏，使得管柱无法顺利下至预定深度。

根据井眼曲率半径、地层摩阻、套管直径等因素，定性判断完井管柱能否顺利下入，对其下入过程进行定性分析判断，完井管柱下入判断准则如下：

a. 总摩阻应小于受阻点以上管柱浮重。

b. 管柱弯曲应力应小于管柱许用应力。

c. 管柱处于弯曲段时应不发生屈曲变形。

d. 管柱处于弯曲段时应不发生密封失效。

管柱在下入时，应同时满足以上4种要求，否则管柱无法下入。同时，在钻井与完井过程中入井管柱遇阻均不是力学问题，而是几何问题，即由于入井管柱的刚度太大导致管柱在井眼内“硬卡”。

（2）下入可行性理论模型。

①井身轨迹拟合。井眼轨迹通常指三维空间中的一系列测点，这些点用几何计算方法连接起来，形成的连续曲线即是井眼轨迹。设计完毕的水平井井身轨迹通常包括以下主要数据：测深、井斜角、方位角、垂深、南北位移、东西位移、水平位移、造斜率。在井身轨迹

数据拟合中，采用测深、井斜角、方位角3个变量。

对井眼数据采用三次样条插值方法处理，把井斜角、方位角看作是测深的三次样条函数。从而将钻井的间断点数据转换为连续的曲线。该法既具有分段插值的优点，又能保证节点处光滑连续。

针对已知定向井某段[a，b]上一组有序的测量点：井深 $a = x_0 < x_1 < x_2 < \cdots < x_m = b$；所对应地井斜角和方位角分别为[$\alpha_1$，$\alpha_2$，…，$\alpha_m$]和[$\varphi_1$，$\varphi_2$，…，$\varphi_m$]。可以根据三次样条法构造三次井眼参数的样条函数 $S(x)$和 $Q(x)$，使其满足在区间[a，b]的每个区间[x_{k-1}，x_k]（$k=1, 2, \cdots m$）上，$S(x)$和 $Q(x)$都是一个三次多项式。

$$S(x_k) = \alpha_k \quad (k=1, 2, \cdots m)$$
$$Q(x_k) = \varphi_k \quad (k=1, 2, \cdots m) \tag{2-3-1}$$

通过 $S(x)$和 $Q(x)$函数就可以求出[a，b]井段上任意位置处的井斜角和方位角。应用三次样条插值法求出已知井段上任一点的井斜角和方位角后，便可按照曲率半径法确定其空间坐标和井眼曲率。

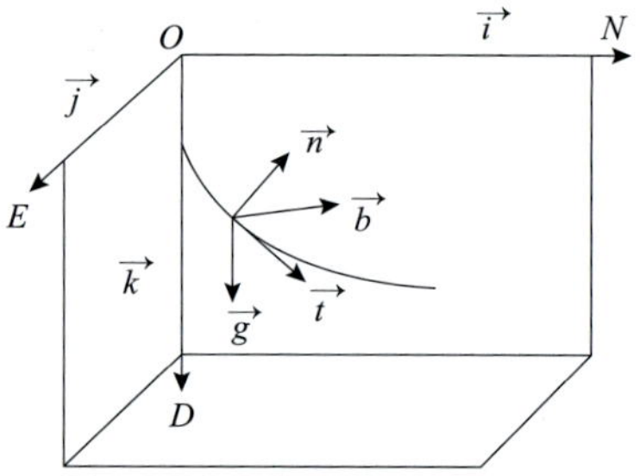

图2-3-23　笛卡尔坐标系及曲线坐标系

②空间坐标系选择。

如图2-3-23所示，选取直角笛卡尔坐标系，由单位矢量 $\vec{i}$，$\vec{j}$，$\vec{k}$ 组成，$\vec{k}$ 方向为重力方向，垂直向下。单位矢量 $\vec{t}$，$\vec{n}$，$\vec{b}$ 组成曲线坐标系下的单位矢量，分别表示井眼轴线切线方向、主法线方向和副法线方向的。在笛卡尔坐标系下的单位矢量 $\vec{t}$，$\vec{n}$，$\vec{b}$ 表达式如下：

$$\begin{cases} \vec{t} = t_i\vec{i} + t_j\vec{j} + t_k\vec{k} \\ \vec{n} = n_i\vec{i} + n_j\vec{j} + n_k\vec{k} \\ \vec{b} = b_i\vec{i} + b_j\vec{j} + b_k\vec{k} \end{cases} \tag{2-3-2}$$

根据微分几何原理，上式中的系数可表达为：

$$\begin{cases} t_i = \sin\alpha\cos\varphi \\ t_j = \sin\alpha\sin\kappa \\ t_j = \cos\varphi \end{cases} \tag{2-3-3}$$

$$\begin{cases} n_i = (K_\alpha\cos\alpha\cos\varphi - K_\varphi\sin\alpha\sin\varphi)/K_\gamma \\ n_j = (K_\alpha\cos\alpha\sin\varphi + K_\varphi\sin\alpha\cos\varphi)/K_\gamma \\ n_j = -K_\alpha\sin\alpha/K_\gamma \end{cases} \tag{2-3-4}$$

$$\begin{cases} b_i = (-K_\alpha\sin\varphi - K_\varphi\sin\alpha\cos\alpha\cos\varphi)/K_\gamma \\ b_j = (K_\alpha\cos\varphi - K_\varphi\sin\alpha\cos\alpha\sin\varphi)/K_\gamma \\ b_j = K_\varphi\ \sin^2\alpha/K_\gamma \end{cases} \tag{2-3-5}$$

式中，α、φ、K_α、K_φ、K_γ 分别为井斜角、井斜方位角、井斜变化率、井斜方位变化率及井眼曲率（全角变化率或狗腿度）；γ 为狗腿角。我国钻井行业中狗腿角的标准计算公式为：

$$\gamma = \sqrt{\Delta\alpha^2 + \Delta\varphi^2 + \sin\left(\frac{\alpha_i + \alpha_{i+1}}{2}\right)} \tag{2-3-6}$$

③摩阻扭矩模型。

现有的摩阻扭矩模型，主要有软杆模型和刚杆模型两大类，这两种模型对水平井、大位移井的适用性较强。由于小直径智能分采管柱刚度较小，拟采用软杆模型理论对侧钻造斜段进行摩阻扭矩计算，以验证软杆模型对于超深水平井的适用性。

井斜角和方位角的变化都会引起管柱轴向载荷的变化。综合考虑管柱在不同工况下，不同井段中的受力工况建立如下三维软杆计算模型，单元段受力分析如图 2－3－24 所示。

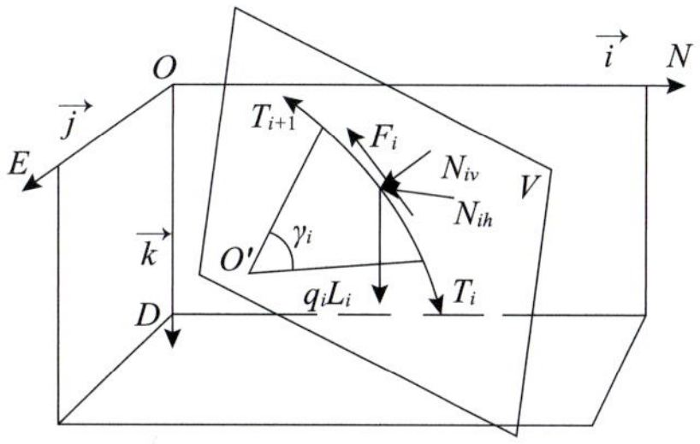

图 2－3－24　单元段模型受力示意图

在三维模型的建立过程中，单元坐标系以空间矢量为空间曲线的切线矢量、主法线矢量和副法线矢量为坐标系的 3 个单位矢量，即动坐标系。然后运用微分几何原理将动坐标系上的变量投影到大地坐标系中运算，使运算结果更加接近实际情况。假设管柱弯曲段 L_i 处于空间一般位置，下端点 i 的井斜角和方位角分别为 α_i、φ_i，上端点 $i+1$ 的井斜角和方位角分别为 α_{i+1}、φ_{i+1}。管段曲线弧长为 L_i，q_i 为单位长度管柱的浮重。

将该微元段管柱所受的压力 N_i 分解为狗腿平面 V 上的侧压力 N_{iV} 以及与狗腿平面相垂直方向平面 H 上的侧压力 N_{iH}。

其中，N_{iH} 与管柱重力在 H 平面的分力 G_{iH} 相平衡，假设重力方向与主法线、副法线和切线方向的夹角分别为 θ_{gn}、θ_{gb}、θ_{gt}，因此在副法线方向上可以得到力的平衡方程：

$$N_{iH}=G_H=q_iL_i\cos\theta_{gb}$$

此外，管柱重力在主法线的分力和切线方向的分力分别为 $G_V=q_iL_i\cos\theta_{gn}$，$G_t=q_iL_i\cos\theta_{gt}$。

以上公式中的余弦值由向量间的夹角计算公式得到：

$$\begin{cases}\cos\theta_{gn}=\dfrac{n_k}{\sqrt{n_i^2+n_j^2+n_k^2}}\\[2ex]\cos\theta_{gb}=\dfrac{b_k}{\sqrt{b_i^2+b_j^2+b_k^2}}\\[2ex]\cos\theta_{gt}=\dfrac{t_k}{\sqrt{t_i^2+t_j^2+t_k^2}}\end{cases}\tag{2-3-7}$$

在狗腿平面上对管柱进行受力分析，其受力分析如图 2－3－25 所示。

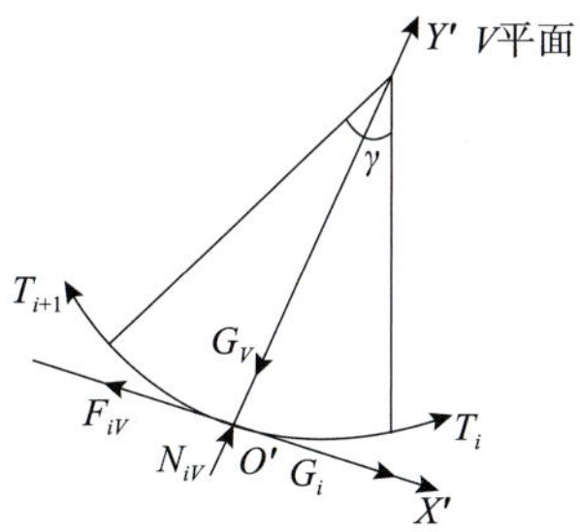

图 2－3－25　狗腿平面上管柱受力分析

建立静力学平衡方程：

$$\begin{cases}-F_{iV}+G_t+T_i\cos\dfrac{\gamma}{2}-T_{i+1}\cos\dfrac{\gamma}{2}=0\\[2ex]N_{iV}+G_V+T_{i+1}\sin\dfrac{\gamma}{2}+T_i\sin\dfrac{\gamma}{2}=0\\[2ex]F_{iV}=\mu_i\,|N_{iV}|\end{cases}\tag{2-3-8}$$

其中，F_{iV} 为该微元段管柱在狗腿平面内所受的摩擦阻力；μ_i 为该微元段管柱与接触面的摩擦因数；T_i、T_{i+1} 为管柱两端的轴向力；γ 为狗腿角或者全角变化。

当 $N_{iV}\geqslant0$ 时，

$$N_{iV}=\frac{G_t\sin(\gamma/2)+G_V\cos(\gamma/2)+2T_i\sin(\gamma/2)\cos(\gamma/2)}{\mu\sin(\gamma/2)-\cos(\gamma/2)} \quad (2-3-9)$$

$$T_{i+1}=T_i-\frac{\mu N_{iV}}{\cos(\gamma/2)}+\frac{G_t}{\cos(\gamma/2)} \quad (2-3-10)$$

当 $N_{iV}<0$ 时，

$$N_{iV}=-\frac{G_t\sin(\gamma/2)+G_V\cos(\gamma/2)+2T_i\sin(\gamma/2)\cos(\gamma/2)}{\mu\sin(\gamma/2)+\cos(\gamma/2)} \quad (2-3-11)$$

$$T_{i+1}=T_i+\frac{\mu N_{iV}}{\cos(\gamma/2)}+\frac{G_t}{\cos(\gamma/2)} \quad (2-3-12)$$

管柱所受的压力为：

$$N_i=\sqrt{N_{iV}^2+N_{iH}^2} \quad (2-3-13)$$

管柱与井壁的摩擦力为：

$$F_i=\mu N_i \quad (2-3-14)$$

利用叠加计算方法，从完井管柱底端开始叠加计算到井口，就可以计算出整个完井管柱所受的总摩擦阻力。完井管柱下到水平井弯曲段后，随着井斜角的增大，管柱与井壁接触面积不断增大，使得管柱受到的摩阻力不断增加，井眼曲率半径越小，水平段距离越长，管柱上的摩阻力越大，甚至出现管柱下入过程受阻而无法顺利下到井底的现象。对水平井完井管柱可下入性的判定依据为总摩阻小于套管有效浮重。与管柱的重力进行比较就可以作为判断管柱能否下入的条件之一。若不能顺利下入，则判断出管柱最大的下入深度。

（3）管柱下入可行性分析方法。

Wellplan 应用软件一直以来在钻井设计中应用很多，计算结果有很好的计算精度和参考价值。使用软件中的摩阻扭矩分析模块对完井管柱下入摩阻进行分析，能够较为真实地模拟了管柱的工作状况，为现场各种操作参数的优选提供决策依据。

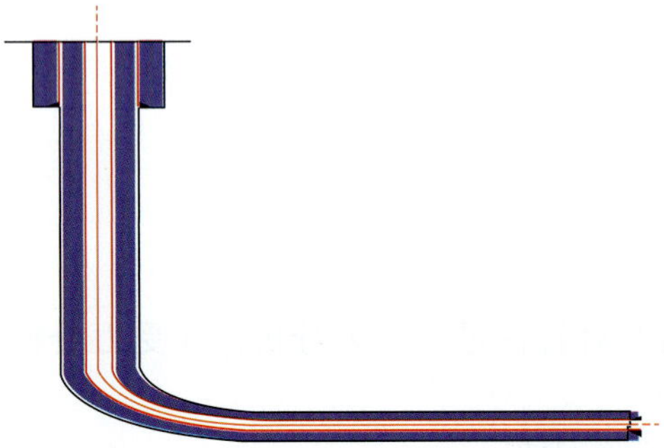

图 2－3－26　XX 井井身结构示意图

①井身结构和剖面数据。

利用本文的分析方法和 Wellplan 分析软件同时对 XX 井智能分采工艺管柱的下入性进行了分析。XX 井是一口 2091m 深的水平井，水平段较长。依据 XX 井智能分采工艺方案，首先需要明确输入参数，表 2－3－15 为 XX 井基础数据，井身结构如图 2－3－26 所示。

表 2－3－15　XX 井基础数据

井别	开发井	完钻层位	长 8_1^2
构造位置	鄂尔多斯盆地伊陕斜坡南部	固井质量	差
设计井深/m	2091.18	造斜点深度/m	885
完钻井深/m	斜深：2116.00 垂深：1384.81	最大井斜角/(°)	90.74
完钻日期	2014.07.09	最大井斜深度/m	1685.0

②管柱配接。

下入管柱结构从下至上依次为：丝堵 + 2⅞in 油管 5 根 + SZK7100 - 85 智能开关器 1 + 2⅞in 油管 1 根 + SFZQ 扶正器 1 + SK341 封隔器 1（2005m）+ 2⅞in 油管 1 根 + SZK7100 - 85 智能开关器 2 + 2⅞in 油管 + SFZQ 扶正器 2 + SK341 封隔器 2（1891m）+ 2⅞in 油管 1 根 + SZK7100 - 85 智能开关器 3 + 2⅞in 油管 + SFZQ 扶正器 3 + SK341 封隔器 3（1746m）+ 2⅞in 油管 1 根 + SZK7100 - 85 智能开关器 4 + 2⅞in 油管 + SFZQ 扶正器 4 + SK341 封隔器 4（1270m）+ 2⅞in 油管 1 根 + KDS 丢手接头 + 2⅞in 油管（至井口）。

③可下入性分析计算过程。

计算分析作业管柱下入和上提过程中的悬重和摩阻，其中取管柱与套管间摩擦系数 0.25，与裸眼段摩擦系数 0.3。分析结果如下：

管柱可下入性分析：图 2 - 3 - 27 和图 2 - 3 - 28 分别为管柱下入到预定深度和管柱起出过程中大钩载荷图。可以得出，完井管柱下入到预定深度时，整条管柱的有效轴力不超过屈服载荷，也不会发生屈曲现象。如图 2 - 3 - 27 所示，管柱在下入过程中的实际大钩载荷始终为正，且大于发生屈曲时的悬重，因此管柱下入时不会发生屈曲。完井管柱上提管柱的实际大钩载荷小于管柱屈服载荷，因此，管柱可以实现顺利入井。

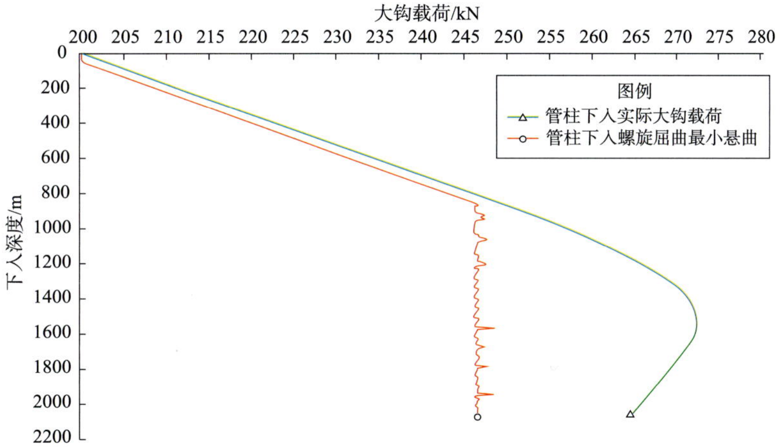

图 2 - 3 - 27 管柱下入过程大钩载荷模拟

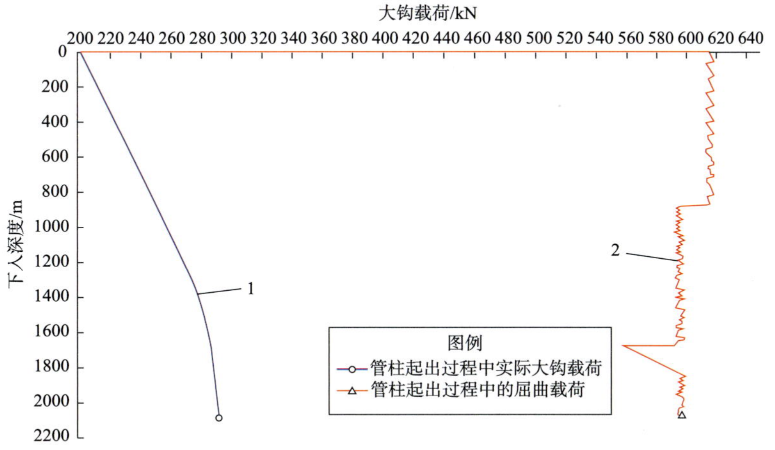

图 2 - 3 - 28 管柱下入过程中大钩载荷图

如图2-3-28所示，完井管柱起出过程中，大钩载荷不超过管柱屈服载荷，轴向力没有超过管柱的拉伸极限，则完井管柱能顺利出井；红线表示管柱受到屈服载荷最大悬重，蓝线表示起出过程实际大钩载荷。

表2-3-16为不同工况下不同深度处大钩载荷最大值和对应摩阻。管柱下至1540m处，下入大钩载荷达到最大值，为272.7kN（其中200kN为游车等重力），下至预定深度摩阻为14.2kN。

表2-3-16 下入至不同深度大钩载荷和摩阻值

下入深度/m	工况	大钩载荷/kN	摩阻/kN
1200	下入	266. 3	1.4
	上提	269.3	1.6
	空转	267.7	0
1540	下入	272.7	5.2
	上提	283.5	5.6
	空转	277.9	0
2073（到位深度）	下入	264.7	14.2
	上提	292.0	13.1
	空转	278.9	0

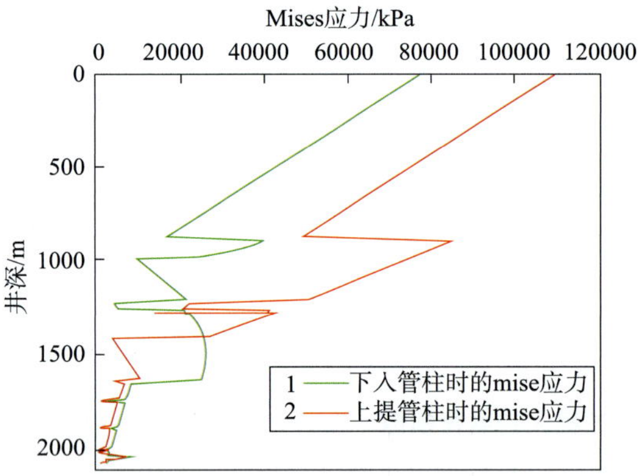

图2-3-29 管柱应力分布图

A. 管柱在下入过程中的应力分析。根据该管柱应力分布图（图2-3-29），完井管柱下入过程中，中和点（管柱中拉应力和压应力都等于0的点）在970m，管柱的Mises应力最大值出现在上提管柱时，位置在井口处，最大Mises应力为109MPa。此外，在850m造斜点开始，管柱弯曲应力影响较大，最大弯曲应力为37MPa。总体来说，管柱所受到的应力都处于管柱安全范围内，因此满足管柱下入强度需求。

B. 摩擦系数的影响分析。管柱与井壁的摩擦系数的确定需要通过真实大钩载荷数据校准得到，一般来说，在套管中下入摩擦系数约为0.25~0.3；如果在裸眼段中，由于裸眼段摩擦系数受到地质条件、泥浆和实钻条件等多方面因素影响，这里，取摩擦系数为0.25~0.55。得到不同摩擦系数下，管柱在下入过程中的大钩载荷分布图，如图2-3-30所示，可以看出，摩擦系数对大钩载荷的影响是比较明显的。此外，通过摩擦系数敏感性分析，可以为现场施工提供预测和比较，从而判断管柱下入情况。

④完井管柱下入过程动态响应分析。

针对现场施工中，管柱发生掉落急停而快速减速，或下放刹车情况时会引起管柱明显的动态响应。这种动态响应会放大管柱所受载荷，从而造成薄弱处（如弱点螺纹等）损坏。有必要建立一种计算该种情况下管柱的力学动态响应的算法，一方面通过计算分析认清管柱

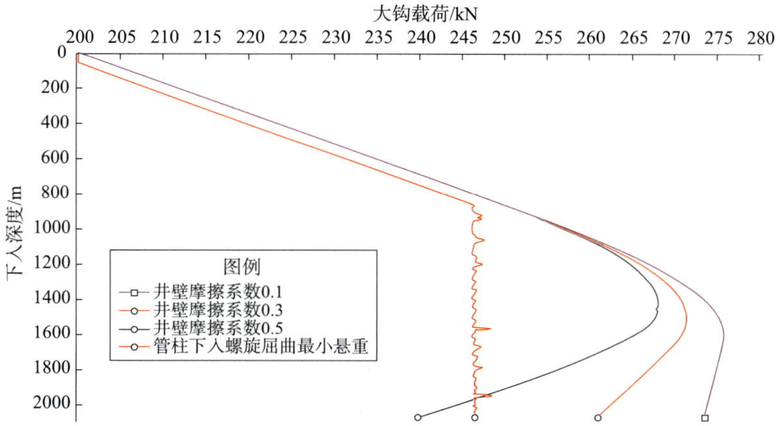

图2-3-30　不同摩擦系数下入过程中管柱大钩载荷分布图

发生掉落急停过程的动态响应规律，另一方面在有需要的情况下为管柱的安全设计和操作提供指导或者准则。

——管柱-流体摩擦效应

考虑到实际中，管柱在充满流体的井筒中的急停减速是一个复杂过程，涉及应力波在管柱中的传播以及管柱与流体的耦合效应。由于管柱结构和流体真实流动较复杂，目前完全模拟分析这种流固耦合效应是非常困难的，需要进行一些假设来简化问题同时又有较好的结果：首先，假设井筒中流体是静态的，可以这么假设的原因主要有：管柱下落距离比较短（一般不超过1m），不会形成较大的流场；管柱开始移动，流体会通过下部筛管流入管柱内，客观上减小了整体向上流速；一开始管柱的移动是局部的，大部分管柱是不动的。因此假设流体是静态的，流体和管柱之间的相对速度取决于管柱的运动。其次，管柱内部是有流体的而底部是堵塞的，这意味着管柱内部流体质量是管柱动态响应需要考虑的，为考虑这一效应，内部流体质量需要集中到管柱质量上，具体算法参见式（2-3-15）。第三，管柱与井筒内流体的相互作用是通过拖曳和摩擦效应，关键参数是摩擦系数，或者称之为切向拖曳系数，摩擦系数的计算方法如下（图2-3-31）：

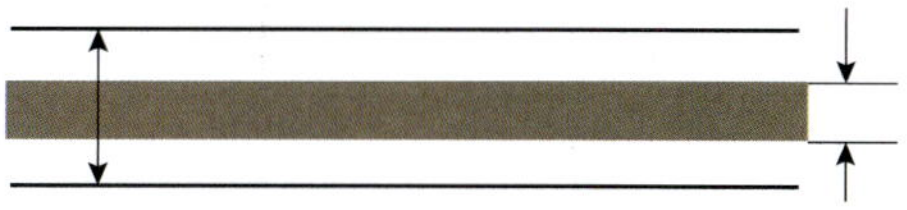

图2-3-31　井中管串示意图

将管中流体质量集中到基管上，等效密度按式（2-3-15）计算：

$$\rho_{eq} = (\rho_g \cdot A_s + \rho_f \cdot A_i)/A_s \quad (2-3-15)$$

管柱与流体间的相互作用主要是通过流体黏滞摩擦，摩擦系数取决于流体黏度、密度和相对运动速度，一般基于管柱内部或周围静态流情况下计算。

a. 油管外部拖曳力。环空流动引起的壁面剪切力可以通过计算确定，按照White给出的同心移动圆筒之间轴向环空Couette流条件下计算方法：

$$\tau_{wall} = \frac{\mu V_0}{r_o \ln(r_i/r_o)} \quad (2-3-16)$$

式中，r_o为油管外半径；r_i为套管内半径；V_0为油管速度；μ为流体动力黏滞系数。注意到剪切力是随管移动速度线性变化，单位长度上引起的拖曳力是：

$$Drag_{\mathrm{OD}}=\left(\frac{\mu V_0}{r_{\mathrm{o}}\ln(r_1/r_{\mathrm{o}})}\right)\cdot\pi\cdot d_{\mathrm{o}} \tag{2-3-17}$$

式中，d_{o} 为油管外径。

b. 油管内部拖曳力。

仍然按照 White 给出紊流下壁面剪切力计算方法：

$$\tau_{\mathrm{ID}}=\frac{1}{2}\rho V_0^2\frac{0.0791}{Re_{\mathrm{ID}}^{1/4}} \tag{2-3-18}$$

式中，V_0 为流体平均速度；ρ 为流体密度；Re_{ID}为雷诺数。

单位长度上引起的拖曳力为：

$$Drag_{\mathrm{ID}}=\left(\frac{1}{2}\rho V_0^2\cdot\frac{0.0791}{Re_{\mathrm{ID}}^{1/4}}\right)\cdot\pi\cdot d_{\mathrm{i}} \tag{2-3-19}$$

c. 确定 Aqua 的拖曳力系数。管道内外引起的拖曳力为：

$$Drag=\left(\frac{\mu V_0}{r_{\mathrm{o}}\ln(r_{\mathrm{i}}/r_{\mathrm{o}})}\right)\cdot\pi\cdot d_{\mathrm{o}}+\left(\frac{1}{2}\rho V_0^2\cdot\frac{0.0791}{Re_{\mathrm{ID}}^{1/4}}\right)\cdot\pi\cdot d_{\mathrm{i}} \tag{2-3-20}$$

拖曳力系数 C_{d} 可以定义为：

$$Drag=\frac{1}{2}\rho C_{\mathrm{d}}\pi d_{\mathrm{o}}V_0^2 \tag{2-3-21}$$

为了定义拖曳力系数，要编写用户子程序。每个模型考虑浮力但不考虑拖曳力计算平均管柱速度，按照实际公式和平均速度计算整个拖曳力，对比两个公式确定拖曳力系数 C_{d}。

——有限元动态分析模型

Abaqus/Aqua 模块，主要用于计算稳态流，波浪或风载作用下浸没或半浸没结构的响应，比如海管安装或立管等。可以扩展到解决上述工程问题中，用于完井过程的计算。这里，不仅要在计算拖曳力系数时考虑井筒参数，而且要在流动计算时考虑其影响。但是由于 Abaqus/Aqua 模块是处理开放海域中结构物响应。为了评估完井管柱中密封部件的动力学响应（比如封隔器胶筒或密封件），必须要考虑井筒尺寸，由环空以及密封件和井筒之间流体引起的拖曳力是十分重要的。

管柱与井筒内流体的相互作用是通过拖曳和摩擦效应，关键参数是摩擦系数，或者称之为切向拖曳系数。

下面将具体描述如何建立有限元模型来分析管柱在井筒中的急停减速的动态响应：

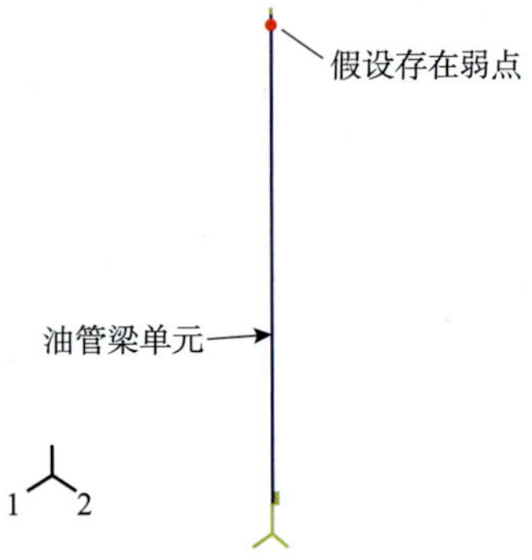

图 2－3－32　管串有限元模型

使用梁单元来模拟具有一定横截面尺寸的管柱（图 2－3－32）；管柱与流体相互作用通过流体作用在管柱上的力（浮力和拖曳力）来表示，通过 Abaqus 有限元软件中的 Aqua 模块来加入以上载荷作用；估算流体/管柱间表面摩擦时要将井筒尺寸计算在内；钢管的材料阻尼可以认为非常小，管柱由于流体产生的环境阻尼可以在流体载荷中加入。

模拟具体的掉落－急停过程：a. 管柱一开始是静止悬挂的，只受到重力拉伸作用，顶部节点距离流体一定距离（可以是 1m）；b. 管柱掉落入流体中一定距离（可以是 0.2m，0.4m 或 0.5m 等）；c. 管柱顶部突然约束（速度在 0.01s 内减到 0）。

实际分析时，需要分成两个阶段：第一阶段，进行悬挂掉落分析，确定掉落一定高度时所需的时间 $t0$ 和管柱顶部的速度 $v0$；第二阶段，掉落分析步的计算周期设定为 $t0$，在急停分析步，顶部速度由 $v0$ 在 0.01s 内降到 0 并保持不动。为了能够使计算收敛，急停分析步中要允许相对大的半步余量，也可以将该步分成两部分，急停和悬挂不动。

钢材的材料参数如下：

$$E=210\text{GPa},\ \gamma=0.3,\ \rho=7800\text{kg/m}^3 \tag{2-3-22}$$

——计算实例分析

根据 JH17P22 井具体参数，井筒技术套管为 ϕ139.7mm × 7.72mm，由于 JH17P22 井为水平井，水平段的支撑力和摩擦力会抵消部分管柱重力载荷，因此选择入井管串下入过程中大钩载荷为最大时的深度，这种极限工况进行分析，下入深度 1580m，油管组合为2⅞in油管，壁厚 7.82mm。流体黏度 0.1 ~ 0.3Pa · s，流体密度 1130kg/m^3。对于该管串来说，2⅞in、12.95kg/m 油管的本体强度为 123932kgf，油管连接螺纹处的强度较低，2⅞in、12.95kg/m 油管螺纹最低屈服强度 1215.3kN。油管假设管串此时顶部突然下落 0.15m、0.3m、0.6m 后急停，计算掉落急停过程引起的管柱动态响应。

按照流体摩擦系数计算方法，由于摩擦系数与管道和井内液体间的相对速度有关，因此摩擦系数在管柱动态运动过程中是变化的。取一个平均相对速度 0.3m/s 来估算摩擦系数（图 2 -3 -33）。

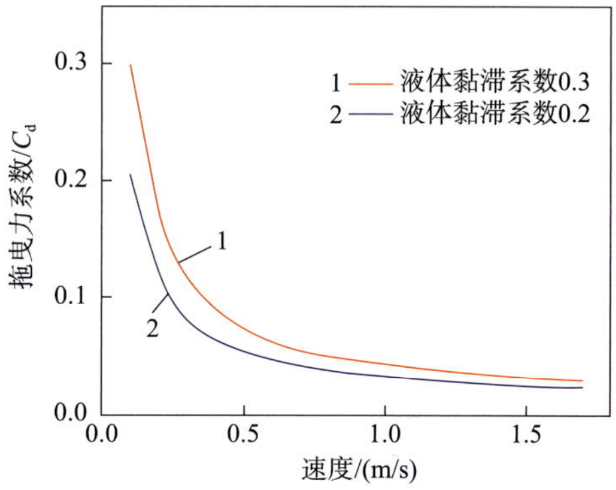

图 2 -3 -33　拖曳力系数随速度变化

a. 掉落急停过程中管动态特性。当管柱顶部掉落 0.15s 情况下的顶端节点的速度变化情况如图 2 -3 -34 所示，首先顶端节点速度在内部弹性势能作用下在非常短的时间内达到较大的速度，然后在弹性和流体摩擦作用下速度慢慢下降，直至顶部节点急停，约束速度为零。

取距离顶点 20m 处的节点（假设此处存在螺纹弱点）处，观察其速度变化如图 2 -3 -35 所示，可以看到在管柱顶部约束后，由于应力波传播的影响，节点速度仍然有振荡现象。

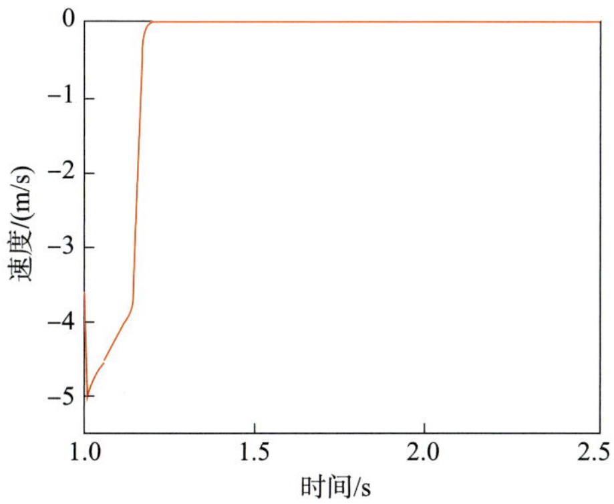

图 2 -3 -34　顶部节点速度变化

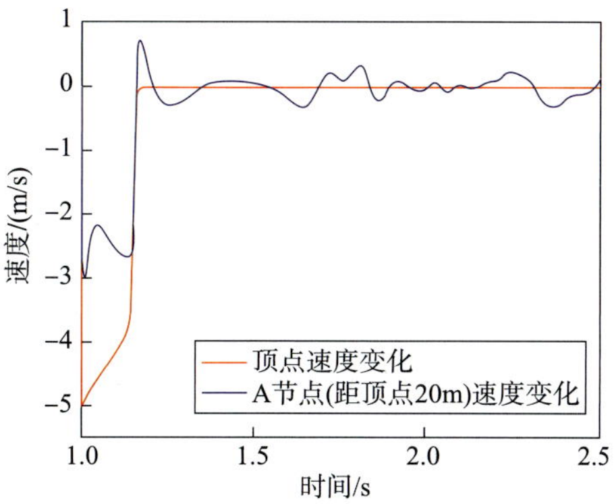

图 2 -3 -35　管柱中弱点处速度变化

如图 2 -3 -36 所示，在管柱顶部节点开始下落 0.15s 后，部分下部管串仍然静止不动，

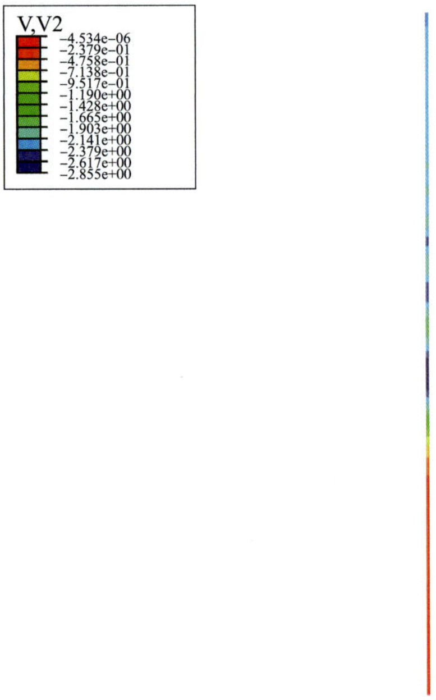

图 2－3－36　管柱节点速度分布

这是由于应力波还没有到达的原因。

理论上，在空气中，梁单元中纵波传播时间由顶部到底部时间可通过下式计算：

$$T = L/\sqrt{E(1-\gamma)/\rho(1+\gamma)(1-2\gamma)} \tag{2-3-23}$$

式中，T 为纵波传播周期；L 为管柱长度；E 为材料弹性模量；γ 为泊松比。代入参数计算可得传播周期为 0.262s。纵波由底部返回到顶部所需时间为 $2T$，加上 0.15s 下落时间，实际纵波返回到顶部所需时间为 0.674s。

顶部节点在急停后，当波第一次由底部反射回到顶部时，顶部张力达到最大值。事实上，如果管柱下落在 0.67s 之前急停，载荷的变化特性是类似的，载荷最大值会出现在 0.67s 时。

b. 黏度对管柱动态响应的影响流体黏度对管柱动态响应的影响如图 2－3－37 所示，可见，在流体动力黏滞系数分别为 0.2 和 0.3 情况下，其他条件不变，管柱的动态响应曲线是相似的。由于流体黏度主要影响流体管柱间摩擦系数，由图中可以看出，黏度越高，管柱速度越低。不过，不同黏度系数下，管柱节点处拉力达到最大值的时间周期是相同的，也就是说应力波传播周期是不变的，但是最大拉力随着黏度升高而降低。因此，实际上，流体黏度较高时有利于管柱在动态工况下的安全性。

——下落高度对管柱动态响应的影响

研究下落高度分别为 0.3m，0.5m，0.9m 情况下管柱动态响应，井筒内流体黏滞系数为 0.3，在下落不同高度后管柱顶端速度肯定会有所不同（图 2－3－38）。

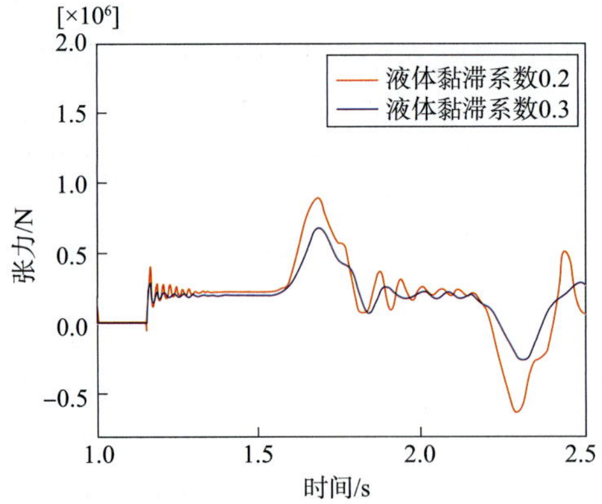

图 2－3－37　黏度对管柱动态响应影响

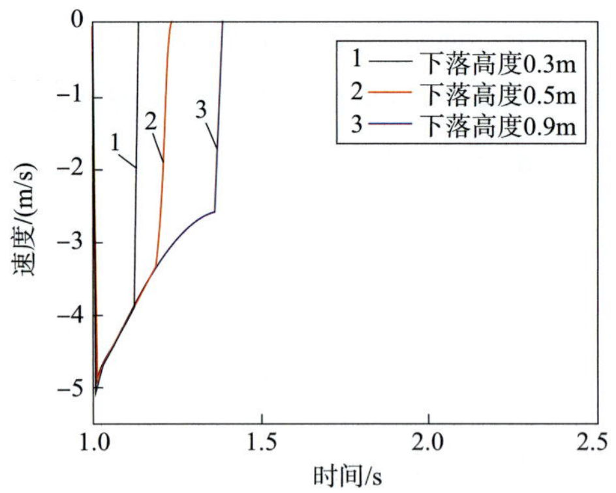

图 2－3－38　下落不同高度后顶端速度随时间变化

在下落高度不大，也就是说下落时间不超过一定时间时，随着下落高度增加，最大拉力减小。也就是说随着下落高度增加，由于液体黏滞性存在，节点张力反而会减小（图 2－3－39）。不过，如果下落高度超过一定值时，这种趋势就会发生变化。

如图 2－3－40 所示，管柱张力随井深增加逐渐减小，井口处张力最大，随着黏滞系数减小，管柱张力变大。井口处最大张力可以超过螺纹规定强度的70%，如果井口处管柱螺纹强度由于操作或质量原因而下降，则可能会导致管柱在发生动态急停过程时井口螺纹损坏或管柱强度失效等问题。

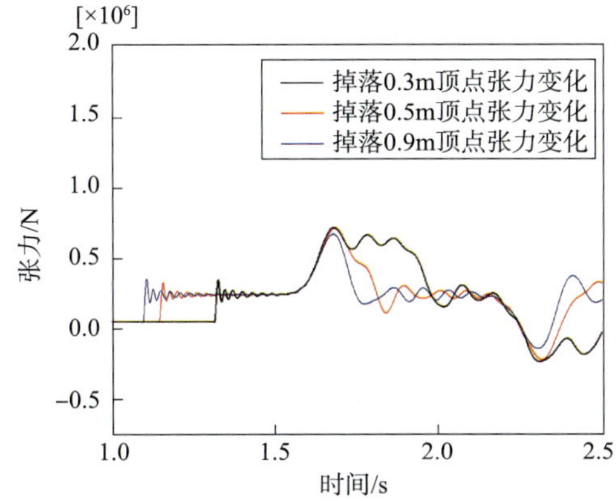

图2-3-39　下落不同高度后节点张力随时间变化

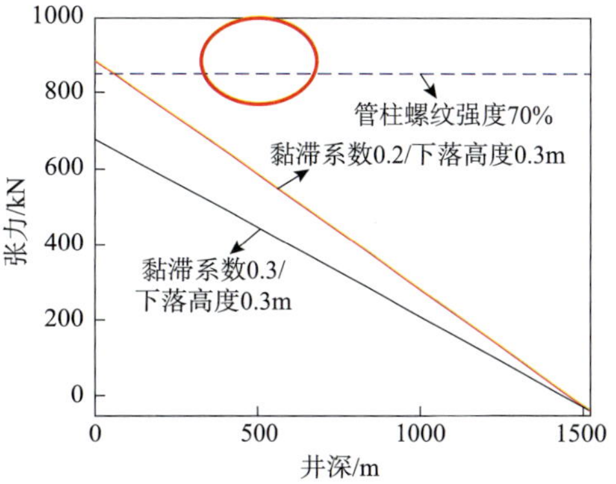

图2-3-40　不同条件下管柱张力随井深变化

通过以上实例分析，可见：a. 管柱下落过程安全性和井筒液体黏度有很大关系；b. 应力波传播周期是掉落过程的重要参数，流体黏度为0.2和0.3情况下，传播周期为0.8s；c. 分析了液体黏滞参数、下落高度等参数对管柱掉落速度和张力影响。不同黏度系数下，管柱节点处张力达到最大值的时间周期相同；随着下落高度增加，最大张力减小，也就是说随着下落高度增加，由于液体黏滞性存在，节点张力反而会减小；最大张力随完井液密度提高而逐渐增大；下落时间超过传播周期时，张力变化趋势就会发生变化。

4. 现场施工工艺研究

（1）施工前准备。

根据施工管柱的设计，使用智能开关器必须将层位用封隔器卡开，封隔器坐封一般采用液压法。开关器流道较小，且位置靠近井底，容易被井底脏物堵塞等，因此施工前应进行如下准备：

①起出原管柱。

②下套管刮削器，在封隔器坐封位置附近反复刮削2~3次，保证封隔器胶皮与套管接触严密。若有必要还需探人工井底。

③洗井，确保井内无棉纱、碎胶皮等杂物，避免堵塞智能开关器流道。

④验套，保证第一级封隔器上部套管无破损，便于今后堵水或调层传输控制指令。

（2）施工步骤。

智能开关器下井前先进行参数设置，包括：所在层位1~4层、下入深度（根据拟合系数换算成压力门槛值）、启动时间（上电时刻距当日凌晨零点分钟数，与物理时间对齐，便于记录日标志）、工作时序（开关器开或关状态，最多8种，每种状态时间1~255d）。设置完后在10min之内焊接两组电源线，给开关器上电，若未能及时上电需重新设置参数。

①根据井况参数设计井下智能开关分层分采管柱，并准确丈量油管长度及各配套工具之间的距离。利用堵水封隔器将各个油层卡开，在对应层位的管柱上串接一个智能开关器。

②按时序设计给开关器设置参数，下管柱。若层间距小于2m，还需要校深，即在管柱

中串接一油管短节或通过定位器找离油层最近的标准短套管，下测量仪器完成对管柱的校深。然后根据校深值上提或下放管柱使封隔器准确卡在设计位置，完成管柱定位过程。

③下井定位后，坐封封隔器，若为丢手管柱则先投球再加压实现管柱丢手，然后起出施工管柱，下入泵抽管柱油井投入正常生产。井下各个智能开关器自动运行，次日凌晨开始按时序日程进行单层轮采。

④在找水阶段，开关器按预定的时间次序自动循环，逐一打开单层进行生产。通过地面计量，得到每个层位的流量、含水率、氯离子浓度等参数，对比分析各层生产情况，找出产水层。

⑤找水过程完成后，开关器进入等待调换层（堵水）状态，并保持此状态不变继续生产。地面确定出水层后，制定开采方案。由地面井口打水压，发送特定的压力指令波信号，遥控开关器动作，关闭出水层，进行堵水生产。

⑥堵水作业完成后，油井进入正常生产周期，此时开关器持续等待调换层状态。根据采出情况可决定是否需要调层生产，若要调层，停抽、不起泵；地面井口打水压，发送特定的压力指令波信号，遥控开关器动作，使开关器从原来的状态改变到新的状态。

（三）应用案例

1. HH12P32 卡堵水试验

（1）基本数据及卡堵水工艺。

完井方式：二级井深结构，5½in 套管固井完井。

压裂工艺：连续油管拖动水力喷射分段压裂，共压裂 11 段。

结合图 2－3－41 及图 2－3－42，可以判断出水层位位于水平井的中部。HH12P32 井水平段中部与 HH12P30B 靶点段裂缝沟通。测井显示 HH12P32 中部裂缝发育。采用脉冲中子氧活化测井，测井解释见表 2－3－17。从氧活化测井结果看出，测试总出水量为 53.3m^3/d，第五、九、十段为主要出水层段。

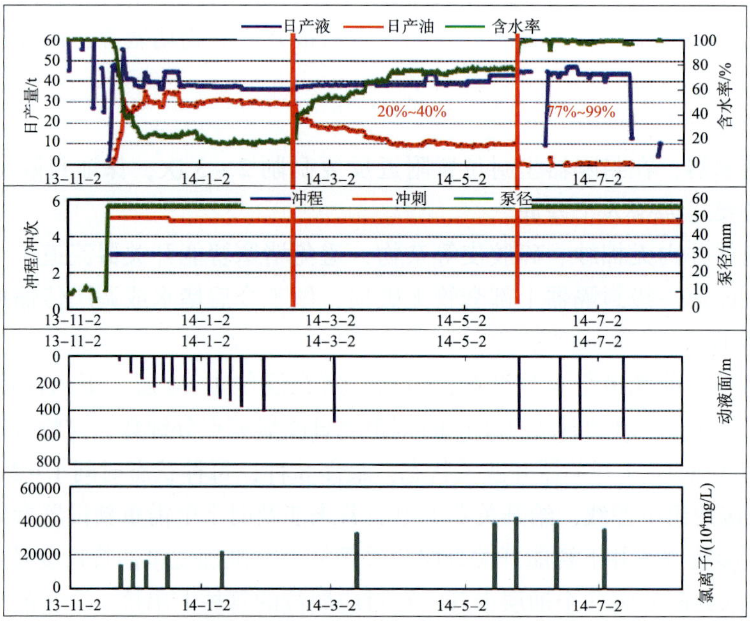

图 2－3－41　HH12P32 井生产曲线

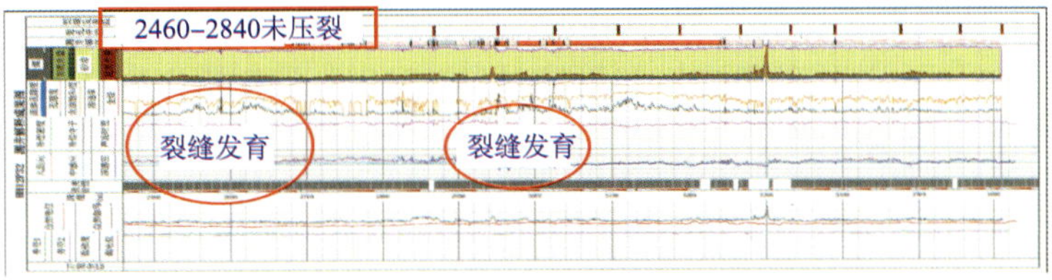

图 2－3－42　HH12P32 井测井解释曲线

表 2－3－17　HH12P32 井测井解释成果表

序号	层号	起始深度/m	终止深度/m	厚度/m	孔隙度/%	渗透率/$10^{-3}\mu m^2$	相对出水量/%	绝对出水量/(m^3/d)	备注
1	第十一段	2866.0	2869.0	3.0			0.00	0.0	
2	第十段	2951.0	2954.0	3.0			21.01	11.2	
3	第九段	3023.0	3026.0	3.0			25.89	13.8	
4	第八段	3112.0	3115.0	3.0			4.88	2.6	
5	第七段	3180.0	3183.0	3.0			5.82	3.1	
6	第六段	3244.0	3247.0	3.0			3.38	1.8	
7	第五段	3329.0	3332.0	3.0			17.64	9.4	
8	第四段	3385.0	3388.0	3.0			7.69	4.1	
9	第三段	3474.0	3477.0	3.0			0.00	0.0	
10	第二段	3563.0	3566.0	3.0			2.81	1.5	
11	第一段	3614.0	3617.0	3.0			10.88	5.8	
合计				33.0			100.00	53.3	

（2）堵水工艺。

本井选择封隔器卡封堵水，管柱结构如下（图 2－3－43）：

*Φ*73mm 平式油管（送入管柱）+ *Φ*120mm 弹性扶正器 + 丢手 + Y441－114（上）+ *Φ*120mm 弹性扶正器 Y341－113（下）+ 丝堵。

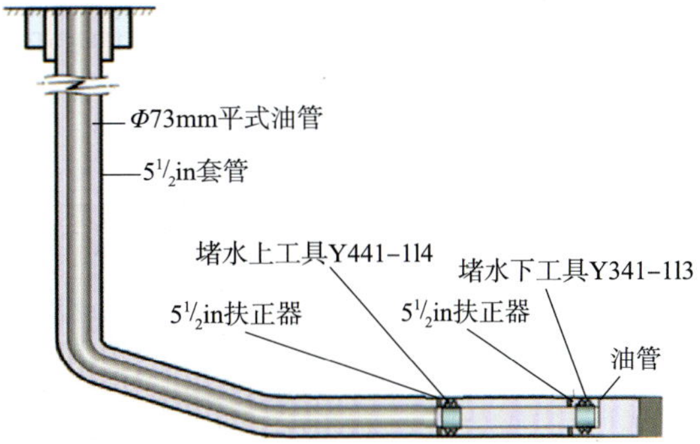

图 2－3－43　HH12P32 井堵水管柱示意图

据测试结果下机械卡封管柱，封隔第九、十段。作业程序如下：

①起出原井内管柱，检查并丈量。

②刮管、通井：下 5½in 套管刮管器刮至封隔器坐封位置处上下 3m 反复刮削几次；下入 *Φ*116mm×2m 通井规通井至人工井底。

③洗井，至替出液干净为止。

④按设计要求下入堵水管柱，要求操作平稳。

⑤坐封：管柱下至设计位置后，油管内加液压，依次在 6MPa、8MPa、10MPa、12MPa、15MPa 分别稳压 3min，确保封隔器坐封良好，然后继续增压，直至泵压突降，证明开关已经卸压换向。

⑥丢手：油管内投 *SΦ*45 钢球，30min 后油管内憋压，直至泵压突降（液面至井口时，

有套管返水显示），证明丢手已经完成。

⑦起出丢手管柱，下入生产管柱，油管内试压 10MPa 无渗漏为合格。

⑧装井口，交井，开泵生产。

经过堵水措施后，产液量为 51.7t/d，日产油 6.3t，含水 87.8%，达到了作业目的。

2. JH17P22 分采/评价现场应用

（1）施工目的：

①在该井水平段预置智能分段采油管柱，垂直井段下入泵抽管柱，边生产边测试，评价各层段出液情况及贡献率，找出该井高含水层段，并进行堵水分采生产。

②评价北部断层破碎带含油性，及断缝是否存在油水分异，并对地堑区微裂缝发育段出油性进行分析判断。

③评价地堑区物性较好基质段出油性及南部断层破碎带含油性。

④试验智能分层关键工具的可靠性，评价智能分采工艺技术在该区块的适应性，为致密油藏低效井治理提供示范。

（2）基本数据。

JH17P22 井位于地堑区（图 2－3－44），A、B 靶点分别钻遇南北断裂带，钻遇北部断裂带邻井均发生漏失、溢流现象，钻遇南部断裂带邻井未发生漏失、溢流现象，仅该井发生漏失；该井生产特征与 JH17P28 井类似，初期高产，能量充足，后期含水上升；JH17P21 井初期高液量、高含水，且与邻井 JH17P28 存在井间干扰现象；JH17P21、JH17P22 井均位于地堑区，但累产油量差距大，地堑区基质、微裂缝含油性有待进一步验证；对比 3 口井 B 靶点构造高度，JH17P21、JH17P22 井 B 靶点构造高度相当，JH17P28 井 B 靶点构造高度较 JH17P21 井高出 33.9m，仅 JH17P28 井与 JH17P21 井生产特征比较，北部断缝可能存在油水分异，而对比 JH17P21 与 JH17P22 井生产特征，不能说明北部断缝存在油水分异，可能存在北部断缝带不连通。JH17P22 井井底温度为 42℃左右，地下原油黏度 210mPa·s 左右。

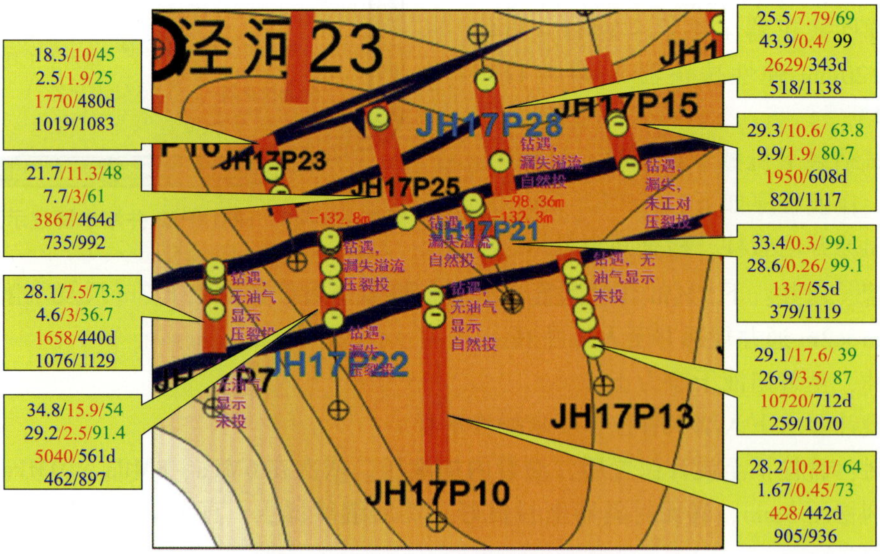

图 2－3－44 JH17P22 井位图

①油井基础数据，见表 2－3－18。

表 2－3－18 JH17P22 井基础数据

井别	开发井	完钻层位	长 8_1^2
构造位置	鄂尔多斯盆地伊陕斜坡南部	固井质量	差
设计井深/m	2091.18	造斜点深度/m	885
完钻井深/m	斜深：2116.00 垂深：1384.81	最大井斜角/(°)	90.74
完钻日期	2014.07.09	最大井斜深度/m	1685.0

②井身结构及套管程序，如图 2－3－45、表 2－3－19 所示。

表 2－3－19 JH17P22 套管程序

套管程序	尺寸/mm	钢级	壁厚/mm	下入深度/m	水泥返高深度/m
表套	244.5/226.62	J55	8.94	305.61	地面
技套	139.7/124.26	N80	7.72	2114.91	地面
定位短节/m	1440.8～1441.9/1652.5～1653.5/1865.3～1866.4/2076.2～2079.1				
目的层附近套管接箍数据（由磁定位曲线读出）/m	2076.2、2065.2、2054.2、2043.4、203.6、2021.2、2010.0、1998.9、1987.8、1976.8、1965.7、1954.6、1943.2、1921.0、1910.0、1899.2、1887.7、1876.6、1865.3、1866.4、1853.8、1842.8、1831.7、1820.4、1809.4、1798.0、1776.0、1753.8、1742.8、1731.4、1720.4、1709.2、1698.0、1686.7、1675.1、1664.0、1652.5、1653.5、1642.2、1632.0、1253、1264、1275、1286、1297				
关井阀位置/m	2091.85～2092.18				

③测井解释数据。JH17P22 井水平段长 812 测井综合解释裂隙油层 5 层，累积视厚 8.5m，裂隙含油层 2 层，累积视厚 1.8m；油层 7 层，累积视厚 259.5m；油水同层 5 层，累积视厚 131.6m；干层 1 层，累积视厚 1.1m。

④压裂及生产数据见表 2－3－20。

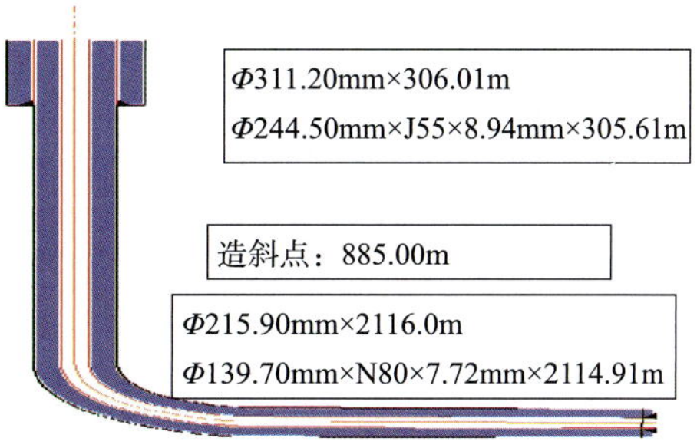

图 2－3－45 JH17P22 井身结构示意图

表 2－3－20 JH17P22 井长 8 油层压裂数据表

段数	射孔段/m	破裂压力/MPa	加砂量/m^3	入地液量/m^3	平均砂比/%
第 1 段	2067～2073	4.5	31.6	208	24
	2055～2058				
	2047～2051				
第 2 段	1989～1991	11.8	44.5	334	19
	1967～1969				
第 3 段	1926～1928	21.5	41.1	258.3	24.8
	1907～1909				

续表

段数	射孔段/m	破裂压力/MPa	加砂量/m^3	入地液量/m^3	平均砂比/%
第4段	1867～1870	19. 8	40.3	291.6	23
第5段	1829～1831	13.8	40.9	265.1	24.3
	1821～1823				
第6段	1778～1780	11.4	44.9	297.5	24.5
	1758～1760				
第7段	1708～1709	10.5	40.9	253.7	24.8
	1690～1692				
第8段	1654.5～1657	11.9	32	210	24.6
	1633～1636				
合计			316.2	2118.2	

JH17P22井水平段采用5½in生产套管固井完井方式，试油队于2014年8月5日上井对该井进行可钻桥塞分段多簇压裂改造，共压裂8段，累积加砂量316.2m^3、入地总液量2118.2m^3，压裂参数见表2－3－20。

压裂后采用Φ10mm、Φ12mm油嘴控制放喷排液，井口压力由11MPa降至2.0MPa，放喷液量118.5m^3，累计放喷液量555.4m^3，返排率24.9%。返排液性分析：黏度12mPa·s，pH＝7，Cl^-＝5500mg/L，不含砂，不含油。

JH17P22井于2014年6月12日开钻，2014年7月19日完井，钻井泥浆密度1.1g/cm^3，钻至A、B靶点时均发生漏失，钻至1664m、1788m、1827m、2057m处槽面均见原油，套管固井完井；2014年8月5日对长8层进行可钻桥塞多簇分段压裂试油作业，放喷过程中见油、不含砂，2014年8月13日下泵投产，投产初期日产液30.5t，日产油17t，含水44%；投产3个月后日产液26t，日产油13t，含水50%；投产6个月后日产液25.1t，日产油10.8t，含水57%；投产12个月后日产液30t，日产油8t，含水73.3%；关井前日产液29.3t，日产油2.5t，含水91.4%；累产液15770t，累产油5040t。该井能量较充足，含水呈现台阶式逐渐上升（图2－3－46）。

JH17P22井投产初期至今，地层能量充足，油井液面较高，氯根一直较为稳定。结合测井曲线，认为该井A靶点、B靶点断层发育，且裂缝发育段附近固井质量中等，不存在缝间干扰情况。

（3）智能分采方案设计。

①智能分采工艺。通过智能分采工艺，一趟管柱实现找水、堵水、生产、调层、测试等多项生产目的，所用的关键工具智能开关器可在井下有效工作18个月，内置式数据存储容量3.2万组，工具耐70MPa，耐温120℃。

工艺过程如下：

a. 下入分段采油管柱。组配分采管柱，利用扩张式封隔器卡封设计层段，并在各层段串接智能开关器。

b. 坐封、丢手并投产。首先从油管憋压坐封封隔器，投球再加压实现管柱丢手，起出丢手管柱，下泵生产。

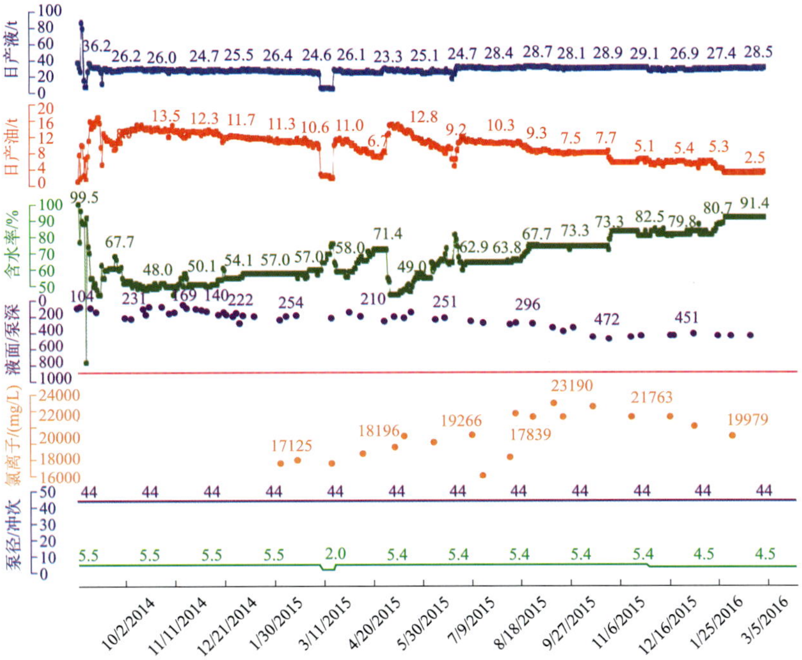

图2-3-46　JH17P22井生产曲线

c. 找水过程。通过套管打压实现井下开关智能换层生产，井下各个智能开关器按程序设定的时间表运行（图2-3-47），在规定的时间打开或关闭油层。通过地面计量化验确定出各层的流体性质，得出该层段的流量、含水率等数据。

d. 堵水过程。当各层的产液状态确定后，技术人员确定选层开采方案。井下智能开关器接收并识别压力编码指令后，按指令要求产生动作，达到选层分采生产的目的。

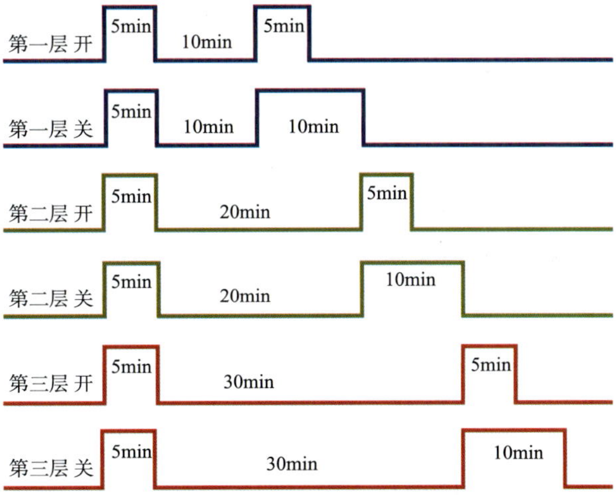

图2-3-47　智能开关器压力波指令示意图

e. 测试过程。在每级智能开关器处，均可根据现场需要选择装入压力计和温度计，对油层压力和温度进行测试。

f. 再次调层。当需要再次调层时，地面重复d的操作，智能开关器根据监测到的压力波指令信号，产生动作，从原来的状态改变到新的状态。该工艺程序可多次重复操作。

②分采方案。

a. 分段方案设计。根据地质方案要求，需要根据该井的分采作业结果，评价北部断层破碎带含油性，及断缝是否存在油水分异，并对地堑区微裂缝发育段出油性进行分析判断；并评价地堑区物性较好基质段出油性及南部断层破碎带含油性。

分四大段进行生产测试（图2-3-48），四大层段的设计测试位置如图2-3-48所示。

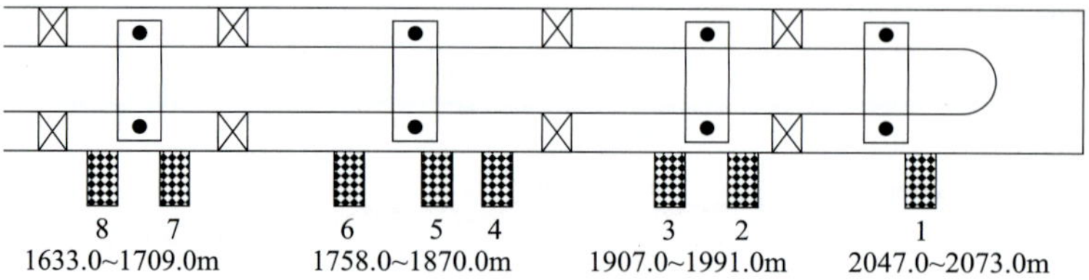

图 2－3－48　四段分段情况示意图

b. 分采时序设计。智能分采时序设计见表 2－3－21。

表 2－3－21　JH17P22 下井智能分采时序设计（四段）

层位＼时间	15d	7d	7d	7d	7d	Xd
第一段	开	开	关	关	关	关
第二段	开	关	开	关	关	关
第三段	开	关	关	开	关	关
第四段	开	关	关	关	开	开
说明	下管柱/合采	单采	单采	单采	单采	保持状态，等待调层堵水或起管柱

（4）施工过程。

①管柱配接及下入。

a. 管柱结构从下至上依次为（图 2－3－49）：丝堵＋2⅞in 油管 5 根＋SZK7100－85 智能开关器 1＋2⅞in 油管 1 根＋SFZQ－114 扶正器1＋SK341 封隔器 1（2005m）＋2⅞in 油管 1 根＋SZK7100－85 智能开关器 2＋2⅞in 油管＋SFZQ－114 扶正器 2＋SK341 封隔器 2（1891m）＋2⅞in 油管 1 根＋SZK7100－85 智能开关器 3＋2⅞in 油管＋SFZQ－114 扶正器 3＋SK341 封隔器 3（1746m）＋2⅞in 油管 1 根＋SZK7100－85 智能开关器 4＋2⅞in 油管＋SFZQ－114 扶正器 4＋SK341 封隔器 4（1270m）＋2⅞in 油管 1 根＋KDS－112 丢手接头＋2⅞in 油管（至井口）。

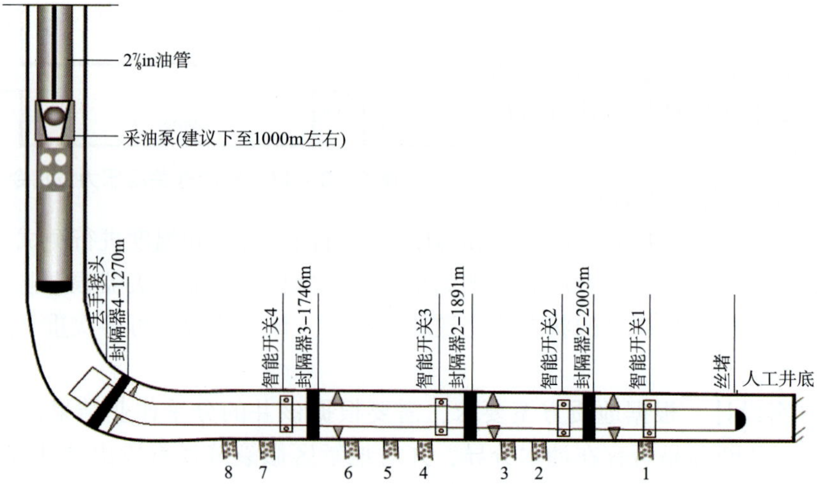

图 2－3－49　JH17P22 井智能分采管柱示意图

b. 按照顺序将管柱依次下入井中。

②坐封封隔器。

a. 连接地面正循环管线。

b. 小排量加液压至5MPa、10MPa、15MPa，每个压力台阶稳压2min，封隔器坐封。

③丢手。

a. 从油管内投入Φ50.8mm球杆。

b. 待球杆到位后，油管正憋压8～15MPa至压力突降或井口返水，试提管柱负荷为丢手以上油管自重并保持恒定，丢手。

c. 起出丢手管柱。

④下生产管柱。

按采油厂工艺部门设计要求下采油泵生产，泵挂下深1000m左右，采油泵下方连接5根油管，作为沉砂口袋。

⑤找水、测试、堵水及调层。

a. 找水。井下各智能开关器按预设工作时序自动执行动作，逐一打开单层进行生产，通过地面人员计量得到各分层含水率、流量等数据。

b. 测试。通过内置的温度计及压力计测试得到地层的温度及压力参数。

c. 堵水。在不动管柱的情况下，从井口将套管注满水，然后根据指令要求进行"打压—稳压—泄压—打压"操作。

d. 调层。当需要再次调层时，地面控制人员重复堵水过程中的操作。

⑥下入专用打捞工具，上提管柱，封隔器解封，起出分采管柱。上提负载小于300kN。

⑦数据录取及评价，回读智能开关器内存储的数据，分析本次应用效果。

（5）现场试验结果。

JH17P22井于2016年7月中旬下入智能分采管柱进行坐封丢手，按Φ44mm×3m×6次/min的工作制度和预设的时序进行分段泵抽采油生产，2016年8月底完成智能找水生产过程，累计产液量1530m³，产油量30.5t，含水率98.2%，然后起出抽油杆管柱和智能分采管柱，回放智能开关器处采集的温度、压力数据。

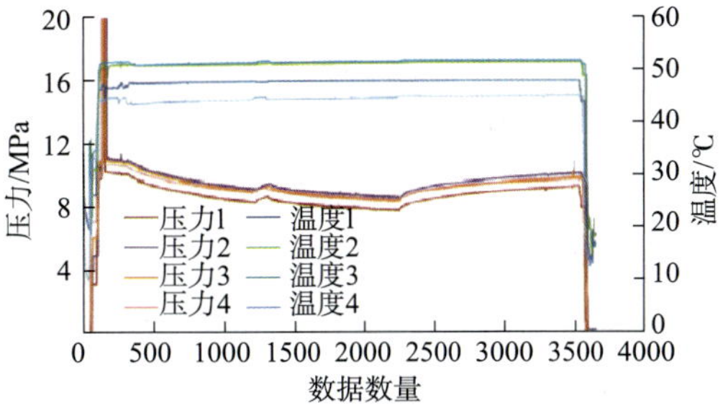

图2-3-50　分采开关器采集的温度压力曲线

从图2-3-50可以看出，4段底部产液温度由43.47℃升至51.76℃，井底压力由7.8MPa升至10.9MPa，每一层温度、压力变化趋势是一致的，根据压力变化的位置及对应的时间，可以判断开关器顺利操作，调层工艺成功。

二、基于无缆信号传输与控制的智能分采工具

（一）结构原理

1. 小直径封隔器研制

根据工艺管柱设计要求，研制了可用于分段压裂、分段开采或分段进行油层处理的小直径管内可取式封隔器，研制了井下智能分采的开关器，完成了样机加工，并进行了室内实

验，均达到了现场应用的要求。

小直径管内可取式封隔器是重要工具，该工具随作业管柱一起下入到井中，将流体（清水或压裂液）充填到封隔器的胶筒内，使胶筒膨胀，达到封隔的目的。该封隔器主要由上接头、中心管、膨胀阀系、胶筒总成及球座等组成，如图2-3-51所示。该封隔器的胶筒采用连续钢片的设计，保证了封隔器胀封后的支撑力，提高了环空密封压力；封隔器胶筒进行了耐高温设计，设计温度达到150℃。

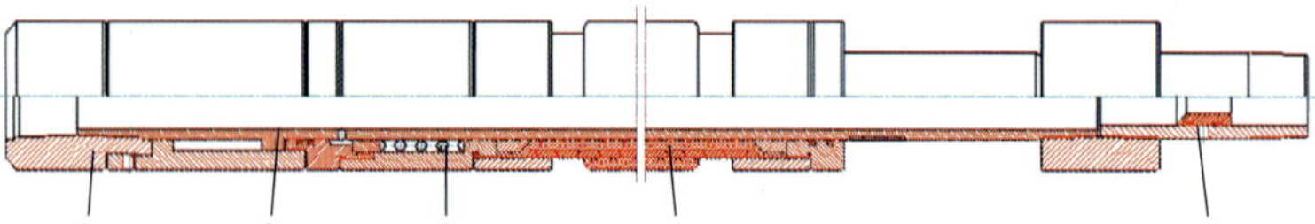

图2-3-51　管内可取式封隔器示意图

1—上接头；2—中心管；3—膨胀阀系；4—胶筒总成；5—球座

当封隔器管柱下入到设计位置后，向管柱内投入可降解密封球，使封隔器内外不连通，油管内加液压，在一定压差作用下，膨胀流体通过膨胀阀系的单流阀进入胶筒，随着流体的不断增加胶筒逐渐被膨胀，在一定压力作用下胶筒变形与套管紧密接触形成密封。通过单流阀将进液孔堵死，实现可靠密封。当需要解封时，可上提管柱，让胶筒内流体流出，实现解封。

2. 小直径智能分采开关器研制

（1）开关器工作原理。

开关器工作原理框图如图2-3-52所示。开关器工作时，由高能电池组供电，压力传感器启动开关器内部控制电路，使电机旋转，经减速器变速后，带动滚珠丝杠旋动，将旋转运动变为螺母的直线运动，同时驱动柱塞推杆做往复运动，带动封堵开关打开或关闭动作。当开关到达预期位置时，磁感应行程装置控制电机停转，此时封堵开关为打开或关闭状态。同时，开关器内置压力传感器，时刻监测井下压力的变化，来作为微处理器程序运行的判断依据。

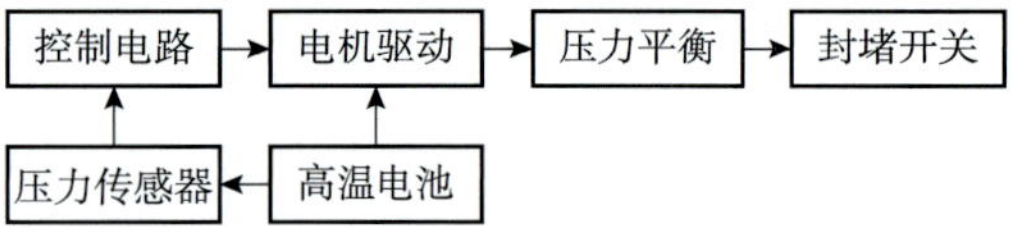

图2-3-52　开关器工作原理框图

①找水原理。

开关器工作状态有两种，开或关。采取打压方式，将液压信号传送到井下，开关器内的压力传感器检测到压力信号后，经识别判断是否启动开关器动作。开关器工作流程框图如图2-3-53所示。开关器通过单片机控制软件控制完成各种功能，包括时序定时、时序排列、电机正反转控制、压力判断、压力及温度数据采集等。其中时序部分又分3个阶段：找水、堵水、调层。智能

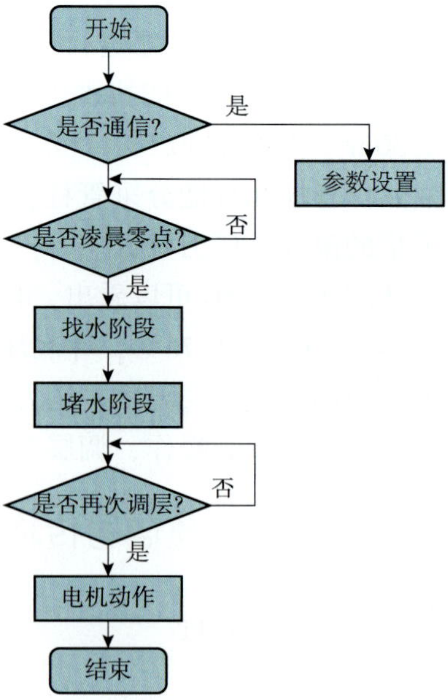

图2-3-53　实验时序图

开关器下井前，按现场要求首先进行参数设置，主要是时序表的设置，参见表2－3－22。上电后开关器自动计时至当日凌晨零点，之后按预先设置的程序运行，依次打开相应层位，进入找水过程。井下每层开关器按设计轮流打开单独生产一段时间，地面通过计量化验确定出各层的流体性质、每层的流量、含水率等数据。各层的产液状况确定后，确定出最佳开采方案。

表2－3－22　开关器时序表

层位＼时间	K/d	M/d	N/d	P/d	Q/d	R/d
层位1	开	开	关	关	关	关
层位2	开	关	开	关	关	关
层位3	开	关	关	开	关	关
层位4	开	关	关	关	开	开
说明	合采	单采	单采	单采	单采	单采，等待指令

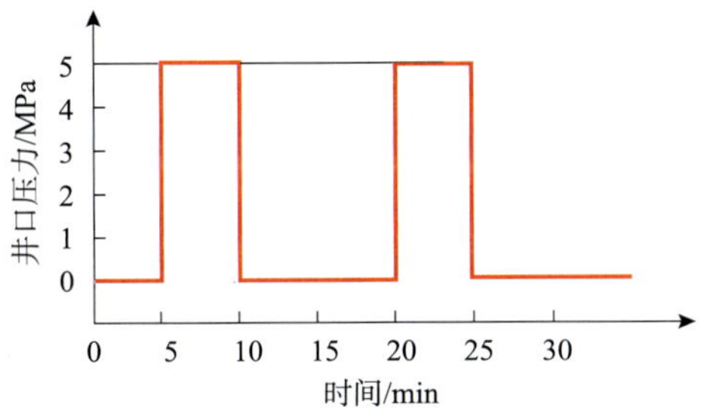

图2－3－54　脉冲波形图

②堵水原理。

找水过程完成后井下开关器进入等待指令状态，并保持最后开关状态不变进行持续生产。堵水及调换层时地面在井口环空打水压，给井下智能开关发出特定的液压信号控制指令，不同层位的开关器状态，有不同的工作控制指令（图2－3－54）。当水灌满井筒后地面提升压力至5MPa，根据开采方案，按指定的压控指令编码波形控制打开和关闭对应的层位开关，实现油井的措施堵水和按预定方案开采低含水层。上述过程可多次重复操作。

（2）分采开关器结构设计。

智能开关器机械部分主要由单流阀（由阀体、钢球组成）、开关阀、平衡系统、传动机构（由电机、滚珠丝杠组成）等组成。单流阀内的钢球在静止状态下始终落座在阀体底部，抽油机动作时控制地层液体只能向上流动，设计单流阀的目的是防止打压坐封封隔器以及液压调层时向下作用的液体倒灌入地层，而不影响正常生产。智能开关器所有可动部件均按平衡式结构设计，应用的是液压平衡原理，当可动部件置于具有一定压力的液体环境中，其自身压力保持平衡，抵消了井下液压对可动部件的压力，这样电机和其他零部件不承担外界额外负荷，由此解决了电机驱动困难问题。应用液压平衡原理，经过优化设计，减少了开关阀的可动部件，大大降低了阀体的开启动力。传动机构的工作原理是电机通电后产生高速旋转运动，经过减速机构变为低速旋转，再由滚珠丝杠转换成慢速的直线运动，这种由高速到低速到慢速，由旋转到直线的转换结构可以提高电机的带载能力和输出效率。由于智能开关器工作时需要长时间地承受较高的温度和压力，项目组开展了耐高温高压多重密封保护技术的研究，解决了开关器在井下长时间工作的可靠性及安全性问题。

与智能开关器配套使用的桥通座，既作为开关器的载体，又便于串接在管柱串中。其上设计了旁通孔和直通孔，旁通孔用于沟通所处层位，当开关阀打开时，层位液体经旁通孔进

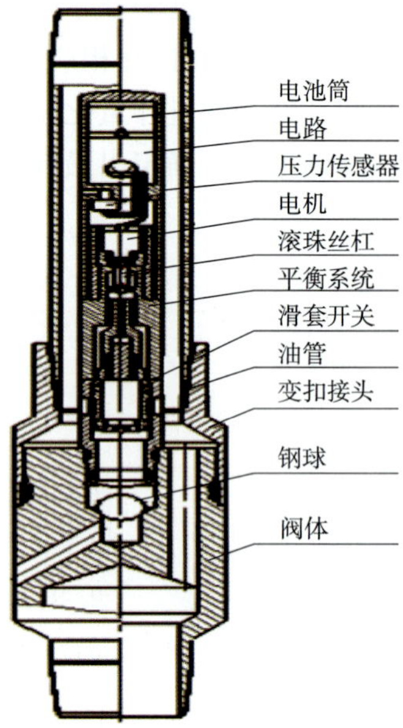

图 2-3-55　开关器结构示意图

入单流阀内流道，借助抽油机的抽吸力顶开钢球进入油管，直通孔用于沟通上下层位，没有控制机制，开关阀的状态不影响上下层位的连通。配套工具整体设计为一体式桥式结构，并在下部留有小型压力计接口，可根据需要配接。

智能开关器结构如图 2-3-55 所示。主要由电池筒、压力传感器、电路板（微处理器）、电机驱动机构、平衡系统、封堵开关、桥通体等组成。各部分体连接，组装使用方便。井下智能开关器是一种包含了机电一体化的装置，设计时涉及需要进行分析和计算的内容主要集中在活塞开关与传动机构部分。

3. 开关滑套设计

开关设计为平衡式结构，主要是开通和关闭油层采油通道。当开关在关闭状态下，采用液压平衡原理，平衡开关上的轴向力，减少驱动机构的负载，对机械零部件起保护作用。结构优化，可动部件少，动作灵活，摩擦力小，封堵效果好，且装配维护方便。结构示意图如图 2-3-56 所示。结构设计时考虑的受力分析主要有传力柱塞推杆受力分析、传力柱塞推杆与活塞芯子密封圈阻力计算、活塞芯子与外套之间的摩擦力计算。

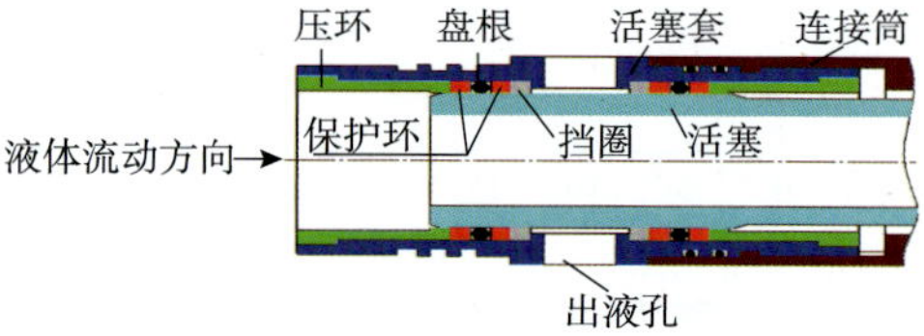

图 2-3-56　开关器平衡结构示意图

（1）传力柱塞推杆受力分析。

开关器上保护管内设计为常压状态，传力柱塞推杆的设计采用外部压力平衡原理。当油井的液柱形成的外部压力作用于传力柱塞推杆上时，由密封圈隔离油井压力，作用于传力柱塞推杆上、下密封圈的油井压力产生的推力自身平衡，油井压力对传力柱塞推杆不产生附加的轴向推力。所以采用平衡原理设计的传输力结构理论上讲运动阻力与外部压强无关。在传力柱塞推杆上密封圈的摩擦阻力与外部压强有关。传力杆受力图如图 2-3-57 所示。

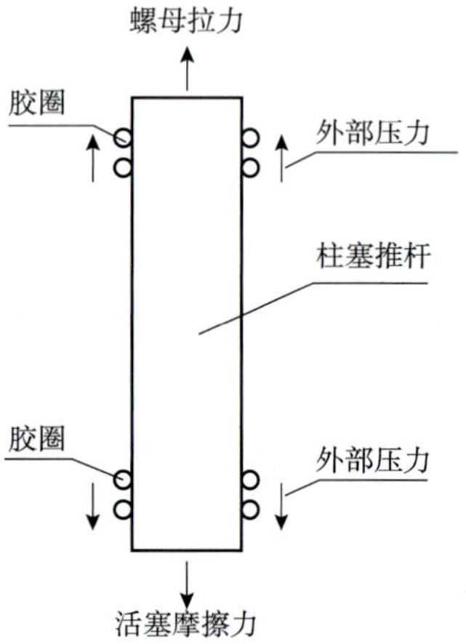

图 2-3-57　传力杆受力图

传力柱塞推杆作往复运动时，打开或关闭活塞开关，传力柱塞推杆下端受活塞上的胶圈摩擦力、上端受到螺母拉力的作用。智能开关器的传动机构的受力，只存在活塞上的胶圈摩擦力与传力柱塞推杆上的胶圈摩擦力之和。

（2）传力柱塞推杆与活塞芯子密封圈阻力计算。

无压力或微压力场合下的密封圈与钢体的接触压力由经验公式（2-3-24）计算：

$$F/L = 4.8\times10^{-6} W1.2\varepsilon1.3H4.5 \tag{2-3-24}$$

式中，F/L 为 O 形圈单位长度的压缩力，N/cm；L 为 O 形圈中径长度，cm；W 为断面直径，cm；ε 为压缩量，%；H 为硬度 JIS HS。

选取合适的参数：$L=\pi\times(0.963+0.607)/2=2.46$；$W=0.178$；$\varepsilon=[1.78-(8.8-6)/$

2]/1.78 = 21.3%；$H = 70$。

则 $F = 4.8 \times 10^{-6} LW1.2\varepsilon1.3H4.5 = 40$（N）

根据动摩擦系数表 2-3-23，静摩擦系数大约为 3～4 倍动摩擦系数，O 形圈的动摩擦力 f_d（4 只密封圈）：

f_d 柱 $= 4 \times 0.8 \times F = 4 \times 0.8 \times 40 = 128$（N）（按无润滑处理）

O 形圈的静摩擦力 f_j（4 只密封圈）：

f_j 柱 $= 4 \times 4 \times 0.8 \times F = 512$（N）（最大）

表 2-3-23　动摩擦系数表

钢与橡胶	无润滑剂	有润滑剂
摩擦系数	0.8	0.5

（3）活塞芯子与外套之间的摩擦力计算。

计算过程与（2）相同。

选取合适的参数：$L = \pi \times (1.918 + 1.394)/2 = 5.2$；$W = 0.262$；$\varepsilon = 19.9\%$；$H = 70$；

得：$F = 4.8 \times 10^{-6} LW1.2\varepsilon1.3H4.5 = 122.8$（N）

f_d 活 $= 4 \times 0.8 \times F = 4 \times 0.8 \times 122.8 = 392.96$（N）（按无润滑处理）

f_j 活 $= 4 \times 4 \times 0.8 \times F = 1571.84$（N）（最大）

4. 电机驱动机构

电机驱动机构主要由直流电机、减速器、空转滚珠丝杠、行程控制开关等组成。直流电机为驱动机构的动力源，额定电压 12V、满载额定工作电流小于 100mA。减速器将电机的转速降低，由高速旋转降低为 6r/min。滚珠丝杠将电机的转动转换成丝杠螺母的直线运动。滚珠丝杠两端设计为空转结构，当行程到位控制装置失效时，可以保护驱动机构及零部件免受损坏。行程到位控制装置采用磁感应无接触控制方式，开关打开和关闭到位时控制电机停转。它具有结构简单、操作方便、驱动效率高以及安全等优点。结构示意图如图 2-3-58 所示。

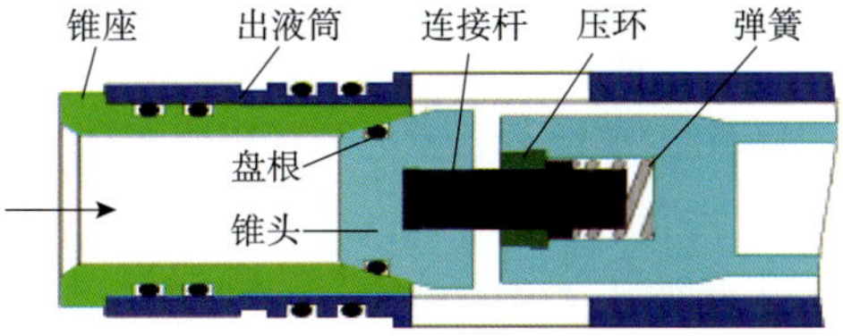

图 2-3-58　电机驱动机构

下面确定电机功率，根据上面计算，得出了平衡系统柱塞推杆和活塞芯子的动摩擦力和静摩擦力，两处在有压力时的动摩擦力与静摩擦力之和分别为：

$$f_d \text{柱} + f_d \text{活} = 128 + 392.96 = 520.96 \text{（N）}$$

取 550N。

$$f_j \text{柱} + f_j \text{活} = 512 + 1571.84 = 2083.84 \text{（N）}$$

取 2100N。

现有滚珠丝杠的额定动载荷为 2395N；额定静载荷为 4172N，能满足设计计算需要。滚珠丝杠螺旋传动的转矩：

$$T = F \times d_o \times \tan(\lambda + \Phi_T)/2 \qquad (2-3-25)$$

式中，λ 为螺旋升角，$\lambda = \arctan(P/\pi d_o) = 5.68°$；$\Phi_T$ 为当量摩擦角，$\Phi_T = 20'$；d_o 为丝杠外径，$d_o = 8\text{mm}$。

因此，滚珠丝杠螺旋传动的动矩 T_d 和静转矩 T_j 分别为：

$$T_d = 550 \times 8 \times \tan 6.01 = 463.2\ (N \cdot mm)$$

$$T_j = 2100 \times 8 \times \tan 6.01 = 1768.7\ (N \cdot mm)$$

滚珠丝杠螺旋传动的驱动功率：

$$P = \frac{Tn}{9550\eta} \times 10^{-3}\ (kW) \qquad (2-3-26)$$

式中，n 为转速，r/min；η 为效率。

若 n 取 14，η 取 0.8，则动态和静态电机功率分别为：

$$P_d = T_d \times n/9550 \times \eta = 0.85\ (W)$$

$$P_j = T_j \times n/9550 \times \eta = 3.2\ (W)$$

因此，电机应选用 3.5W 的电机。行程为 35mm，在 14r/min 转速的情况下，需要 1min 左右的时间。

5. 压力平衡系统

压力平衡系统主要由平衡接头、连动杆、支撑接头、柱塞推杆等组成。压力平衡系统上接电机驱动机构，下接封堵开关。两端设计为常压状态，当油井的液压形成的外部压力作用于柱塞推杆上时，由密封圈隔离油井压力，可实现动、静密封两种功能。作用在柱塞推杆两端的油井压力产生的推力自身平衡，油井压力对柱塞推杆不产生附加的轴向推力。由驱动机构带动柱塞推杆做往复运动，完成开关器的打开或关闭动作。压力平衡系统动密封结构采用零件内孔和密封圈与挡圈构成。密封圈的两边装有非金属挡圈，使密封圈工作在一个缓冲区域内，这样可以提高密封圈的承压能力，当柱塞推杆做往复运动时，不损坏密封圈，达到密封效果。其结构优化简单，可动部件少，机械加工装配方便，密封圈使用寿命长，摩擦阻力小。结构示意图如图 2-3-59 所示。

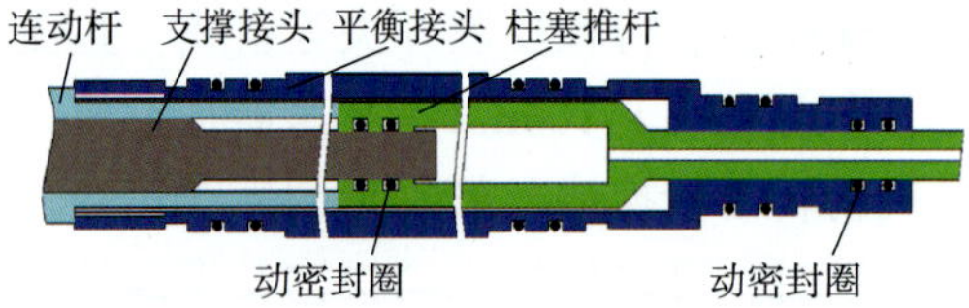

图 2-3-59　压力平衡系统示意图

6. 桥通体的设计

桥通体由下变扣接头、桥通座、上变扣接头、球座接头、球、球座筒等组成。桥通座内部有 3×Φ17mm 油层采油通道和 9×Φ9mm 上下层位连通采油通道。上部设计有单流阀，单流阀主要是方便打压、调换层或坐封封隔器，而且带有防倒灌功能。单流阀在井下地层压力的作用下，能开通油层采油通道。下部留有分层压力测试接口，根据需要配接。整体结构简单，球阀能密封，泄流打开压力小，流道畅通。结构示意图如图 2-3-60 所示。

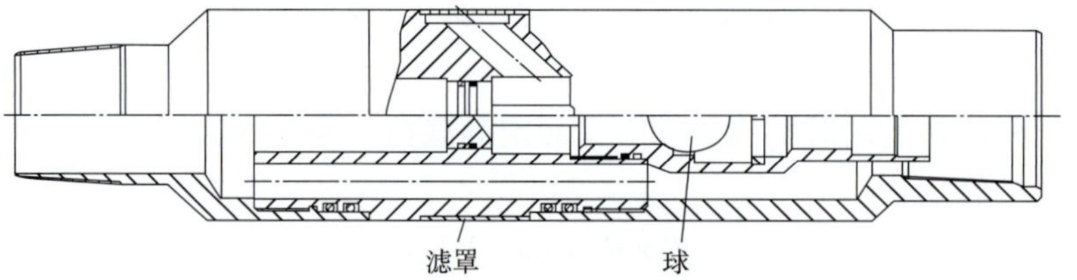

图 2-3-60　开关器桥式结构示意图

开关器整体结构的设计还要考虑开关器抗挤毁的外压强度计算，开关器工作在数千米以下的油井深处，由于它所处的环境决定了必须具备抗高压的能力，即满足耐压技术指标(70MPa)。从整体结构来看，开关装置被包在一个密闭的腔体内，里面装有电路、电池、传感器和传动机构等，因此，腔体需具备应有抗压强度，而腔体材料用35CrMn调质处理。活塞芯子是堵塞泄流孔，需要密封与存压。中心管耐压较为薄弱，需要抗内压。

(1) 根据厚壁管柱（$D/\delta \geqslant 14$）抗挤毁的外压力计算公式：

$$P = n\sigma_s[2.503/(D/\delta) - 0.046] \tag{2-3-27}$$

根据厚壁管柱（$D/\delta < 14$）抗挤毁的外压力计算公式：

$$P = 2n\sigma_s(D/\delta - 1)/(D/\delta)^2 \tag{2-3-28}$$

式中，P 为管子抗挤毁的外压力，MPa；δ 为管子壁厚，mm；σ_s 为钢材屈服极限，MPa；D 为管子外径，mm；n 为安全系数，取值0.75。

腔体管壁根据设计要求，取 $D = 110$mm，管子壁厚 $\delta = 6.5$mm，管子选用35CrMn材料，$\sigma_s = 1000$MPa，则

$$\begin{aligned} P &= n \times \sigma_s \times [2.503/(D/\delta) - 0.046] \\ &= 0.75 \times 500 \times [2.503/(110/6.5) - 0.046] = 38.3(\text{MPa}) \end{aligned}$$

由计算结果知管子抗挤毁的外压力为38.3MPa，而开关装置的工作压力为井内水柱压力，假设井深为3500m，其工作压力为35MPa，可见强度足以满足要求。

活塞芯子根据设计要求，取 $D = 19$mm，管子壁厚 $\delta = 3$mm，管子选用3Cr13材料，$\sigma_s = 637$MPa，则

$$\begin{aligned} P &= 2n \times \sigma_s \times (D/\delta - 1)/(D/\delta)^2 \\ &= 2 \times 0.75 \times 637 \times (19/3 - 1)/(19/3)^2 = 126.6 \end{aligned}$$

由计算结果知活塞芯子抗挤毁的外压力为126.6MPa，而活塞开关的工作压力为60MPa，可见强度足以满足要求。

(2) 开关装置中中心管承内压，计算公式为：

$$P_n = 2n \times \sigma_s \times \delta/D \tag{2-3-29}$$

式中，P_n 为管子抗内压力，MPa；δ 为管子壁厚，mm；σ_s 为钢材屈服极限，MPa；D 为管子外径，mm；n 为安全系数，取值 $n = 0.875$。

中心管根据设计要求，取 $D = 40$mm，管子壁厚 $\delta = 5.5$mm，管子选用3Cr13材料，$\sigma_s = 637$MPa，则计算结果知中心管抗内压力为153.2MPa，而工作压力为60MPa，可见强度足以满足要求。

(二) 关键技术

根据鄂南油区低效水平井治理的需要，主要研究了智能分采技术的工艺管柱和现场施工工艺。在华北油气分公司、长庆油田及中原油田采油四厂等油田进行了6井次的现场应用，取得了良好的效果，为我国低效水平井的综合治理提供了一种有效手段。

智能开关分层分采方案应满足油井分层开采工艺要求，力求做到时效高、操作方便，解决目前现场采用的分采工艺存在的工序多、操作复杂、成本高等不足之处，为此开展了井下智能开关分层分采管柱结构及施工工艺方法研究。研究了两种管柱结构，分别为丢手管柱和整体管柱。

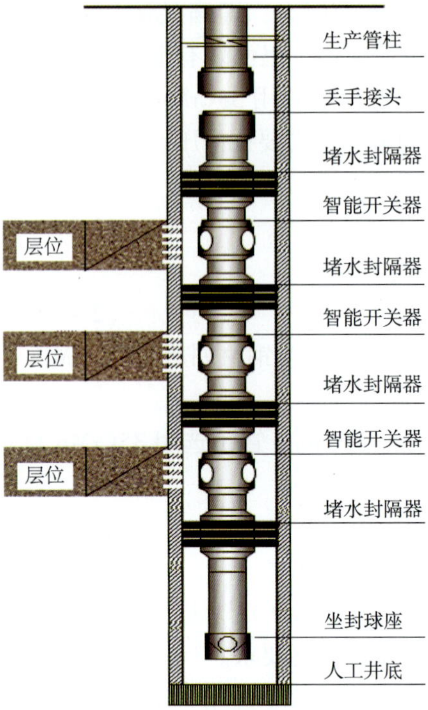

图 2-3-61　丢手找堵水管柱

1. 丢手管柱

管柱结构：丢手管柱主要由丢手接头、液力堵水封隔器、坐封球座、智能开关器组成。如图 2-3-61所示。第一级封隔器采用单卡瓦或双卡瓦封隔器，起锚定丢手管柱作用，由于其承重力有限，管柱分层数一般不超过 4 层。采用丢手管柱的优点是可防止抽油机工作时管柱的蠕动，而管柱的蠕动会造成封隔器提前失效。该管柱结构适合大多数井使用，缺点是施工工艺较为复杂。

丢手管柱受力分析：

以 Y341 封隔器 + K341 封隔器为主，单向卡瓦防止下滑。计算上顶力是否使封隔器移动失效。管柱受自身重力、鼓胀效应以及温度效应的影响变形。根据液压封隔器坐封原理，管柱受自身重力产生的虎克效应伸长，按虎克定律公式，变形量：

$$\Delta L_1 = \frac{2KqgL_2^2}{\pi E(D^2-d^2)} = 0.05(\text{m})$$

压力使管柱产生鼓胀效应，鼓胀效应使油管缩短，变形量：

$$\Delta L_2 = \frac{-2\mu Pd^2}{E(D^2-d^2)}L = \frac{-2\times0.3\times30\times62^2}{2.06\times10^3\times(73^2-62^2)}\times3000 = -0.68(\text{m})$$

管柱由于温度效应发生伸长变形，变形量：

$$\Delta L_T = \beta\Delta TL = 1.2\times10^{-5}\times3000\times(130-40) = 3.24(\text{m})$$

根据以上计算，管柱将伸长 2.6m，即：

$$\Delta L = \Delta L_1 + \Delta L_2 + \Delta L_T = 2.6(\text{m})$$

根据管柱总位移，计算管柱在卡水过程中产生的载荷：

$$F = \frac{\pi\Delta LE(D^2-d^2)}{4L} = \frac{3.14\times2.6\times2.06\times10^5\times(73^2-62^2)}{4\times3000} = 208.1(\text{kN})$$

封隔器可承受 400kN 的载荷。因此管柱不会下移，是安全的。丢手后卡堵水过程中，由于活塞效应，在油套环空面积产生一个轴向载荷，使管柱蠕动变形：按尾管 200m，最大层间压差 30MPa 计算，最少两层 3 个封隔器，卡瓦、胶筒与套管摩擦力至少有 8000kg。总悬重为 6460kg，因此丢手堵水管柱不会上移。

2. 整体管柱

管柱结构：整体管柱主要由配产器、安全接头、机械堵水封隔器、智能开关器组成。如图 2-3-62 所示。采用整体管柱的优点是施工工艺较为简单，比较适合浅井及低产液井。

整体管柱受力分析：

以皮碗封隔器 + 皮碗封隔器为主，尾管支撑。封隔器卡深 3000m，用 2⅞UP TBG 油管。假定井筒液体流动下温度均值 50℃，静态下温度均值 130℃，最大压差 30MPa，计算上顶力是否使封隔器提前失效。管柱受自身重力、鼓胀效应以及温度效应的影响产生变形。其变形量：

$$\Delta L_1 = -\frac{(d_2^2 - d^2)PL}{E(D^2 - d^2)} + \frac{2KqgL_2^2}{\pi E(D^2 - d^2)} = -3.34(\text{m})$$

压力使管柱产生鼓胀效应，鼓胀效应使油管缩短，封隔器上部管柱因此而产生的变形量：

$$\Delta L_2 = \frac{-2\mu Pd^2}{E(D^2 - d^2)}L = \frac{-2\times0.3\times30\times62^2}{2.06\times10^5\times(73^2-62^2)}\times 3000 = -0.68(\text{m})$$

管柱由于温度效应而发生伸长变形，其变形量为：

$$\Delta L_T = \beta\Delta TL = 1.2\times10^{-5}\times3000\times(130-40) = 3.24(\text{m})$$

由此管柱将收缩变形量为：

$$\Delta L = \Delta L_1 + \Delta L_2 + \Delta L_T = -0.78(\text{m})$$

即向上移动0.78m。

根据总位移，计算管柱在卡堵水过程中产生的载荷为：

$$F = \frac{\pi\Delta LE(D^2 - d^2)}{4L} = \frac{-3.14\times0.78\times2.06\times10^5\times(73^2-62^2)}{4\times3000} = -62.4(\text{kN})$$

管柱所受的上顶力只有62.4kN。因此管柱不会上移，是安全的。

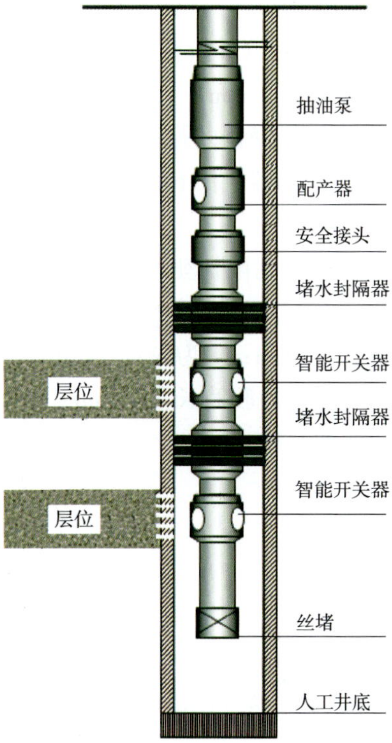

图2-3-62　整体找堵水管柱

（三）技术参数

1. 小直径封隔器技术参数

当封隔器管柱下入到设计位置后，向管柱内投入可降解密封球，使封隔器内外不连通，油管内加液压，在一定压差作用下，膨胀流体通过膨胀阀系的单流阀进入胶筒，随着流体的不断增加胶筒逐渐被膨胀，在一定压力作用下胶筒变形与套管紧密接触形成密封，通过单流阀将进液孔堵死，实现可靠密封。当需要解封时，可上提管柱，让胶筒内流体流出，实现解封。其性能指标见表2-3-24。

表2-3-24　管内可取式封隔器性能指标

最大外径/mm	内径/mm	总长度/mm	胶筒长度/mm	密封压力/MPa	耐温/℃	连接螺纹
85	45	1900	900	70	≤150	2⅞TBG

（1）管内可取式封隔器设计计算。

①中心管壁厚强度校核。

中心管材料选用35CrMnSiA钢，其许用应力为［σ］=1200MPa，设计壁厚t=5mm，中心管内径a=22.5mm，外径b=27.5mm，施工压力p_i=70MPa，根据第三强度理论进行校核，有：

$$\sigma_\theta = (2p_ib^2)/(b^2 - a^2) = 423.5\text{MPa} < [\sigma] = 1200(\text{MPa})$$

故中心管安全。

②胶筒接头抗内压强度计算。

$$P_b = 2 \times \sigma \times \delta / D = 2 \times 1275 \times 5.5/85 = 165\text{MPa}$$

其中，P_b 为管子抗内压强度，MPa；σ 为钢材平均屈服强度，MPa；δ 为管子壁厚，mm；D 为管子外径，mm。

膨胀封隔器的最大工作压力取为70MPa，安全系数为2.36，完全满足强度要求。

③封隔器胶筒长度计算。

$$F = f \times P \times A \tag{2-3-30}$$

式中，F 为封隔器坐封后，在套管内形成的锚定力，kN；Q 为地层流体压力产生的上顶力，kN；f 为胶筒与套管的摩擦系数，根据经验，此值在0.15以上，取为0.15；P 为封隔器膨胀压力，MPa；A 为胶筒与井壁的接触面积，mm，$A=\pi \times d \times L$；d 为套管直径，mm，为101mm；L 为胶筒长度，mm；P' 为施工压力，MPa，此值为70MPa；A' 为套管的横断面积，mm^2，$A'=\pi \times d^2/4$。

$$F = f \times P \times A = f \times P \times \pi \times d \times L$$

$$Q = P' \times A' = P' \times \pi \times d^2/4 \tag{2-3-31}$$

$$F \geqslant Q$$

即

$$f \times P \times \pi \times d \times L \geqslant P' \times \pi \times d^2/4$$

$$L \geqslant (P' \times d)/(4 \times f \times P) = (70 \times 101)/(4 \times 0.15 \times 60) = 196(\text{mm})$$

设计封隔器在最大膨胀直径时其密封长度为900mm，故封隔器坐封后完全可以满足作业压力差。

（2）管内可取式封隔器数值分析。

胶筒主要材料为氢化丁腈橡胶，属于超弹性材料，其力学行为属于高度非线性，有限元分析软件ABAQUS中，针对超弹性材料力学分析时具有多个本构模型，这里采用的是Yeoh本构模型，在连续介质力学中存在一个用格林硬度表示的应变能函数，即

$$W = \sum_{i=1}^{N} C_{i0}(I-3)^i + \sum_{i=1}^{N} \frac{1}{D_i}(J-1)^{2i} \tag{2-3-32}$$

式中，N，C_{i0}，D_i 为材料常数；W 为应变能函数；I 为第一格林不变量。

对于不可压缩的超弹性橡胶材料，$J=1$。取 $N=3$，通过实验数据进行样条曲线拟合可以得到材料的本构方程参数，Yeoh本构方程为：

$$W = \sum_{i=1}^{N} C_{10}(I-3)^i \tag{2-3-33}$$

通过实验数据可得水力扩张式封隔器胶筒的材料参数见表2-3-25。

表2-3-25 材料参数

弹性模量	泊松比	C_{10}	C_{20}	C_{30}
5.13MPa	0.48	1.688	-6.012	18.912

建模的尺寸参数见表2-3-26。

表2-3-26 尺寸参数

胶筒外径/mm	套管内径/mm	套管外径/mm	胶筒沿径向位移/mm
85	100.3	114.3	15.3

考虑到封隔器是对称图形，为了减少计算量，在建立模型时，由于胶筒对称性，所以可采用二维轴对称模型分析，运用 ABAQUS 建模模块建立胶筒 2D 模型如图 2－3－63 所示，模型中胶筒座与中心管固结，封隔器胶筒与胶筒座固结接触，外层胶筒与胶筒座和套管接触，外层胶筒与胶筒对称面进行切向移动，法向位移为 0。

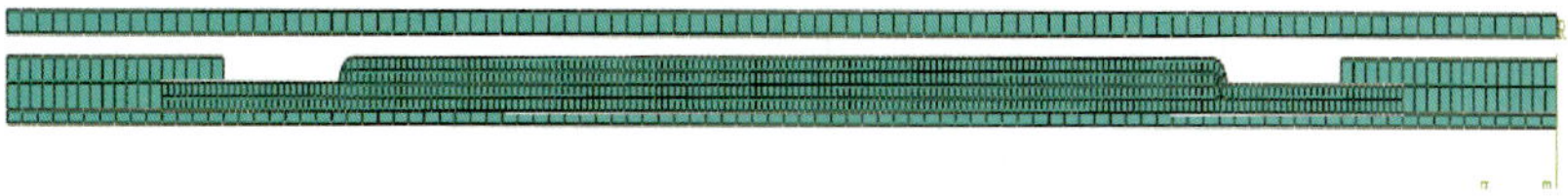

图 2－3－63　封隔器胶筒有限元模型

有限元分析结果对内层胶筒施加 20MPa 的应力，胶筒向外扩张，胶筒接触应力云图如图 2－3－64 所示。

图 2－3－64　胶筒接触应力云图

根据分析结果可以看出，封隔器胶筒受内压膨胀变形，胶筒与套管接触。在胶筒工作区域两端出现应力集中现象，胶筒与套管接触区域的两端应力水平最高，由两端向中间胶筒应力相应降低，这是由于水力扩张式封隔器胶筒在工作时，胶筒的工作区域两端变形最大。有限元分析结果表明，封隔器胶筒应力最大区域出现在胶筒与套管接触区域的两端，在该区域中取应力最大点。在 20MPa 内压下，胶筒有效密封区域的有效应力为 46. 72MPa。

①胶筒组合结构应力。

对胶筒间施加压力，图 2－3－65 所示为内部压力为 20MPa 和 50MPa 下的应力云图。从图中可以看出，在封隔器坐封过程中，除胶筒与胶筒座结合处外，应力都比较小，胶筒座处最大应力在 20MPa 和 50MPa 下分别为 69. 5MPa 和 180. 2MPa，不超过材料屈服强度。

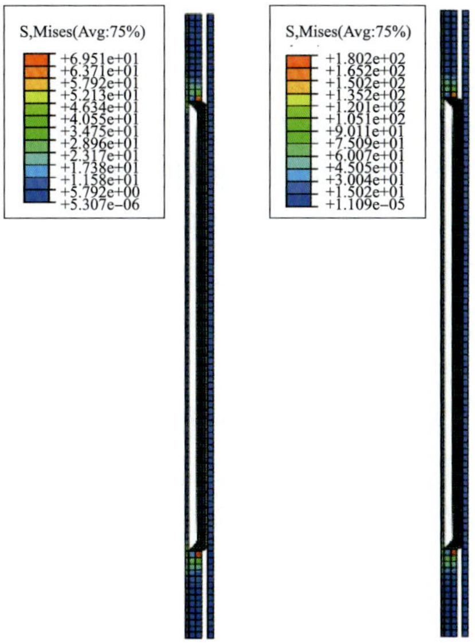

图 2－3－65　内压 20MPa、50MPa 时胶筒组合结构应力云图

②胶筒接触应力。

内压作用下，封隔器胶筒膨胀与套管接触，沿着轴线方向，接触压力发生不均匀变化，封隔器胶筒是典型的轴对称图形，沿着轴线方向接触应力的分布也是对称的，接触应力沿胶筒接触区域的两端往中间的变化趋势如图 2－3－66 所示。

从图中可以看出，接触应力在胶筒中间达到最大，当胶筒内压为 20MPa 时，接触压力达到 18. 4MPa；当胶筒内压为 50MPa 时，接触压力达到 48. 3MPa。胶筒中间部分的接触应力处于相对稳定的状态，变化范围比较小，接触应力和内压还是非常接近的。

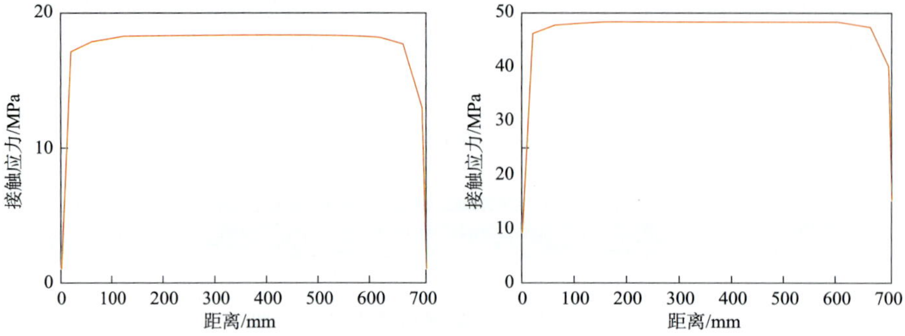

图 2-3-66 胶筒接触应力曲线

(四) 性能特点

(1) 研制了小直径大密封系数的水力膨胀封隔器，并通过数值分析验证了其力学性能。通过室内评测试验，在 90～124mm 套管内，耐温达 120℃、耐压差可达 85MPa；封隔器坐封性能优良，解封可靠，适于致密油复杂结构水平井的层内封堵要求，为分采提供了层段封卡的必要手段。

(2) 研制了井下智能分采开关器，室内试验结果表明各项技术指标达到设计要求：在 120℃、50MPa 的环境下，封堵开关的动作灵活，密封工作可靠，可以适应井下长时间工作要求；电机和滚珠丝杠设计为一体，滚珠丝杠相对其他丝杠来说其传动效率要高，在丝杠的两端设计为空转结构，开关打开或关闭动作超过行程时，不会对零部件产生破坏。

(3) 对分采开关器耐高温高压压力平衡系统和多重密封保护等关键机构进行了优化设计和评测；高温、高压平衡系统结构设计有效地平衡了柱塞推杆的轴向压力，使驱动机构高压工作时能运行轻松自如，同时又能密封高压液体；通过井下开关器密封结构优化设计，外壳密封采用外置式紫铜垫圈 + 双密封胶圈结构，压力传感器密封采用锥面+ 双密封胶圈结构，实现开关器在油井井下长期密封并能可靠工作。

(4) 基于室内试验和现场应用研究经验，对井下智能分采开关器等工具的设计进行改进，主要包括智能开关器气密封结构优化、电机驱动机构改进、防砂机构设计和室内试验验证改进设计。通过试验验证，设计改进后的小井眼智能开关器不仅解决了原有技术缺陷和现场可能遇到的问题，而且技术指标有了明显提高。

第四节 基于无缆信号传输与控制的井下智能分注技术

一、基于无缆信号传输与控制的智能分注技术

(一) 技术原理

目前中国石化各个油田注水井套损井逐年增多，长期合注和层间矛盾问题突出，严重影响了注采对应率和水驱波及体积。目前常规分层注水施工作业复杂，测调难度大，效率低和灵活性差等问题突出，增加油田后期开采成本，分注需求迫切，为了提高油藏精细开发，实施智能测调分注工艺需求量很大。近年来油藏工程上提出的转流线、调流场以及注采耦合等

改善水驱效果的调整方法，用现有的工艺技术实现存在很大难度。

结合我国油气田的地质特点，对基于流体波码的井下数据无缆传输技术可以有效支撑我国油气田低成本开发的要求，还可应用于除常规垂直井之外的大斜度井、水平井、多分支井等复杂井况。由于其工艺简便可靠灵活，能够有力支撑油藏工程中的水驱效果调整措施。

通过前期的研究和现场功能试验表明，注水井细分程度、测调效率、测试精度、注水合格率等指标相对于常规分注工艺技术等均得到了大幅提高。该技术能够大大缓解油田开发注水工作量大、配注合格率低等矛盾，为水驱油藏提高开发效果及降本增效提供很好的技术支撑。

为了提高油藏精细开发，我国东部油田实施分注测调工艺需求量很大。中国石化石油工程技术研究院通过近3年的攻关，成功开发了具有中国石化自主知识产权的基于双向无缆数据传输的智能分注体系。该技术经过室内及现场大量测试，已形成了适合国内水驱油藏开发的核心技术，将为水驱油藏提高开发效果及降本增效提供很好的技术支撑，同时也能够大大缓解油田开发注水工作量大、配注合格率低等矛盾。

以该技术体系为核心，进一步发展形成精细分层智能注水技术，优化地面测控流程，提高测控效率，发展云计算和大数据为基础的远程智能注水技术服务，还可以结合油藏数值模拟，形成注采协同优化措施建议，进一步提高水驱效率和开发效果。为我国注水油田的高效开发提供有力的技术支撑，具有很好的经济、社会效益及广阔的应用前景。

我国油田技术相关学者和专家以国内当前油田发展状况以及开发环境为基础，对分层注水控制和工艺进行深入分析，针对我国油田智能分层注水工艺研究后，总结出3个主要的方案，具体如下：

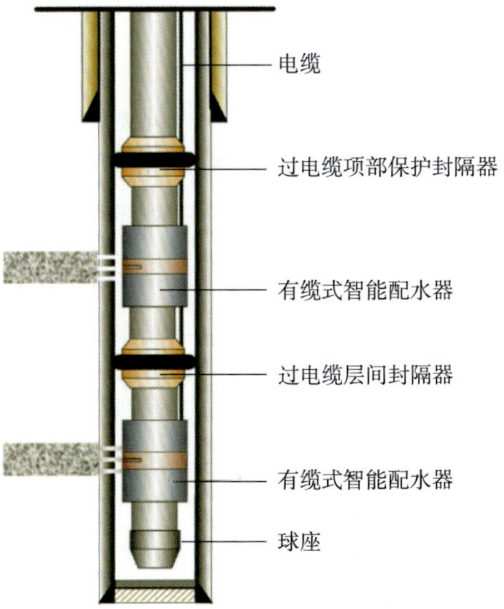

图2-4-1　有缆式智能分注结构

1. 有缆式智能分注

有缆式智能分注是地面控制系统通过电缆控制有缆式智能配水器，实现每个注水层配注量测调、封隔器验封及测试数据读取（图2-4-1）。过电缆封隔器在实现电缆穿越功能的前提下，封隔各注水层段，避免产生层间干扰。智能配水器可对管内注水压力、地层压力及流量等参数进行定时监测，并通过电缆传递至地面控制系统，配水器可定期对水嘴开度依据监测数据进行修正以保证注水量满足要求。杨万有等研制的智能配水器，水嘴设计为对称平衡结构，保证水嘴在高压差条件下的顺利开关，同时采用槽式进水设计防止水嘴砂卡。为了提高有缆式智能分注技术作业效率，设计了专用配套工具：①电缆连接器：在作业过程中实现电缆连接，密封方式设计为2级或3级密封以提高连接处有效密封；②电缆保护器：安装在油管接箍处，防止管柱下入时损害电缆；③电缆防压装置：安装在井口处，在管柱下入过程中防止吊卡损害电缆，提高作业效率；④过电缆井口密封装置：管柱下入作业间歇过程中确保井口管柱和电缆的有效密封，避免间歇封井时电缆被剪断后再连接产生的密封失效风险。

2. 非接触式智能分注

非接触式智能分注是当测调或数据读取时，油管内通过电缆下入非接触调控仪至配水器有效通信位置范围，地面控制系统实现与智能配水器双向数据传输；控制配水器进行测调，同时提取配水器前期测试数据（图2－4－2）。非接触式智能配水器对各层参数进行定时测量并存储至芯片中，水嘴驱动力由预置在配水器内的电池提供。水嘴开度可根据井下参数变化，定时通过控制芯片的流量自动测调算法并进行调整，以保证配注水量恒定。

雷创等研制的非接触式智能配水器，自带压力计和流量计等传感器，监测各层压力、流量等数据，并将数据存储至芯片。后期下入短节与配水器非接触对接，提取存储数据，并通过现场试验确定数据监测周期为4h，测调验封周期为10d。

3. 无缆式智能分注

无缆式智能分注是地面控制系统利用压力波或流量波通信技术，通过井口控制系统向井底发送预设的高低脉冲信号，控制井下无缆智能配水器执行配注测调等相关操作（图2－4－3）。智能配水器动力由预置在配水器内电池提供，配水器定时对井下参数进行测量，并定时调整水嘴开度以保证目的层注水量。读取井下数据时，地面控制系统通过井口控制系统下发测试数据回传指令，对应层位配水器利用波码传输技术实现测试数据回传。杨玲智等研制的无缆式智能配水器，建立了压差、流量及开度这三者的关系模型和配水器自学习模型，可确保分注流量达标。韦栋等研究的压力波通信技术，可实现地面向井下和井下向地面的双向通信，指令为压力或流量序列，下发指令信息包括配水器仪器码和操作指令，上传指令包括层号、内压、外压、流量及开度等。朱苏青等建立的地面控制调配注水量方法，以单层配注量为依据，向下发送开度指令，稳定后上传水嘴前后压差，地面控制系统计算并判定是否满足精度，如果不满足则继续调节。

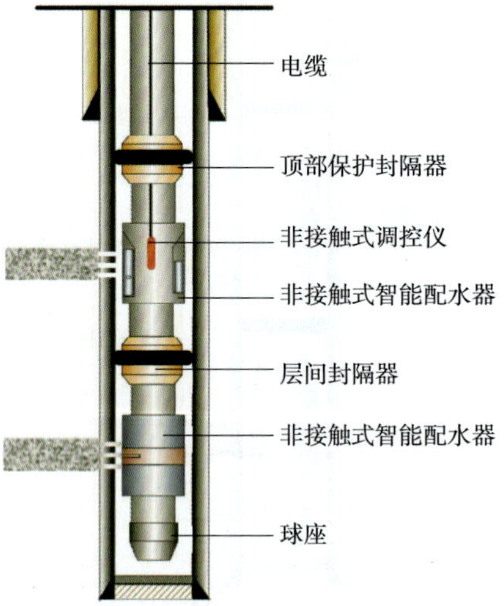

图2－4－2　非接触式智能分注结构

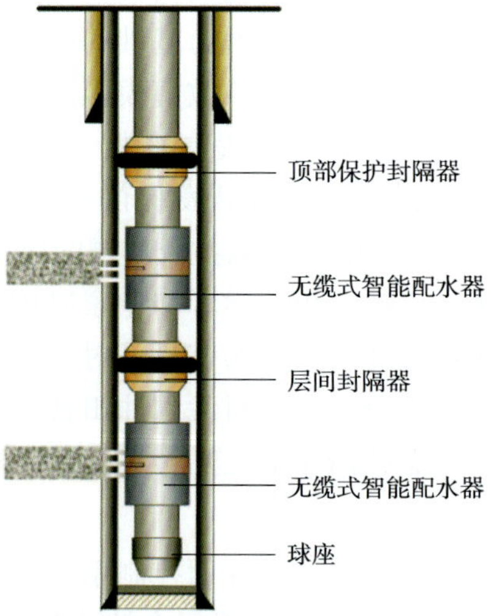

图2－4－3　无缆式智能分注结构

（二）施工工艺

智能分层注水工艺管柱设计总体方案：

（1）管柱上设计有可遥控具有智能功能的配水器。

（2）管柱上设计组配伸缩补偿器、水井油管锚，管柱具有补偿和锚定功能，使管柱安全可靠。

（3）将分层深井超深井注水管柱设计成分层段数与封隔器级数相等的可保护套管的注水管柱。

（4）在注水管柱中设计组配安全接头，在起管柱时，负荷大的深井超深井中，可先起出安全接头以上管柱，然后通过下入液压增力装置，安全地起出下部管柱。

（5）关于反洗井，设计应用可反洗井封隔器，利用反洗通道进行洗井。

根据前述的设计原则，设计的可遥控分层注水管柱主要由管柱伸缩补偿器、水井油管锚、封隔器、可遥控配水器、筛管及丝堵等工具组成，该管柱具有锚定和补偿的功能，可以使封隔器长期处于静止和扶正状态，极大地延长注水管柱的工作寿命。如图 2－4－4，该管柱能够注多层(2～4 层)。

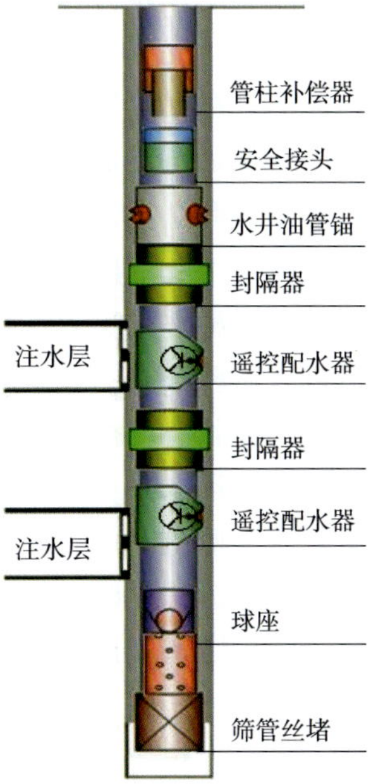

图 2－4－4　智能分层注水管柱结构图

（6）管柱解封解卡方式。在注水井注水过程中，注水压力不断波动和层间压差过大会造成注水管柱伸缩及弯曲，使封隔器提前失效或解封，影响分层注水的效果，缩短注水管柱的寿命，在深井高温高压井中更为突出。因此深井超深井注水管柱必须考虑管柱锚定技术，所谓管柱锚定技术就是采用管柱锚定装置对水井管柱进行锚定，从而达到保护封隔器、保护油管、延长注水管柱生产寿命的目的，管柱锚定装置包括水井锚、卡瓦式封隔器等。针对深井注水的特点，封隔器解封方式、水井锚的解卡方式均为可操纵和能控制的上提解封解卡方式。

（7）管柱起出方法。直接起出法：如果管柱起出时负荷小，可以直接上提，起出管柱；利用管柱拉拔器起出：如果直接上提，无法起出管柱，先起出安全接头上部油管，然后，下入具有液压增力功能的管柱拉拔器管柱，并与下部管柱对接打捞。从油管内加液压，利用液压原理，拉拔器将液压力转化为上提力，液压拉拔力直接作用在鱼顶上，克服了无功作业和载荷无效消耗等弊端，不增加井架的载荷，实现用小修常规作业代替大修作业设备，保证深井超深井管柱的起出。

（三）应用案例

1. 濮 70 斜 3 井现场试验

（1）现场试验总体情况。

在濮 70 斜 3 井进行了信号双向传输原理性试验，在试验井中下入专门编程的智能配水器，其可调水嘴按软件设定的各种模式分别自动改变开度大小，井口压力传感器同时实时监测井口压力扰动，通过对试验井压力扰动数据进行分析，以确定井下信号最优发生工作模式及井口信号解码方法。

——试验准备

①智能配水器一套（调测仪为 JZP8－6－2017002—试验程序）。

②JCY2030 两支（32F16034，32F16035，采样频率 2 次/秒，由于不存储温度数据，压

力采集扩容至 13 万组，可实现数据采集 18h）。

③井口脉冲发生器 1 套（手动，带压力计接头）。

潭 70 斜 3 井是一口从 2016 年计划关停的污水统注井，与江汉采油厂沟通后，计划作为智能分注可靠性检验的试验井，考虑到试验井难找，项目组决定将可靠性试验与原理性试验借此机会一起做，在 3d 内即完成了调测仪的试验程序设计、调试及两支 JCY2030 压力计的准备。

——试验程序设定

程序的设定优先考虑通过一次试验，能模拟所有井下水嘴可能的动作参数，其次要考虑到电能、压力计存储器容量及施工的便利性。具体设计如下：

①程序开始运行的起始时间。程序运行前，首先必须保证该井已开始正常注水，井口油管堵头可正常拆卸。考虑到试验人员需要一定时间安装井口设备，因此，程序开始运行的时间为仪器上电日 +5d 的上午 10:30。同时为确保数据录取成功，还加入了 3 +3 指令唤醒方式，一旦自动唤醒方式失效，可在调测仪水嘴 72h 自动打开后，通过地面人工发指令的方式唤醒仪器进入试验模式。

②水嘴初始状态：全开。

③单动作循环次数：5 ~ 15 次。

④有效压力监测时间：18h。

⑤预计试验流程耗时：4. 5h。

详细程序设定流程图如图 2 -4 -5 所示（每一步间隔 10min）。

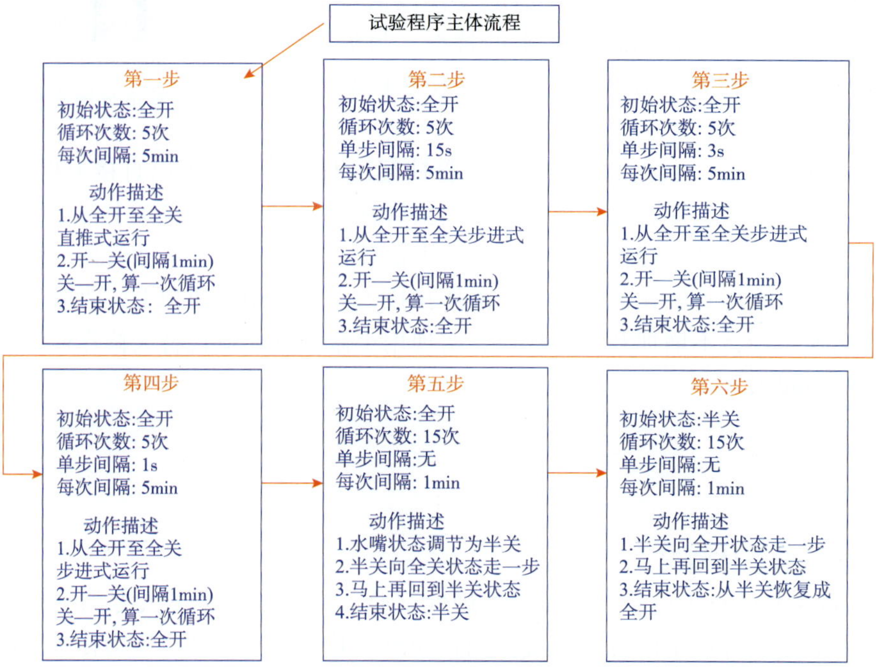

图 2 -4 -5 试验程序流程图

（2）试验概况。

JZP8 -6 -2017002 调测仪于 8:48 完成设参上电，自检正常并装配后于当日完成完井管柱下井，次日正常完成坐封。

次日，室内调试两支录取数据的 JCY2030 压力计，数据存储正常。同时对备用的手动式脉动发生器进行了试压，起压 20MPa，不渗不漏。

两日后，上井开注正常，中午离开时油压为 11MPa，瞬时流量为 1.9m^3/h，18:00 打电话询问王新 19 站，油压上升至 16MPa，瞬时流量降至 1m^3/h。由于潭 70 斜 3 井来水由黄新 33 水站分出，而该站已荒废，压力表接口均已锈蚀，无法连接压力计，因此计划两支压力计，一支装在井口脉冲发生器（35#），一支装井口旁来水间压力表接头。

①7 点对两支压力计进行清零设参上电；

②8:45 到达井场，油压为 15.3MPa，瞬时流量为 0.9m^3/h；

③安装井口脉冲发生器，9:10 来水压力计 34#连通，9:13 井口压力计 35#连通，9:20 井口放压排气；

④9:35 再次读数，油压为 16.5MPa，瞬时流量为 1.15m^3/h；随后等待自动试验程序启动，一直观察流量压力变化至 11:30 左右，未见流量压力响应；通过脉冲发生器手动放压一次，确定井口油压表无故障；

⑤11:50 与项目组程序设计人员沟通，自查源程序发现自动试验程序启动时间为 5 月 11 日，由于时间已错过，只能通过手动发指令方式启动程序；

⑥11:58 发送 3+3 试验程序人工启动指令，12:13 见到井口压力表和来水间流量计波动。其中井下调测仪水嘴执行全关动作后最高压力升至 24MPa，同时流量计落零，水声消失；执行全开动作后压力最低降至 17.5MPa，瞬时流量升至 1.15m^3/h；

⑦前期试验程序运行正常，到 13:15 左右，发现水嘴执行全关动作时流量无法落零，最低降至 0.6m^3/h，同时在流量最低时仍可听见明显水声，随后马上执行全开动作，可见流量和水声突然增大—压力降低的正常反应，初步判断此时水嘴已无法完全关闭；其后近 2h 仍可见压力随井下水嘴动作在 16.5～20MPa 区间波动，流量在 0.6～1.15m^3/h 区间波动；

⑧15:30 左右，已未见任何由水嘴动作引起的压力或流量变化；

⑨17:25，考虑到试验程序时长已过，结束数据录取，其中 34#压力计于 17:25 泄压，35#压力计于 17:34 泄压。

（3）数据回读与分析。

由于两支录取数据的压力计采样频率快，测试时间长，数据量巨大，项目组利用 3d 时间，先后使用了原配 JCY2030 测试软件、EXCEL、WPS 表格及 JHSW 智能工具数据处理 4 个软件进行数据处理和曲线分析，基本情况见表 2-4-1。

表 2-4-1　两支录取数据压力计数据概况

编号	安装位置	室内自检值/Hz	上电时间	断电时间	数据量（原始）	数据量（有效）	数据量（压力连通）	压力连通时间/h	温度代入值/Hz
35#	井口	T：16020 P：6000	6:57	20:05	87218	86414	54838	8h21min	16500
34#	来水间	T：16644 P：5800	7:04	20:10	87816	85796	54169	8h15min	17000
备注	来水间距离井口约 50m								

从表 2 -4 -1 可以得知，两支压力计的数据是完整的，但在实际查看数据文件时发现，两个文件初段均有千组左右的空数据，且从数值判断设置的 2h 延时可能没有有效执行，同时根据数据量与采样频率换算的测试时间与实际测试时间有 30min 的误差。由于压力计只采集了 10 组温度数据，为了数据处理的便利，在进行刻度转换时确定两支压力计的温度频率代入值为 10 组数据的算术平均值。

（4）试验曲线。

从表 2 -4 -2、表 2 -4 -3 可以看出，34#、35#压力计曲线形态完全一致，但 35#压力计曲线更贴合现场目测压力表读数值，且其更靠近井口，因此下面将结合试验过程和试验程序对该曲线进行局部方法，以期得出试验结论。

表 2 -4 -2　潭 70 斜 3 井原理性试验 35 号压力计曲线全貌

“潭 70 斜 3 - 井口 35 号压力计工程值调试 4#txt” 相关信息			
数据库名称	c：\ JCY2030 \ data \ 潭 70 斜 3 试验数据 \ 筛选数据 \ 35 号 \ 潭 70 斜 3 - 井口 35 号压力计工程值调试 4. txt		
数据表行数	65537	数据表列数	6
信号名称	最小值	最大值	平均值
温度	31. 39	31. 39	26. 27
压力	7. 38	23. 67	13. 98
测试时间	0. 00	7. 62	
测试日期	2018/7/12 9: 13: 00	2018/7/12 16: 50: 00	

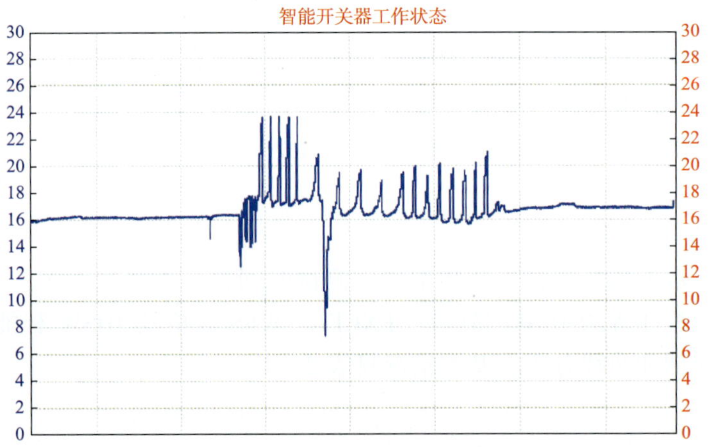

表 2 -4 -3　潭 70 斜 3 井原理性试验 34 号压力计曲线全貌

“潭 70 斜 3 - 来水 34 号压力计（tiaoshi1）（JCY 工程值）#txt” 相关信息			
数据库名称	c：\ JCY2030 \ data \ 潭 70 斜 3 试验数据 \ 筛选数据 \ 34 号 \ 潭 70 斜 3 - 来水 34 号压力计（tiaoshi1）（JCY 工程值）. txt		
数据表行数	54176	数据表列数	6
信号名称	最小值	最大值	平均值

续表

温度	30.43	30.43	30.43
压力	1.06	23.68	21.48
测试时间	0.00	7.52	
测试日期	2018/7/12 9:10:00	2018/7/12 16:41:00	

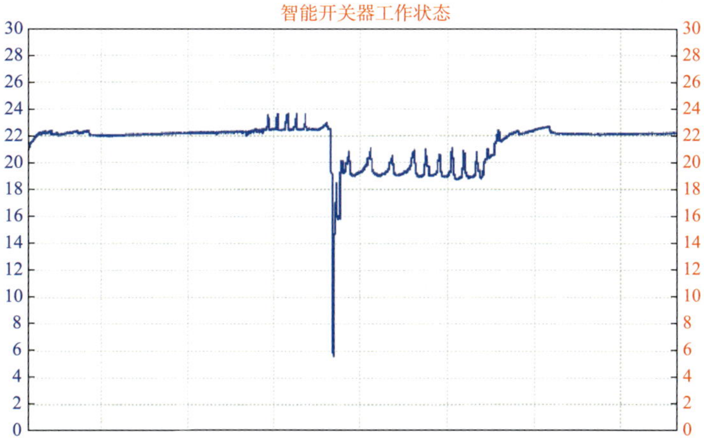

2. P124 平台 P36－89 井现场试验

(1) 试验目的及内容。

进行无缆双向智能配水器的整体工艺试验，通过下入智能分层配水工艺管柱（图 2－4－6），进行延时全开、试注、单层全开、采样、配注、上传、远传、远程控制等多种无线信号的发送、控制及接收，全面检验无缆双向传输方法、井下配套工具、施工步骤等全套工艺在真实注水井现场应用的可靠性。

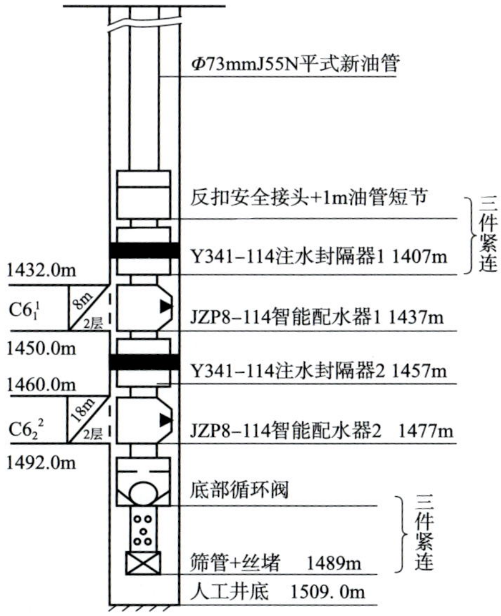

图 2－4－6 P124 平台 P36－89 井无缆双向智能配水管柱工艺示意图

（2）试验井基本资料。

①基本数据见表2－4－4。

表2－4－4　P36－89井基本数据

完钻井深/m	1524.00	油层套管尺寸及深度	139.7mm×7.72mm×1523.7m	油补距/m	2.23
人工井底/m	1509.00	最大井斜	1225m×315.25°×40.07°	联入/m	2.90
水泥返高/m	531.00	特殊套管位置/m	1087.89～1088.93 1383.66～1384.64	拐点位置/m	1350.00
层位		射孔井段/m		厚度/m	备注
$C6_1^{\ 1}$		1432.0～1436.0		4.0	补孔层位
$C6_1^{\ 1}$		1446.0～1450.0		4.0	补孔层位
$C6_2^{\ 1}$		1460.0～1468.0		8.0	目前注水层位
$C6_2^{\ 2}$		1482.0～1492.0		10.0	目前注水层位

②目前井下管柱。

目前井下管柱：Φ73mmJ55N涂料油管＋安全接头（1443.41m）＋Y341－114封隔器（1443.83m）＋支撑器（1445.07m）＋坐封球座（1502.71m）＋筛管＋丝堵（1503.82m）。

（3）生产简史。

①生产情况：

2003.05.02射孔井段：1460～1468m，1482～1492m；

2017.09.30酸化，挤酸：正挤清水7m^3，酸液13m^3、二氧化氯解堵剂5m^3，泵压13MPa、排量300L/min，停泵压力10MPa；

2020.07.16陀螺测斜。

②试验前生产情况见表2－4－5。

表2－4－5　试验前生产情况

注水情况	泵压/MPa	油压/MPa	套压/MPa	全井/(m^3/d)	偏1水嘴2.0mm	偏2水嘴1.0mm
					$C6_1^1$层/(m^3/d)	$C6_2^1C6_2^2$层/(m^3/d)
配注				15	10	5
注水	11	8.0	0	15	10	5

（4）试验概况。

①下井工具准备见表2－4－6。

②试验材料及设备：井口综合信号控制柜1套、泄流导管、移动电话1部。

③施工试验时间：2019年10月13日—10月28日。

④施工试验概况：2019年10月13日—10月17日期间，由JHXJ107队作业施工，开展了起出原分注管柱、通井、刮管、冲砂、智能分层配水完井管柱入井、校深、坐封等施工。10月18日凌晨，井下两套配水器水嘴延时自动全开，10月21日又分别开展试注、全井吸

水指示曲线测试、单层全开、分层吸水指示曲线测试、采样、配注、数据上传、信号远传、远程控制等多种无线信号的发送、控制及接收，现场试验达到了预期的目的。

表 2-4-6　下井工具准备

工具名称	数量
反扣安全接头	1 套
Y341-114 注水封隔器	2 套
JZP8-114 智能配水器	2 套
底部循环阀	1 套
1m 筛管 + 丝堵	1 套
Φ73mmJ55N 平式涂料油管	1500m
1m 油管短节	2 根
2m 油管短节	2 根

（5）试验方法和步骤。

①起出原井下管柱，更换 Φ73mm 平式新油管。

②用 Φ116mm 通井规通井至人工井底。

③下入刮管管柱，用 5½in 刮管器刮管至人工井底，在封隔器卡点上下 20m 范围内反复刮削 3 次。

④下冲砂管柱冲砂至人工井底。反洗井，至进出口水质一致。

⑤通知测井公司对管柱进行校深。

⑥下入遥控分层注水管柱，油管丝扣清洗干净，缠密封带且涂抹密封脂。下管柱必须平稳操作，下放速度控制在 25 根/小时以内。下至设计深度，测量并记录管柱自由悬重。

⑦将油管挂坐放在井口上，装好井口，连接管线。

⑧油管内憋压 10MPa、15MPa、20MPa 坐封封隔器，稳压各 5min，压力不降为合格（坐封封隔器必须在遥控配水器单片机程序控制下水嘴打开前 72h 完成）。

⑨安装井口完毕，关闭井口生产闸门，冲洗地面管线，监测地面管线水质，达到井口出水与配水间来水水质一致。

⑩注水井正注水 3~5d，待地层状态稳定，井口流量稳定。

（6）试验过程及分析。

①P1 配水器 2019 年 10 月 15 日 10:25 上电，P2 遥控配水器 10:43 上电，两支配水器设置为 10 月 17 日 24:00 水嘴自动打开。

②10 月 17 日 13:46 坐封封隔器，水泥车泵压分别为 5MPa、10MPa、15MPa、20MPa，各稳压 5min，套管出口未见液流返出，从坐封压力及套管出口情况，说明封隔器正常坐封。

③10 月 18 日试注水，井口倒正注流程，套管放空闸门处于打开状态。8:35 起泵以 0.4m^3/h（9.6m^3/d）排量试注水，至 11:00 时压力表泵压上升至 5.6MPa，12:00 上升至 7.5MPa。将注水量控制在 0.9m^3/h（21.6m^3/d），12:30 泵压上升到 11MPa，13:10 泵压仍然在 11MPa，套管出口没有液流。试注水后压力没有持续升高说明水嘴已经打开，套管无液流返出说明封隔器工作正常。关闭套管放空闸门以 0.9m^3/h（21.6m^3/d）的注水量，泵压 11MPa 正常试注水 5d。

④10 月 24 日开展分层注水调配工作，首先调配流量及泵压获得全井吸水指示曲线数据（表 2－4－7），10:20 流量 1.9m^3/h、泵压 11MPa、油压 9.1MPa、套压 0MPa。10:25 流量 1.5m^3/h、泵压 11MPa、油压 8.6MPa、套压 0MPa，10:30 流量 0.7m^3/h、泵压 11MPa、油压 7.9MPa、套压 0MPa。

⑤10 月 24 日 11:20 注水量 0.8m^3/h，油压 8.0MPa 时，发送全关指令关闭 P2 水嘴，指令发送 15min 后井口油压由 8.0MPa 很快上升至 8.6MPa，升幅 0.6MPa，表明 P2 已有效关闭。

⑥10 月 24 日 11:40 调 P1 吸水指示曲线数据（表 2－4－7），11:40 流量 1.6m^3/h、泵压 11MPa、油压 8.7MPa、套压 0MPa。11:45 流量 1.1m^3/h、泵压 11MPa、油压 8.1MPa、套压 0MPa，11:50 流量 0.6m^3/h、泵压 11MPa、油压 7.6MPa、套压 0MPa。

⑦10 月 24 日 14:15 流量 0.7m^3/h、油压 7.3MPa，发送“采样”指令对 P1“采样”，让 P1 配水器记忆该流量下的地层注水压力值。

⑧10 月 24 日 14:40 发送“上传”指令，上传 P1 数据，解码数据显示注入流量 15.2m^3/d（先后在触控显示屏和终端移动电话接收到数据），符合正常注水要求。

⑨10 月 24 日 15:42 注水量 1.3m^3/h 时，油压 8.2MPa，发送“全开”指令打开 P2 水嘴，指令发送 15min 后 15:53 井口油压由 8.2MPa 很快下降至 7.8MPa，降幅 0.4MPa，表明 P2 已有效打开。

⑩10 月 24 日 16:15 将注水量 1.3m^3/h 调高至 2.6m^3/h，油压 8.7MPa，16:18 发送“全关”指令关闭 P1 水嘴，指令发送 15min 后井口油压上升为 9.2MPa，说明 P1 水嘴关闭正常。

⑪10 月 25 日 9:13 注水量 2.6m^3/h 时，井口油压 9.2MPa，发送“全关”指令关闭 P2 水嘴，指令发送 15min 后井口油压由 9.2MPa 很快上升至 11MPa，与泵压相同，说明 P1 和 P2 全部关闭。

⑫10 月 25 日 9:40 发送“全开”指令打开 P2 水嘴，指令发送 15min 后井口油压由 11MPa 降至 8.9MPa，流量 2.1m^3/h，调测 P2 吸水指示曲线数据（表 2－4－7），10:05 流量 1.3m^3/h、泵压 11MPa、油压 8.9MPa、套压 0MPa，10:10 流量 0.9m^3/h、泵压 11MPa、油压 7.9MPa、套压 0MPa，10:15 流量 0.5m^3/h、泵压 11MPa、油压 7.7MPa、套压 0MPa。

表 2－4－7　吸水指示曲线测试数据

<table>
<tr><th rowspan="2">层位</th><th colspan="2">时间</th><th colspan="3">压力</th><th colspan="2">地面流量计</th><th>吸水指数</th></tr>
<tr><th>起</th><th>止</th><th>泵压/MPa</th><th>油压/MPa</th><th>套压/MPa</th><th>水表/(m^3/h)</th><th>水量/(m^3/d)</th><th>m^3/(d · MPa)</th></tr>
<tr><td rowspan="3">全井</td><td rowspan="3">2019.10.24
10:10</td><td>10:20</td><td>11</td><td>9.1</td><td>0</td><td>1.9</td><td>45.6</td><td rowspan="3">23.98</td></tr>
<tr><td>10:25</td><td>11</td><td>8.6</td><td>0</td><td>1.5</td><td>33.6</td></tr>
<tr><td>10:30</td><td>11</td><td>7.9</td><td>0</td><td>0.7</td><td>16.8</td></tr>
<tr><td rowspan="3">P1
$C6_1{}^1$层</td><td rowspan="3">2019.10.24
11:30</td><td>11:40</td><td>11</td><td>8.7</td><td>0</td><td>1.6</td><td>38.4</td><td rowspan="3">21.83</td></tr>
<tr><td>11:45</td><td>11</td><td>8.1</td><td>0</td><td>1.1</td><td>26.4</td></tr>
<tr><td>11:50</td><td>11</td><td>7.6</td><td>0</td><td>0.6</td><td>14.4</td></tr>
<tr><td rowspan="3">P2
$C6_2{}^1C6_2{}^2$层</td><td rowspan="3">2019.10.25
9:55</td><td>10:05</td><td>11</td><td>8.9</td><td>0</td><td>1.3</td><td>31.2</td><td rowspan="3">15.87</td></tr>
<tr><td>10:10</td><td>11</td><td>7.9</td><td>0</td><td>0.9</td><td>21.6</td></tr>
<tr><td>10:15</td><td>11</td><td>7.7</td><td>0</td><td>0.5</td><td>12</td></tr>
</table>

续表

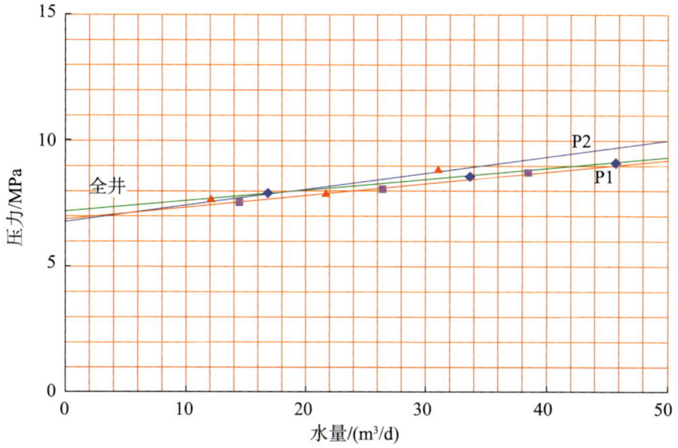

⑬10 月 25 日 10:40 流量 0.3m³/h、油压 7.7MPa，发送“采样”指令对 P2“采样”，让 P2 配水器记忆该流量下的地层注水压力值。

⑭10 月 25 日 11:00 发送“上传”指令，上传 P1 数据，解码数据显示注入流量 8.9m³/d（先后在触控显示屏和终端移动电话接收到数据），符合正常注水要求，上传完毕，水嘴恢复到上传指令前的开度；

⑮10 月 26 日 9:20，P1、P2 全开下，注水量 0.8m³/h 时，井口油压 8.1MPa，9:50 使用终端移动电话发送“所有层配注”指令后，二层水嘴自动寻找合适开度，调配完毕后，井口油压 7.8MPa，全井流量 17.6m³/d。

⑯10 月 26 日 10:35 发送“上传”指令，上传 P1、P2 数据，解码数据显示 P1 注入流量 12.6m³/d，P2 注入流量 5.9m³/d 符合注水要求，上传完毕，水嘴恢复到上传指令前的开度。

⑰按照采油厂生产要求进行正常注水，全井 17.6m³/d 注水量，泵压 11MPa，油压 7.8MPa。

（7）试验小结。

通过本次试验全面验证了基于无缆双向传输的智能分注技术的现场实施可靠性，通过遥控指令对配水器进行开关，对层位实施吸水调配指数测试，发送各类控制指令 13 条，P36－89 井全井吸水指数为 23.89m³/(d·MPa)，P1 C611 的吸水指数为 21.83m³/(d·MPa)，P2C611 的吸水指数为 15.87m³/(d·MPa)，P1 吸水指数较高，井的吸水能力较好。试验过程中，按照施工流程，成功发送和接收了延时自动开启、单层遥控、采样、自动配注、上传、远传、远程控制等指令，证明了无缆双向传输技术在注水井中实现精细分层注水调配的技术可行性。

二、基于无缆信号传输与控制的智能分注工具

（一）结构原理

智能配水器主要由信号接收系统（压力传感器）、信号发射和流量调节系统（可调水嘴）、动力系统（电池＋电机）、智能控制系统（智能调测仪控制板）等组成。具有如下功能：

（1）地面遥控信号接收功能。

（2）注水流量自动调节功能。

（3）井下工况自动测量功能。

（4）配注误差自动修正功能。

（5）井下流量、压力、温度及状态等信息发送功能。

智能配水器结构如图 2－4－7 所示，主要由上接头、下接头、配水器主体、主通道以及调配测试仪组成。上、下接头分别用于连接上、下部管柱。配水器主体为该结构主干，主要构成坚实的壳体架构。在配水器主体上由 Φ46mm 主通道，用于下仪器以及投球等工艺操作。调配测试仪直径 Φ32mm，主要由它来完成智能分层调测工作。仪器类似于堵塞器，可以置入或取出，便于仪器的调试以及仪器取回地面后，进行井下工作状况数据回放。

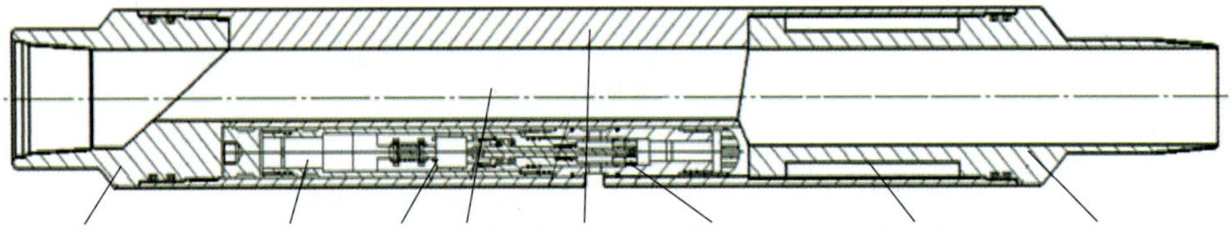

图 2－4－7　智能配水器结构示意图

调配测试仪中的可调水嘴功能是通过调节水嘴通径的大小，即流道的面积来调节注水量。旋转式结构简单易行、调节方便，通过旋转阀门调节流道面积的大小，以此来改变注水量。

电机驱动机构是可调水嘴的动力源，根据可调水嘴的调节方式，选择旋转方式的动力扭矩来驱动水嘴，因为是旋转驱动，结构上要保证连接水嘴的转轴有足够的输出力矩，同时要降低摩擦转矩，承载部位应设计轴承以减小摩擦。因为井下是高能电池供电，电机的选择应该以低电压工作，且通过减速后转速低、扭矩大为出发点。因此优选合理的结构设计以及耐高温、低电压，低转速大扭矩电机。

智能分层分注的硬件主体在井下，长期井下工作条件下，密封环节是一个至关重要的部分。密封部位采取 O 形胶圈密封。氟橡胶适用于高温及要求化学性能稳定的场合下工作，氟胶具有最佳抗压缩永久变形的特性和良好的抗磨性，工作温度 －29 ~ ＋204℃。智能配水器长期工作在井下，所以将氟胶圈作为密封胶圈首选。密封结构上，除胶圈密封外，还要增加填聚四氟乙烯胶垫充物作为辅助密封，以提高密封效果。在相关部位还采取锥套、压环刚体硬接触密封，通过多种方式来达到密封效果要求。

（二）关键技术

1. 智能配水器整体结构设计

（1）配水器装置壳体抗内压强度计算。

遥控配水器装置工作时，主要是承受内压，强度计算公式为：

$$P_n = 2n\delta / D\sigma_s \tag{2-4-1}$$

式中，P_n 为管子抗内压力，MPa；δ 为管子壁厚，mm；σ_s 为钢材屈服极限，MPa；D 为管子外径，mm；n 为安全系数，取值 $n = 0.875$。

中心管根据设计要求，取 $D = 114$mm，管子壁厚 $\delta = 9.5$mm，管子选用 35CrMn 材料，$\sigma_s = 1000$MPa，则：

$$P_n = 2n\delta/D\sigma_s = 2 \times 0.875 \times 9.5/114 \times 1000 = 145.8\ (\text{MPa})$$

由计算结果知配水器壳体装置抗内压力为145.8MPa，而工作压力为70MPa，可见强度足以满足要求。

（2）配水器调配测试仪抗挤毁的外压强度计算。

调配测试仪工作在数千米以下的注水井深处，由于它所处的环境决定了必须具备抗高压的能力，即满足耐压技术指标（70MPa）。从整体结构来看，调控中枢安装在工作筒密闭的腔体内，里面装有控制电路、电池、传感器和传动机构等，因此，腔体需具备应有的抗压强度。

根据厚壁管柱（$D/\delta < 14$）抗挤毁的外压力计算公式（2－3－32），管壁设计要求，可取$D = 32$mm，管子壁厚$\delta = 3.5$mm，管子选用材料，$\sigma_s = 637$MPa，则

$$P = 2n\sigma_s(D/\delta - 1)/(D/\delta)^2 = 2 \times 0.75 \times 637 \times (32/3.5 - 1)/(32/3.5)^2 = 93(\text{MPa})$$

由计算结果知管子抗挤毁的外压力为93MPa，而调配测试仪的工作压力为70MPa，可见强度足以满足要求。

2. 可调水嘴的研制

（1）可调水嘴结构设计。

可调水嘴的功能是通过调节水嘴通径的大小，即流道的面积来调节注水量。按照水嘴开启动作的方式有直线开关与调节，这种结构类似于阀座，阀座到位时关闭。调节阀与阀座的直线相对位置距离，即可完成不同的开启程度，达到调节注水量的目的。另一种阀的开启方式为旋转式，这种结构类似与常规的闸阀，通过旋转阀门调节流道面积的大小，以此来改变注水量。两种结构相比较，旋转式结构简单易行，调节方便。水嘴由固定阀及调节阀组成，两阀嘴上有弧形孔，阀面接触，弧孔重合时开度最大，当量直径Φ7.5mm，相互转动90°阀嘴完全关闭。

试制了三批次，解决了定位与密封的难题，达到设计要求。特种陶瓷材料具有摩擦系数小（0.1，比轴承钢0.8更小）、防锈蚀，硬度高（维氏硬度HV 1160，比轴承钢HV800更大），具有长期抗水力冲击的特性。可调水嘴安装结构图如图2－4－8所示。

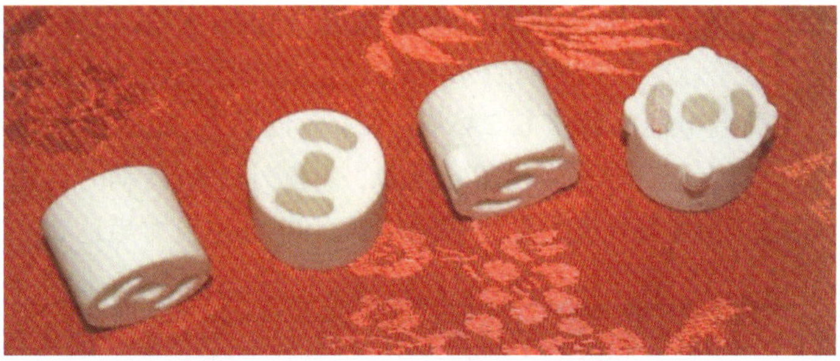

图2－4－8　可调水嘴安装结构图

（2）可调水嘴转角与过流面积关系计算。

可调水嘴主要由固定阀与调节阀构成，调节阀压盖在固定阀面的上部。在水嘴完全关闭状态下，调节阀与固定阀上的腰形过流孔呈均布位置。调节阀逆时针方向转动水嘴开启，转角β为两阀孔间的过渡角，调节阀由关闭初始状态反转β角时，两阀的弧孔边紧邻，处于阀开启的临界点，继续转动逐渐打开水嘴，当旋转角度θ为90°时，两阀过流孔重合，水嘴完全打开。当调节阀顺时针转动90°时又重新关闭，回到初始位置。图2－4－9为水嘴转角与过流面积关系图。

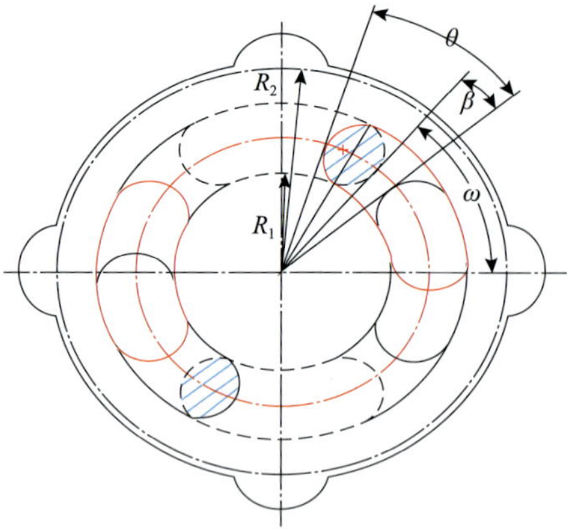

图 2-4-9 水嘴转角与过流面积关系图

阀在开启过程中，当转角 9.76°≤θ≤40°时，两圆弧构成的面积为两弓形面积的和，即

$$S = 4\left(\frac{n\pi r^2}{360} - \frac{1}{2}L\sqrt{r^2 - \frac{L^2}{4}}\right) \quad (2-4-2)$$

式中，r 为圆弧孔的半径；L 为两弧孔相交点的弦长；n 为弧长所对应圆心角。

而圆心角：

$$n = 2\arcsin\frac{L}{2r}$$

$$S = \frac{\pi r^2 \arcsin\frac{L}{2r}}{45} - 2L\sqrt{r^2 - \frac{L^2}{4}} \quad (2-4-3)$$

由此得到了压差、流量和水嘴过流面积之间的关系式，由于 ζ、ρ、π 均为常数，当水嘴的过流面积一定，也就是转动角度一定时，就可得到水嘴的压差和流量之间的关系方程：

$$\sqrt{\Delta P} = \frac{\sqrt{8\xi\rho}}{\pi d^2} \cdot Q \quad (2-4-4)$$

因此得到了压差、流量和水嘴当量通径之间的关系。设 $k_2 = \frac{\sqrt{8\xi\rho}}{\pi d^2}$，则

$$\sqrt{\Delta P} = k_2 Q \quad (2-4-5)$$

由以上关系式看出，当水嘴的过流面积一定，也就是水嘴的转动角度一定或水嘴的当量通径一定时，通过水嘴的流量大小与水嘴前后的压差平方根成正比。

（3）可调水嘴驱动机构研究。

可调水嘴驱动机构为一套机电一体化的传动机构，以电池为动力，通过微处理器控制电机，能够在高水压环境下以高效率、低载荷对可调水嘴的开度进行有效调节。如图 2-4-10 所示，驱动机构主要由电池、电机、轴承、转动轴以及可调水嘴（固定阀、调节阀）构成。电池给电机供电，控制电路让电机按照程序要求转动，并带动转动轴使水嘴进行开关及开度调节。电池选用高容量耐高温电池，容量 6.2A·h、耐温 150℃。轴承选用平面推力球轴承，作用是承受井下高压液体作用于转动轴及阀嘴的压力，并减小电机转动时的阻力矩。为保证电机有足够的力量开启阀嘴，选用大力矩的直流减速电机，电机输出力矩达 2N·m。

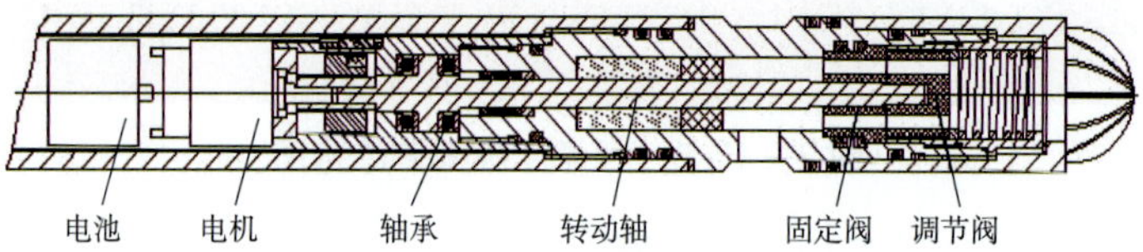

图 2-4-10 驱动机构结构图

电机带动转轴转动调节水嘴的开启，必须要克服摩擦转矩。因此，要选择较大转矩的电机才能满足使用要求。电机转动时的主要载荷是摩擦载荷，主要有两部分，一部分是轴承承载转动时的摩擦转矩，另一部分是水嘴转动时的摩擦转矩。

电机带动转轴调节水嘴时的摩擦转矩为：

$$M_{轴} + M_{水嘴} = 1.3\text{N} \cdot \text{m}$$

故选择电机时，其额定转矩应高出该值，同时根据该值确定相应的电机功率。

3. 井下电源优化选型

高温电池是井下仪器有效的供电方式，要求具有体积小、容量大、耐温性能好、供电稳定等特点。遥控配水器的井下仪器电源为一组高温锂电池，提供 +12V 和 +3.9V 两组电压，+12V 供给直流电机，+3.9V 供给控制系统。3B3700 型进口锂电池，容量为 6200mAh，开路电压 3.93V，总能量为：

$$J = UIT = 3.93 \times 6200 \times 10^{-3} \times 3600 = 87718 \text{ (J)}$$

假设电机正常运行电流平均 300mA，每次运行时间平均 30s，则消耗的能量为：

$$J = UIT = 3.93 \times 300 \times 10^{-3} \times 30 = 35.4 \text{ (J)}$$

能够给电机提供的有效容量为：87718 × 70% × (100% − 5%) × (100% − 10%) × (100% − 10%) × 60% = 28349J，即水嘴可单向动作 800 次，若每 2 天调节一次，每次水嘴动作 2 次，则电池电量可支持的时间为 800/365 = 2.19（年），约 26 个月。考虑到不定时的地面配注动作以及配注量进行自我修正时的微调，况且水嘴动作并非每次都是全开或全关，有时只是开一半或关一半，因此，18 个月的有效工作时间是可以保证的。

每天采集数据 48 次，采集时电流 2.2mA，时间共 192s，休眠时电流 50μA，时间 86208s，每天消耗的能量为：

$$J = UIT = 3.93 \times 2.2 \times 10^{-3} \times 192 + 3.93 \times 0.05 \times 10^{-3} \times 86208 = 19 \text{ (J)}$$

假设系统在有效工作期间人工配注 10 次，每次 5h 即 18000s，共消耗能量为 24759J，则电池能够提供的有效容量为 13040J，电路工作时间则为：13040/19 = 686（d），约 22 个月。

4. 持久耐高压密封技术

井下高压密封技术是井下工具及仪器正常工作的重要保证，主要从密封材质及密封方式上优化设计及选型，以提高井下高温高压环境下仪器的密封可靠性。O 形胶圈密封选用丁腈橡胶及氟橡胶材料，具有良好的耐油性、耐磨损、抗撕裂性及压缩永久变形小等特点，结构上采取组合方式，增加填聚四氟乙烯胶垫、紫铜垫片、锥套等辅助件，并在密封入口处充填高黏度耐高温油脂以隔绝液体进入密封部位，同时提高了动密封润滑度，为了达到水嘴的开度调节及密封，采取了特殊的陶瓷、钢体镜面密封，满足水嘴的开关要求。以综合方式达到最好的密封效果。如图 2-4-11 所示，在结构上采取 O 形胶圈外，还辅助增加填料，在密封的地方安装软金属环，通过钢体挤压到达密封效果。隔离脂由于高黏度能够阻止井下液体渗入密封部位。

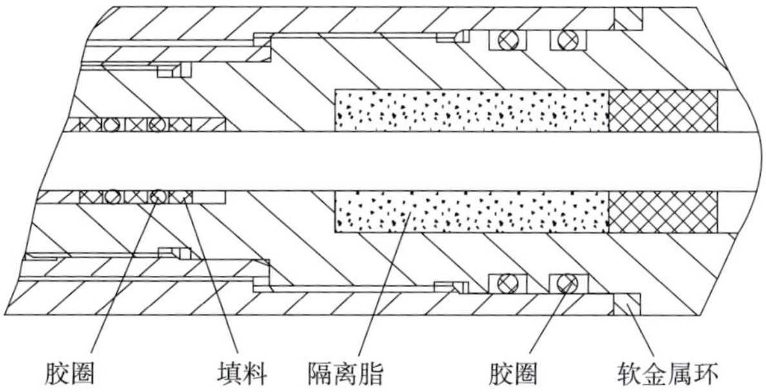

图 2-4-11　组合密封结构

(三) 技术参数

研制出用于井下分层配注的遥控配水器装置及调配测试仪器，通过试验对其性能进行了检验，耐温 150℃，耐压 70MPa，抗内部压差 50MPa，强度及密封性能满足要求。

驱动机构及高温高压下的水嘴开启性能试验表明，机构工作正常，达到设计要求。水嘴关闭密封正常，不渗漏。在高温下，40MPa 环境下稳压，陶瓷水嘴强度可靠，平面接触密封正常，不渗漏；水嘴关闭，在温度 150℃，水嘴 40MPa 压差下，电机驱动水嘴的最大电流 330mA，为电机额定电流的 69%；40MPa 压差下，作用在水嘴上的力 9975N，陶瓷阀面经 70 多次磨合，工作正常，无损伤。

水嘴的流量与压差关系曲线反映了水嘴过流尺寸、配水量、节流压差三者之间的定量关系，当水嘴的过流面积（或当量通径）一定，节流压差与配水量呈线性关系，与嘴损特性方程理论推导吻合。通过曲线能够依据地层注水压力以及井筒油管内的压力值来调节水嘴至合适的开度达到所需要的配注水量，或者根据井筒油管内的压力调节水嘴开度节流达到所需配注水量下的地层注水压力，为实施合理分层配注提供了依据。

井下遥控配水器及调配测试仪整体结构试验，井下遥控配水器装置耐压 70MPa、耐温 150℃，持续正常工作 72h，达到项目井下环境性能指标要求。

（四）性能特点

经过 7 口井的现场试验表明，研制的智能配水管柱及工艺，通过技术原理验证和现场试验，成功实现了地面遥控调配分层注水量和井下配水器工作状态实时反馈至地面的双向通信功能。

井下智能分注施工过程简单，与传统的偏心配水器相比，不需任何投捞调配作业，简化分注调配操作的同时，提升了配注合格率，而且解决了大斜度井的分层注水调配难题，具有很好的应用前景。

在江汉油田的江汉采油厂及坪北经理部进行了 7 口井的现场试验、获取了关键生产数据，并依此对关键工具、配套管柱及施工工艺进行了改进和完善。

现场应用表明，该技术可以明显提高分注精度和分注效率，为水驱油田高效开发提供了有力的技术支撑，具有广阔的应用前景。

目前国内外正在广泛进行智能化完井的研究与应用，该技术的应用可以降低智能完井的成本，拓展应用范围，具有广阔的应用前景。

第五节　工程技术实践与评价

一、井下智能分采技术实践与评价

（一）现场试验

1. 应用总体情况

由中国石化石油工程技术研究院联合中国石化华北石油工程有限公司研发的低效井综合治理及智能分采技术于 2014 年 1 月至 2017 年 12 月在致密油区块进行了智能分采及分层采油等 14 井次的现场施工，工艺成功率 100%，为致密油藏低效水平井的治理及降本增效提供了技术支撑。其中和华北油气分公司、长庆油田、中原油田进行合作，进行了 6 口井的智能分采现场试验，获得了宝贵的试验数据，并依此对关键工具、配套管串及施工工艺进行了改进和完善（表2－5－1、表2－5－2）。

表2－5－1 现场施工井（部分）

序号	试验井	试验目的	采用的工艺	结论
1	HH12P32	卡堵水	机械卡堵水工艺	试验成功
2	JH17P19	找水	机械分采工艺	工艺成功
3	HH12P142	分采/评价	智能分采工艺	试验成功
4	JH17P44	分采/评价	智能分采工艺	试验成功
5	JH17P22	分采/评价	智能分采工艺	试验成功
6	P117－51－821	分采/评价	智能分采工艺	试验成功
7	P51－41－86	分采/评价	智能分采工艺	试验成功
8	W72－455	分采	智能分采工艺	试验成功

表2－5－2 分采工艺实施效果（部分）

井号	措施前			措施后		
	日产液/t	日产油/t	含水率/%	日产液/t	日产油/t	含水率/%
HH12P32	43.6	0.3	99	51.72	6.3	88
JH17P19	35.5	0	100	23.5	0	100
JH17P22	29.3	2.5	91.4	22.7	2.6	88.5
P117－51－821	8.6	0.7	91.7	5.6	0.8	85.7
P51－41－86	7.5	0.6	92	4.3	0.8	81.4
W72－455	因水淹停产			30	1.5	95

2. P117－51－821井应用情况

1）施工目的

P117－51－821井投产C4＋5_2、$C6_1$层，合采至今，生产表现为高液高含水、低氯根、高沉没度，分析来水方向为邻水井P50－82。但目前出水层和主出力层不明晰，因此，在该井实施智能分层采油作业，并实现如下目的：

①下入智能分层采油管柱，分别对C4＋5_2、$C6_1$进行智能分段开采，评价各层段出液情况及贡献率，找出该井高含水层段，并进行堵水分采生产。

②分析各层流体的温度、压力变化情况，为该井及邻井的规范治理提供技术支撑。

③评价智能分采工艺技术在该区块的适应性，为低效井治理提供示范。

2）基本数据（表2－5－3～表2－5－5）

表2－5－3 P117－51－821井基础数据

完钻井深	1586.00m	套管尺寸及深度	139.70mm×1584.09m	油补距	2.44m
人工井底	1582.11m	特殊套管位置	1110.89～1112.05m 1447.49～1448.65m	套补距	2.76
套管壁厚	7.72mm	最大井斜	525m×43.42°×103.01°	联入	3.00m
水泥返高	175.00m	拐点位置	356.51m	投产日期	2013.8.15

表 2-5-4　P117-51-821 井油层数据

层位	油层井段/m	有效/砂厚/m	射孔井段/m	厚度/m	岩性	电测解释
$C4+5_2$	1467.0～1480.0	13.0/8.2	1470.0～1477.0	7.0	灰褐色油斑细砂岩	油层
$C6_1$	1480.0～1507.0	27.0/26.0	1490.0～1496.0	6.0	灰褐色油斑细砂岩	油层
$C6_2$	1548.0～1565.0	17.0/14.0			褐灰色油迹细砂岩	差油层

表 2-5-5　P117-51-821 井生产数据

生产状况	选值日期	层位	泵径（型）	工作参数	工作制度	日产液/	日产油/	含水率/
			mm	m×次/min		t	t	%
目前	2017.8.23	$C4+5_2$、C6	32	1.8×5	全抽	8.6	0.7	91.7
泵效	油层压力 MPa		液面/m		原油密度		累计产油	累计产水
%	静压	流压	静	动	g/cm^3		t	t
83.0				582			788	9785

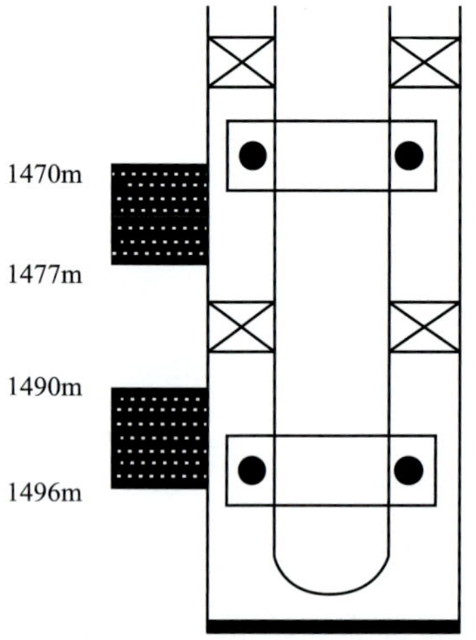

图 2-5-1　两段分段情况示意图

3）分段方案设计

根据地质方案要求，需要根据该井的分采作业结果，判断该井各层出水状况，分两段进行生产测试。两段的设计测试位置如图 2-5-1 所示。

4）分采时序设计

智能分采时序设计见表 2-5-6。

5）管柱配接

管柱结构从下至上依次为：丝堵 + 2⅞in 油管 + SZK7100-85 智能开关器 1 + 2⅞in 油管 + SK341-99 封隔器 1（1485m）+ 2⅞in 油管 + SZK7100-85 智能开关器 2 + 2⅞in 油管 + SK341-99 封隔器 2（1455m）+ 2⅞in 油管 1 根 + KDS-112 丢手接头 + 2⅞in 油管（至井口）。

表 2-5-6　P117-51-821 下井智能分采时序设计

时间	15d	10d	10d	*X*d
第一段	开	开	关	关
第二段	开	关	开	开
说明	下管柱/合采	单采	单采	保持状态，等待调层堵水或起管柱

6）施工效果

通过施工发现，P117-51-821 第二段产出含水率高达 100%，因此通过地面指令关闭第二段后，P117-51-821 井日产液由 8.6t 下降为 5.6t，日产油由 0.7t 升至 0.8t，含水率下降为 85.7%。通过施工卡堵高含水层，实现了产量提高和含水率降低。此外还对油藏不同层位产出特性和该区块油藏特性有了更加深入的认识。

3. P51－41－86 井应用情况

1）施工目的

P51－41－86 井投产后 $C6_2$ 层即见水。后因见水程度加深，填砂封 $C6_2^2$。上返 $C4+5_2^2C6_1^1C6_1{}^2$ 生产，合采至今，一直表现为高液高含水、低氯根。分析见水主要为 P40－86 注水影响。但目前出水层和主出力层不明晰。因此，在该井实施智能分层采油作业，并实现如下目的：

①下入智能分层采油管柱，分别对 $C4+5_2^2$、$C6_1^1$、$C6_1{}^2$ 进行智能分段开采，评价各层段出液情况及贡献率，找出该井高含水层段，并进行堵水分采生产。

②分析各层流体的温度、压力变化情况，为该井及邻井的规范治理提供技术支撑。

③评价智能分采工艺技术在该区块的适应性，为低效井治理提供示范。

2）基本数据（表 2－5－7～表 2－5－10）

表 2－5－7　P51－41－86 井基础数据

完钻井深	1613.00m	套管尺寸及深度	139.70mm×1602.34m	油补距	2.34m
人工井底	1594.31m/ 砂面 1540.00m	特殊套管位置	1112.39～1113.59m 1448.73～1449.71m	套补距	2.66m
套管壁厚	7.72mm	最大井斜	750m×32.23°×58.67°	联入	3.00m
水泥返高	156.00m	拐点位置	741.35m	投产日期	2014.3.11

表 2－5－8　P51－41－86 井油层数据

层位	油层井段/m	有效/砂厚/m	射孔井段/m	厚度/m	岩性	电测解释
$C4+5_2{}^2$	1466.0～1479.2	13.2/9.0	1468.0～1472.0	4.0	灰褐色油斑细砂岩	油层
$C6_1{}^1$	1479.2～1500.0	20.8/16.4	1488.0～1492.0	4.0	灰褐色油斑细砂岩	油层
$C6_1{}^2$	1505.8～1514.0	8.2/6.6	1510.0～1512.0	2.0	灰褐色油斑细砂岩	油层
$C6_2{}^1$	1532.4～1541.0	8.6/5.6	未补开		褐灰色油迹细砂岩	油层
$C6_2{}^2$	1541.0～1557.6	16.6/12.4	1550.0～1556.0	6.0	灰褐色油斑细砂岩	油层
$C4+5_2{}^2$	1466.0～1479.2	13.2/9.0	1468.0～1472.0	4.0	灰褐色油斑细砂岩	油层

表 2－5－9　P51－41－86 井生产数据

生产状况	选值日期	层位	泵径（型）	工作参数/（$m\times min^{-1}$）	工作制度	日产液/t	日产油/t	含水/%
目前	2017.8.23	$C4+5_2C6_1$	32	1.8×5	全抽	7.5	0.6	92.0
泵效	油层压力/MPa		液面/m		原油密度		累计产油	累计产水
%	静压	流压	静	动	g/cm^3		t	t
				1439			965	5633

表 2－5－10　P51－41－86 井目前注水情况

井号	层位	泵压/MPa	套压/MPa	油压/MPa	日配注量/m^3	累积注水量/m^3
P40－84	$C4+5_2/C6_1/C6_2$	11.8	8.8	9.4	20.0	2666/2666/2705
P40－86	$C4+5_2C6_1/C6_2$	11.0	8.6	8.7	10.0	17053/8189/54275

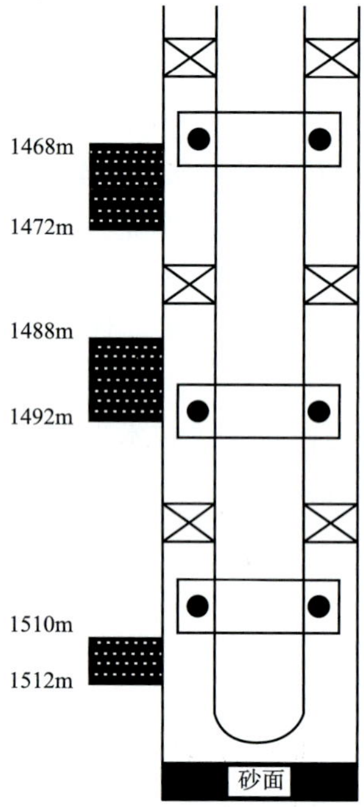

图 2－5－2　三段分段情况示意图

3）智能分层采油方案设计

（1）分段方案设计。

根据地质方案要求，需要根据该井的分采作业结果，判断该井各层出水状况，分三段进行生产测试。三段的设计测试位置如图 2－5－2 所示。

（2）分采时序设计。

智能分采时序设计见表 2－5－11。

（3）管柱配接。

管柱结构从下至上依次为：丝堵＋$2\frac{7}{8}$in 油管 1 根＋SZK7100－85 智能开关器 3＋Y341－110 封隔器（1498m）＋$2\frac{7}{8}$in油管＋SZK7100－85 智能开关器 2＋Y341－110 封隔器（1477m）＋$2\frac{7}{8}$in 油管＋SZK7100－85 智能开关器 1＋K341－99 封隔器（1455m）＋$2\frac{7}{8}$in 油管 1 根＋KDS－112 丢手接头＋$2\frac{7}{8}$in 油管（至井口）。

4）施工效果

通过施工发现，P51－41－86 井第三段产出含水率高达 100%，因此通过地面指令关闭第三段后，P117－51－821 井日产液由 7.5t 下降为 4.3t，日产油由 0.6t 升至 0.8t，含水率下降为 81.4%。通过施工卡堵高含水层，实现了产量提高和含水率降低。此外还对油藏不同层位产出特性和该区块油藏特性有了更加深入的认识。

表 2－5－11　P51－41－86 下井智能分采时序设计（三段）

时间层位	15d	10d	10d	10d	*X*d
第一段	开	开	关	关	关
第二段	开	关	开	关	关
第三段	开	关	关	开	开
说明	下管柱/合采	单采	单采	单采	保持状态，等待调层堵水或起管柱

（二）应用前景分析

我国东部老油田均已进入高含水开发期，油、气、水关系复杂，层间矛盾日趋突出，导致开发效果越来越差，采收率低，开发成本增加。中国石化石油工程技术研究院通过近 3 年的攻关，成功开发了具有中国石化自主知识产权的低效水平井小井眼分采技术体系。水平井小井眼智能分采工艺技术研制成功，经过室内及现场大量测试，已形成低效水平井有效治理的核心技术，该技术将为老区提效、剩余油分布规律判断及产能方案落实提供很好的技术支撑。同时也进一步提升了中国石化老油田综合治理技术水平，奠定了中国石化在该领域的领先地位。

随着油田开发，油田的油水关系更加复杂，开采成本逐步增大，智能分采技术的应用可以使油田开发更加经济可行。该技术将为鄂尔多斯致密油气及胜利/中原/江汉等老油田及中石化海外重点区块低效井治理及高效开发提供有力的技术支撑，具有很好的经济、社会效益及广阔的应用前景。

二、井下智能分注技术实践与评价

（一）现场试验

根据国内油田精细分层注水治理的需要，配套研究了智能分注的工艺管柱和现场施工工艺，在江汉油田的江汉采油厂及坪北经理部分别进行了 7 口井的现场试验，获取了关键生产数据，并依此对关键工具、配套管柱及施工工艺进行了改进和完善。现场试验情况见表 2－5－12。

表 2－5－12　现场试验情况表

序号	试验时间	油田及井号	分层数	配注情况	受效井情况
1	2018 年 10 月	江汉，潭 70 斜 3	不分段	验证了数据双向无缆传输原理的可行性	
2	2019 年 7 月	坪北，P86 平台 P50－92	2	要求配注量 $10m^3/14m^3$ 实际配注量 $10.5m^3/13.9m^3$	2 口受效井 日产油由 1.3t/d 升至 2.4t/d
3	2019 年 7 月	坪北，P10 平台 P56－98	3	要求配注量 $15m^3/9m^3/13m^3$ 实际配注量 $15.6m^3/9.2m^3/13.3m^3$	3 口受效井 日产油由 1.5t/d 升至 3.0t/d
4	2019 年 9 月	坪北，P124 平台 P36－89	2	要求配注量 $13m^3/15m^3$ 实际配注量 $13.8m^3/15.5m^3$	2 口受效井 日产油由 0.8t/d 升至 2.1t/d
5	2020 年 9 月	坪北，P124 平台 40－90	3	要求配注量 $8m^3/5m^3/3m^3$ 实际配注量 $7.8m^3/5.1m^3/2.9m^3$	2 口受效井 日产油由 0.9t/d 升至 3.7t/d
6	2020 年 10 月	坪北，P11 平台 P51－77	3	要求配注量 $13m^3/10m^3/15m^3$ 实际配注量 $12.8m^3/9.8m^3/15.6m^3$	3 口受效井 日产油由 1.7t/d 升至 3.1t/d
7	2020 年 10 月	江汉，洪 1－7－6	2	要求配注量 $35m^3/45m^3$ 实际配注量 $33.6m^3/46.2m^3$	2 口受效井 日产油由 1.6t/d 升至 3.4t/d

1. 洪 1－7－6 井应用情况

1）试验目的及内容

进行无缆双向智能配水器的整体工艺试验，通过下入智能分层配水工艺管柱（图 2－5－3），进行延时全开、试注、单层全开、采样、配注、上传、远传、远程控制等多种无线信号的发送、控制及接收，全面检验无缆双向传输方法、井下配套工具、施工步骤等全套工艺在真实注水井现场应用的可靠性。

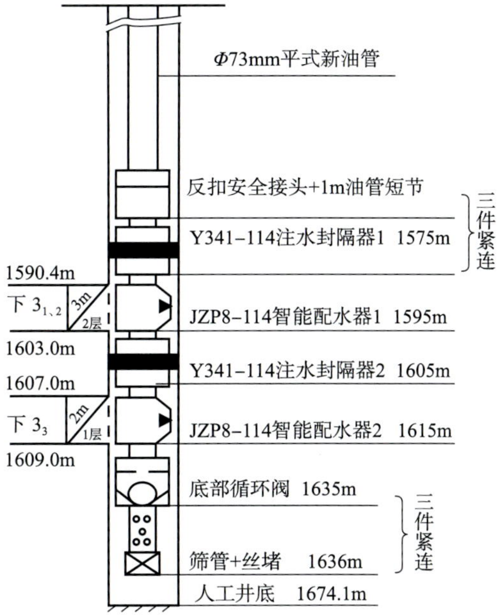

图 2－5－3　洪 1－7－6 井无缆双向智能配水管柱工艺示意图

2）试验井基本资料

（1）基本数据见表 2－5－13。

表 2-5-13　基本数据

完钻井深	1746m	油层套管	Φ139.7mm×7.72mm×1712.91m				
开完钻日期	1990-08-26/1990-10-25						
人工井底	1674.1m	目前人工井底	砂面：1670.27m				
套补距	4.76m	油补距	4.44m				
联入		水泥返高	1212.7m				
注水层位	下 $3_{1、2}$	井段	1590.4～1603.0m	层数	2	厚度	3.0m
注水层位	下 3_3	井段	1607.0～1609.0m	层数	1	厚度	2.0m

（2）目前井下管柱见表 2-5-14。

（3）生产简史。

①生产情况：

1991.8.10：射孔，1590.4～1591.4m，1594.8～1595.8m，1602～1603m，1607～1609m；

1991.9.17：新井投产，层位：E2×23（1.2.3），层数/厚度：4/5m，泵径/泵深：38mm/1504.3m，冲程/冲次 3m/6min^{-1}，初期日产油 37.6t，初期日产水 12.2m^3，初期日含水 24.5%；

1997.5.28：转注。

表 2-5-14　目前井下管柱

下入日期	2018-03-14	
油管规范及长度	油补距+油管悬挂器+Φ73mm 平式油管×164+Φ73mm 油管短节+Φ73mm 平式油管+安全接头+Φ73mm 油管短节+偏心配水器+Φ73mm 平式油管+封隔器上+封隔器下+Φ73mm 平式油管+偏心配水器+Φ73mm 平式油管+952-1 阀+筛管+丝堵	
	4.44+0.23+1577.65+1.02+9.56+0.19+0.53+0.96+9.64+1.28+9.64+0.96+9.64+1.74+1.03+0.08=1628.59m	
尾管深度	1628.59m	
工具名称	规格	深度
油管悬挂器		4.67m
安全接头	反扣安全接头	1593.09m
偏心配水器		1594.58m
封隔器	Y341-114	1604.6m
偏心配水器		1616.1m
952-1 阀	952-1 阀（去堵头）	1627.48m
筛管		1628.51m
丝堵		1628.59m

②试验前注水情况见表 2-5-15。

表 2-5-15　试验前注水情况

注水情况	泵压/MPa	油压/MPa	套压/MPa	全井/(m^3/d)	偏 1 水嘴 3.0mm	偏 2 水嘴 1.0mm
					下 $3_{1、2}$层/(m^3/d)	下 3_3层/(m^3/d)
配注				30	20	10
注水	14.5	8.0	7.5	30	21.3	8.7

3）试验概况

下井工具准备表见表 2－5－16。

表 2－5－16　下井工具准备表

工具名称	数量
反扣安全接头	1 套
Y341－114 注水封隔器	2 套
JZP8－S114 智能配水器	2 套
底部循环阀	1 套
1m 筛管＋丝堵	1 套
Φ73mm 平式新油管	1630m
1m 油管短节	3 根
2m 油管短节	3 根

试验材料及设备：井口综合信号控制柜 1 套、泄流导管、移动电话 1 部。

施工试验时间：2020 年 10 月 17 日—11 月 6 日

施工试验概况：2020 年 10 月 15 日—10 月 19 日期间，由 JHXJ108 队作业施工，开展了起出原分注管柱、通井、刮管、冲砂、智能分层配水完井管柱入井、校深、坐封等施工。10 月 20 日凌晨，井下两套配水器水嘴延时自动全开，10 月 21 日又分别开展试注、全井吸水指示曲线测试、单层全开、分层吸水指示曲线测试、采样、配注、数据上传、信号远传、远程控制等多种无线信号的发送、控制及接收，现场试验达到了预期的目的。

4）试验方法和步骤

（1）起出原井下管柱，更换 Φ73mm 平式新油管。

（2）用 Φ116mm 通井规通井至人工井底。

（3）下入刮管管柱，用 5½in 刮管器刮管至人工井底，在封隔器卡点上下 20m 范围内反复刮削 3 次。

（4）下冲砂管柱冲砂至人工井底，反洗井，至进出口水质一致。

（5）通知测井公司对管柱进行校深。

（6）下入遥控分层注水管柱，油管丝扣清洗干净，缠密封带且涂抹密封脂。下管柱必须平稳操作，下放速度控制在 25 根/h 以内。下至设计深度，测量并记录管柱自由悬重。

（7）将油管挂坐放在井口上，装好井口，连接管线。

（8）油管内憋压 10MPa、15MPa、20MPa 坐封封隔器，稳压各 5min，压力不降为合格（坐封封隔器必须在遥控配水器单片机程序控制下水嘴打开前 72h 完成）。

（9）安装井口完毕，关闭井口生产闸门，冲洗地面管线，监测地面管线水质，直到井口出水与配水间来水水质一致。

（10）注水井正注水 3～5d，待地层状态稳定，井口流量稳定。

（11）按照配注要求，遥控调配分层注水量，观察并记录井口流量数据。调配完成后根据江汉采油厂要求正常注水，具体遥控调配过程如下：

①由泵站注水泵调节注水压力及注水量，确定不同的注水压力下的注水量，获得全井的吸水指示曲线。

②将井口综合信号控制柜（信号发生器部分）安装在井口清蜡闸门上部的油管连接丝扣上，连接好出液管，发生器电磁阀处于常闭状态。

③对第二级智能配水器发送“全关”指令，该配水器处于关闭状态（第一级仍然处于全开状态）。

④调节泵阀的注水压力及注水量，获得P1层吸水指示曲线数据，再由地面泵或闸门调节注水量大小，直至达到第一层的配注水量要求。

⑤对第一级配水器发送“采样”指令，将该层配注水量下的地层入口压力保存在存储器中。

⑥对第二级遥控配水器发送“全开”指令，该级配水器水嘴处于全开状态。

⑦对第一级遥控配水器发送“全关”指令，该级配水器水嘴处于关闭状态。

⑧同样调节泵阀的注水压力及注水量，获得P2层的吸水指示曲线数据，同样的由地面泵或闸门调节注水量大小，直至达到第二层的配注水量要求。

⑨对第二级配水器发送“采样”指令，让将该层配注水量下的地层入口压力保存在存储器中。

⑩对第一级遥控配水器发送“全开”指令，该级配水器水嘴处于全开状态。

⑪对第一级、第二级遥控配水器发送“配注”指令，各级配水器按照记忆的“采样”数据，对各层智能配水器水嘴进行调节，直到接近或达到各层预设配注量。

⑫根据地质需求，注水过程中可以对第一级、第二级配水器发送“渐开”或“渐关”指令，从而改变水嘴大小，对层位配注水量进行微调。

⑬设置好接收远传数据的终端移动电话号码，井口综合信号控制柜发送第一级配水器“上传”指令，井口综合信号控制柜解码后由液晶触控屏呈现上传数据并远传至终端移动电话，核对上传流量值与该层预设配注量之间的误差。

⑭井口综合信号控制柜发送第二级配水器“上传”指令，井口综合信号控制柜解码后由液晶触控屏呈现上传数据并远传至终端移动电话，核对上传流量值与该层预设配注量之间的误差。

⑮在上述试验过程中，所有下达指令，应分别通过井口综合信号控制柜的液晶触控屏或终端移动电话对井下智能配水器发送控制指令，验证系统的远程控制功能。

5）试验过程及分析

①P1配水器2020年10月17日14:45上电，P2遥控配水器14:57上电，两支配水器设置为10月19日24:00水嘴自动打开。

②10月19日12:35坐封封隔器，水泥车泵压分别为5MPa、10MPa、15MPa、20MPa，各稳压5min，套管出口未见液流返出，从坐封压力及套管出口情况，说明封隔器正常坐封。

③10月21日试注水，井口倒正注流程，套管放空闸门处于打开状态。10:15起泵以1.4m^3/h（33.6m^3/d）排量试注水，至10:50时压力表泵压上升至6.5MPa，11:00上升至7.5MPa。将注水量控制在3m^3/h（72m^3/d），11:30泵压上升到13.5MPa，11:50泵压仍然在13.5MPa，套管出口没有液流。试注水后压力没有持续升高说明水嘴已经打开，套管无液流返出说明封隔器工作正常。关闭套管放空闸门以1.4m^3/h（33.6m^3/d）的注水量，泵压13.5MPa正常试注水5d。

④10 月 27 日开展分层注水调配工作，首先调配流量及泵压获得全井吸水指示曲线数据（表 2－5－17），11:40 流量 3.86m^3/h、泵压 13.5MPa、油压 8.0MPa、套压 0MPa。11:45 流量 2.8m^3/h、泵压 13.5MPa、油压 7.0MPa、套压 0MPa，11:50 流量 1.0m^3/h、泵压 13.5MPa、油压 6.2MPa、套压 0MPa。

⑤10 月 27 日 14:20 注水量 5.08m^3/h，油压 8.0MPa 时，发送全关指令关闭 P2 水嘴，指令发送 15min 后井口油压由 8.0MPa 很快上升至 8.7MPa，升幅 0.7MPa，表明 P2 已有效关闭；

⑥10 月 27 日 14:40 调 P1 吸水指示曲线数据（表 2－5－17），14:40 流量 3.86m^3/h、泵压 13.5MPa、油压 8.7MPa、套压 0MPa。14:45 流量 2.78m^3/h、泵压 13.5MPa、油压 7.6MPa、套压 0MPa，14:50 流量 0.5m^3/h、泵压 13.5MPa、油压 6.0MPa、套压 0MPa。

⑦10 月 27 日 15:00 流量 1.1m^3/h、油压 8.5MPa，发送"采样"指令对 P1"采样"，让 P1 配水器记忆该流量下的地层注水压力值。

表 2－5－17　洪 1－7－6 井吸水指示曲线测试数据

层位	时间		压力		地面流量计		吸水指数	
	起	止	泵压/MPa	油压/MPa	套压/MPa	水表/(m^3/h)	水量/(m^3/d)	m^3/(d·MPa)
全井	2020.10.27 11:25	11:40	13.5	8.0	0	3.86	92.64	39.37
		11:45	13.5	7.0	0	2.80	67.20	
		11:50	13.5	6.2	0	1.00	24.00	
P1 下 $3_{1、2}$层	2020.10.27 14:05	14:40	13.5	8.7	0	3.86	92.64	30.48
		14:45	13.5	7.6	0	2.78	66.72	
		14:50	13.5	6.0	0	0.50	12.00	
P2 下 3_3层	2020.10.28 12:05	12:20	13.5	10.5	0	3.86	92.64	26.31
		12:25	13.5	9.4	0	2.78	66.72	
		12:30	13.5	7.5	0	0.60	14.40	

⑧10 月 27 日 15:30 发送"上传"指令，上传 P1 数据，解码数据显示注入流量 19.3m^3/d，符合正常注水要求。

⑨10 月 27 日 16:48 注水量 4.33m^3/h 时，油压 10.9MPa，发送"全开"指令打开 P2 水嘴，指令发送 15min 后 16:05 井口油压由 10.9MPa 很快下降至 9.4MPa，降幅达 1.5MPa，表明 P2 已有效打开。

⑩10 月 27 日 17:10 将注水量 1.1m^3/h 调高至 2.78m^3/h，油压 9.4MPa，17:19 发送"全关"指令关闭 P1 水嘴，指令发送 15min 后井口油压上升为 10.5MPa，说明 P1 水嘴关闭正常。

⑪10 月 28 日 11:10 注水量 2.6m^3/h 时，井口油压 10.5MPa，发送"全关"指令关闭 P2 水嘴，指令发送 15min 后井口油压由 10.5MPa 很快上升至 13.5MPa，与泵压相同，说明 P1 和 P2 全部关闭。

⑫10 月 28 日 11:50 发送"全开"指令打开 P2 水嘴，指令发送 15min 后井口油压由 13.5MPa 降至 12.1MPa，流量 6.6m^3/h，调测 P2 吸水指示曲线数据（表 2－5－17），12:20

流量 3.86m³/h、泵压 13.5MPa、油压 10.5MPa、套压 0MPa。12:25 流量 2.78m³/h、泵压 13.5MPa、油压 9.4MPa、套压 0MPa，12:30 流量 0.6m³/h、泵压 13.5MPa、油压 7.5MPa、套压 0MPa。

⑬10 月 28 日 13:10 流量 1.1m³/h、油压 7.7MPa，发送“采样”指令对 P2“采样”，让 P2 配水器记忆该流量下的地层注水压力值。

⑭10 月 28 日 13:50 发送“上传”指令，上传 P1 数据，解码数据显示注入流量 8.9m³/d，符合正常注水要求，上传完毕，水嘴恢复到上传指令前的开度；

⑮11 月 6 日 14:00，P1、P2 全开下，注水量 2.5m³/h 时，井口油压 7.0MPa，14:50 发送所有层“配注”指令后，二层水嘴自动寻找合适开度，调配完毕后，井口油压 9MPa，全井流量 31.2m³/d。

⑯11 月 6 日 16:50 发送“上传”指令，上传 P1、P2 数据，解码数据显示 P1 注入流量 20.9m³/d，P2 注入流量 10.3m³/d 符合注水要求，上传完毕，水嘴恢复到上传指令前的开度。

⑰按照采油厂生产要求进行正常注水，全井 31.2m³/d 注水量，泵压 14MPa，油压 9MPa。

6）结论及建议

（1）压力负脉冲方式遥控分层配水工艺能够改变传统的钢丝投捞方式进行分层调配注水，施工试验过程中完成了封隔器的坐封、遥控配水器延时水嘴自动开启、指令遥控配水器水嘴的打开与关闭、配水器的井下“采样”与“配注”功能及任务。

（2）遥控调配过程中发送“全关”“全开”“半关”“采样”及“配注”指令共 13 组，其中开、关指令 7 组，配水器水嘴在指令下能够执行开关动作，井口压力表指针显示明显。P2 遥控配水器发送“全关”指令后井口油压由 4.3MPa 升至 5.8MPa，升幅达 1.5MPa，对 P2 发送“全开”指令油压由 5.5MPa 降至 3.5MPa，降幅达 2MPa，通过井口压力表可以清楚地观察水嘴动作情况（图 2-5-4）。

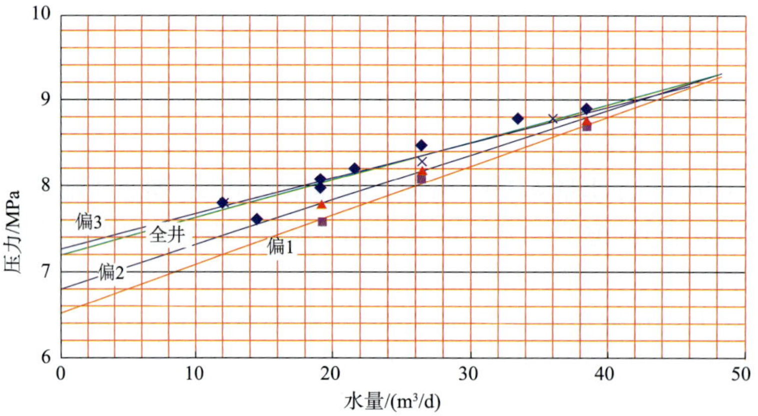

图 2-5-4　井口压力指示

（3）通过遥控指令对配水器进行开关，对层位实施吸水指数测试，浩 82 斜 -7 井全井吸水指数为 17.8m³/(d·MPa)，P1 的吸水指数为 13.33m³/(d·MPa)，吸水指数较高，井的吸水能力较好。全井的吸水指数大于 P1 的吸水指数，该井施工前期 P2 处于关闭状态，现打开状态下，所以两层注水吸水能力好。

遥控配水器分层配注现场施工试验取得了阶段成果，下一步要扩大试验规模，对试验中暴露的问题不断完善，针对井口压力大小调试好仪器的灵敏度，以期获得更好的试验效果。

2. P124 平台 P40－90 井应用情况

1）试验目的及内容

进行无缆双向智能配水器的整体工艺试验，通过下入智能分层配水工艺管柱（图 2－5－5），进行延时全开、试注、单层全开、采样、配注、上传、远传、远程控制等多种无线信号的发送、控制及接收，全面检验无缆双向传输方法、井下配套工具、施工步骤等全套工艺在真实注水井现场应用的可靠性。

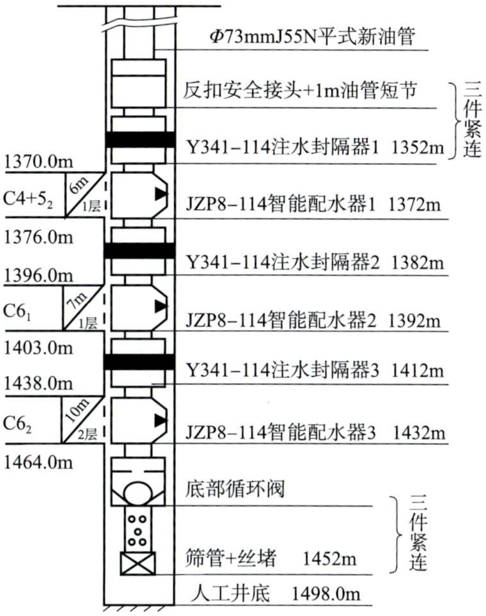

图 2－5－5　P124 平台 P40－90 井无缆双向智能配水管柱工艺示意图

2）试验井基本资料

（1）基本数据见表 2－5－18。

（2）目前井下管柱数据。

目前井下管柱：Φ73mmJ55N 涂料油管＋安接（1355.57m）＋Y341－114 封隔器 1（1356.87m）＋偏心配水器 1（1387.16m）＋Y341－114 封隔器 2（1406.76m）＋偏心配水器 2（1465.82m）固定阀球座＋筛管＋丝堵（1476.78m）。

表 2－5－18　p40－90#基本数据

完钻井深/m	1506.00	油层套管尺寸及深度	139.7mm×7.72mm×1501.63m	油补距/m	2.40
人工井底/m	1498.00	最大井斜	1250m×160.2°×26.75°	联入/m	2.90
水泥返高/m	651.00	特殊套管位置/m	1061.21～1062.31 1345.39～1346.54	拐点位置/m	650.00
层位		射孔井段/m			厚度/m
$C4+5_2$		1370.0～1376.0			6.0
$C6_1$		1396.0～1403.0			7.0
$C6_2{}^1$		1438.0～1444.0			6.0
$C6_2{}^2$		1460.0～1464.0			4.0

（3）生产简史。

2000.09.23 射孔。射孔层位：C6（1）－C6（2），C6（1）－C6（2），射孔井段：1396～1403m，1438～1444m，射孔枪型：复合－102，复合－102，射孔密度：13 孔/米，13 孔/米发射率：100%，100%。

2002.02.27 分注。探砂面 1495.87m，下分注管柱，坐封江 475－8 封隔器，分 C6（1）、C6（2）二层注水。

2016.07.15 射孔铅模打印磨铣射孔刮套遇阻深度 1460.5m，铅模遇阻深度 1457.84m，活性水 $30m^3$ 正循环磨铣至 1498m。

2016.07.15 射孔。射孔层位：C4 + 52（1）C62（2），C4 + 52（1）C62（2）射孔井段：1370 ~ 1376m，1460 ~ 1464m，射孔枪型：YD - 102，YD - 102，射孔密度：16 孔/米，16 孔/米，发射率：100%100%。

2016.07.15 补孔改油套分注。刮套至人工井底 1498m，下分注管柱 152 根，坐封 Y341 - 114 封隔器（1382.92m，1452.06m），反挤清水 $15m^3$，排量 400L/min，工作压力 18 \ 10MPa，停泵压力 7MPa；

2016.08.18 挤水施工。目前油注压力高，注不进水。正挤水 $30m^3$，泵压 24 \ 17MPa，排量 400L/min，停泵压力 15MPa。

2017.05.25 卡漏改常规分注。①放压 $70m^3$，起原井管柱全井油管腐蚀结垢；②完井：坐封 Y341 - 114 封隔器（1356.87m，1406.76m），偏配（1387.16m，1465.82m）。

试验前注水情况见表 2 - 5 - 19。

表 2 - 5 - 19 试验前注水情况

注水情况	泵压/MPa	油压/MPa	套压/MPa	全井/(m^3/d)	偏 1 水嘴 1.0mm	偏 2 水嘴 0.6mm
					$C4+5_2C6_1$层/(m^3/d)	$C6_2{}^1C6_2{}^2$层/(m^3/d)
配注				15	10	5
注水	11	7.8	0	15	10	5

3）试验概况

（1）下井工具准备见表 2 - 5 - 20。

表 2 - 5 - 20 下井工具准备

工具名称	数量
反扣安全接头	1 套
Y341 - 114 注水封隔器	3 套
JZP8 - 114 智能配水器	3 套
底部循环阀	1 套
1m 筛管 + 丝堵	1 套
Φ73mmJ55N 平式涂料油管	1480m
1m 油管短节	1 根

（2）试验材料及设备：井口综合信号控制柜 1 套、泄流导管、移动电话 1 部。

（3）施工试验时间：2020 年 9 月 1 日—9 月 17 日

（4）施工试验概况：由 JHXJ107 队作业施工，开展了起出原分注管柱、通井、刮管、冲砂、智能分层配水完井管柱入井、校深、坐封等施工。9 月 5 日 24:00 时，井下 3 套配水器水嘴延时自动全开，9 月 10 日又分别开展试注、全井吸水指示曲线测试、单层全开、分层吸水指示曲线测试、采样、配注、数据上传、信号远传、远程控制等多种无线信号的发送、控制及接收，现场试验达到了预期的目的。

4）试验方法和步骤

（1）起出原井下管柱，更换 Φ73mm 平式新油管。

（2）用 Φ116mm 通井规通井至人工井底。

(3) 下入刮管管柱，用5½in 刮管器刮管至人工井底，在封隔器卡点上下 20m 范围内反复刮削 3 次。

(4) 下冲砂管柱冲砂至人工井底。反洗井，至进出口水质一致。

(5) 通知测井公司对管柱进行校深。

(6) 按照施工管柱示意图下入遥控分层注水管柱，油管丝扣清洗干净，缠密封带且涂抹密封脂。下管柱必须平稳操作，下放速度控制在 25 根/h 以内。下至设计深度，测量并记录管柱自由悬重。

(7) 将油管挂坐放在井口上，装好井口，连接管线。

(8) 油管内憋压 10MPa、15MPa、20MPa 坐封封隔器，稳压各 5min，压力不降为合格(坐封封隔器必须在遥控配水器单片机程序控制下水嘴打开前 72h 完成)。

(9) 安装井口完毕，关闭井口生产闸门，冲洗地面管线，监测地面管线水质，直到井口出水与配水间来水水质一致。

(10) 注水井正注水 3 ~5d，待地层状态稳定，井口流量稳定。

(11) 按照配注要求，遥控调配分层注水量，观察并记录井口流量数据。调配完成后根据江汉采油厂要求正常注水，具体遥控调配过程如下：

①由泵站注水泵调节注水压力及注水量，确定不同的注水压力下的注水量，获得全井的吸水指示曲线。

②将井口综合信号控制柜（信号发生器部分）安装在井口清蜡闸门上部的油管连接丝扣上，连接好出液管，发生器电磁阀处于常闭状态。

③对第二级智能配水器发送“全关”指令，该配水器处于关闭状态（第一级和第三级处于全开状态，第二级处于全关状态)。

④对第三级智能配水器发送“全关”指令，该配水器处于关闭状态（第一级处于全开状态，第二级和第三级处于全关状态)。

⑤调节泵阀的注水压力及注水量，获得 P1 层吸水指示曲线数据。再由地面泵或闸门调节注水量大小，直至达到第一层的配注水量要求。

⑥对第一级配水器发送“采样”指令，将该层配注水量下的地层入口压力保存在存储器中。

⑦对第二级遥控配水器发送“全开”指令，该级配水器水嘴处于全开状态。

⑧对第一级遥控配水器发送“全关”指令，该级配水器水嘴处于关闭状态。

⑨同样调节泵阀的注水压力及注水量，获得 P2 层的吸水指示曲线数据。同样的由地面泵或闸门调节注水量大小，直至达到第二层的配注水量要求。

⑩对第二级配水器发送“采样”指令，将该层配注水量下的地层入口压力保存在存储器中。

⑪对第三级遥控配水器发送“全开”指令，该级配水器水嘴处于全开状态。

⑫对第二级遥控配水器发送“全关”指令，该级配水器水嘴处于关闭状态。

⑬同样调节泵阀的注水压力及注水量，获得 P3 层的吸水指示曲线数据。同样的由地面泵或闸门调节注水量大小，直至达到第三层的配注水量要求。

⑭对第三级配水器发送“采样”指令，将该层配注水量下的地层入口压力保存在存储器中。

⑮对第一级和第二级遥控配水器发送“全开”指令，第一级和第二级配水器水嘴处于全开状态。

⑯对第一级、第二级、第三级遥控配水器发送“配注”指令，各级配水器按照记忆的“采样”数据，对各层智能配水器水嘴进行调节，直到接近或达到各层预设配注量。

⑰根据地质需求，注水过程中可以对第一级、第二级、第三级配水器发送“渐开”或“渐关”指令，从而改变水嘴大小，对层位配注水量进行微调。

⑱设置好接收远传数据的终端移动电话号码，井口综合信号控制柜发送第一级配水器“上传”指令，井口综合信号控制柜解码后由液晶触控屏呈现上传数据并远传至终端移动电话，核对上传流量值与该层预设配注量之间的误差。

⑲井口综合信号控制柜发送第二级配水器“上传”指令，井口综合信号控制柜解码后由液晶触控屏呈现上传数据并远传至终端移动电话，核对上传流量值与该层预设配注量之间的误差。

⑳在上述试验过程中，所有下达指令，应分别通过井口综合信号控制柜的液晶触控屏或终端移动电话对井下智能配水器发送控制指令，验证系统的远程控制功能。

5）试验过程及分析

①P1 配水器 2020 年 9 月 11 日 10:12 上电，P2 遥控配水器 10:26 上电，P3 遥控配水器 10:50 上电，三支配水器设置为 9 月 15 日 24:00 水嘴自动打开。

②9 月 12 日 14:23 坐封封隔器，水泥车泵压分别为 5MPa、10MPa、15MPa、20MPa，各稳压 5min，套管出口未见液流返出，从坐封压力及套管出口情况，说明封隔器正常坐封。

③9 月 13 日试注水，井口倒正注流程，套管放空闸门处于打开状态。8:30 起泵以 0.3m^3/h（7.2m^3/d）排量试注水，至 10:50 时压力表泵压上升至 5.6MPa，12:00 上升至 7.5MPa。将注水量控制在 0.5m^3/h（12.0m^3/d），12:10 泵压上升到 11MPa，13:20 泵压仍然在 11MPa，套管出口没有液流。试注水后压力没有持续升高说明水嘴已经打开，套管无液流返出说明封隔器工作正常。关闭套管放空闸门以 0.7m^3/h（16.8m^3/d）的注水量、泵压 11MPa 正常试注水 5d。

④9 月 16 日开展分层注水调配工作，首先调配流量及泵压获得全井吸水指示曲线数据（表 2－5－21），8:20 流量 1.6m^3/h、泵压 11MPa、油压 8.9MPa、套压 0MPa；8:25 流量 1.1m^3/h、泵压 11MPa、油压 8.5MPa、套压 0MPa，8:30 流量 0.8m^3/h、泵压 11MPa、油压 8.0MPa、套压 0MPa。

⑤11 月 16 日 9:20 注水量 0.8m^3/h，油压 8.0MPa 时，发送“全关”指令关闭 P2 水嘴，指令发送 15min 后井口油压由 8.0MPa 很快上升至 8.6MPa，升幅 0.6MPa，表明 P2 已有效关闭。

⑥9:40 发送“全关”指令关闭 P3 水嘴，指令发送 15min 后井口油压由 8.6MPa 很快上升至 9.1MPa，升幅 0.5MPa，表明 P3 已有效关闭。

⑦调 P1 吸水指示曲线数据（表 2－5－21），10:10 流量 1.6m^3/h、泵压 11MPa、油压 8.7MPa、套压 0MPa。10:15 流量 1.1m^3/h、泵压 11MPa、油压 8.1MPa、套压 0MPa，10:20 流量 0.6m^3/h、泵压 11MPa、油压 7.6MPa、套压 0MPa。

⑧10:40 流量 0.3m^3/h、油压 7.2MPa，发送“采样”指令对 P1“采样”，让 P1 配水器

记忆该流量下的地层注水压力值。

⑨11:40 发送“上传”指令，上传 P1 数据，解码数据显示注入流量 7.2m^3/d，符合正常注水要求，上传完毕，水嘴恢复到上传指令前的开度。

⑩12:42 注水量 1.2m^3/h 时，油压 8.3MPa，发送“全开”指令打开 P2 水嘴，指令发送 15min 后 15:53 井口油压由 8.3MPa 很快下降至 7.8MPa，降幅 0.5MPa，表明 P2 已有效打开。

⑪13:15 将注水量 1.2m^3/h 调高至 1.6m^3/h，油压 8.5MPa，13:18 发送“全关”指令关闭 P1 水嘴，指令发送 15min 后井口油压上升为 8.9MPa，说明 P1 水嘴关闭正常。

⑫3:33 调测 P2 吸水指示曲线数据（表 2－5－21），13:35 流量 1.4m^3/h、泵压 11MPa、油压 8. 8MPa、套压 0MPa，13:40 流量 0.9m^3/h、泵压 11MPa、油压 8.2MPa、套压 0MPa，13:45 流量 0.5m^3/h、泵压 11MPa、油压 7.8MPa、套压 0MPa。

⑬13:50 调整流量 0.2m^3/h、油压 7.3MPa，发送“采样”指令对 P2“采样”，让 P2 配水器记忆该流量下的地层注水压力值。

⑭15:05 发送“上传”指令，上传 P2 数据，解码数据显示注入流量 5.1m^3/d，符合正常注水要求，上传完毕，水嘴恢复到上传指令前的开度。

⑮16:20 发送“全开”指令打开 P3 水嘴，指令发送 15min 后井口油压由 7.3MPa 很快下降至 6.9MPa，降幅 0.4MPa，表明 P3 已有效打开。

⑯16:40 发送“全关”指令关闭 P2 水嘴，指令发送 15min 后井口油压由 6.9MPa 很快上升至 7.6MPa，升幅 0.7MPa，表明 P2 已有效关闭。

⑰9 月 17 日 8:35 调测 P3 吸水指示曲线数据，8:40 流量 1.5m^3/h、泵压 11MPa、油压 8. 8MPa、套压 0MPa，8:45 流量 1.1m^3/h、泵压 11MPa、油压 8.3MPa、套压 0MPa，8:50 流量 0.5m^3/h、泵压 11MPa、油压 7.8MPa、套压 0MPa。

⑱8:50 调整流量 0.1m^3/h、油压 7.3MPa，发送“采样”指令对 P3“采样”，让 P3 配水器记忆该流量下的地层注水压力值。

⑲10:05 发送“上传”指令，上传 P3 数据，解码数据显示注入流量 2.5m^3/d，符合正常注水要求，上传完毕，水嘴恢复到上传指令前的开度。

⑳11:10 发送“全开”指令，打开 P1 层，指令发送 15min 后井口油压由 7.8MPa 很快下降至 7.4MPa，降幅 0.4MPa，表明 P1 已有效打开。

㉑11:35 发送“全开”指令，打开 P2 层，指令发送 15min 后井口油压由 7.4MPa 很快下降至 7.2MPa，降幅 0.2MPa，表明 P2 已有效打开。

㉒P1、P2、P3 全开下，注水量 0.7m^3/h 时，井口油压 7.9MPa，13:10 发送“所有层配注”指令后，3 层水嘴自动寻找合适开度，调配完毕后，井口油压 7.6MPa，全井流量 16.8m^3/d。

㉓14:35 发送“上传”指令，上传 P1、P2、P3 数据，解码数据显示 P1 注入流量 7.8m^3/d，P2 注入流量 5.1m^3/d，P3 注入流量 2.9m^3/d，符合注水要求，上传完毕，水嘴恢复到上传指令前的开度。

㉔按照采油厂生产要求进行正常注水，全井 16.8m^3/d 注水量，泵压 11MPa，油压 7.6MPa。

表 2-5-21 吸水指示曲线测试数据

层位	时间		压力			地面流量计		吸水指数
	起	止	泵压/MPa	油压/MPa	套压/MPa	水表/ (m^3/h)	水量/ (m^3/d)	m^3/ (d·MPa)
全井	2019.11.21 8:10	8:20	11	8.9	0	1.6	38.4	22.62
		8:25	11	8.5	0	1.1	26.4	
		8:30	11	8.0	0	0.8	19.2	
P1 C4+5_2层		10:10	11	8.7	0	1.6	38.4	17.85
		10:15	11	8.1	0	1.1	19.2	
		10:20	11	7.6	0	0.6	14.1	
P2 $C6_1$层		13:35	11	8. 8	0	1.4	33.6	19.27
		13:40	11	8.2	0	0.9	21.6	
		13:45	11	7.8	0	0.5	12	
P3 $C6_2{}^1C6_2{}^2$层	2019.11.22 8:30	8:40	11	8. 8	0	1.5	36	24.33
		8:45	11	8.3	0	1.1	26.4	
		8:50	11	7.8	0	0.5	12	

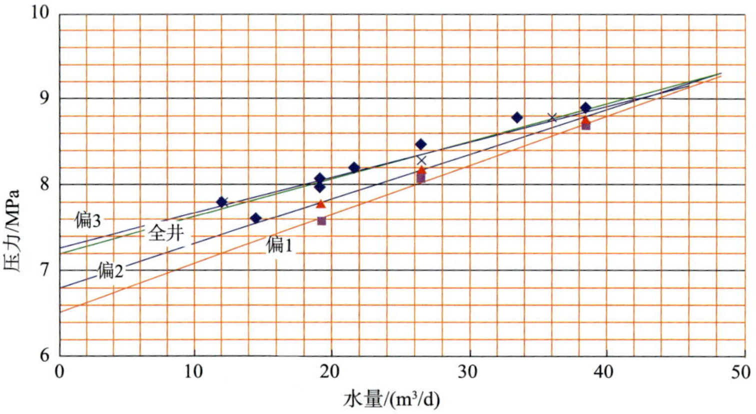

6）结论及建议

本次试验全面验证了无缆双向传输智能分注工艺的现场实施可靠性，试验过程中，按照施工流程分别进行了延时自动开启、单层遥控、采样、自动配注、上传、远传、远程控制等单项试验，发送各类控制指令 24 条，通过即时流量和压力变化可以判断，指令的发送、接收、指令全部成功，再次证明了无缆双向传输技术在注水井中实现精细分层注水调配的技术可行性，项目的研究取得重大突破。

（二）应用前景分析

1. 项目研究的可持续性

目前中国石化各个油田注水井套损井逐年增多，长期合注和层间矛盾问题突出，严重影响了注采对应率和水驱波及体积。目前常规分层注水施工作业复杂，测调难度大，效率低和灵活性差等问题突出，增加油田后期开采成本。目前分注需求迫切，为了提高油藏精细开发，实施智能测调分注工艺需求量很大。近年来油藏工程上提出的转流线、调流场以及注采耦合等改善水驱效果的调整方法，用现有的工艺技术实现存在很大难度。

结合我国油气田的地质特点，对基于流体波码的井下数据无缆传输技术可以有效支撑我国油气田低成本开发的要求，还可应用于除常规垂直井之外的大斜度井、水平井、多分支井等复杂井况，由于其工艺简便可靠灵活，能够有力支撑油藏工程中的水驱效果调整措施。

通过前期的研究和现场功能试验表明，注水井细分程度、测调效率、测试精度、注水合格率等指标相对于常规分注工艺技术等均得到了大幅提高。该技术能够大大缓解油田开发注水工作量大、配注合格率低等矛盾，为水驱油藏提高开发效果及降本增效提供很好的技术支撑。

2. 成果推广应用前景分析

为了提高油藏精细开发，我国东部油田实施分注测调工艺需求量很大。中国石化石油工程技术研究院通过近 3 年的攻关，成功开发了具有中国石化自主知识产权的基于双向无缆数据传输的智能分注体系，经过室内及现场大量测试，已形成了适合国内水驱油藏开发的核心技术，该技术将为水驱油藏提高开发效果及降本增效提供很好的技术支撑，同时也能够大大缓解油田开发注水工作量大、配注合格率低等矛盾。

以该技术体系为核心，进一步发展形成精细分层智能注水技术，优化地面测控流程，提高测控效率，发展云计算和大数据为基础的远程智能注水技术服务，还可以结合油藏数值模拟，形成注采协同优化措施建议，进一步提高水驱效率和开发效果。为我国注水油田的高效开发提供有力的技术支撑，具有很好的经济、社会效益及广阔的应用前景。

第三章　自适应调流控水完井方法和技术体系

第一节　旋转控液自适应调流控水增油理论体系

目前，水平井技术已广泛用于油气田的开发与开采，与直井相比，水平井可以实现更大的储集层接触面积和更小的压降。但是，在均质储层中，水平井生产中存在的“跟趾效应”会导致沿井筒的流量剖面分布不均；而在非均质储层中，水平井流量剖面受储集层非均质性影响较大，在井跟部位或者高渗透区域会发生早期水侵，从而降低采收率。

对于含水油气藏，水侵问题会严重影响气井正常生产，采取合理有效的控水完井技术是油气藏高效开发的关键。常规控水完井技术的控水效果有限，不能有效解决底水气藏控水问题。应用自适应流入控制装置（AICD）的自适应调流控水完井是一种新型完井技术，目前实现商业应用的 AICD 主要包括流量控制阀型 AICD 和流道型 AICD，自适应调流控水完井技术在国内外底水油藏应用中取得了较好的控水效果，是一种值得进行研究和推广的完井技术。本章主要介绍自适应调流控水的研究现状、油藏自适应控水增油理论，以及油气藏用不同类型自适应控水装置的结构设计与参数优化，最终提出了水平井自适应调流控水分段完井工艺方案。

一、油藏自适应调流控水研究现状

为了解决水平井开发中面临的以上问题，提出了诸多的水平井控水技术。早期的变密度筛管控水完井技术和中心管控水完井技术等，由于节流压差很小和无法解决非均质油藏的压力不均衡问题等原因，无法达到有效控水的目的。为了实现有效控水，从 1990 年代开始，流入控制装置（ICD）在生产井中的应用日益增加。ICD 作为完井的一部分，用来控制和优化单井或者整个储层的流动特性和生产动态。ICD 通过额外产生附加压降来平衡入流，目的是平衡井筒流入剖面，消除跟趾效应和储层非均质性对生产的影响，使得整个井筒长度对于总产量都有贡献，从而提高原油采收率。但是，ICD 必须在完井时设置好，一旦下井就无法调节，只能按照初始设计来工作。此外，一旦发生水侵，水流将在 ICD 中形成优势通道，从而阻碍原油流动，对控水不利。

为了进一步提高控水效果，近年来提出了新型的自适应调流控水技术，其核心部件是自适应流入控制装置（AICD），AICD 是一种自适应控水装置，可以根据流体物性自动调节流动阻力。同时，当发生水侵后，AICD 自动增加水的流动阻力，而有利于油的入流，从而实现有效控水。此外，AICD 的结构设计较简单，无须动力驱动和人为干预，具有较强的抗冲蚀和抗堵塞能力，是一种极具发展潜力的新型智能完井技术。

（一）密度敏感型 AICD

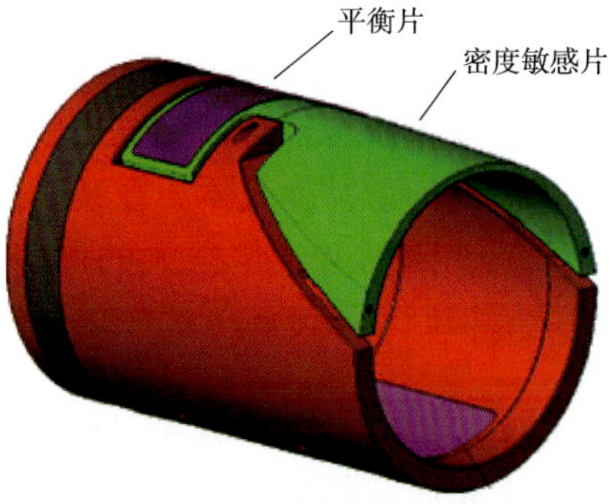

图 3－1－1　密度敏感型 AICD

密度敏感型 AICD 设计于 2006 年（图 3－1－1），根据阿基米德原理，设计了密度敏感器件。该装置由膨胀橡胶、密度敏感板、配重块、重力平衡块、重力环组成，密度敏感板是设计的关键。主要用于控制设备的启闭。当气体的体积增大，密度敏感板打开，气体从排气口排出。质量分布块的主要作用是调整密度敏感板的质量，根据不同储层的原油质量设计密度敏感板，使密度敏感装置适用于各储层。其主要缺点是：结构复杂，运动部件包容，可靠性低，且在进入过程中器件方向发生变化，密度敏感板不易打开，影响装置的性能。

（二）流量控制阀型 AICD

流量控制阀（RCP）型 AICD 利用的是伯努利方程原理，中间的圆盘结构可以上下移动，当黏度较低的流体比如水和气进入时，这时候动压力和静压力就不再保持平衡，圆盘结构就会受到向上的力向上移动，从而导致流体流入的面积减小，抑制低黏度的流体产出。当流体黏度上升时，圆盘就会受到向下的力，重新回到平衡位置，这时候流体流入的面积就会变大，从而增大高黏度流体油的产出。RCP 多用于油井中控制气锥，以提高原油产量。像 Halvorsen 在 Troll 油田的 3 口井中应用 RCP 阀均衡产液剖面，延迟气体锥进以及在气体突破后自动控制气油比，同 ICD 完井相比，流量控制阀型 AICD 完井产油量增加了 20%，且气油比也大大降低了。Junior 和 Haugen 在 Peregruno 油田中的一口裸眼砾石充填井中应用了流量控制阀型 AICD，但是没有公开生产数据以便验证流量控制阀型 AICD 的性能。流量控制阀型 AICD 如图 3－1－2 所示。

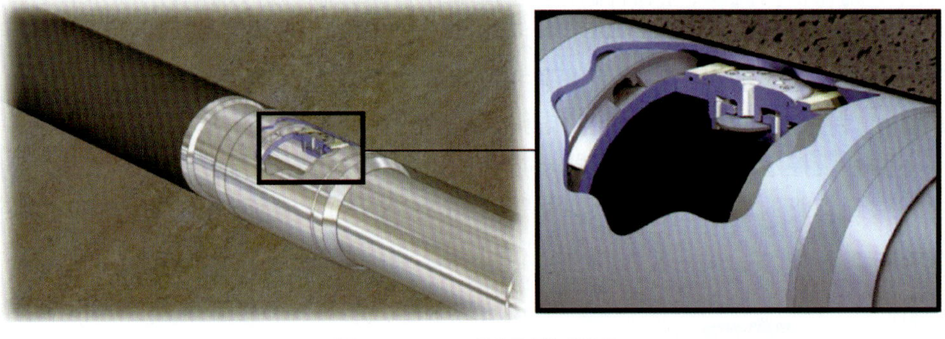
图 3－1－2　RCP 型 AICD

（三）流道型 AICD

流道型 AICD 如图 3－1－3 所示，它的依据是黏性力和惯性力之间的平衡关系。当低黏度的流体流入时，这时候惯性力要大于黏性力，它就会沿着主流道流入，沿着切向进入装置内部，因而能获得很高的切向速度，进而可以在装置内部发生高速旋转。当高黏度的流体比如油流入时，这时候流体的黏性力要明显大于惯性力，油相就会沿着较短的流道接近径向的路径进入装置内部，速度很低，所以不会发生旋转，直接可以从装置的出口流出。因为低黏度流体会在装置内发生高速旋转，因而会产生很大的旋转压降，从而能够抑制低黏度流体的产出。

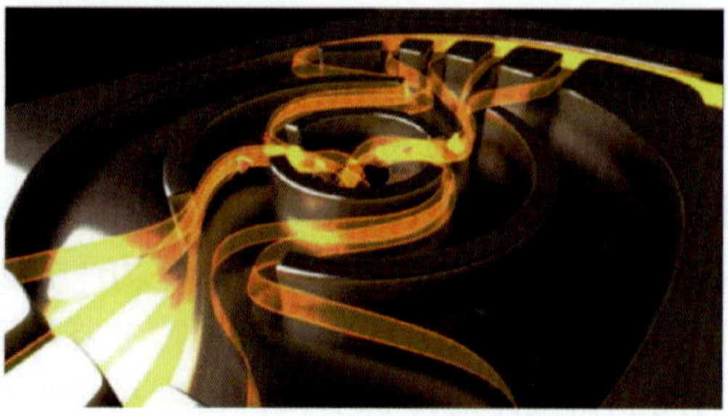

图 3－1－3　流道型 AICD

（四）遇水膨胀橡胶型 AICD

遇水膨胀橡胶型 AICD 装置如图 3－1－4 所示。遇水膨胀橡胶型 AICD 装置主要实现功能的部件就是连续的流槽和遇水膨胀型橡胶，当流入装置内的流体含有水时，遇水膨胀型橡胶就会遇水发生膨胀，从而减小了流槽的过流面积，于是就能够抑制水的产出。当流入装置的流体含水率越高时，遇水膨胀型橡胶膨胀的体积就会更大，使得过流面积减小的更多，抑制水产出的效果就会越明显。但是这种遇水膨胀型橡胶只有遇水后才会发生膨胀，对于气体不会发生作用，因而不能用于井下抑制气体的产出。

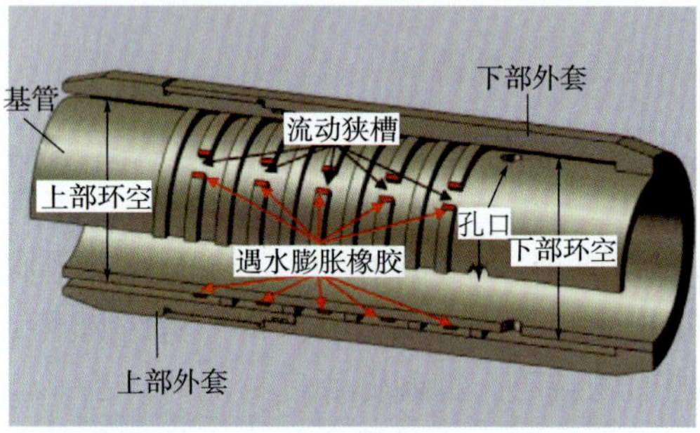

图 3－1－4　遇水膨胀橡胶型 AICD

二、油藏自适应控水增油理论研究

水平井分段调流控水技术是将调流控水防砂筛管与封隔器配合使用，根据储层物性、邻井生产情况或找水结果，将水平井段封隔成若干段（图 3－1－5），各井段内流体流动路径如图 3－1－6 所示，地层产液首先进入调流控水筛管与裸眼井筒间的环形空间内，在该空间内存在轴向窜流和径向流动，然后流体通过控水筛管的滤砂层进入滤砂层和基管之间的环形空间，不同的控水筛管内该环形空间是不连通的，进入该环形空间内的流体通过调流控水筛管上的流量控制器进入基管内，整个水平井段基管内是由趾端到跟端的变质量流动，然后，根据沿井筒地层渗透率的变化情况并考虑筛管基管内变质量流动压降的影响（图 3－1－7），通过调节不同井段控水筛管节流控制器参数，使地层流体流经节流控制时产生不同的流动压差，使由地层到基管的流动总压降近似相等（图 3－1－8），从而使水平井各段均衡产液。

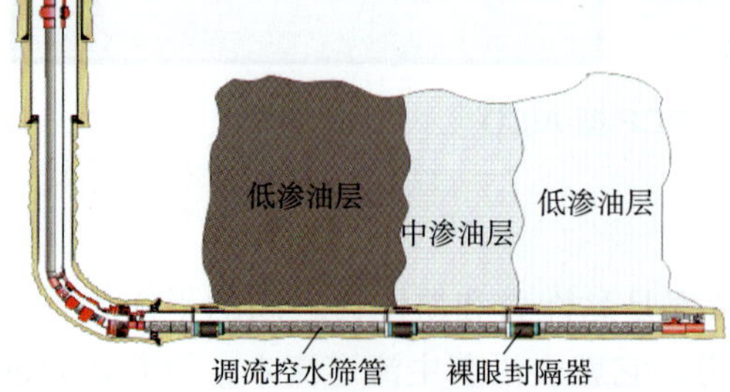

图 3－1－5　水平井调流控水筛管分段完井示意图

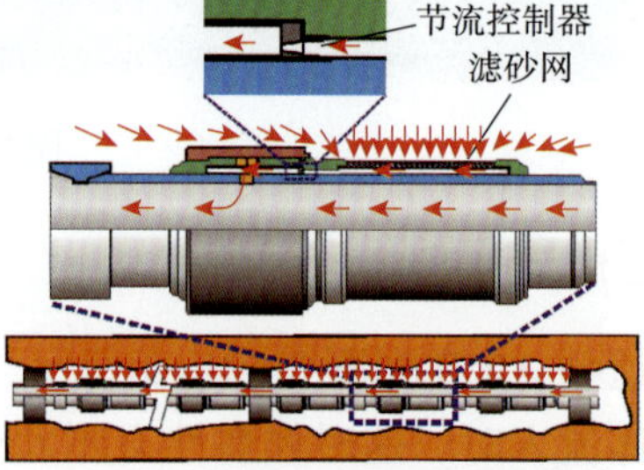

图 3－1－6　水平井调流控水筛管分段完井流体流动路径示意图

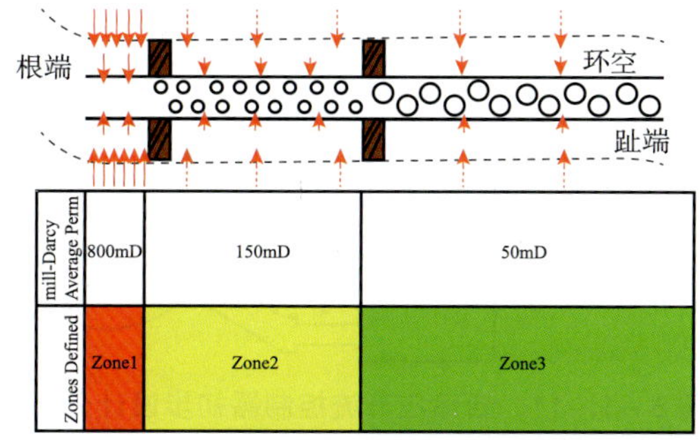

图3－1－7 水平井调流控水筛管控水原理示意图

（1mD＝1×10^{-3}μm^2）

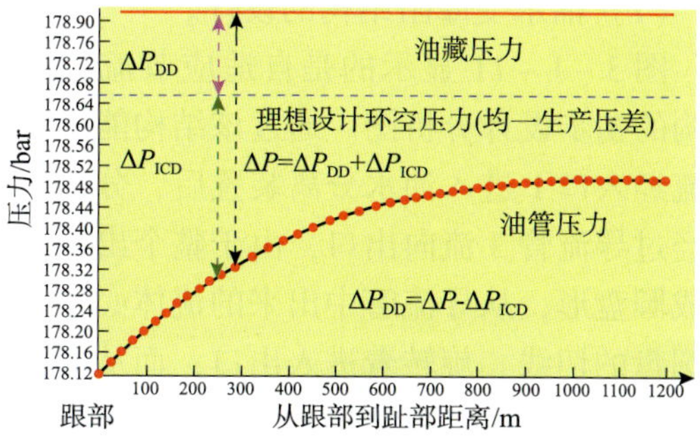

图3－1－8 水平井调流控水筛管分段完井压力分布

调流控水筛管的调流控水作用是通过节流控制器实现的，节流控制器是调流控水筛管的核心组成部分。节流控制器可以通过改变流体流速大小、流动方向，或两者兼有，从而干扰流体运动，产生了撞击、分离脱流、旋涡等现象，产生压差，这部分压差通常称作局部阻力损失。由于这些部件中流体的运动比较复杂，影响因素较多，除了少数几种在理论上做过一定的分析外，一般都依靠实验确定。

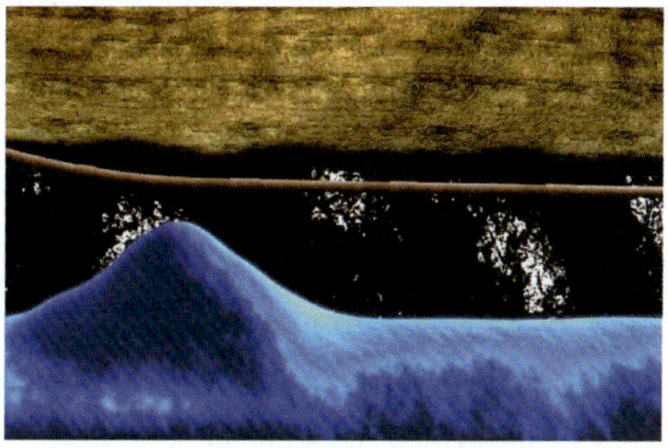

图3－1－9 底水油藏未采用控水完井（出现底水锥进）

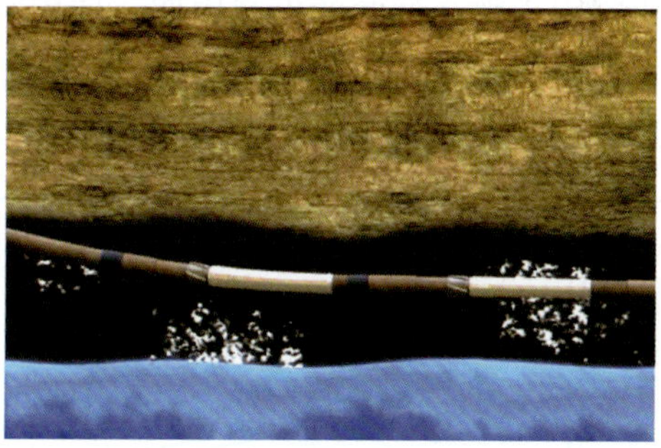

图3－1－10 底水油藏采用控水筛管分段完井（底水抬升剖面均匀）

合理配置各井段控水筛管的限流能力，是为了调节全井段产液强度，即单位长度上的产量，尽量使整个水平段的产液强度相当，这样油井产液剖面大致呈现一条直线（图3－1－9、图3－1－10）。只有各处均匀产液，底水才能呈现理想的均匀水脊上升，使底水达到最大的驱油效率，以提高采收率。

三、油藏用旋转流道式自适应控水结构设计及参数优化

（一）自适应节流控制器结构设计

理想的节流控制器应具有对油具有低敏感性以及对水高敏感的特性，也就是当水平井产油时，节流控制器产生的流动压差非常低，而当水平井产水时能够产生较高的流动压差，并且随着水平井含水率的升高，节流控制器产生的流动压差相应提高。要实现以上的功能，就要求节流控制器能够对油井产液中的油相和水相的流动产生较大的差异，使得油相在节流控制器中产生比较小的压差，同时，水相流动时产生较大的压差。因此，对新型节流控制器的设计须考虑到以下几个方面的影响：

（1）油水变摩阻结构的设计。

图 3－1－11 显示的是自适应节流控制器结构的初步设计分析图。通过该结构能够使流体流经入口 1 进入油水分离装置后，分离出的水经过导流管 3 流向出口，由于整个出口被设计成圆盘形，从导流管中出来的流体必须要沿着圆盘的切线，旋转着进入出口；而从导流管 4 中流出的油流，采用直线的方式直接流入出口 5，流动路程相对较短。这种结构的设计充分利用了流体沿圆盘流动的切线和直线原理，使得沿切线流入的流体的流动路程较长，在一定程度上增加摩擦阻力，如油水分离器部分能够保证对油水的分离作用，采用上图中的方法是能够实现对油、水的流动阻力的区分。因此，进行油水快速分离机构的设计是进行自适应节流控制器设计的关键。

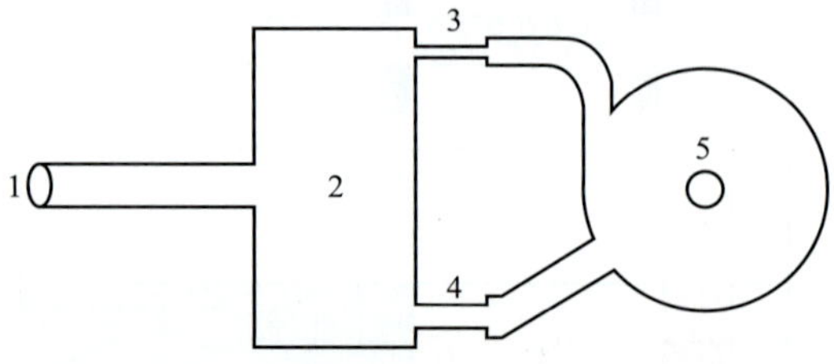

图 3－1－11　自适应节流控制器初步设计分析图

1—流体入口；2—油水分离装置；3—进水管；4—进油管；5—流体出口

（2）油水分离机构的设计。

在油田现场的实际应用中，自适应节流控制器是安放在筛管的端部，调流控水筛管一旦入井要应用于整个油井的生产周期，使用时间较长，后期基本上没有进行修复作业和调整的空间，因此，在进行自适应节流控制器的设计时，为了增加其可靠性，尽可能避免增加“活动”部件或是其他可靠性较差的部件。

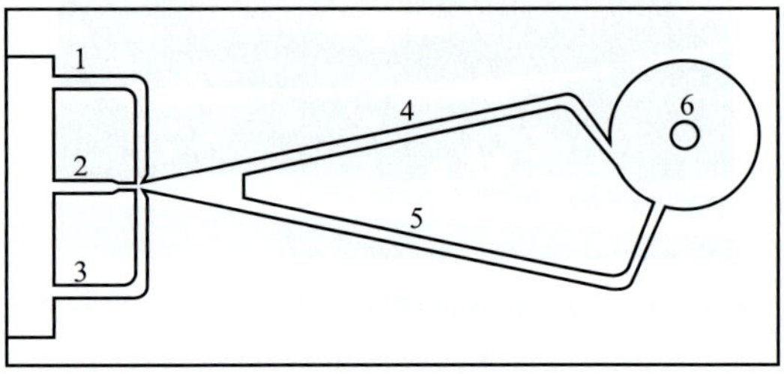

图 3－1－12　自适应节流控制器初步设计分析图

1—亲油阻水管；2—进液管；3—亲水阻油管；4—导水管；5—导油管；6—流体出口

进行油、水分离，首先就是要分析油水自身物性的差异。油、水均为液体，但在通常情况下水的密度相对较大，在井下条件下由于地层水的矿化度较高，水的密度会进一步增大，而油的黏度相对较大。结合图 3－1－11所示的结构，初步设计自适应节流控制器结构如图 3－1－12 所示。

亲油阻水管主要是用来在保证油流的顺利通过，当进入自适应节流控制器的流体含水率升高时，亲油阻水管的流量要降低；反之，亲水阻油管主要用来保证更多的水流通过，当进入自适应节流控制器的流体含水率升高时，亲水阻油管的流量要增高。

图 3－1－12 中所显示的控水装置的整体设计思想是当水平井处于产液初期时，产油量较高，整体含水率较低，亲油阻水管的流量大，因此带动整个 3 个进液口的流体整体偏向导油管，大部分的流体经由导油管直接进入整个装置的出口，整个流动过程的阻力相对较小；随着水平井的不断生产，含水率不断提升，在其他条件相同的情况下，亲水阻油管（图 3－1－12 中管 3）的流量不断提升，而亲油阻水管的流量不断下降，这就促使原来整体偏向导油管（图 3－1－12 中管 5）的流体的流动方向发生偏转，致使一部分的流体流经导水管以切线的形式进入流体出口圆盘，增大了流体的流出摩阻，随着水平井的进一步生产，水平井的含水率不断提升，导致亲水阻油管的流量进一步抬升，亲水阻油管的流量进一步提升，使得流体的流动方向进一步偏转，流经导水管的流体越来越多，当水平井的含水率增大到一定程度时，进入控水装置的流体全部要经过导水管流出。由于导水管中的流体最后全部要以切

线的形式流出控水装置，就增加了整个自适应节流控制器的流动压差，达到了随着水平井含水率的提高，控水装置整体的附加阻力提升，控水的针对性得到了本质性的提升。

通过上面的分析可知，尽管应用图3－1－12中所示的节流控制器能够基本实现对油水的自动截流控制，但为了实现对油水的有效分流控制，在3个进液口中均装有附加摩阻增加装置，这就在一定程度上增加了整个节流控制器的附加阻力，影响了水平井的正常开采。基于此，为了进一步释放产能，减小额外的附加阻力，进一步优化了节流控制器的结构，如图3－1－13所示。

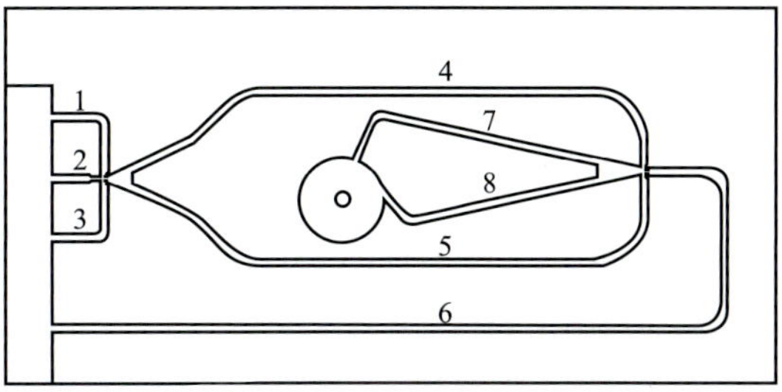

图3－1－13 自适应节流控制器优化设计分析图

1—亲油阻水管；2—进液管；3—亲水阻油管；
4—导水管；5—导油管；6—主流管；
7—主流导油管；8—主流导水管

相对于图3－1－11中所示的结构，新的结构主要是增加了一条主流管线，另外增加了两条新的主流导流管。主流管线的作用主要是保证地层中的流体的顺利流入，主流管线的管径较粗，因此进入节流控制器的流体大部分要流入主流管，而少部分流体进入亲油阻水管、进液管、亲水阻油管3个管进行油水分离，当水平井处于生产初期时，产油量较大，如前所述，进入油水分离机构的流体，大部分进入管5，而管4中基本没有流体，因此管5中的流体就会带动主流管内的流体整体流入管7，在管7的引导下流体沿直线进入控水装置出口圆盘，控水装置的产生的附加阻力相对较小。当水平井的含水率开始上升后，经油水分离机构进入管4中的流体不断增多，而进入管5的流体不断减少，进而导致原来偏向管7的主流体的流动方向开始向管8偏转，使得管8中开始有流体的流过，并且随着主流体流动方向的不断偏转，管8中流量不断增大，由于流经管8的流体以切线的方式的流入出口圆盘，因此整个节流控制器所产生的附加阻力开始提升，随着水平井含水率的不断提升，在管4内流体的冲击下，主流体的流动方向不断向管8偏转，管8内流体不断增多，整个节流控制器所产生的附加阻力不断提高。进而自适应节流控制器达到了控水同时又能释放流量的目的。

通过以上对自适应节流控制器结构的分析可知，采用图3－1－13所示的自适应节流控制器结构能够实现对油水的分离控制，采用了主流管导流技术，控水装置在对底水进行控制的同时，不影响通过自适应节流控制器大部分流体的流动，因此整个自适应节流控制器对黏度不敏感，且在含水率相对较低的时候，节流控制器产生的附加阻力很小，只有在含水率上升之后，才会根据含水率的上升情况自行调整所产生的附加阻力。该自适应节流控制器结构克服了常规节流控制器先控液，然后通过控液再控水的技术缺点，并且对整个流体的黏度有很大的适应性，具有较强的技术优势。

基于以上自适应节流控制器结构设计结果，并考虑到实际机械加工的可行性，对其结构进行优化，得出了最终的自适应节流控制器的结构（图3－1－14），图中所示该节流控制器主要包括5个部分，分别为入口通道、节流喷嘴、节流通道、导流通道和中心出口喷嘴，整个自适应节流控制器有两个入口通道主要功能是将进入控水装置的流体引入控制器，节流喷嘴利用局部摩阻效应进而起到进油阻水的作用，节流通道利用沿程摩阻效应起到进水阻油的作用，导流通道是用来引导流入的流体在进行圆形流动，中心出口喷嘴是连接节流控制器与中心管的通道用来将进入节流控制器中的流体引入到中心管，同时在生产压差大和流量较大的时起到一定的节流作用。整个自适应节流控制器的主体部分为圆形，促使流体在旋流的过程中密度相对较小的油向中心流动，而密度较大的水在外侧旋转，圆盘的结构也进一步促进了整个节流控制器的自适应调节效果。

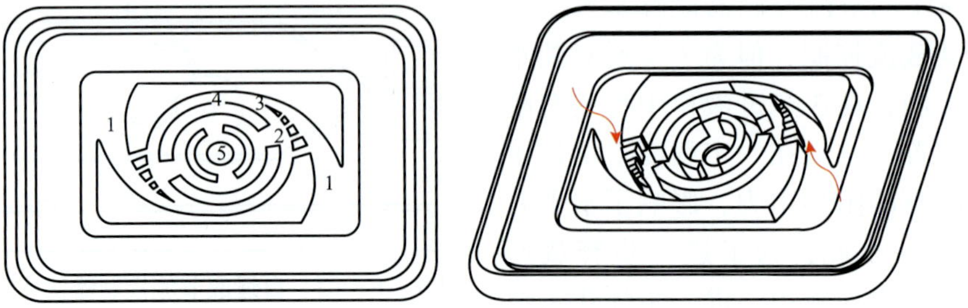

（a）平面图　　（b）三维图

图 3－1－14　自适应节流控制器结构示意图

1—入口通道；2—节流喷嘴；3—节流通道；4—导流通道；5—中心出口喷嘴

（二）旋转流道参数设计及优化

左右入口通道边界为流动入口，根据国内油田的水平井日产液约为 40～50m^3/d，水平段长度为250～350m，使用自适应节流控制器的数量约为15～20个等状况，基于计算流体力学方法，采用 Fluent 软件，对自适应节流控制器流场进行了数值模拟。入口边界条件采用速度入口，油水两相的速度均为5m/s，对应流量 5m^3/d，水的密度为 0.998g/cm^3、黏度为 1mPa·s，油的密度为 0.87g/cm^3、黏度 20mPa·s。通过计算雷诺数发现，油相处于层流状态，水相处于紊流状态，在 Fluent 中，油相的计算采用 laminar 模型，水相的计算采用 RNG $k-\varepsilon$ 模型。

1. 自适应节流控制器流场分析

1）数值模拟结果

图 3－1－15（a）为水相流线图，图 3－1－15（b）为压力云图，两个截面互相垂直，可以呈现自适应节流控制器整体的压力分布特征。水相从入口进入后，绝大部分通过冲过横槽经切向入口流入圆盘，并在盘中高速旋转，压降略有降低，但是变化不大，从挡板缺口进入以后，旋转更加强烈，到出口处达到最强，产生巨大压差，流入油管后压力有所恢复，最后得到水相通过自适应节流控制器产生的压差为 0.772MPa。

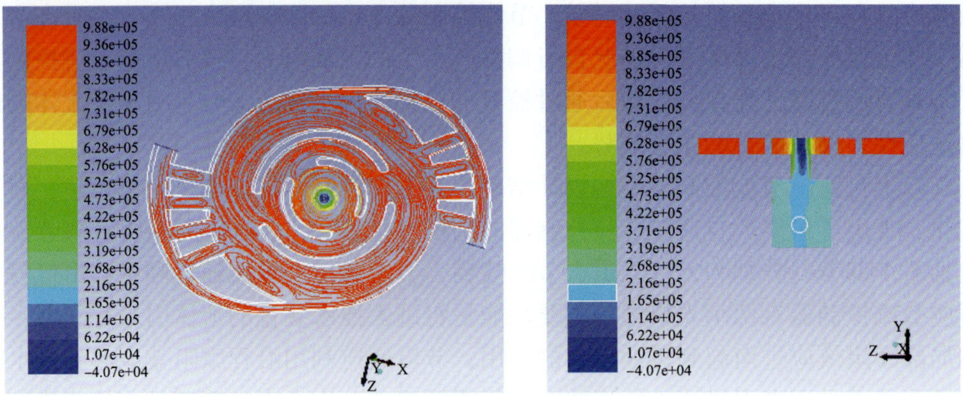

（a）　　（b）

图 3－1－15　流体为水时的静压力分布图

由图 3-1-16 可以看出，油相从入口进入后，由于油的黏度较大，在流道内产生了明显的摩擦压降，在入口流道中，压力大幅度降低，进入圆盘之后，压力降低不明显，在挡板缺口处产生局部压降，之后径直流向出口，在出口处又产生局部压降，进入油管后压力有所恢复，最后得到油相通过自适应节流控制器产生的压差为 0.09MPa。

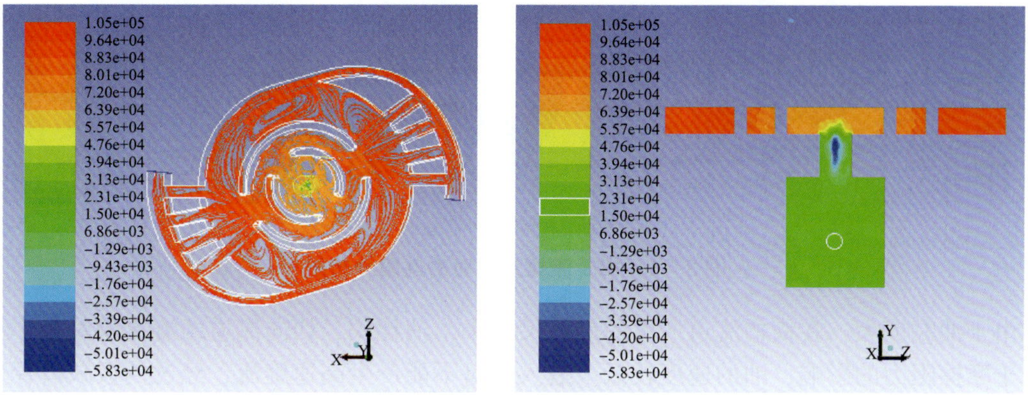

(a) (b)

图 3-1-16 流体为油时的静压力分布图

综上，在相同流量条件下，自适应节流控制器过水压差是 0.772MPa，达到过油压差的接近 8 倍以上，说明此结构自适应节流控制器具有控水稳油功能。

2）控水稳油机理分析

图 3-1-17（a）为水相流线图，速度最大值为 32.3m/s，图 3-1-17（b）、（c）分布为分支流道和出口处的局部放大图。可以明显看出，水在进入自适应节流控制器之后经过横槽流道，在横槽流道岔口处产生巨大旋涡，几乎将分支流道堵死，其中切向流道质量流量为 0.0154kg/s，占了入口总流量的 53.6%。水进入圆盘后可以绕圆盘旋转多圈，并且在进入挡板以后旋转更加强烈，在出口处形成强烈旋转，最大速度达到 32.3m/s。

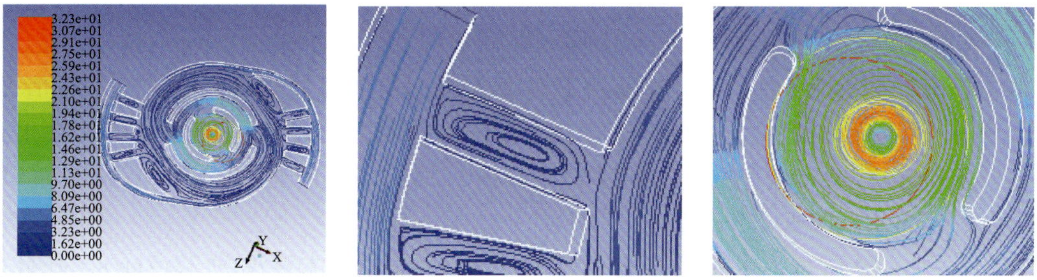

(a) (b) (c)

图 3-1-17 流体为水时的速度分布图

由于水黏度小，在横槽流道产生的旋涡尺寸大，消耗慢，直流道的流量大，切向进入圆盘产生高速旋流，进入挡板后旋流强度大幅度提高，在喷嘴出口处产生很大的动能，这是水相产生压降的主要原因。

图 3-1-18（a）为油相流线图，速度为 13.5m/s，图 3-1-18（b）、（c）分布为分支流道和出口处的局部放大图。可以明显看出，油在进入自适应节流控制器之后经过分支流道，在分支流道岔口处虽然产生旋涡，但是旋涡的尺寸较小，不足以堵死流道，其中直流道

质量流量为0.00665kg/s，占了入口总流量的373.4%。油进入圆盘后未产生高速旋流，而是经过挡板缺口径直流向出口，最大速度仅16.7m/s。

（a）　　　（b）　　　（c）

图3-1-18　流体为油时的速度分布图

由于油黏度大，在横槽流道产生的旋涡尺寸小，消耗快，切向流道的流量相对较小，并且由于摩擦阻力的影响，油的速度较低。进入圆盘不能产生高速旋流，经过挡板缺口径直流向出口，流出时产生局部阻力，这是油相产生压降的主要原因。

综上，由于水相分支流道流量较小，摩擦阻力小，水在进入圆盘后产生高速旋流，在出口处，不仅产生局部压力损失，并且存在由于高速旋流作用产生的巨大压差；油相分支流道流量较大，摩擦阻力大，进入圆盘后不会产生高速旋流，在出口处，以局部压力损失为主，因此水相在装置中产生的压差大于油相压差。

通过上面对自适应节流控制器流线、压力、速度的CFD分析能够得出，所设计的自适应节流控制器能够自动调节油相、水相的流动状态，从而达到均衡产液剖面，自动阻水的目的，该自适应节流控制器对流体的黏度敏感性低，能够起到主动性控水的作用。

2. 自适应节流控制器结构参数

对整套控水装置节流效果分析主要就是分析节流控制器对油、水的压力、流动速度、流线的分析。

1）入口流道变化影响规律

基于计算流体力学方法，采用Fluent软件，对自适应节流控制器流场进行了数值模拟，基础参数不变，分别对比结构中的速度、压力情况，3种结构分别为：恒入口面为2.4mm×1.2mm，入口速度10m/s；变入口面为2.4mm×1.8mm，入口速度6.7m/s；变入口面为2.4mm×2.4mm，入口速度5m/s。

如图3-1-19所示，水相最大速度为32.4m/s，油相最大速度为22.7m/s。在此结构中，油相的分支过流量比水相大，水相分支流道几乎堵死，进入圆盘以后，水相旋转强烈，环绕数圈后从出口流走，并在出口处形成旋涡，油相旋转相比差了很多，缓慢流向出口。

如图3-1-20所示，水相最大速度为30.3m/s，油相最大速度为19.2m/s。在此结构中，油相的分支过流量比水相大，水相分支流道几乎堵死，进入圆盘以后，水相旋转强烈，环绕数圈后从出口流走，并在出口处形成旋涡，油相则没有产生较强的旋转，缓慢流向出口。

如图3-1-21所示，水相最大速度为28.6m/s，油相最大速度为15.1m/s。在此结构中，油相的分支过流量比水相大，水相分支流道几乎堵死，进入圆盘以后，水相旋转强烈，环绕数圈后从出口流走，并在出口处形成旋涡，油相则没有产生较强的旋转，缓慢流向出口。

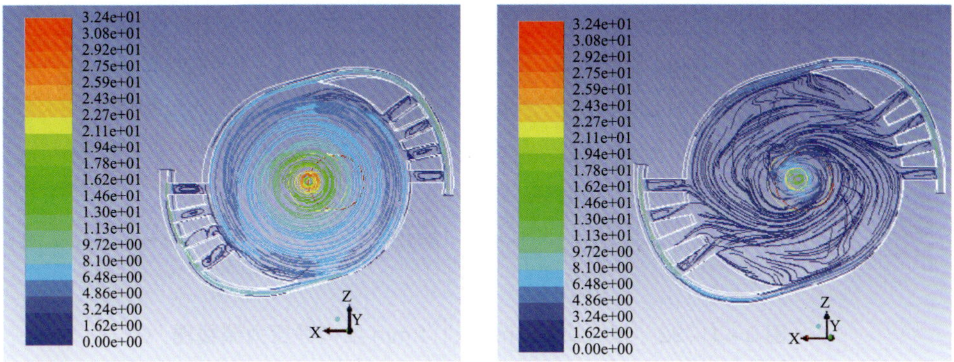

水相　　油相

图 3-1-19　恒入口 2.4mm ×1.2mm 结构速度流线图

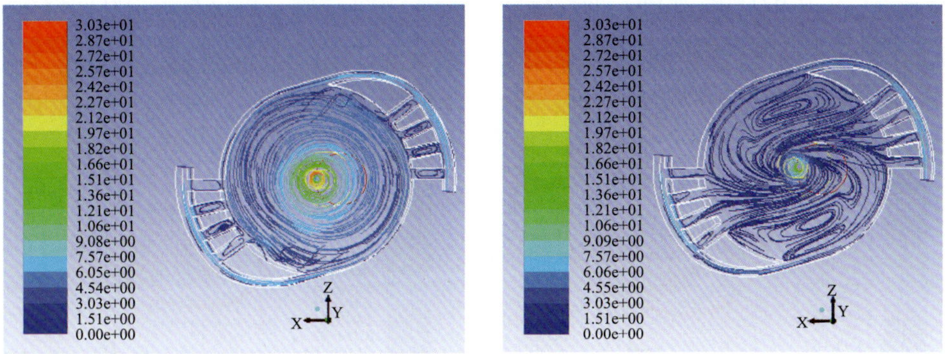

水相　　油相

图 3-1-20　变入口 2.4mm ×1.8mm 结构速度流线图

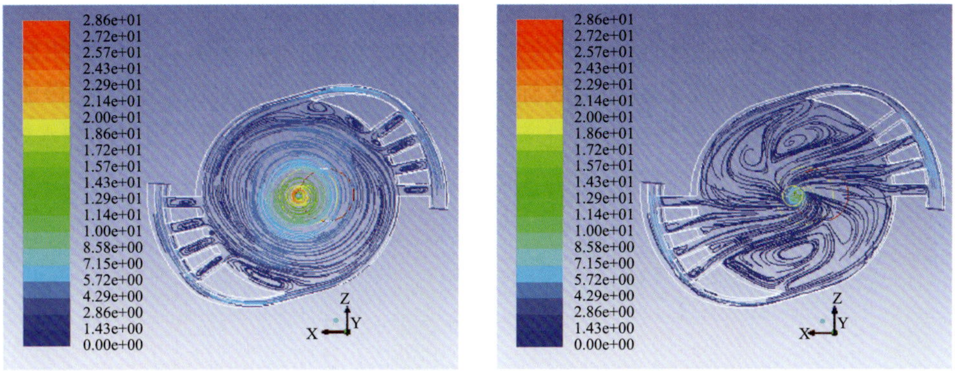

水相　　油相

图 3-1-21　变入口 2.4mm ×2.4mm 结构速度流线图

如图 3-1-22 所示，在四分支的自适应节流控制器中，油相的分支过流量比水相大得多，进入圆盘以后，水相旋转强烈，环绕数圈后从出口流走，并在出口处形成旋涡，油相则没有产生较强的旋转，缓慢流向出口。水经过此装置产生 0.82MPa 压降，油经过产生 0.123MPa 压降，可以看出很好的控水效果。

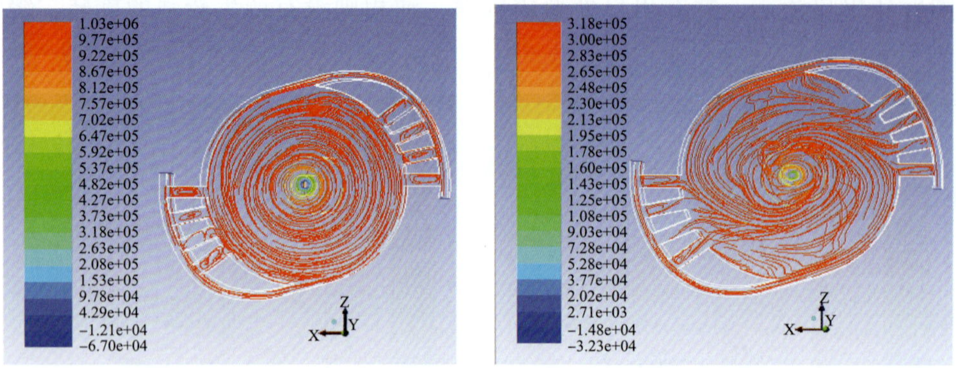

水相　　　　油相

图 3－1－22　恒入口 2.4mm×1.2mm 结构静压力流线图

如图 3－1－23 所示，油相的分支过流量比水相大得多，进入圆盘以后，水相旋转强烈，环绕数圈后从出口流走，并在出口处形成旋涡，油相则没有产生较强的旋转，缓慢流向出口。水经过此装置产生 0.621MPa 压降，油经过产生 0.083MPa 压降，可以看出很好的控水效果。

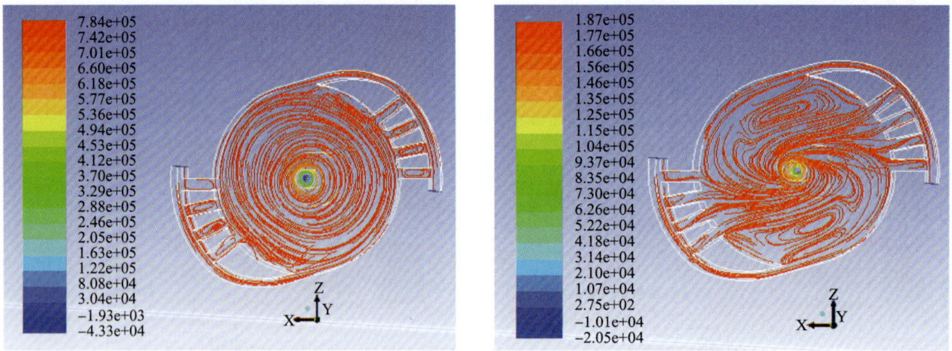

水相　　　　油相

图 3－1－23　变入口 2.4mm×1.8mm 结构静压力流线图

如图 3－1－24 所示，油相的分支过流量比水相大得多，进入圆盘以后，水相旋转强烈，环绕数圈后从出口流走，并在出口处形成旋涡，油相则没有产生较强的旋转，缓慢流向出口。水经过此装置产生 0.53MPa 压降，油经过产生 0.076MPa 压降，可以看出很好的控水效果。

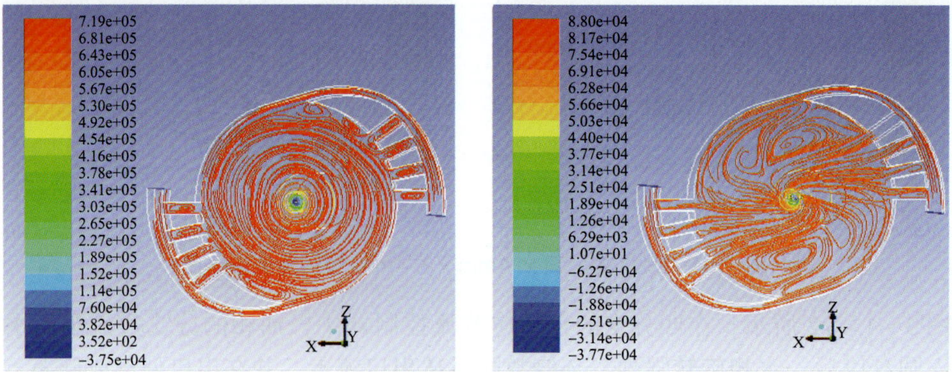

水相　　　　油相

图 3－1－24　变入口 2.4mm×2.4mm 结构静压力流线图

图3－1－25是3种结构的油水压降对比。

由于以上3种结构的入口面积不同，流量相同的情况下，入口速度有所不同。由速度流线图对比可知，水相速度随着入口面积的增大而减小，但是由于分流作用不同，油相的速度并不是单纯的随入口面积的增加而减小。

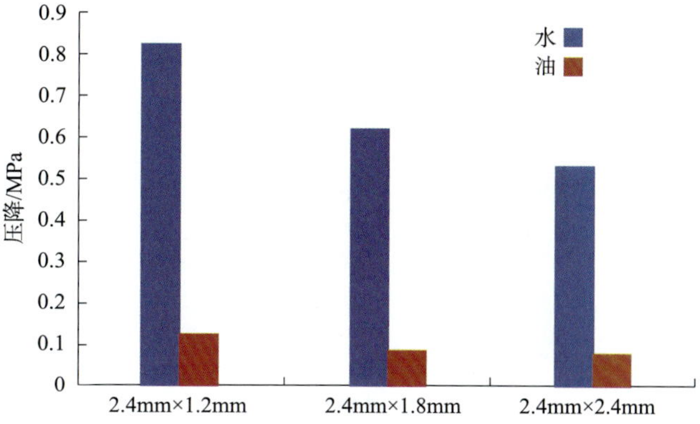

图3－1－25 3种结构油水压降对比

由于惯性力和黏性力的作用，油和水会有不一样的分流效果，油相趋于走支路，水相趋于走切向，速度越快，惯性力越大，所以在流量相同的条件下，不同的入流面积对分流效果也会产生影响，速度越小，分流效果越好。这种效果对油和对水是相同的。

由静压力曲线流线图，对比油水流经3种结构产生的压降大小，三种结构均有良好的控水效果。

2）入口分支数影响规律

基础参数不变，分别对比分支流道数为二、三、四分支结构中的速度和压力情况。

如图3－1－26所示，水相最大速度为29.6m/s，油相最大速度为22.4m/s。在自适应节流控制器二分支结构中，油相的分支过流量比水相大，进入圆盘以后，水相旋转强烈，环绕数圈后从出口流走，并在出口处形成旋涡，油相则是没有产生较强的旋转，缓慢流向出口。油相的最大速度出现在入口附近，水相则出现在出口附近，可以推断油相主要是摩擦压降起作用，水相则是旋流压降起作用。

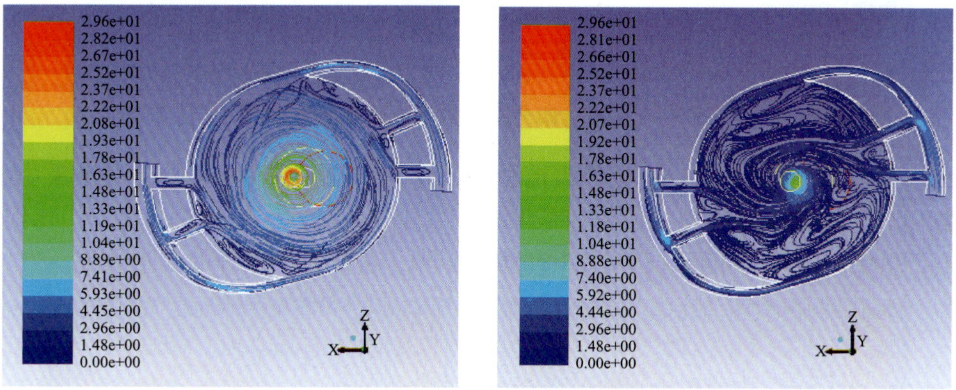

水相　　油相

图3－1－26 二分支结构水、油速度流线图

如图3－1－27所示，水相最大速度为29m/s，油相最大速度为16.6m/s。在自适应节流控制器三分支结构中，油相的分支过流量比水相大，进入圆盘以后，水相旋转强烈，环绕数圈后从出口流走，并在出口处形成旋涡，油相则没有产生较强的旋转，缓慢流向出口。油相的最大速度出现在入口附近，水相则出现在出口附近，可以推断油相主要是摩擦压降起作用，水相则是旋流压降起作用。

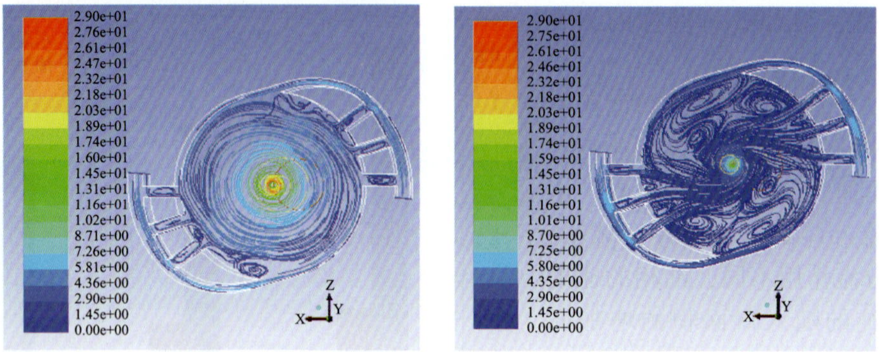

水相　　　　油相

图 3－1－27　三分支结构水、油速度流线图

如图 3－1－28 所示，水相最大速度为 28.6m/s，油相最大速度为 15.1m/s。在自适应节流控制器四分支结构中，油相的分支过流量比水相大，水相分支流道几乎堵死，进入圆盘以后，水相旋转强烈，环绕数圈后从出口流走，并在出口处形成旋涡，油相则是没有产生较强的旋转，缓慢流向出口。油相的最大速度出现在入口附近，水相则出现在出口附近，可以推断油相主要是摩擦压降起作用，水相则是旋流压降起作用。

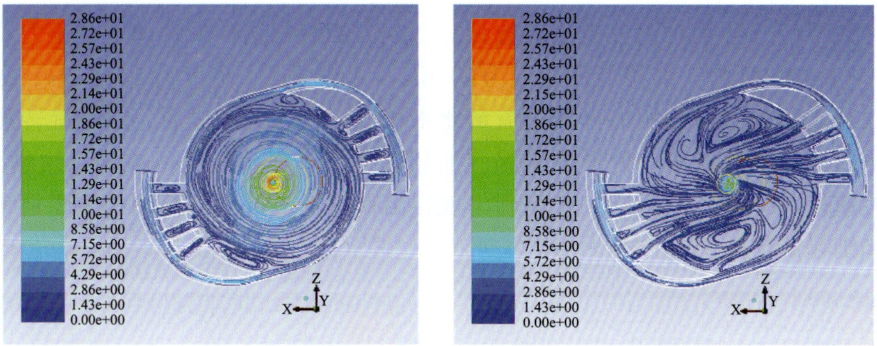

水相　　　　油相

图 3－1－28　四分支结构水、油速度流线图

如图 3－1－29 所示，在自适应节流控制器二分支结构中，油相的分支过流量比水相大，进入圆盘以后，水相旋转强烈，油相则是没有产生较强的旋转，缓慢流向出口。水经过此装置产生 0.588MPa 压降，油经过产生 0.081MPa 压降，可以看出很好的控水效果。

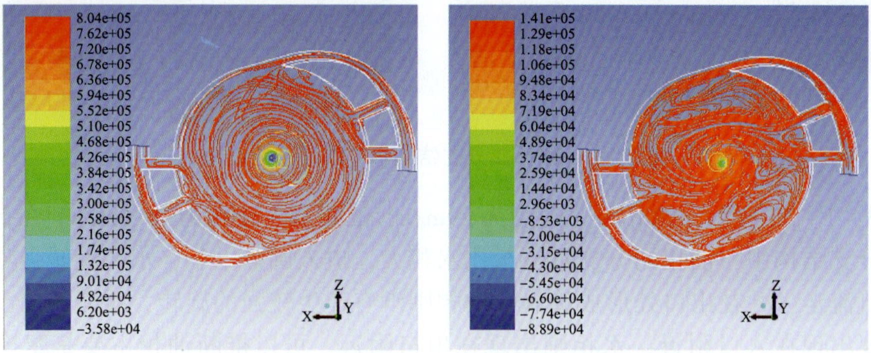

水相　　　　油相

图 3－1－29　二分支结构油、水静压力流线图

如图 3－1－30 所示，在自适应节流控制器三分支结构中，油相的分支过流量比水相大，进入圆盘以后，水相旋转强烈，油相则是没有产生较强的旋转，缓慢流向出口。水经过此装置产生 0.574MPa 压降，油经过产生 0.0792MPa 压降，可以看出很好的控水效果。

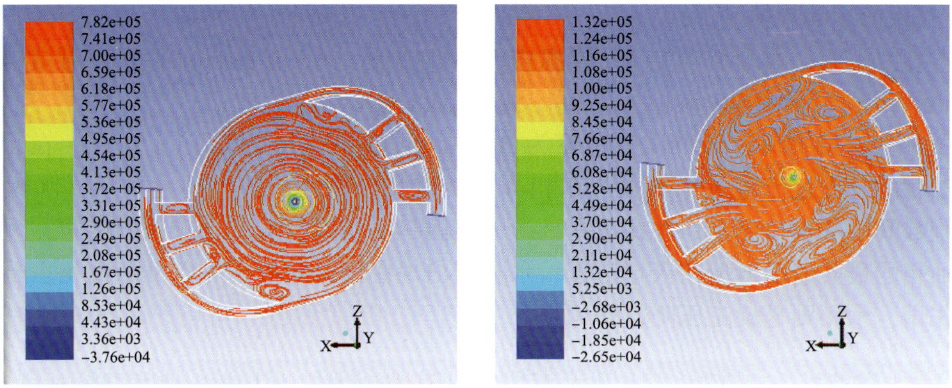

水相　　　　油相

图 3－1－30　三分支结构水、油静压力流线图

如图 3－1－31 所示，在自适应节流控制器四分支结构中，油相的分支过流量比水相大得多，进入圆盘以后，水相旋转强烈，油相则是没有产生较强的旋转，缓慢流向出口。水经过此装置产生 0.53MPa 压降，油经过产生 0.076MPa 压降，可以看出很好的控水效果。

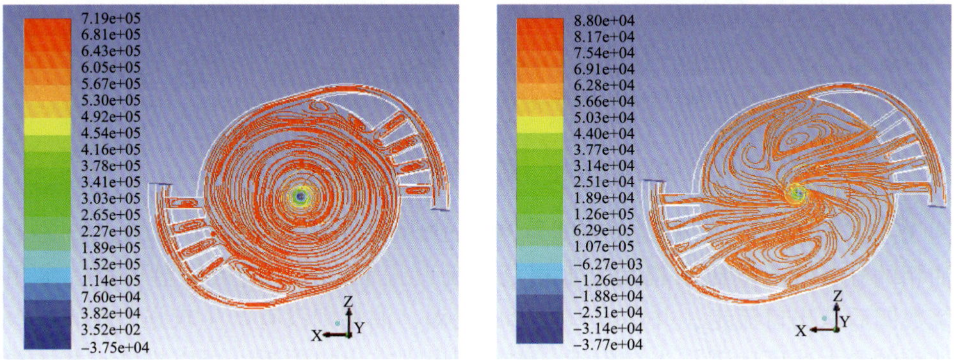

水相　　　　油相

图 3－1－31　四分支结构水、油静压力流线图

由图 3－1－32 对比可发现，自适应节流控制器二分支、三分支结构油水基本一致，四分支结构稍低，但是不多，从油水差异（压降倍数）上看，四分支结构对此流量黏度具有优势。

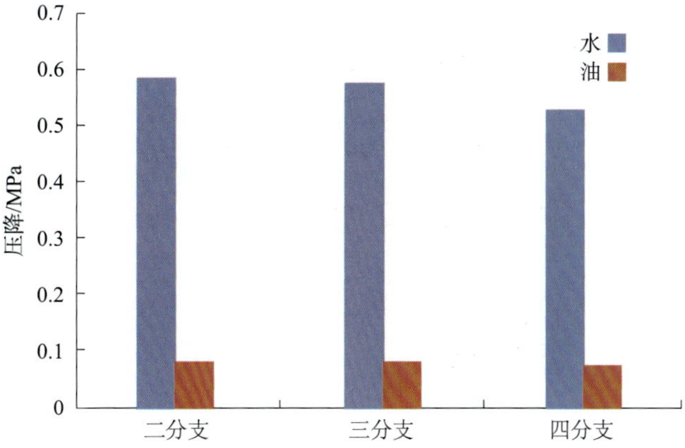

图 3－1－32　3 种结构油水压降对比

根据以上的对比及特征研究，可以得出一定的规律：

a. 由于惯性力和黏性力的影响，水更趋于走切向流道，油相趋于走分支流道。

b. 在不同分支数结构中，分支数越多，油相从支路分走的流量越多，切向流道的速度就越小，由于水相流入时分支流道几乎堵死，所以分支数的增加对水相的影响不大。

c. 在入口出口条件相同的情况下，分支数越多，油水压降差异越大。

3）挡板的影响规律

基本参数不变，两个结构中一个圆盘内部不加挡板，另一个内部加挡板，对结构的压降进行对比。

如图3－1－33所示，水相最大速度为28.6m/s，油相最大速度为15.1m/s。在无挡板结构中，油相的分支过流量比水相大，水相分支流道几乎堵死，进入圆盘以后，水相旋转强烈，环绕数圈后从出口流走，并在出口处形成旋涡，油相则没有产生较强的旋转，缓慢流向出口。油相的最大速度出现在入口附近，水相则出现在出口附近，可以推断油相主要是摩擦压降起作用，水相则是旋流压降起作用。

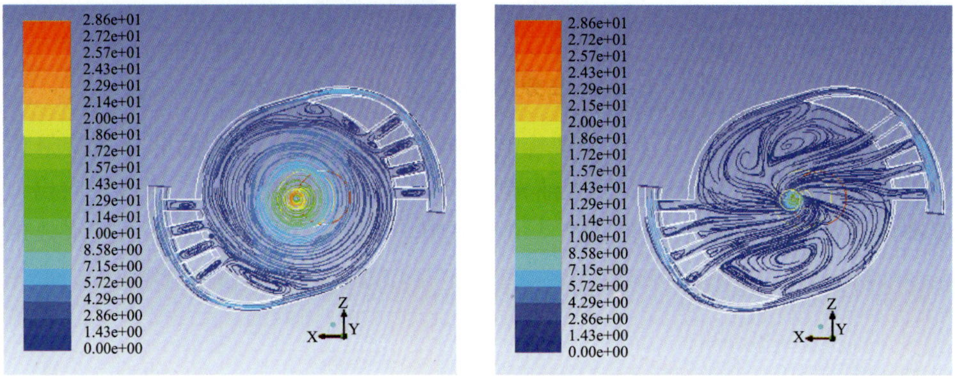

水相　　　　油相

图3－1－33　无挡板结构速度流线图

如图3－1－34所示，水相最大速度为32.3m/s，油相最大速度为16.7m/s。在有挡板结构中，油相的分支过流量比水相大，水相分支流道几乎堵死，进入圆盘以后，水相旋转强烈，环绕数圈后从出口流走，并在出口处形成旋涡，油相则没有产生较强的旋转，缓慢流向出口。油相的最大速度出现在入口附近，水相则出现在出口附近，可以推断油相主要是摩擦压降起作用，水相则是旋流压降起作用。

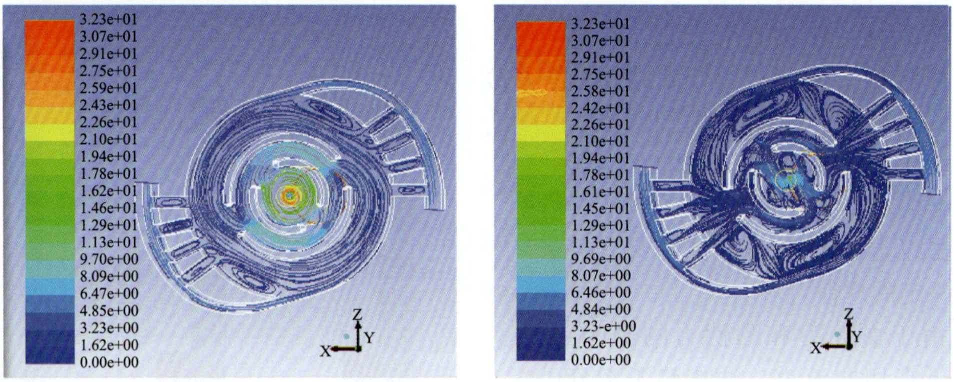

水相　　　　油相

图3－1－34　有挡板结构速度流线图

如图 3－1－35 所示，油相的分支过流量比水相大得多，进入圆盘以后，水相旋转强烈，油相则没有产生较强的旋转，缓慢流向出口。水经过此装置产生 0.53MPa 压降，油经过产生 0.076MPa 压降，可以看出很好的控水效果。

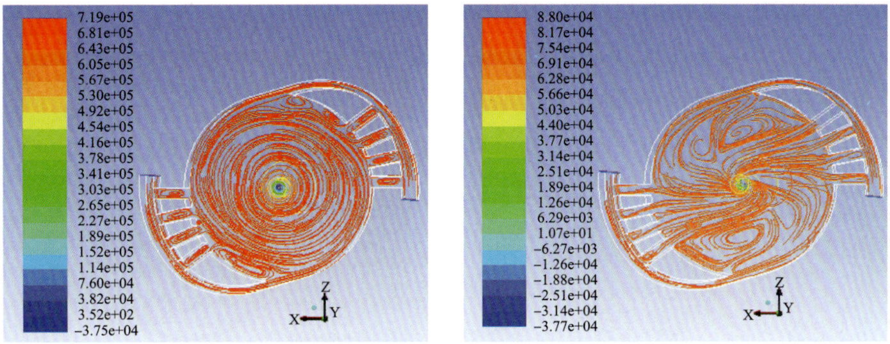

水相　　油相

图 3－1－35 无挡板静压力流线图

如图 3－1－36 所示，在有挡板结构中，油相的分支过流量比水相大得多，进入圆盘以后，水相旋转强烈，油相则没有产生较强的旋转，缓慢流向出口。进入挡板时都会产生局部压降，油相更加明显。水经过此装置产生 0.772MPa 压降，油经过产生 0.09MPa 压降，可以看出很好的控水效果。

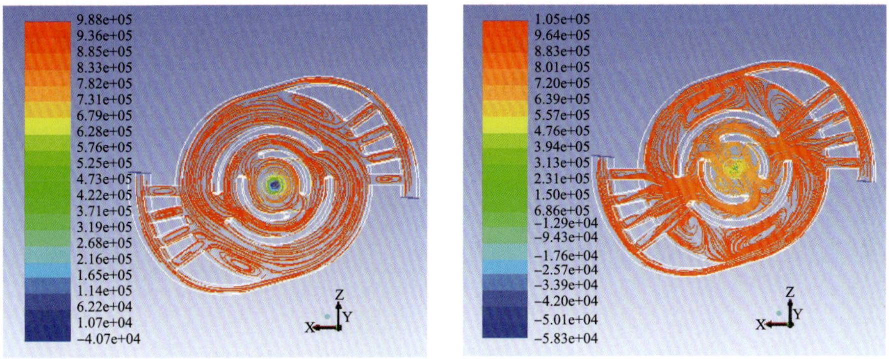

水相　　油相

图 3－1－36 有挡板静压力流线图

由图 3－1－37 发现，与无挡板入口相比，有挡板结构油水压降都有所提高，但是水的压降明显提高的更多。另外，两结构都具有明显的控水效果。此结构挡板有助于提高控水效果。

4）挡板入口面积影响规律

基本参数不变，对比的两个结构不同点在挡板入口处，一个挡板的入口稍大，另一个稍小，对比两结构产生压降的大小。

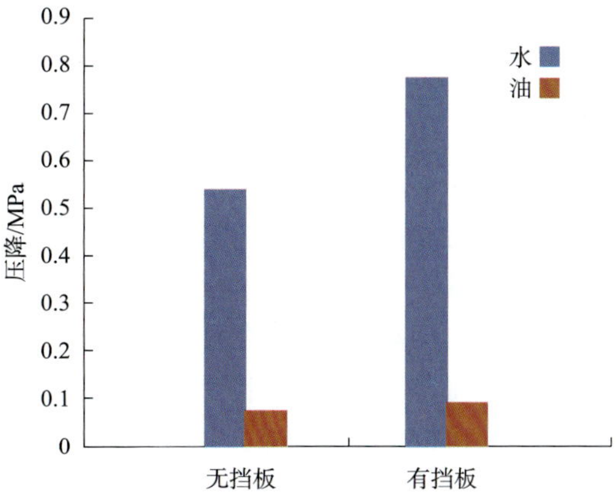

图 3－1－37 两结构油水压降对比

如图 3－1－38 所示，水相最大速度为 32.3m/s，油相最大速度为 16.7m/s。在窄挡板入口结构中，油相的分支过流量比水相大，水相分支流道几乎堵死，进入圆盘以后，水相旋转强烈，环绕数圈后从出口流走，并在出口处形成旋涡，油相则是没有产生较强的旋转，缓慢流向出口。油相的最大速度出现在入口附近，水相则出现在出口附近，可以推断油相主要是摩擦压降起作用，水相则是旋流压降起作用。

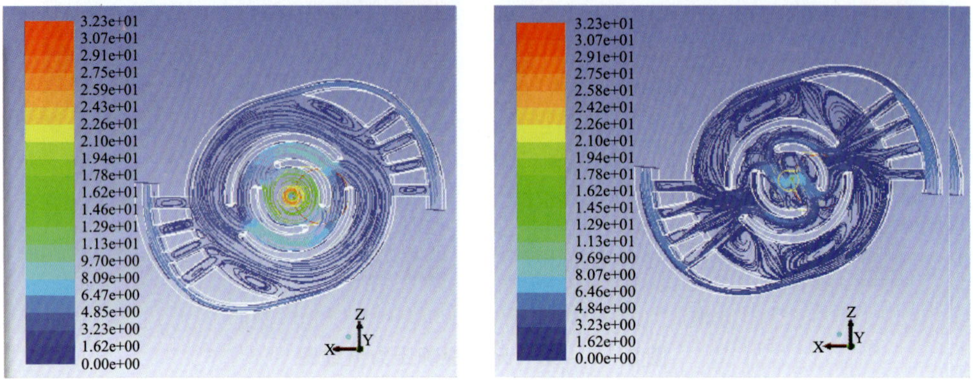

水相　　　　油相

图 3－1－38　窄挡板入口速度流线图

如图 3－1－39 所示，水相最大速度为 30.9m/s，油相最大速度为 15.3m/s。在宽挡板入口结构中，油相的分支过流量比水相大，水相分支流道几乎堵死，进入圆盘以后，水相旋转强烈，环绕数圈后从出口流走，并在出口处形成旋涡，油相则没有产生较强的旋转，缓慢流向出口。油相的最大速度出现在入口附近，水相则出现在出口附近，可以推断油相主要是摩擦压降起作用，水相则是旋流压降起作用。

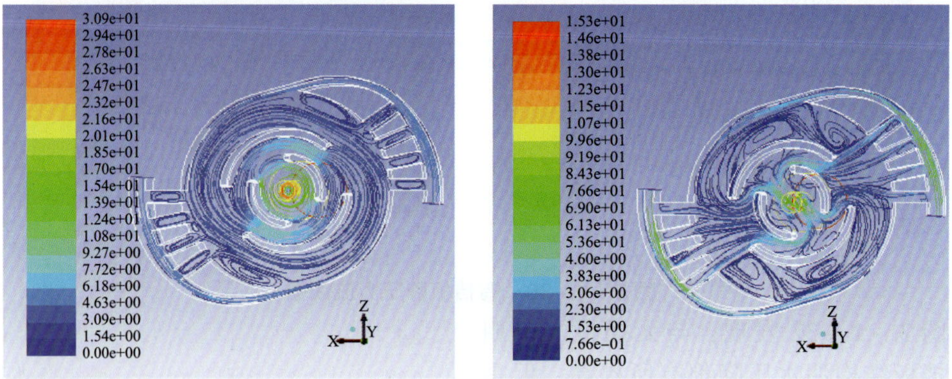

水相　　　　油相

图 3－1－39　加宽挡板入口速度流线图

如图 3－1－40 所示，在窄挡板入口结构中，油相的分支过流量比水相大得多，进入圆盘以后，水相旋转强烈，油相则没有产生较强的旋转，缓慢流向出口。水经过此装置产生 0.772MPa 压降，油经过产生 0.09MPa 压降，可以看出很好的控水效果。

如图 3－1－41 所示，在自适应节流控制器四分支结构中，油相的分支过流量比水相大得多，进入圆盘以后，水相旋转强烈，油相则没有产生较强的旋转，缓慢流向出口。水经过此装置产生 0.668MPa 压降，油经过产生 0.0842MPa 压降，可以看出很好的控水效果。

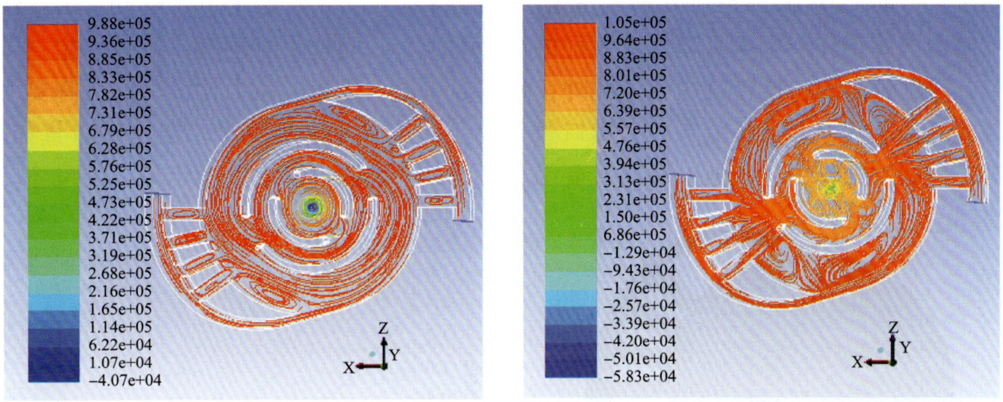

水相　　　　油相

图 3－1－40　窄挡板入口静压力流线图

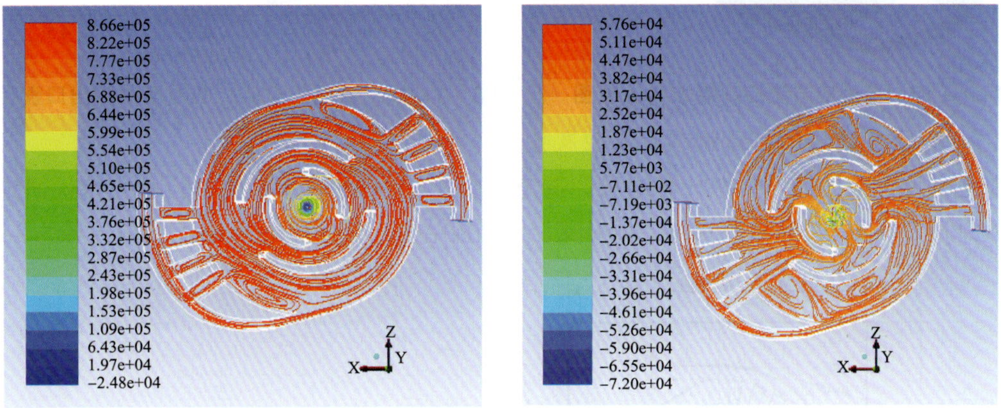

水相　　　　油相

图 3－1－41　加宽挡板入口静压力流线图

由图 3－1－42 发现，与宽挡板入口相比，窄挡板入口结构油水压降都有所提高，可以简单理解成，通过窄入口的局部阻力增加，导致油水通过都要产生更大压差，但是油水差异（压降倍数）却有所下降。另外，两结构都具有明显的控水效果。

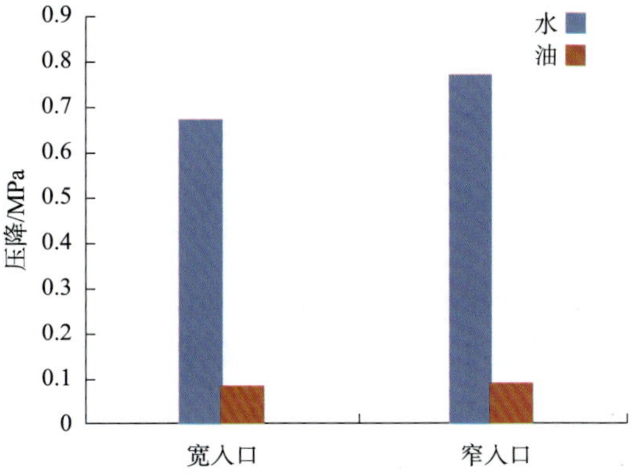

图 3－1－42　两结构油水压降对比

因此，在加挡板的情况下，可根据具体需要进行选择，如需要更高的压降，可选择窄入口；如需要尽可能大的体现油水差异，即选择宽入口。

5）出口喷嘴直径影响规律

选定如图 3－1－43 所示的结构，两端入口，入口大小为 2.4mm × 2.4mm，圆盘直径 30mm，出口位于圆盘中心处，出口的直径分别为 2mm、3mm、4mm、5mm，对比不同出口直径情况下的压降关系。

图 3-1-44 为流量为 $5m^3/d$ 的流量条件下压降随出口直径变化表。可以看出，自适应节流控制器涡旋结构产生压降随出口直径的增加而减小，同样不难理解，流量一定，出口直径越小，速度就越大，压降就越大。此外，还可以看出，水相的压力比油相的压降要大，并且，在此流量条件下和直径范围内，出口直径越小，控水效果越明显。但是出口直径越小，流体对结构的冲蚀作用越强烈。因此，要综合考虑各个因素的影响，确定最终的尺寸。

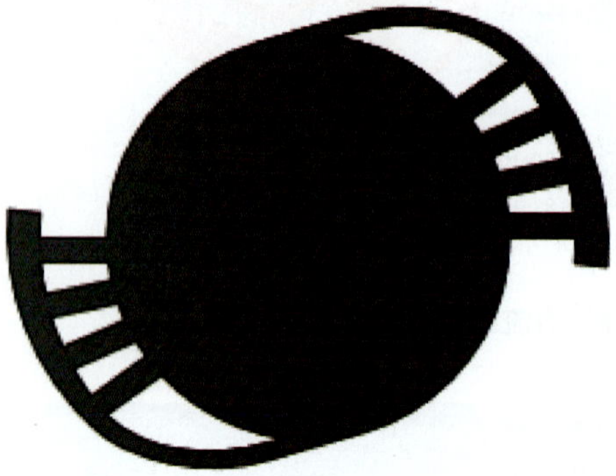

图 3-1-43　自适应节流控制器结构上视图

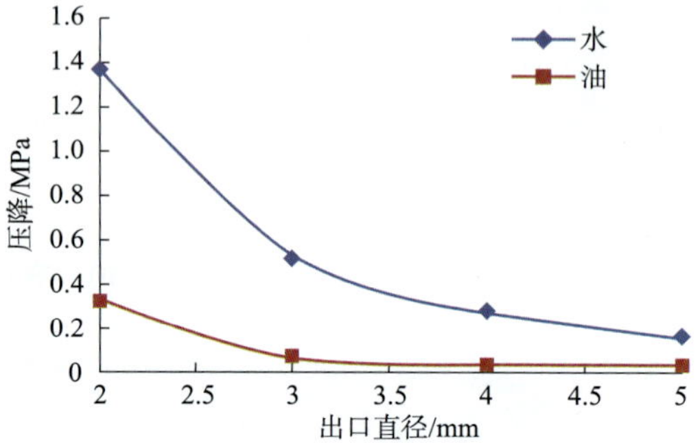

图 3-1-44　自适应节流控制器压降随出口直径变化

3. 自适应节流控制器结构参数定型及性能分析

基于前面两节的数值模拟计算结果，选定如图 3-1-45 所示结构进行水力特性研究，其入口截面为 2.4mm×2.4mm 变截面、四分支、无挡板结构，圆盘直径 30mm，出口直径为 3mm。

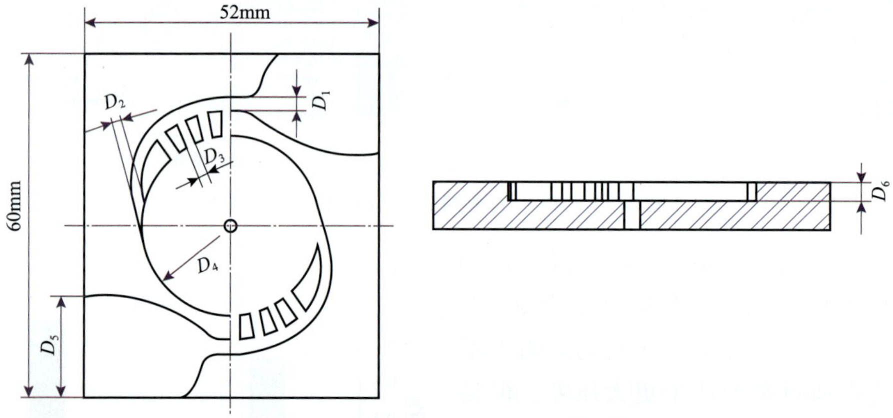

图 3-1-45　自适应节流控制器结构图

基于计算流体力学方法，针对不同流量情况，不同黏度的油水分别进行数值模拟。入口采用速度入口，入口速度依流量大小而定，油的密度 $0.87g/cm^3$，黏度分别取 20mPa·s、50mPa·s、100mPa·s、150mPa·s、200mPa·s。水密度 $0.998g/cm^3$，黏度 1mPa·s。流量分别取 $2.5m^3/d$、$5m^3/d$、$7.5m^3/d$、$10m^3/d$、$12.5m^3/d$、$15m^3/d$。计算结果如图 3-1-46 所示。

基于不同黏度、不同流量条件下流体在自适应节流控制器中流动的数值实验结果，绘制不同流量条件下压降随黏度变化曲线（图 3-1-47）。显示压降随流体黏度的变化规律，每个系列的第一点的黏度为 1mPa·s，即水的压降；其余各点为不同黏度情况的油。

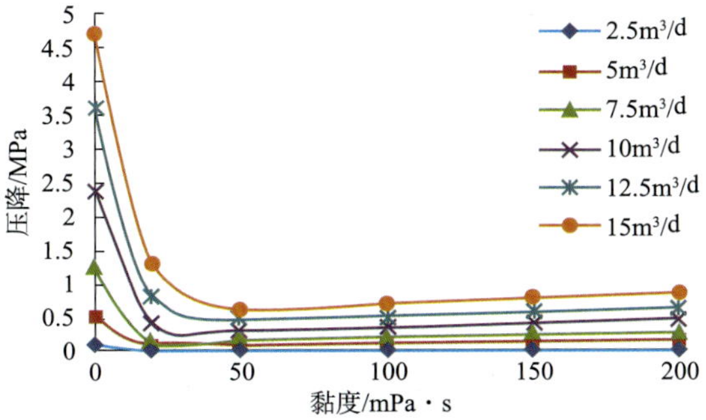

图3-1-46 自适应节流控制器性能曲线

注：水的黏度为1mPa·s，所以每个系列的第一个点为水的压降，其余点为不同黏度油的压降。

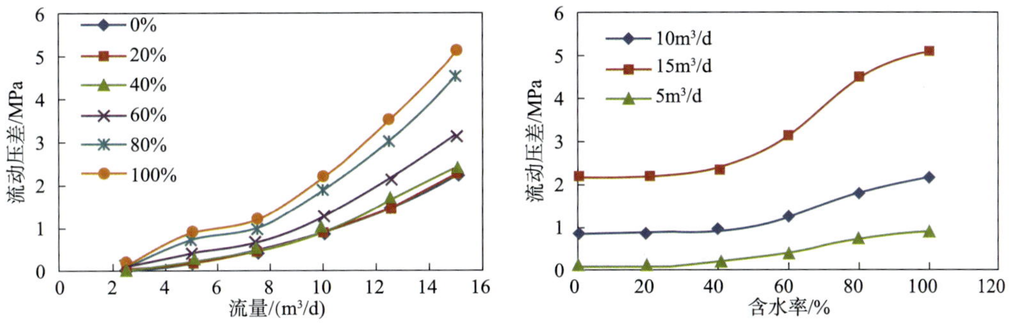

图3-1-47 不同含水率下自适应节流控制器性能曲线

由以上数值实验结果可知：

a. 油、水压降均随流量增加而增大，油的压降基本是线性变化，水的压降成抛物线变化。

b. 相同流量情况下，油的压降随黏度变化不大，并且均远低于水流动过程中产生的压降，有良好的控水效果。

c. 流量越大，油、水压差差异越大。

综上，由于水相分支流道流量较小，摩擦阻力小，水在进入圆盘后产生高速旋流，在出口处，不仅产生局部压力损失，并且存在由于高速旋流作用产生的巨大压差；油相分支流道流量较大，摩擦阻力大，进入圆盘后不会产生高速旋流，在出口处，以局部压力损失为主，因此水相在装置中产生的压差大于油相压差。

通过上面对自适应节流控制器流线、压力、速度的CFD分析能够得出，所设计的自适应节流控制器能够自动调节油相、水相的流动状态，从而达到均衡产液剖面，自动阻水的目的，该自适应节流控制器对流体的黏度敏感性低，能够起到主动性控水的作用。

四、凝析气藏自适应控水增油气理论研究

（一）凝析气藏不同开发阶段井下流体相态变化规律研究

凝析气藏是一种特殊、复杂的气藏，一般情况，在原始地层条件下流体呈气相状态。凝析气藏具有独特的热力学性质和渗流特性，兼具油藏和气藏双重特征，经济开采价值高。我国凝析气藏资源丰富，此类油气藏常采用衰竭式开发方式，因此储层压力下降快、油气产量递减快、反凝析现象严重，采出程度低。尤其对于含边、底水的凝析气藏，如不采取必要的

控水措施，极易造成边、底水的局部突破，导致水平井含水率快速上升，甚至全井水淹，影响气井的产能和整体开发效益。

高温、高压是形成凝析气藏的重要特征。此外，地层原始条件下油气的比例、烃类混合物的组成以及各种地质条件等也是形成凝析气藏的必要条件。凝析气藏在生产开发过程中，随着地层压力的下降，储层中会逐渐凝析出凝析油，形成气液两相，在一定温压条件下，气液两相共存并不断发生传热和传质。开发初期，地层平均压力高于露点压力，此时地层中无凝析油析出，气藏中流体体系为单一气相；开发中期，随着气藏压力的下降，近井地带的压力开始低于露点压力，储层中会有少量凝析油析出，但由于其液量小于当前气体最大携液量，因此，凝析油以雾状流的形式被凝析气完全携带产出；开发后期，地层平均压力下降至露点压力以下，凝析油大量析出，由于近井区域压力相对较低，因此，生成的凝析油量最大，当凝析油的析出量大于气体的最大携液量时，部分凝析油将会以液态形式存在于地层中。

（二）气井自适应控水装置在凝析气藏不同开发阶段的作用机理研究

本研究基于凝析气藏在不同开发阶段所体现的井下流体相态变化规律，分析了气井自适应调流控水装置的作用机理（图3-1-48）。开发初期，近井区域为纯气相，由于气相低黏、低密的特点，在经过AICD时，凝析气受到的附加阻力相对较小，此时AICD产生附加压力的大小主要与气体流量相关，流量越大产生的附加阻力越大；开发中期，近井区域为油、气两相流动，由于此时气相流速较大，凝析油基本以小液滴的形式分散于气相中，因此，整体上与纯气相流动状态相似，AICD此时产生的附加压降较小，气体流量与AICD附加阻力为正相关关系。开发中后期，水平井出现点状见水，部分水平井段含水率开始上升，此时近井区域以气液两相流动为主，液相主要为水相但含有少部分油相，液相的黏度和密度与气相存在较大差异，因此在经过AICD时会自动分离，并沿不同的流动路径进入井筒，其中液相主要沿周向做旋流运动后流出AICD，由于旋流运动延长了液相的流动路径，增大了沿程摩阻，因此，AICD对液相产生的附加阻力较大，且与液相流量呈正相关关系，即液相流量越大，对液相的附加阻力越大。开发后期，含水率继续上升，凝析油大量析出，近井区域主要为复杂的油、气、水三相流动，AICD需要分别进行气液两相的分离和油水两相的分离，由于油水两相密度和黏度差异，水相在AICD中主要以旋流作用为主，受到的附加阻力最大，油相由于密度较小、黏度较大主要以线形流动为主，受到的附加阻力相对较小，气相由于密度、黏度均为三相中最小，所以受到的沿程摩阻和局部摩阻最小，产生的附加阻力也最小。通过以上思路设计的气井自适应调流控水装置，可以实现，控水稳油、气的目的，保持水平井沿井筒方向的入流剖面均衡和低含水采气/油期的延长。

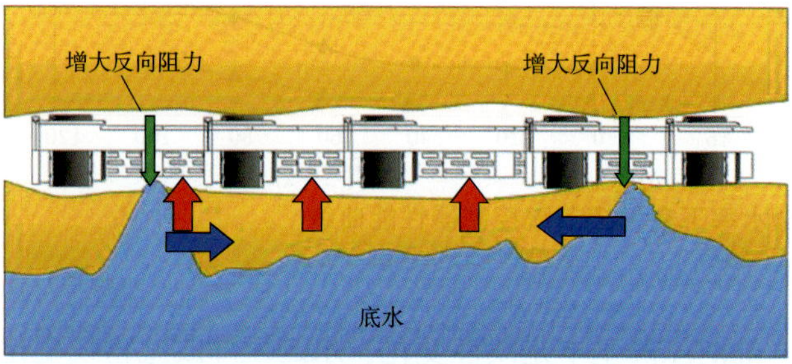

图3-1-48　凝析气藏调流控水机理示意图

（三）气井自适应控水装置结构设计理论研究

为了实现气井自适应调流控水装置既能够自动分离气液两相又能够限制水的流出，同时不增大对气和油的阻力的目的，开展了相关理论研究。查阅国内外相关文献，对 AICD 现有技术进行调研及资料分析，研究 AICD 压降影响因素及其控水机理，得到造成这种现象的根本原因是不同流体的雷诺数不同，雷诺数是一种用来表征流体惯性力与黏性力比值的量度，是一个无量纲数。

流体在该装置中流动时由于流体的内摩擦与内部质点间的碰撞，使其流过装置后会产生一定的压降，压降主要产生于环状通道、流槽、控制室与喷嘴处，控制室内的旋流压降计算不便，可通过在喷嘴处添加系数来实现。所以流体在装置中产生总压降主要有环状通道压降、流槽压降与喷嘴压降，可以表示为：

$$\Delta p = \Delta p_{\mathrm{L}} + \Delta p_{\mathrm{N}} + \Delta p_{\mathrm{S}} \tag{3-1-1}$$

式中，Δp 为流体流过装置后产生的总压降；Δp_{L} 为流体通过环状流道产生的压降；Δp_{N} 为流体通过流槽产生的压降；Δp_{S} 为流体通过喷嘴产生的压降。

1）环状通道

流体通过环状通道产生的压降包括局部压降和沿程压降，可以表示为：

$$\Delta p_{\mathrm{L}} = \left(\lambda\frac{l}{d_1} + \zeta\right) \times \frac{\rho_{\mathrm{m}} Q^2}{2A_1^2} \tag{3-1-2}$$

式中，ζ 为局部压力损失系数；λ 为环状通道沿程压力损失系数；l 为环状通道长度；d_1 为环状通道的水力直径；ρ_{m} 为混合液密度；Q 为流入自动相选择控制阀的流量；A_1 为环形流道横截面积。

局部压力损失系数可以表示为：

$$\zeta = \left[0.131 + 0.163\left(\frac{d_1}{R}\right)^{3.5}\right]\left(\frac{\theta}{90}\right)^{0.5} \tag{3-1-3}$$

式中，R 为环状通道轴线曲率半径；θ 为环状通道弯角。

沿程压力损失系数由流动状态决定。

层流状态下：

$$\lambda = 64/Re,\quad Re \leqslant 2320 \tag{3-1-4}$$

湍流状态下：

$$\lambda = 0.316/Re^{0.25},\quad Re > 2320 \tag{3-1-5}$$

式中，Re 为流体的雷诺数，表达式如下：

$$Re = \frac{\rho v l}{\mu} \tag{3-1-6}$$

式中，ρ 为混合液密度；v 为流体速度；l 为特征长度；μ 为动力黏度。

2）流槽

流体通过流槽产生的压降包括局部压降和沿程压降。

流槽的局部压降可以表示为：

$$\Delta p_{\mathrm{S1}} = C_{\mathrm{DS}}\frac{\rho_{\mathrm{m}} Q^2}{2A_{\mathrm{S}}^2} \tag{3-1-7}$$

式中，A_{S}^2 为流槽横截面积；C_{DS}为流槽压力损失系数。

$$C_{\mathrm{DS}} = K_{\mathrm{Sin}} + K_{\mathrm{Sout}} + \lambda\frac{l_{\mathrm{S}}}{d_{\mathrm{S}}} \tag{3-1-8}$$

式中，l_S为流槽长度；d_S为流槽水力直径。

K_{Sin}和K_{Sout}与管道的突然膨胀和突然收缩有关。

$$K_{Sin}=0.5\left(1-\frac{A_S}{A_{Sin}}\right)^{0.75} \tag{3-1-9}$$

$$K_{Sout}=\left(1-\frac{A_S}{A_{Sout}}\right)^2 \tag{3-1-10}$$

式中，A_{Sin}为流槽的入口面积；A_{Sout}为流槽的出口面积。

流槽的沿程压降可表示为：

$$\Delta p_{S2}=l_S\times\frac{\lambda}{4d_S}\times\frac{\rho_S v_S^2}{2} \tag{3-1-11}$$

式中，v_S 为流槽处流体的平均流速；ρ_S 为流槽处流体的密度。

3）喷嘴

流体通过喷嘴产生的压降包括局部压降和沿程压降。

喷嘴的局部压降可以表示为：

$$\Delta p_{N1}=eC_{DN}\frac{\rho_m Q^2}{2A_N^2} \tag{3-1-12}$$

式中，e 为控制室内的压力损失系数；A_N 为喷嘴横截面积；C_{DN}为喷嘴压力损失系数。

$$C_{DN}=K_{Nin}+K_{Nout}+\lambda\frac{l_N}{d_N} \tag{3-1-13}$$

式中，l_N 为喷嘴长度；d_N 为喷嘴的水力直径。

同样的，K_{Nin}和K_{Nout}与管道的突然膨胀和突然收缩有关。

$$K_{Nin}=0.5\left(1-\frac{A_N}{A_{Nin}}\right)^{0.75} \tag{3-1-14}$$

$$K_{Nout}=\left(1-\frac{A_N}{A_{Nout}}\right)^2 \tag{3-1-15}$$

式中，A_{Nin}为喷嘴入口面积；A_{Nout}为喷嘴的出口面积。

喷嘴的沿程压降可表示为：

$$\Delta p_{N2}=l_N\times\frac{\lambda}{4d_N}\times\frac{\rho_N v_N^2}{2} \tag{3-1-16}$$

式中，v_N 为喷嘴处流体的平均流速；ρ_N 为喷嘴处流体的密度。

五、凝析气藏用旋转流道式自适应控水结构

基于气液两相流理论、CFD 仿真及地面模拟试验，对节流控制器的出口直径、入流旋流角度、支路结构及位置、射流管路、圆角等关键参数进行了优化设计，优选出适用于气藏的两种类型的节流控制器。

（一）单入口节流控制器

单入口节流控制器的设计流程如图 3－1－49 所示。根据尺寸要求，设计了单入口传统型节流控制器结构，发现此结构的阻水效果并不理想。为了增大节流控制器对水相产生的附

加压降，首先减小了入口尺寸，以此来增大流体入流速度，但此时节流控制器对水相和气相的附加压降同时增大，且对水相产生的附加压降不能满足设计要求。为此，对结构进行进一步改进，改变了远离入口端导流通道的方向，此时水相压降略有上升，油相压降变化不大，但仍不能满足设计要求。在此基础上去掉了远离入口端的导流通道，同时增大入口前端面面积，进行 CFD 仿真模拟。经过对流场的分析发现：导流通道位置对水相压降影响较大，支路的存在对过流压降的影响很小。通过优化导流通道的位置，并去掉支路结构，最终形成了符合设计要求的单入口节流控制器结构。

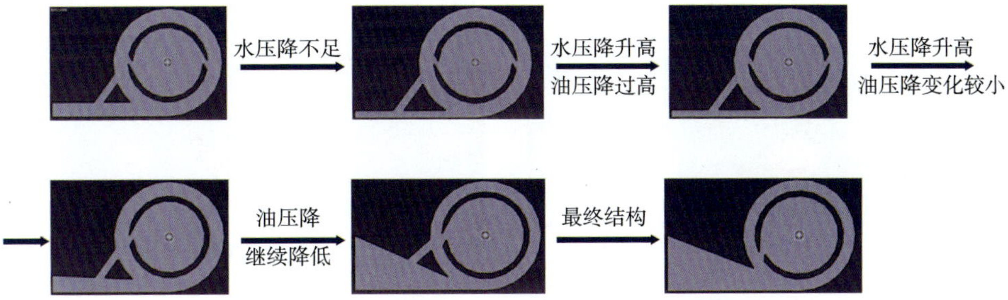

图 3-1-49　单入口节流控制器设计流程图

1. 性能分析

1）流场分析

水、油、气以 $5m^3/d$ 的流量通过 AICD 的压力云图如图 3-1-50 所示，可以看出水、油、气都在流槽处产生压力的骤降，但是由于水的惯性力大、黏性力小，在外围环形通道内沿程损失较小，主要产生压降的位置在流槽处以及内层控制室中的旋流压降。而油与气由于雷诺数小，所以油与气在该自适应调流控水装置中流动时，沿着环形通道经过流槽，再到喷嘴出口，其压力是不断降低的，在喷嘴处也会产生压力骤降，但要远小于水相的压降。

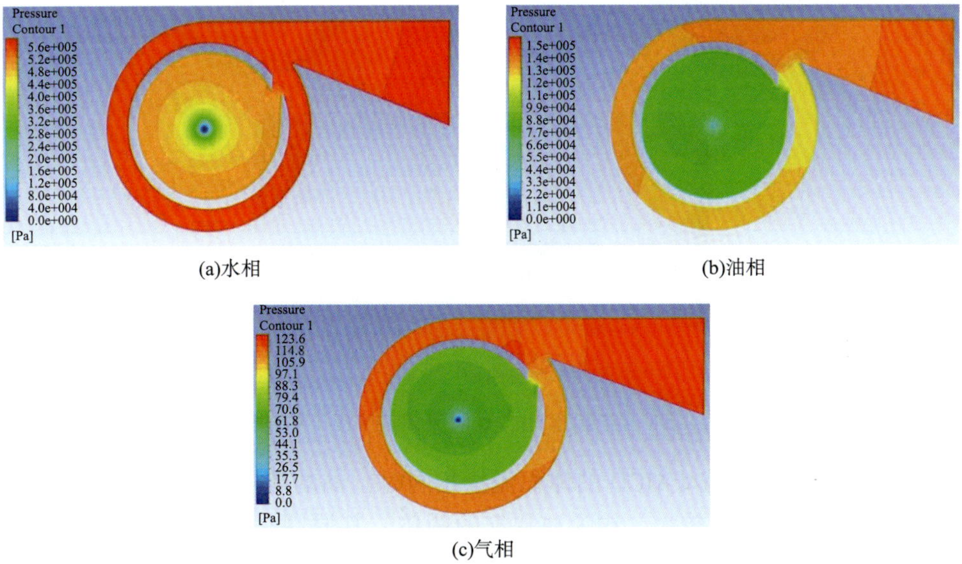

图 3-1-50　流量为 $5m^3/d$ 时流体在 AICD 中的压力分布图

图3－1－51为水、油、气以5m³/d的流量通过AICD的速度图（从上到下依次为速度云图、速度矢量图、速度流线图）。

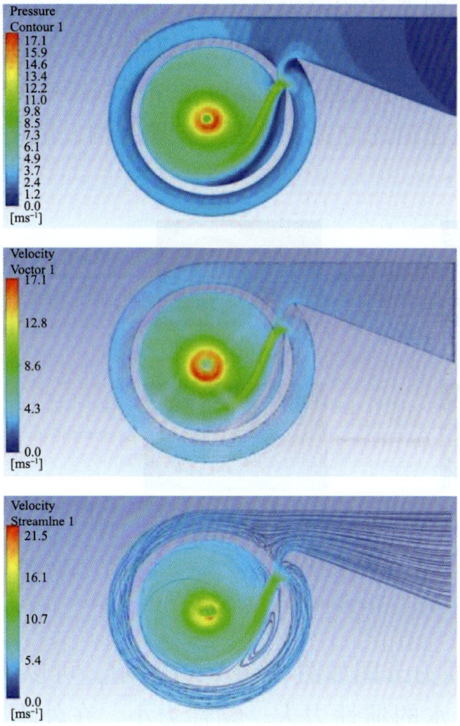

(a)水相

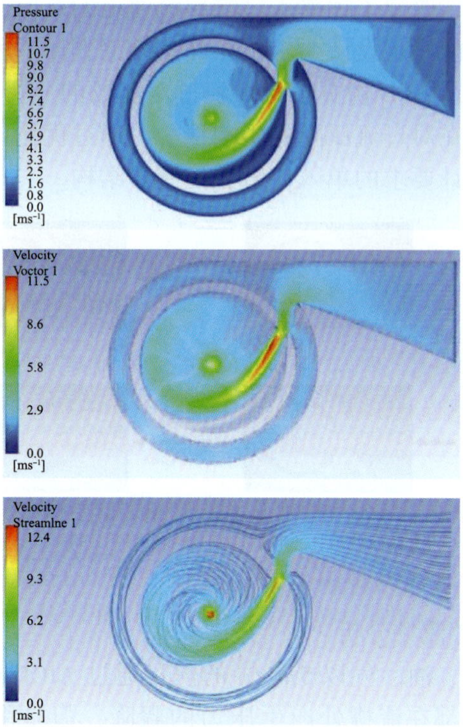

(b)油相

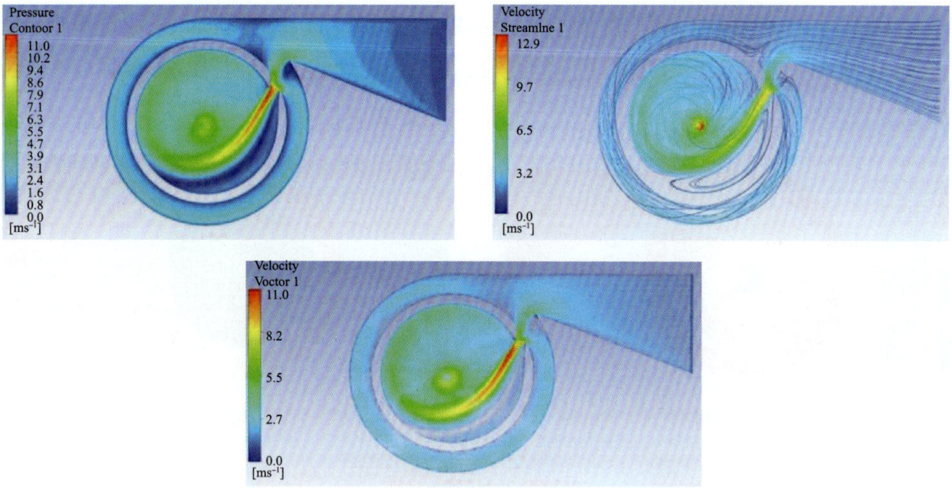

(c)气相

图3－1－51　流量为5m³/d时流体在AICD中的速度图

从图中可以看出，当流入AICD的体积流量相同时，油的流速最小，但是气的速度和油的速度相差不大，水的流速较大，约为油和气的两倍，其原因是水从入口流进环形流道后，在环形流道中得到充分预旋，再由流槽进入控制腔室，并在控制腔室中高速旋转，越靠近出口喷嘴旋转速度越大。油与气在自适应调流控水装置的入口、流槽和出口喷嘴处速度最大，其原因是大部分油从入口流入后经流槽直接流向了喷嘴，并没有在环形流道和控制腔室中旋转。由速度流线图可以看出，油和气的在环形通道内的流线要稀疏很多这也可以说明，油和气从入口流入之后，大部分流经流槽流出，在控制室内几乎无旋转，最后由喷嘴流出。而水则是先沿环形流道内旋转之后再由流槽进入控制腔室，并在控制室内高速旋转之后由喷嘴流出装置。

2）水相与气相的压降对比

表 3-1-1、图 3-1-52 为气体和水在不同流量下通过 AICD 的压降，图 3-1-53 为该装置水气压降比随流量的变化规律，由图可见随着流体流量的增加，水与气流过 AICD 的压降都随之增大，虽然二者趋势相同，但是水的压降增幅更大。从水气压降比可知，在体积流量相同的情况下，水流过自适应调流控水装置的压降是气流过该自适应调流控水装置的几千倍，控水效果明显。

表 3-1-1　气体和水在不同流量下通过 AICD 的压降及其压降比

流量	气相压降/MPa	水相压降/MPa	水/气压降比
5	1.33×10^{-4}	0.502	3774.4
10	5.69×10^{-4}	2.59	4551.8
15	1.366×10^{-3}	6.05	4429.0
20	2.595×10^{-3}	11.38	4385.4

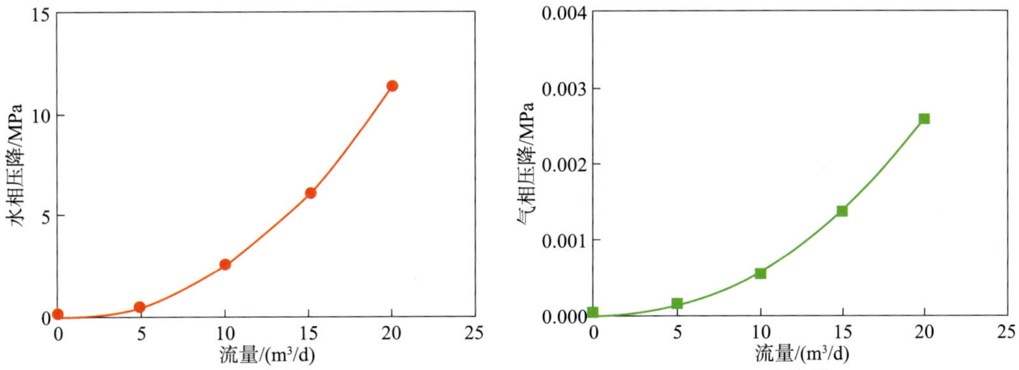

(a)水相　(b)气相

图 3-1-52　气体和水在不同流量下通过 AICD 的压降

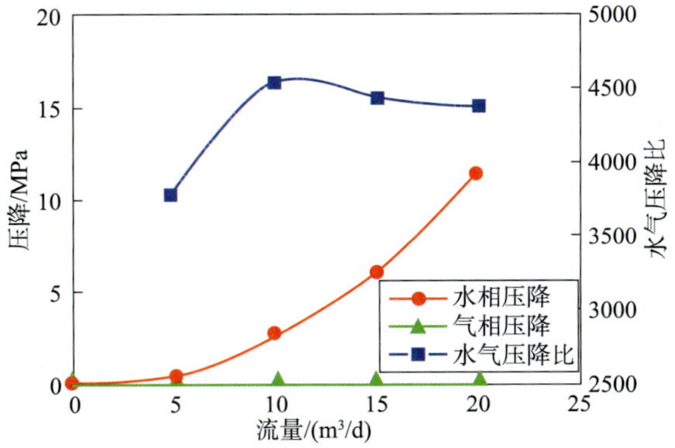

图 3-1-53　水气压降比随流量的变化规律

井下气体的流量较大，所以在上文的基础上针对气体进行了一系列的补充计算（表3－1－2），图3－1－54为气相压降在流量区间为0～100m³/d内的变化规律，由图可知当气体流量在100m³/d时，其压降只有0.152MPa，所以该AICD对气体的阻力很小。

表3－1－2　不同流量下气体的压降

流量/(m³/h)	5	10	15	20	30	40
压降/10⁻⁴MPa	1.33	5.69	13.66	25.95	66.6	135.1
流量/(m³/h)	50	60	70	80	90	100
压降/10⁻⁴MPa	239.2	392.1	597.3	852.3	1170.8	1515.7

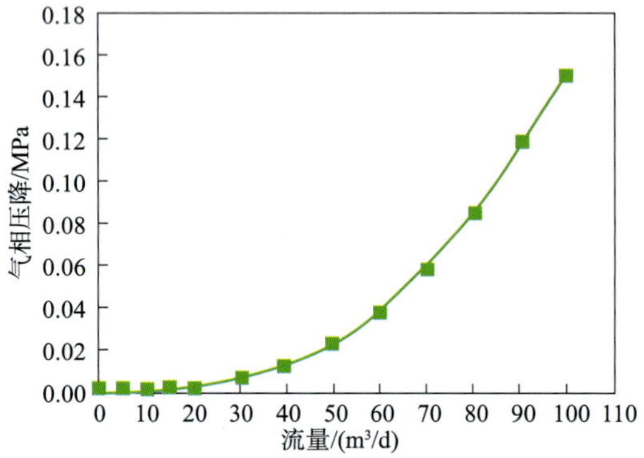

图3－1－54　气相压降随流量的变化规律

3）水相与油相的压降对比

表3－1－3、图3－1－55为油和水在不同流量下流过该AICD的压降，图3－1－56为水油压降比随流量的变化规律，可见随着流量的增加，水和油流过AICD的压降都随之增大，在相同体积流量下，水的压降远大于油的压降。另外随着流量的增加，水油压降比也随之增加，在流量为5m³/d时的水油压降比为3.37，流量为20m³/d时，水油压降比增加到了4.43，说明即使流量上升，该装置也能起到很好的调流控水作用。

表3－1－3　水与油在不同流量下的过阀压降及其压降比

流量/(m³/h)	油相压降/MPa	水相压降/MPa	水/油压降比
5	0.149	0.502	3.37
10	0.618	2.59	4.19
15	10419	6.05	4.26
20	2.567	11.38	4.43

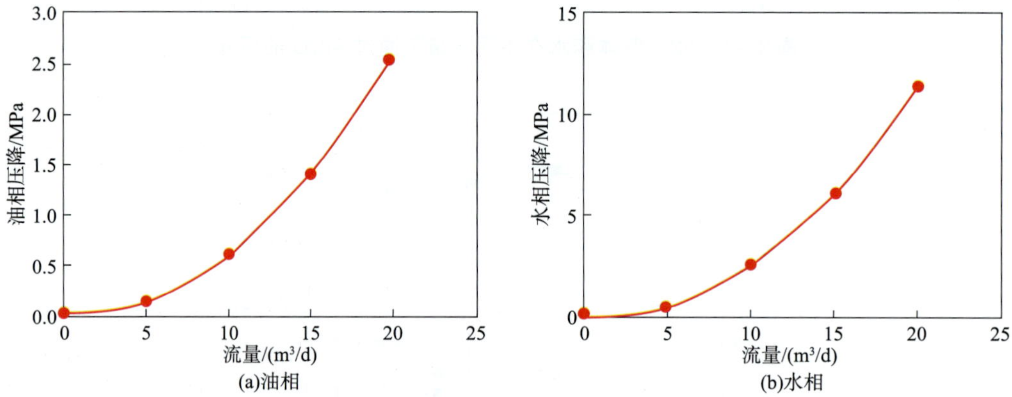

图3－1－55　水与油在不同流量下的过阀压降

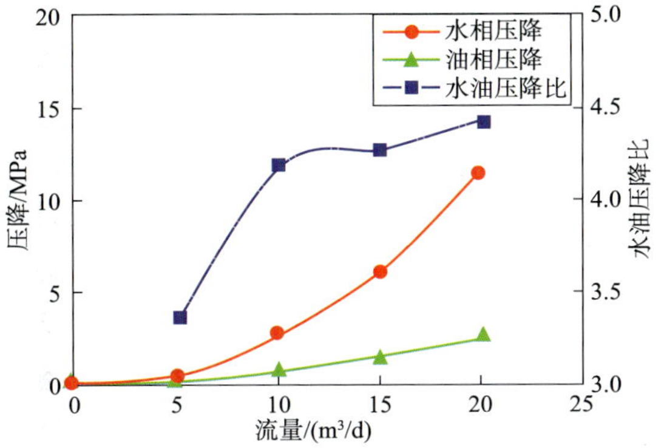

图 3－1－56　水油压降比随流量的变化规律

4）控水能力分析

图 3－1－57 为不同含水率的气体流过单入口型节流控制器时的压力分布云图，纯气在该节流控制器中流动时，压降主要分为环形流道中的沿程压降以及流槽和出口喷嘴处的瞬时压降，随着含水率的增加，流体在环形流道中产生的压降减小，压降主要产生在流槽和内层控制室以及喷嘴处。随着含水率增加，流体的速度也随之增加，从而产生较高的旋转压降。

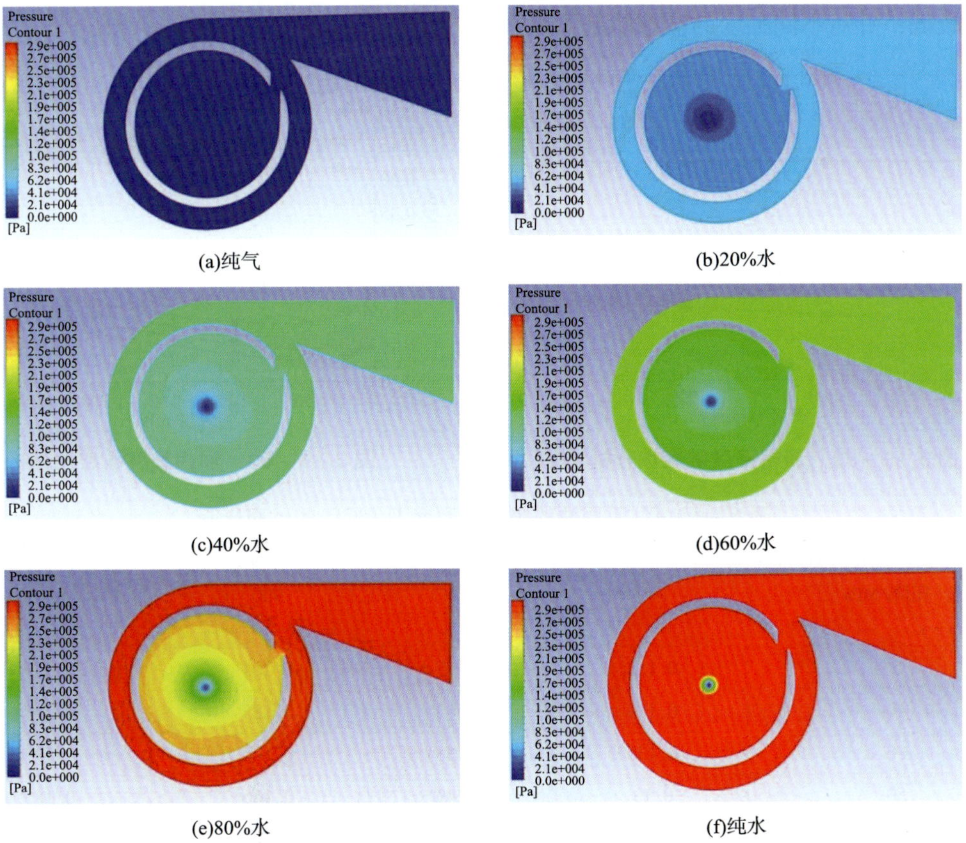

(a)纯气　(b)20%水

(c)40%水　(d)60%水

(e)80%水　(f)纯水

图 3－1－57　不同含水率的气体在节流控制器中的压力分布云图

图 3－1－58 为流体在单入口型节流控制器中的压降随气体含水率的变化规律，从图中可以看出随着含水率的增加，流体在该装置内产生的压降也随之增大，由前文的分析可知，

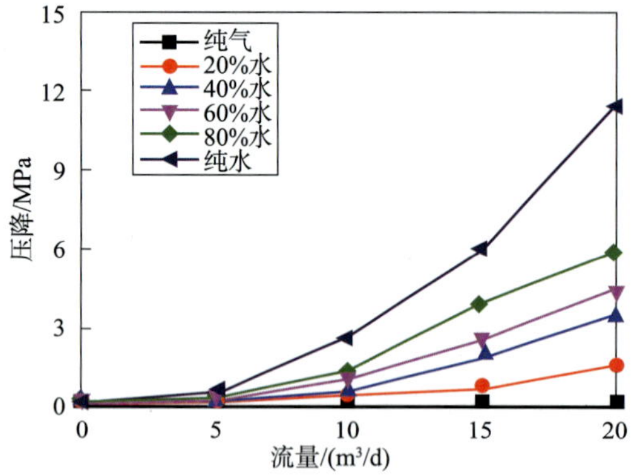

图 3－1－58　气相在单入口节流控制器中的压降随含水率的变化规律

这是因为随着含水率的增加，流体在控制室内的旋转强度增大，产生的旋转压降升高，因此，含水率越高，流体流过该装置的压降越大。

5）油相的敏感性分析

该 AICD 是根据流体的性质来限制水的产出，而我们设计的装置在限制水产出的同时既要求对气的限制较小也要求对油的限制较小。图 3－1－59 为不同密度的油以 $5m^3/d$ 的流量流过该 AICD 时产生的压降图，此时油的黏度为 50mPa·s，从图中可以看出，随着密度增加，压降也随之增加，但是密度在 $700kg/m^3$ 到 $1000kg/m^3$ 的范围内时，压降的变化范围比较小，因此，该装置对密度的敏感性较低。图 3－1－60 为不同黏度的油以 $5m^3/d$ 的流量流过该 AICD 时产生的压降图，由图可知，当黏度小于 50mPa·s 时（大于 3mPa·s），随着流体黏度的增加，压降随之下降，但是当黏度大于 80mPa·s 后，随着黏度的增加，压降随之增加。黏度在 5～300mPa·s 内，油相产生的压降都远小于水相产生的压降，因此，该装置对油相黏度敏感性较低，针对不同黏度的油都能起到控水作用（表 3－1－4）。

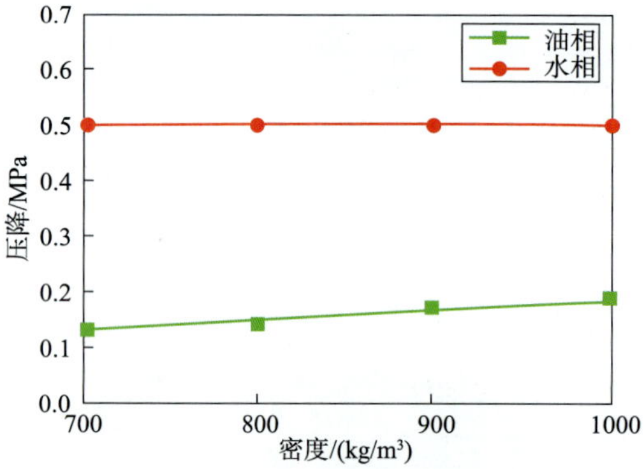

图 3－1－59　油相密度敏感性分析

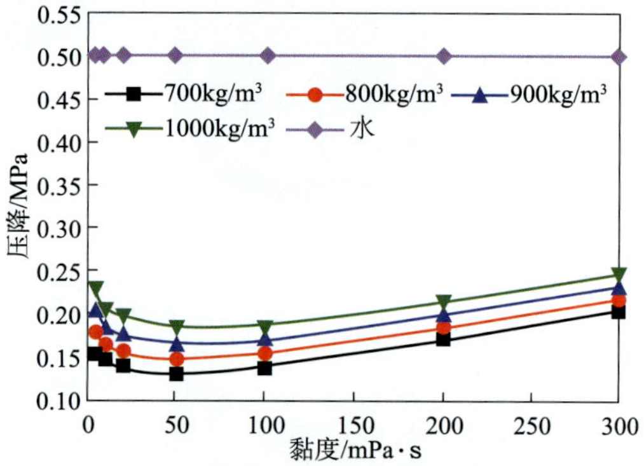

图 3－1－60　油相黏度敏感性分析

表 3－1－4　不同油的黏度与密度下 AICD 的过阀压降

黏度/mPa·s \ 压降/MPa \ 密度/(kg/m³)	700	800	900	1000
5	0.152	0.177	0.204	0.231
10	0.143	0.163	0.185	0.208
20	0.136	0.156	0.176	0.197
50	0.13	0.149	0.166	0.185
100	0.138	0.154	0.17	0.187
200	0.169	0.184	0.199	0.215
300	0.204	0.217	0.231	0.246

2. 试验结果

单入口自适应调流控水装置（AICD）结构如图 3－1－61 所示，采用图示的 AICD 结构进行试验，得到的试验结果与仿真结果进行对比，结果如图 3－1－62 所示，仿真与试验数据虽然存在一定的误差，但误差在可接受的范围之内，并且二者趋势呈现出一致性，验证了仿真的准确性与可靠性。

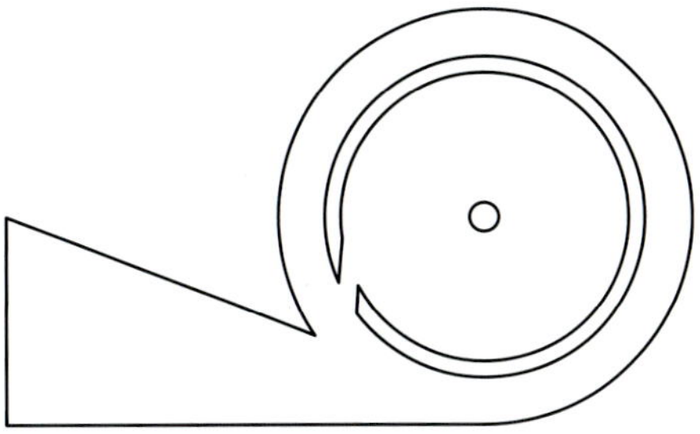

图 3－1－61　AICD 结构图

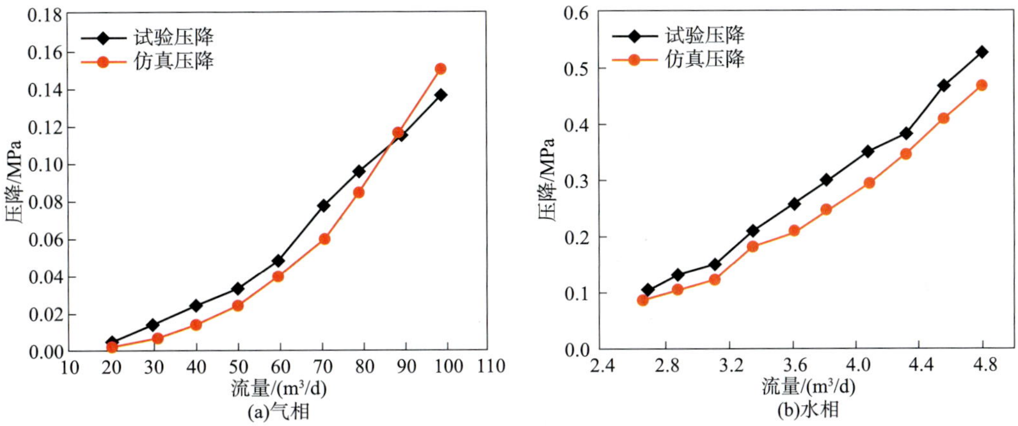

图 3－1－62　试验数据与仿真数据对比

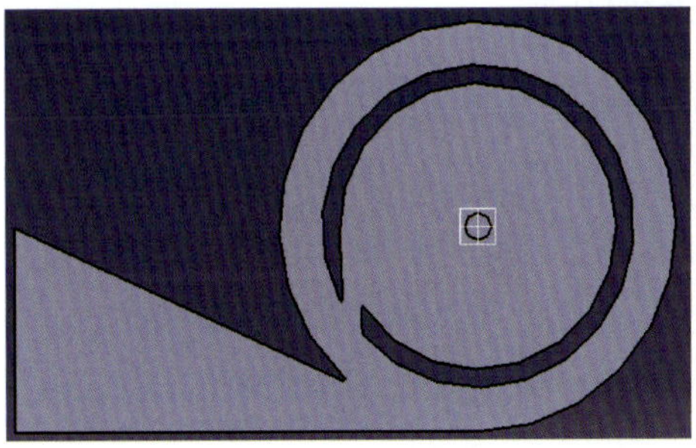

图 3－1－63　单入口 AICD 结构图

3. 达到的技术指标

最终确定的 AICD 结构如图 3－1－63 所示，由仿真计算可得，该结构在 $5m^3/d$ 的情况下，对水的压降为 0.502MPa，对油的压降为 0.149MPa，对气的压降为 1.3×10^{-4}MPa。

（二）双入口节流控制器

双入口节流控制器的设计流程如图 3－1－64 所示。设计时的初始模型为传统型节流控制器，为了增大流体的入流量，减小对油相的流动阻力，同时增大水相在节流控制器中的旋流效果，设计了双入口节流控制器。原始设计为双入口三层挡板结构，但通过仿真分析发现，该结构对油相产生的附加阻力较大。为了突出对水相的旋流作用，并防止油相发生复杂流动，将挡板数量减少为一层，此时旋流腔面积增大，油相压降下降较为明显。经过数值模拟分析发现：双入口节流控制器，增加支路可以增强水相旋流效果，同时降低油相的流动阻力。因此，在此基础上增加了支路结构，并优化调整了主路和支路尺寸，但此时水相的旋流作用受到一定抑制。为了进一步增大水相的旋流强度，将挡板数量增加为两层，通过对导流通道方位、角度和尺寸的调整后，最终形成了符合设计要求的双入口节流控制器结构。

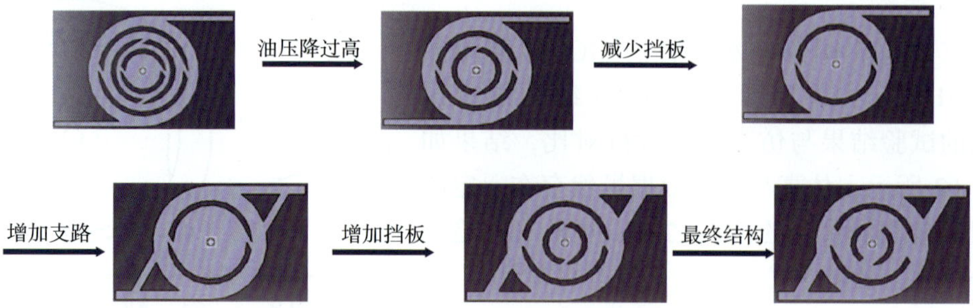

图 3－1－64　双入口节流控制器设计流程图

1. 性能分析

1）流场分析

图 3－1－65 为水、油、气以 5m^3/d 的流量通过 AICD 的压力云图，从图（a）可以看出，由于水的黏度小，黏滞力小，惯性力大，水在环形流道中几乎没有沿程压力损失，压力损失主要位于内层控制腔室中和出口喷嘴处，因此，水在自适应调流控制装置中流动产生的压降主要是内层控制腔室中的旋流压降和出口喷嘴处的瞬时压降。而在图（b）中可以看出由于油的黏度大，黏滞力大，惯性力小，油在 AICD 中的流动时压力沿环形流道经过流槽再到出口一直在不断降低，压力的陡降位于流槽和出口喷嘴处，因此油在 AICD 中流动产生的压降主要是环形流道中的沿程压降以及流槽、出口喷嘴处的瞬时压降。从图（c）中可以看出，气在自适应调流控水装置中的流动时压力沿环形流道经过流槽再到出口一直在不断降低，压力的陡降位于流槽和出口喷嘴处，因此，气在自动调流控水装置中流动产生的压降主要是环形流道中的沿程压降以及流槽、出口喷嘴处的瞬时压降。

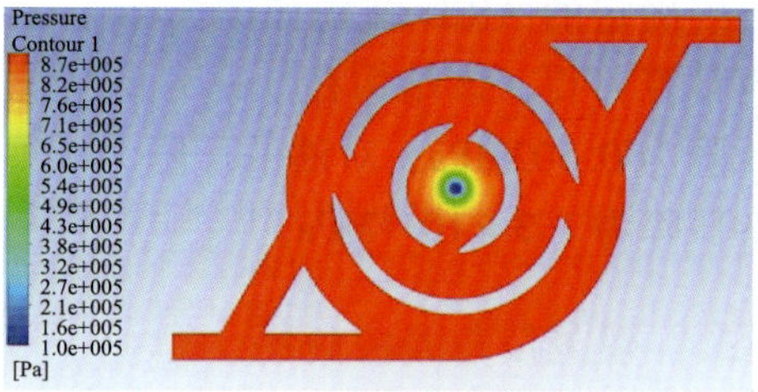

(a)水相

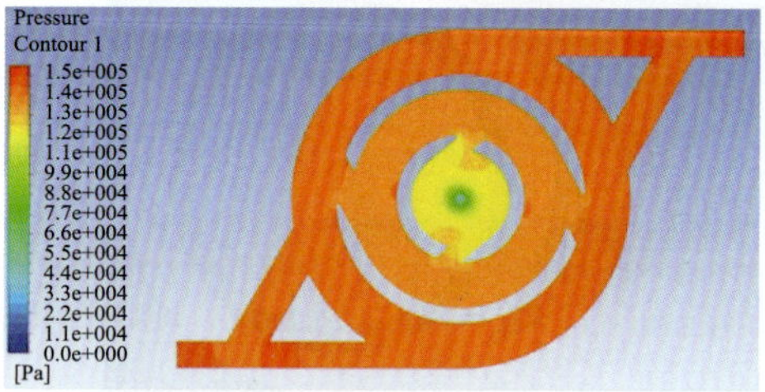

(b)油相

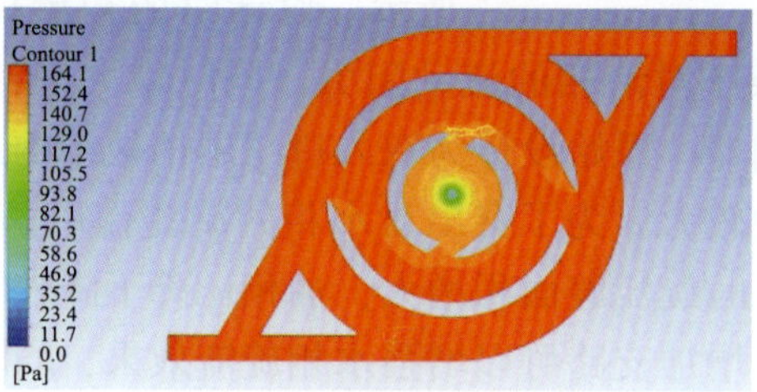

(c)气相

图 3－1－65　流量为 5m^3/d 时流体在 AICD 中的压力分布图

图 3－1－66 为水、油、气以 5m^3/d 的流量通过 AICD 的速度图（从上到下依次为速度云图、速度矢量图、速度流线图），由图中可以看出水在控制腔室中的流速最大，其原因是

水从入口流进环形流道后，在环形流道中得到充分预旋，再由流槽进入控制腔室，并在控制腔室中高速旋转，越靠近出口喷嘴旋转速度越大。油与气在 AICD 的入口、流槽和出口喷嘴处速度最大，其原因是大部分油从入口流入后经流槽直接流向了喷嘴，没有在环形流道和控制腔室中旋转加速。从速度流线图也可以看出，油和气的在环形通道内的流线要稀疏很多，这表明油和气由入口流入之后，大部分流经流槽流出，在控制室几乎没有旋转，最后由喷嘴流出。而水则是先沿环形流道内旋转之后再由流槽进入控制腔室，并在控制腔室内高速旋转之后流向喷嘴。

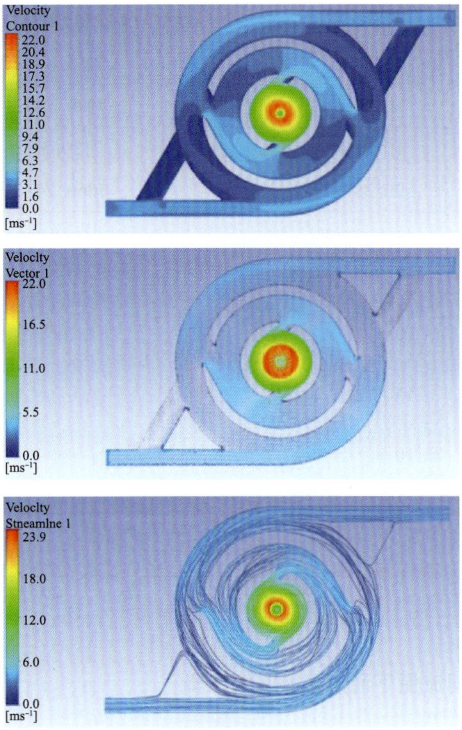

(a)水相

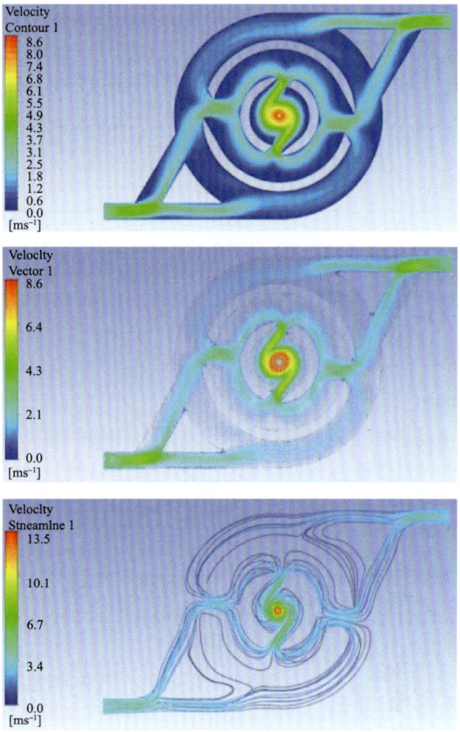

(b)油相

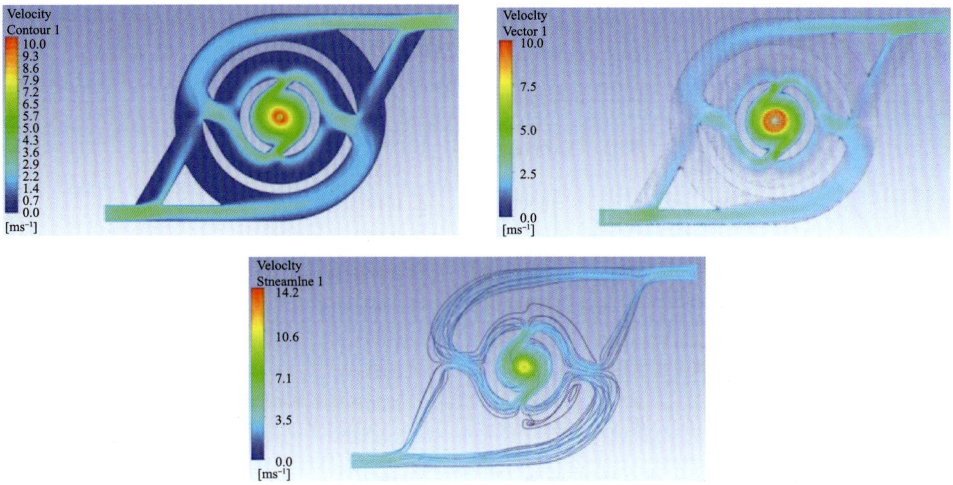

(c)气相

图 3－1－66　流量为 $5m^3/d$ 时流体在 AICD 中的速度图

2）水相与气相的压降对比

表3-1-5、图3-1-67为气体和水在不同流量下通过AICD的压降，图3-1-68为该装置水气压降比随流量的变化规律，由图可见，随着气体和水的流量的增加AICD产生的压降也随之增大，虽然二者增加的趋势相同，但是水的增加的幅度更大，当流量为20m³/d时，水的压降已经达到了20.39MPa，而此时气的压降只有0.0089MPa，水气压降比高达7000多倍，由此可见，该AICD控水效果明显。

表3-1-5　气体和水在不同流量下通过AICD的压降及压降比

流量/(m^3/h)	气相压降/MPa	水相压降/MPa	水/气压降比
5	1.3×10^{-4}	0.774	5953.84
10	5.98×10^{-4}	4.21	7040.13
15	1.5×10^{-3}	10.68	7129.5
20	2.89×10^{-3}	20.39	7060.24

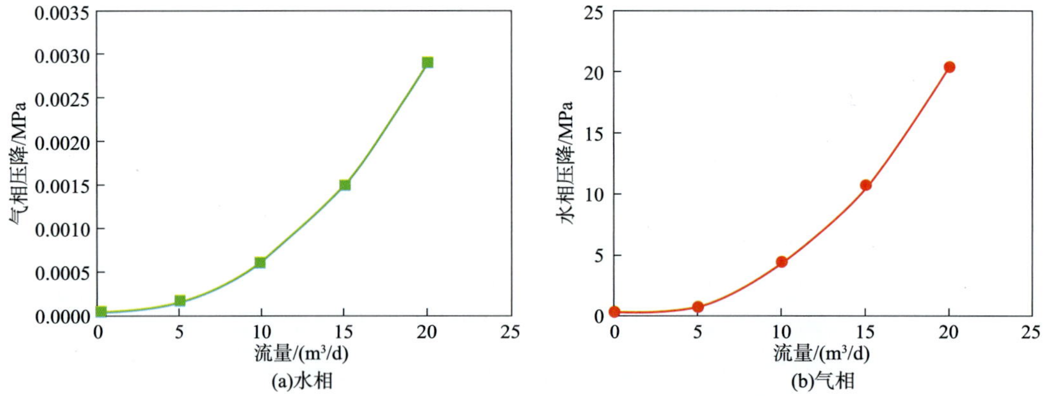

图3-1-67　气体和水在不同流量下通过AICD的压降

因为井下气的流量比较大，所以在上文的基础上针对气体进行了一系列的补充计算，图3-1-69为气相压降在流量区间为0~100m³/d内的变化规律，可见气体流量为100m³/d时，气体的压降为0.250MPa，所以该AICD对气体的阻力很小（表3-1-6）。

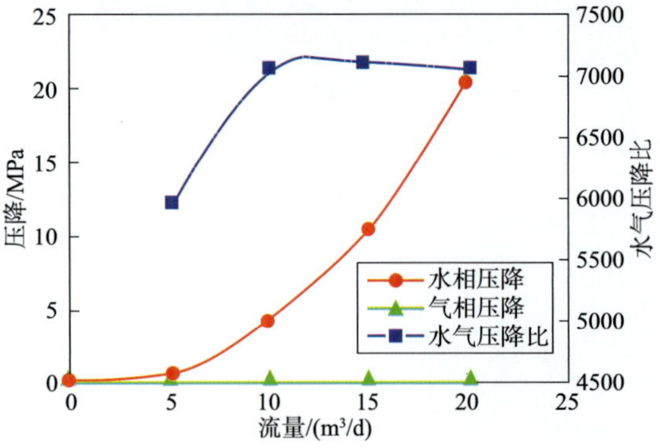

图3-1-68　水气压降比随流量的变化规律

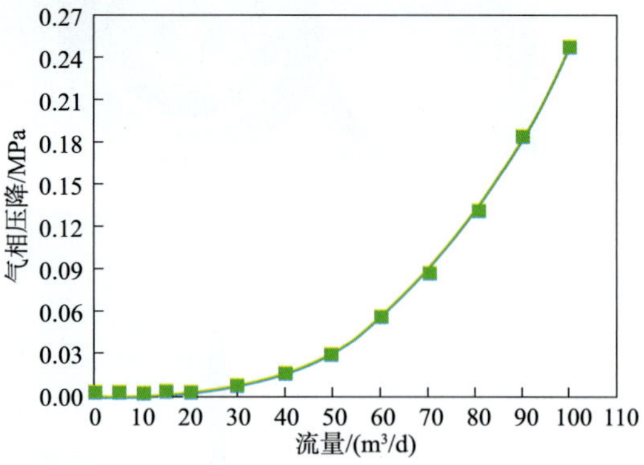

图3-1-69　气相压降随流量的变化规律

表 3－1－6　气相压降随流量的变化规律

流量/(m^3/h)	5	10	15	20	30	40
压降/10^{-4}MPa	1.3	5.98	15	28.9	76.9	162.3
流量/(m^3/h)	50	60	70	80	90	100
压降/10^{-4}MPa	297.5	569.7	888	1311.4	1853.7	2498.5

3）水相与油相的压降对比

表3－1－7、图3－1－70为油和水在不同流量下流过该AICD的压降，图3－1－71为水油压降比随流量的变化规律，由图3－1－70可见，水跟油流过AICD的压降都随流量的增加而增大，在相同体积流量下，水的压降远大于油的压降。另外由图3－1－71可见随着流量的增加，水油压降比呈先增加后减小的趋势，在5m^3/d时的水油压降比为5.2，并在流量为10m^3/d时达到最大值7.41，可见该结构的AICD具有较好的稳油控水性能。

表 3－1－7　水与油在不同流量下的压降及其压降比

流量/(m^3/h)	油相压降/MPa	水相压降/MPa	水/油压降比
5	0.137	0.774	5.2
10	0.568	4.21	7.41
15	1.849	10.68	5.78
20	3.757	20.39	5.42

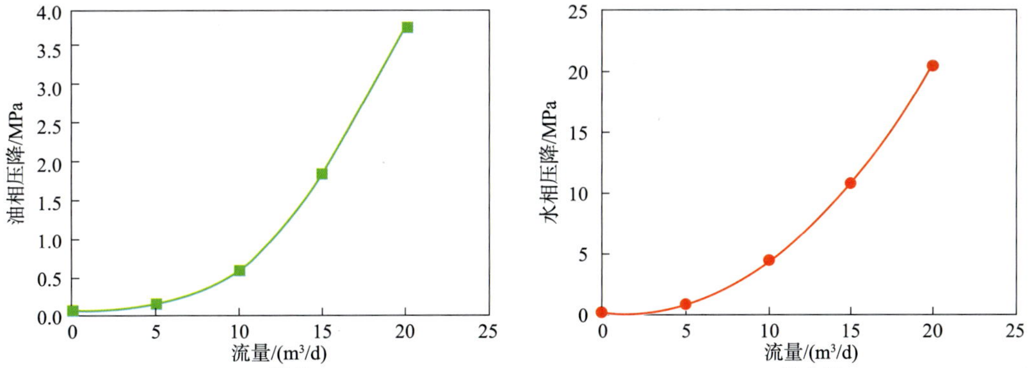

(a)油相　(b)水相

图 3－1－70　水与油在不同流量下的压降

4）控水能力分析

传统的ICD适用于井筒见水之后，但其在限制水产出的同时也限制油的产出，而该AICD克服了传统ICD的缺点，该装置既适用于井筒见水之前也适用于见水之后。图3－1－72为不同含水率的气体流过AICD的压力分布云图，纯气在AICD中流动产生的压降主要为环形流道中的沿程压降以及流槽和喷嘴处的瞬时压降，随着含水量的增加，流体在环形流道中产生的压降越来越小，压

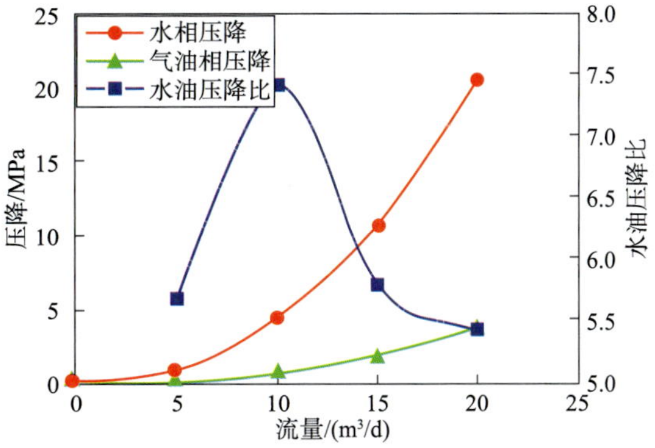

图 3－1－71　水油压降比随流量的变化规律

降主要出现在内层控制室和喷嘴处，而对于纯水来说，环形通道内的压降极小，压降主要集中在内层控制室和出口喷嘴处。随着含水量的增加，流体的流速也在增加，从而产生高的旋转压降。

(a)纯气

(d)60%水

(b)20%水

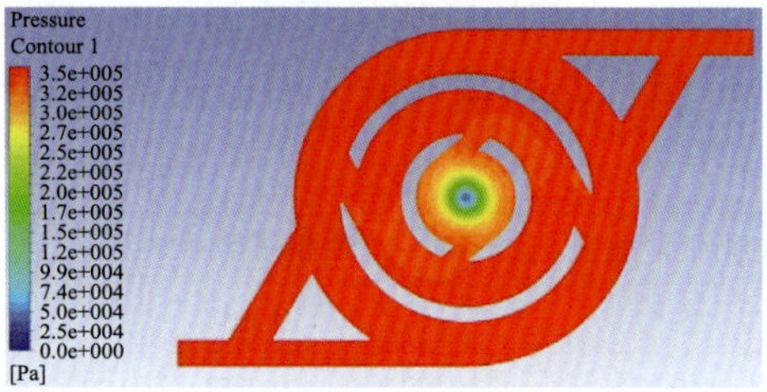

(e)80%水

(c)40%水

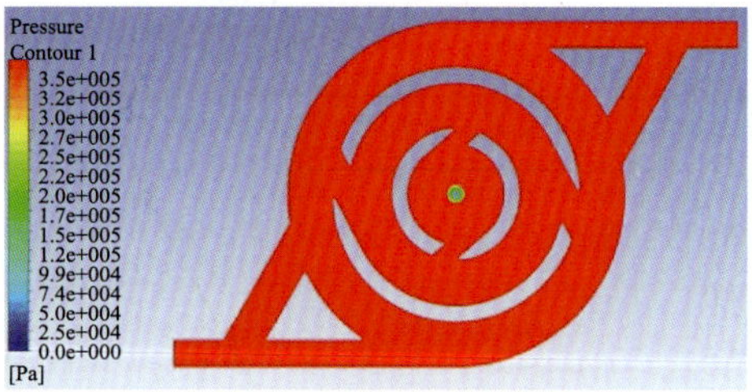

(f)纯水

图 3-1-72　不同含水率的气体在 AICD 中的压力分布云图

表 3-1-8、图 3-1-73 为气体在 AICD 中的压降随含水率的变化规律，图 3-1-74 为流量为 $5m^3/d$ 时不同含水量的气体在 AICD 中的压降，从图中我们可以看出，随着含水率的增加，流体流过 AICD 的压降随之增大，这是因为水的含量越大，分散到水中的气被带入环形流道进行旋转，从而使流体产生的旋转压降升高，从而获得了较高的压降。

表 3-1-8　不同含水量下流过 AICD 的过阀压降

含水率/% 压降/MPa 流量/(m^3/h)	0	20	40	60	80	100
5	1.3×10^{-4}	0.033	0.113	0.217	0.342	0.774
10	5.98×10^{-4}	0.218	0.65	1.141	2.01	4.21
15	1.5×10^{-3}	0.63	1.89	3.25	4.62	10.68
20	2.89×10^{-3}	0.959	3.11	6.75	7.23	20.39

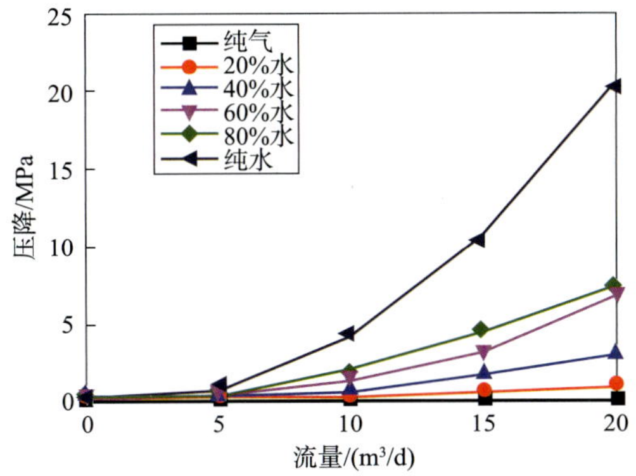

图 3－1－73　气体在 AICD 中的压降随含水率的变化规律

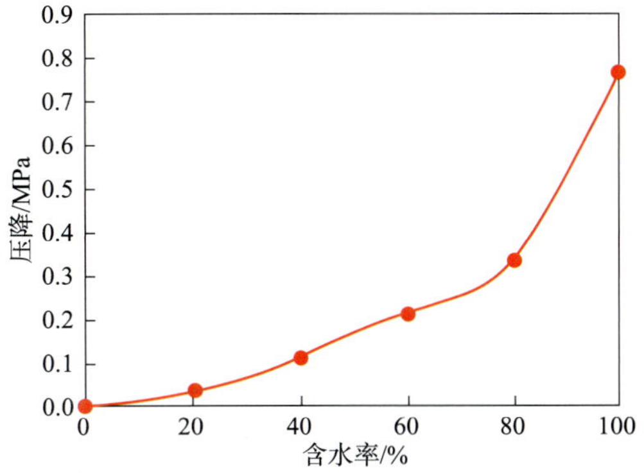

图 3－1－74　流量为 $5m^3/d$ 时不同含水量情况下气体的压降

5）油相的敏感性分析

下面是对该装置关于油的密度和黏度的敏感性分析。图 3－1－75 为不同密度的油以 $5m^3/d$ 的流量在 AICD 中的压降，此时选取油的黏度为 50mPa·s，从图中可以看出，当密度增加时，压降也随之增加，但是密度在 $700kg/m^3$ 到 $1000kg/m^3$ 范围内时，压降的变化范围比较小，因此，该装置对密度的敏感性较低。图 3－1－76 为不同黏度的油以 $5m^3/d$ 的流量流过该 AICD 时产生的压降，可以看出，流体的黏度在 50mPa·s 之前（大于3mPa·s）的时候，随着流体黏度的增加而压降减小，而当黏度大于 50mPa·s 时，压降随着黏度的增加而增加。黏度在 5～300mPa·s 的范围内，油相产生的压降远小于水相产生的压降，因此，该装置对油相黏度敏感性较低，针对不同黏度的油都能起到控水作用（表 3－1－9）。

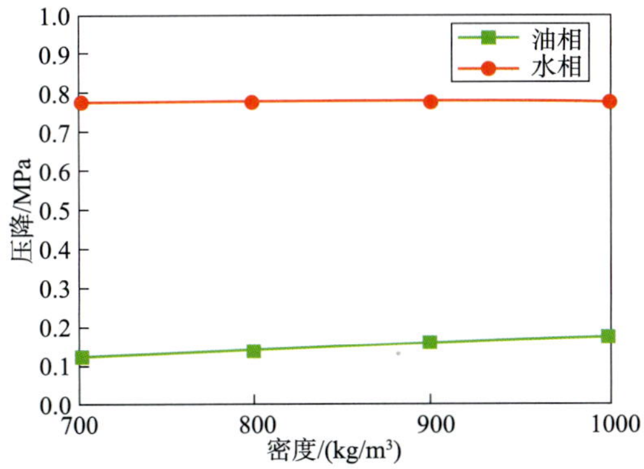

图 3－1－75　油相密度敏感性分析

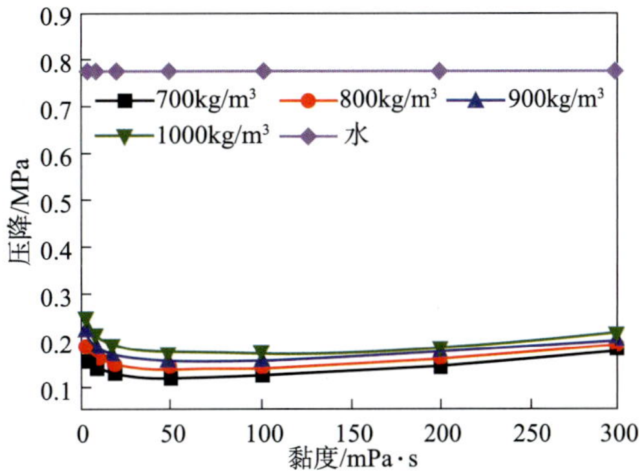

图 3－1－76　油相黏度敏感性分析

表 3－1－9　不同油的黏度与密度下 AICD 的过阀压降

黏度/mPa·s ＼ 压降/MPa ＼ 密度/(kg/m^3)	700	800	900	1000
5	0. 162	0. 192	0. 221	0. 253
10	0. 135	0. 163	0. 187	0. 213
20	0. 123	0. 146	0. 164	0. 188
50	0. 12	0. 137	0. 154	0. 172

续表

密度/(kg/m³) 压降/MPa 黏度/mPa·s	700	800	900	1000
100	0.124	0.14	0.156	0.173
200	0.147	0.16	0.172	0.187
300	0.182	0.193	0.203	0.215

图 3-1-77　AICD 结构图

2. 试验结果

双入口自适应调流控水装置（AICD）结构如图 3-1-77 所示，采用图示的 AICD 结构进行试验，得到的试验结果与仿真结果进行对比，结果如图 3-1-78 所示，仿真与试验数据虽然存在一定的误差，但误差在可接受的范围之内，并且二者趋势呈现出一致性，验证了仿真的准确性与可靠性。

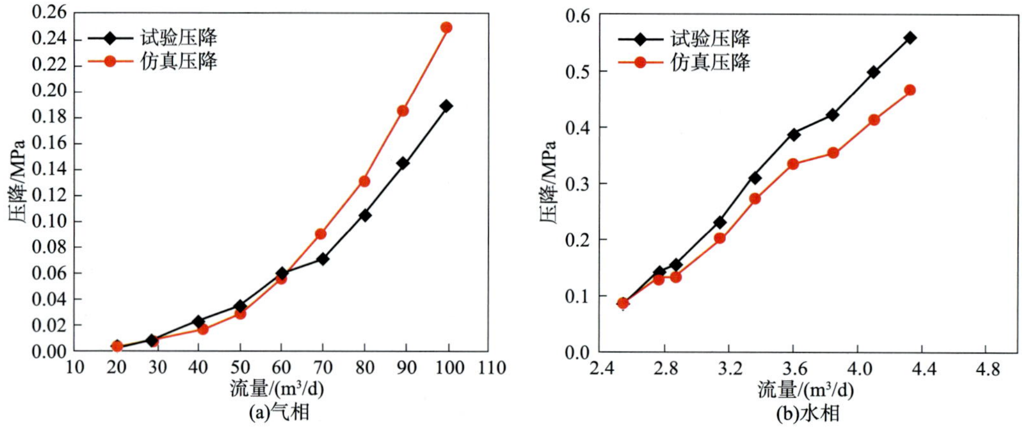

图 3-1-78　试验数据与仿真数据对比

3. 达到的技术指标

最终确定的 AICD 结构如图 3-1-79 所示，由仿真计算可得，该结构在 $5m^3/d$ 的情况下，对水的压降为 0.774MPa，对油的压降为 0.137MPa，对气的压降为 1.33×10^{-4}MPa。

图 3-1-79　双入口 AICD 结构图

（三）四入口型节流控制器设计及参数优化

四入口 AICD 的设计流程如图 3-1-80 所示。设计时的初始模型为根据双入口 AICD 改进，为了降低入口的油压，采用增加入口数量的方法来减小入口速度，但增加入口后油压仍不能降低到目标值以下，于是增大入口面积，效果初步符合要求但其内部存在较为明显的湍流区域，不利于结构的寿命及性能，之后直接去除该湍流区域，模型内流动情况改善但性能略微下降，随后针对流槽宽度，支路流道尺寸等细节优化，形成如图所示的达到目标要求的结构。

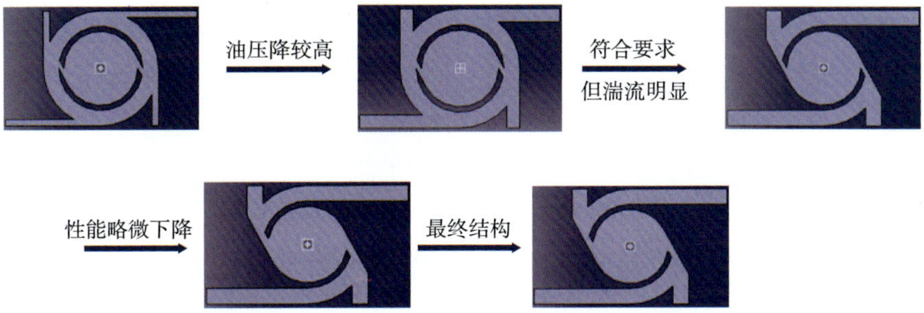

图 3-1-80　四入口 AICD 的设计流程图

1. 性能分析

1）流场分析

图 3-1-81 为水、油、气以 5m³/d 的流量通过 AICD 的压力云图，从图（a）可以看出，由于水的黏度小，黏滞力小，惯性力大，水在入口及流道中几乎没有沿程压力损失，压力损失主要位于出口喷嘴处，因此，水在自适应调流控制装置中流动产生的压降主要是内层控制腔室中的旋流压降和出口喷嘴处的瞬时压降。而在图（b）中可以看出由于油的黏度大，黏滞力大，惯性力小，其在 AICD 中的流动时压力沿入口流道经过流槽再到出口一直在不断降低，压力的陡降位于流槽和出口喷嘴处，因此油在 AICD 中流动产生的压降主要是入口流道中的沿程压降以及流槽、出口喷嘴处的瞬时压降。从图（c）中可以看出，气在自适应调流控水装置中的流动时压力沿入口流道经过流槽再到出口一直在不断降低，压力的陡降位于流槽和出口喷嘴处，因此，气在自动调流控水装置中流动产生的压降主要是环形流道中的沿程压降以及流槽、出口喷嘴处的瞬时压降。

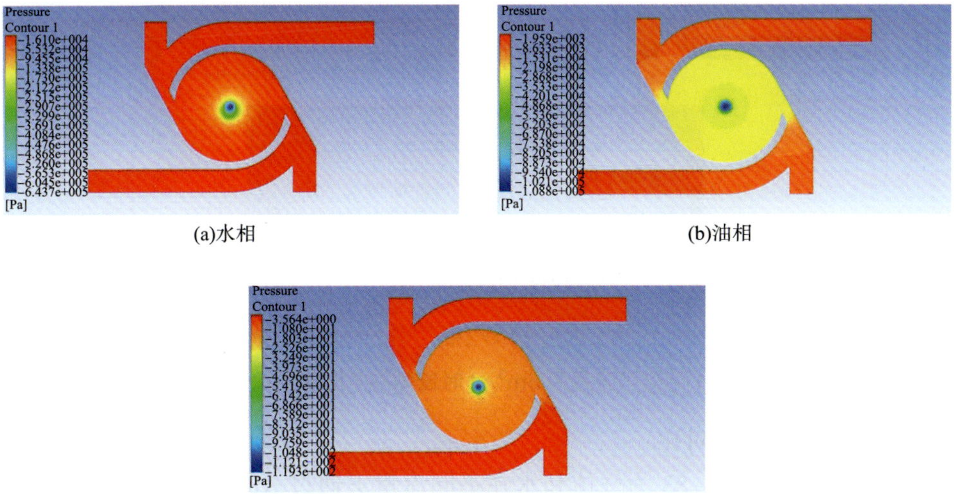

(a)水相　(b)油相　(c)气相

图 3-1-81　流量为 5m³/d 时流体在 AICD 中的压力分布图

图 3-1-82 为水、油、气以 5m³/d 的流量通过 AICD 的速度图（从上到下依次为速度云图、速度矢量图、速度流线图），由图中可以看出水在控制腔室中的流速最大，但其速度在入口流道内没有明显变化，加速主要发生在控制室内。油与气相在流槽处速度急剧增加，

而在控制室内速度呈先减小后增加的趋势，速度的陡增出现在出口处。

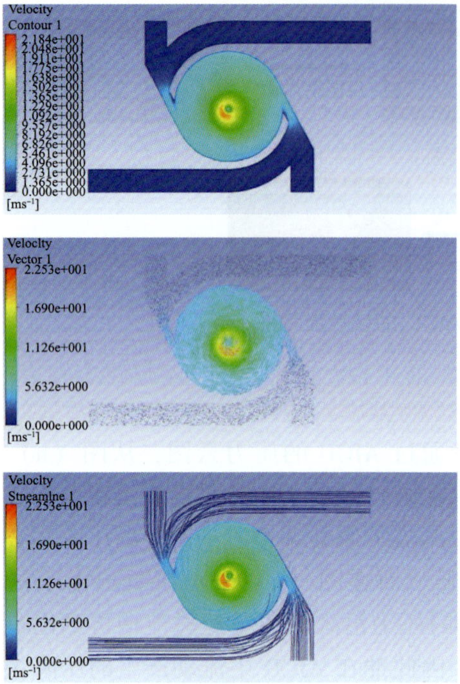

(a)水相

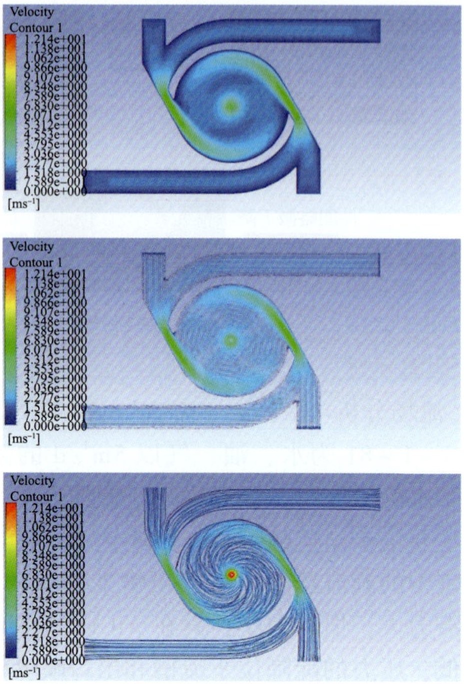

(b)油相

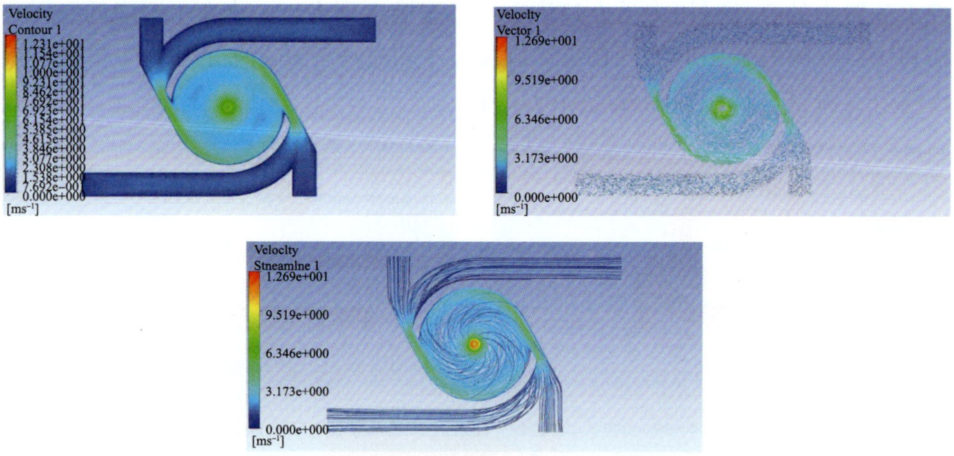

(c)气相

图 3-1-82　流量为 $5m^3/d$ 时流体在 AICD 中的速度图

2）水相与气相的压降对比

表 3-1-10、图 3-1-83 为气体和水在不同流量下通过 AICD 的压降，图 3-1-84 为该装置水气压降比随流量的变化规律，由图可见，随着气体和水的流量的增加 AICD 产生的压降也随之增大，虽然二者增加的趋势相同，但是水的增加的幅度更大，当流量为 $20m^3/d$ 时，水的压降已经达到了 13.15MPa，而此时气的压降只有 0.002375MPa，水气压降比高达 8000 多倍，由此可见，该 AICD 控水效果明显。

表 3－1－10　气体和水在不同流量下通过 AICD 的压降及压降比

流量/(m^3/h)	气相压降/MPa	水相压降/MPa	水/气压降比
5	9.5×10^{-5}	0.528	5557.9
10	4.61×10^{-4}	2.68	5618.2
15	1.194×10^{-3}	7.01	5067.0
20	2.375×10^{-3}	13.15	8276.4

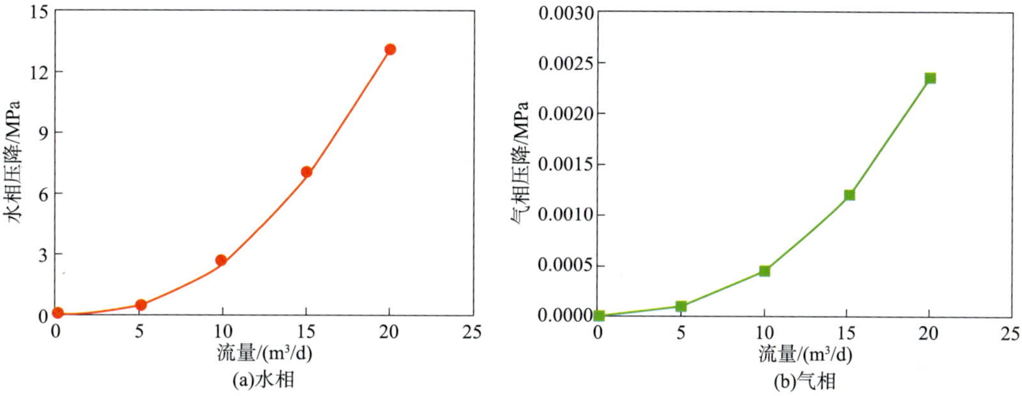

图 3－1－83　气体和水在不同流量下通过 AICD 的压降

因为井下气的流量比较大，所以在上文的基础上针对气体进行了一系列的补充计算，图 3－1－85 为气相压降在流量区间为 0～100m^3/d 内的变化规律，可见气体流量为 100m^3/d 时，气体的压降为 0.166MPa，所以该 AICD 对气体的阻力很小（表 3－1－11）。

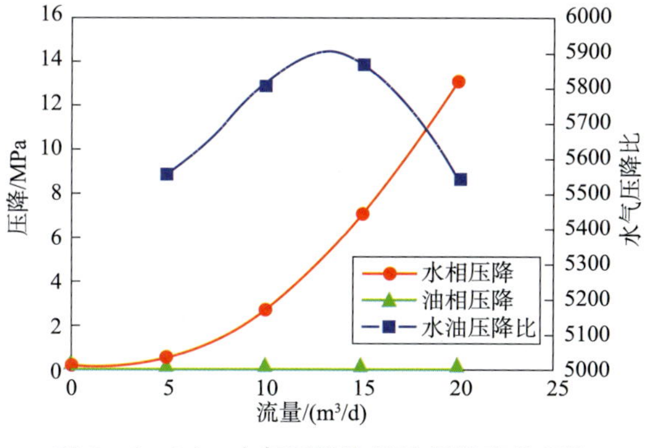

图 3－1－84　水气压降比随流量的变化规律

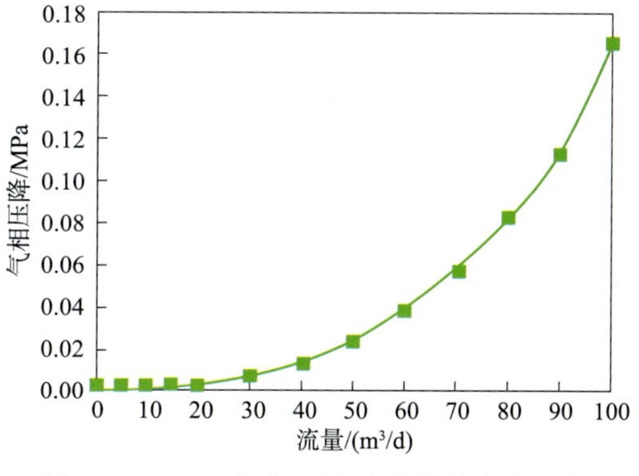

图 3－1－85　气相压降随流量的变化规律

表 3－1－11　气相压降随流量的变化规律

流量/(m^3/d)	5	10	15	20	30	40
压降/10^{-4}MPa	0.95	4.61	11.94	23.75	64.27	133.4
流量/(m^3/d)	50	60	70	80	90	100
压降/10^{-4}MPa	239.1	388.3	586.5	835.8	1138.3	1658.8

3）水相与油相的压降对比

表 3－1－12、图 3－1－86 为油和水在不同流量下流过该 AICD 的压降，图 3－1－87 为水油压降比随流量的变化规律，由图 3－1－86 可见，水跟油流过 AICD 的压降都随流量的

增加而增大，在相同体积流量下，水的压降远大于油的压降。另外，由图 3－1－87 可见，随着流量的增加，水油压降比呈先增加后减小的趋势，在 5m³/d 时的水油压降比为 5.6，并在流量为 15m³/d 时达到最大值 7.2，可见该结构的 AICD 具有较好的稳油控水性能。

表 3－1－12　水与油在不同流量下的压降及其压降比

流量/(m³/h)	油相压降/MPa	水相压降/MPa	水/油压降比
5	0.094/0.090	0.528	5.6/5.9
10	0.403/0.394	2.68	6.7/6.8
15	0.970/0.957	7.01	7.2/7.3
20	1.838/1.819	13.15	7.1/7.2

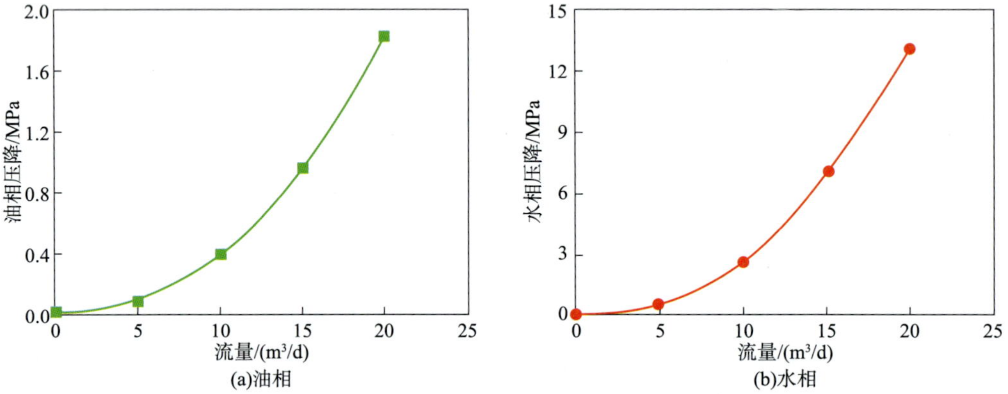

图 3－1－86　水与油在不同流量下的压降

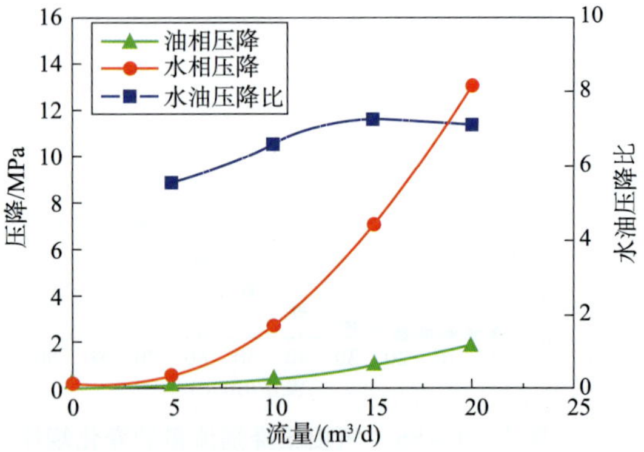

图 3－1－87　水油压降比随流量的变化规律

4）控水能力分析

传统的 ICD 适用于井筒见水之后，但其在限制水的产出的同时也限制油的产出，而该 AICD 克服了传统 ICD 的缺点，该装置既适用于井筒见水之前也适用于见水之后。图 3－1－88 为不同含水率的气体流过 AICD 的压力分布云图，纯气在 AICD 中流动产生的压降主要为流槽和喷嘴处的瞬时压降，随着含水量的增加，流体在流槽处产生的压降越来越小，压降主要出现在控制室和喷嘴处，而对于纯水来说，压降主要集中在控制室和出口喷嘴处。随着含水量的增加，流体的流速也在增加，从而在控制室内产生高的旋转压降。

图 3－1－89 为气体在 AICD 中的压降随含水率的变化规律，图 3－1－90 为流量为 5m³/d时不同含水量的气体在 AICD 中的压降，从图中我们可以看出，随着含水率的增加，流体流过 AICD 的压降随之增大，这是因为水的含量越大，控制室内流速越大，产生的旋流压降越大（表 3－1－13）。

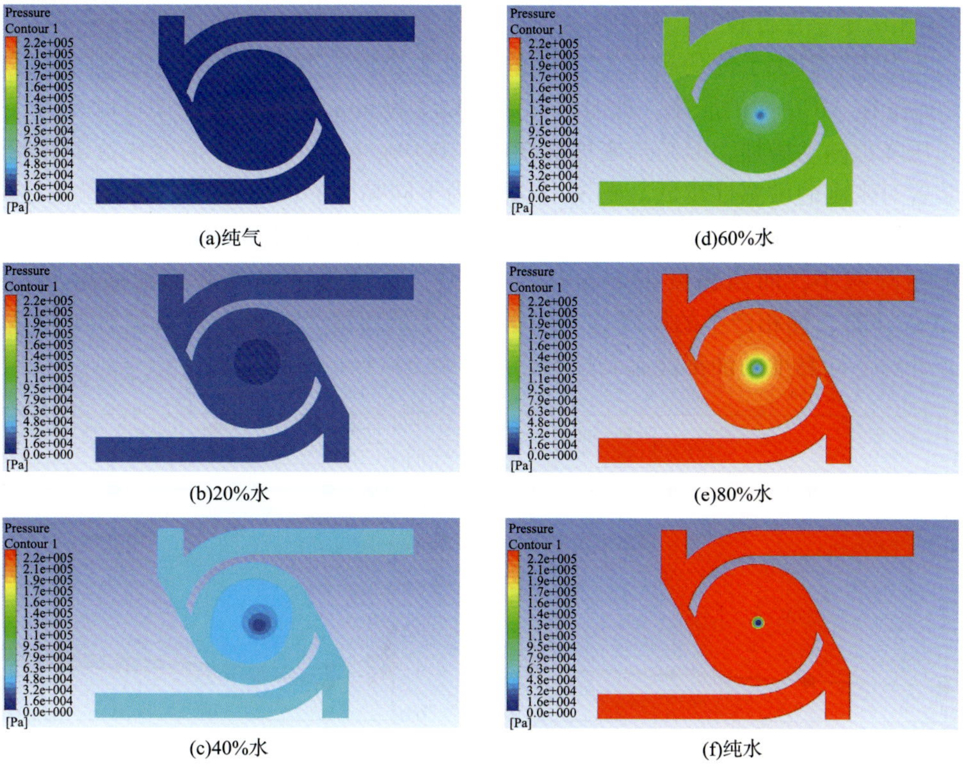

图 3－1－88　不同含水率的气体在 AICD 中的压力分布云图

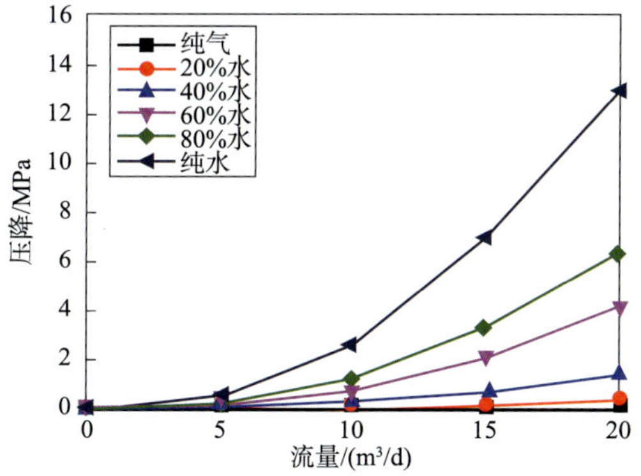

图 3－1－89　气体在 AICD 中的压降随含水率的变化规律

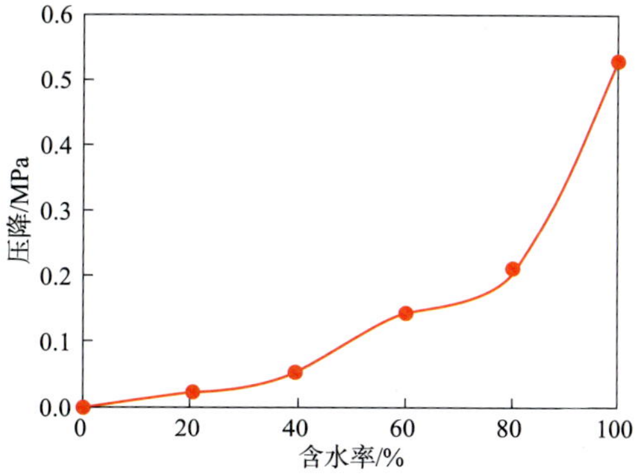

图 3－1－90　流量为 $5m^3/d$ 时不同含水量下气体的压降

表 3－1－13　不同含水量下流过 AICD 的过阀压降

含水量/% 压降/MPa 流量/(m^3/d)	0	20	40	60	80	100
5	9.5×10^{-5}	0.022	0.056	0.148	0.21	0.528
10	4.61×10^{-4}	0.08	0.27	0.83	1.240	2.68
15	1.194×10^{-3}	0.205	0.7	2.21	3.412	7.01
20	2.375×10^{-3}	0.43	1.46	4.2	6.460	13.15

5）油相的敏感性分析

下面是对该装置关于油的密度和黏度的敏感性分析。图 3－1－91 为不同密度的油以 $5m^3/d$ 的流量在 AICD 中的压降。此时选取油的黏度为 50mPa·s，从图中可以看出，当密度增加时，压降也随之增加，但是当密度为 700～1000kg/m^3 时，压降的变化范围比较小，因此，该装置对密度的敏感性较低。图 3－1－92 为不同黏度的油以 $5m^3/d$ 的流量流过该 AICD 时产生的压降，可以看出，流体的黏度在 50mPa·s 之前（大于 3mPa·s）时，随着流体黏度的增加压降减小，而当黏度大于 50mPa·s 时，压降随着黏度的增加而增加。黏度为 5～300mPa·s 时，油相产生的压降远小于水相产生的压降，因此，该装置对油相黏度敏感性较低，针对不同黏度的油都能起到控水作用（表 3－1－14）。

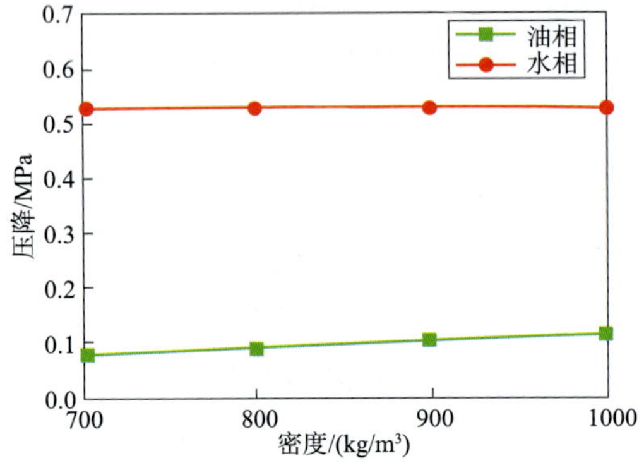

图 3－1－91　油相密度敏感性分析

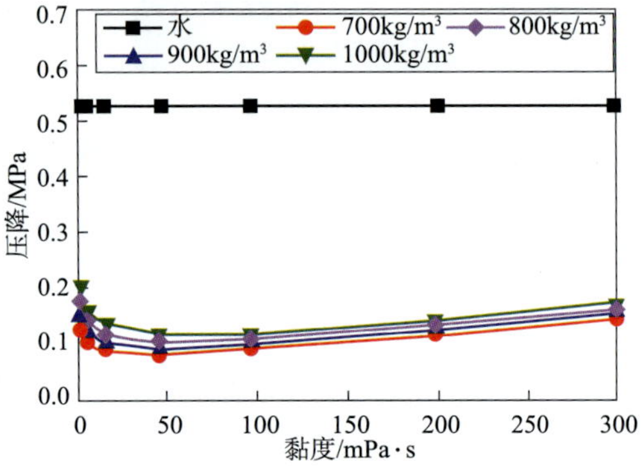

图 3－1－92　油相黏度敏感性分析

表 3－1－14　不同油的黏度与密度下 AICD 的过阀压降

黏度/mPa·s ＼ 压降/MPa ＼ 密度/（kg/m^3）	700	800	900	1000
5	0. 126/0. 125	0. 151/0. 150	0. 177/0. 176	0. 205/0. 204
10	0. 103/0. 101	0. 122/0. 121	0. 142/0. 140	0. 158/0. 157
20	0. 089/0. 087	0. 104/0. 102	0. 120/0. 118	0. 136/0. 134
50	0. 083/0. 079	0. 094/0. 090	0. 106/0. 101	0. 118/0. 114
100	0. 098/0. 090	0. 107/0. 099	0. 117/0. 108	0. 126/0. 118
200	0. 132/0. 115	0. 141/0. 124	0. 150/0. 133	0. 159/0. 142
300	0. 169/0. 143	0. 177/0. 158	0. 186/0. 160	0. 194/0. 169

2. 实验结果

四入口自适应调流控水装置（AICD）结构如图 3－1－93 所示，采用图示的 AICD 结构进行试验，得到的实验结果与仿真结果进行对比，结果如图 3－1－94 所示，仿真与实验数据虽然存在一定的误差，但误差在可接受的范围之内，并且二者趋势呈现出一致性，验证了仿真的准确性与可靠性。

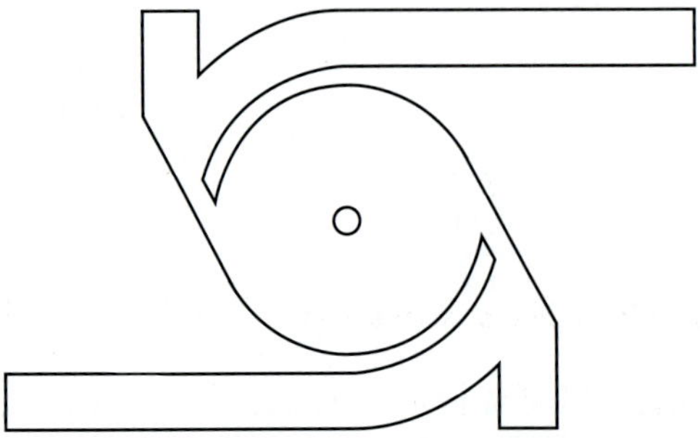

图 3－1－93　AICD 结构图

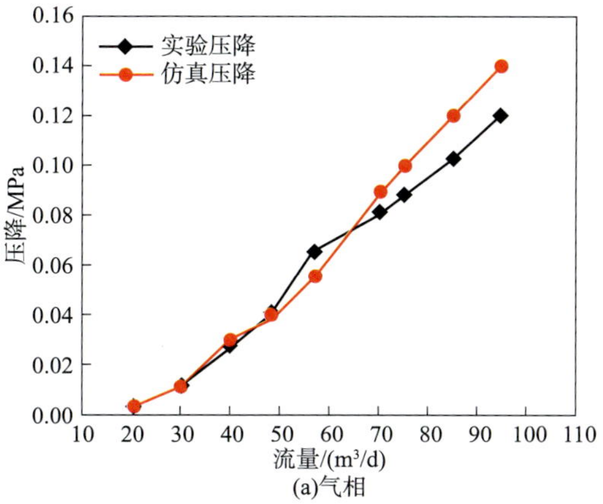

图 3-1-94　试验数据与仿真数据对比

3. 达到的技术指标

最终确定的 AICD 结构如图 3-1-95 所示，由仿真计算可得，该结构在 $5m^3/d$ 的情况下，对水的压降为 0.528MPa，对油的压降为 0.094MPa，对气的压降为 9.5×10^{-5}MPa。

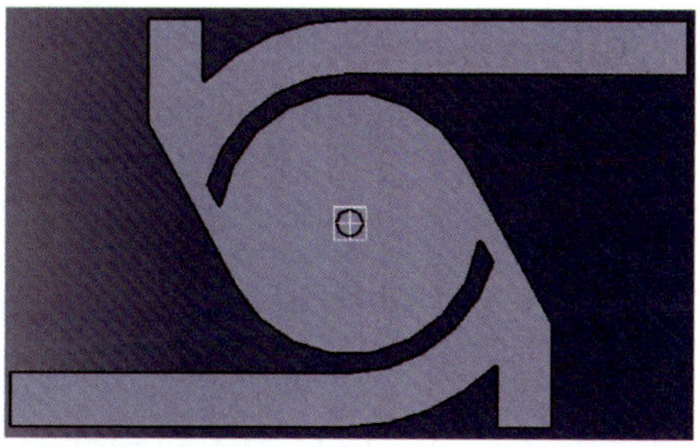

图 3-1-95　四入口 AICD 结构图

六、水平井自适应调流控水完井优化设计方法

自适应调流控水装置可以根据地层产液流量、含水率等参数的变化自动调节流体流经其自适应节流控制器时的压差，但对于每种型号的自适应调流控水装置的调节能力有限，为更好地发挥各井段自适应调流控水装置的控水稳油能力，提高水平井自适应调流控水分段完井工艺的应用效果，需根据水平井完钻数据、油藏物性、油井配产等合理地配置水平段分段段数、封隔器坐封位置、各水平井内自适应调流控水装置数量、型号等，从而对自适应调流控水分段完井参数进行优化设计。

（一）水平井自适应调流控水分段完井参数优化计算模型的建立

首先，根据水平段近井地带渗透率分布，使用遇油或遇水膨胀封隔器将水平井井段分成若干段（图 3-1-96），每一井段作为一个控制单元，每个控制单元可包含多根自适应调流控水筛管，以该水平井整个生产周期的最终采收率最高为优化目标，通过综合调节每个控制单元自适应调流控水装置数量、型号，计算各种完井参数条件下的油井生产情况，从而得到最优的自适应调流控水分段完井参数。

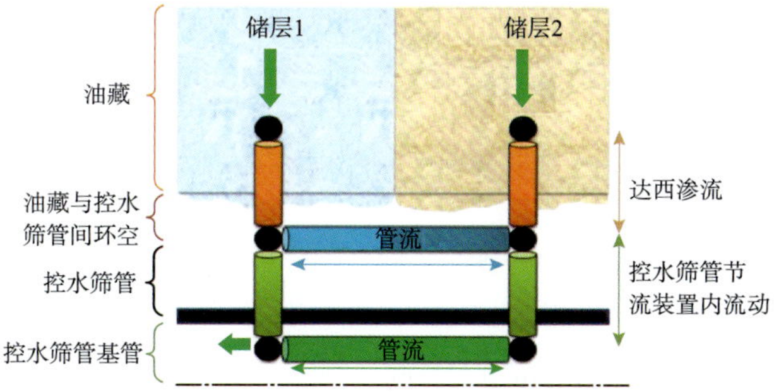

图 3-1-96　水平井控水筛管分段完井地层产液流动阻力分解示意图

忽略水平井裸眼井壁与控水筛管外保护套间环空内的流体轴向流动和控水筛管内环形空腔内的轴向流动。设地层压力为 p_r，水平井长度为 L，取第 n 个控水筛管为研究对象，其对应的长度为 L_n，水平井井壁与控水筛管外保护套间环空压力为 $p_{c,n}$，基管内压力为 $p_{tub,n}$。水平井自适应调流控水分段完井条件下，流体流动可分成 3 部分：

——地层产液由油藏到水平井裸眼井壁间的油藏渗流；

——地层产液在自适应节流控制器内的流动；

——基管内的变质量流动。

对以上 3 部分的流动分别建立相应的流动模型并进行耦合即可获得水平井调流控水筛管与油藏渗流耦合模型，从而计算出水平井调流控水分段完井时沿井筒的压力分布剖面、入流量分布剖面和整个井的产能变化。

考虑油藏满足如下假设条件：①油藏中流体流动为达西渗流；②油藏中流体为微可压缩流体，且在所研究的压力范围内流体压缩系数为常数；③油藏中流体黏度恒定不变；④油藏初始状态时，油藏压力均匀分布。

该微可压缩流体在油藏中流动控制方程为：

$$k_x \frac{\partial^2 \Phi}{\partial x^2} + k_y \frac{\partial^2 \Phi}{\partial y^2} + k_z \frac{\partial^2 \Phi}{\partial z^2} = \varphi \mu c_t \frac{\partial \Phi}{\partial t} \tag{3-1-17}$$

式中，Φ 为油藏中流体的势，Pa；$\Phi = p + \rho g h$；k_x、k_y、k_z 为分别为油藏 x、y、z 方向的渗透率，μm^2；φ 为油藏孔隙度，小数；μ 为油藏流体黏度，Pa·s；c_t 为压缩系数，Pa^{-1}。

式（3-1-17）为各向异性油藏流体渗流控制方程，该控制方程中各个主方向的渗透率值不相等，很难直接处理，经研究发现，该各向异性油藏控制方程可通过 Besson 坐标变换转化为等价的各向同性油藏流体流动控制方程：

$$\begin{bmatrix} x' \\ y' \\ z' \end{bmatrix} = \begin{bmatrix} \sqrt{k_y k_z}/k^* & 0 & 0 \\ 0 & \sqrt{k_x k_z}/k^* & 0 \\ 0 & 0 & \sqrt{k_x k_y}/k^* \end{bmatrix} \begin{bmatrix} x \\ y \\ z \end{bmatrix} \tag{3-1-18}$$

式中，$k^* = \sqrt[3]{k_x k_y k_z}$。

通过式（3-1-18）对油藏进行空间坐标转换时，油藏中井筒也应进行相应的转换，井筒由原空间的圆形转换为新空间的椭圆形，此时，井筒的等效直径为：

$$r_w = \frac{r'_w}{\alpha^{1/3}} \frac{1}{2\beta} \sqrt{\left(1 + \frac{\beta^2}{\gamma}\right)^2 + \left[\left(\sqrt{\frac{k_x}{k_y}} - \sqrt{\frac{k_y}{k_x}}\right) \frac{\cos\theta \cos\varphi \sin\varphi}{\gamma}\right]^2} \tag{3-1-19}$$

$$\alpha = \sqrt{\frac{\sqrt{k_x k_y}}{k_z}}$$

$$\beta = \sqrt{\sqrt{\frac{k_y}{k_x}} \cos^2\varphi + \sqrt{\frac{k_x}{k_y}} \sin^2\varphi} \tag{3-1-20}$$

$$\gamma = \sqrt{\cos^2\theta + \frac{\sqrt{k_x k_y}}{k_z} \beta^2 \sin^2\theta}$$

式（3－1－17）变为：

$$\frac{\partial^2 \Phi}{\partial x'^2}+\frac{\partial^2 \Phi}{\partial y'^2}+\frac{\partial^2 \Phi}{\partial z'^2}=\frac{\varphi\mu c_t}{k^*}\frac{\partial \Phi}{\partial t} \tag{3-1-21}$$

由于复杂结构井井身结构复杂，无法像直井直接推导模型的解析解，故将该复杂结构井分成 n_1 个分支，每个分支分成 n_s 单元段，每个井筒单元段上各点的势相同，取每个单元段中点等效半径处为该单元段势的计算点，每个分支的指端为第 1 段，跟端为第 n_s 段。利用叠加原理和镜像反映法处理边界的影响，将盒状封闭油藏中三维瞬态点源/点汇解对时间段积分获得三维点源/点汇连续解，将三维点源/点汇连续解沿任意井筒单元段积分获得该单元段对油藏任意位置的势影响，由势的叠加原理求得任意井筒单元段中点等效井筒半径处的势降，从而获得无限导流假设条件下复杂结构井油藏渗流模型。

对式（3－1－21）求解之前，定义如下无因次变量：

$$t_D=\frac{k^* t}{\varphi\mu c_t L_x^2} \tag{3-1-22}$$

式中，L_x 为该盒状油藏 x 方向的长度，m；t 为无因次时间，无因次。

$$q_{ID}(i_s)=\frac{q_I(i_s)B\mu}{k^* L_x \Phi_i} \tag{3-1-23}$$

式中，q_{ID}（i_s）为油藏通过井壁向井筒第 i_1 分支第 i_s 单元段的无因次流入量，无因次；q_I（i_s）为油藏通过井壁向井筒第 i_1 分支第 i_s 单元段的流入量，m^3/s；B 为油藏流体体积系数，m^3/m^3；Φ_i 为油藏初始压力，Pa。

$$\begin{cases} x_D=\dfrac{x}{L_x} \\ y_D=\dfrac{y}{L_x} \\ z_D=\dfrac{z}{L_x} \end{cases} \tag{3-1-24}$$

$$\Phi_D(i_s)=\frac{\Phi_i-\Phi}{q_{ID}(i_s)\Phi_i}=\frac{k^* L_x}{q_I(i_s)B\mu}(\Phi_i-\Phi) \tag{3-1-25}$$

$$\Phi_{wD}(i_1,\ i_s)=\frac{\Phi_i-\Phi_w(i_1,\ i_s)}{q_{ID}(i_1,\ i_s)\ \Phi_i} \tag{3-1-26}$$

式中，Φ_D（i_1，i_s）为由于井筒第 i_1 分支第 i_s 单元段引起的无因次势降，无因次；Φ_{wD}（i_1，i_s）为井筒第 i_1 分支第 i_s 单元段中点等效半径处的无因次势降，无因次；Φ_w（i_1，i_s）为井筒第 i_1 分支第 i_s 单元段中点等效半径处的势降，Pa；q_{ID}（i_1，i_s）为井筒第 i_1 分支第 i_s 单元段的无因次流量，无因次。

由一维瞬时平板源解如图 3－1－97 所示，应用镜像反映法和叠加原理可得到封闭边界盒状油藏中单位强度一维瞬时平板源的解，则由位于 x_{D0} 处单位强度的一维瞬时平板源在油藏 x_D 处引起的无因次势降：

$$G(x_D,x_{D0},t_D)=\frac{1}{\sqrt{4\pi t_D}}\sum_{n=-\infty}^{n=\infty}\left[\exp\left(-\frac{(x_D-2n-x_{D0})^2}{4t_D}\right)+\exp\left(-\frac{(x_D-2n+x_{D0})^2}{4t_D}\right)\right] \tag{3-1-27}$$

由 Newman's 乘积法求得三个相互正交的一维瞬时平板源（图 3－1－98）交点的解，即可得到封闭边界盒状油藏中三维瞬时点源的解，并将该解对时间积分得到该瞬时点源的连续解：

$$\Phi_D = \frac{1}{x_{De}y_{De}z_{De}}\int_0^{t_D}G\left(\frac{x_D}{x_{De}},\frac{x_{D0}}{x_{De}},\frac{t_D}{x_{De}^2}\right)G\left(\frac{y_D}{y_{De}},\frac{y_{D0}}{y_{De}},\frac{t_D}{y_{De}^2}\right)G\left(\frac{z_D}{z_{De}},\frac{z_{D0}}{z_{De}},\frac{t_D}{z_{De}^2}\right)\mathrm{d}t_D \tag{3-1-28}$$

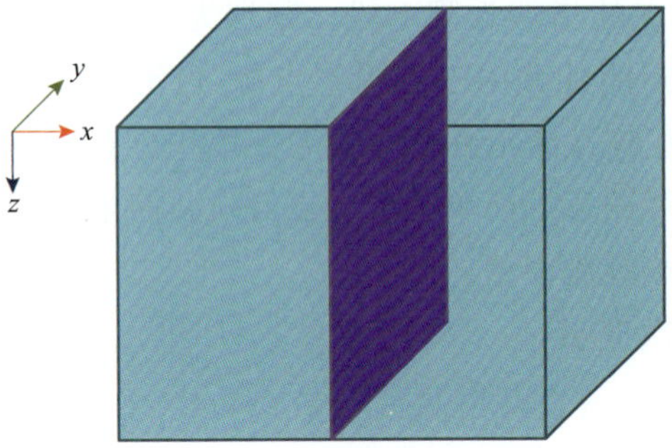

图 3－1－97　盒状封闭油藏中平板源

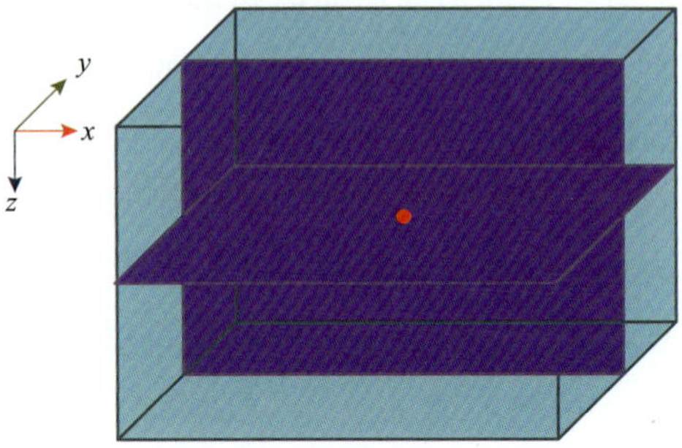

图 3－1－98　盒状封闭油藏中三维瞬时点源

将瞬时点源的连续解沿井筒任意单元段（j_l，j_s）从 $j_{s,0}$ 到 $j_{s,1}$ 积分，则可求得由该单元段在 D 藏中任意点 $M_D(x_D，y_D，z_D)$ 处引起的无因次势降，当任意点 $M_D(x_D，y_D，z_D)$ 接近单元段（j_l，j_s）时无法对式（3－1－28）积分，故从瞬时点源的连续解减去 $\frac{1}{4\pi r_{wD}}$ 进行单独积分，可得：

$$\Phi_D(j_l,j_s,M_D) = \int_{j_{s,0}}^{j_{s,1}}\left(\Phi_D(M_D,j_{s,d},t_D) - \frac{1}{4\pi r_{wD}}\right)\mathrm{d}j_{s,d} + \int_{j_{s,0}}^{j_{s,1}}\frac{1}{4\pi r_{wD}}\mathrm{d}j_{s,d} \tag{3-1-29}$$

式中，$j_{s,d}$——单元段(j_l，j_s)上从 $j_{s,0}$ 到 $j_{s,1}$ 任意点。

当任意点 $M_D(x_D，y_D，z_D)$ 位于井筒单元段（j_l，j_s）的中点等效半径处时，即可求得井筒任意单元段（j_l，j_s）在单元段（j_l，j_s）处的无因次势降：

$$\Phi_{wD}(j_l,j_s,i_l,i_s) = \int_{j_{s,0}}^{j_{s,1}}\left(\Phi_D(i_l,i_{s,\mathrm{mid}},j_{s,d},t_D) - \frac{1}{4\pi r_{wD}}\right)\mathrm{d}j_{s,d} + \int_{j_{s,0}}^{j_{s,1}}\frac{1}{4\pi r_{wD}}\mathrm{d}j_{s,d} \tag{3-1-30}$$

由势的叠加原理可知，油藏中任意点的势降可由所有点的势降叠加求得，故油藏中井筒第分支第 i_s 单元段 i_l 中点等效半径处的无因次势降为：

$$q_{ID}(i_l,i_s)\Phi_{wD}(i_l,i_s) = \sum_{j_l=1}^{n_l}\sum_{j_s=1}^{n_s(j_l)}q_{ID}(j_l,j_s)\Phi_{wD}(j_l,j_s,i_l,i_s) \tag{3-1-31}$$

（二）水平井自适应控水筛管完井参数设计方法

水平井自适应调流控水分段完井技术是结合了油藏相关研究，从完井的角度提出的控制水平井边水、底水锥进，延长油井无水采油期、降低见水后产液含水率，提高油井最终采收率的一套可靠有效的解决方案。本研究借鉴常规完井工艺条件下完井参数的设计方法并结合水平井自适应调流控水分段完井工艺特点，应用上述水平井自适应调流控水分段完井参数优化计算模型，形成了一套水平井自适应调流控水分段完井优化设计方法，如图 3－1－99 所示。

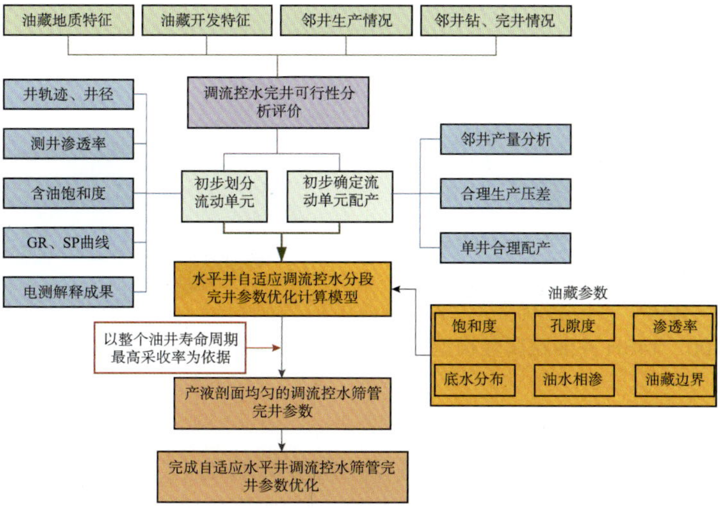

图 3－1－99　水平井自适应控水筛管完井参数设计方法

首先根据钻井井身轨迹、井径、渗透率分布、含油饱和度等测井解释数据对水平井段合理划分流动单元，并结合邻井产量、合理生产压差和单井合理配产等确定每个流动单元的配产，通过上述水平井自适应调流控水分段完井参数优化计算模型，计算不同生产时间、不同产量、不同自适应调流控水筛管配置方案时的油藏底水的变化情况和油藏含水和含油饱和度的分布情况，从而对完井参数进行优化，结合完井工艺施工要求，综合考虑水平井经济效益，确定最优的水平井自适应控水筛管完井参数。

具体设计步骤如下：

①流动单元划分。据钻井井身轨迹、井径，渗透率分布、含油饱和度等测井解释数据对水平井段合理划分流动单元。

②确定配产。结合邻井产量、合理生产压差和单井合理配产等确定每个流动单元的配产。

③水平井自适应控水筛管完井参数计算。应用前节建立的水平井自适应调流控水分段完井参数优化计算模型，对模型进行求解，以油井最终采收率最高为参数优化依据，进行参数计算，从而得到最终的水平井调流控水筛管分段完井参数。

（三）水平井自适应控水筛管完井参数设计应用

以塔河某油田碎屑岩油藏实际井 146H 的油藏及完钻数据为基础，应用上述水平井自适应调流控水筛管分段完井参数设计方法，分别对 146H 井常规调流控水完井、自适应调流控水完井条件下生产情况、含水率变化以及底水上升情况进行模拟计算。

1. 146H 井油藏数值模拟模型的建立

146H 井的水平段位于 T2a1 层段，井口坐标：$X=4573410.84$，$Y=15259858.387$，根据该井的位置以及水平井所处层段的顶部构造图、渗透率和空隙度分布图等数据，该井的油藏属性模型，如图 3－1－100 所示。

根据该区块的地层流体高压物性参数和相渗数据，以及钻井方案设计中的油水界面分析结果，定义模型中的油水界面位置。最后根据 146H 井实钻井身轨迹数据，在上述油藏模型中建立 146H 井模型，从而完成该井油藏数值模型的建立，如图 3－1－101 所示。

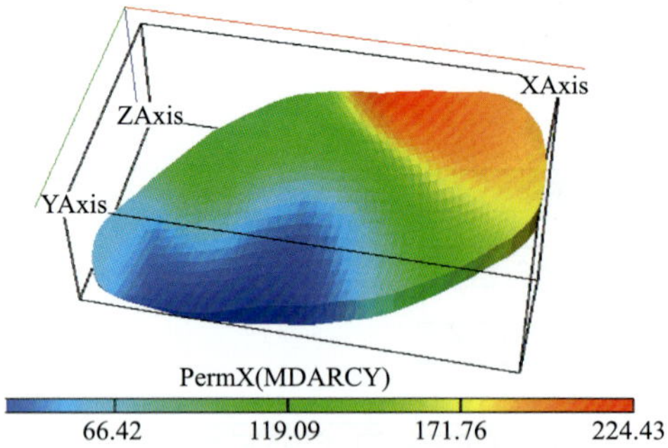

图 3－1－100　146H 井油藏属性模型

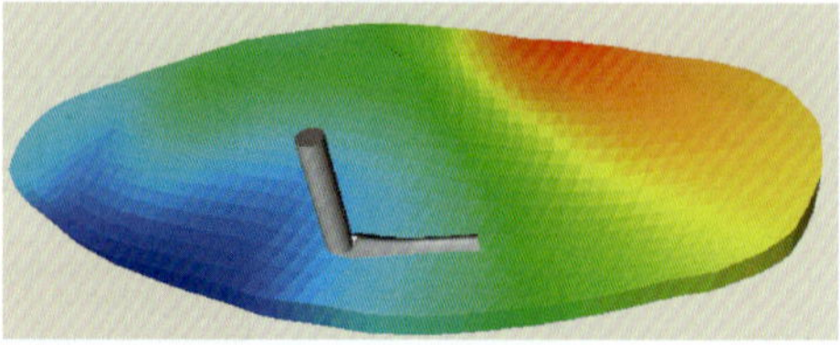

图 3－1－101　146H 井油藏数值模拟建模图

2. 建立 146H 井井筒模型

在上述 146H 井的所在油藏的油藏数值模拟模型的基础上，根据该井的完钻数据（该井水平段电测曲线、井眼轨迹等）以及完井优化设计中的分段原则对水平井段进行合理分段并综合该井段中岩性分布、井径变化情况确定裸眼封隔器的数量、坐封位置（图 3－1－102），根据该井的配产要求以及渗透率分布情况分配每个井段的产液量，根据各井段的产液量，结合控水筛管性能参数，确定各段控水筛管的数量及型号，从而建立该井的调流控水筛管完井井筒模型（图 3－1－103）。

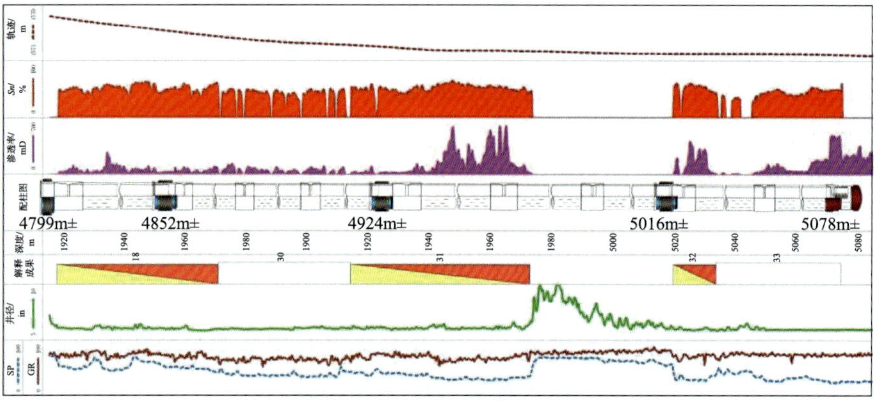

图 3－1－102　146H 井水平井段分段示意图

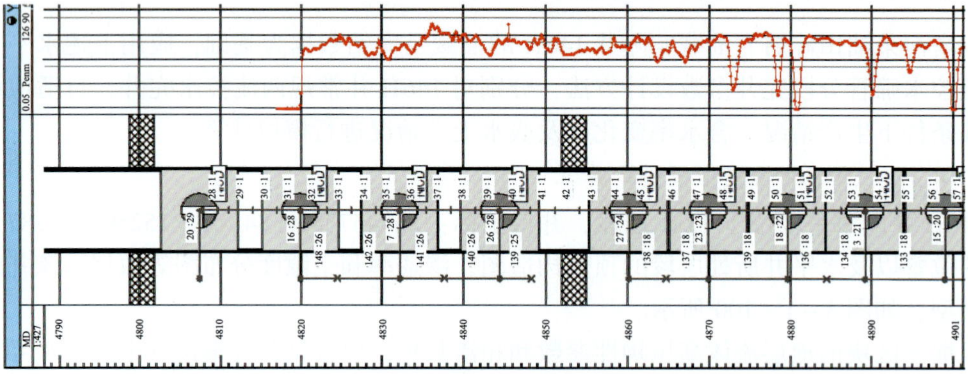

图 3－1－103　146H 井调流控水筛管完井井筒模型设置

3. 模拟计算结果分析

目前该井分为 4 段，采用喷嘴型调流控水筛管在高产液井段使用 3mm 喷嘴，其他井段采用 5mm 喷嘴，将上述完井参数输入到井筒模型中，进行模拟计算，计算结果如图 3－1－104 所示，可以看出，模拟计算的含水率上升情况与该井的实际产液含水率变化情况拟合得非常好。

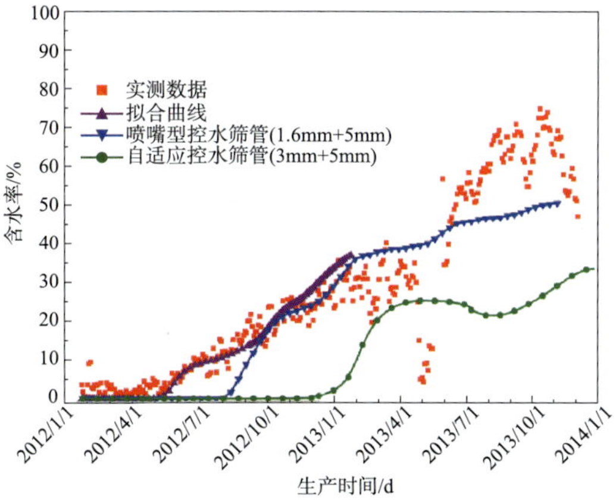

图 3－1－104　不同完井条件下含水率变化情况

在此基础上进行以下两种完井方式的模拟计算：

（1）优化后的喷嘴型调流控水筛管完井。

保持水平井段分段方案不变，进一步减小高渗井段对应的调流控水筛管的喷嘴尺寸为 1.6mm，其他完井参数不变，进行模拟计算。计算结果得出：优化后的喷嘴型调流控水筛管完井方案较原完井方案无水采油期更长（原完井方案无水采油期用 4 个半月左右，喷嘴型调流控水筛管无水采油期为 6 个半月左右），延长无水采油期 2 个月，且水平井见水后含水率上升更缓慢，生产 2 年后的产液含水率为 50% 左右。

（2）自适应调流控水筛管完井。

保持水平井段分段方案不变，高渗段改用 3mm 出口的自适应调流控水筛管，其他井段采用 5mm 出口的自适应调流控水筛管，进行模拟计算，可以看出：在相同的产量下，新型自适应控水筛管完井的含水率要明显低于以上两种喷嘴型调流控水筛管。其主要具备以下几个方面的优势：无水采油期更长（无水采油期为 11 个月），延长无水采油期 6 个半月，2 年后产液含水率仅为 26% 左右。

另外，水平井见水后同期含水率下降，与原完井方案和喷嘴型调流控水筛管完井见水后含水率直线上升的趋势不同，自适应调流控水筛管完井见水后的含水率上升趋势为缓慢上升后再下降，然后再缓慢上升再下降的呈现缓慢起伏上升的变化规律，这个变化规律产生的原因正是由于自适应控水筛管根据流经地层产液含水率变化自适应调节流动压降而产生的。

由图 3－1－105 不同完井条件下底水上升情况模拟结果可以看出，采用自适应调流控水筛管完井时底水抬上剖面更好均衡，因此，具有更高的最终采收率。

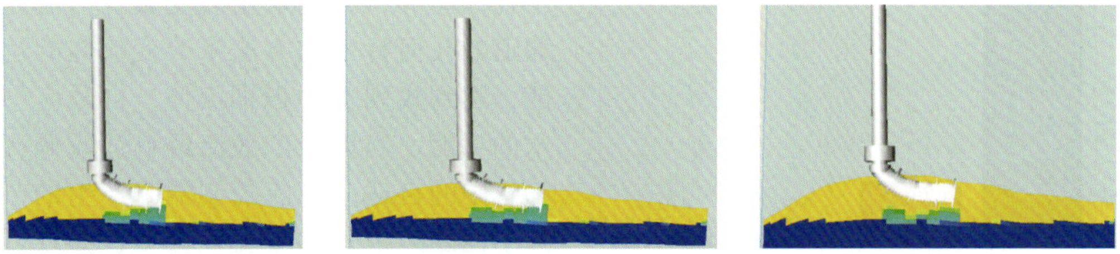

(a)喷嘴型控水筛管(3mm+5mm)　(b)喷嘴型控水筛管(1.6mm+5mm)　(c)自适应控水筛管(3mm+5mm)

图 3－1－105　不同完井条件下底水上升情况模拟结果

（3）控水稳油效果对比。

取 146H 井优化后的喷嘴型调流控水筛管完井和自适应调流控水筛管完井两种完井方式

各2年的产量数据，对比发现，优化后的喷嘴型调流控水筛管完井2年内累产油6813t，累产水2187t，平均含水率24.3%，自适应调流控水筛管完井2年内累产油8154t，累产水846t，平均含水率9.4%，两年累计增油1341t，控水效果提高了61.3%。

七、水平井自适应调流控水分段完井工艺研究

对自适应控水分段完井工艺的入井管柱方案、技术特点应用范围、配套封隔器的优选以及现场实施工艺方面进行研究，从而形成一套完整的自适应控水完井工艺技术体系。

（一）工艺整体方案

水平井自适应控水分段完井工艺与常规水平井调流控水分段完井工艺基本类似，不同之处在于起调流控水作用的工具，所以水平井自适应控水分段完井管柱方案与常规调流控水分段完井管柱方案相同，主要包括：尾管悬挂器、膨胀封隔器、自适应调流控水筛管、扶正器及底部循环阀（浮鞋）等设备，如图3－1－106所示。结构简单，施工方便，可有效提高施工工艺的成功率。

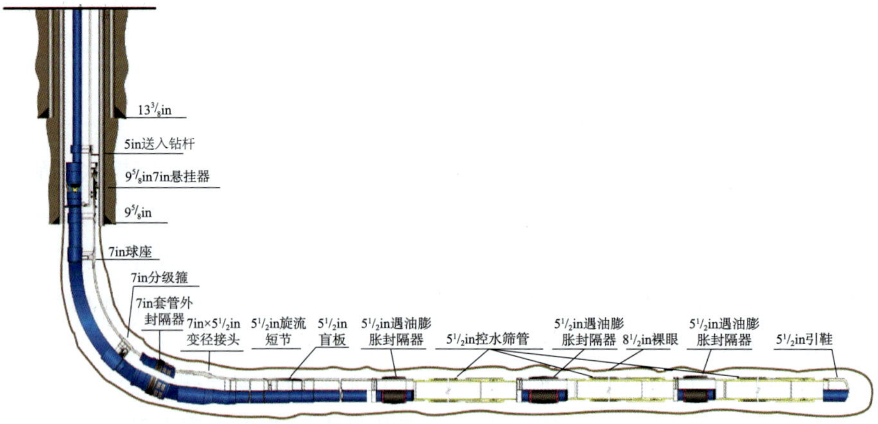

图3－1－106　水平井自适应控水分段完井工艺管柱

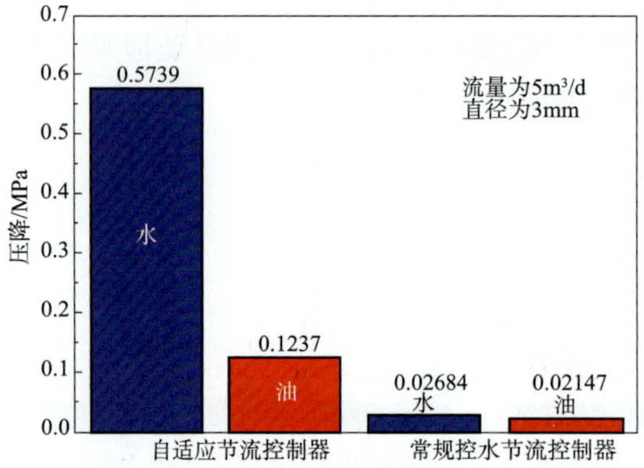

图3－1－107　自适应节流控制器与喷嘴节流压降对比

（二）工艺特点及优势

研发的自适应调流控水筛管利用油水基本物性差异，通过采用改变装置内流体流动通道的几何特性的方法来改变流体的运动势能，达到实现自动识别流体，自适应稳油控水的功能。当地层产液流经自适应调流控水筛管中的自适应节流控制器时产生的节流压降不但随产液量的变化而改变，并且可以根据产液性质的不同产生不同的节流压差，如图3－1－107所示。

该图是经室内实验实际测得的在相同流动条件下，自适应节流控制器与常规控水节流控制器性能，可以看出，常规控水节流控制器

对于水和油流动时产生的节流压差基本相同，且都非常低，因此只能用于水平井见水前的产液剖面的调整且调整能力一般；而本项目研发的自适应节流控制器对油和水都可以产生较大的节流压差，实现了大直径喷嘴高节流阻力的作用效果，同等尺寸出口产生的节流阻力是喷嘴型控水装置的20倍以上，并且，水和油流经该控制器产生的节流压差差别非常大（含水率越高，节流压差越大），所以自适应调流控水筛管在水平井见水前具有更强的产液剖面调整能力，而且水平井局部、全部见水后还可以调整水平井各段的油相入流剖面，从而有效地降低油井的含水率。

综上所述，自适应调流控水分段完井技术可以实现：当水平段产油时，自适应调流控水筛管产生较低的压差或是不产生压差，而当水平段产水时能够产生较高的压差，并且随着水平井含水率的提高自适应调流控水筛管产生的压差相应提高，从而在整个油井生命周期起到改善水平井流动剖面，提高最终采收率的效果。故本项目研发的自适应调流控水筛管技术优势主要体现在以下几个方面：

①不含活动部件，性能可靠，无须特殊材料，一体化设计，施工简单、有效期长。

②主动控制，无须控制管线、无须人为干预、无须电子设备，实现低成本智能完井。

③管内全通径，便于后期二次完井和修井。

④采用钨钴硬质合金加工制造，具有耐温、耐压、抗腐蚀的优点。

⑤更强、更智能的产出剖面调节能力：油水自适应，根据产液状况自动调节油水流动压差，最大自动调节油水流动速度比可达10倍以上。

⑥更长的产出剖面调节有效期：在整个油井生命周期改善流动剖面，延缓边水锥进。

下面详细分析一下油藏各阶段自适应调流控水筛管工作原理：

阶段一：边、底水未突破时（图3－1－108）。

由于该阶段油藏边、底水未突破，水平井筒中的流体为油，自适应控水筛管与常规控水筛管作用相同，可在较高的产液段产生较大的流动压差，从而降低高渗段产液量，提高低渗段产液量，均衡水平井的产液剖面，达到延缓底水锥进，延长油井无水采油期，提高油井最终采油率的作用。

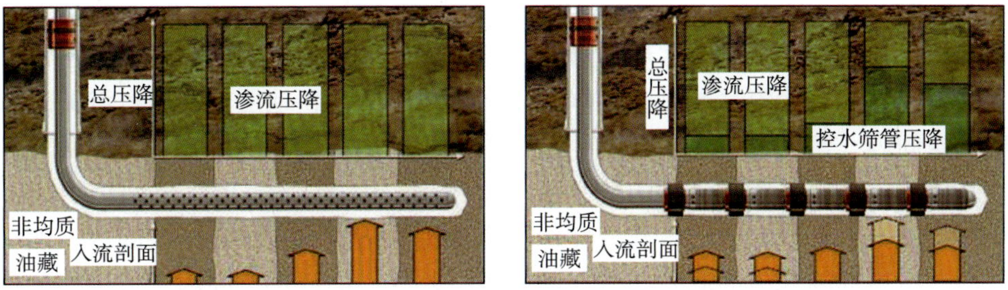

(a)常规控水完井　　(b)自适应控水完井

图3－1－108　边、底水未突破时常规控水完井与自适应控水完井对比

阶段二：水平井段局部被边、底水突破后（图3－1－109）。

该阶段由于水平井局部井段见水，该井段的产液为油水混合物，自适应控水筛管可在该井段产生较大的压差，从而，大幅度抑制见水井段产液量，提高产油段产量，调整水平井油相入流剖面，有效降低油井产液含水率。

阶段三：水平井段全部被边、底水突破后（图3－1－110）。

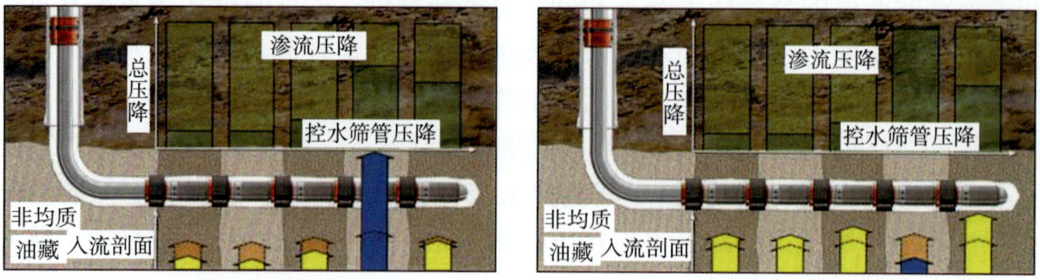

(a)常规控水完井　　(b)自适应控水完井

图3-1-109　水平井段局部被边、底水突破后常规控水完井与自适应控水完井对比

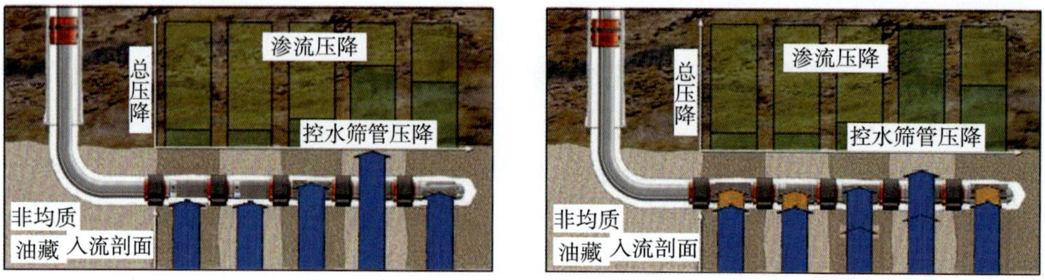

(a)常规控水完井　　(b)自适应控水完井

图3-1-110　水平井段全部被边、底水突破后常规控水完井与自适应控水完井对比

在该阶段水平井各段的产液均为油水混合物，但由于地层的非均质性，各井段产液的含水率各不相同，此时，地层产液在自适应控水筛管产生的流动压差随含水率的增加而大幅度增加，从而在高含水率井段产生较大的压差，降低该井段产液量，在含水率较低的井段产生较小的流动压差，小幅度降低该井段产液量，起调整水平井油相入流剖面的作用，从而有效降低油井产液含水率。

第二节　自适应调流控水完井工具研制和系列化

自适应调流控水分段完井与常规筛管分段完井时，地层产液由地层到筛管基管间的流动存在较大的差异。常规筛管完井时，流体流动过程相对简单，地层产液通过渗流进入筛管与裸眼的环形空间内，然后由该环形空间，经筛管内的滤砂层流入筛管基管，然后由基管上的孔眼进入基管内，从而完成了流体的整个流动过程。

自适应调流控水分段完井时各部分经地层渗流进入筛管与裸眼环形空间内，然后由该环形空间，经改造后的筛管内的滤砂层流入滤砂层与基管间的环形空间内，流体在该环形空间做轴向流动，经筛管端部的快速对接插头进入自适应调流控水装置内的流腔内，流腔内的流体进入自适应节流控制器，根据流体流量及性质的不同自动产生不同的流动压降，最后由自适应调流控水装置工作筒上的出油孔进入基管内，从而完成了流体的整个流动过程。

通过以上分析，须对常规精密复合筛管及其接箍进行结构改造，并开展自适应调流控水装置研制。本章主要介绍自适应调流控水筛管、自适应调流控水装置、二次完井用自适应调流控水筛管研制等内容，并形成了装置的系列化和标准化。

一、自适应调流控水完井工具研制

（一）总体结构设计

自适应调流控水筛管（图3-2-1）是在常规防砂用精密复合筛管的基础上，结合水平井自适应调流控水完井地层产液在井筒内流动特点，以及自适应调流控水装置的结构特点，对常规防砂用精密复合筛管的结构和流体流动通道进行改造，形成自适应调流控水专用的精密复合筛管结构，与设计、研制的自适应调流控水装置装配组成了自适应调流控水筛管。

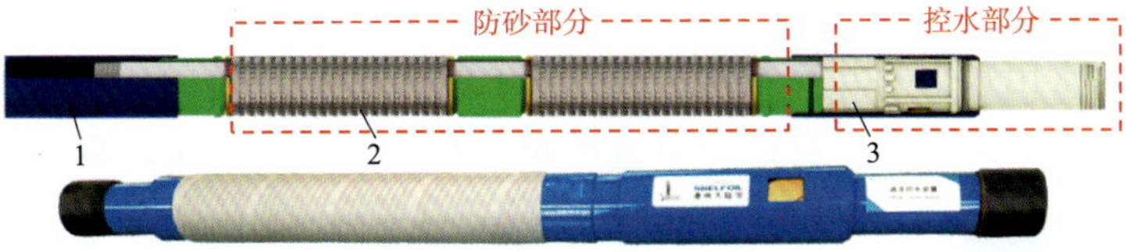

图3-2-1　自适应调流控水筛管结构组成

1—控水筛管接箍；2—自适应调流控水用精密复合筛管；3—自适应调流控水装置

根据目前国内水平井井身结构特点，本项目研发了5½in和4½in两种规格的自适应调流控水筛管及相关主要配套工具，技术指标如表3-2-1所示，为方便叙述说明，以5½in自适应调流控水筛管为例进行各部分的说明。

表3-2-1　自适应调流控水筛管主要性能参数及技术指标

基管规格	最大外径/mm	最小内径/mm	长度/m	耐温/℃	耐压/MPa	扣型	防砂精度
5½in	180	121	11	150	150	LTC	可订制
4½in	148	101.6	11	150	150	LTC	可订制

其具有以下几个方面的优点：

（1）自适应调流控水装置与筛管部分的连接采用螺纹+插入密封的方式，既能保证连接的强度要求，可以实现不同规格的筛管与不同规格的自适应调流控水装置的自由搭配安装，以适应不同地层配产的需求，而且可以实现自适应调流控水装置现场配置调整，从而能够根据现场实测电测曲线对不同井段的流量进行优化调节。

（2）自适应调流控水装置还可以与普通筛管、盲管任意组合搭配使用，可以降低完井成本。

（3）地层流体由滤砂层进入筛管内的环形空间后，整个环形流动空间间隙均大于5mm，保证了流体可沿环形空间流入自适应调流控水装置内，减少了流体在该环形空间内的摩擦压降。

（二）自适应调流控水装置的研制

无论是常规的水平井调流控水分段完井工艺还是本项目提出的新型的水平井自适应调流控水分段完井工艺，实现调流控水功能的核心部件是该工艺管串中控水筛管内部的调流控水装置，该装置的性能直接决定了该工艺的效果。

理想的调流控水装置应具有对油低敏感性同时对水具有高敏感的特性，从而实现当水平井产油时，流体在调流控水筛管中流动产生较小的压差，当水平井见水后能够产生较高的流动压差，并随着各水平井段含水率变化，自动调整其流动压差，从而调整水平井的油相入流剖面，降低油井的含水率，起到控水、增油的效果。

本项目研发的自适应调流控水装置利用油水基本物性差异，通过所设计的装置内部独特的流体流动通道，达到自动识别流体，根据流经流体特性的改变产生不同的流动压降（地层产液流经适应调流控水装置中的自适应节流控制器时产生的流动压差不但随产液量的变化而改变，而且可以根据产液性质的不同产生不同的压差），从而调整沿水平井筒各井段处的压降分布，调流油井产出剖面，达到自适应稳油控水的功能。实现沿整个水平井段均衡出油，减小死油区，提高产油量和采收率。

1. 结构组成

结合自适应调流控水装置工作环境的特点和自适应调流控水分段完井流体流动特点，并综合考虑目前国内常用水平井井身结构，设计了 5½in 和 4½in 两种规格的自适应调流控水装置，该装置由外壳、工作筒、自适应节流控制器及密封圈等组成，如图 3－2－2 所示。

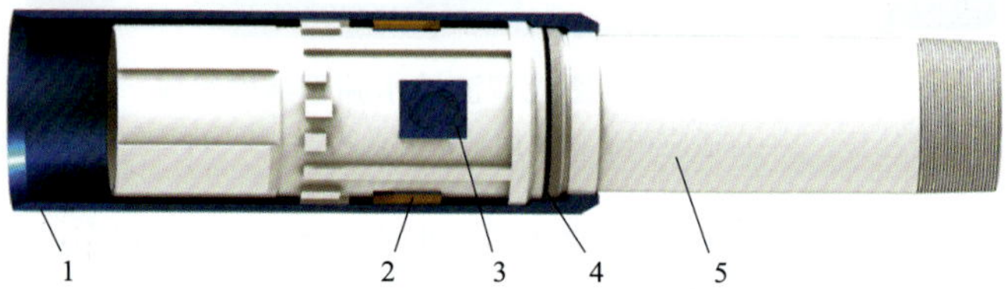

图 3－2－2　自适应调流控水装置结构

1—自适应调流控水装置外壳；2—自适应节流控制器上盖；
3—自适应节流控制器底座；4—O 形圈；5—自适应调流控水装置工作筒

自适应调流控水装置中工作筒主要用于与上、下筛管间的连接，与外壳形成流动通道，输送流体至自适应节流控制器，并固定自适应节流控制器。自适应节流控制器是整套装置的核心部分，起到自适应调流控水稳油的作用，该部分通过特殊焊接工艺安装在工作筒的凹槽内；外壳用于保护整套装置的内部结构不受井内环境的干扰。其中，5½in 自适应调流控水装置整个结构最大外径 180mm，最小内径 121mm，总长 910mm，4½in 自适应调流控水装置最大外径 148mm，最小内径 101.6mm，总长 900mm。整套自适应调流控水装置与筛管部分的连接采用套管螺纹＋插入密封的方式，不仅可以满足连接的强度要求，又可实现不同规格的筛管与不同规格的自适应调流控水装置的自由搭配连接，以适应不同地层配产的需求，从而实现可根据现场实测电测曲线对不同井段的流量进行优化调节以及自适应调流控水装置现场配置调整。

1）自适应调流控水装置外壳

自适应调流控水装置外套右端设计有密封面及内螺纹扣，该内螺纹用于与自适应调流控水装置工作筒中部的外螺纹连接，密封面与自适应调流控水装置工作筒中部的外螺纹左侧的密封槽装有的密封圈形成密封；另外，自适应调流控水装置外套左端设计有密封面，该密封面与筛管快速对接插头上的密封槽装有的密封圈形成密封。其内壁与自适应调流控水装置工作筒配合形成过流腔。

2）自适应调流控水装置工作筒

如图 3－2－3 所示，中心管短节左端设计有标准 LTC 套管内螺纹，与筛管基管上的套管外螺纹连接，左段设计有周向分布的 4 个凹槽，该凹槽与自适应调流控水装置外壳内壁形成流腔；该工作筒中部设计有沿周向分布的 4 个独立的流体腔（与外壳配合后形成），每个流体腔左端均分布有长方形突起，用以形成导流通道，并对外套进行支撑，每个导流腔中设计有1个长方形凹槽，用以安装自适应节流控制器；凹槽中央设计有出油孔，地层产液经自适应节流控制器流动后，由该出油孔进入基管内；另外该工作筒的中部右侧设计有1个密封槽和外螺纹，密封槽用于安装O形密封圈，与自适应调流控水装置外壳右侧密封面形成密封，外螺纹与外壳右侧的内螺纹连接；自适应调流控水装置最右侧设计有标准LTC套管外螺纹，用于与筛管接箍内螺纹连接，从而连接另外一根控水筛管。

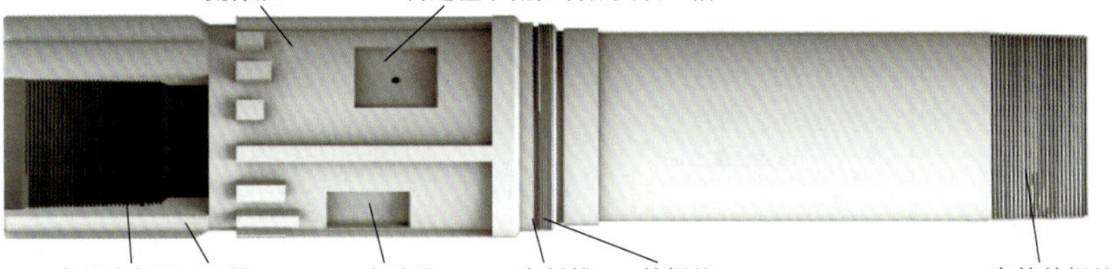

图3－2－3　自适应调流控水装置工作筒

3）自适应节流控制器

自适应节流控制器由底座和上盖两部分组成，底座上表面与上盖下表面间为金属密封并通过焊接进行连接（图3－2－4），然后将焊接好的节流控制器整体安装在自适应调流控水装置工作筒上的自适应节流控制器安装凹槽内，然后再通过焊接将两者间的缝隙进行密封连接。

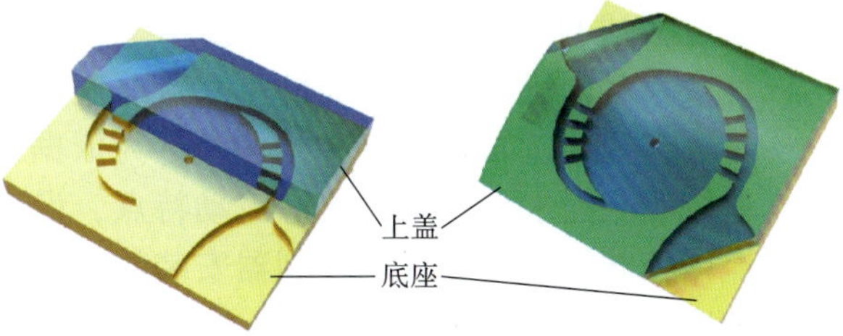

图3－2－4　自适应节流控制器焊接后效果

自适应节流控制器的调流控水功能是通过流体在底座上的流动通道实现的，上盖起密封作用。该流动通道主要由入口通道、节流喷嘴、节流通道、旋流腔和中心出口5部分组成，如图3－2－4所示。入口通道主要功能是将进入自适应调流控水装置流体腔内的流体引入节流控制器，节流喷嘴利用局部摩阻效应起到进油阻水的作用，节流通道利用沿程摩阻效应起到进水阻油的作用，旋流腔是用来引导流入的流体在其内部旋转流动，中心出口是连接节流控制器与中心管基管的通道。

2. 工作原理

水平井自适应调流控水完井后，地层产液由油藏渗流到水平裸眼与筛管外保护套间的环形空间内，然后经筛管滤砂层进入筛管基管与滤砂层间预留的环形空间，在该环形空间内地层产液沿水平井轴向流向安装在筛管端部的自适应调流控水装置内的流体腔内，在该流体腔内地层产液由自适应节流控制器两侧的入口流入节流控制器，最后由节流控制器中预留的中心出孔流入生产管柱，通过自喷或人工举升至地面生产管线，如图3－2－5（a）所示。

自适应节流控制器中的流体流动通道包括入口通道、节流喷嘴、节流通道、旋流腔和中心出口，如图3－2－5（b）所示。入口通道主要功能是将进入自适应调流控水装置流体腔内的流体引入节流控制器，节流喷嘴利用局部摩阻效应起到进油阻水的作用，节流通道利用沿程摩阻效应起到进水阻油的作用，旋流腔是用来引导流入的流体在其内部旋转流动，中心出口是连接节流控制器与中心管基管的通道，用来将进入节流控制器中的流体引入到基管内部，同时在生产压差大和流量较大时起到一定的节流作用。

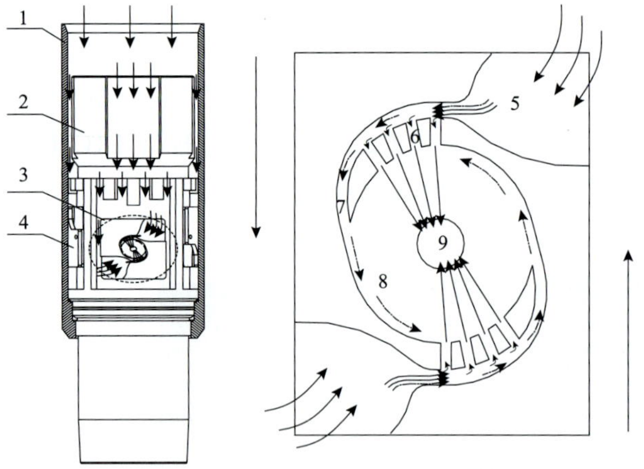

(a)自适应调流控水装置内流体流动示意图　　(b)自适应节流控制器内流体流动示意图

图3-2-5　自适应控水装置工作原理图

1—外壳；2—工作筒；3—节流控制器底座；4—自适应节流控制器上盖；5—入口通道；6—节流喷嘴；7—节流通道；8—旋流腔；9—中心出口

节流控制器工作时，当地层产液含水率较低时，大部分流体都会通过节流喷嘴进入旋流腔，只有少部分通过节流通道进入旋流腔，但此时流体并不会沿旋流腔旋转流动，而是直接沿最短路径沿中心出口流出，因此流体流动压差低。伴随着含水率增加，通过节流通道的地层产液逐渐增多，而经过节流喷嘴的逐渐减少，通过节流通道的流体速度较高，会沿着旋流腔旋转流动后再经中心出口流出，并且含水率越高，流体沿旋流腔的旋转圈数越多，流体流经路径越长，流体流动压差越大。因此地层产液含油多含水少时，地层产液流经节流控制器产生较小的压差；若地层产液含水增多，流体流动压差随之增大。

3. 自适应调流控水装置的加工试制

通过上述自适应调流控水装置结构设计以及对调流控水核心部件——自适应节流控制器关键结构参数的优化，得到了最终的结构参数；在此基础上以该套结构参数为依据，结合自适应调流控水装置工作环境的特点，和自适应调流控水分段完井流体流动特点，设计了自适应调流控水装置工作筒及外壳，用于形成流体腔并将自适应节流控制器安装其中，从而完成了整套自适应调流控水装置，下面分析该装置的加工试制情况。

1）自适应节流控制器的加工试制

自适应节流控制器为自适应调流控水装置中的核心部件，因其具有尺寸小、内部流道形状复杂、对精度要求较高的特点，加工难度较高；并且油井投产后，自适应节流控制器中的复杂流道要经受地层产液大量、长期的冲蚀。如果该节流控制器的耐冲蚀性不够，随着生产的进行，地层产液携带的细小砂粒冲蚀流道，导致流道变形，从而影响节流控制器的调流控水性能，严重时会造成失效。因此，对自适应节流控制器的材料及加工工艺提出了特殊的要求。

（1）材料优选。

考虑到自适应节流控制器尺寸小，内部流道形状复杂，且对精度要求较高的特点，故采用变形小、硬度高的材料，通过广泛调研并结合加工工艺、精度的要求，选用钨钴合金作为自适应节流控制器的材料。

钨钴合金又称碳化钨-钴硬质合金，是碳化钨和金属钴组成的硬质合金。按钴含量，可分为高钴（20%～30%）、中钴（10%～15%）和低钴（3%～8%）三类。钨钴合金具有较高的抗弯强度、抗压强度、冲击韧性、弹性模量和较小的热膨胀系数，是硬质合金中使用最广泛的一类。用作刀具可加工铸铁、有色金属、非金属、耐热合金、钛合金和不锈钢等，还可做引伸模具、耐磨零件、冲压模具和钻头等。

（2）加工工艺。

设计自适应节流控制器的底座和上盖间为金属密封，对于两相密封面的加工精度有非常高的加工精度要求。另外，自适应节流控制器的实际性能与其底部内部流道的加工精度密切相关，而且该流道为非规则曲面，异性面较多，并且考虑到钨－钴硬质合金硬度非常高，不适应采用机械加工工艺，因此，自适应节流控制器底座和上盖采用烧结成型的制造工艺。

制造工艺为：制作模具→烧结成型→后期精加工。

硬质合金烧结成型就是将粉末压制成坯料，再进烧结炉加热到一定温度（烧结温度），并保持一定的时间（保温时间），然后冷却下来，从而得到所需性能的硬质合金材料。烧结成型是硬质合金制造工艺的主要方法。

硬质合金烧结过程可以分为4个基本阶段：

①脱除成形剂及预烧阶段，在这个阶段烧结体发生如下变化：

成型剂的脱除，烧结初期随着温度的升高，成型剂逐渐分解或汽化，排除出烧结体，与此同时，成型剂或多或少给烧结体增碳，增碳量将随成型剂的种类、数量以及烧结工艺的不同而改变。

粉末表面氧化物被还原，在烧结温度下，氢可以还原钴和钨的氧化物，若在真空脱除成型剂和烧结时，碳氧反应还不强烈。粉末颗粒间的接触应力逐渐消除，黏结金属粉末开始产生恢复和再结晶，表面扩散开始发生，压块强度有所提高。

②固相烧结阶段（800℃～共晶温度）。在出现液相以前的温度下，除了继续进行上一阶段所发生的过程外，固相反应和扩散加剧，塑性流动增强，烧结体出现明显的收缩。

③液相烧结阶段（共晶温度～烧结温度）。当烧结体出现液相以后，收缩很快完成，接着产生结晶转变，形成合金的基本组织和结构。

④冷却阶段（烧结温度～室温）。在这一阶段，合金的组织和相成分随冷却条件的不同而产生某些变化，可以利用这一特点，对硬质合金进行热处理以提高其物理机械性能。

（3）装配。

如上所述，自适应节流控制器的底座和上盖间为金属密封，装配采用焊接连接，为保证两者之间密封性，不仅要求两个密封面加工精度满足要求，而且，两者间焊接时的变形量也需非常小，为此，焊接采用高温钎焊的方式。

图3－2－6为通过以上工艺加工试制的钨－钴硬质合金自适应节流控制器。

(a)自适应节流控制器（整体焊接后半剖）

(b)自适应节流控制器（整体焊接后）

图3－2－6　加工试制的自适应节流控制器

2）自适应调流控水装置工作筒和外壳的加工试制

自适应调流控水装置工作筒和外壳用于与筛管或筛管接箍连接以及流体腔的形成，为此对于工具本体的强度有一定的要求，另外，工作筒上的节流控制器安装凹槽对于精度要求较高，故工作筒和外壳均选 35CrMo，节流控制器安装凹槽采用 E650 车铣一体加工中心进行加工，其他结构采用数控机床加工（图 3－2－7、图 3－2－8）。

图 3－2－7　加工试制的自适应调流控水装置工作筒

图 3－2－8　加工试制的自适应调流控水装置外壳

图 3－2－9　自适应节流控制器焊接到工作筒凹槽内

此外，自适应调流控水装置的工作筒上的节流控制器安装凹槽与节流控制器间的连接方式为焊接，采用普通的焊接方式变形较大，难以满足要求，因此两者间的焊接采用真空钎焊，如图 3－2－9 所示。

（三）自适应调流控水筛管及配套工具的研制

如图 3－2－10 所示，该自适应调流控水筛管由筛管接箍、自适应调流控水用精密复合筛管、自适应调流控水装置 3 大部分组成，下面将相关部分的结构及工作原理进行说明。

1. 自适应调流控水用精密复合筛管

自适应调流控水分段完井时地层产液由筛管与裸眼环形空间内流出后，经筛管内的滤砂层不允许直接进入基管内，否则无法起到调流控水的作用；为实现对地层入液剖面的调节需要改变该地层产液的流动路径，将地层产液导向筛管端部的自适应调流控水装置，从而实现调流控水的功能。

通过上述分析可知，自适应调流控水用精密复合筛管不仅需要具有滤砂作用，还需具备导流的能力，为此，在常规精密复合筛管的基础上对其连接接头、中间接箍以及精密复合滤砂的结构进行改造，改造后的自适应调流控水用精密复合筛管结构如图 3－2－10 所示，主要由基管、快速对接插头、固定环、改造后的精密复合滤砂层及中间接箍 5 部分组成。

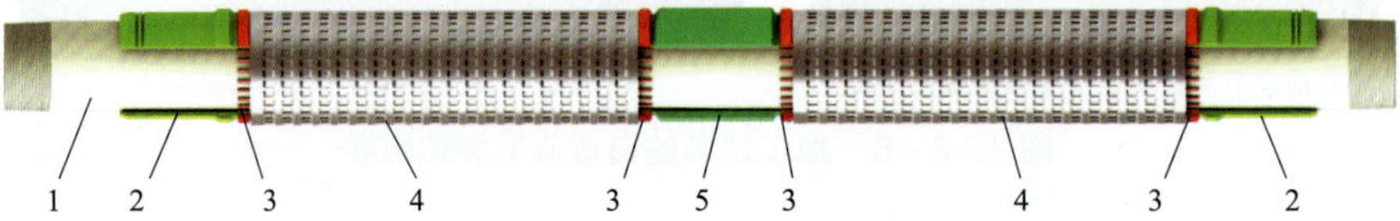

图 3－2－10　自适应调流控水用精密复合筛管结构组成

1—基管；2—快速对接插头；3—固定环；4—改造后的精密复合滤砂层；5—中间接箍

1）基管

由图3-2-11和图3-2-12可以看出，自适应调流控水用精密复合筛管的基管与传统精密复合筛管的基管结构不同，其周向不打孔，从而使地层产液经滤砂层后不能直接进入基管内，该基管为5½in套管，两端5½in套管扣，用于与筛管接箍或自适应调流控水装置连接。

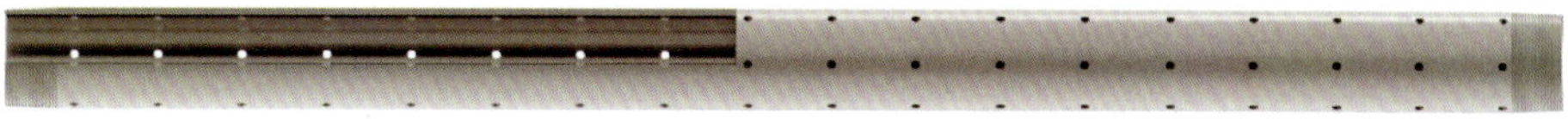

图3-2-11　常规精密复合筛管基管

图3-2-12　自适应调流控水用精密复合筛管基管

2）快速对接插头

如图3-2-13所示，快速对接插头一端设计有两道密封槽，该密封槽用于安装O形圈与自适应调流控水装置外壳左端内段的密封面或筛管接箍内侧的密封面形成密封，从而实现与自适应调流控水装置或另外一根筛管间连接；该快速对接插头内壁设计有若干周向分布的凹槽，该凹槽与基管外壁形成轴向的流动通道，凹槽的凸起部分与基管外壁通过焊接连接在一起；改造后的精密复合滤砂层插入到快速对接插头的滤砂层焊接端内侧后，通过固定环固定后，通过焊接将滤砂层焊接端与该滤砂层的外保护套进行焊接。

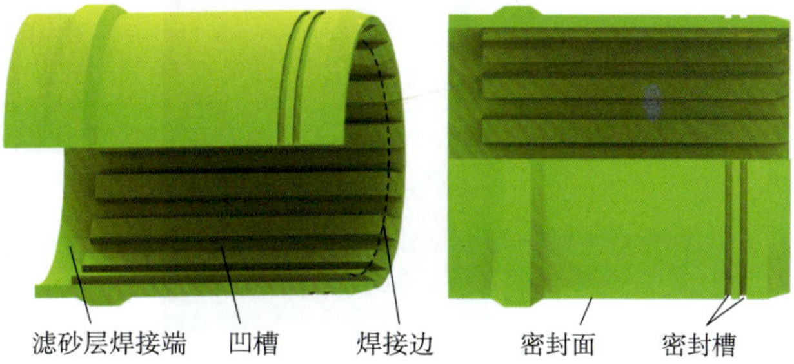

图3-2-13　快速对接插头

其主要结构参数和技术指标见表3-2-2。

表3-2-2　快速对接插头参数及技术指标

规格/in	最大外径/mm	最小内径/mm	长度/mm	单个凹槽尺寸	耐温/℃	耐压/MPa
5½	175	139.7	820	14mm×5mm	150	80
4½	148	101.6	780	12mm×5mm	150	80

3）中间接箍

如图3-2-14所示，中间接箍内壁设计有若干周向分布的凹槽（16个），该凹槽与基管外壁形成轴向的流动通道；同样，改造后的精密复合滤砂层插入到中间接箍两端的滤砂层焊接端内侧，通过固定环固定后，将滤砂层焊接端与该滤砂层的外保护套进行焊接。

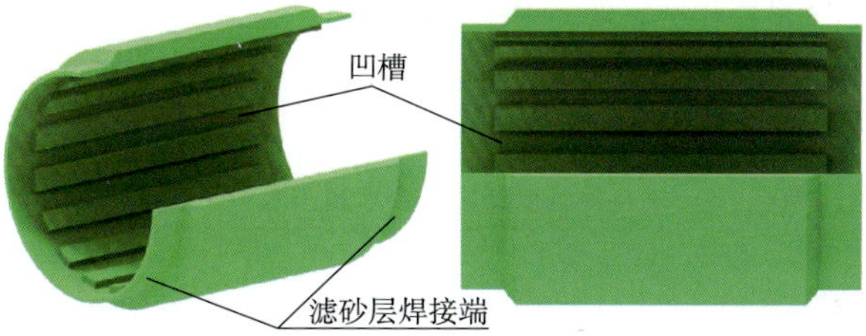

图3-2-14　中间接箍

其主要结构参数和技术指标见表3-2-3。

表 3－2－3　中间接箍参数及技术指标

规格/in	最大外径/mm	最小内径/mm	长度/mm	单个凹槽尺寸	耐温/℃	地层压力/MPa
5½	175	139.7	233	14mm×5mm	150	80
4½	148	101.6	150	12mm×5mm	150	80

4）改造后的精密复合滤砂层

如图 3－2－15 所示为改造后的精密复合滤砂层，精密复合滤砂层可以更好地过滤地层产液中的砂粒，从而减少流体对自适应调流控水装置的冲蚀破坏。该精密复合滤砂层经特殊设计，与常规滤砂层的区别为：在基管上焊有筋条支撑精密复合筛管滤砂层，形成流体沿着轴向运动的通道。该滤砂层由内向外为绕丝骨架、打孔管、扩散网、滤砂网和外保护套。

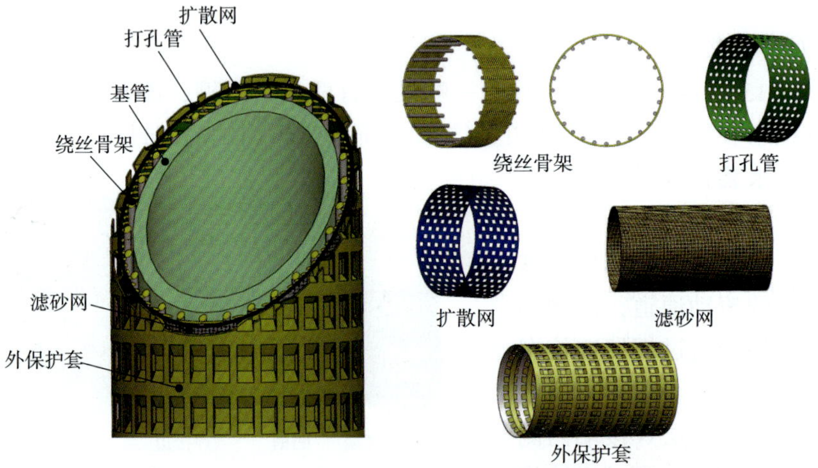

图 3－2－15　改造后的精密复合滤砂层

该精密复合滤砂层对常规精密复合筛管的滤砂层结构进行了改进，将最里层的骨架改成了绕丝骨架，从而使基管与滤砂层之间留有轴向流动通道，地层产液通过滤砂层后可通过该轴向流动通道流向中间接箍内侧的凹槽通道以及快速对接插头内侧的凹槽通道内，最终流向自适应调流控水装置内的流体腔内。其中，打孔管用于在绕丝骨架与滤砂网间形成支撑；扩散网可保证通过滤砂网的流体具有更好的流动性；滤砂网用于过滤地层产液中的砂粒，尽量减少流体中固相颗粒对核心控水机构的冲蚀破坏，滤砂网可根据地层产液中砂粒大小进行优化配置；外保护套用于保护整个滤砂层在下井和生产过程中不被损坏。其主要结构参数和技术指标见表 3－2－4。

表 3－2－4　改造后的精密复合滤砂层参数及技术指标

规格/in	最大外径/mm	最小内径/mm	长度/m	过滤精度/μm	外保护套冲孔规格
5½	180	139.7	11	70、80、100、120、150 等可根据用户要求制作	18mm×8mm
4½	148	101.6	11	70、80、100、120、150 等可根据用户要求制作	18mm×8mm

2. 筛管接箍

自适应调流控水分段完井工艺管柱是自适应调流控水用精密复合筛管通过筛管接箍，将筛管、自适应调流控水装置及其他工具连接起来，主要管柱方案如图 3－2－16 所示。

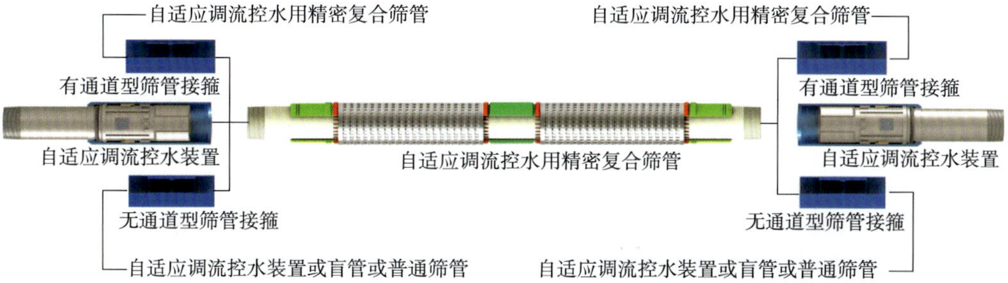

图 3－2－16　自适应调流控水筛管管串连接方案

由上述自适应调流控水筛管管串连接方案可知，筛管两端的标准 LTC 套管扣与不同类型的筛管接箍可以形成不同的控水筛管管串，以适应不同完井设计方案的要求。

该筛管接箍的结构与常规精密复合筛管接箍的结构不同，根据与其连接的工具的不同，该筛管接箍可以分为有通道型筛管接箍和无通道型筛管接箍。

1）有通道型筛管接箍

如图 3－2－17 所示，该接箍用于连接两根自适应调流控水用精密复合筛管。接箍左右两端内壁设计有密封面，用于与自适应调流控水用精密复合筛管上快速对接插头上的两道密封槽内的 O 形密封圈形成密封；另外，该接箍内设计有左右两套标准 LTC 套管内螺纹，用于与自适应调流控水用精密复合筛管上基管的 LTC 套管外螺纹连接；为了使两根筛管内环形空间连通，在该接箍内侧周向设计有流体通道。

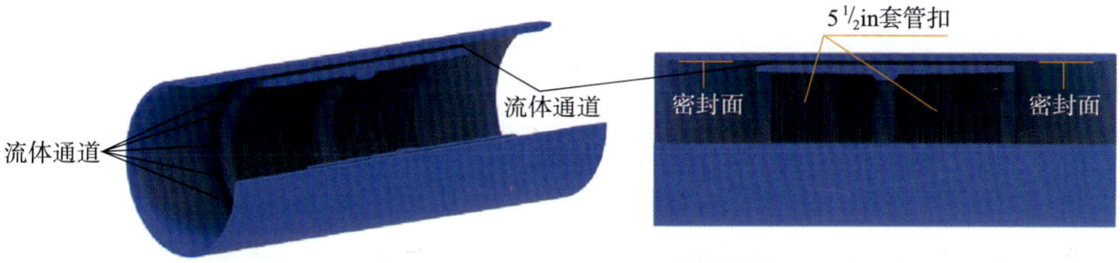

图 3－2－17　有通道型筛管接箍

2）无通道型筛管接箍

如图 3－2－18 所示，接箍可用于连接自适应调流控水装置、盲管或普通筛管等。接箍左右两端内壁设计有密封面，用于与自适应调流控水用精密复合筛管上快速对接插头上的两道密封槽内的 O 形密封圈形成密封；另外，该接箍内设计有左右两套标准 LTC 套管内螺纹，可用于与自适应调流控水用精密复合筛管上基管的标准 LTC 套管外螺纹、自适应调流控水装置工作筒上的标准 LTC 套管外螺纹、盲管上的标准 LTC 套管外螺纹或普通筛管基管上的标准 LTC 套管外螺纹等连接。

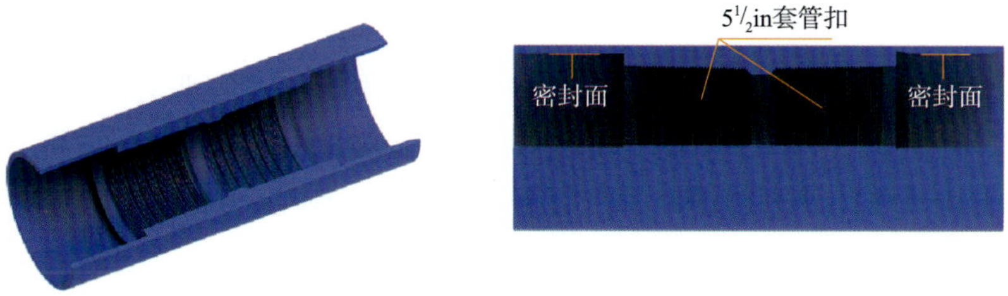

图 3－2－18　无通道型筛管接箍

3. 自适应调流控水筛管的加工试制

1）外保护套加工

高密度冲缝过滤外保护套采用304不锈钢材料，冲缝为螺旋分布，采用精密冲缝技术，不锈钢冲缝过滤外保护套的冲缝开口在侧面，降低地层产液对冲缝外保护筛管的直接冲蚀作用，冲缝间隙加工范围为20～0.7mm。冲缝间隙均匀度能保证在0.015mm的加工误差范围之内，保证其过滤精度的要求；另外采用高密冲孔技术，有效开孔缝长是普通割缝管的3～5倍，普通冲缝筛管的2～3倍；采用螺旋焊接形成，以提高过滤外保护套强度，在局部受外部挤压时，间隙减小或者闭合，保证防砂的可靠性（图3－2－19）。

图3－2－19　自适应调流控水筛管外保护套加工试制

2）精密复合滤砂层

采用多层316L不锈钢精密微孔复合防砂过滤层、精密编制过滤层通过压轧定型后，整体焊接而成，防砂可靠性高、抗破坏能力强、过滤面积大，为割缝筛管和绕丝筛管的3～5倍，另外，滤砂层内设立支撑网和扩散网以降低流动阻力，提高筛管渗透性，流动阻力小，产量高。

3）固定环加工

一体式固定环设计，使精密复合滤砂层与快速对接插头及中间接箍的焊接次数降到最少，减小了焊接对筛管整体强度的影响。

4）快速对接插头

用于实现与自适应调流控水装置或另外一根筛管间连接，如图3－2－20所示为加工试制的快速对接插头。

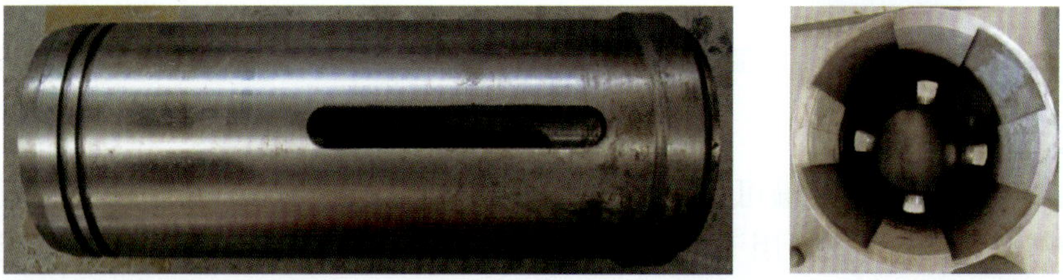

图3－2－20　快速对接插头加工试制

5）基管加工

中心基管采用API标准套管，在基管上焊接5mm厚筋条，用于支撑精密复合筛管滤砂层，形成流体沿着轴向运动的通道。

6）装配

将精密复合滤砂层套装于高密冲缝过滤外保护套内后通过膨胀管车床膨胀为一体，然后，通过固定环将快速对接插头、中间接箍焊接成一体再装入焊接有5mm厚筋条的基管上，最后，将两端的快速对接插头内的焊接边与基管焊接成一体。图3－2－21为加工试制的自适应调流控水筛管。

图3-2-21 自适应调流控水筛管加工试制

将上述自适应调流控水筛管与自适应调流控水装置装配，如图3-2-22所示。

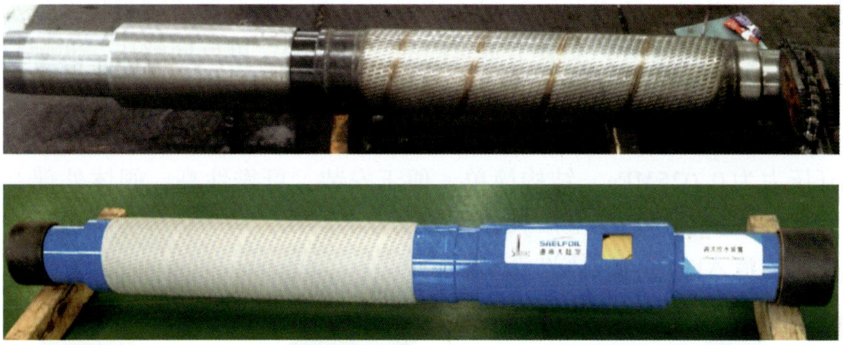

图3-2-22 自适应调流控水装置与筛管装配后效果

二、二次完井用小尺寸自适应调流控水筛管研制

(一) 二次完井用小尺寸自适应调流控水筛管结构设计

二次中心调流控水完井技术的技术载体为自适应控水装置。二次中心调流控水用自适应控水装置利用油水基本物性差异，对油低摩阻，对水高摩阻，根据含水率的变化自行调流附加阻力，从而实现无须人工干预和电/液驱动即可根据进入控水装置内油量和水量的变化而自行调节进入产出中心管的产液量，平衡产液剖面。二次中心调流控水管柱下入后，每一段内的控水装置能够随着其含水率的变化自动调整其相应的附加阻力，从而在整个油井生命周期起到改善水平井流动剖面，提高最终采收率的效果。

在常规自适应控水装置结构的基础上，优化尺寸及控流单元，增加了单流阀（用于封隔完井管柱的内外流动通道），建立了二次中心调流控水完井用自适应控水装置，如图3-2-23所示。装置包括外套、基管、核心节流件和微型单流阀4个部分，经尺寸优化，最大外径（外套外径）96mm，内径50mm，全长750mm。

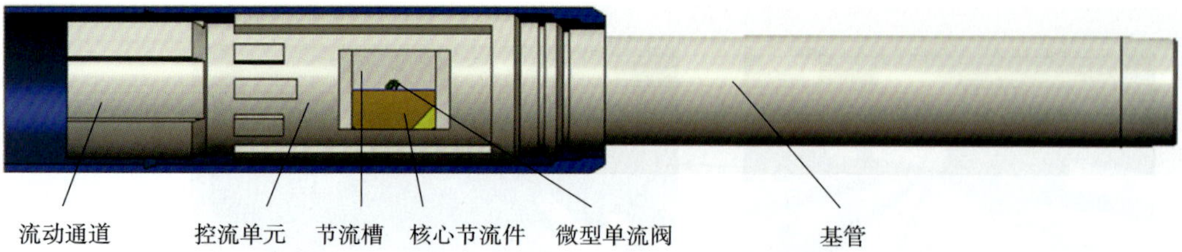

图 3－2－23　二次完井用自适应控水装置结构图

外套外径 96mm，内径 86mm，一端与专用筛管连接，一端与基管连接，并与基管配合形成流体流动通道。基管外径 60.3mm、内径 50.6mm，两端采用标准油管扣与筛管中心管连接；基管中间沿径向设有 1 个独立的控流单元（与外套配合后形成），控流单元左端均分布有长方形突起，用以形成导流通道，导流腔中还挖有长方形槽用以安装节流件；长方形槽中央有出油孔，在出油中心孔内安装有单流阀，采用螺纹密封。节流件安放于基管上的长方形槽中，是整个控水装置的核心组件，根据流入流体含水率的变化自主改变结构内部的流动方式，实现对油低摩阻，对水高摩阻。

常规的自适应控水装置由于无法实现管内憋压，所配合的封隔器必须选用遇油遇水膨胀封隔器，为了突破此限制，自主设计研制了微型单流阀。微型单流阀是流经控水装置的地层产液流入生产管柱的最后通道，安装于基管内的出油孔处，可反向憋压，实现封隔器的打压坐封。

如图 3－2－24 所示，微型单流阀由阀体、阀芯、弹簧及调节螺母组成，全长 14mm，弧面密封，打开压力为 0.025MPa，结构简单，便于安装，可靠性高。阀体外部有螺纹，用于将单流阀固定在控水装置的基管上。阀芯一端设有出液孔，用于流体正向流入；一端为锥形面，用于液体反向流入时封堵阀体进液口。

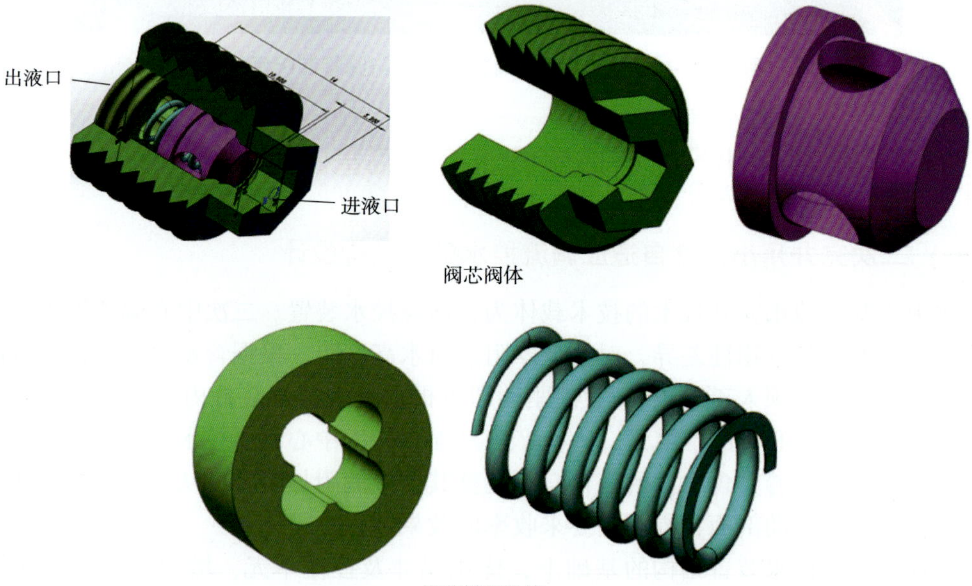

图 3－2－24　微型单流阀结构图

流体由节流件流经单流阀进入生产管柱为正向流动。正常生产时，地层产液由进液口正向流入单流阀时，只需微小压力，即可推动弹簧，形成进液通道，地层产液经出液口流入生产管柱；当封隔器坐封，反向加压时，压力将阀芯反向推至阀体进液口，阀芯锥形面与阀体之间形成密封，从而使管柱内压力升高，实现封隔器坐封。

（二）整体结构性能测试

根据液压封隔器坐封需求，需增加微型单流阀，整套节流阀需结构简单，全长 14mm，弧面密封，可承受压力 25MPa，打开压力为 0.025MPa，便于安装，可靠性高。自适应控水完井专用控水筛管和连接接头（筛管间连接、筛管与控水装置连接），可与普通筛管、盲管任意组合搭配使用，有效降低完井成本（图 3－2－25）。

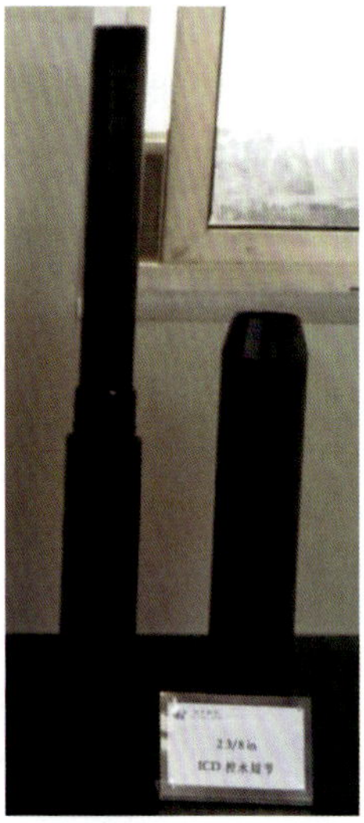

图 3－2－25　二次完井用自适应控水装置样机

根据要求进行的单流阀设计，此微型单流阀由：阀体、调节帽、挡环、弹簧、钢球组成。通过$\frac{1}{4}$inNPT 螺纹连接到控水短节上，实现油管承压 25MPa，坐封液压封隔器，筛管进液压力 0.025MPa 打开，不影响井筒产液的目的。

其工作原理为：钢球由挡环、弹簧、调节帽顶住在阀体上，形成密封，在工具下入过程中实现油管打压不通的目的，可坐封液压封隔器。当从另一侧打压时，压力达到 0.025MPa 时，液体顶开钢球，通道打开，使管柱内外形成流动通道。

图 3－2－26　微型单流阀试验实物照片

试验步骤：

（1）将微型单流阀按照图纸进行组装，共组装 24 个微型单流阀（图 3－2－26）。

（2）将组装好的微型单流阀安装在试验工装上，连接试验管线与打压泵。

（3）连接好后进行打压试验：

①打压泵压力升至 10MPa，稳压 5min。

②打压泵压力升至 15MPa，稳压 5min。

③打压泵压力升至 25MPa，稳压 5min。

④在以上三步承压合格后，卸掉压力，拆下微型单流阀，查看零件是否有损坏，如无损坏重新组装并安装到试验工装上。

⑤重复以上步骤 3 次，应承压合格，零件无损坏。

（4）试验合格后，零件拆下保养，重新组装好入库。

通过试验结果显示，此批次的微型单流阀可承压 25MPa 无泄漏，符合设计要求。综上所述，自适应控水装置为二次中心调流控水完井的关键部分，它具有以下技术特点：

（1）油水自适应，根据产液状况自动调节附加压降，最大水油压降比可达到 10 以上。

（2）不含活动部件，性能可靠，无须特殊材料，一体化设计，施工简单、有效期长。

（3）主动控制，无须控制管线。

（4）可反向憋压，与液压封隔器配合应用。

三、新型自适应调流控水核心控制结构研制

（一）控水核心结构研究及优化

自适应调流控水节流控制器是整套自适应控水装置的核心部分，其决定了整套控水装置的控水稳油效果，为提高自适应调流控水装置的适应性，满足开发复杂油气藏的需要，设计了新型自适应调流控水核心结构，对整套控水装置节流效果分析主要就是分析节流控制器对油、水的压力、流动速度、流线。新型节流控制器主要包括入口通道、主流通道、分支通道、圆盘挡板、限流圆盘和中心出口喷嘴（图3－2－27）。整个自适应调流控水节流控制器有2个入口通道，主要功能是将进入控水装置的流体引入控制器。主流通道主要保证水的通过，确保水进入限流圆盘的流动为切线流动，分支通道是用来引导部分黏度高的流体（油）进入限流圆盘，确保流体进入限流圆盘后在中部实现汇流，进而减少附加阻力。节流控制器的主体部分为圆形，促使流体在旋流的过程中，密度相对较小的油向中心流动，而密度较大的水在外侧旋转，其圆盘结构也进一步促进了整个节流控制器具有自适应调节特点。

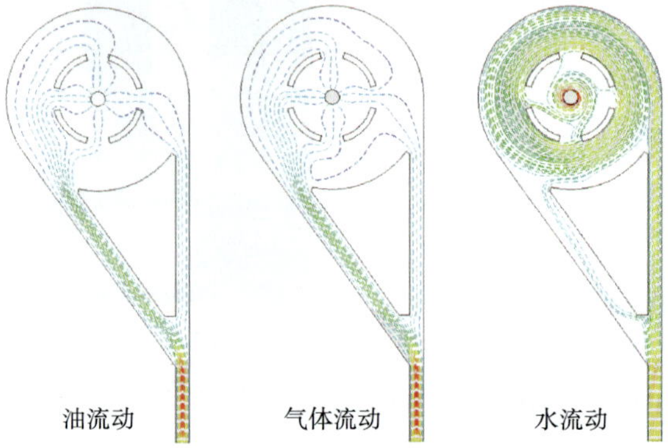

图3－2－27 自适应调流控水节流控制器数值模拟流线分析图

图3－2－27显示的是利用CFD流体计算分析软件计算出的自适应调流控水核心控制件内流体的流动分析状况。计算边界条件为：水平井日产液约为15～30m^3/d，水平段长度为150～300m等状况，给定速度入口边界条件，入口处流速为1m/s；中心出口喷嘴为流动出口，给定流量出口边界条件，流体全部流出；固体壁面边界作为无滑移边界处理，流动参数设置为零；选用标准$\kappa-\varepsilon$双方程湍流模型。

从图3－2－27可以看出，在整个流动过程中产生了明显的分支流动和汇集流动，油、气、水的流线图有明显的不同，当油通过节流控制器时，流线在主流通道和分支流道的流量比较接近，流体在限流圆盘的中进行汇流后由中心出口流出；当气体通过节流控制器时，气体主要沿着分支流道进入限流圆盘后迅速从中心出口流出；当水通过节流控制器时，主要通过主流通道以切线的方向进入限流圆盘，由于水的惯性力较大，通过旋转可产生较大的节流阻力。

该结构的自适应调流控水核心控制器确保了油、气、水三相在流动控制过程中有着不同的流动过程，从而减小了控制过程中的相互干扰，并且采用圆盘和势能差原理实现了对流动的差别化控制，最大的水油阻力压降控制比可达10以上，具有主动控水，提高油、气产量的目的。

（二）结构性能测试

为了验证节流件对流入气体的节流作用，设计搭建了一套物理模拟实验平台。

1. 实验原理

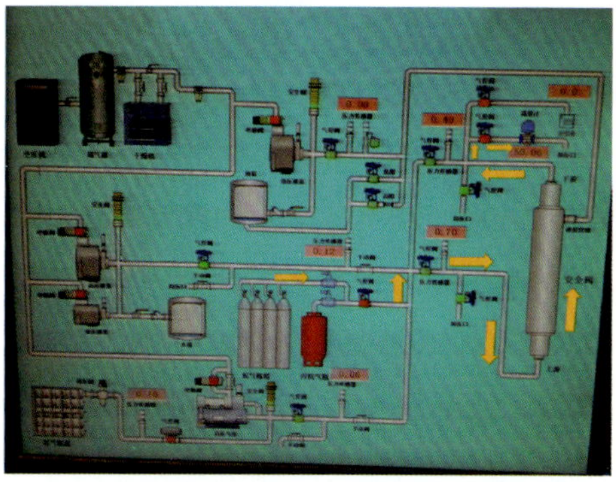

图 3-2-28 节流件对气体节流测试物理模拟实验装置（箭头走向部分）

气体从氮气瓶出来后流经管线及节流件，二者对气体都会产生流动阻力，首先测试二者共同作用时不同流量下的节流压差，之后再测试单纯管线对气体流动产生的节流压差，二者之差即为节流件对气体产生的节流压差。

2. 实验装置

本实验装置主要建立在井下安全阀实验装置的基础上，由高纯度氮气瓶（纯度 99.999%，充装压力 13MPa）、连接管线、节流装置（节流件内嵌其中）、压力表及流量计组成（图 3-2-28、图 3-2-29）。

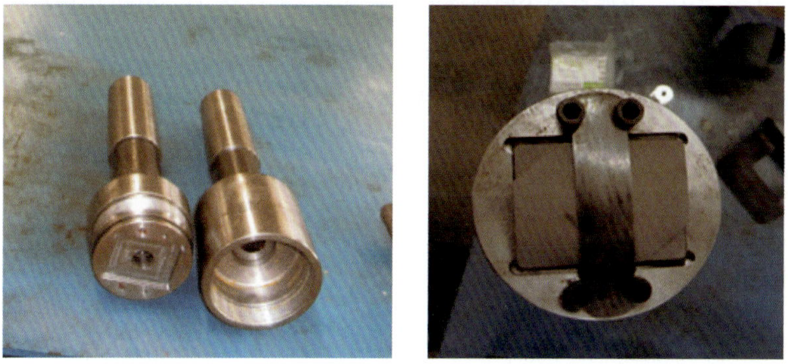

图 3-2-29 节流件嵌入前（左）、后（右）实物图

为尽可能真实地模拟气井工况，在气体状态方程的基础上考虑气体偏差因子，假设气井单井日产量为 $20\times10^4m^3$，水平段长为 450m，可计算出井下每米日产量为 $4.08m^3/d$，单位换算为 2.84L/min，自适应控水筛管以 10m/根计，且每根筛管安装一个节流件，则通过节流件的气体流量为 28.4L/min。为了模拟节流件对不同流量下的气体产生的节流压差，气体流量设置为 15~100L/min。

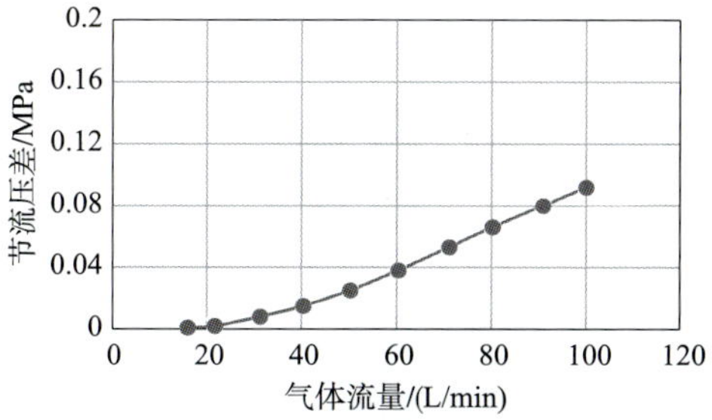

图 3-2-30 节流件对不同流量下的气体节流压差曲线（2.5mm 出口直径）

3. 实验结果

本次实验采用节流件的出口直径为 2.5mm。通过 10 组次的实验数据，气体流量从 15.9 ~ 99.97L/min，绘制出节流件对不同流量的气体产生的节流压差曲线，具体如图 3-2-30 所示。

从图 3-2-31 所示曲线可以看出，节流件对不同流速的气体产生了一定的压差，且呈现流速越大节流压差越大的趋势，但总体上来看，节流件对气体的节流作用比较弱：在流量为 28L/min 时，产生的节流压差约为 0.007MPa；在流量为 100L/min（对应地面产气量为 $70.4\times10^4m^3/d$）时，节流压差仅为 0.092MPa。

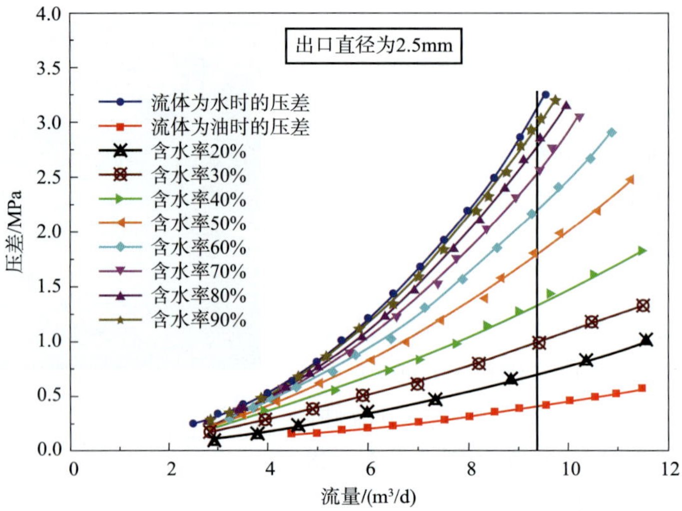

图3-2-31　节流件对不同流速的气体节流性能曲线（2.5mm出口直径）

从图3-2-31所示曲线看出，当日产水为9.8m^3/d时，节流件产生的节流压降达到3.25MPa，节流件对水的节流压降为对气体节流压降的30倍以上。

四、自适应调流控水装置系列化和标准化研究

（一）专用控水筛管的系列化

自适应调流控水专用筛管以精密微孔复合筛管作为基础筛管，基管加工有轴向和径向均布的两层筋条支撑筛网，其内层绕丝起到圆周方向的连通，托条起到径向连通作用，流入控制装置采用孔板式，不易阻塞（图3-2-32、图3-2-33）。

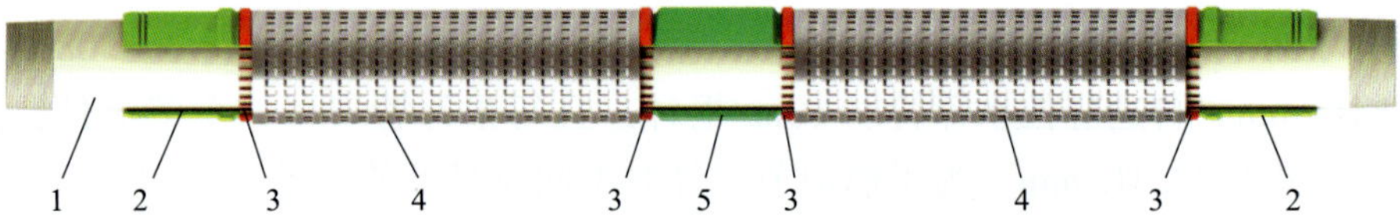

图3-2-32　专用控水筛管整体结构示意图

1—基管；2—快速对接插头；3—固定环；4—改造后的精密复合滤砂层；5—中间接箍

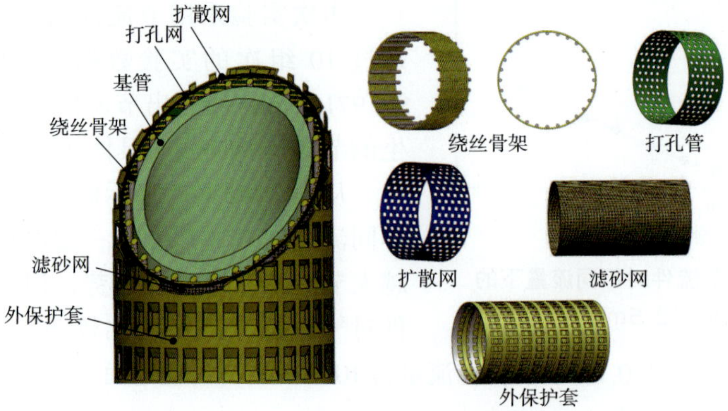

图3-2-33　专用控水筛管剖面结构

1. 特点

①通过调整压力剖面，延缓边底水突进，延长油井生产周期。

②具有自适应性的阻水采油、均匀控液的功能。

③流入控制装置强度高、耐腐蚀。

④可选择性地调整流入控制装置的数量，并可单独调节流量。

⑤具有方便的对接结构及流动通道，可任意与普通筛、盲管连接。

2. 结构

（1）外部保护套：高密冲缝过滤外保护套采用 304 不锈钢材料，冲缝为螺旋分布，采用精密冲缝技术，不锈钢冲缝过滤外保护套的冲缝开口在侧面，降低地层产液对冲缝外保护筛管的直接冲蚀作用。

（2）复合过滤层：采用多层 316L 不锈钢精密微孔复合防砂过滤层，精密编制过滤层通过压轧定型后，整体焊接而成，防砂可靠性高、抗破坏能力强、过滤面积大，为割缝筛管和绕丝筛管的 3 ~5 倍。

（3）固定环：一体式固定环设计，使精密复合滤砂层与快速对接插头及中间接箍的焊接次数降到最少，减小了焊接对筛管整体强度的影响。

（4）基管：中心基管采用 API 标准套管，在基管上焊接 5mm 厚筋条，用于支撑精密复合筛管滤砂层，形成流体沿着轴向运动的通道。

（5）流道：自适应调流控水筛管各部分独特的预留通道设计，既保证了筛管整体尺寸最小化，又满足了地层产液的流动需求。

（6）对接接头：自适应控水筛管的对接机构需要现场对接方便，强度可靠；采用密插对接，对接接箍采用双通道结构连通两根自适应控水筛管。

3. 技术参数

专用控水筛管的整体技术参数见表 3 -2 -5。

表 3 -2 -5　控水筛管整体技术参数

型号	2⅜in	2⅞in	3½in	4in	4½in	5½in
最大外径/mm	96	110	123	135	148	180
基管外径/mm	60	73	88.9	101.6	114.3	139.7
扣型	NU	NU	NU	NU	LTC	LTC
基管材质	N80/13Cr/超级 13Cr	N80/13Cr/超级 13Cr	N80/13Cr/超级 13Cr	N80/13Cr/超级 13Cr	N80/13Cr/超级 13Cr	N80/13Cr/超级 13Cr
长度/m	10 ±	10 ±	10 ±	10 ±	10 ±	10 ±
挡砂精度	可根据油井出砂情况设计加工	可根据油井出砂情况设计加工	可根据油井出砂情况设计加工	可根据油井出砂情况设计加工	可根据油井出砂情况设计加工	可根据油井出砂情况设计加工
承压/MPa	35	35	35	35	35	35

（二）自适应控水装置的系列化

自适应控水装置是整套自适应调流控水筛管的核心工具，其主要被安放于专用控水筛管的端部，用以保证经过专用控水筛管过滤的地层流体，经过自适应控水装置调流后进入中心管柱排出井外，结合自适应调流控水装置工作环境的特点，和自适应调流控水分段完井流体流动特点，自适应调流控水装置由外壳、工作筒、自适应节流控制器及密封圈等组成。

1. 特点

①油水自适应，根据产液状况自动调节附加压降，最大水油压降比可达到 10 以上。

②不含活动部件，性能可靠，全通径，一体化设计，施工简单、有效期长。

③主动控制，无须控制管线、无须人为干预，实现低成本智能完井。

2. 结构

自适应调流控水装置中工作筒主要用于与上、下筛管间的连接，与外壳形成流动通道，输送流体至自适应节流控制器，并用于自适应节流控制器的固定。自适应节流控制器是整套装置的核心部分，起到调流控水稳油的作用，通过焊接安装在工作筒的凹槽内外；外壳用于保护整套装置的内部结构不受井内环境的干扰。整套自适应调流控水装置与筛管部分的连接采用套管螺纹 + 插入密封的方式，不仅可以保证连接的强度要求，可以实现不同规格的筛管与不同规格的自适应调流控水装置的自由搭配连接，以适应不同地层配产的需求，而且可以实现自适应调流控水装置现场配置调整，从而能够根据现场实测电测曲线对不同井段的流量进行优化调节。

3. 技术参数

自适应控水装置的整体技术参数见表 3－2－6。

表 3－2－6　自适应控水装置技术参数

型号	2⅜in	2⅞in	3½in	4in	4½in	5½in
最大外径/mm	96	110	123	135	148	180
扣型	NU	NU	NU	NU	LTC	LTC
节流件数量	1～2	1～2	1～2	1～4	1～4	1～4
材质	N80/13Cr/超级 13Cr	N80/13Cr/超级 13Cr	N80/13Cr/超级 13Cr	N80/13Cr/超级 13Cr	N80/13Cr/超级 13Cr	N80/13Cr/超级 13Cr
长度/mm	850	870	900	1000	1045	1000
耐温/℃	180	180	180	180	180	180
承压/MPa	35	35	35	35	35	35

（三）自适应控水装置标准化

目前，国内油田多数已进入开发中后期，水平井边、底水锥进问题日益严峻。为了控制底水的快速抬升、提高油田的最终采收率，国内外各大石油公司均开始大规模采用自调节控水筛管进行边、底水油气藏的开发，但目前尚缺乏针对该类型筛管产品分类、结构形式、基本参数、技术要求、检验规则等方面的标准依据。为了更好地规范自调节控水筛管的结构、参数及性能指标，确保调流控水完井用自调节筛管设计制造的科学性和合理性，制定了自适应调流控水装置、相关筛管等配套工艺的标准，主要有《自适应控水工具制造要求》《水平井调流控水筛管控水性能室内测试方法》以及《自适应调流控水筛管完井现场施工规程》等。

第三节　水平井自适应调流控水装置性能测试及评价技术

为了评价不同结构自适应调流控水装置的控水性能，需要开展性能测试实验研究。在深入分析油气藏渗流、自适应控水筛管内部流动以及井筒–筛管环空流动的基础上，以最大限度还原井下实际流动过程为目标，设计调流控水筛管室内模拟评价方法并搭建了评价实验平台，能够开展控水稳油和控水稳气性能测试和对比评价，为检验现有的国内外调流控水装置性能、开发和研制新型调流控水装置提供技术手段。基于实验平台，开展多种规格自适应调流控水装置的性能测试与评价，建立不同规格的自适应调流控水装置性能参数优化评价图版。本章主要介绍了水平井自适应调流控水装置模拟实验装置的设计与组建，以及油气井自适应调流控水装置实验数据分析。

一、水平井自适应调流控水装置模拟实验的评价内容和方法

对水平井自适应调流控水装置性能评价主要是评价该装置对油、气和水的敏感性，优质的调流控水装置能够对水产生较大的流动压差，而对油和气产生较低甚至可以忽略的流动压差，尤其是当油的黏度增加时装置产生的流动压差相对较小。因此，根据水平井自适应调流控水分段完井工艺参数设计要求，自适应调流控水装置的性能评价主要从以下 3 个方面进行评价：

（1）不同流量的水在自适应调流控水装置内流动时产生的流动压差的变化。

（2）不同流量、不同黏度的原油和天然气在自适应调流控水装置内流动时产生的流动压差的变化。

（3）不同油水比例、气水比例、油气水比例（含水率）的混合物在自适应调流控水装置内流动时产生的附加压差的变化。

二、自适应调流控水筛管模拟实验装置的设计及组建

（一）油井自适应调流控水筛管模拟实验装置的设计及组建

搭建的实验平台属于非标准实验装置，并且在国内尚无类似实验平台搭建的相关报道，为此，通过详细分析水平井调流控水完井条件下的油藏流动、控水筛管内部流体流动以及井筒与筛管环形空间内流体流动过程，以最大限度还原井下实际流动过程为目标，设计并搭建了一套“调流控水筛管室内模拟及性能评价”实验平台。

由于水平井自适应调流控水分段完井工艺条件下，地层产液经精密复合筛管、自适应调流控水装置以及自适应节流控制器进入基管的过程是一个相对复杂的流动过程，为测定不同条件下，流体流经自适应调流控水装置时产生的流动压差，需要设计一套能够在地面模拟水平井自适应调流控水完井条件下流体流动过程的实验平台，测试分析不同类型节流控制器、不同结构参数节流控制器的节流特性，既可用于测定自适应调流控水装置也能测定常规调流

控水装置的节流特性，为检验现有的国内外调流控水装置性能、开发和研制新型节调流控水装置提供技术手段。

根据水平井调流控水筛管模拟实验的评价内容和方法，结合水平井调流控水筛管在井下的工作状况，建立的水平井调流控水筛管室内模拟实验平台如图 3-3-1 所示。

整套装置由：模拟井筒、外层保护套、多相泵、压差传感器、压力传感器、流量计、温度传感器、手动阀、安全阀、油水两相管道以及数据采集系统等部分组成。按照整套模拟装置的结构特点，该装置可分为节流控制器模拟系统、模拟井筒系统、动力提供系统以及数据采集系统，分别介绍如下：

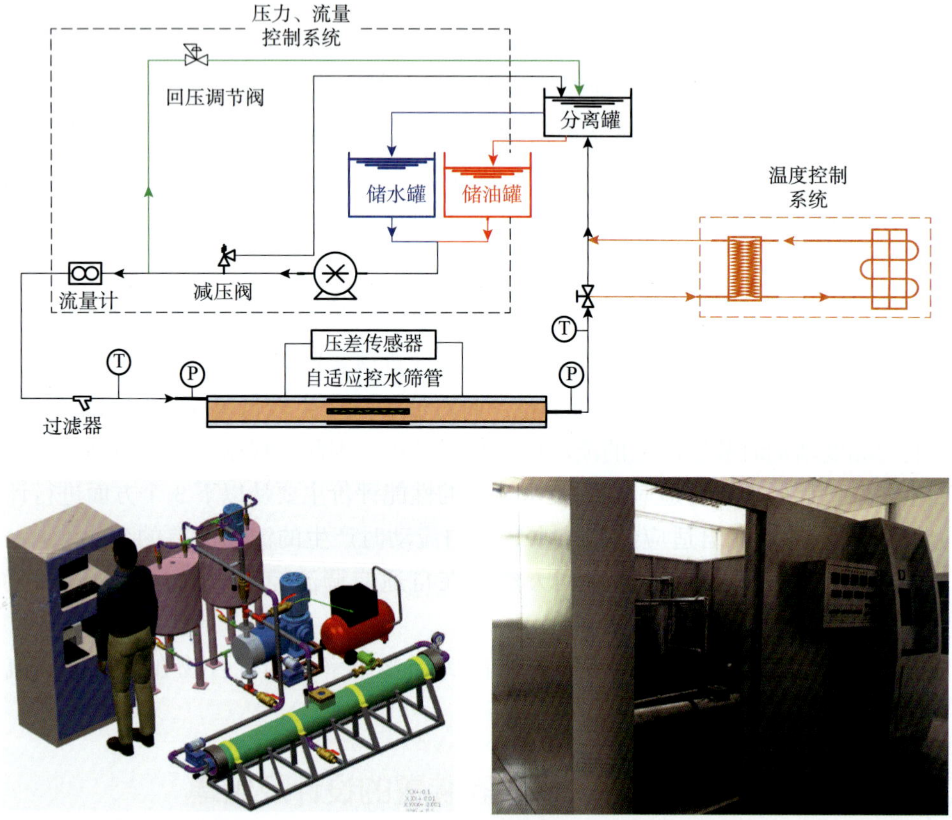

图 3-3-1　水平井调流控水筛管室内模拟实验平台

1. 节流控制器模拟系统

节流控制器模拟系统位于整套装置的模拟井筒的左侧，由被测量的节流控制器、定位卡销、固定堵头、压力传感器、压差传感器组成。水平井调流控水节流控制器被安放在模拟井筒内的最左侧靠近出口的位置，分别由绿色定位卡销和黄色堵头固定，整个控水装置被安放在模拟井筒的最左侧靠外，以利于对控水装置压降的测量，在控水装置的入口和出口处安装有两个压力传感器，分别用来测量节流控制器节流前和节流后管内流体的压力；为了进一步提高测量节流器前后压差的准确性，在控水装置的入口和出口处安装一压差传感器，并且为了分析经过节流控制器流体进入中心管后的压力变化，在整个控水装置的最右侧黄色堵头部分安装一个压力传感器。节流控制器模拟系统主要用来保证对节流控制器控水能力的测量，是整套装置的核心部分。

2. 模拟井筒系统

模拟井筒系统位于整套装置的中间部分，主要由外部保护筒、中间的筛管、内部的中心管以及定位卡销等组成，模拟井筒主要起到模拟井下流体从地层中流入控水装置直至进入控水装置以及流体流经控水装置后从中心管流出整个筛管的过程，为了使模拟效果更加准确，筛管和节流控制器全部采用全尺寸进行模拟，以保证模拟结果尽可能与油田现场实际应用情况相同。此外，在实验压力不太高（≤2MPa）的情况下，为了观察实验的现象，模拟井筒的外层保护筒采用钢化玻璃进行建造。

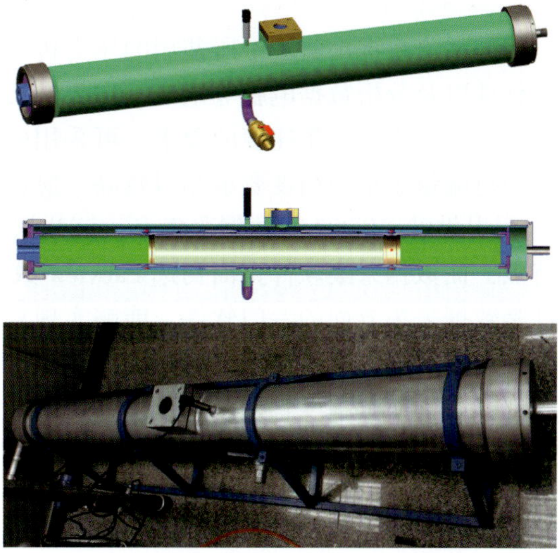

图3-3-2　水平井调流控水模拟井筒装置示意图及剖面图

模拟井筒是整个实验的关键中间环节，承担着将流体引入、流体排出、模拟井下流动过程的作用，保证了实验过程与井下实际调流控水筛管工作的相似性，是整套装置核心的组成部分（图3-3-2）。

3. 动力提供系统

水平井调流控水筛管模拟实验装置的动力提供系统位于左侧，主要由：多相泵、进水管线、进油管线、进入管线、排出管线、安全管线以及压力传感器、温度传感器、流量计等组成。动力提供系统的作用是为整套装置提供动力，保证整个实验按照预想的设计要求，提供实验所需的流体、排量及压力。多相泵是整个实验装置的动力核心，为整个实验的进行提供动力，控制着整个实验的排量和压力；装置中的进水管线、进油管线以及在每条管线上均安装有流量控制阀，在模拟井筒进入管线上装有一个流量计，主要用来计量进入模拟井筒流体的流量。整个管线结构保证了整套装置能够进行油水流动测试，也能够进行油水不同比率条件下的测试，为整套装置测试的多样性提供了条件；在进入管线上装有数显式压力计，用以测量进入模拟井筒系统进行实验的流体的压力。动力提供系统为整套实验装置提供进行实验所需的流体压力及流量，回收实验装置排出的流体，保证整个实验在连续平稳的运行，是整个实验装置的重要组成部分（图3-3-3、图3-3-4）。

图3-3-3　动力提供系统

图3-3-4　流体储存、混配、分离系统

4. 数据采集系统

数据采集系统由实验中所使用的压力传感器、流体计、温度传感器、数据采集卡、数据采集软件以及分析数据电脑等组成，主要进行实验过程中的数据采集和初步的分析。考虑到整个实验对压力和采集速度的要求，可采用硅阻式压力传感器对实验中的压力进行采集，而实验中对流量采集的精度要求相对较高，应选择高精密流量计，在采集数据方面，采用美国NI公司提供的NI6009型数据采集卡，该数据采集卡具有采集数据快，精度高、采集通道多等特点，而数据采集软件方面初选Labview数据编制软件进行数据采集专门软件的编制，该软件是数据采集方面的专门软件，能够实现复杂采集条件下多方位采集及反向控制并且能够对采集的数据进行深度处理和分析，能够满足实验的要求。数据采集系统是整套实验装置的输出部分，其完善程度直接影响着整个水平井调流控水筛管模拟实验的有效性，是整个实验的核心组成部分（图3－3－5、图3－3－6）。

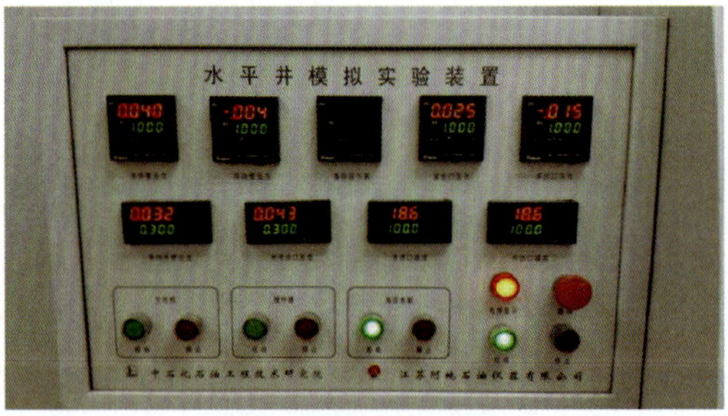

图3－3－5　控制面板

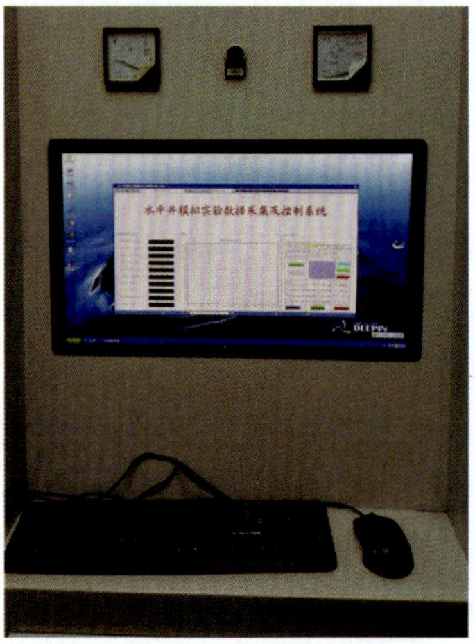

图3－3－6　数据采集系统

整套水平井调流控水筛管室内模拟及性能评价实验平台设备及主要性能参数见表3－3－1。

表3－3－1　实验平台设备及主要性能参数

序号	名称	型号	数量
1	三柱塞高压泵	型号：HS3030－33/10，压力10MPa（可调），流量30L/min	1台
2	储液罐	304材料，不含管线，内外表面镜面抛光，上盖半开式设计，底部带可开关式滑轮，罐体带液位计、温度计，上盖带有两个流体输入口，各带球阀，下端一个流体输出口，带球阀，容积100L	2个
3	空压机	3.0P，容积流量0.1m^3/min，储气容积30L，功率1.5kW，220V	1台
4	水平井外管	$8\frac{5}{8}$in的管（2250mm），304材料、管内外表面镜面抛光、管及堵头安装加工传感器接头及排液管，内部配套不锈钢及橡胶夹持器，耐压>20MPa	1套
5	数显压力表	测量范围：0～10MPa；测量精度：0.25%FS	1只
6	流量计	测量范围：200～2000L/h；测量精度：0.15%FS	1只
7	压差传感器	测量范围：0～7MPa；测量精度：0.10%FS	1只
8	压力传感器	测量范围：0～10MPa；测量精度：0.10%FS	2只
9	压力传感器	测量范围：0～2MPa；测量精度：0.10%FS	2只

续表

序号	名称	型号	数量
10	温度传感器	测量范围：0～150℃；测量精度：±0.1℃	2只
11	电脑及电器柜	材料Q235，表面喷涂，外购标准柜	1只
12	打印机	HP LaserJet Pro CP1025彩色激光打印机	1台
13	数据采集卡	电脑控制，4路以上模拟输入，采集精度：12位以上，采集速度：10kS/s以上。包括数据采集卡及相关数据采集处理软件	1套
14	电器及软件	数据采集、录入及分析软件，各种电子元件、线路、接头等	1套
15	管线、弯头、三通、球阀等配件	3/4，双头外螺纹，304材料	6m

综上所述，该模拟平台能够实现在模拟井下调流控水筛管流动效果的前提下对调流控水装置的节流效应和节流效果进行测量和评价，能够开展不同调流控水装置结构的研究和设计，测试不同结构的控水装置在不同工况下产生的节流效果，进而研发针对不同储层、不同流体性质、调流控水效果更佳的节流控制器。该实验装置具有结构新颖、使用操作方便的特点，可有效指导水平井在不同的产出状况下进行水平井调流控水筛管完井施工设计和现场的控水完井施工，为水平井调流控水完井参数优化设计、控水分段完井优化设计提供依据。

5. 不同结构自适应节流控制器

通过上述水平井自适应调流控水装置模拟实验平台测定自适应调流控水装置在不同流量、不同压力、不同黏度等参数条件下产生的附加压降，深入研究所设计的自适应控水装置结构参数对油、水节流特性的影响规律，优化出控水稳油效果最佳的控制器。

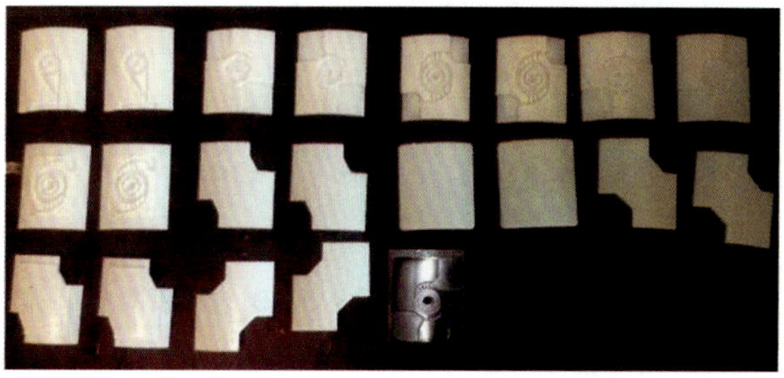

图3-3-7 不同结构规格的自适应节流控制器

在自适应节流控制器结构设计及优化的基础上，先后通过三维打印、精密铸造、加工中心、烧结成型等方式加工试制了如图3-3-7所示的自适应节流控制器，对不同节流控制器的节流性能进行测试。

为提高实验测试精度，本实验采用性质稳定的白油代替原油，通过改变其温度测试不同黏度下自适应节流控制器节流性能，其黏温曲线如图3-3-8所示。

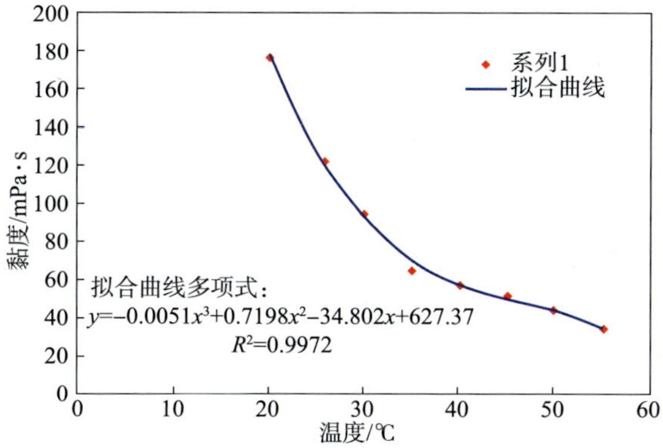

图3-3-8 实验用白油黏温曲线

（二）气井自适应调流控水筛管模拟实验装置的设计及组建

对于气藏来说，进入井筒的流体一般情况下为气液两相流体，地层流体经精密复合筛管、自适应调流控水装置以及节流控制器进入基管的流动过程相当复杂。为测定不同条件下，气液两相流体经过自适应调流控水装置时产生的流动压差，需要设计一套能够在地面模拟整个复杂流动过程的实验平台，以此来测试分析不同类型节流控制器、不同结构参数节流控制器的节流特性，评价凝析气藏自适应调流控水完井的效果。

根据气藏水平井调流控水装置性能测试实验的评价内容和方法，结合气藏水平井井下工作状况，建立了气液两相调流控水装置性能测试实验平台，如图3－3－9所示。

整套装置由：模拟井筒、水箱、变频水泵、液体稳压罐、针型阀、液体流量计、空气压缩机、气体稳压罐、气体流量阀、气体流量计、压差传感器、压力传感器、气液两相管道以及数据采集器等部分组成。按照整套模拟装置的结构特点，该装置可分为井筒模拟系统、供液系统、供气系统、动力循环系统、测试系统以及数据采集系统。

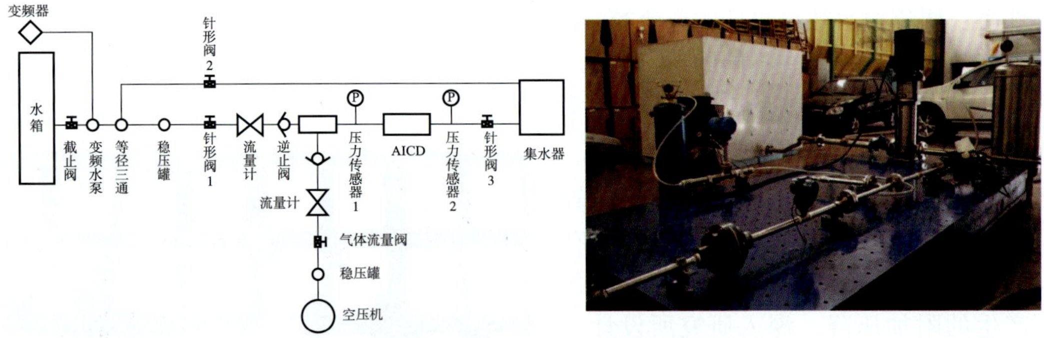

图3－3－9　气液两相调流控水装置性能测试实验平台

三、自适应调流控水室内性能实验及数据分析

（一）油井自适应调流控水室内性能实验及数据分析

1. 流体为油或水时自适应节流控制器性能实验及分析

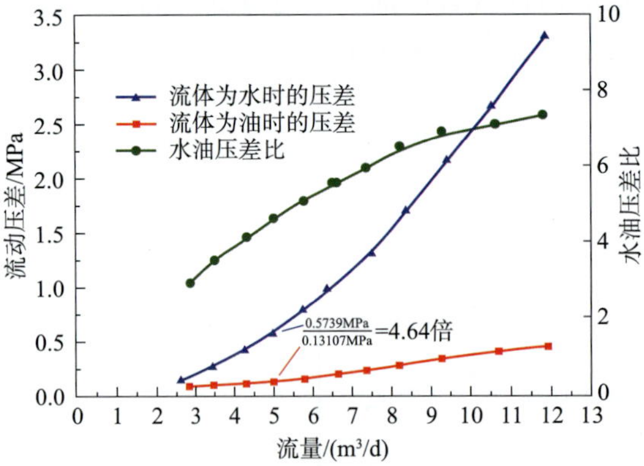

图3－3－10　自适应节流控制器性能曲线（出口直径3mm）

图3－3－10为自适应节流件出口直径为3mm时的节流性能，可以看出，当自适应节流控制器内流体为纯油时，流动时产生的流动压差始终保持在非常低的水平，随着流量的增加，流动压差小幅度增加；而当流体为水时，在自适应节流控制器流动时产生的压差随流量的增加迅速增加。因此，该自适应节流控制器具备了对水的高敏感性，水油压差比为3～7.5，满足并远远超过设计要求控水机构阻水能力大于阻油能力50%以上的技术指标。

根据目前塔河油田碎屑岩油藏水平井日产液约为 40～50m^3/d，水平井段长度为 250～350m，可配置自适应节流控制器的数量约为 15～20 个，单个自适应节流控制器内流体流量约为 5m^3/d，由图 3－3－10可以看出，此时，油流经该节流控制器时的压差仅为 0.13MPa，而水流经时生产的流动压差为 0.57MPa，水油压差比高达 4.64。当采用自适应控水分段完井后，在水平井未见水前，原油流经自适应节流控制器时产生一定的流动压差，通过合理配置各水平井段自适应节流控制器参数，使各水平段内的地层产液的油藏渗流与自适应节流控制器的流动压差总和基本相同，从而达到沿整个水平井段自动均衡生产压差和产液剖面、延缓边底水突进，延长油井生产期目的。随着生产的进行，得益于自适应节流控制器独特的结构设计，水平井见水后，自适应节流控制器可以根据各个水平段产液含水率的变化，自动地调节地层产液流经时的压差；该自适应节流控制器具有良好的控水稳油能力（水油压差比高达 4.64），可有效降低高含率井段的产液量，提高产油段或低含水率井段的产液量，从而使整个水平井段的油相入流剖面均衡，减小由于地层非均质性导致的死油区，提高产油量以及油井的最终采收率。

综上所述，本项目研发的自适应节流控制器不仅可以更有效地实现常规调流控水装置的产液入流剖面的作用，而且，可根据各井段产水率的变化，自动调节其调流压差，从而实现均衡油相入流剖面的作用。

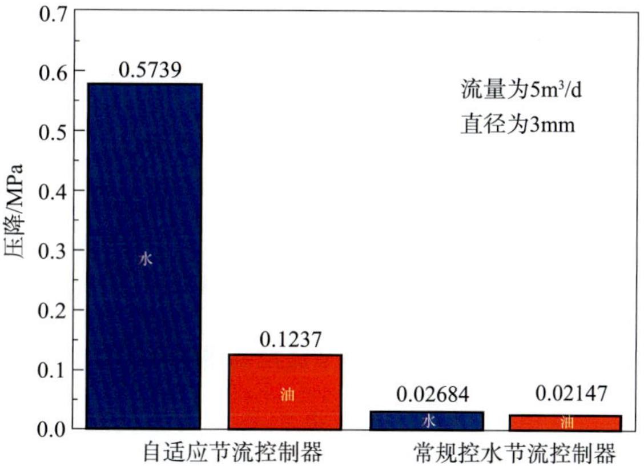

图 3－3－11　自适应节流控制器与喷嘴节流压降对比

图 3－3－11 为相同流动条件（流量为 5m^3/d）下，自适应节流控制器与常规控水节流控制器性能，可以看出，常规控水节流控制器对于水和油流动时产生的节流压差基本相同，且都非常低，因此只能用于水平井见水前的产液剖面的调整且调整能力一般；而本项目研发的自适应节流控制器对油和水都可以产生较大的节流压差，并且，水和油流经该控制器产生的节流压差差别非常大（含水率越高，节流压差越大），所以自适应调流控水筛管在水平井见水前具有更强的产液剖面调整能力，而且水平井局部、全部见水后还可以调整水平井各段的油相入流剖面，从而有效地降低油井的含水率。

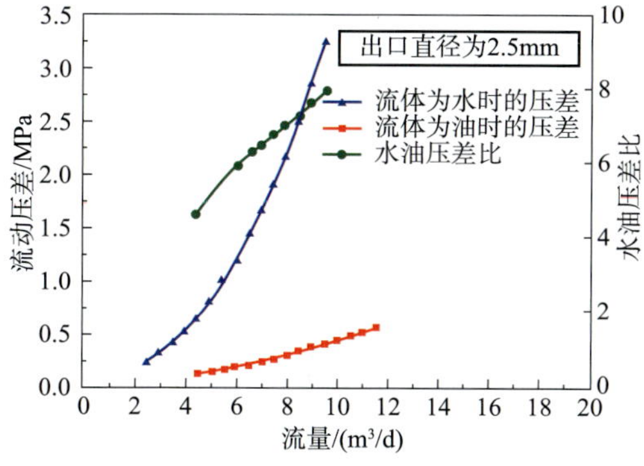

图 3－3－12　自适应节流控制器性能曲线

改变该自适应节流控制器出口直径为 2.5mm、3.0mm、3.5mm、4.0mm、4.5mm 和 5.0mm，通过水平井自适应调流控水装置模拟实验平台测得其性能曲线（图 3－3－12～图 3－3－16），可以看出，不同出口直径大小，自适应控水装置油、水压降变化趋势一致，通过改变出口直径大小，可以适应不同油井配产的要求，较小的出口直径（2.5mm）适用与低产井（0～4.5m^3/d）；出口直径较大时（>4.0mm），自适应控水装置水油压降比变化较小，但均可达到4.5倍以上。不同规格自适应控水装置流量流用范围如表3－3－2所示。

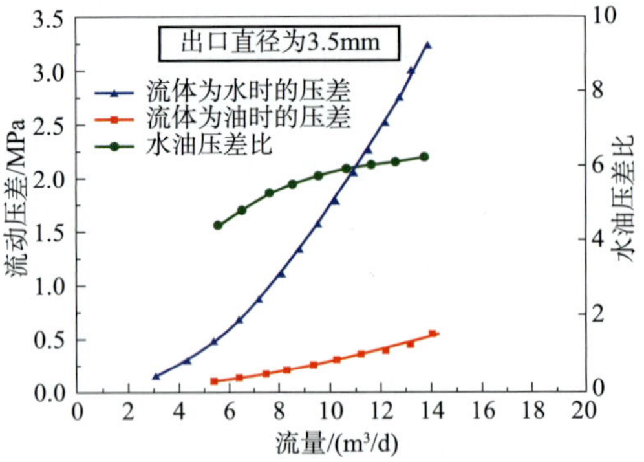

图3－3－13　自适应节流控制器性能曲线

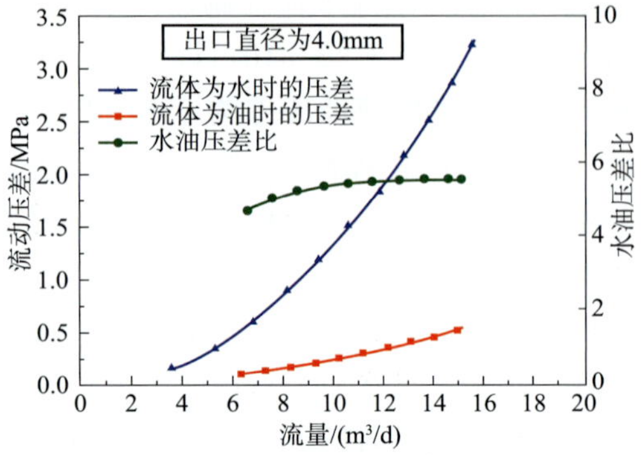

图3－3－14　自适应节流控制器性能曲线

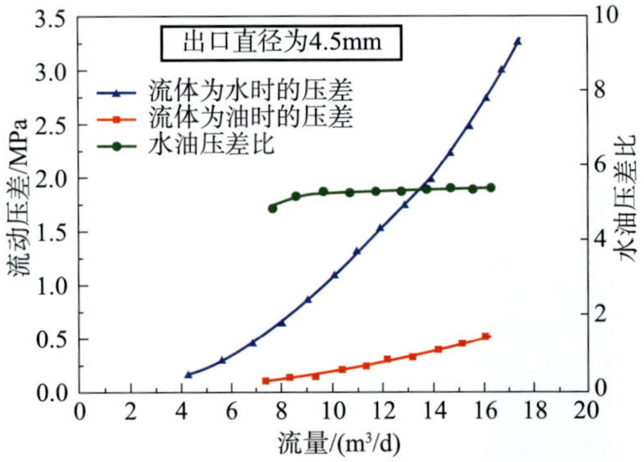

图3－3－15　自适应节流控制器性能曲线

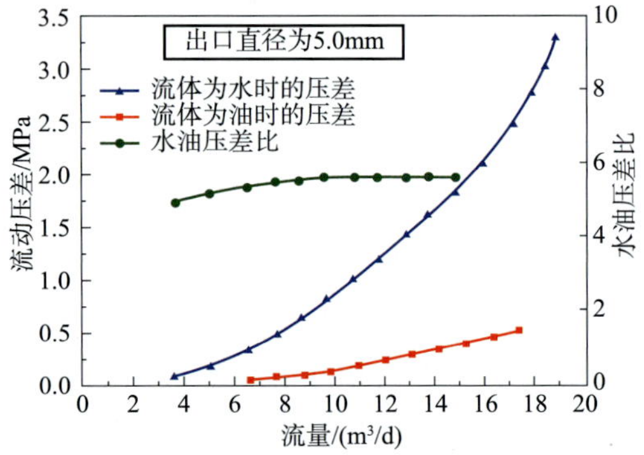

图3－3－16　自适应节流控制器性能曲线

表3－3－2　不同规格自适应控水装置流量流用范围

出口直径/mm	2.5	3.0	3.5	4.0	4.5	5.0
适用流量（单个控水装置）/(m^3/d)	0～4.5	3.5～6.0	4.5～8.5	6.0～9.5	7.5～12	>12

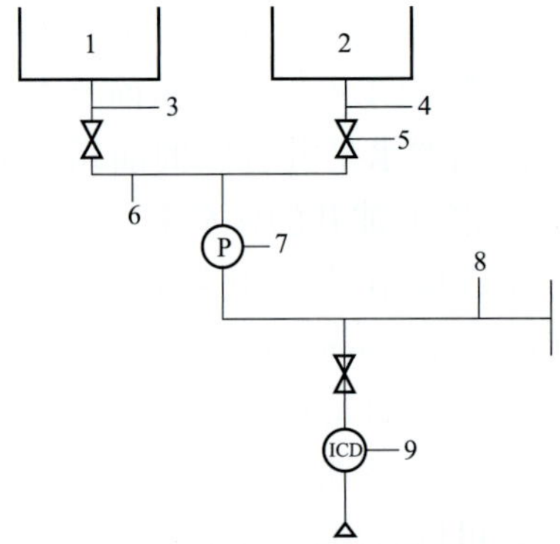

图3－3－17　自适应节流控制器不同含水率性能实验方案

1—储水罐；2—储油罐；3—进水管；4—进油管；5—球阀；6—进液混合管；7—齿轮泵；8—油水混合管；9—自适应控水管线

2. 流体为不同含水率油水混合物时自适应节流控制器性能实验及分析

1）实验目的

通过测定自适应调流控水装置在不同含水率条件下产生的附加压降，深入研究所设计的自适应控水装置结构参数对油、水节流特性的影响规律。

2）实验方案

如图3－3－17所示，首先通过将实验用白油和水放置进两个不同的储液罐中，每个储液罐出口配备有阀门，通过该阀门可以控制混合管线内油、水混合物的比例，以实现配置不同含水率油水混合物的目的，然后通过齿轮泵将配置好的油水混合物泵入自适应控水管线中，通过压力及压差传感器测量流体流经自适应节流控制器时的压差及前后端的压力值。

3）结果分析

如图 3-3-18 所示，图（a）为不同流量、不同含水率油水混合物时，自适应节流控制器出直径为 3mm 的性能曲线，可以看出：

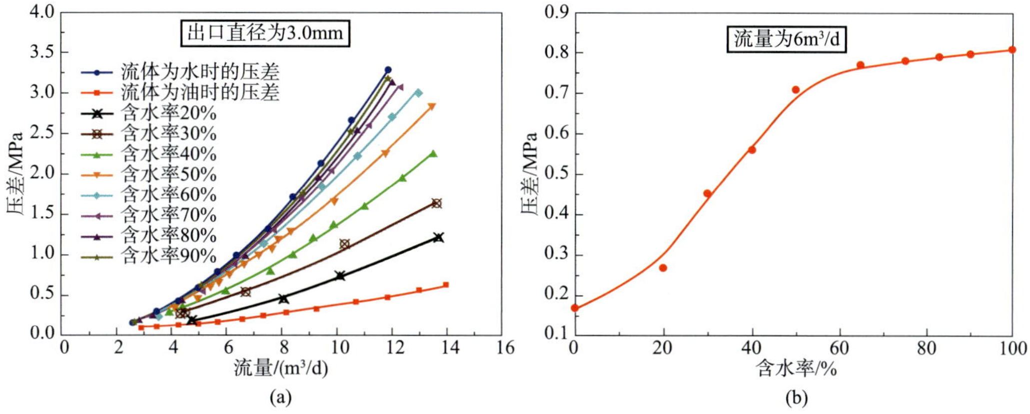

图 3-3-18　不同含水率油水混合物时自适应节流控制器性能曲线

①不同含水率油水混合物流经自适应节流控制器时产生的流动压差不同，但均位于纯油、纯水流动条件下流动压差变化曲线之间。

②相同流量下，随着含水率的增加，自适应节流控制器的节流压差随之增加。

③在含水率在 70% 以下时，压降增加相对较快，含水率 70% 以上时，压降增加较慢。

综上所述，该自适应节流控制器具有良好的自调节能力，可根据含水率的变化自行调节节流压差，且调节幅度比较大，满足了设计要求。

图 3-3-19～图 3-3-23 为不同含水率油水混合物时，出口直径为 2.5mm、3.5mm、4.0mm、4.5mm 及 5.0mm 的自适应节流控制器的性能曲线。可以看出，不同出口直径节流控制器具有相似的变化规律，相同流量时，出口直径越小，产生的流动压差越大，适用于产量较低的油井。

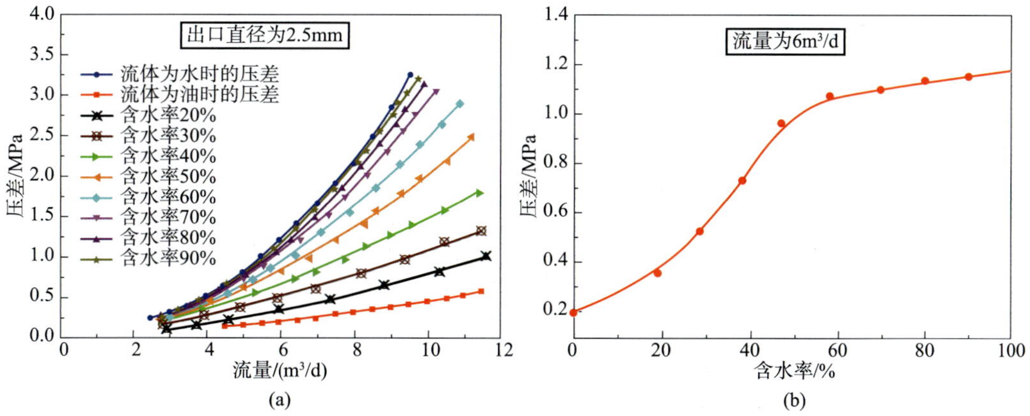

图 3-3-19　不同含水率油水混合物时自适应节流控制器性能曲线

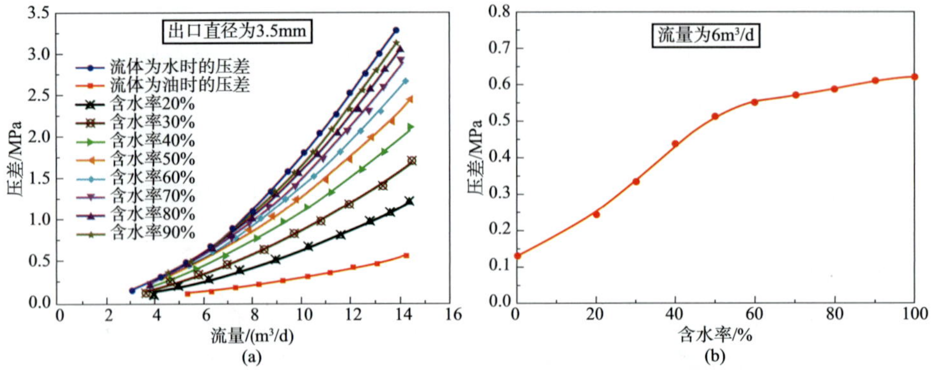

图3-3-20　不同含水率油水混合物时自适应节流控制器性能曲线

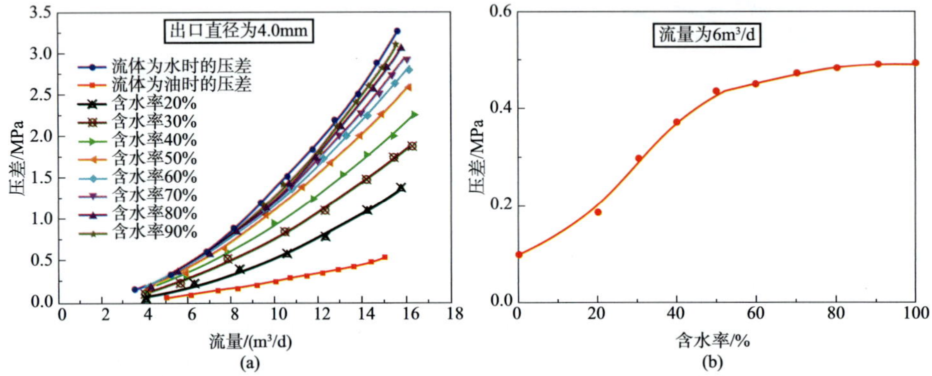

图3-3-21　不同含水率油水混合物时自适应节流控制器性能曲线

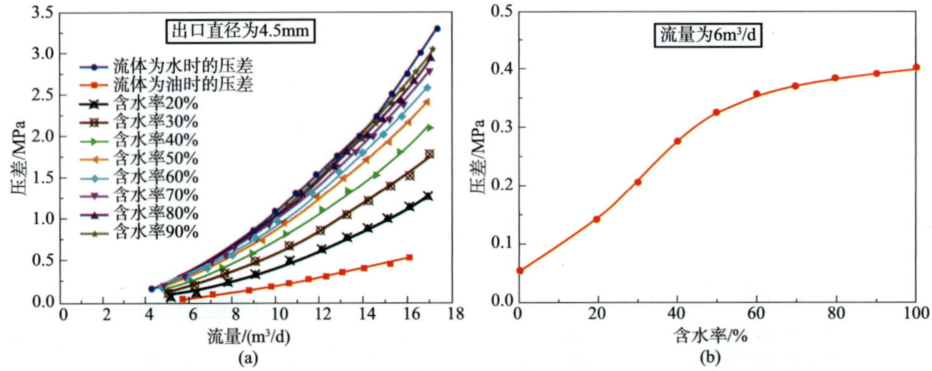

图3-3-22　不同含水率油水混合物时自适应节流控制器性能曲线

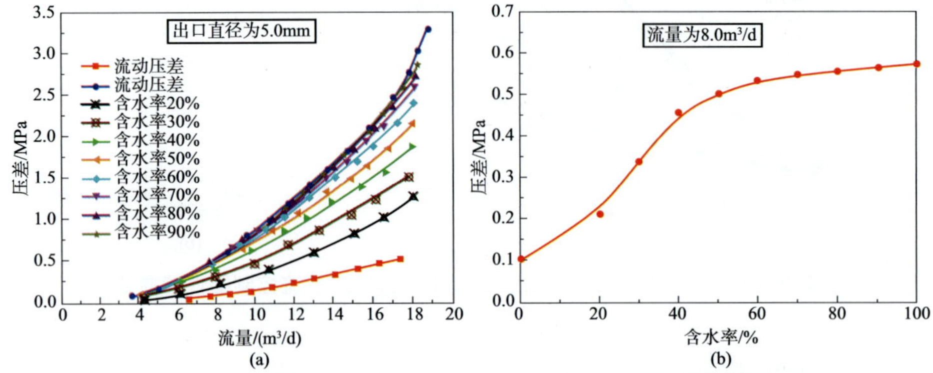

图3-3-23　不同含水率油水混合物时自适应节流控制器性能曲线

(三) 气井自适应调流控水室内性能实验及数据分析

针对单入口型和双入口型的自适应节流控制器，分别开展了性能测试实验。

1. 单入口节流控制器性能测试

图 3－3－24 为该节流控制器水气压降比随流量的变化规律，由图可见随着流体流量的增加，水相与气相流过节流控制器的压降都随之增大，虽然二者趋势相同，但是水相的压降增幅更大。在体积流量相同的情况下，节流控制器对水相产生的附加压降是对气相产生附加压降的几千倍，控水效果明显。图 3－3－25 为该节流控制器水油压降比随流量的变化规律，可见随着流量的增加，水相和油相流过节流控制器的压降都随之增大，在相同体积流量下，水相的压降远大于油相的压降。另外随着流量的增加，水油压降比也随之增加，在流量为 $5m^3/d$ 时的水油压降比为 3.5，流量为 $20m^3/d$ 时，水油压降比增加到了 4.5，说明即使流量上升，该装置也能起到很好的调流控水作用。

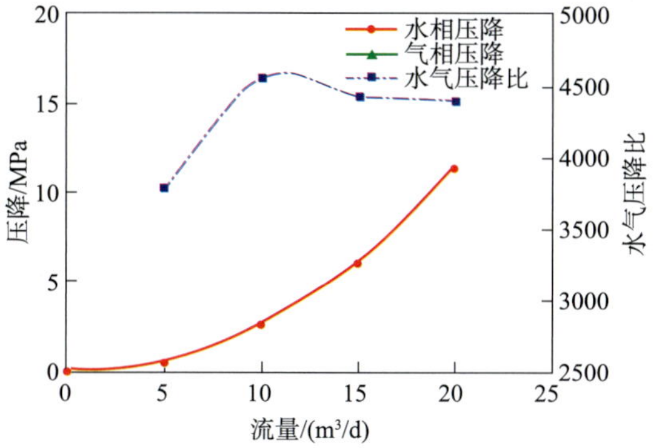

图 3－3－24 水气压降比随流量变化规律图

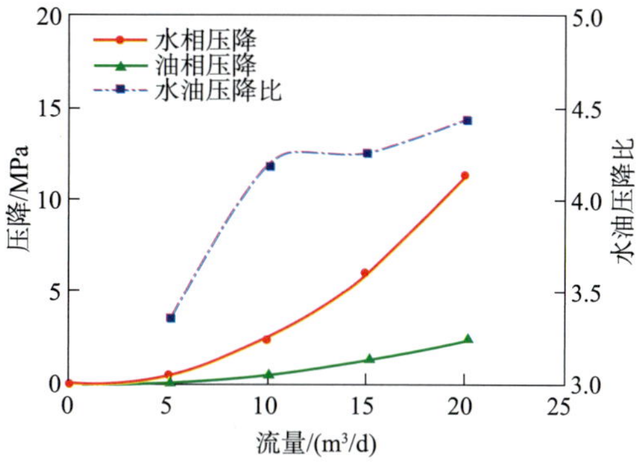

图 3－3－25 水油压降比随流量变化规律

图 3－3－26 为流体在单入口型节流控制器中的压降随气体含水率的变化规律，图 3－3－27 为流量为 $5m^3/d$ 时不同含水率的气体在该节流控制器中的压降，从图中可以看出随着含水率的增加，流体在该装置内产生的压降也随之增大。测试结果表明，在流量为 $5m^3/d$ 的情况下，单入口节流控制器对水的压降为 0.502MPa，对油的压降为 0.149MPa，对气的压降为 1.3×10^{-4}MPa，满足设计要求。

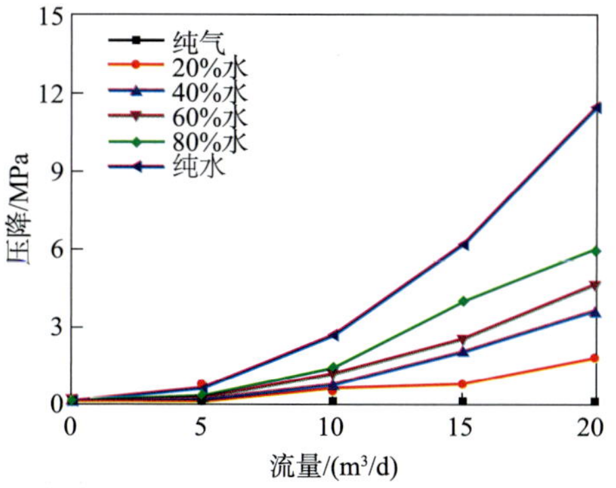

图 3－3－26 压降随气体含水率的变化规律

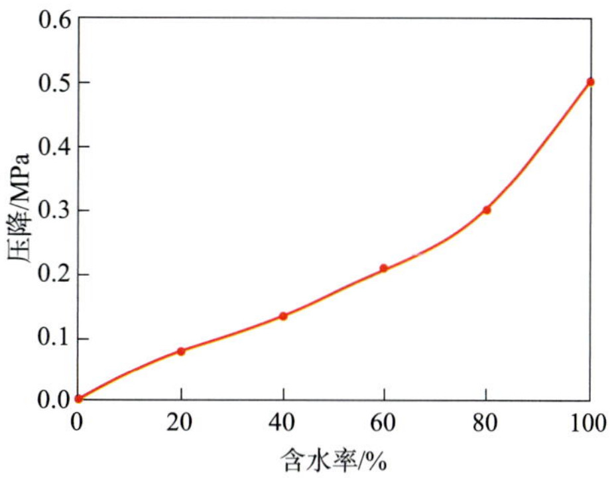

图 3－3－27 不同含水率时的节流压降

2. 双入口节流控制器性能测试

图 3－3－28 为该节流控制器水气压降比随流量的变化规律，由图可见，随着气相和水

相流量的增加，节流控制器产生的压降也随之增大，虽然二者增加的趋势相同，但是水相增加的幅度更大，当流量为 $20m^3/d$ 时，水相的压降已经达到了 20.39MPa，而此时气相的压降只有 0.0029MPa，水气压降比高达 700 多倍，由此可见，该 AICD 控水效果明显。图 3－3－29 为该节流控制器水油压降比随流量的变化规律，由图可见，水相和油相流过该节流控制器的压降都随流量的增加而增大，在相同体积流量下，水相的压降远大于油相的压降。随着流量的增加，水油压降比呈先增加后减小的趋势，在 $5m^3/d$ 时的水油压降比为 5.2，并在流量为 $10m^3/d$ 时达到最大值 7.4，可见该结构的节流控制器具有较好的稳油控水性能。

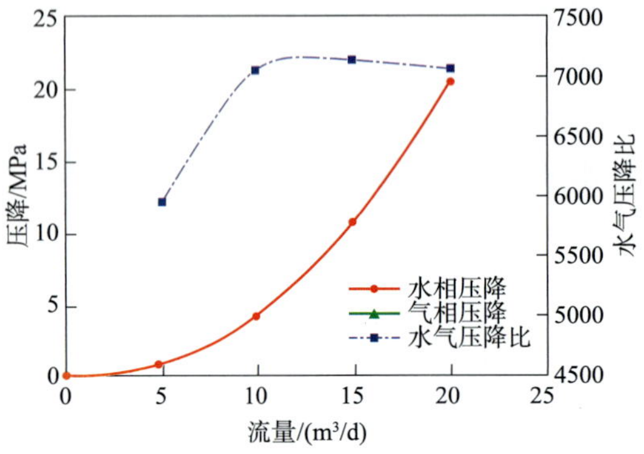

图 3－3－28　水气压降比随流量变化规律图

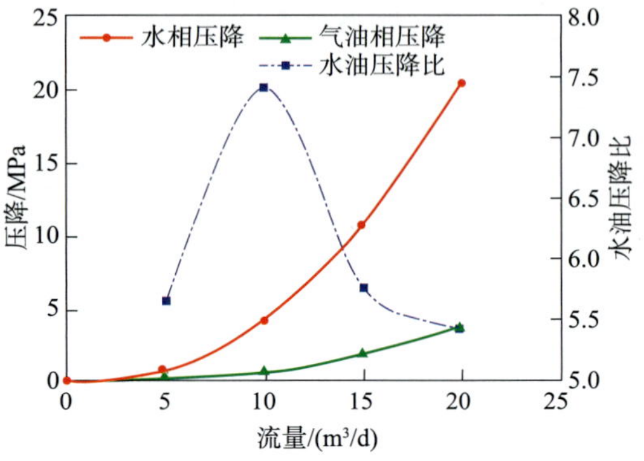

图 3－3－29　水油压降比随流量变化规律

图 3－3－30 为气相在双入口型节流控制器中的压降随含水率的变化规律，图 3－3－31 为流量为 $5m^3/d$ 时不同含水率的气体在双入口型节流控制器中的压降曲线，从图中可以看出，随着含水率的增加，流体流过该节流控制器的压降随之增大，这是因为水的含量大，则分散到水相中的气相会被带入环形流道进行旋转，从而使流体产生的旋转压降升高，导致附加压降升高。测试结果表明，在流量为 $5m^3/d$ 的情况下，双入口节流控制器对水的压降为 0.774MPa，对油的压降为 0.137MPa，对气的压降为 1.33×10^{-4}MPa，满足设计要求。

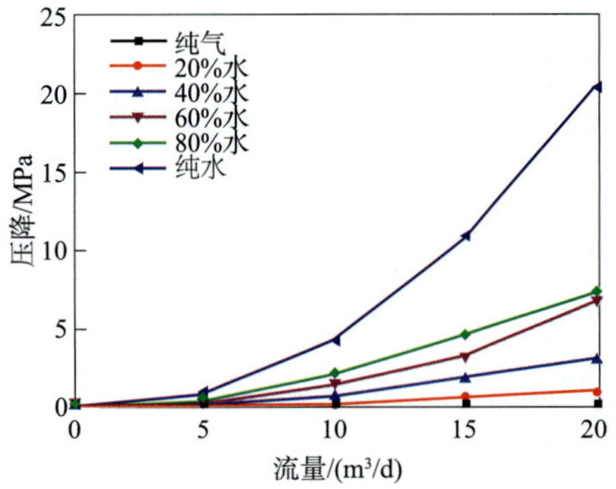

图 3－3－30　压降随气体含水率的变化规律

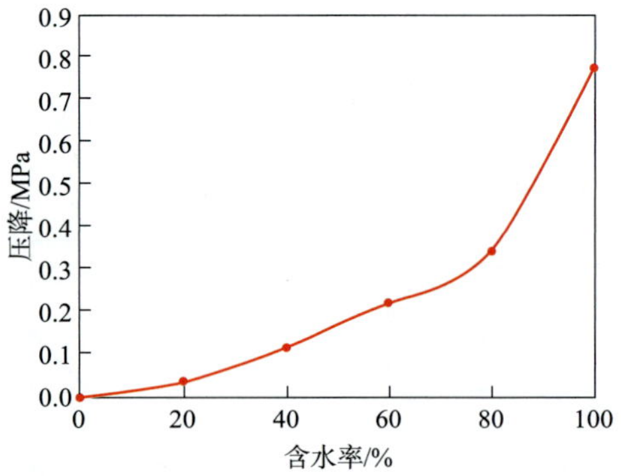

图 3－3－31　不同含水率时的节流压降

第四节　水平井自适应调流控水完井工艺技术体系

本章主要介绍了自适应调流控水完井工艺技术体系，其中，针对新井水平井建立形成了“半程固井”“尾管悬挂”两种自适应控水筛管新井完井工艺技术；针对老井水平井形成了成体系的“套管内液压封隔器＋自适应调流控水”“封隔体颗粒充填＋自适应调流控水”“筛管外化学封隔＋筛管内液压封隔器＋自适应调流控水”3套二次完井及配套工艺技术。形成了针对深层致密油气藏的“砾石充填＋压控式筛管＋分段压裂”自适应调流控水分段完井工艺技术。

一、水平井新井自适应调流控水完井工艺技术

自适应调流控水技术新井完井所使用工具包括：自适应调流控水装置、专用精密滤砂网控水筛管、膨胀封隔器、上部悬挂封隔器、连接接箍及油管等。针对老区块边底水油藏，长期试采地层能力下降的问题，钻开目的层前，7in套管先固井，后期完井管柱悬挂，再下生产管柱投产；老区块边底水油藏，7in套管与完井管柱组合下到位后进行7in套管固井，扫掉盲板下生产管柱投产。如图3－4－1所示。

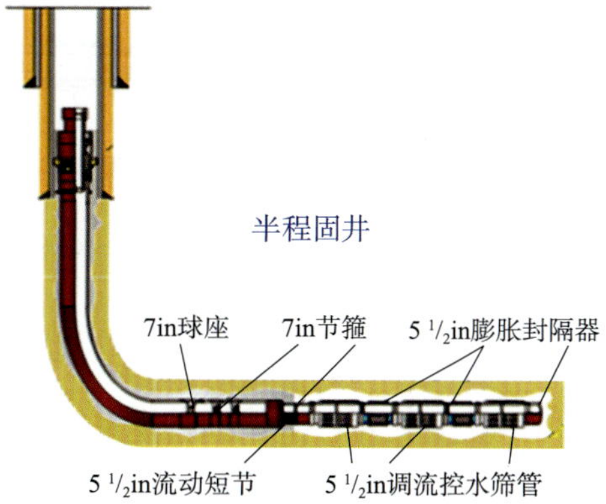

图3－4－1　新井自适应调流控水完井管柱示意图

图3－4－1显示了自适应调流控水完井管柱的整体结构，采用膨胀封隔器对储层分段，在膨胀封隔器的中间安装有自适应调流控水装置及专用控水筛管（统称为自适应调流控水筛管），完井管柱自下而上依次为：引鞋＋隔离阀＋自适应控水筛管＋膨胀封隔器＋……＋自适应控水筛管＋膨胀封隔器＋盲管＋悬挂封隔器等工具组成。施工中，在井口进行完井管柱各工具设备的连接，将悬挂封隔器随自适应调流控水完井管柱一起下入井内，管柱到位后，坐挂悬挂封隔器；验封后下入生产测试管柱求产，根据油井的产液情况判断是否下入抽油设备；在油井产出的液体满足技术要求后，上提生产管柱，完成井口设置并根据后期生产管柱的要求进行施工。自适应调流控水筛管分段完井后，每一段内的控水模块能够随着所控制层位产出流体含水率的变化自动调整附加阻力，达到自动调节油水入流阻力、自适应调流控水的目的。

二、水平井老井自适应调流控水完井工艺技术

结合碎屑岩底水油藏挖潜需求与井筒条件，分别设计了机械封隔、封隔体充填、化学封隔3种封隔方式，配套形成自适应调流控水筛管二次完井技术方案，可用于前期各类完井方式的水平井。

1. 自适应控水装置＋专用控水筛管＋盲管＋封隔器（自膨胀封隔器或机械式封隔器）技术方案

该方案是以自适应调流控水装置为核心配合遇油膨胀封隔器或机械封隔器使用，将水平井段封隔成多个分段。根据储层物性、生产动态或找水结果等资料确定每段下入控水筛管或

油管，通过调节每段控水筛管的“节流控制器”大小，控制每段的产液量，实现均衡产液、阻水采油的目的，局部见水后限制产水段的产液量。完井管柱图如图 3 -4 -2 所示。

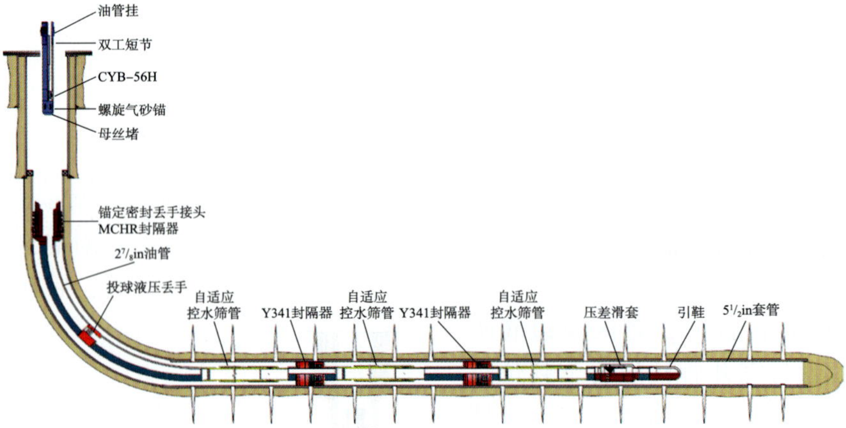

图 3 -4 -2　自适应调流控水筛管配合封隔器完井工艺示意图

优点：结构简单，施工相对简便，风险低，管柱可起出。

缺点：工艺相对复杂。

适用井型：射孔井、裸眼井。

2. 自适应控水装置 + 专用控水筛管 + 超低密度封隔颗粒充填技术方案

该方案将在本章第六节详细介绍。

3. 自适应控水装置 + 专用控水筛管 + 化学封隔体技术方案

本方案将在本章第五节详细介绍。

三、深层油气藏分段压裂配合自适应调流控水完井工艺技术

针对深部储层在开发过程中既需要分段压裂求产，生产过程中又需要调流控水的技术需求，建立了一套针对深层致密储层的分段压裂配合自适应调流控水完井工艺技术，一趟管柱实现完井过程中的分段压裂以及后期生产过程中的调流控水，完井管柱如图 3 -4 -3 所示。

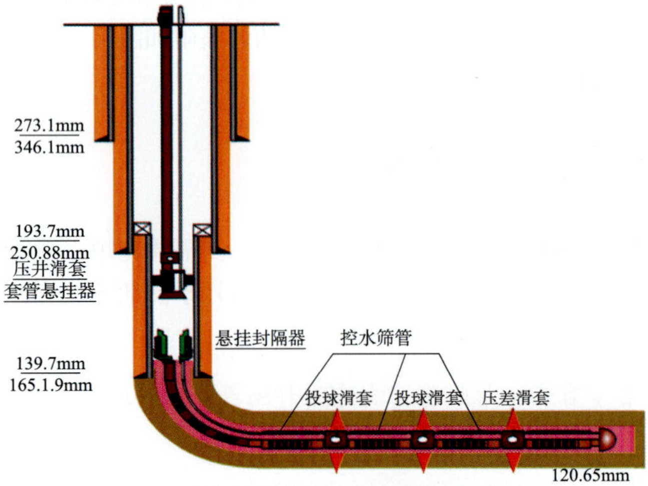

图 3 -4 -3　分段压裂自适应调流控水筛管一体化完井工艺示意图

该工艺采用超低密度封隔体作为分段工具，实现了对储层的无限级分段，采用多级投球滑套实现对储层的分段压裂，在滑套中间全水平段布设调流控水筛管。施工中，自适应调流控水筛管和多级投球滑套完井管柱起下入井底；到位后，开始砾石充填，砾石充填结束后，

投球进行分段压裂；分段压裂结束后，关闭滑套进行生产。整套工艺采用单流阀式自适应调流控水筛管，保证在充填作业和分段压裂作业过程中完井管柱内部的封闭。

第五节　环空化学封隔药剂封隔自适应调流控水完井工艺研究

为了满足自适应调流控水与环空化学封隔的组合应用，研制了一套可用于高温、高压深井封隔的自适应调流控水专用化学封隔药剂体系，形成固相无机树脂体系。新型化学封隔药剂在 30 ~ 120℃ 的升温过程中，黏度保持在 150 ~ 250mPa · s，满足自适应调流控水完井配套封隔的施工要求。本章主要介绍了环空化学封隔药剂封隔自适应调流控水完井工艺的工艺原理、环空化学封隔器的研发与评价，以及化学封隔药剂环空注入工艺及自适应调流控水工艺。

一、工艺原理及特点

筛管完井是国内外水平井主要采用的完井方式之一，该工艺主要用于前期筛管完井的水平井，采用化学封隔体封隔筛管外与地层之间的环形空间，然后在筛管内下入自适应控水筛管配合液压封隔器二次完井管柱，液压封隔器坐封在筛管外化学封隔体封隔的环形空间的位置，起到分段的作用；液压封隔器中间的自适应控水装置 + 专用控水筛管实现对所控制层位的阻水采油。整套完井工艺的管柱图如图 3 –5 –1 所示。

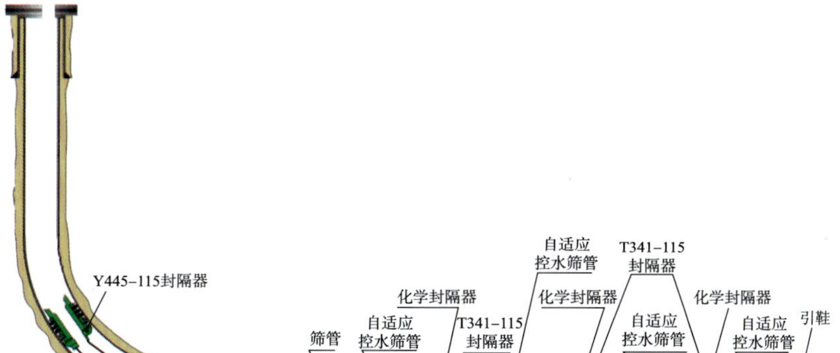

图 3 –5 –1　自适应调流控水筛管配合化学封隔体完井工艺示意图

优点：实现堵水、封隔储层，封隔段较长，内管柱可起出。

缺点：施工工艺相对复杂。

适用井型：前期筛管完井。

二、环空化学封隔药剂研发

20 世纪 90 年代中期，水平井管外环空化学封隔技术（ACP）的提出为割缝筛管水平井控气窜堵水技术提供了新的思路。该技术借助油管和封隔器，在割缝套管与井壁之间的环空位置放置封隔材料，形成不渗透的高强度段塞，达到隔离环空区域的目的，再配合管内封隔器，实现堵剂的定向注入。

常规液体材料（聚合物凝胶）进入水平环空后，由于重力作用等原因会发生“重力坍落”和“漫滩”，水平段纵向上无法实现完全充满，不能实现水平空间的完全封隔（图3－5－2、图3－5－3）。

图3－5－2　凝胶（3000ppm新型PAM）注入瞬间状态

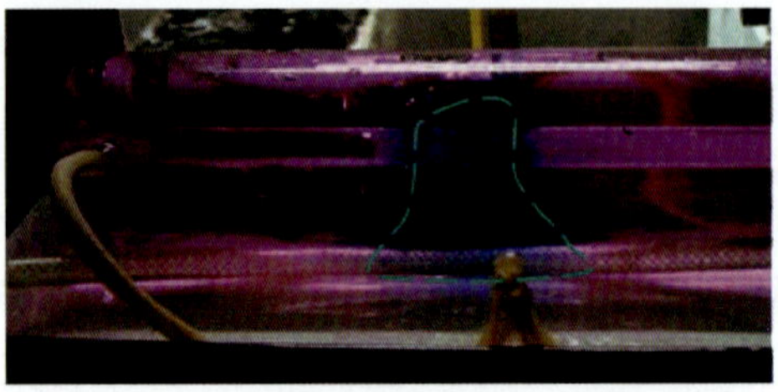

图3－5－3　凝胶（3000ppm新型PAM）注入后状态（30s）

针对上述存在的问题，通过对有机封隔体和无机封隔体的作用性能分析发现，有机封隔体成胶性能具有良好的时间可控特点，无机封隔体具有良好的触变特性，而且有机堵剂可生物降解，不会形成永久堵塞，避免污染地层。

技术思路是结合有机封隔体和无机封隔体，采用一种黏度较低的热固性树脂做成胶骨架，在水泥、偶联剂和活化剂作用下，形成固相无机树脂体系，添加缓凝剂、降滤失剂等来提高封堵强度和性能。这种固相无机树脂体系在储层段凝固后，封堵割缝筛管与井壁之间的环形空间，自身达到一定强度，并对筛管和井壁形成较强的黏接力，不会出现受到外界推力在环空中发生位移、无法定点封堵的情况。

（一）环空化学封隔药剂室内评价及优选

1. 主要实验仪器及设备

电子天平；电热恒温水浴；鼓风干燥箱；真空干燥箱；滚子炉；ZNN－D6型六速旋转黏度计；高温高压流变仪；增压稠化仪；双缸高温高压稠化仪等。

2. 主要实验原料和试剂

热固性树脂，工业级；

水泥，G级；

硅烷偶联剂，分析纯；

活化剂，分析纯；

无机物，工业级；

缓凝剂，DZH－2工业级；

降滤失剂，SCF－200工业级。

3. 性能评价方法

根据这种有机封隔体和无机封隔体复合而形成的固相无机树脂体系的特点，结合调研资料，制定了以下几种检测手段。

1）触变性评价方法

（1）实验过程：按《油井水泥实验方法》（GB/T 19139—2003）要求配制环空化学封隔材料浆液，实验室环空化学封隔材料浆液的配制是用瓦楞搅拌器进行，瓦楞搅拌器模拟了现场环空化学封隔材料浆液混配过程的剪切状态，其混配体积为600mL。混配环空化学封隔材料浆液时，先以低速6000r/min运转15s，而后以12000r/min混拌35s。

（2）测试原理：流变性、稠化时间按《油井水泥实验方法》（GB/T 19139—2003）进行测试。常温常压条件相当于现场地面测试环空化学封隔材料浆液性能的情况，而温度、压力增加相当于环空化学封隔材料浆液注入井内的情况。常温常压条件下环空化学封隔材料浆液流变性采用ZNN－D6型六速旋转黏度计测试。

（3）流变参数计算。

环空化学封隔材料浆液性能与水泥浆类似，表现出复杂的非牛顿流体特征。一般来说，属于剪切稀释型流体，描述剪切稀释型流体流变性质最常用的流变模式为幂律模式。

使用安东帕（Anton Paar）高温高压流变仪，模拟化学封隔体材料施工过程中遭遇的外界环境，如温度，剪切等，用幂律流体方程表征测试剪切黏度与剪切速率的关系：

$$\eta = k \cdot r\ (n-1) \qquad (3-5-1)$$

式中，η 为剪切黏度，mPa·s；r 为剪切速率，s^{-1}；k 为稠度系数，mPa·s；n 为幂律指数。

（4）触变性大小表征

用ZNN－D6型六速旋转黏度计，在剪切速率接近零时，测定环空化学封隔材料浆液静止10s和10min，浆体开始流动的静切力 τ_{10s} 和 τ_{10min}，用其差值 $\Delta\tau = \tau_{10min} - \tau_{10s}$ 表示环空化学封隔材料浆液的触变性。静切力又通称为静胶凝强度。

2）稠化时间性能评价方法

实验中使用常压稠化仪测量环空化学封隔材料浆液的稠化时间。通过记录环空化学封隔材料浆液在规定的模拟方案试验条件下，从稠化仪开始升温加压至稠度达100Bc所经过的时间。

（二）环空化学封隔材料性能影响因素分析

室内针对4种基本原料热固性树脂、水泥、硅烷偶联剂、活化剂4因素，进行了四水平正交实验，实验结果见表3－5－1、表3－5－2。

表3－5－1　环空化学封隔材料正交实验表

序号	热固性树脂/%	水泥/%	硅烷偶联剂/%	活化剂/%
1	10	30	0.04	1
2	15	40	0.06	2
3	20	50	0.08	3
4	25	60	0.10	4

表3－5－2　正交实验结果

序号	热固性树脂/%	水泥/%	硅烷偶联剂/%	活化剂/%	初凝时间/min
1	10	30	0.04	1	256
2	10	40	0.06	2	221
3	10	50	0.08	3	207
4	10	60	0.10	4	163

续表

序号	热固性树脂/%	水泥/%	硅烷偶联剂/%	活化剂/%	初凝时间/min
5	15	30	0.06	3	204
6	15	40	0.04	4	155
7	15	50	0.10	1	203
8	15	60	0.08	2	171
9	20	30	0.08	4	153
10	20	40	0.10	3	163
11	20	50	0.04	2	128
12	20	60	0.06	1	120
13	25	30	0.10	2	140
14	25	40	0.08	1	171
15	25	50	0.06	4	147
16	25	60	0.04	3	113

通过正交实验分析表可以得出，环空化学封隔材料最优组合是热固性树脂20%、水泥40%、硅烷偶联剂0.06%和活化剂4%。

在正交实验的基础上，采用单因素法，考察热固性树脂含量、胶凝材料、偶联剂、活化剂、缓凝剂、降滤失剂、温度等因素对环空化学封隔体材料性能的影响。

1. 热固性树脂含量对环空化学封隔体性能的影响

实验中水泥、硅烷偶联剂、活化剂、缓凝剂、降滤失剂分别固定为40%、0.06%、4%、0.3%、2.0%，实验温度为120℃。测定不同热固性树脂浓度对环空化学封隔材料性能的影响。实验结果表明，环空化学封隔材料有较好的流变性能，体系的黏度在钻井液泵可泵送的范围，同时也说明环空化学封隔材料与各种添加剂混合后不会影响体系的流型（表3-5-3）。

表3-5-3　热固性树脂对流变性的影响

树脂含量/%	流变数据						表观黏度/mPa·s
	Φ600	Φ300	Φ200	Φ100	Φ6	Φ3	
10	172	136	105	83	59	40	86
15	188	146	121	98	65	46	94
20	196	150	125	100	66	45	98
25	211	158	131	105	70	49	105.5
30	207	151	125	99	67	47	103.5

结果表明，随着热固性树脂含量的上升，环空化学封隔材料的触变性逐渐增大，稠化时间变短，这是由于热固性树脂本身并不具有触变性，其浓度增大，体系的水灰比越小，浆液的静切力呈增大趋势，触变性表现为增大趋势，同时伴随的稠度也随之增大，稠化时间缩短，考虑现场安全施工因素，稠化时间为2h左右，确定最佳热固性树脂浓度为15%（图3-5-4）。

2. 水泥含量对环空化学封隔体性能的影响

实验中热固性树脂、硅烷偶联剂、活化剂、缓凝剂、降滤失剂分别固定为 15%、0.06%、4%、0.3%、2.0%，实验温度为 120℃。测定不同水泥对环空化学封隔材料性能的影响，结果如图 3-5-5 所示。

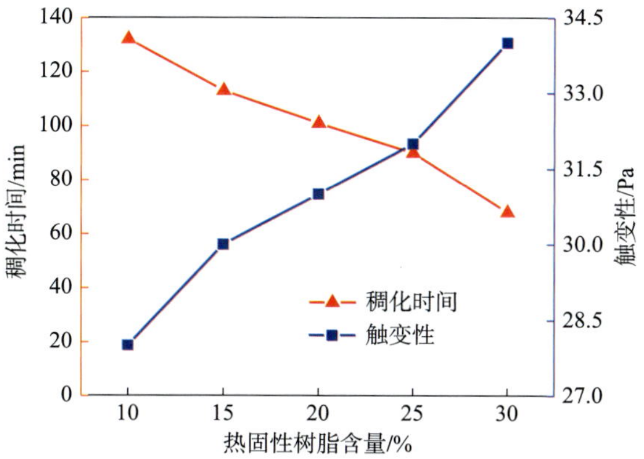

图 3-5-4　热固性树脂含量对触变性和稠化时间的影响

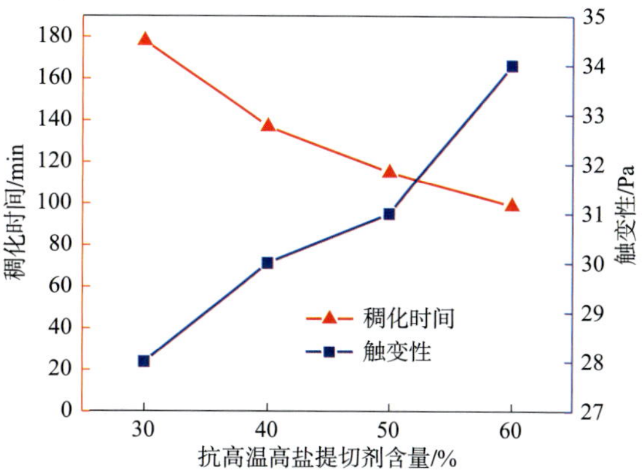

图 3-5-5　水泥含量对触变性和稠化时间的影响

结果表明，随着水泥含量的增大，环空化学封隔材料的触变性逐渐增大，稠化时间变短，这是由于水泥含量增大，体系中自由水减少，水灰比变小，稠化时间变短，当水泥含量为 40% 时，稠化时间为 2h 多，比较适合安全施工。

3. 硅烷偶联剂含量对环空化学封隔体性能的影响

实验中热固性树脂、水泥、活化剂、缓凝剂、降滤失剂分别固定为 15%、40%、4%、0.3%、2.0%，实验温度为 120℃。测定不同偶联剂含量对环空化学封隔体性能的影响，结果如图 3-5-6 所示。

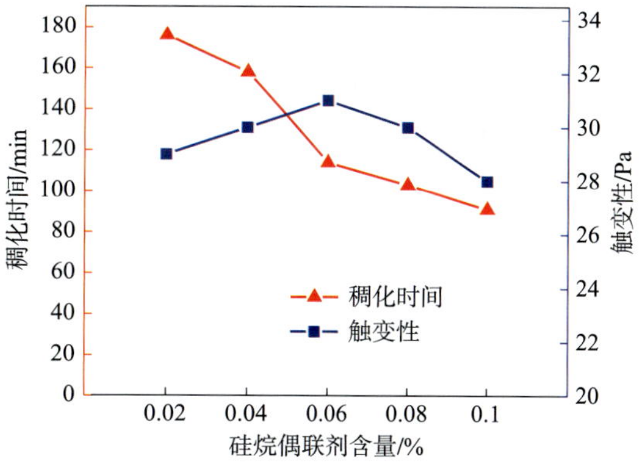

图 3-5-6　硅烷偶联剂含量对触变性和稠化时间的影响

实验中所用硅烷偶联剂是有机硅类的一种化合物，它具有两种不同的官能团，其中一种能与无机材料，如硅酸盐、金属氧化物等表面的硅醇基团作用；另一种与高分子材料或树脂材料发生反应，从而将两种不相容的材料偶联起来。同时，硅烷偶联剂能够提高无机材料的表面张力，能够将树脂与无机材料较好地黏合一起。

结果表明，随着偶联剂浓度的增大，环空化学封隔材料的触变性先增大后减小，稠化时间逐渐变短，这是由于偶联剂浓度增大，树脂与水泥结合越紧密，环空化学封隔材料的胶结程度也越高，稠化时间越短，触变性也变好，但随着浓度的增加，两种材料胶结强度过大，导致流变性和触变性变差，实验确定偶联剂最佳使用浓度为 0.06%。

4. 活化剂浓度对环空化学封隔体性能的影响

实验中热固性树脂、水泥、硅烷偶联剂、缓凝剂、降滤失剂分别固定为 15%、40%、

0.06%、0.3%、2.0%，实验温度为120℃。测定不同活化剂浓度对环空化学封隔材料性能的影响，结果如图3-5-7所示。

实验中发现，在不使用活化剂条件下，环空化学封隔体系也能慢慢固化，只是时间相对较长；在使用活化剂后，稠化时间显著缩短，降低率大于50%，说明活化剂的使用有利于降低反应活化能，加快反应进行，使其胶结在一起。实验确定活化剂最佳使用浓度为3%。

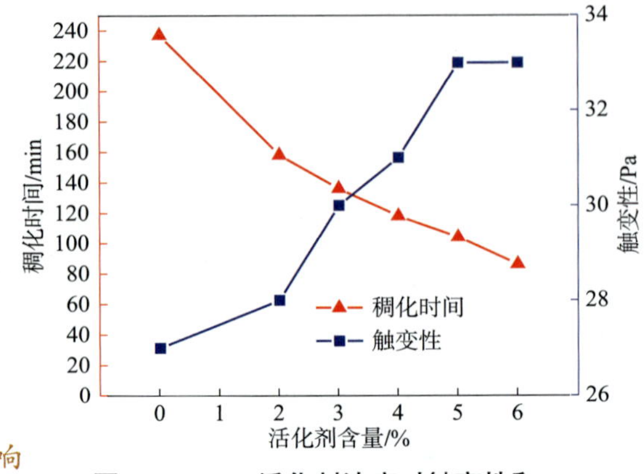

图3-5-7 活化剂浓度对触变性和稠化时间的影响

5. 缓凝剂含量对环空化学封隔体性能的影响

实验中热固性树脂、水泥、硅烷偶联剂、活化剂、降滤失剂分别固定为15%、40%、0.06%、3%、2.0%，实验温度为120℃。测定不同缓凝剂浓度对环空化学封隔材料性能的影响，结果如图3-5-8所示。

实验中发现，随着缓凝剂用量的增加，环空化学封隔体系的稠化时间不断缩减；而整个体系的触变性并未随缓凝剂用量变化而变化，保持一个稳定的状态。实验确定缓凝剂最佳使用浓度为0.3%。

6. 降滤失剂浓度对环空化学封隔体性能的影响

实验中热固性树脂、水泥、硅烷偶联剂、活化剂、缓凝剂分别固定为15%、8%、0.06%、3%、0.3%，实验温度为120℃。测定不同降滤失剂含量对环空化学封隔材料性能的影响，结果如图3-5-9所示。

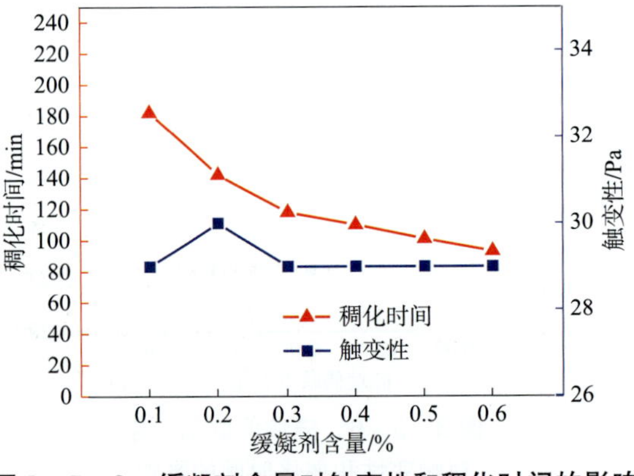

图3-5-8 缓凝剂含量对触变性和稠化时间的影响

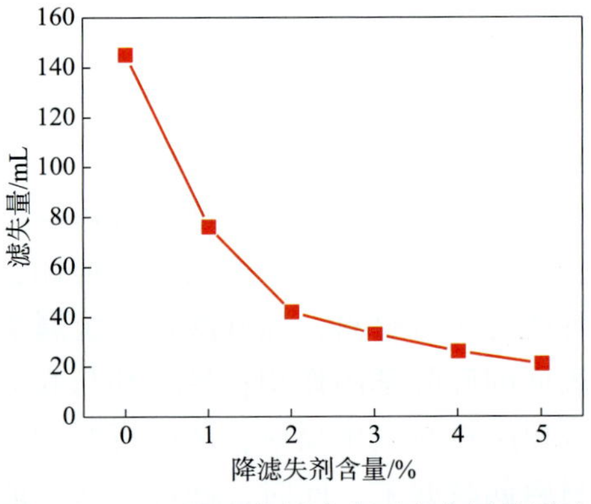

图3-5-9 降滤失剂浓度对滤失量的影响

可以看出，降滤失剂具有良好的性能，滤失量可控制在21～145mL/30min，降失水剂浓度大于2.0%时，环空化学封隔体在其降滤失剂的配合下具有非常低的失水量。在挤注时失水量的控制可根据所挤地层特性、渗透率、岩性等，通过降滤失剂的添加量以及其他外加剂等进行调节，完全能满足环空化学封隔体泵注施工的要求。

（三）环空化学封隔体性能评价

根据对环空化学封隔体各组分的影响因素分析，确定了体系配方，热固性树脂、水泥、硅烷偶联剂、活化剂、缓凝剂和降滤失剂的含量分别为 15%、40%、0.06%、3%、0.3% 和 2%。

利用高温高压流变仪，模拟化学封隔体在现场施工过程中受剪切及流变状态。根据现场施工情况，模拟 40min 的时间将化学封隔体泵送至 120℃的井底，模拟剪切速率为 $500s^{-1}$。

从图 3-5-10 中可以看出，在 30~120℃的 40min 升温过程中，化学封隔体的黏度保持在 150~250mPa·s。该黏度满足施工中泵送条件，达到施工要求。

模拟化学封隔体从筛管的割缝中流过的过程，设置剪切速率为 $1500s^{-1}$，温度为 120℃，消耗时间为 30s。

从图 3-5-11 可以看出，当化学封隔体流经割缝时，黏度保持在 100~120mPa·s，说明化学封隔体受到强烈剪切；与泵送过程相比，黏度下降，体现了剪切稀释性和触变性。

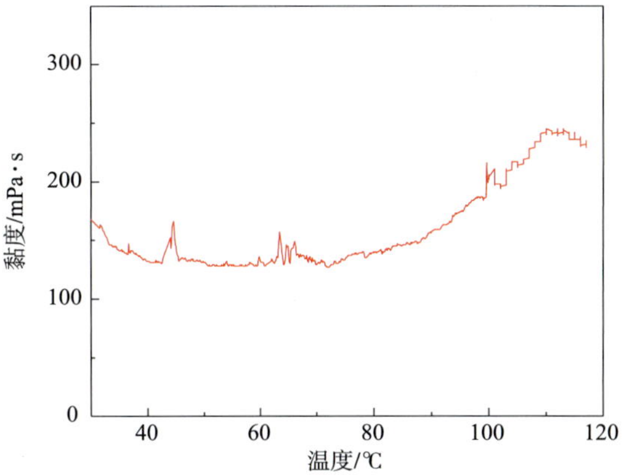

图 3-5-10 模拟泵送过程中化学封隔体的黏度变化

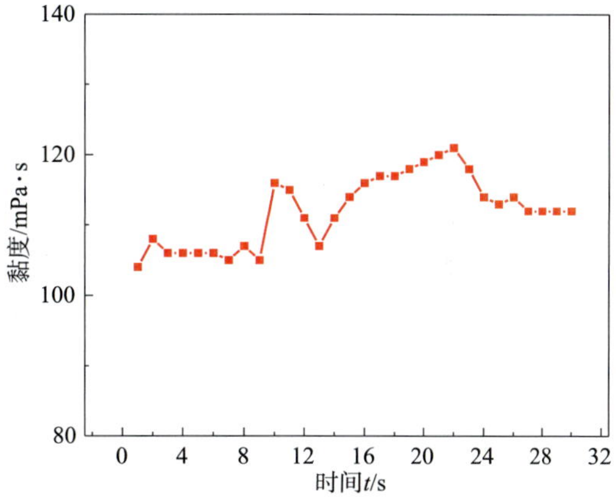

图 3-5-11 模拟流经割缝过程中化学封隔体的黏度变化

模拟撤出钻具，化学封隔体保持静止状态的情况。设置时间为 10min，温度 120℃，模拟剪切速率为 $10s^{-1}$。

从图 3-5-12 可以看出，当化学封隔体受到割缝的高速剪切，进入筛管和地层之间的环空时，在 $10s^{-1}$ 的剪切速率下，化学封隔体的黏度迅速提升至 3000mPa·s 以上。体现出该体系具有很强的触变性，不会发生重力塌陷的情况。

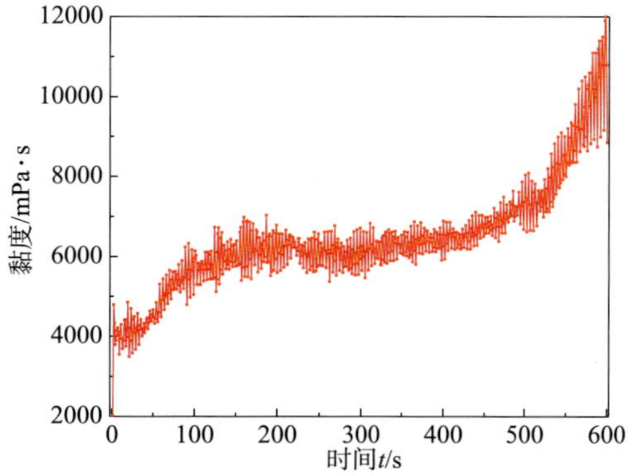

图 3-5-12 模拟静止过程中化学封隔体的黏度变化

三、化学封隔药剂环空注入工艺及自适应调流控水工艺

整套完井工艺需要下两趟完井管柱：

（1）第 1 趟完井管柱－化学封隔体注入管柱（图 3-5-13）：使用 2⅞in 油管带两个 K344 封隔器，两个封隔器间带有液压滑套，管柱下入到预封隔位置后，地面打压坐封 K344 封隔器，然后通过管内压力打开液压滑套将化学药剂注入预定层位，注入完毕后油管内泄

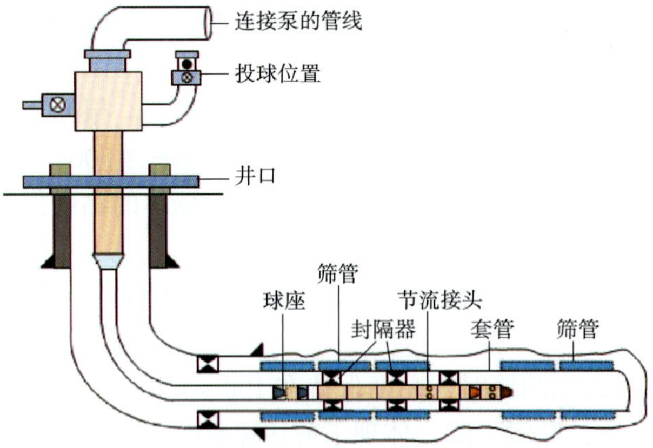

图 3-5-13 环空化学封隔体注入施工井筒管柱

压，解压封隔器，然后反循环洗井，洗井完毕后，拖动管柱至下一预设封隔位置，重复上述步骤，实现筛管外与地层间的化学封隔。在注入化学药剂完毕后，候凝。

（2）第 2 趟管柱 - 自适应控水完井管柱：下入自适应控水筛管和液压封隔器完井管柱，将液压封隔器放置在化学封隔体封隔的位置，从而达到分隔储层的目的，实现自适应稳油控水。

该工艺主要工具清单见表 3-5-4。

表 3-5-4 自适应调流控水二次完井工具表

序号	名称	数量	规格型号	公称尺寸					
				长度/m	外径/mm	内径/mm	坐封压力/MPa	耐温/℃	承受压差/MPa
1	尾管悬挂器	1	7in×3½in	2.85	149.1	76	17	176	69
2	隔离封隔器	3	3×3½in	0.96	108	72.5	13	176	69
3	K344 封隔器	2	3×3½in	0.96	108	72.5	13	176	69
4	调流控水筛管		3½in		96	50		180	70
5	扶正器	3	5½in×3½in						
6	引鞋	1	3½in						

第六节 超低密度封隔体充填自适应调流控水完井工艺研究

常规水平井调流控水筛管完井需要使用封隔器将水平段分段，以实现降低高渗段产液量、提高低渗段产液量和均衡水平井流入剖面的目的。但采用封隔器对水平段进行分段时，存在分段数量有限、有效封隔部位较短、深井难以下入足够多的封隔器等问题，限制了水平井调流控水的调控精度。另外，深层水平井在进行二次控水完井时，如采用封隔器与调流控水筛管配合的完井工艺，由于前期完井的影响，很难满足控水要求。为此，研制了一种自适应调流控水用超低密度封隔体，可替代常规的充填砾石，水平段全线布设自适应调流控水筛管，任何位置出水都能自动控水，实现无限级封隔，并可重复多次堵水，有效期长。本章主要介绍了超低密度封隔体充填自适应调流控水完井工艺的原理、超低密度封隔体颗粒优选和实验评价。

一、工艺原理及特点

针对深层碎屑岩水平井局部见水导致的高含水井，研发了超低密度充填自适应二次控水完井工艺，该工艺是在常规水平井砾石充填工艺的基础上采用自适应调流控水筛管替代常规筛管，用超低密度封隔体（一种聚合物颗粒，充填于水平段环形空间后产生各向异性的流动阻力，径向流动阻力小，横向流动阻力大）替代常规的充填砾石；该工艺可实现水平段全线布设控水筛管，不用找水，任何位置出水都自动控水，不用因为新增出水点，而重复多次堵水，为机械控水，无化学剂。具有有效期长，投产一段时间后，管柱易取出的特点。

该工艺以自适应调流控水装置为核心，配合专用控水筛管，然后在筛管的外部和地层之间充填超低密度封隔体颗粒，利用充填的超低密度封隔体颗粒层实现分隔井段，实现无限级分段、智能分段阻水稳油的目的。由于采用超低密度封隔体颗粒充填将储层全部隔开，进而实现了对储层的无限级分段，自适应控水装置可根据不同位置的产液情况，实现无限级控水，控制层位的精度被大幅度提高，整套完井工艺管柱图如图3－6－1所示。

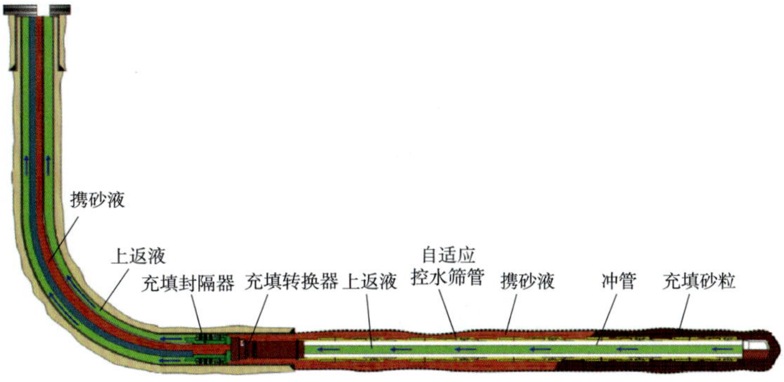

图3－6－1　超低密度封隔体充填自适应调流控水完井工艺示意图

超低密度封隔体充填自适应调流控水完井工艺具有以下几个方面的优势：

水平段全井段超低密度封隔颗粒充填，实现了无限级的分段控水；任何位置出水都自动控水；不用因为新增出水点，而重复多次堵水；采用超低密度封隔颗粒充填支撑井壁，可大排量提液，实现高冲程产液；机械控水，无化学剂，有效期长；整体管柱无活动部件，可靠性高；采用低密度精细颗粒充填，可实现反循环冲液，超低密度封隔颗粒可以冲出，防砂、控水完井管柱易取出，不影响后期作业，具有良好的井筒完整性；可采用可回收式封隔器，投产一段时间后，管柱易取出。

二、超低密度封隔体颗粒优选

超低密度封隔体颗粒是一种超轻有机材料，封隔体稳定性强，通过静压、耐矿化度、高温挤压实验，证实封隔体颗粒满足塔河油田碎屑岩油藏温度、压力及高矿化度环境使用要求（表3－6－1、图3－6－2）。充填于水平段后产生各向同性的流动阻力：流体由地层至筛管距离短、接触面积大，径向流动阻力小；水平段流动单元间距离长、环空横截面积小，流体横向流动阻力大，使得地层流体单元内流动得到控制，单元间流动受到抑制。

表3－6－1　封隔体颗粒性能参数

项目	参数	项目	参数
封隔体颗粒粒径	0.2～0.42mm	破碎率	≤0.6%
真实密度	1.01g/cm^3	酸溶解度	≤2.3%
耐温	120℃	稳定时间	5年
耐静压	50MPa	耐矿化度	21.2×10^{4}mg/L

为评价该超低密度封隔体颗粒填充后井筒内封隔效果，开展了以油、水为介质的径向和轴向的阻力测量实验，实验装置设计如下：Φ139.7mm筛管插入Φ241.3mm套管内，长度

100m，环空充填满封隔体砾石颗粒，整套实验装置如图 3－6－3 所示。

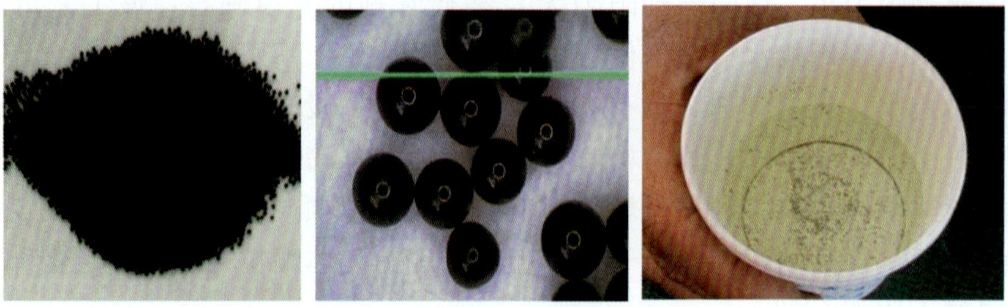

图 3－6－2　充填颗粒

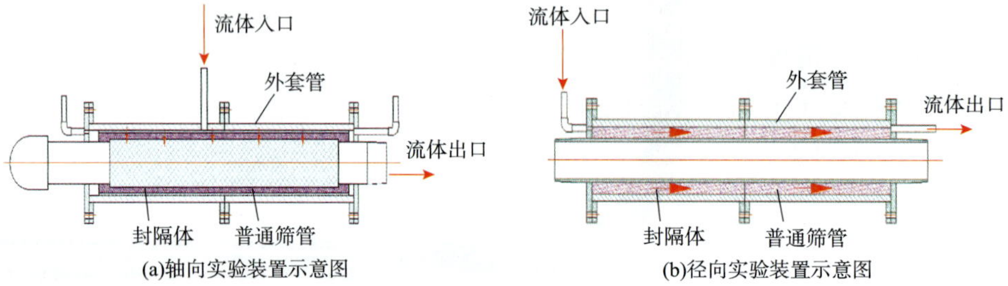

图 3－6－3　砾石颗粒井筒封隔性能评价实验

实验中分别从径向和轴向流体入口泵入流体，对比流体通过封隔体颗粒充填层的径向流动能力和轴向流动能力。径向和轴向阻力测试实验的过程和结果为：

（1）用黏度 20mPa·s 的轻质油从 Φ241.3mm 套管外径向注入环空，流经筛管后从 Φ139.7mm 筛管内流出，在压差为 0.03MPa 条件下测试折算流量为 14.6m^3/d。

（2）用黏度 1mPa·s 的地层水从环空一端横向注入环空，Φ139.7mm 筛管两头堵死，导致筛管内流体不流动，流体只能通过环空颗粒流入另一端，在压差为 1.5MPa 条件下测试折算流量为 1.9m^3/d。由以上两次的试验结果可以计算出：封隔体颗粒充填后径向流动能力是横向流动能力的 7000 余倍，充填封隔体颗粒能够在保证流体径向流入井筒内前提下有效阻止流体在环空横向流动。

三、水平井封隔体颗粒充填实验研究

根据自适应调流控水筛管的特性，结合常规水平井砾石充填过程中井筒、冲筛环空两个独立流动系统的砂、液质量和动量守恒方程，以及各系统间的流动耦合方程，分析了充填过程中的各动态参数的变化规律，在充填前沿位置，由于沉积砂床消失，系统间窜流最为明显，各动态参数在充填前沿前后均有剧烈变化，即水平井砾石充填一般分为 α（井筒底部“平衡提”的正向充填过程）和 β（沉积砂床顶部的反向充填）前后两个充填过程阶段。因此 α 阶段的顺利充填是水平井砾石充填成功的关键。

由于自适应调流控水筛管中控水装置的阻力较大，在充填过程中摩阻较大，与常规砾石充填相比，难度较大，随着携砂液沿井筒方向流动，而携砂液在控水装置处遇到摩阻较大，致使携砂液的流动力不足，充填砾石沉降导致沉积砂床高度不断升高。如果在 α 充填前沿还未到达水平井段末端时，平衡砂床高度已经接触井壁顶部，则发生提前砂堵，堵塞点后面的井段将得不到充填，形成亏空，充填失败，因此选择携砂液和充填砾石则是关乎充填是否成功的关键。

（一）实验方案

1. 水平井地面实验模型的搭建

搭建了一套可完成模拟水平井封隔体颗粒（砾石）充填的地面实验模型，固定于地面；组建视窗短节可在砾石充填过程中可清晰观察充填颗粒的流向、充填质量；配备自适应调流控水数据采集记录系统记录颗粒充填过程中进出口压力实时变化情况、并生成曲线；井口起升设备具备砾石充填完成后可将管内充填管柱起出的能力（图 3－6－4、图3－6－5）。

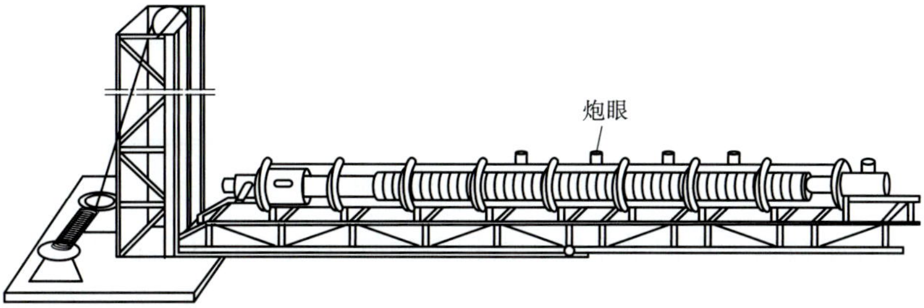

图 3－6－4　水平井砾石充填地面模拟实验平台图

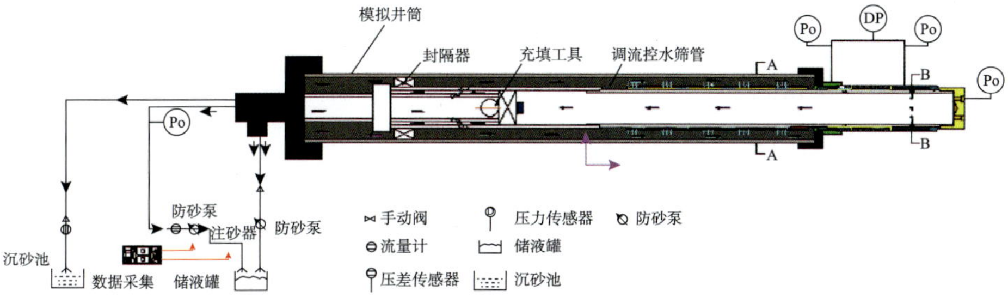

图 3－6－5　设备流程原理图

2. 工作原理

将套管与视窗短节相连接，水平固定于可调节支架上，底端连接丝堵，顶端连接井口四通；下入充填管柱串，采用携砂液携带充填砂，通过砂泵，在一定排量和压力下，泵送至流程管线内，送入砾石充填工具，数据采集记录系统可实时采集到油管（进口）压力的变化，生成进口压力曲线；将砾石携带至自适应调流控水筛管与套管的环形空间，携砂液可进入筛管内，经充填工具转换机构（双通体）进入充填工具上部油套管环空，经井口四通流出，此时数据记录系统可实时采集套管（出口）压力的变化，生成出口压力曲线；在充填过程中，砾石逐渐埋没筛管，可经摄像头—视窗玻璃观察充填砾石的流动情况，并于充填结束后，经由视窗玻璃观察充填的密实度；充填结束后，连接井口起升设备（通井机、井架）将服务工具起出，并下入与充填工具相对应的分瓣对扣捞矛将充填工具解封并捞出；完成实验。

主要功能：

井筒水平放置并固定，模拟水平井井筒状态；砾石充填设备根据施工流程完成各种砾石充填的参数研究；根据试验需要优化管柱组合和施工参数；利用不同排量、不同砂比以及不同密度的充填砂完成测试，达到最理想的环空充填效率；结合实验操作的各项流程，得出现场实际操作的详细步骤及风险分析。

3. 水平井地面实验模型的具体参数

套管的选择：选取与水平井筛管裸眼完井相同的 API 标准 7in 套管，壁厚 9. 19mm、材质 N80、内径 159. 4mm；抗内压强度 43. 7MPa，抗挤强度 26. 4MPa。

视窗短节的选择：基管采用 API 标准 7in 套管 1m，90°方向均匀焊接 3 个观察孔（图 3 –6 –6）；视窗玻璃采用耐高压特种玻璃，可见光透过率大于 90%，同时还具有优良的化学稳定性，高的电绝缘性和良好的耐热冲击性能，尺寸的选择为两种：70mm × 15mm、120mm ×40mm。

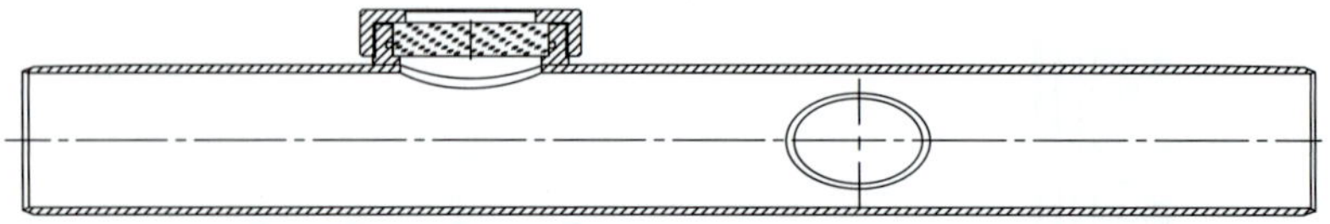

图 3 –6 –6　视窗短节

自适应调流控水数据采集记录系统：由记录油管（入口）压力的压力变送器，量程范围 0 ~25MPa、记录套管（出口）压力的压力变送器，量程范围 0 ~2. 5MPa、高清摄像头观察视窗短节、数据编程系统、主机、双显示屏、线缆等构成，可实时监控充填过程中携砂液的流动、入口的压力变化、出口压力变化、压差变化并可生成施工记录曲线。

井口四通：API 标准 7in 井口四通，一端与套管相连接，一端由法兰盘构成，与滑动井口以密封钢环配合连接密封。

4. 水平井裸眼砾石充填方法的选择

采用常规 RFSP 水平井充填工具系统，该系统的特点为采用由上往下的充填方式，可保证所有作业阶段静液柱压力作用在地层上，以保证井壁稳定；实现分级脱砂，确保作业过程中不会压漏地层；配置防抽吸阀以避免作业过程中对地层的抽吸。

RFSP 水平井充填工具系统主要是由充填封隔器总成（FS152 –101 防砂封隔器、S101A 滑套总成、K101 快速接头）、充填服务工具总成（FYC101 座封服务工具、SP101 充填服务工具）、防液锁密封筒构成。

工作原理：携砂液携带充填砂通过充填服务工具的充填孔，经滑套上的出液口进入到自适应调流控水筛管与套管环空，因携砂液中的充填砂被自适应调流控水筛管阻挡在筛管与套管环空，液体进入到自适应调流控水筛管与冲管的环形空间内，向下流动经冲管底部进入后向上流动，直接进入双通体的外通道并进入与之连通的中心管和反洗管形成的环形空间，经反洗管返出孔进入套管与油管的环空，建立正循环流程，此时可进行充填作业（图 3 –6 –7）。

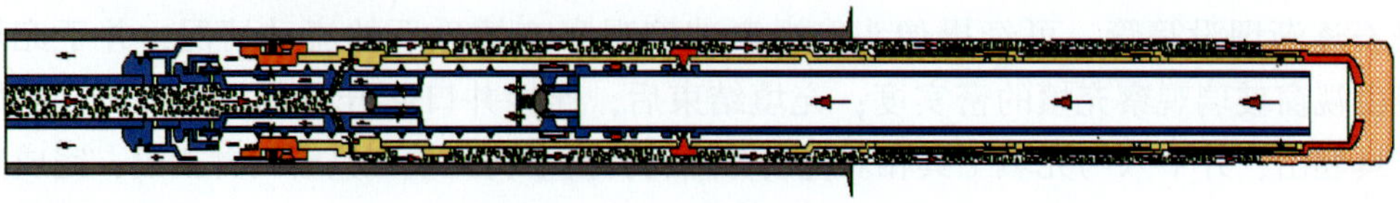

图 3 –6 –7　充填作业示意图

充填作业结束后，上提服务工具，此时充填滑套开关在弹簧的作用下，向上移动，关闭滑套的出液孔，继续上提至充填服务工具的充填孔位于顶部封隔器的上端，此时套管打压，水流从充填服务工具的充填孔进入，流经坐封服务工具内部，向上流动进入油管，返至地面，建立反循环，此时可将油管内残存的部分充填砂洗出地面；最后将坐封服务工具、充填服务工具、冲管起出，结束作业。

5. 自适应调流控水筛管的选择

选取筛管直径的原则是尽可能地增大流通面积，又要保证有足够的砾石充填层的径向厚度，以保证充填层的挡砂能力和稳定性。根据行业标准 SY/T 5340—2000 中筛管外径的尺寸设计应保证砾石充填层的厚度不小于 20mm，本次实验的 7inAPI 标准套管内径为 159.4mm，因此本次实验选取的筛管为 2⅞in 自适应调流控水筛管，外径 108mm。

6. 冲管的选择

较大的冲管尺寸会减小冲筛环空中携砂液的流通面积，增大摩阻压降，迫使更多的携砂液在筛管和井眼环空中流动，增大筛管和井眼环空中的砂浆流量，提高携砂能力，降低充填过程的堵塞风险。行业标准 SY/T 5340—2000 中冲管外径与筛管的基管内径之比，应在 0.6～0.8 之间选取，因此选取外径 48mm、内径 35mm 的 1.66in 冲管。

7. 扶正器的选择

防砂管柱要使用扶正器，以保证管柱在井筒内居中，使筛管周围均匀地布满充填砾石，形成可靠的挡砂屏障，一般要求管柱的居中度不低于 67%。因此选取 2⅞in × 150mm 扶正器，其居中度为 150/159.4 = 94%。

8. 盲管

防砂管柱上的盲管采用普通 2⅞in 油管，位于自适应调流控水筛管与充填工具总成之间，其作用是在盲管与套管的环形空间内储备一部分充填砾石，在施工结束后，已充填的砾石会压实或通过炮眼进入油层而使砾石充填的高度下降，这些砾石起到补充作用，以防止自适应调流控水筛管裸露而使防砂失效。

9. 充填砂的选择

由于充填过程中携砂液通过控水单元阻力较大，在充填过程中摩阻较大，可预期的充填排量较小，采用常规充填中所使用的密度为中密度支撑剂在低排量充填过程中易堵泵撬、易形成砂桥、砂堵，无法保证充填质量。因此为保证充填效率、充填质量，采用超轻密度支撑剂，其密度为 1.02～1.05g/cm^3，由于其密度接近于水，充填过程中超轻密度支撑剂不易沉降，因此在小排量充填情况下不易形成砂桥，最大程度保证充填效率≥95%。

超轻密度支撑剂规格：密度 1.02～1.05g/cm^3，浊度 <80FTU，圆度 >0.9，球度 >0.9，耐压 12500psi，破碎率≤2%。

（二）实验平台搭建

将 7inAPI 标准套管与视窗短节相连接，水平固定于可调节支架上，底端连接丝堵，顶端连接井口四通。

将数据采集记录系统的数据显示设备：压力变送器、流量计、传感器连接至模拟水平井实验模型中。通过数据传感线将试验时实时入口压力、出口压力、施工排量传输至控水数据采集记录系统内进行处理，最终形成曲线及数据显示与操作台显示屏上（图 3－6－8）。

1. 视窗短节（图 3－6－9）

视窗短节的连接：采用 7in 套管短节作为基管使用，将 2 开窗孔以焊接的方式连接至 1

套管短节上，将3视窗玻璃配合O形圈放置于2开窗孔内密封，最后将5挡帽上紧，最后再将视窗短节一端连接7in接箍，将视窗短节连接完成。

图3-6-8　现场连接模拟水平井实验

视窗短节的实验：视窗短节带接箍的一端连接打压头，另一端连接7inLTC丝堵，油管正打压5MPa、10MPa、15MPa、20MPa，各稳压10min，观察视窗短节焊接处、视窗玻璃密封处是否有渗漏，无渗漏并且压降小于0.5MPa为合格。

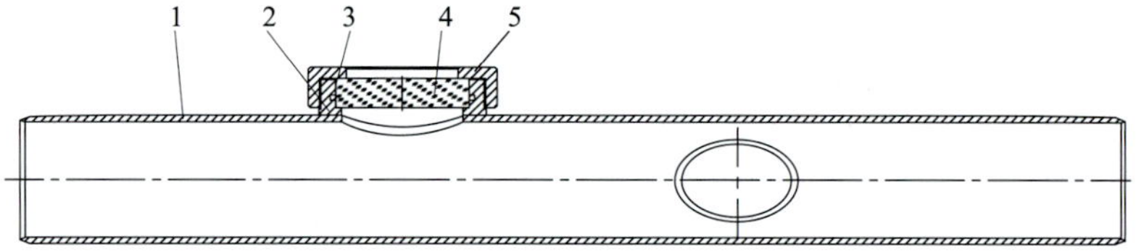

图3-6-9　视窗短节简图

2. 数据采集记录系统

搭建了一套适用于控水筛管二次完井可进行砾石充填的数据采集记录系统，该系统可对砾石充填过程中现场的各种技术参数及数据进行采集、计算、存储、显示、曲线处理。主要包括：通过压力变送器、流量计检测油管压力、套管压力以及进出口的流量变化并通过传感器来接收相关数据，最终由数据采集记录系统对于采集到的信号进行相应的处理，进行数据显示、曲线显示并进行同步的存储（图3-6-10）。

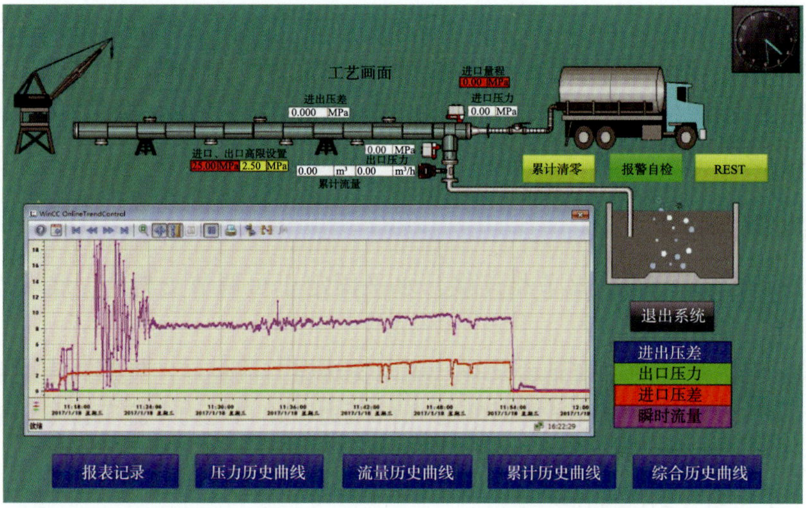

图3-6-10　数据采集记录系统画面图

3. 高清摄像头

使用2个HD1080P的摄像头分别放置于前后端视窗玻璃处，将其接入至数据采集操作台显示屏，用以观察携砂液、充填砾石的流向及砾石充填的效果（图3-6-11）。

图3-6-11　实验视频采集

4. 超轻质压裂支撑剂的密度测试

测试温度为25℃ ±5℃，目的在于测量支撑剂体积密度与视密度。

（1）体积密度测试：

①测量杯质量 $m_g=48.58$g，将超轻质压裂支撑剂装入量杯内至100mL刻度处，不要摇动量杯或震实，称出装有超轻质压裂支撑剂的量杯的质量，这一过程重复3次，分别为114g、112g、114g，取平均值为113.3g。

②计算支撑剂体积密度：

$$\rho_b=(m_{gp}-m_g)/V \tag{3-6-1}$$

式中，ρ_b 为支撑剂体积密度，g/cm³；m_{gp} 为量杯与超轻质压裂支撑剂的质量，g；m_g 为量杯的质量，g；V 为量杯的标定体积，mL。

计算得出支撑剂体积密度 $\rho=0.6475\text{g/cm}^3$。

（2）视密度测试：

①测量杯质量 m_1，$m_1=48.58$g。

②瓶内加100mL水，称量为 m_2，$m_2=141.69$g。

③倒出瓶内的水，烘干密度瓶。

④瓶内加适量超轻质压裂支撑剂样品，称量为 m_3，$m_3=76.26$g。

⑤将带有超轻质压裂支撑剂的瓶内倒入水，排除气泡，称量为 m_4，$m_4=142.67$g。

⑥计算支撑剂的视密度：

瓶内水的质量：$m_w=m_2-m_1=93.11$g

瓶内支撑剂的质量：$m_s=m_3-m_1=27.68$g

瓶内水的体积：$V_w=m_w/\rho_w=93.11$mL

瓶内有支撑剂时水的体积：$V_{w1}=(m_4-m_3)/\rho_w=66.41$mL

瓶内支撑剂的体积：$V_S=V_w-V_{w1}=26.7$mL

支撑剂的视密度：$\rho_a=m_s/V_S=1.037$

5. 封隔体颗粒充填自适应调流控水充填管柱结构

按下列管柱顺序依次下入防砂管柱（图3-6-12）。

管柱组合（从下至上）：2⅞in丝堵+2⅞in控水筛管三根带扶正器+3½in盲管短节1根+快速接头K101坐于井口；然后连接1.66in冲管17m；用提升短节提起水平井充填工具总成（FS152-101封隔器、FYC101坐封服务工具、S101A滑套总成、SP101充填工具），连接冲管，旋松快速接头中部连接扣，将快速接头下部与井口油管连接，安装两端防转销钉并打紧，旋紧快速接头中间连接后下入模拟水平井地面实验模型内。

油田		套管	7in29#	射孔数据/m				
井号		射孔层数	1	上层				
作业者		防砂方式						
工程师		人工井底		下层				
管柱图		序号	名称	描述	外径/mm	内径/mm	长度/m	深度/m 顶
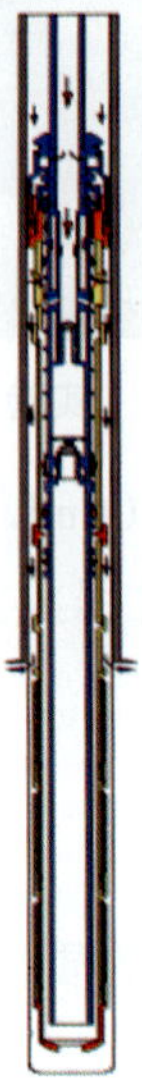				顶部封隔器胶筒顶深:	6.5			
				套管接箍:				
		1	滑动井口				2.800	
		2	配长短节	3 1/2in NU Box×Pin			2.000	2.8
		3	提升短节	3 1/2in NU Box×Pin	89.00	76.00	1.030	4.8
		4	坐封工具	3 1/2in NU Box	150.00		0.300	5.8
		5	充填工具	3 1/2in NU Pin	150.00		1.800	6.1
		6	盲管	3 1/2in NU Box×Pin	89.00	76.00	2.940	7.9
		7	变径接头	3 1/2in NU Box×2 7/8in NU Pin	89.00	6200	0.160	10.9
		8	控水筛管①	2 7/8in NU Box×Pin	110.00	6200	4.780	11.0
		9	扶正器	2 7/8in NU Box×Pin	150.00	62.00	0.340	15.8
		10	控水筛管②	2 7/8in NU Box×Pin	110.00	62.00	4.790	16.2
		11	扶正器	2 7/8in NU Box×Pin	150.00	62.00	0.360	20.9
		12	控水筛管③	2 7/8in NU Box×Pin	110.00	62.00	4.780	21.3
		13	丝堵	2 7/8in NU Box	76.00		0.130	26.1
								26.2
			人工井底					26.5

图 3－6－12　封隔体颗粒充填自适应调流控水充填管柱结构

（三）封隔体充填自适应调流控水实验

1. 下入

将工具下至设计位置后，上提下放测悬重。

2. 坐封顶部封隔器

投 $\Phi 45$ 坐封钢球；油管打压 5MPa × 3min，泄压至 0；重新打压 8MPa × 3min，泄压至 0；重新打压 12MPa × 5min，泄压至 0，完成封隔器的坐封（图 3－6－13）。

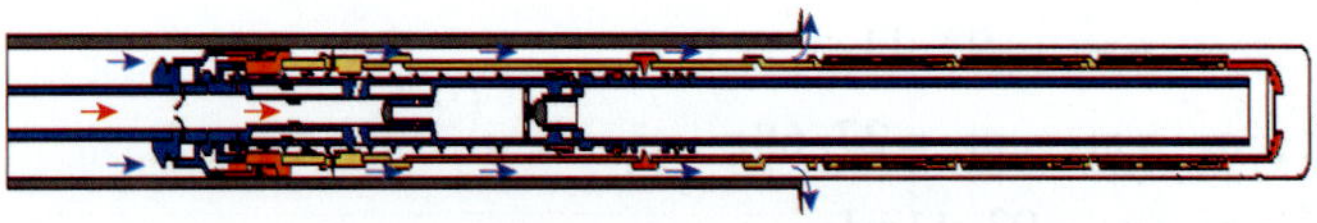

图 3－6－13　封隔器坐封

3. 验挂及脱手

验挂：在坐封位置标记“Z”，加压 10t，过提 10t，管柱不移动则判断验挂合格。

丢手：上提管柱到悬重中和点，正转 20 圈，完成丢手。

4. 验封顶部封隔器

上提管柱 0.5m，至“验封位置”，环空打压 7MPa，稳压 10min，无压降，封隔器验封合格（图 3－6－14）。

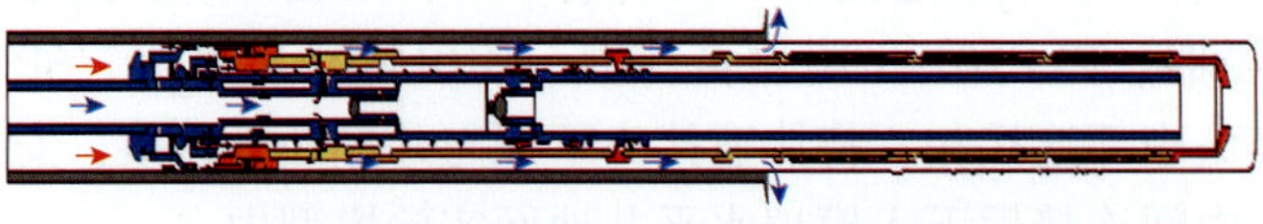

图 3－6－14　验封顶部封隔器

5. 标记充填位置与反循环位置

（1）标记充填位置：

验封合格后，继续上提工具0.5m，至负荷显示，然后继续上提至负荷下降，并标记充填位置“CT”，下压10t定位。

（2）标记反循环位置：

从“充填位置”上提1.9m标记反循环位置“FX”。

6. 激活防抽吸阀、验证防抽吸阀关闭

从反循环位置，上提0.5m至负荷显示，到达激活防抽吸阀位置，过提7000lbs（1lb=0.454kg），激活防抽吸阀；重新下放工具至充填位置“CT”。

7. 正循环测试（表3-6-2）

表3-6-2　正循环测试实验数据

时间	排量/(m^3/h)	返出排量/(m^3/h)	泵压/MPa
11:00—11:02	0.7	0.7	0.18
11:04	0.8	0.8	0.24
11:06	1.2	1.2	0.4
11:08	1.8	1.8	0.8
11:10	2.67	2.67	2.67
11:12	4.0	4.0	5.09
11:14	4.4	4.4	6.41
11:16	4.6	4.6	8.18

8. 砾石充填

排量3.8m^3/h，砂比5%，施工压力5.0～16MPa，加砂量0.25m^3（图3-6-15、图3-6-16）。

图3-6-15　砾石充填

9. 反循环洗井

从充填位置上提至反循环位置后，进行反循环洗井至出口无砂。

10. 起出充填服务管柱

提起出防砂服务工具以及1.66in冲管，检查防砂服务工具和冲管性能正常。

11. 解封顶部封隔器、冲砂

下入M110×3分瓣对扣捞矛，解封顶部封隔器后，正冲将环空充填砾石洗出，洗井排量9m^3/h、压力2.0～4.0MPa，冲出砾石0.21m^3（图3-6-17）。

12. 起出自适应控水筛管二次完井砾石充填管柱

将充填工具与筛管等起出，结束作业。

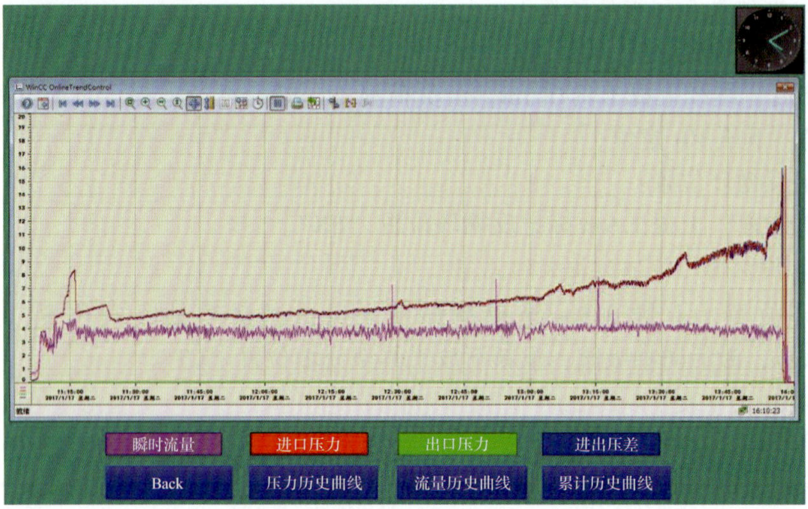

图 3－6－16　砾石充填曲线图

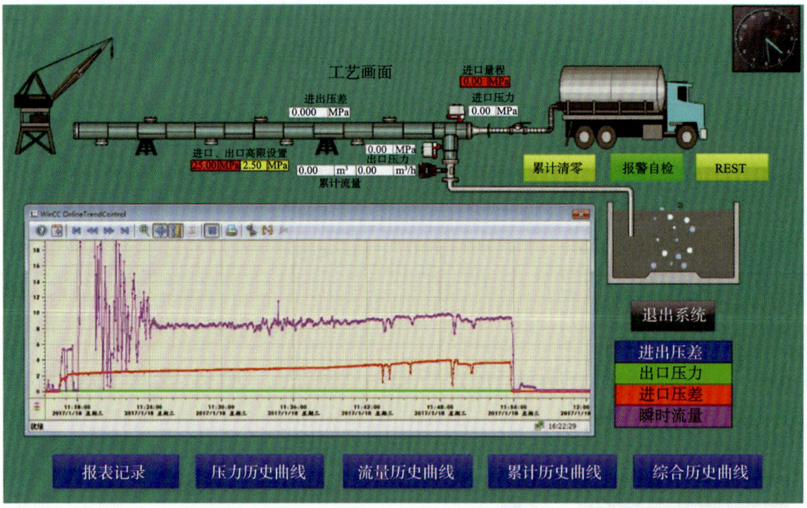

图 3－6－17　正冲砂曲线图

（四）试验结论

在充填实验过程中，泵压控制在 15.0MPa 以内，采用充填液密度为 $1.037g/cm^3$，砂比基本稳定在 2% 左右。采用的砾石目数为40～70 目，对应毫米数为 0.21～0.42mm。

由图 3－6－18 施工曲线可以看出，流量基本稳定在（4.0±0.1）m^3/h。各阶段响应特征及分析如下：

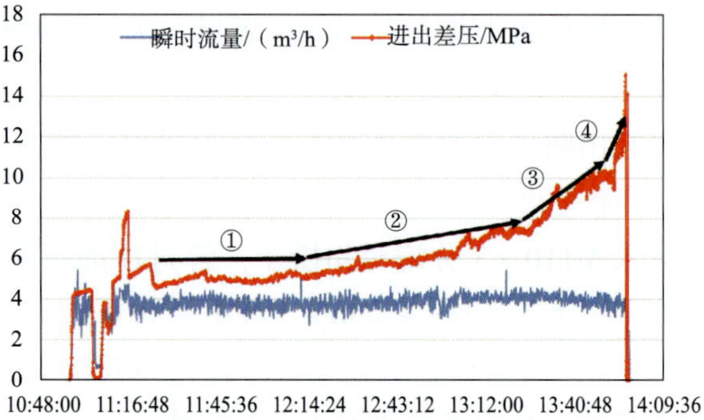

图 3－6－18　砾石充填地面试验施工曲线

（1）在充填初期（阶段①），压力

基本稳定在5.0MPa左右，表明颗粒正常充填且余留筛管上的节流件能够满足充填排量的要求。

（2）在充填约50min后（阶段②），泵压及进出压差呈现缓慢平稳的上升趋势，表明颗粒已经将大部分节流件通道充填埋没，剩余的小部分节流件流动通道逐渐不适应充填排量。

（3）继续充填约73min后（阶段③），泵压及进出压差呈现明显上升趋势，表明颗粒已经将绝大部分节流件通道充填埋没，剩余的1～2个节流件流动通道对充填排量产生明显的节流压力。

（4）在阶段④，泵压及检出压差呈现急剧上升趋势，表明颗粒基本已经将所有的节流件流动通道充填埋没，此时的充填液流动主要靠颗粒层的渗透能力（现场测试为45D），末期提高压力继续充填将对颗粒层进一步压实，提高充填程度。

根据管柱结构计算，颗粒的理论充填体积为0.2081m^3，实际充填体积为0.2047m^3，充填系数为98.37%。充填过程中砾石不仅将筛管、盲管与套管的环空全部覆盖，而且将视窗短节观察玻璃的小环形空间也全部覆盖（图3－6－19）。

图3－6－19　充填结束后观察击碎视窗短节玻璃后实际充填效果

超低密度封隔体颗粒充填后所形成的连续封隔体，是由封隔体颗粒紧密堆积而成的。颗粒与颗粒之间是紧密接触，它们仍是一个个独立的个体。下入解封工具，解封封隔器，形成颗粒返排通道；正循环，筛管平均分配流量，封隔体颗粒逐步松散、剥离，被携带至地面。充填完成后，解封顶部封隔器后，排量9m^3/h，洗井压力最高在4.0MPa时，冲出充填砂0.21m^3，返排率达84%，在更高的排量与压力下可将返排率进一步提高。这为采用自适应控水筛管二次完井砾石充填工艺的施工井后期打捞作业提供了实际经验，采用超轻质密度支撑剂大大降低了后期打捞作业的难度。

该工艺治理局部出水问题有下列优势：水平段全线布设自适应控水筛管，不用找水，任何位置出水都自动控水；不用因为新增出水点，而重复多次堵水；机械自适应控水，无化学剂，有效期长；投产一段时间后，防砂、控水完井管柱易取出，不影响后期作业，具有良好的井筒完整性。

第七节　水平井自适应调流控水筛管完井技术应用

研究并应用自适应调流控水筛管完井技术，有效解决了非均质、中高渗碎屑岩水平井常规完井后的采油治水难题，现场应用25井次，同比延长低含水采油期380d以上，部分井至今仍低含水自喷生产，累计增油超过6×10^4t。本章主要介绍了自适应调流控水筛管完井技术的典型现场应用与控水效果分析。

一、典型油井应用分析

由于常规调流控水筛管分段完井工艺参数设计方法及工艺实施与常规筛管完井工艺基本相同，故本章不做详细叙述；但考虑到自主研发的自适应调流控水分段完井为国内首次应用，故下面做重点分析。

（一）959H 井完井方案及施工

1. 工程地质概况

959H 井是位于塔河 9 区三叠系下油组构造较高部位的一口开发水平井，塔河油田 9 井区三叠系下油组，为中孔、中－高渗储层，储层非均质性较强。从实测的原始地层压力与目前地层静压来看，压力系数变化不是很大，地层能量充足；从生产情况看，本区投产井含水上升较快、采油量下降较快；本井的邻井均处于高含水期。该区三叠系下油组属含硫、高蜡、胶质、较高黏度中质原油，地层水型为 $CaCl_2$ 型，属封闭环境下的高矿化度的地层水。地层温度 114. 54℃/4600. 04m，折算压力系数为 1. 09，温度梯度 2. 49℃/100m，为常压常温油藏。

2. 完钻情况

959H 井完钻层位为阿克库勒组 T2a，设计井深 4982. 04m（垂深 4600. 5m），完钻井深 4981m（垂深 4600. 04m），造斜点 4325m。7⅝in 套管回接至井口，套管下深 4718. 65m。该井井眼轨迹及钻遇情况如图 3－7－1 所示。

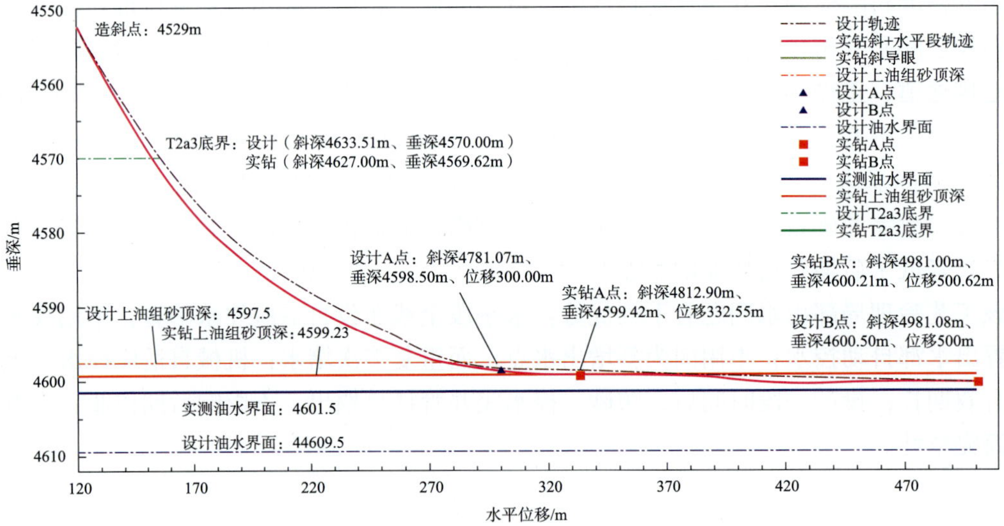

图 3－7－1　959H 井井眼轨迹及钻遇情况

可以看出，该井实钻井眼轨迹 A（垂深 4599. 42m，斜深 4812. 9m）点距实测油水界面 4601. 5m 避水高度仅 2. 08m，实钻井眼轨迹 B（垂深 4600. 21m，斜深 4981m）点距实测油水界面 4601. 5m 避水高度仅 1. 29m，井眼轨迹最低点避水高度为 1. 22m，油水界面抬升较快，结合邻井生产情况分析是由于邻井已生产 8 年，且产量高造成的。

完钻后对该井水平段进行了电测，电测成果图如图 3－7－2 所示。

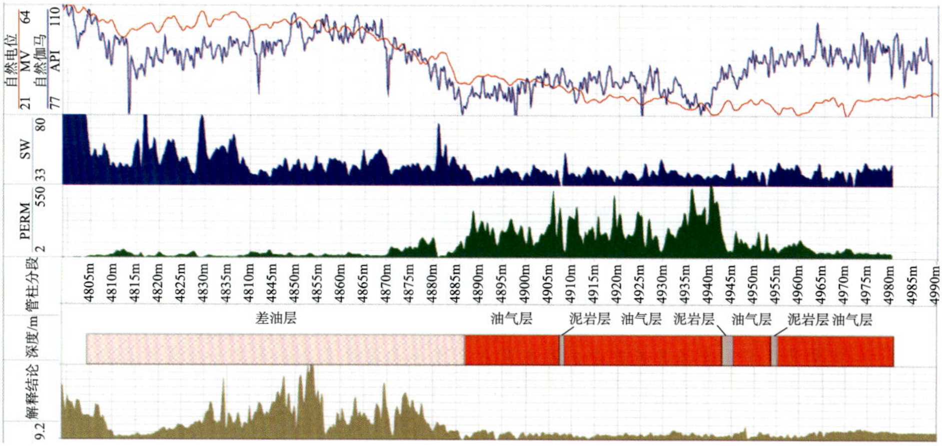

图 3-7-2 959H 井水平段电测解释结果

可以看出，该井水平段各位置处的渗透率的差异比较大，井段 ±4882 ~ ±4944m 渗透率较其他井段明显高平均为 $218\times10^{-3}\mu m^2$， ±4812 ~ ±4882m 井段平均为 $29.1\times10^{-3}\mu m^2$，±4944 ~ ±4979m 井段平均为 $72.9\times10^{-3}\mu m^2$。为使水平井水平段流量均衡，减少储层污染，抑制高渗段底水快速脊进，增加无水采油期，增加低渗段的动用程度，建议使用调流控水分段完井。

3. 完井难点分析

由该井井眼储层钻遇情况及水平井段渗透率分布情况可以看出，为保证投产后有良好的生产开发效果，完井时需考虑以下难点：

（1）9 区三叠系下油组储层经过近 10 年的开发，底水已经有较大幅度的抬升，目前水平段的避水高度最小处仅为 1.22m，底水极易突破到水平井筒内，影响油井生产开发效果。

（2）沿水平井段渗透率差异较大，底水易沿高渗透带突破进入井筒内。

（3）另外，上层套管鞋和 4830 ~ 4880m 井筒裸眼井段井径扩大率较大，而裸眼段直径为 165.1mm，完井管柱中的 3 个遇油膨胀封隔器最大外径为 150mm 且胶筒长度较长（4.8m），环空间隙较小（单边仅 7.55mm），容易在该井段发生遇阻。

4. 水平井自适应调流控水分段完井方案

（1）油藏参数见表 3-7-1。

表 3-7-1 959H 井油藏参数

参数	符号	单位	取值	参数		符号	单位	取值
原油地面密度	ρ_O	g/cm^3	0.9151	原始地层压力		P_O	MPa	49.14
原油体积系数	B_O	m^3/m^3	1.3404	泡点压力		P_b	MPa	33.17
地层原油黏度	μ_O	mPa·s	2.78	油层厚度		h	m	2.5
地层水密度	ρ_W	g/cm^3	1.141	垂直渗透率/水平渗透率		K_v/K_h		1:1.34
地层水黏度	μ_W	mPa·s	0.4	基准生产参数	生产压差	ΔP	MPa	1.0 ~ 1.5
原始气油比	R_S	m^3/m^3	125		产液量	Q_L	t/d	15

（2）水平段调流单元划分：

根据测井曲线和电测解释成果（图 3-7-3），将水平段划分为 3 个调流单元。

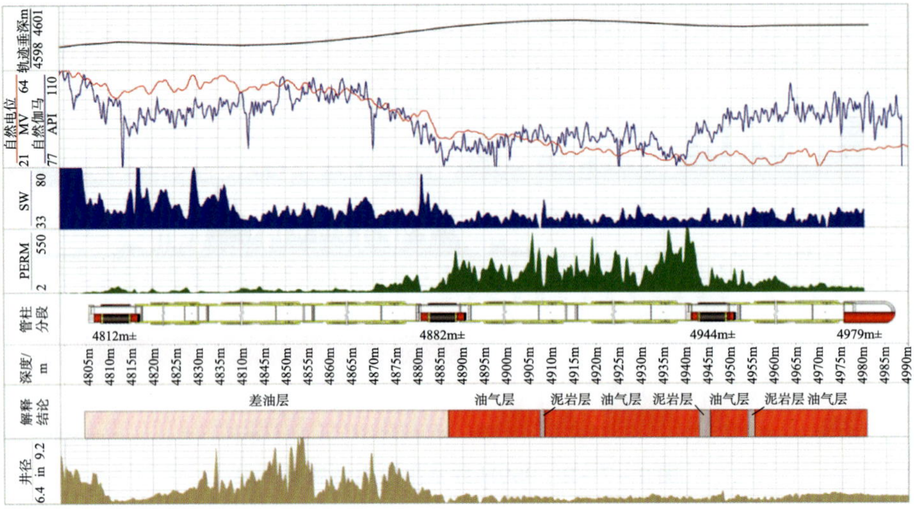

图3-7-3　水平段控流单元划分示意图

（3）设计遇油膨胀封隔器中胶位置：

1#封隔器：4944m±（坐封4941～4947m，平均井径6.58in）；

2#封隔器：4882m±（坐封4879～4885m，平均井径6.84in）；

3#封隔器：4812m±（坐封4809～4815m，平均井径6.57in）。

（4）分段调流筛管参数设计：

由于自适应调流控水筛管中自适应调流控制器工作时产生的流动压差不但随产液量（流量）的变化而改变，并且可以根据产液性质（含水率）的不同产生不同的压差，在整个油井生命周期都可以起到调流水平井入流剖面的作用，为此，在进行自适应调流控水参数设计时不仅需要考虑完钻时的储层和水平井段特性参数，还要考虑该井生产过程中油藏物性参数的变化对完井参数的适应性。

5. 油藏模型的建立

通过收集959H井所在油区的油藏地质、流体、构造、渗透率分布、夹层分布、孔隙度分布等数据，建立了油区油藏数值模拟模型（图3-7-4）。

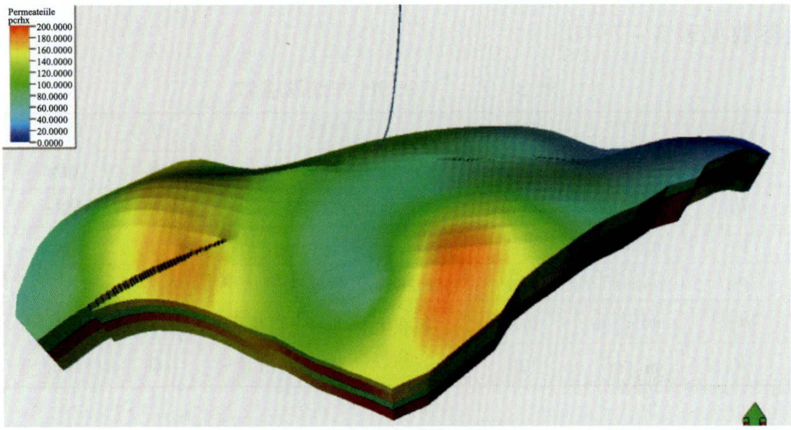

图3-7-4　9区油藏数值模拟模型

（网格：平面网格18m×17m，垂向网格0.5～1.2m，网格总数为360000）

可以看出：油区下油组油水界面以上隔夹层划分为4套，其中1小层3套、2小层顶部1套。在上述油藏数值模型上根据959H井的完钻数据建立相应井模型，根据自适应控水装置性能曲线，模拟不同参数组合条件下该井生产情况（图3－7－5）。

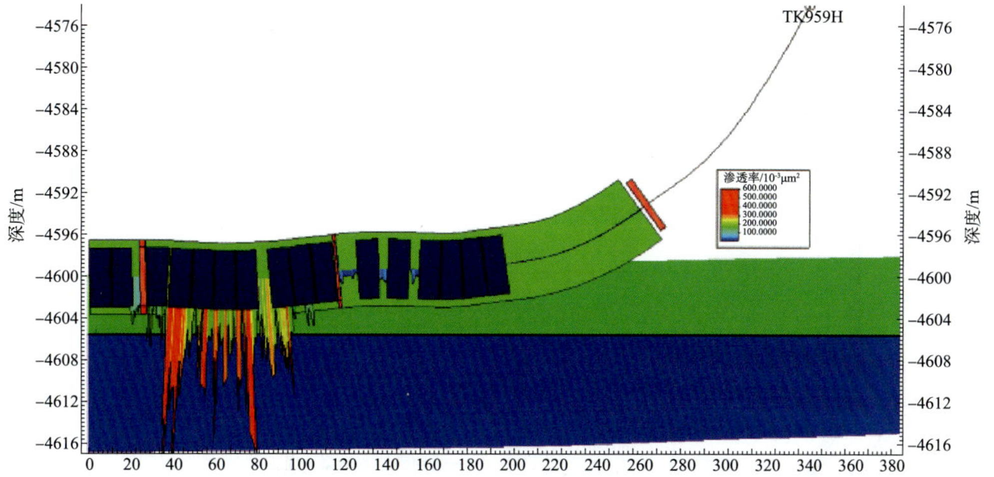

图3－7－5 959H井油藏底水及完井模拟

以油井生产10年油藏采收率最高为优化目标，进行20余套完井参数设计的模拟计算，最优化的完井参数组合如表3－7－2、图3－7－6所示。

表3－7－2 调流筛管参数设计

控流单元	井段/m	井段长度/m	油层长度/m	平均渗透率/$10^{-3}\mu m^2$	设计产量/(t/d)	筛管数量/根	控流装置规格
Ⅰ	4812～4882	70	67	29.1	2	6	ZSY－A4
Ⅱ	4882～4944	62	59	218	10	5	ZSY－A1
Ⅲ	4944～4979	35	30	72.9	3	3	ZSY－A4
合计		167	156		15	14	

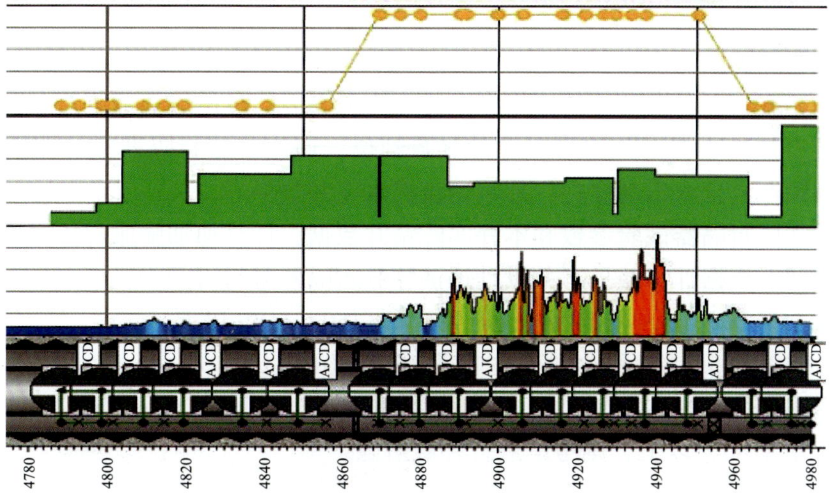

图3－7－6 产液及压力剖面图预测及完井参数设计

根据调流方案设计，完井从下到上管柱结构为：

Φ127mm 引鞋 + Φ148mm 调流筛管 3 根 + Φ150mm 遇油膨胀封隔器 + Φ148mm 调流筛管 5 根 + Φ114.3mm 调整短节 1 根 + Φ150mm 遇油膨胀封隔器 + Φ148mm 调流筛管 6 根 + Φ150mm 遇油膨胀封隔器 + 17 根盲管管串组合 + Φ164 悬挂封隔器 + Φ127mm 送入钻具组合（图 3 –7 –7）。

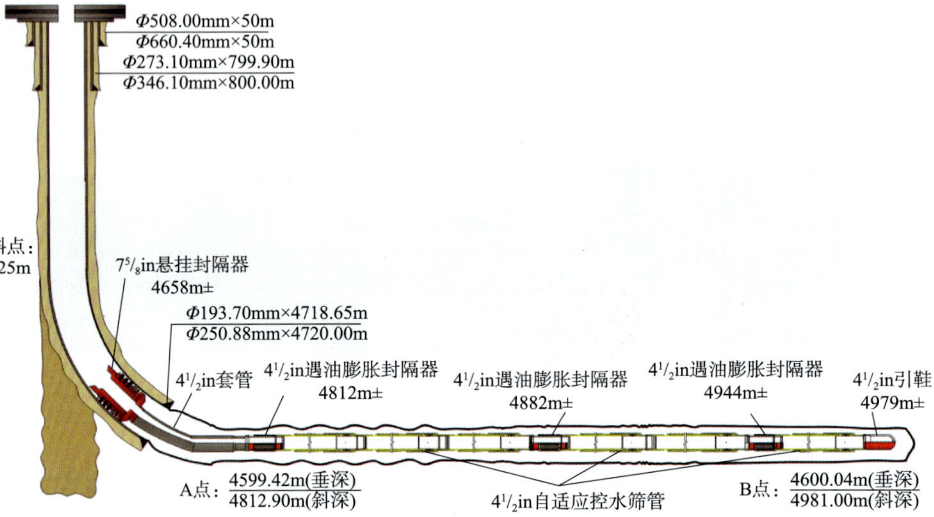

图 3 –7 –7　959H 井自适应调流控水分段完井管柱图

主要井下工具的参数见表 3 –7 –3。

表 3 –7 –3　主要井下完井工具参数

序号	工具名称	单位	数量	外径/mm	内径/mm	规格
1	盲堵引鞋	个	1	127.0	101.6	4½in LTC 35CrMo
2	自适应调流筛管	根	14	148.0	101.6	基管 4½in LTC N80，筛孔精度 200μm，控流装置最大外径 148mm
3	遇油膨胀封隔器	套	3	150.0	101.6	基管 4½in LTC P110，胶筒长度大于 3000mm
4	螺旋刚性扶正器	个	20	150.0	116.0	35CrMo

遇油膨胀封隔器胀封设计：

本井遇油膨胀封隔器采用地层产出原油作为胀封介质，投产后遇油膨胀封隔器浸泡在原油（或油水混合液）中需要一定时间才能胀封到位，遇油膨胀封隔器充分胀封前需要控制油井产量，避免产液含水出现变化，影响调流控水完井效果。

根据遇油膨胀封隔器试验参数和本井实际钻井数据，计算遇油膨胀封隔器在不同胀封介质中的胀封时间。根据计算结果本井设计遇油膨胀封隔器胀封时间为：

①如果含水率小于 5% 或不含水，胀封时间为 150 ~ 160h 以上。

②如果含水率为 5% ~ 50%，胀封时间为 282 ~ 301h 以上。

③如果含水率为 50% ~ 80%，胀封时间为 341 ~ 363h 以上。

④如果含水率 80% 以上，则考虑进行补救措施。

在胀封时间内采用控制产液量以保持胀封介质稳定：初期产液量控制在 10 ~ 15t/d，封隔器充分胀封后逐步将产液量上调 15 ~ 20t/d（表 3 –7 –4）。

表 3－7－4　不同介质中遇油膨胀封隔器胀封时间

封隔器编号	卡封位置/m	封隔器外径/mm	坐封段井径/mm	膨胀量/mm	浸泡介质	胀封速度/(mm/24h)	胀封时间/h
1#	4812	150	166.9	16.9	原油	5.90	69
					原油：水＝50：50	3.52	115
					原油：水＝20：80	2.91	139
2#	4882		173.7	23.7	原油	5.90	96
					原油：水＝50：50	3.52	162
					原油：水＝20：80	2.91	195
3#	4944		167.1	17.1	原油	5.90	70
					原油：水＝50：50	3.52	117
					原油：水＝20：80	2.91	141

另外，由于该方案采用的是遇油膨胀封隔器，而该井为保证泥岩段的稳定性，最后一开次采用了钾胺基聚磺混油泥浆，为防止完井管柱入井进程中与该混油泥浆长时间接触造成遇油膨胀封隔器提前胀封，需在完井管串下入前对井筒内的钻井液进行调整如下：

①模拟通井管柱顺利到井底后，充分顶替和调整泥浆性能，务必使井筒内泥浆整体油基含量低于10%。

②提管柱至4300m（井深），将完井液泥浆替换为烃含量＜2%的普通泥浆；调整好完井液固相含量及泥浆含砂量，完井液固相含量＜8%，泥浆含砂量＜0.05%。

③对新替泥浆要进行多次过滤，务必使新替泥浆完井液固相含量＜8%，完井液含砂量＜0.05%。要求新替换泥浆性能稳定，与原井内泥浆配伍性较好，混合后的泥浆不能出现固相沉淀以及其他新的化学物质。

④通井管柱到4658m位置时，对4658m以上送入钻具称重（静止、上提、下放状态）。

（二）958H井完井方案及施工

1. 工程地质概况

958H与959H类似，也是位于三叠系下油组构造较高部位的一口开发水平井，具有与959H相同的油藏地质概况。

2. 完钻情况

958H井于2014年12月25日开钻，2015年3月25日完钻，完钻层位为阿克库勒组T2a，设计井深4899.97m（垂深4600.00m），完钻井深4878.00m（垂深4599.23m），造斜点4320m。7⅝in套管回接至井口，套管下深4726.16m。该井井眼轨迹及钻遇情况如图3－7－8所示。

可以看出，该井实钻井眼轨迹A点（垂深4598.81m，斜深4767.25m）距实测油水界面4605m避水高度为6.19m，实钻井眼轨迹B点（垂深4599.24m，斜深4877.27m）距实测油水界面4605m避水高度为5.76m，该井较959H具有更大的避水高度。

完钻后对该井水平段进行了电测，电测成果图如图3－7－9所示。

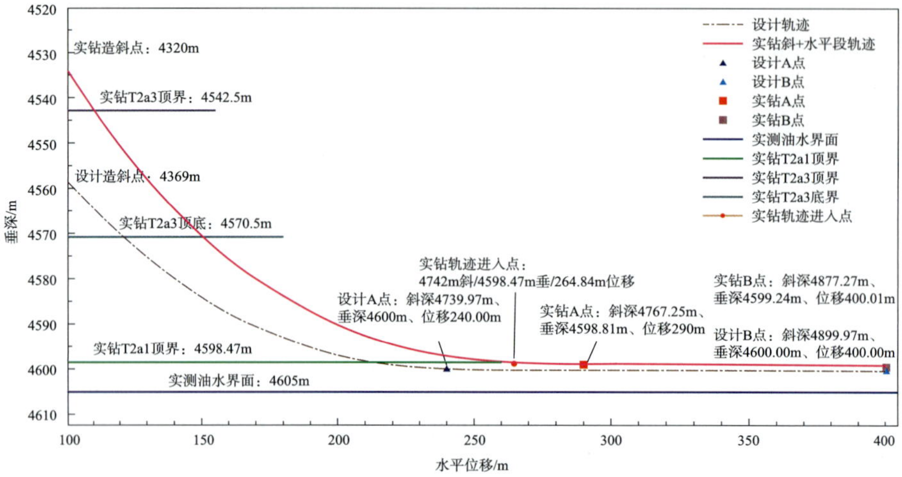

图3－7－8　958H 井井眼轨迹及钻遇情况

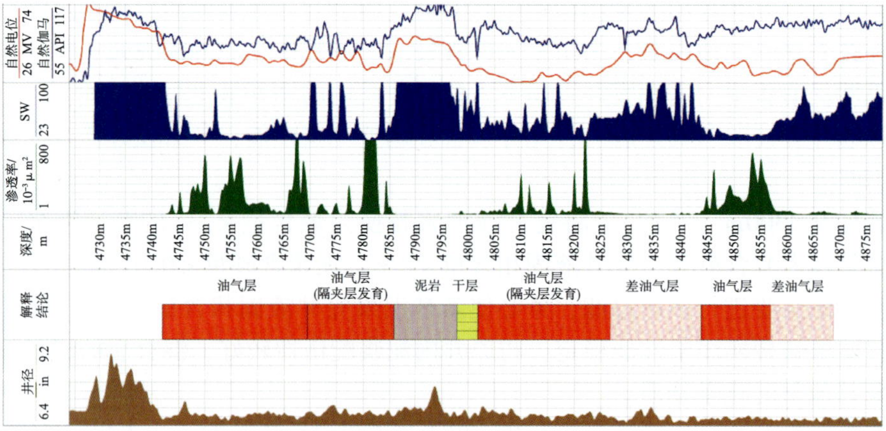

图3－7－9　959H 井水平段电测解释结果

可以看出，该井水平段各位置处的渗透率的差异较强，井段 ±4744 ~ ±4789m渗透率较其他井段明显高，平均为 $248.8\times10^{-3}\mu m^2$； ±4789 ~ ±4840m 井段平均为 $45.4\times10^{-3}\mu m^2$； ±4840 ~ ±4870m 井段平均为 $118.7\times10^{-3}\mu m^2$。为使水平井水平段流量均衡，减少储层污染，抑制高渗段底水快速脊进，增加无水采油期，增加低渗段的动用程度，建议使用调流控水分段完井。

3. 完井难点分析

该井水平段与959H 井在渗透率分布以井径扩大率方面特点相似，因此该井完井时同样需考虑以下难点：

（1）9 区三叠系下油组储层经过近 10 年的开发，底水已经有较大幅度的抬升，目前水平段的避水高度最小处为 5.76m，底水易突破到水平井筒内，影响油井生产开发效果。

（2）沿水平井段渗透率差异较大，底水易沿高渗透带突破进入井筒内。

（3）上层套管鞋附近井段井径扩大率较大，而裸眼段直径为 165.1mm，完井管柱中的 2 个遇油膨胀封隔器最大外径为 150mm 且胶筒长度较长（4.8m），环空间隙较小（单边仅 7.55mm），容易在该井段发生遇阻。

4. 水平井自适应调流控水分段完井方案

应用与959H井自适应控水分段完井方案设计时相同的方法，根据测井曲线和电测解释成果（图3－7－10），将水平段划分为3个调流单元。

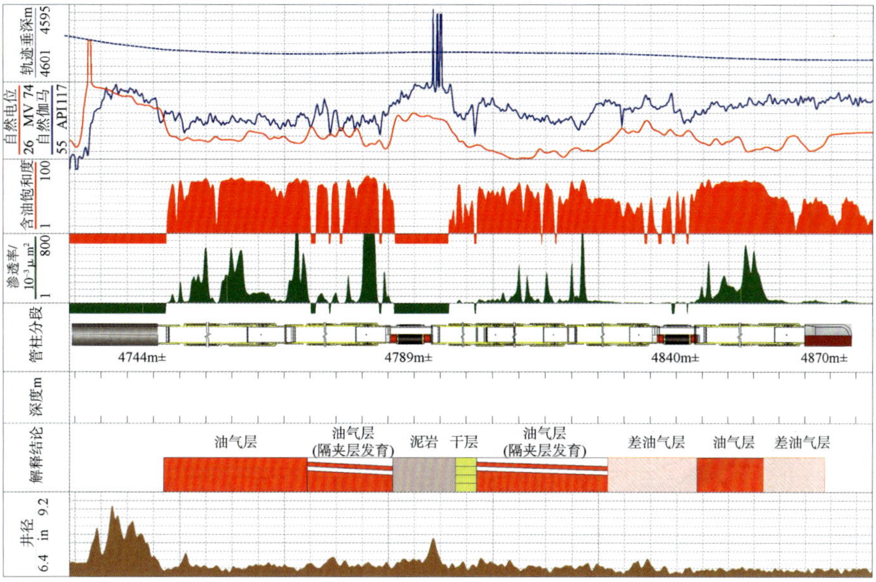

图3－7－10 水平段控流单元划分示意图

设计遇油膨胀封隔器中胶位置：

1#封隔器：4840m±（坐封4837～4843m，平均井径6.61in）；

2#封隔器：4789m±（坐封4786～4792m，平均井径6.91in）。

5. 分段调流筛管参数设计

如前所述，由于自适应调流控水筛管中自适应调流控制器工作时产生的流动压差不但随产液量（流量）的变化而改变，并且可以根据产液性质（含水率）的不同产生不同的压差，在整个油井生命周期都可以起到调流水平井入流剖面的作用。为此，在进行自适应调流控水参数设计时，不仅需要考虑完钻时的储层和水平井段特性参数，还要考虑该井生产过程中油藏物性参数的变化对完井参数的适应性。

该井的完井参数设计方法与959H井相同，另外，由于该井与959H井同属于9区三叠系下油组的开发，故油藏数值模拟模型与959H相同。

以958H井完钻数据为依据建立该井的井筒模型，以油井生产10年油藏采收率最高为优化目标，进行20余套完井参数设计的模拟计算，最终最优化的完井参数组合如表3－7－5。

表3－7－5 调流筛管参数设计

控流单元	井段/m	井段长度/m	油层有效长度/m	平均渗透率/$10^{-3}\mu m^2$	设计产量/(t/d)	筛管数量(根)	控流装置规格
Ⅰ	4744～4789	45	44	248．8	8.7	4	ZSY－A1
Ⅱ	4789～4840	51	31	45.4	6.1	4	ZSY－A4
Ⅲ	4840～4870	30	26	118.7	5.1	2	ZSY－A1
合计		126	101		20	10	

根据调流方案设计，完井从下到上管柱结构为：

Φ127mm 引鞋 + Φ148mm 调流筛管 3 根 + Φ150mm 遇油膨胀封隔器 + Φ148mm 调流筛管 5 根 + Φ114.3mm 调整短节 1 根 + Φ150mm 遇油膨胀封隔器 + Φ148mm 调流筛管 6 根 + Φ150mm 遇油膨胀封隔器 + 17 根盲管管串组合 + Φ164 悬挂封隔器 + Φ127mm 送入钻具组合（图 3 –7 –11）。

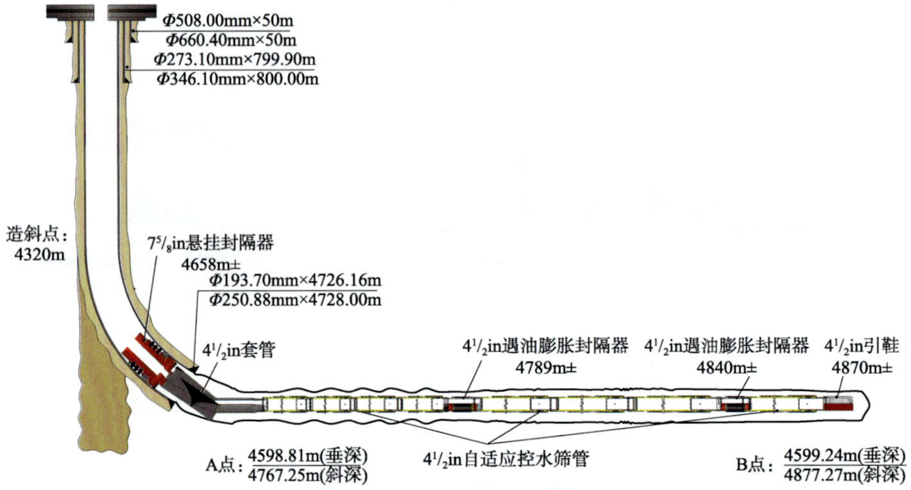

图 3 –7 –11　959H 井自适应调流控水分段完井管柱图

主要完井工具参数见表 3 –7 –6。

表 3 –7 –6　主要井下完井工具参数

序号	工具名称	单位	数量	外径/mm	内径/mm	规格
1	盲堵引鞋	个	1	127.0	101.6	4½in LTC 35CrMo
2	自适应调流筛管	根	10	148.0	101.6	基管 4½in LTC N80，筛孔精度 200μm，控流装置最大外径 150mm
3	遇油膨胀封隔器	套	2	150.0	101.6	基管 4½in LTC P110，胶筒长度大于 3000mm
4	螺旋刚性扶正器	个	6	150.0	116.0	35CrMo
5	7⅝in 悬挂封隔器	套	1	164.0	101.6	压力等级 35MPa，启动坐封压力 6MPa，完全坐封压力 12MPa，丢手方式：正打压，正转

6. 遇油膨胀封隔器胀封设计

本井遇油膨胀封隔器采用地层产出原油作为胀封介质，投产后遇油膨胀封隔器浸泡在原油（或油水混合液）中需要一定时间才能胀封到位，遇油膨胀封隔器充分胀封前需要控制油井产量，避免产液含水出现变化，影响调流控水完井效果。

根据遇油膨胀封隔器试验参数和本井实际钻井数据，计算遇油膨胀封隔器在不同胀封介质中的胀封时间。根据计算结果本井设计遇油膨胀封隔器胀封时间为：

①如果含水率小于 5% 或不含水，胀封时间为 150 ~ 160h 以上。

②如果含水率为 5% ~ 50%，胀封时间为 282 ~ 301h 以上。

③如果含水率为50%～80%，胀封时间为341～363h以上。

④如果含水率80%以上，则考虑进行补救措施。

在胀封时间内采用需要控制产液量以保持胀封介质稳定：初期产液量控制在10～15t/d，封隔器充分胀封后逐步将产液量上调15～20t/d（表3－7－7）。

表3－7－7　不同介质中遇油膨胀封隔器胀封时间

封隔器编号	卡封位置/m	封隔器外径/mm	坐封段井径/mm	膨胀量/mm	浸泡介质	胀封速度/(mm/24h)	胀封时间/h
1#	4840	150	167.9	17.9	原油	5.90	73
					原油：水＝50：50	3.52	122
					原油：水＝20：80	2.91	148
2#	4789		175.5	25.5	原油	5.90	104
					原油：水＝50：50	3.52	174
					原油：水＝20：80	2.91	210

同样，由于该分段完井方案采用了遇油膨胀封隔器，而该井为保证泥岩段的稳定性，最后一开次采用了钾胺基聚磺混油泥浆，为此，为防止完井管柱入井进程中与该混油泥浆长时间接触造成遇油膨胀封隔器提前胀封，需在完井管串下入前对井筒内的钻井液进行调整如下：

①模拟通井管柱顺利到井底后，充分顶替和调整泥浆性能，务必使井筒内泥浆整体油基含量低于10%。

②提管柱至4300m（井深），将完井液泥浆替换为烃含量＜2%的普通泥浆；调整好完井液固相含量及泥浆含砂量，完井液固相含量＜8%，泥浆含砂量＜0.05%。

③对新替泥浆要进行多次过滤，务必使新替泥浆完井液固相含量＜8%，完井液含砂量＜0.05%。要求新替换泥浆性能稳定，与原井内泥浆配伍性较好，混合后的泥浆不能出现固相沉淀以及其他新的化学物质。

④通井管柱到4608m位置时，对4608m以上送入钻具称重（静止、上提、下放状态）。

7. 水平井自适应调流控水分段完井施工

由上述分段完井方案可以看出，该井使用了2套遇油膨胀封隔器将水平段分隔成3段，这样不仅可以降低完井成本，还可降低完井管串下入过程中遇阻的可能。该井完井作业步骤与959H井基本相同，整个完井作业施工同样取得了成功，故此处不再赘述。

（三）生产情况及控水效果分析

1. 959H井自适应调流控水分段完井效果分析

959H井邻井中910H井、936井、T912CH和T912井的生产层位都位于三叠系下油组（T2a1），属于邻井同层位开采。其中T912和936井为射孔完井、T912CH为普通筛管完井、910H为割缝衬管完井。

由于959H井投产时间为2015年4月14日，到统计时生产时间为10个月，为了比较其控水效果，邻井同样取自投产生产10个月内的生产数据，根据上述5口井的生产数据统计了每口的生产指标数据，见表3－7－8。

表 3-7-8　959H 井及邻井投产后 10 个月内的生产情况

井号	完井方式	投产时间	油层厚度/m	投产后 10 个月产能递减率/%	投产后 10 个月内平均含水率/%	投产 10 个月后的含水率/%	无水采油期/d	低含水采油期/d
T912	射孔	2004-10-18	17	79.51	79.72	96	1	2
910H	割缝衬管	2005-7-11	18	70.26	16.2	26	49	106
T912CH	普通筛管	2007-7-16	16	44.74	43.66	76.4	0	15
936	射孔	2008-11-22	12	21.79	23.84	49.65	24	46
959H	自适应调流控水分段完井	2015-4-14	2.5	4.99	4.21	3.4	154	截至统计时为 315d，但仍处于该阶段

由表 3-7-8 中 959H 井及邻井投产后 10 个月后的含水率和无水采油期、低含水采油期统计数据可以看出：

①959H 井采用自适应调流控水分段完井投产生产 10 个月内平均含水率仅为 4.21%，投产 10 个月内含水率最大为 14.62%，相对 10 年前投产的 910H 井（割缝衬管）产液含水率有了大幅度降低，起到了明显的调流控水、稳油的作用。

②另外，959H 井投产时间为 2015 年，而其他 4 口邻井于 2007 年左右投产，如其中 910H 井于 2005 年已投产，所以，该井组经过多年的开发油水界面整体已经有较大幅度的抬升。根据 959H 井完钻数据可知，目前该井水平段的避水高度最小处仅为 1.22m，避水高度非常小，但该井采用自适应控水分段完井投产后，无水采油期仍长达 67d，目前已进入低含水采油期阶段 315d（尚未结束），其他 4 口井的平均无水采油期为 18.5d，平均低含水期为 42.25d，低含水采油期已经延长了 272.75d，并且该井此时含水率由最高 14.62% 下降到 3.4%。

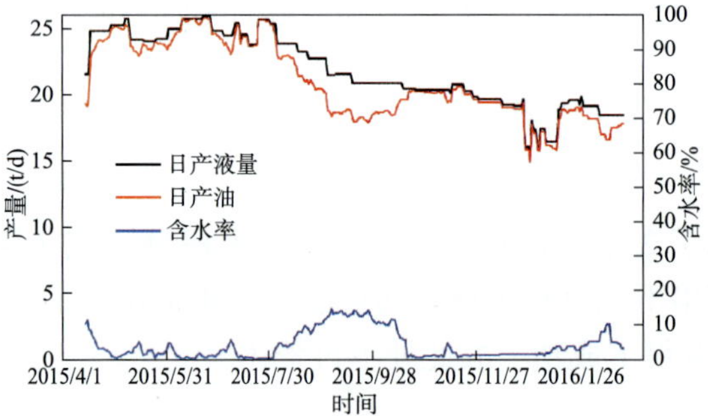

图 3-7-12　959H 井投产 10 个月内综合生产曲线（自适应调流控水分段完井）

③从 959H 井含水率、无水采油期、低含水采油期等指标分析可以看出，自适应调流控水分段完井技术确实可以有效调整水井井段入流剖面，延缓底水锥进，均衡产液剖面，延长水平井的无水采油期和低含水采油期。

图 3-7-12 为 959H 井投产 10 个月内综合生产曲线，可以看出：

①虽然该井避水高为最小处仅为 1.22m，但采用自适应调流控水分段完井后，含水率一直保持在比较低的水平内，曲线波动相对平缓，无水采油期为 154d 且仍处于低含水采油期内。

②自适应调流控水筛管完井见水后的含水率上升趋势为缓慢上升后再下降，然后再缓慢上升再下降，呈现缓慢起伏上升的变化规律，这个变化规律产生的原因正是由于自适应控水筛管根据流经地层产液含水率变化自适应调节流动压降而产生的。

图 3-7-13 ~ 图 3-7-16 为 959H 井 4 口邻井（910H 井、936 井、T912CH 和 T912 井）投产 10 个月内的生产情况，可以看出：

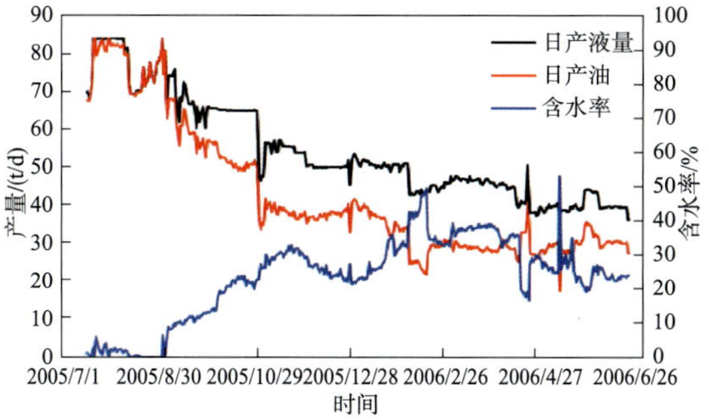

图 3－7－13　910H 井投产 10 个月内综合生产曲线（割缝衬管完井）

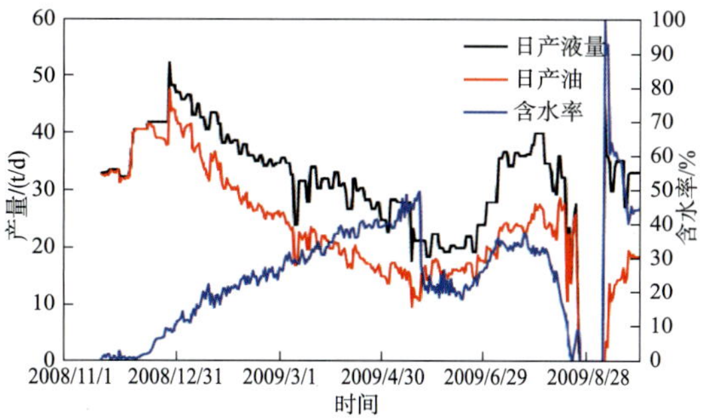

图 3－7－14　936 井投产 10 个月内综合生产曲线（射孔完井）

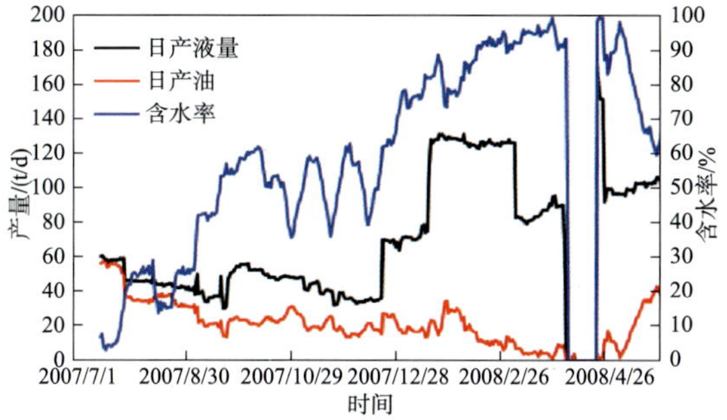

图 3－7－15　T912CH 井投产 10 个月内综合生产曲线（普通筛管完井）

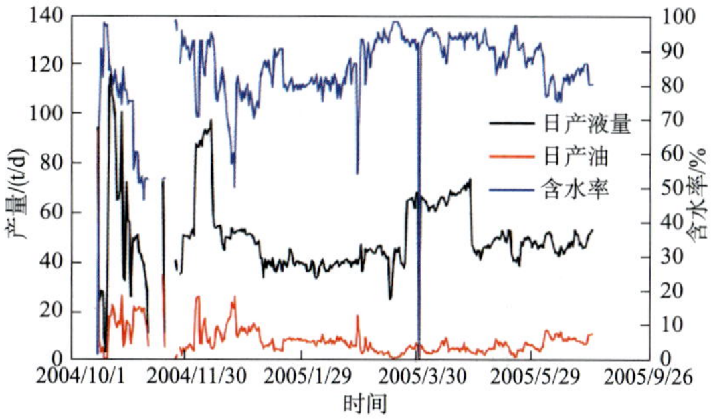

图 3－7－16　T912 井投产 10 个月内综合生产曲线（射孔完井）

①相对 959H 井，这 4 口邻井的平均无水采油期为 18.5d，比 959H 井少 135.5d，平均低含水采油期为 42.25d，比 959H 井短 272.75d。

②4 口邻井见水后含水率上升速度快，短期内含水率超过 20%，且一直呈现上升趋势。

2. 958H 井自适应调流控水分段完井效果分析

958H 井邻井中 937H 井、936 井、926H 井的生产层位都位于三叠系下油组（T2a1），属于邻井同层位开采。937H 井、936 井、926H 井均为射孔完井。

与 959H 分析过程类似，由于 958H 井投产时间为 2015 年 4 月 24 日，到目前为止生产时间为 10 个月，为了比较其控水效果，邻井同样取自投产生产 10 个月内的生产数据，根据上述 4 口井的生产数据统计了每口井的生产指标数据，见表 3－7－9。

表 3－7－9　958H 井及邻井投产后 10 个月内的生产情况

井号	完井方式	投产时间	油层厚度/m	投产后 10 个月产能递减率/%	投产后 10 个月内平均含水率/%	投产 10 个月后的含水率/%	无水采油期/d	低含水采油期 d
937H	射孔	2008－12－8	16	6.45	8.06	23.5	80	146
936	射孔	2008－11－22	12	21.79	23.84	49.65	24	46
926H	射孔	2005－10－5	20	7.76	7.51	13.6	89	172
958H	自适应调流控水分段完井	2015－4－24	6	0	0.92	0.77	截至统计时生产 305d，仍处于无水采油期	尚未进入该采油期

由表7－1－9中958H井及邻井投产后10个月后的含水率和无水采油期、低含水采油期统计数据可以看出：

①采用自适应调流控水分段完井的958H井投产10个月内平均含水率仅为0.92%，投产10个月后的产液产水率为0.77%，目前该井仍处于无水采油期阶段，相对10年前投产的926H井产液含水率有了大幅度降低，起到了明显的调流控水、稳油的作用。

②另外，958H井投产时间为2015年，而其他3口邻井投产时间早（2008年左右），其中937H井于2008年已投产，该井组已经过多年的开发，油水界面整体已经有较大幅度的抬升，根据959H井完钻数据可知，目前该井水平段的避水高度最小处为5.76m，避水高度小，但该井到目前投产生产已经305d仍处于无水采油期，而其他3口井的平均无水采油期为64.3d，无水采油期延长了240.7d，并且该井此时含水率刚刚达到0.77%，预计未来3个月仍处于无水采油期内。

③从958H井含水率、无水采油期等指标分析可以看出，自适应调流控水分段完井技术确实可以有效调整水井井段入流剖面，延缓底水锥进，均衡产液剖面，延长水平井的无水采油期和低含水采油期。

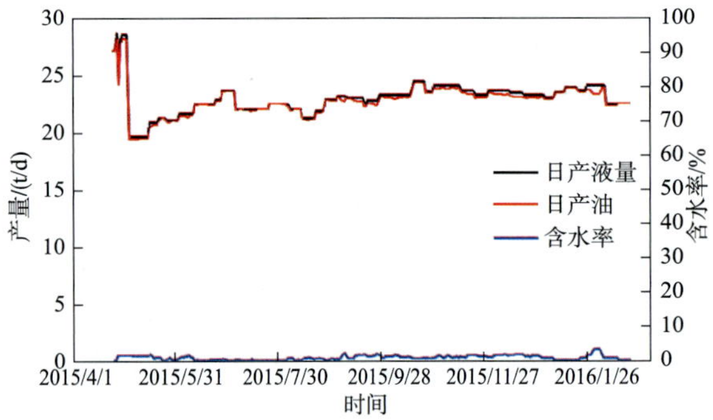

图3－7－17　958H井投产10个月内综合生产曲线（自适应调流控水分段完井）

图3－7－17为958H井投产10个月内综合生产曲线，可以看出：虽然该井避水高为最小处为5.76m，避水高度较小，但采用自适应调流控水分段完井后，含水率一直保持在比较低的水平内，曲线波动相对平缓，处于无水采油期。

图3－7－18和图3－7－19为958H井2口邻井（937H井和T926H）投产10个月内的生产情况。由表3－7－9可以得出：

①相对958H井，这2口邻井的平均无水采油期为64.3d，比958H井少240.7d，且958H井处于无水采油期内。

②3口邻井见水后含水率上升速度快，短期内含水率超过20%，且一直呈现上升趋势。

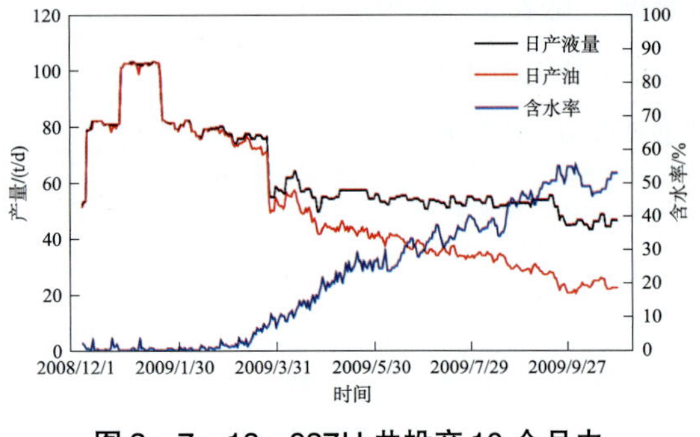

图3－7－18　937H井投产10个月内综合生产曲线（射孔完井）

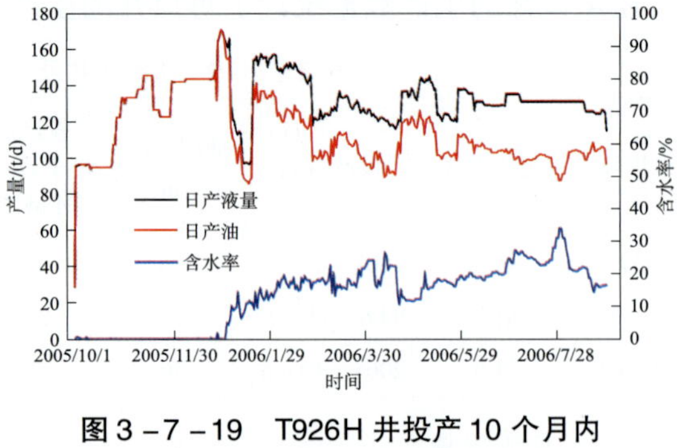

图3－7－19　T926H井投产10个月内综合生产曲线（射孔完井）

综上所述，通过959H、958H两口自适应控水分段完井试验井与对应的同层位邻井的生产情况进行对比发现，两口试验井均取得了良好的调流控水、稳油的效果，特别是在959H的避水高度仅为 1.22m 的情况下，无水采油期达到 154d，生产 10 个月仍处于低含水采油期，说明该工艺可以有效延缓底水锥进，且油井见水后含水率的上升速度也得到有效的控制。

此外，两口井从开井至今一直处于低含水采油期，自喷采油均已超过 300d，而同期塔河油田碎屑岩水平井平均低含水采油期约为 82d，同比延长低含水采油期 3 个月以上；而同区块井平均含水已达 80.6%，同区块同期开发的 957X 井含水率已达 60% 以上，低含水采油期为 67d，试验井的稳油控水效果明显。

二、典型气井应用分析

深层凝析气藏自适应调流控水完井技术应用 2 井次（12 - Q2H、12 - Q3H），采用半程固井工艺，施工一次成功，至今不含水自喷生产，应用井无水采出期已超过 130d，同比累计增产油气当量超过 1800t。

（一）12 - Q2H 井完井方案及施工

12 - 8 区块白垩系舒善河组凝析气藏为受断裂及构造控制的岩性复合圈闭、中孔中渗、常温常压、层状边水、中含凝析油不带油环凝析气藏。12 - 8 井区白垩系凝析气藏K - Ⅰ为低凝固点、低含硫、含蜡的凝析油；K - Ⅲ为低凝固点、低含硫、含蜡的凝析油。根据 12 - 8 井区及 12 - Q1H 井实测值，12 - 8 井区压力系数 1.08、温度梯度 2.38℃/100m。

根据 12 - Q2H 井完井电测解释成果，该井钻遇目标砂体油气层斜厚 236m/10 层，差油气层 72m/5 层，干层 39.5m/4 层，通过与导眼测井资料对比分析认为 4180.5 ~ 4369m 位于夹层之上，为边水气藏；4387 ~ 4528m 位于夹层之下，为底水气藏，避水高度 5.3 ~ 7.3m。为充分发挥水平井的优势，使储层水平段流量均衡，抑制高渗段底水脊进，延长无水采油期，增加无水采气量，并增加低渗储层段的动用程度，本井采用自适应调流控水分段完井工艺。

该井于完钻层位为 12 - 8 井区白垩系舒善河构造高部位 k1s，设计井深 4538.24m（垂深 3976.5m），完钻井深 4539m（垂深 3982.04m），造斜点 3702m。本井为 8½in 裸眼，采用 7in 和 5½in 尾管 + 5½in 自适应调流筛管完井，7in 套管回接至井口。9⅝in 套管鞋位置：3298.97m，造斜点位置：3702m，水平段 A 点位置：4238.16m（斜）/3978.19m（垂），B 点位置：4539m（斜）/3982.04m（垂）。本井完钻井深 4539m（垂深 3982.04m），完井管串中含有 3 个封隔器，在下入过程中存在遇阻、遇卡等风险，需要做好模拟通井工作，确保完井管串顺利下到设计位置。参照该井区的硫化氢含量及分压值，并考虑防二氧化碳腐蚀，该井自适应调流控水分段完井管柱采用 13Cr 材质，管柱扣型选用 FOX 气密扣。

为充分发挥水平井的优势，使水平井水平段流量均衡，减少储层污染，抑制高渗段底水快速脊进，增加无水采油期，增加低渗段的动用程度，本井采用分段调流完井方案，用 3 套遇油膨胀封隔器将水平段分为 3 个控水单元。根据水平段实钻油气显示，结合该井测井综合解释成果，经论证，确定遇油膨胀封隔器坐封位置为 4380m ± 、4445m ± 、4490m ± 。

根据《塔河油田 12 - 8 区块白垩系凝析气藏 2018 年产能建设方案》论证，为了合理利用地层天然能量，12 - 8 井区水平井天然气单井产能 $4 \times 10^4 m^3$，凝析油单井产能 7.2t。为确保 12 - Q2H 井控水效果，保持 12 - Q2H 井投产天然气产量控制在 $(2.0 \sim 4.0) \times 10^4 m^3/d$，产液量控制在 4.0 ~ 7.5t/d，生产压差控制在 0.75 ~ 1.5MPa。

1. 井筒准备情况

该井采用自适应分段调流筛管完井，由于完井管串中遇油膨胀封隔器的最大外径为

195mm，胶筒的长度大于 3m，存在下入遇阻的风险。为确保完井管串顺利下至设计位置，有必要在电测完毕后、下完井管串前的时间段内完成模拟通井作业（3 次）。

1）第一次模拟通井情况

工况：组下第一趟通洗井管柱，19 日 22:00 下通井管柱至 4539m，硬探井底，加压 3t，复探 3 次，位置不变；下钻过程中正常摩阻 1～2t，上提 2m 开泵循环，用密度 $1.20g/cm^3$ 泥浆 $80m^3$ 正循环洗井，优化泥浆性能。

工具串：215.9mm 牙轮 + 双母 + 浮阀 + 212mm 扶正器 + 127mmDP62 根 + 旁通阀 + 127mmDP17 根 + 127mmHWDP33 根 + 127mmDP23 根 + 139.7mmDP。

2）第二次模拟通井情况

工况：下第二趟模拟通井管柱至 4539m，硬探井底，加压 3t，复探 3 次，位置不变（最大下放摩阻 8t，3717m，划眼 1 次，4176m，划眼 1 次，4392～4450m 井段划眼），16:30—17:00 用密度 $1.20g/cm^3$ 钻井液 $80m^3$ 参与正循环洗井；18:00—21:00 短起下未完（井段 4539～3700m），21 日 2:00—14:00 起第二趟模拟通井管柱。

工具串：215.9mm 牙轮 + 双母 + 浮阀 + 127mmHWDP1 根 + 213mm 西瓜皮铣柱 1 根（图 3-7-20）+ 127mmDP62 根 + 旁通阀 + 127mmDP17 根 + 127mmHWDP32 根 + 127mmDP23 根 + 139.7mmDP。

图 3-7-20　模拟通井用西瓜皮铣柱及入井情况

3）第三次模拟通井情况

工况：下双铣柱通井管柱至 4539m，硬探井底，加压 3t，复探 3 次，位置不变，正常摩阻 2～4t；用密度 $1.20g/cm^3$ 钻井液 $80m^3$ 参与正循环洗井 1 周，泵压 16MPa，排量 40L/s，出口返出密度 $1.20g/cm^3$ 钻井液 $80m^3$，24 日 2:20—6:00 起双铣柱通井管柱至 3250m 套管内，等变扣（5½in 长圆扣母 × FOX 公 1 只、长圆扣公 × FOX 母）。25 日 11:00—20:30 下双铣柱模拟通井管柱至 4539m，硬探井底，加压 3t，复探 3 次，位置不变（最大下放摩阻 8t，位置 4190m；4400m 划眼 1 次），循环钻井液。26 日 6:30—15:20 短起下完，最大下放摩阻 2～3t。

工具串：215.9mm 牙轮（型号 HAT127，新度 90%）+ 双母 + 浮阀（钢号 FZF16406）+ 127mmHWDP 1 根 + 213mm 西瓜皮铣柱 + 127mmHWDP 1 根 + 213mm 西瓜皮铣柱 + 127mmDP 62 根 + 旁通阀（钢号 FPT16405）+ 127mmDP 17 根 + 127mmHWDP 32 根 + 127mmDP 23 根 + 139.7mmDP。

2. 组下分段调流管柱

1）入井前准备工作

丈量核实调流控水筛管、调整短节、遇油膨胀封隔器、圆头引鞋、悬挂膨胀封隔器长度，检查丝扣，检查各工具编号，校核胶筒中位置等。

扭矩测试：旁站工具入井，确认 5½in FOX 气密封扣上扣扭矩 10000N·m±，监控对油管试扣正常（图 3-7-21）。

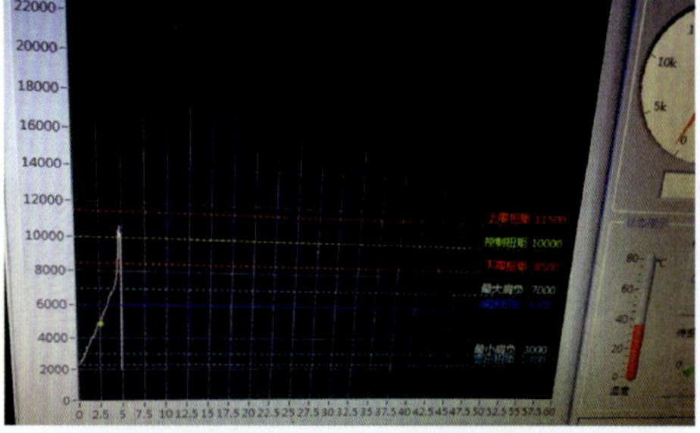

图 3-7-21　上扣扭矩曲线

2）调流控水完井管管柱入下情况

完成深度：盲堵引鞋 4527.65m；1#遇油膨胀封隔器中胶 4490.59m，2#遇油膨胀封隔器中胶 4445.57m；3#遇油膨胀封隔器中胶 4372.9m；期间下放摩擦力 5～8t，符合设计要求。

管柱组合：Φ153.7mm 引鞋＋Φ139.7mm 调整短节 1 根＋Φ180mm 调流筛管 3 根＋Φ195mm 遇油膨胀封隔器＋Φ180mm 调流筛管 2 根＋Φ139.7mm 调整短节 1 根＋Φ180mm 调流筛管 2 根＋Φ195mm 遇油膨胀封隔器＋Φ180mm 调流筛管 5 根＋Φ139.7mm 调整短节 1 根＋180mm 调流筛管 1 根＋Φ195mm 遇油膨胀封隔器＋Φ139.7mm 套管 2 根＋变扣短节（长圆扣变 FOX 扣）＋盲板＋变扣短节（长圆扣变 FOX 扣）＋固井管串。

（二）12－Q3H 井完井方案及施工

12－8 区块白垩系舒善河组凝析气藏为受断裂及构造控制的岩性复合圈闭、中孔中渗、常温常压、层状边水、中含凝析油不带油环凝析气藏。12－8 井区白垩系凝析气藏K－Ⅰ为低凝固点、低含硫、含蜡的凝析油；K－Ⅲ为低凝固点、低含硫、含蜡的凝析油。目前该井区白垩系舒善河组，根据 12－8 井区及 12－Q1H 井实测值，12－8 井区压力系数 1.08、温度梯度 2.38℃/100m。

该井于 2018 年 9 月 11 日完钻，完钻层位为 12－8 井区白垩系舒善河构造高部位 k1s，设计井深 4788.13m（垂深 3997.6m），完钻井深 4794m（垂深 3998.47m），造斜点 3605m。本井为 8½in 裸眼，采用 7in 和 5½in 尾管＋5½in 自适应调流筛管完井，7in 套管回接至井口。9⅝in 套管鞋位置：3298.8m，造斜点位置：3605m，水平段 A 点位置：4292.73m（斜）/3996.24m（垂），B 点位置：4792.86m（斜）/3998.46m（垂）。本井完钻井深 4794m（垂深 3998.47m），完井管串中含有 4 个封隔器，在下入过程中存在遇阻、遇卡等风险，需要做好模拟通井工作，确保完井管串顺利下到设计位置。参照该井区的硫化氢含量及分压值，并考虑防二氧化碳腐蚀，该井自适应调流控水分段完井管柱采用 13Cr 材质，管柱扣型选用 FOX 气密扣。

为充分发挥水平井的优势，使水平井水平段流量均衡，减少储层污染，抑制高渗段底水快速脊进，增加无水采油期，增加低渗段的动用程度，本井采用分段调流完井方案，用 4 套遇油膨胀封隔器将水平段分为 4 个控水单元。根据水平段实钻油气显示，结合该井测井综合解释成果，经论证，确定遇油膨胀封隔器坐封位置为 4315m±、4487m±、4615m±、4730m±。

根据《塔河油田 12－8 区块白垩系凝析气藏 2018 年产能建设方案》论证，为了合理利用地层天然能量，12－8 井区水平井天然气单井产能 $4\times10^4m^3$，凝析油单井产能 7.2t。为确保 12－Q3H 井控水效果，保持 12－Q3H 井投产初期天然气产量控制在 $(2.0\sim4.0)\times10^4m^3/d$，产液量控制在 4.0～7.5t/d，生产压差控制在 0.75～1.5MPa。

1. 井筒准备情况

该井采用自适应分段调流筛管完井，由于完井管串中遇油膨胀封隔器的最大外径为 195mm，胶筒的长度大于 3m，存在下入遇阻的风险。为确保完井管串顺利下至设计位置，有必要在电测完毕后、下完井管串前的时间段内完成模拟通井作业（3 次）。

1）第一次模拟通井情况

工况：21 日 18:00 开始组下第一趟通洗井管柱至井深 4794m，下钻过程中正常摩阻

1 ~ 2t，硬探井底 3 次位置不变，上提 2m 开泵循环，用密度 1.19g/cm^3 泥浆 60m^3 正循环洗井，优化泥浆性能；22 日 10:00—13:30 短起至井深 3580m，期间摩阻 8t。17:00—21:00下钻至井底 4794m，正常摩阻 1 ~ 2t，硬探井底 3 次，位置不变，上提钻具 5m 开泵正循环，23 日 1:00—12:00 起钻完。摩阻 6 ~ 8t，循环钻井液。

工具串：215.9mm 牙轮（型号 HJ517G）+ 双母 + 210mm 扶正器 + 浮阀 + 127mm 钻杆 156 根 + 旁通阀 + 127mm 加重钻杆 42 根 + 411 × 520 + 139.7mm 钻杆。

2）第二次模拟通井情况

工况：23 日 12:00—24 日 2:00 组下第二趟单铣柱模拟通井钻具至井底 4794m，正常摩阻 1 ~ 2t，硬探井底 3 次，位置不变，上提钻具 5m，循环洗井。24 日 4:00—21:00 短起下（井段 4794 ~ 3600m），下钻摩阻 1 ~ 2t，起钻摩阻 4 ~ 6t，循环洗井 3 周。23:00—25 日 12:00起钻完，摩阻 2 ~ 4t（水平段内）。

工具串：215.9mm 牙轮（型号 HJ517G）+ 双母 + 浮阀 + 127mm 加重钻杆 1 根 + 214mm 西瓜皮铣柱 + 127mm 钻杆 83 根 + 旁通阀 + 127mm 钻杆 73 根 + 127mm 加重钻杆 42 根 + 411 × 520 + 139.7mm 钻杆。

3）第三次模拟通井情况

工况：25 日 12:00—26 日 01:30 组下第三趟模拟通井钻具至井底 4794m，正常摩阻 2 ~ 3t，硬探井底 3 次，位置不变，上提钻具 5m，循环洗井。26 日 3:00—10:00 短起下（井段 4794 ~ 3600m）未完，摩阻 2 ~ 3t，循环钻井液。27 日 0:00—16:00 起第三趟通井钻具，摩阻 2 ~ 4t（水平段内）。

工具串：215.9mm 牙轮（型号 HJ517G）+ 双母 + 浮阀 + 127mm 加重钻杆 1 根 + 214mm 西瓜皮铣柱 + 127mm 加重钻杆 1 根 + 214mm 扶正器 + 127mm 钻杆 83 根 + 旁通阀 + 127mm 钻杆 73 根 + 127mm 加重钻杆 41 根 + 411 × 520 + 139.7mm 钻杆。

2. 组下分段调流管柱

1）入井前准备工作

丈量核实调流控水筛管、调整短节、遇油膨胀封隔器、圆头引鞋、悬挂膨胀封隔器长度，检查丝扣，检查各工具编号，校核胶筒中位置等。

扭矩测试：旁站工具入井，确认 5½in FOX 气密封扣上扣扭矩 10000N · m ±，监控对油管试扣正常。

2）调流控水完井管管柱入下情况

完成深度：盲堵引鞋 4527.65m；1#遇油膨胀封隔器中胶 4490.59m，2#遇油膨胀封隔器中胶 4445.57m；3#遇油膨胀封隔器中胶 4372.9m；期间下放摩擦力 5 ~ 8t，符合设计要求，28 日 9:30 尾管固井（图 3 − 7 − 22）。

管柱组合：Φ153.7mm 引鞋 + Φ139.7mm 调整短节 1 根 + Φ180mm 调流筛管 2 根 + Φ139.7mm 调整短节 1 根 + Φ180mm 调流筛管 1 根 + Φ195mm 遇油膨胀封隔器 + Φ180mm 调流筛管 1 根 + Φ139.7mm 调整短节 1 根 + Φ180mm 调流筛管 1 根 + Φ139.7mm 调整短节 1 根 + Φ180mm 调流筛管 1 根 + Φ139.7mm 调整短节 1 根 + Φ180mm 调流筛管 5 根 + Φ195mm 遇油膨胀封隔器 + Φ180mm 调流筛管 2 根 + Φ139.7mm 调整短节 1 根 + Φ180mm 调流筛管 2 根 + Φ139.7mm 调整短节 1 根 + Φ180mm 调流筛管 2 根 + Φ139.7mm 调整短节 1 根 + Φ180mm 调

流筛管 2 根 + Φ139.7mm 调整短节 1 根 + Φ180mm 调流筛管 1 根 + Φ195mm 遇油膨胀封隔器 + Φ180mm 调流筛管 5 根 + Φ139.7mm 调整短节 1 根 + Φ180mm 调流筛管 9 根 + Φ139.7mm 调整短节 1 根 + Φ180mm 调流筛管 1 根 + Φ195mm 遇油膨胀封隔器 + Φ139.7mm 套管 2 根 + 变扣短节（长圆扣变 FOX 扣）+ 盲板 + 变扣短节（长圆扣变 FOX 扣）+ 固井管串。

调流控水完井管柱从组装到下入到位、坐挂、坐封、丢手期间全程进行旁站监控，了解管柱下入摩擦遇阻情况并及时按设计要求进行处理。整个完井管柱下入过程顺利，无明显遇卡情况，下入到位，悬挂封隔器坐挂、坐封动作按设计要求合部完成，验挂、验封达到设计要求。

图 3－7－22　5½in 控水筛管入井情况

（三）生产情况及控水效果分析

12－Q2H、12－Q3H 均已成功放喷，放喷时最高产气量达 $13\times10^4m^3/d$；由图 3－7－23 看出：目前两口井已自喷生产 2 年，均未见水，调流控水效果良好。对比邻井同层12－Q1H 井日产油 $6.17m^3/d$，日产气 $2.6\times10^4m^3/d$，含水 3.09%，12－Q2H 井日产油 $10.9m^3/d$，日产气 $3.93\times10^4m^3/d$，含水 0.06%，12－Q3H 井日产油 $11.4m^3/d$，日气 $4.6\times10^4m^3/d$，含水 0.04%。通过对比可以看出：凝析气藏水平井采用自适应调流控水分段完井工艺较常规射孔工艺产油量和产气量均有一定提升，同比单井累计增产油气当量超过 7100t。且含水率有一定降低，取得了良好的调流控水效果。

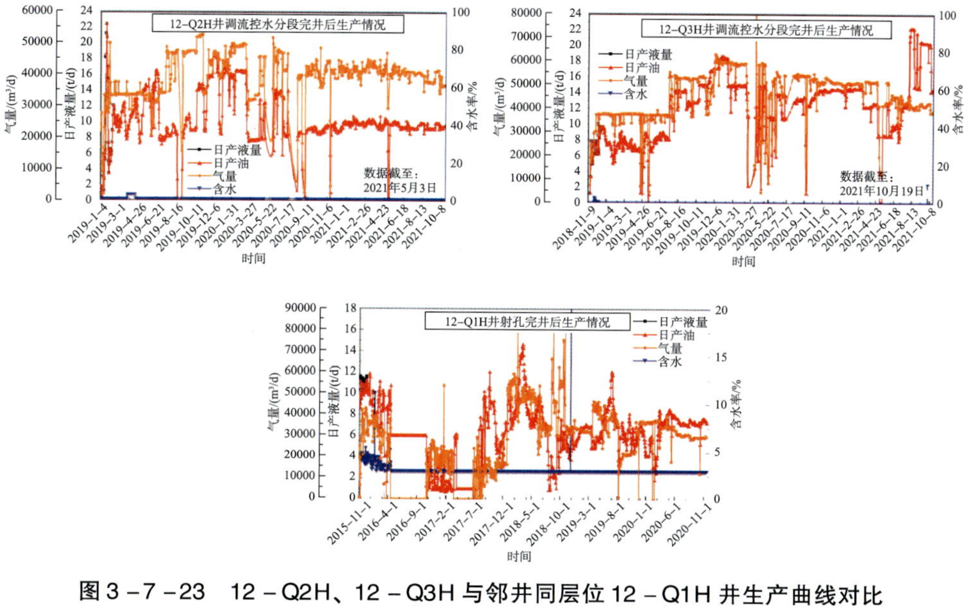

图 3－7－23　12－Q2H、12－Q3H 与邻井同层位 12－Q1H 井生产曲线对比

三、二次完井应用分析

深层边底水油藏自适应二次调流控水完井技术应用 12 井次，应用井平均含水下降 19.5% 以上，平均单井增油 2000t 以上。

（一）7218H 井超低密度封隔体颗粒充填配合控水筛管二次完井方案及施工

1. 7218H 井完钻数据（表 3-7-10）

表 3-7-10　7218H 井完钻数据

地理位置	井口位于 7204 井井口南西 183°25′53″方位，平距 348m；位于 7205 井井口南西 213°52′0″方位，平距 803m			
构造位置		阿克库勒凸起南斜坡		
钻井性质		开发水平井	钻井井队	中原钻井 70708ZY 井队
井口坐标	X	4575157.949m	开钻日期	2009.06.02
	Y	15253718.223m	完钻日期	2009.07.22
	H	930.770m	设计层位	T_2a
补心高/m		9.0	完钻层位	T_2a
直导眼深度/m		4585.00	设计井深/m	（斜深）4998.96
造斜点/m		4347.00		（垂深）4549.00
水平段长度/m		300.08	完钻井深/m	（斜深）4970.15
人工井底/m		4958		（垂深）4545.02
射孔井段/m		4670～4770、4796～4953	A 点深度/m	（斜深）4670.07
二次完井方式		调流控水筛管＋封隔体		（垂深）4544.86
产液性能		日产液量 44.6t/d，日产油量 3t/d	B 点深度/m	（斜深）4970.15
		含水率 93.2%		（垂深）4545.02
完井依据		油气开发管理部下发的关于 7218H 井提高采收率二次完井的《任务书》		

井　身　结　构

开钻次序	钻头尺寸/mm	钻深/m	套管尺寸/mm	钢级	套管壁厚/mm	套管下深/m	固井质量
一开	—	505.00	339.70	J55	9.65	504.41	
二开	311.15	3300.00	244.50	P110	11.05	3298.75	
三开	215.90	4970.15	177.80	P110L	11.51	4629.02	
			139.70	P110L	10.54	4967.73	

7in 与 $5\frac{1}{2}$in 转换接头位置	7in 套管悬挂器位置	$1^{\#}$定位短节位置
4629.02～4629.27m	3200.89～3204.93m	4401.48～4402.98m

注：（1）7in 套管回接情况；

（2）井口套管头规格型号；

（3）钻井过程中的放空和钻井液漏失情况（漏失的井段、泥浆和油田水的总量、密度等）。

（1）7in 套管未回接；

（2）井口套管头型号：TF$13\frac{3}{8}$in×$9\frac{5}{8}$in－34.5MPa；

（3）钻井过程中无放空、无漏失。

2. 油藏概况

1）油藏类型

塔河油田二区东三叠系油藏为受构造控制的砂岩孔隙型块状底水未饱和油藏，驱动类型为底水驱和弹性驱。

2）储层性质

塔河油田二区三叠系上油组岩性主要为灰白色细－中粒长石岩屑砂岩、砂砾岩夹薄层泥岩，砂岩厚度35.5～80.8m，变化较大。储层砂体展布受沉积微相水下分流河道控制明显，辫状河河床沉积砂体明显比分流河道间、河口坝砂体厚度大，粒度粗。三叠系上油组孔隙度分布为3.8%～25.6%，平均值为21.2%，渗透率介于$(4.47\sim2585)\times10^{-3}\mu m^2$之间，平均值为$362.02\times10^{-3}\mu m^2$，为中孔中渗储层；渗透率变异系数为0.52～0.63，非均质性中等。储层无速敏，中等偏弱水敏，极强酸敏，中等偏强碱敏。

3）流体性质

该井区三叠系上油组地面原油密度为$0.8373g/cm^3$，运动黏度为$8.94mm^2/s$，凝固点为12℃，含硫为0.48%，含蜡量为11.41%，属低凝固点、低黏度、高含蜡、低含硫常规轻质原油。

天然气相对密度为0.930，甲烷含量为59.12%，为油藏溶解气。

地层水的pH值平均5.476，呈弱酸性，平均矿化度为$21.6949\times10^4mg/L$，密度为$1.15g/cm^3$，属于$CaCl_2$型地层水。

4）压力与温度

塔河油田二区东三叠系油藏地层压力系数为1.09，温度梯度为2.38℃，折算7221H井水平段地层压力为48.14MPa/4416.31m，温度为105.12℃/4416.31m，属正常压力、温度系统。

5）生产情况

（1）射孔完井（4670.0～4770.0m、4796.0～4953.0m）。

7218H井是阿克库勒凸起南斜坡的一口开发水平井，2009年6月2日开钻，2009年7月22日完钻，设计斜/垂深：4998.96/4549.00m，完钻斜/垂深：4970.15/4545.02m，完钻层位T2a。

（2）自喷生产。

2009年9月7日至17日对T2a3：4670.0～4770.0m、4796.0～4953.0m进行了射孔完井试油。初期3.5mm油嘴自喷生产，油压8.7MPa，套压10.3MPa，日产液39.5t，日产油39.5t，含水0%，日产气$2470m^3$。末期4.7mm油嘴生产，油压3MPa，套压5.8MPa，日产液75.5t，日产油56.6t，含水25.1%。

该井自喷阶段累计产液3.0088×10^4t，累计产油2.6729×10^4t，累计产气$133.7559\times10^4m^3$。

（3）转抽。

2011年8月15日至8月22日对该井进行转抽作业，下CYB－44TH管式泵生产，泵挂深度922.1m，初期工作制度5m×3次/min。初期日产液量42t，日产油13.7t，含水67%，动液面331m。末期工作制度：5m×5次/min×922.1m，日产液59.1t，日产油1.7t，含水97.1%，动液面264m。

（4）卡堵水（第一轮次）。

2014 年 8 月 10 日—8 月 12 日进行油携碳酸钙堵水，注入井筒总液量 210m³，其中 1000 目油携碳酸钙溶液 60m³（药剂浓度 10000ppm，1ppm = 1×10^{-6}），600 目油携碳酸钙溶液 55m³（药剂浓度 10000ppm），100 目油携碳酸钙溶液 45m³（药剂浓度 10000ppm），中质油 50m³。初期工作制度 $\Phi44\times5m\times4$ 次/min × 922m，日产液 47.1t，日产油 4.3t，含水 90.9%，动液面 270m，含水下降 6.2%，累增油 630.5t。

3. 完井方案设计

根据本井潜力分析，认为本井目前高含水生产的原因是部分井段底水锥进，使产油段受到抑制。封堵出水井段，释放产油潜力井段是降低含水率、提高采收率的有效措施。

本次作业的目的：

①根据油藏特征，使用智能调流控水筛管调整水平段油、水产出比，达到抑制水体、释放产油井段的，提高本井采收率的目的。

②本井水平段渗透率变化较大，采用封隔体颗粒充注水平段环空的方式对水平段流体横向流动进行阻隔。

1）油藏参数（表 3 – 7 – 11）

表 3 – 7 – 11　7218H 井油藏参数

参数	符号	单位	取值	参数	符号	单位	取值
原油地面密度	ρ_O	g/cm³	0.84	地层水的矿化度		mg/L	21.27×10^4
原油体积系数	B_O	m³/m³	1.1477	原始地层压力	P_O	MPa	49.21
地层原油黏度	μ_O	mPa·s	1.955	泡点压力	P_b	MPa	9.97
地层水密度	ρ_W	g/cm³	1.150	油层厚度	h	m	9
地层水黏度	μ_W	mPa·s	0.26	原始气油比	RS	m³/m³	57

2）超低密度封隔颗粒参数（表 3 – 7 – 12）

表 3 – 7 – 12　超低密度封隔颗粒参数

名称	属性	名称	属性
封隔颗粒	超轻介质	耐静压/耐挤压	60/10MPa
标准筛目	40/70 目	破碎率	≤0.6%
真实密度	1.01g/cm³	酸溶解度	≤2.3%
耐温	120℃	本井设计用量	3.5m³

3）调流控水筛管的设计（表 3 – 7 – 13）

表 3 – 7 – 13　调流控水筛管规格参数

名称	属性	名称	属性
规格型号	2⅞in	内径	62mm
单根长度	10m 左右	过滤精度	150μm
总长	338m	控流装置规格型号	HE（中等控流能力）
外径	102mm	材质	N80

单根控水筛管流量-节流压降关系曲线（图3-7-24）。

4）配产方案

①根据2012-10-18前后较稳定的生产情况得出生产数据：生产压差约2MPa，产液量40m³/d。

②所有投产段中下入控水筛管中控流装置的规格型号都是HE（中等控流能力）。

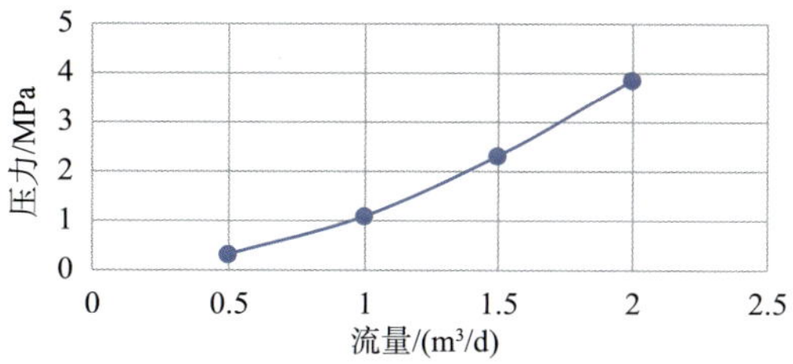

图3-7-24 单根控水筛管流量-节流压降关系曲线

③由上述数据可推算出预期的生产情况如表3-7-14、图3-7-25所示。

④设计泵的下入深度是2000m左右。施工作业后初期的产液量控制在33m³/d。

表3-7-14 7218H井预期生产情况

生产压差/MPa	动液面/m	产油量/(m³/d)	产水量/(m³/d)	产液量/(m³/d)	含水率/%
5	510	8	25	33	76

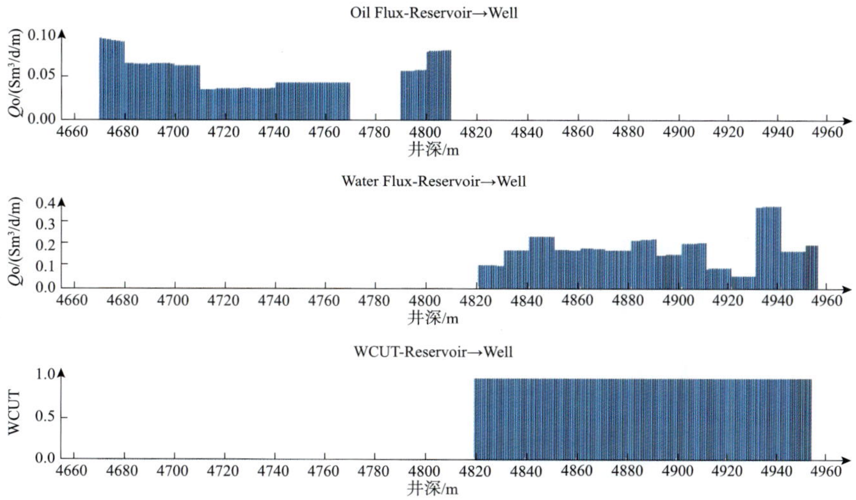

图3-7-25 预估生产压差为5MPa时，井筒的产液剖面图

5）完井管柱结构设计

本井完井工具主要工具的参数指标见表3-7-15，生产单元如图3-7-26所示，完井管柱结构如图3-7-27所示。

表3-7-15 7218H井完井工具基本参数

项目	描述	数量	外径/mm	内径/mm	长度/m	材质	耐压/耐温	扣型	备注
1	坐封工具	1套	148	50	0.3	35CrMo	35MPa/150℃	210 B反扣	抗拉58t；启动压力6MPa；坐封压力16MPa；丢手方式：液压丢手（21MPa），备用丢手方式：倒扣丢手解封方式：上提解封
2	顶部封隔器总成	1套	148	76	0.85	35CrMo	35MPa/150℃	反扣2⅞in NU*P	抗拉58t

续表

项目	描述	数量	外径/mm	内径/mm	长度/m	材质	耐压/耐温	扣型	备注
3	充填滑套总成	1套	148	76	0.65	35CrMo	35MPa/150℃	$2\frac{7}{8}$inNU B * P	抗拉58t
4	控水筛管	/	102	62	338	N80	/	$2\frac{7}{8}$inNU B * P	筛管缝宽0.15mm；抗拉60t
5	反扣安全接头	11套	102	62	0.35	N80	35MPa/150℃	$2\frac{7}{8}$inNU B * P	
6	导向丝堵	1个	102	/	0.11	35CrMo	/	$2\frac{7}{8}$inNU B * P	

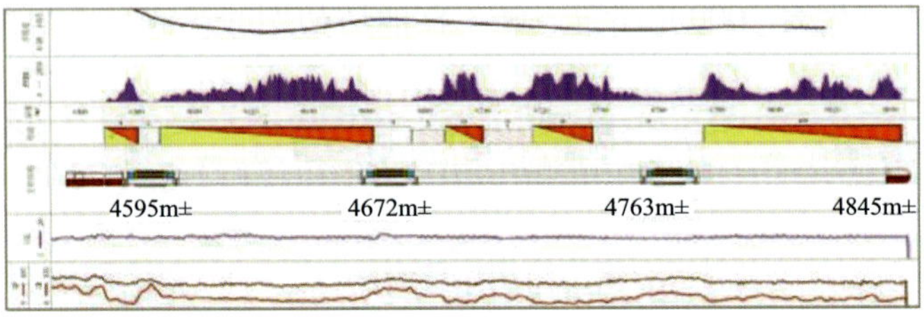

图3-7-26　水平段控流单元划分示意图

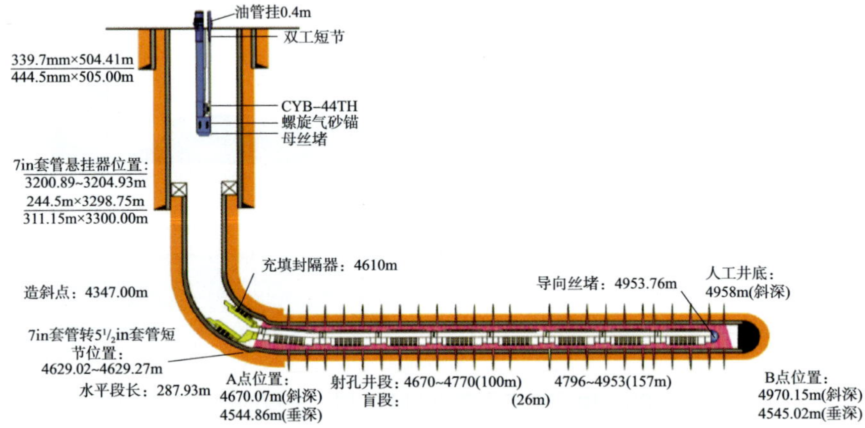

图3-7-27　自适应调流控水完井管柱结构图

6）泵注方案

①泵注液体设计。携砂液：清水。

②泵注压力设计：施工压力6MPa，最高不超过10MPa。

③泵注程序见表3-7-16。

表3-7-16　7218H井控水施工泵注程序

名称	排量/(m^3/min)	液量/m^3	砂比/%	加砂量/m^3	累积液量/m^3	泵注时间/min
清水正循环	0.5	200	0	0	200	400
注携砂液-1	0.3	6	5	0.3	206	18
注携砂液-2	0.3↘0.03	34	5	1.7	240	280
修井液反洗	0.6	12	0	0	252	20

（1）泵注程序设计依据：

a. 经过室内模拟实验过程，本井充填作业时每根筛管上的流量保持在 8L/min，就能满足封隔颗粒紧实充填的效果，又因为本井使用了大约 34 根控水筛管，每根控水筛管 10m 左右，所以本井的起始流量定为 0.3m^3/min。

b. 第一步要使用清水替换井筒内的修井液 200m^3，顶替出的修井液要及时运走。

c. “注携砂液 -1”是充填封颗粒的 α 阶段，也即流量不变的充填阶段，此时一直保持此排量进行充填。

d. “注携砂液 -1”阶段结束时，充填排量就会下降的显示。此时进入“注携砂液 -2”即 β 充填阶段。此时需要操作者逐渐提高井筒的泵入压力，考虑到封隔颗粒在 6MPa 的轴向压力下就能满足紧密堆积的要求，所以设定的充填压力就是 6MPa。

e. “注携砂液 -2”即 β 充填阶段，当泵入压力已经提高到 6MPa，其流量还是下降时，此时保持泵压 6MPa，一直进行充填作业，直到流量降到 30L/min。30L/min 的流量是 β 充填阶段进行到最后，所有控水筛管段都已充填满时，进入井筒的流量。此时不再添加封隔颗粒。假若设计的最大封隔颗粒量已经加完，但是流量还未降到 30L/min，也停止添加封隔颗粒。

f. 当流量降到 30L/min 时，立即启动反洗程序。

g. 上述数据是根据目前的井筒情况初步预测的，现场施工时还要根据地层的漏失情况，进行调整。

（2）注意事项：

a. 保持连续施工，意外停泵时，再立即启动备用泵，向井内注清水，将砂浆循环至井底，保持流道畅通。

b. 作业压力最高不超过 10MPa，砂比控制在 5% ~8%。

c. 控水作业起始流量 0.3m^3/min，当流量下降时提高充填压力保持流量恒定，直到压力升至 6MPa 后，保持压力不变，直到流量小于 0.03m^3/min，停止充填作业，打开反洗通道，开始反洗作业，反洗至出口无砂。

d. 随时观察施工压力变化情况，加完设计砂量未起脱砂压力（高于作业压力 5MPa），设计颗粒用量 3.5m^3，停泵倒管线反循环洗井。

7）反洗井

充填流量小于 0.03m^3/min 或加完最大设计砂量，泵车吸入口倒换到修井液罐，迅速倒阀门至反循环，不动管柱，开泵反循环洗井。修井液反循环洗井 200m^3 以上，施工排量必须大于 0.6m^3/min，直至将操作管柱内的封隔颗粒全部清洗干净为止，并且进出口液性一致。

8）地层吸入量测试

上提管柱 1.5m，关闭充填口，测 3MPa、5MPa、10MPa 下 3 个压力点的流量，并做好记录。

9）泵注效率评估依据

a. 注入颗粒量达到全部井筒环空容积 1.8m^3，充填率达到 100%。

b. 控水作业施工前后，地层的吸液量降低，表明封隔颗粒堆积紧实。

4. 现场应用

在完成该井超低密度封隔颗粒充填配合控水筛管二次完井提高采收率方案设计后，在 7218H 下入整套超低密度封隔颗粒充填配合控水筛管二次完井管柱，整套管柱一次下入成功，封隔器坐封成功；随后下入充填管柱开始超低密度封隔颗粒充填，经过 7 个充填，超低密度封隔颗粒充填量与设计量基本吻合，充填工艺成功。经地面测试后，井口开始返液整套工艺施工完全成功。

（二）××××7H 井防砂控水提高采收率二次完井方案及施工

1. 基本井况

××××7H 井为该油田××××1H 井区古近系库姆格列木群构造高部位一口水平井。××××7H 井完钻井深 3618m（斜）/3047.64m（垂），完钻层位：E1－2km，完井方式：5½in 套管射孔完井，射孔层段：3470～3527m、3544～3600m。

1）生产情况

套管射孔投产，初期油嘴 3mm 生产，日产液 26.2t，含水 0%。生产过程中油压、产液缓慢下降，且伴随严重的结蜡现象（刮蜡周期仅 2～3d）。该井无水采油期 308d，无水采油量为 6472.1t。2013 年 6 月 11 日生产开始含水（1.34%），并呈现逐步上升趋势；2016 年 7 月 25 日，6.3mm 油嘴自喷，油压 0.88MPa，日产液 26.6t，日产油 21.5t，含水 19.32%；7 月 26 日油嘴由 6.3mm↑7.0mm↑7.5mm 生产，油压 0.63MPa，日产液突降到 0.2t，原因为地层出砂导致井筒砂埋（前期刮蜡作业已见地层出砂）（图 3－7－28）。

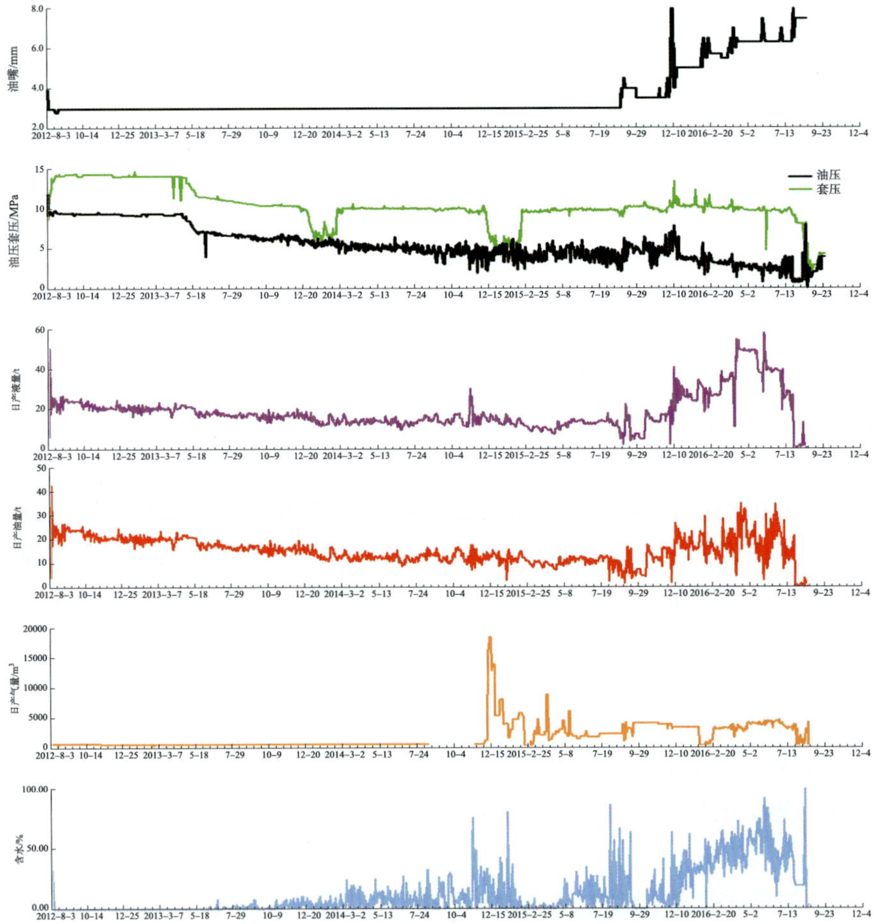

图 3－7－28　××××－7H 井生产曲线

关井前该井累产液 2.716×10^4t，累产油 2.246×10^4t。目前油压3.9MPa，套压4.3MPa。

2）异常情况

①出砂。前期井筒存在积液，为缓解这一状况，本井进行了多次放嘴与缩嘴，之后又进行反复的抽汲，这些动作会增大生产压差，加剧地层出砂（图3-7-29）。进行多次抽汲后仍未恢复生产，抽汲后下至1950m未探到液面。

图3-7-29　××××-7H井刮蜡带出地层砂

②落鱼。进行测静压作业，测压采用钢丝+压力计，测压过程中未遇阻，可判断落鱼不在油管内，但鱼顶具体位置不详。

2. 防砂控水方案设计

本井目前出砂严重，严重影响产量及危害设备安全，而且含水率上升迅速，使产油段受到抑制。考虑利用冲砂技术处理井筒，并采用自适应控水防砂完井技术降水增油，释放产油潜力井段，实现降低含水率、提高油井采收率。

作业的目的：

采用冲砂技术清理井筒，为后续自适应控水防砂管柱下入做好准备；根据油藏特征，使用自适应调流控水筛管进行分段完井，调整油、水产出比，达到抑制水体、释放产油井段、提高采收率的目的。

3. 防砂方案

取7H井冲砂砂样（图3-7-30）：

通过筛析法进行粒度分析：分别选取不同粒径的振动筛，从小到大依次为：0.042mm、0.043mm、0.063mm、0.074mm、0.088mm、0.105mm、0.125mm、0.15mm、0.18mm、0.25mm、0.3mm、0.4mm、0.5mm、0.6mm，在0.042mm振动筛下放置有底盘（接料盘），底盘上所漏砂样粒径<0.042mm。试验时称取试样100g，精确至0.01g，进行筛析，重复3次。分析结果如图3-7-31～图3-7-33所示。

图3-7-30　××××-7H井砂样及振动筛

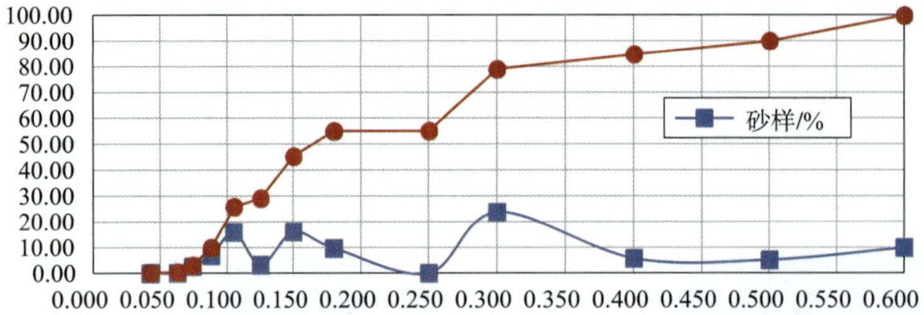

图 3-7-31　第 1 组砂样分析结果

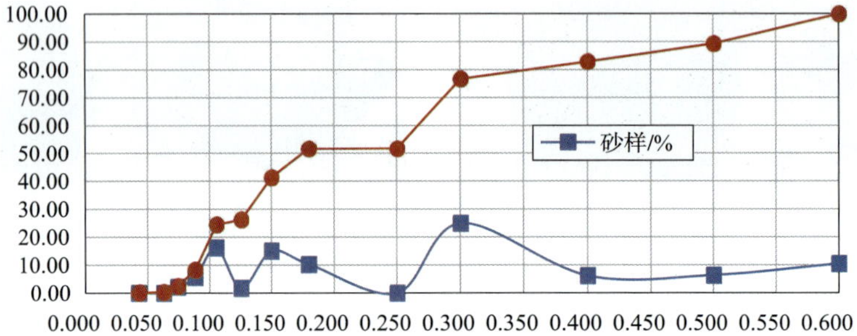

图 3-7-32　第 2 组砂样分析结果

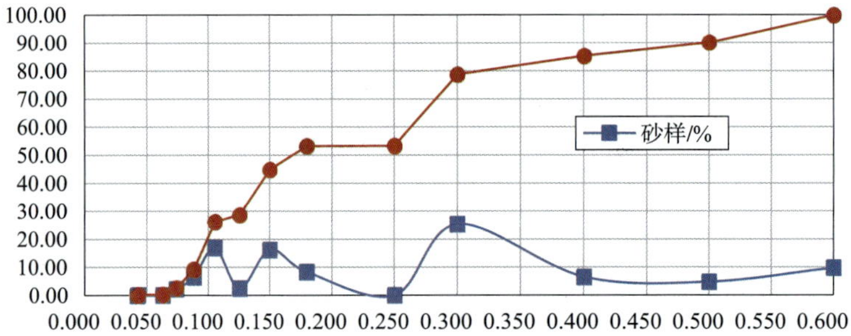

图 3-7-33　第 3 组砂样分析结果

根据地层砂粒的粒度中值和分选系数来确定精密滤砂管的防砂精度。其中，①粒度中值（Md）是表示碎屑沉积物粒度粗细的参数。它是指累积曲线上与累积含量为 50% 处相对应的粒径。②分选系数（SD）是用来表征碎屑沉积物颗粒均匀性的参数。根据特拉斯克的主张分选系数是累积曲线上与累积含量为 25%、75% 相对应粒径的比值，即 $SD = D_{75}/D_{25}$（D_{75}、D_{25}为粒径，mm）。分选性一般分为 3 个等级：$1 \leqslant SD \leqslant 2.5$，分选性好；$2.5 \leqslant SD \leqslant 4.5$，分选性中等；$SD > 4.5$，分选性差。

精密复合滤砂管防砂精度的计算如下：①如果 $1 \leqslant SD \leqslant 2.5$，则防砂精度为 80% Md；②如果 $2.5 \leqslant SD \leqslant 4.5$，则防砂精度为 70% Md；③如果 $SD > 4.5$，则防砂精度为 60% Md。

对以上取得的砂样分析，3 次砂样平均 D_{75}为 0.28mm，D_{25}为 0.012mm，Md 为 0.17mm，可以得到以下结论：

分选系数 $SD = 0.28/0.12 = 2.33$，则该井精密复合防砂管防砂精度 $= 0.8 \times 0.17 = 0.136$mm。考虑防砂的可靠性，本井采用过滤精度为 130μm 的优质筛管可达到防砂增产的效果。

4. 控水完井方案

1）自适应调流控水筛管参数（表3-7-17）

表3-7-17 自适应调流控水筛管参数

名称	属性	名称	属性
规格型号	2⅜in	内径	50.8mm
单根长度	10m ±	过滤精度	130μm
总长	126m	控流装置规格型号	ZSY-A4
外径	96mm	材质	N80

单根自适应控水筛管流量及含水率-节流压降关系曲线如图3-7-34所示。

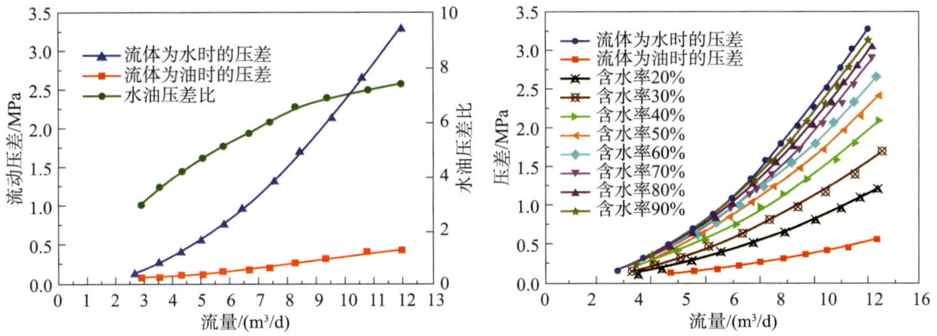

图3-7-34 ZSY-A4型自适应节流控制器性能曲线

2）配产方案

（1）根据该井关井前3个月平均产液量为38.5m^3/d，考虑到由于前期作业落鱼情况（鱼顶3518m），目前能够正常生产的井段为3470～3518m，并考虑过大的生产压差也能造成地层出砂，得出生产数据：生产压差约1.0MPa，产液量14m^3/d。

（2）所有投产段中下入控水筛管中控流装置的规格型号为：ZSY-A4。

（3）由上述数据可推算出预期的生产情况见表3-7-18。

表3-7-18 7H井预期的生产情况

生产压差/MPa	动液面/m	产油量/(m^3/d)	产水量/(m^3/d)	产液量/(m^3/d)	含水率/%
1.0	井口	8.4	5.6	14	40

3）分段设计

综合考虑油藏特征、隔夹层分布、井眼轨迹、水平段物性分布规律、固井质量以目前井筒现状等，目前可正常生产的射孔段3470～3518m，分为2个小段，分别为3441～3487m、3487～3510m（图3-7-35）。

设计遇油膨胀封隔器中胶位置：

膨胀封隔器3487m ±（坐封3485～3489m，平均井径124.26mm）。

4）分段调流筛管参数设计

根据流动单元的划分结果、各个流动单元的物性、含油饱和度等参数设计筛管数量和相应控流装置参数（表3-7-19）。

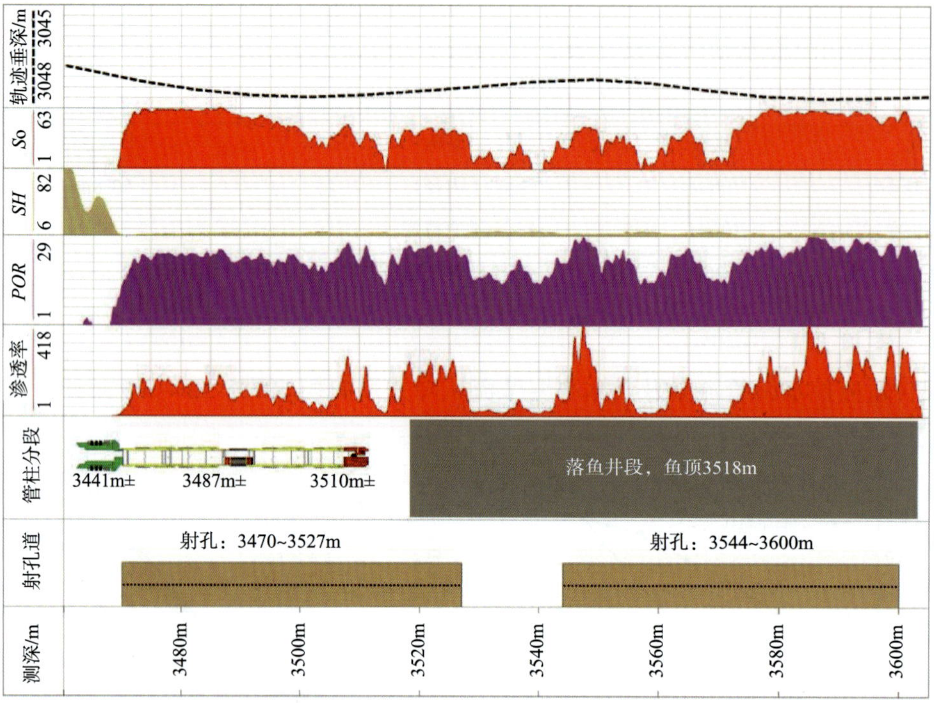

图 3－7－35　××××－7H 井分段控水方案

表 3－7－19　自适应调流筛管参数设计

控流单元	井段/m	井段长度/m	油层长度/m	平均渗透率/$10^{-3}\mu m^2$	设计产量/(t/d)	筛管数量/根	控流装置规格
Ⅰ	3441～3487	46	17	133.47	7	3	ZSY－A4
Ⅱ	3487～3510	23	23	98.38	7	2	ZSY－A4
合计		69	40		14	5	

5）悬挂器封隔器位置设计

悬挂器封隔器位置要满足的条件为：

①适用 5½in（壁厚 7.72mm）N80 套管。

②悬挂器坐挂位置避开套管接箍 2m 以上。

③悬挂器坐挂位置应选择固井质量较好的井段。

确定悬挂器位置为 3441m±，套管接箍位置为 3439m±、3443m±。

6）遇油膨胀封隔器胀封设计

本井遇油膨胀封隔器采用地层产出原油作为胀封介质，投产后遇油膨胀封隔器浸泡在原油（或油水混合液）中需要一定时间才能胀封到位，遇油膨胀封隔器充分胀封前需要控制油井产量，避免产液含水出现变化，影响调流控水完井效果。

根据遇油膨胀封隔器试验参数和本井实际钻井数据，计算遇油膨胀封隔器在不同胀封介质中的胀封时间。根据计算结果本井设计遇油膨胀封隔器胀封时间见表 3－7－20。

表 3-7-20　不同介质中遇油膨胀封隔器胀封时间

封隔器编号	卡封位置/m	封隔器外径/mm	坐封段井径/mm	膨胀量/mm	浸泡介质	胀封速度/(mm/24h)	胀封时间/h
1#	3487	102	124.26	22.26	原油	5.9	91
					原油：水＝50：50	3.52	152
					原油：水＝20：80	2.91	184

在胀封时间内需要控制产液量以保持胀封介质稳定：初期产液量控制在 10～12t/d，封隔器充分胀封后逐步将产液量上调至 12～14t/d。

5. 管柱结构设计

根据调流方案设计，从下到上管柱结构如下：

Φ73mm 导向丝堵＋Φ105mm 扶正器＋Φ96mm 自适应调流筛管 2 根＋Φ105mm 扶正器＋Φ76mm 安全接头＋Φ102mm 遇油膨胀封隔器＋Φ76mm 安全接头＋Φ105mm 扶正器＋Φ96mm 自适应调流筛管 3 根＋Φ105mm 扶正器＋Φ60.3mm 调整短节 1 根＋2⅜in×2⅞in 变径接头＋5½in 悬挂封隔器＋提升短节＋2⅞in×3½in 变径接头＋3½in×210 变径接头＋2⅞in 送入钻具组合（表 3-7-21）。

表 3-7-21　7H 井防砂控水一体化完井工艺管柱结构表

序号	工具型号	最大外径/mm	内径/mm	长度/m	下深/m	备注
1	送入管柱				3441±	
2	变径接头	105	62	0.21	3441±	210×3½inNU 公
3	变径接头	108	62	0.21	3441±	3½inNU 母×2⅞inNU 公
4	提升短节	89	62	0.7	3441±	2⅞inNU 母×公
5	5½in 封隔器总成	115	61	1.0	3441±	2⅞inNU 母×公
6	变径接头	89	49.2	0.18	3442±	2⅞inNU 母×2⅜inNU 公
7	调整短接	60.3	50.3	13	3455±	2⅜inNU 母×公
8	2⅜in 自适应控水筛管	96	50.8	30	3485±	2⅜inNU 母×公
9	遇油膨胀封隔器	102	50.3	4.0	3489±	2⅜inNU 母×公
10	2⅜in 自适应控水筛管	96	50.8	20	3510±	2⅜inNU 母×公
11	导向丝堵	73	/	0..2	3510±	2⅜inNU 母

说明：自适应控水筛管约 10m/根，现场以实际丈量管串长度为准（包括工具的内外径、长度等）。

主要工具的参数指标见表 3-7-22。

表 3-7-22　7H 井防砂控水一体化完井工艺主要工具参数

序号	描述	数量	外径/mm	内径/mm	长度/m	材质	耐压/耐温	扣型	备注
1	5½in 封隔器总成	1 套	115	61	1.06	N80	25MPa/120℃	2⅞inNU 母×公	
2	扶正器	4	105	50.3	0.3	N80	—	2⅜inNU 母×公	
3	安全接头	2	76	50.3	0.25	N80	—	2⅜inNU 母×公	
4	自适应控水筛管	5	96	50.8	9.9	N80	—	2⅜inNU 母×公	筛管精度 0.13mm；抗拉 32t
5	遇油膨胀封隔器	1	102	50.3	4	N80	180	2⅜inNU 母×公	
6	导向丝堵	1 个	73	—	0.2	N80	—	2⅜inNU 母	

6. 防砂控水完井施工设计

1）起甩原井管柱

起甩原井管柱，起钻过程中控制速度，起管柱过程中每5～10根按标准补液一次，确保井筒稳定。仔细检查油管柱情况，核对油管数据并登记造册，发现异常情况及时汇报相关职能部门，注意观察井内压力变化情况，保持井内压力稳定，保证作业安全，严防落物掉入井内。

2）组下防砂控水管柱

（1）组下5½in模拟通井管柱，通井至3518m±，循环，起通井管柱。

管柱组合（自下而上）：5½in模拟通井规+钻杆组合（3518m±）。下钻时控制速度，密切观察好指重变化，遇阻不能超过2t，检查好钻杆丝扣及台阶，严防不合格钻杆入井。

循环完井液至进出口液性一致，上提管柱，沉降3～5h后复探砂面。具体操作数据根据现场实际情况而定。起模拟通井管柱，起钻时注意控制起钻速度，起管柱过程中每3～5柱按标准补液一次，确保井筒稳定，对起出的模拟通井规进行检查。提管柱过程中注意保证液面稳定，如有溢流，及时压井。

（2）组下5½in刮管管柱、刮管至3518m±，循环，起刮管管柱。

管柱组合（自下而上）：5½in套管刮管器+钻杆组合（3518m±）。在悬挂封隔器坐封位置（3441m±）上下井段3431～3451m反复刮削3次。下钻时控制速度，密切观察好指重变化，遇阻不能超过3t，检查好钻杆丝扣及台阶，严防不合格钻杆入井。循环完井液至进出口液性一致，上提管柱，沉降3h后复探砂面。具体操作数据根据现场实际情况而定。起刮管管柱，起钻时注意控制起钻速度，起管柱过程中每3～5柱按标准补液一次，确保井筒稳定，对起出刮管器进行检查。提管柱过程中注意保证液面稳定，如有溢流，及时压井。

（3）组下防砂管柱。

按顺序组下调流控水防砂完井管柱，对入井油管及钻杆必须通径，认真检查，严禁不合格油管、钻杆入井。控制油管与钻杆的下入速度，严禁顿钻、溜钻。

丈量器材长度，悬挂器封隔器位置要满足的条件为：适用5½in（壁厚7.72mm）N80套管；悬挂器坐挂位置避开套管接箍2m以上；悬挂器坐挂位置应选择固井质量较好的井段。确定悬挂器位置为3441m±（套管接箍位置为3439m±、3443m±）。

3）反洗井

管柱下到设计位置后，上提下放测悬重，连接管线开泵，本区块污水小排量反洗井，至进出口液性一致。注意事项：控制反洗井压力，不得超过5MPa。具体操作数据根据现场实际情况而定。

4）坐封封隔器

油管正打压5MPa×3min，泄压至0。继续升压至8MPa×5min，泄压至0。继续打压至12MPa×5min，泄压至0；完成坐封。具体操作数据根据现场实际情况而定。

5）验挂

下压管柱5～8t，上提管柱5～8t，管柱不移动则判断坐封合格，具体操作数据根据现场实际情况而定。

6）验封

顶部封隔器验封，套管反打压5～7MPa，稳压5min，压降小于0.5MPa为合格。若压降

>0.5MPa，则打开井口钻杆出口，观察是否有渗漏情况，判别套管是否有漏点或泵橇是否稳压，若出口无返出，则验封合格。具体操作数据根据现场实际情况而定。

7）工具丢手

油管正打压至18~23MPa，压力突降，完成丢手。具体操作数据根据现场实际情况而定。若液压丢手不成功，则进行机械丢手，上提管柱悬重中和点，正转40圈以上丢手，丢手后上提1根油管后正打压剪切球座泄压。具体操作数据根据现场实际情况而定。

8）起出服务管柱

如确认丢手成功，视现场情况，待具备起钻条件时起出井内管柱，起钻时每10柱灌完井液一次，起钻完毕后用完井液灌满井口。起钻过程间隙遮盖井口，防止落物入井。

7. 防砂控水现场实际施工情况

1）下套管清扫器

钻具组合（自下而上）：套管清扫器+2⅞in反扣斜坡钻杆123柱1单根，3½in反扣斜坡钻杆59柱，累计下365单根，对井段3158~3517.55m进行清扫，最大遇阻2t，每下钻1柱，开泵对遇阻位置反洗后，进行下钻，在深度3517.55m，加压2~3t，复探3次，深度不变。期间总泵入量为116.2m^3，出口返液25.8m^3，漏失90.4m^3。

第二次清扫：限速起套管清扫管柱，起3½in反扣斜坡钻杆20柱（起钻期间无刮卡现象），管脚深度：3131.25m，套管补液：2.1m^3；候沉3h后下3½in反扣斜坡钻杆20柱（下钻期间无遇阻），下钻至3517.55m，加压2~3t，复探3次，深度不变。套管补液2m^3。

第三次清扫：限速起套管清扫管柱，起3½in反扣斜坡钻杆20柱（起钻期间无刮卡现象），管脚深度3131.25m，套管补液1.9m^3；候沉1h后下3½in反扣斜坡钻杆20柱（下钻期间无遇阻），下钻至3517.55m，加压1~2t，复探3次，深度不变。套管补液2.1m^3。

起出套管清扫器，检查钢丝有明显的挤痕，钢丝外径由130mm缩至110mm。

2）下入模拟通井规

组下通井管柱，钻具组合（自下而上）：通井规+变扣接头+2⅞in反扣斜坡钻杆123柱1单根，3½in反扣斜坡钻杆57柱，下钻至3469.27m处遇阻，加压1~2t，无法通过。接方钻杆，对遇阻位置开泵冲洗，上提下放活动正常后，继续下钻至3517.55m。期间总泵入量45.8m^3，出口返液18.4m^3，漏失27.4m^3（通井规参数：总长度2.35m，外径117mm，内径101mm；变扣接头参数：总长0.45m，外径105mm，内径54mm）。

第二次通井：限速起通井管柱，起3½in反扣斜坡钻杆20柱（起钻期间无刮卡现象），管脚深度：3131.25m，套管补液1.9m^3；候沉0.5h后下3½in反扣斜坡钻杆20柱（下钻期间3418m，3478~3518m遇阻），下钻至3517.55m，加压1~2t，复探3次，深度不变。套管补液2m^3。

起出通井管柱后，检查通井规，外侧有明显的刮痕（其中有4道刮痕连在一起，分别是40mm×11mm×1mm、42mm×11mm×1mm、45mm×11mm×1mm、60mm×11mm×1mm；剩余两道刮痕较长未连在一起，分别是590mm×11mm×1mm、1580mm×11mm×1mm），内侧无明显变化。

3）下入刮管器

组下刮削管柱，钻具组合（自下而上）：刮削器+变扣接头+2⅞in反扣斜坡钻杆123柱1单根，3½in反扣斜坡钻杆56柱1单根，累计下360根，期间下钻至3228.93m处遇阻，加压 1～2t，无法通过。上提管柱 2m，对遇阻位置开泵反挤 5min，上提下放活动正常后，继续下钻至 3429.52m。总泵入量 5.2m³，出口未返液，漏失 5.2m³。之后对 3429.52～3452.93m 反复上提下放刮削 5 次，上提无遇卡，下放不遇阻（刮削器参数：总长度 0.73m，最大外径 130mm，内径 25mm，刮削器本体 110mm）。

第二次刮管：限速起刮削管柱，起 3½in 反扣斜坡钻杆 19 柱（起钻期间无刮卡现象），管脚深度：3093.62m；候沉 1h 后限速下刮削管柱，下 3½in 反扣斜坡钻杆 19 柱，下钻至 3390.17m 处遇阻，加压 1～2t，无法通过，通过上提下放活动管柱后，正常通过。期间对 3429.52～3452.93m 反复上提下放刮削 5 次，上提无遇卡，下放不遇阻。套管补液 2.1m³。

起出刮削器。刮削器本体有明显划痕（340mm×11mm），刀片槽间带出铁片（13mm×11mm×3mm）。

4）下入套管清扫器、刮管器组合

组下清扫、刮削管柱，钻具组合（自下而上）：套管清扫器＋2⅞in 正扣斜坡钻杆 5 单根＋刮削器＋2⅞in 正扣斜坡钻杆 92 单根，3½in 正扣斜坡钻杆 267 单根，累计下 364 单根，累计下 364 单根，期间下钻遇阻，加压 2～3t，无法通过，清扫器底部深度 3465.47m、刮管器底部深度：3413.36m，接方钻杆，对遇阻位置开泵冲洗，上提下放活动管柱后，通至清扫器底部深度 3517.55m、刮管器底部深度 3469.5m。期间总泵入量 70m³，出口返液 34.2m³，漏失 35.8m³（套管清扫器参数：总长 0.96m，钢丝最大外径 130mm；刮削器参数：总长度 0.76m，最大外径 130mm，内径 25mm，刮削器本体 110mm）。

用 1.14g/m³的压井液正循环洗井，洗井深度：泵压 14～16MPa、排量 500L/min，进口 150m³，出口 135.5m³，漏失 14.5m³，出口返出少量地层砂。

第二次刮管：起 3½in 正扣斜坡钻杆 20 柱（起钻期间无刮卡），候沉 1h 后下 3½in 正扣斜坡钻杆 20 柱，下钻至 3517.55m（下钻期间无遇阻），加压 1～2t，复探 3 次，深度不变。

第三次刮管：起 3½in 正扣斜坡钻杆 20 柱（起钻期间无刮卡），候沉 1h 后下 3½in 正扣斜坡钻杆 20 柱，下钻至 3517.55m（下钻期间无遇阻），加压 1～2t，复探 3 次，深度不变。

5）下入防砂控水管柱

组下防砂控水管柱，自下至上为：2⅜inNU 丝堵 0.1m＋2⅜inNU 自适应调流控水筛管 2 根 19.74m＋2⅜inNU 正反扣安全接头 0.22m＋2⅜inNU 扶正器 0.37m＋2⅜inNU 遇油膨胀封隔器 3.94m＋2⅜inNU 正反扣安全接头 0.22m＋2⅜inNU 扶正器 0.36m＋2⅜inNU 自适应调流控水筛管 3 根 29.61m＋2⅜inNU 调整短节 12.3m＋变径接头（2⅜inNU 公×2⅜inNU 母）0.23m＋顶部悬挂封隔器 Y445－115－611.09m＋2⅞inNU 提升短节 0.73m＋变径接头（2⅞inNU 公×3½inNU 母）0.16m＋变径接头（3½inNU 公×210 母）0.16m＋2⅞in正扣斜坡钻杆 92 单根＋3½in 正扣斜坡钻杆 267 单根，累计下 364 单根，丝堵尾深 3509m，遇油膨胀封隔器中胶 3490.2m，封隔器中胶 3441.09m，封隔器鱼顶 3440.72m。下到位后测上提悬重 60t，下放悬重 56t。

6）反洗井

小排量反洗井，出口见液即停。

7）坐封封隔器

油管正打压 5MPa×3min，泄压至 0；

继续升压至 8MPa×5min，泄压至 0；

继续打压至 12MPa ×5min，泄压至 0；完成坐封。

8）验挂

下压管柱 5t，上提管柱 5t，管柱不移动，判断坐挂合格。

9）验封

顶部封隔器验封。套管反打压 5MPa，稳压 5min，压力不降验封合格。

10）丢手

油管正打压至 20MPa，压力突降至 10MPa，停泵压降至 0，完成丢手。

11）起出服务工具

2017 年 6 月 5 日起出送入钻杆及坐封服务工具，如图 3 –7 –36 所示，检查无损坏。

图 3 –7 –36　坐封服务工具

8. 施工小结

本井为一口防砂施工井，作业前井内有落鱼，且在作业初期打捞落鱼及冲砂过程中发现井筒内存在大量金属碎屑，导致冲砂过程中管柱遇卡，无法起出，进行倒扣、断开钻杆，逐次打捞钻杆至 3818m，井况比较复杂；后下入强磁工具、套管清扫器、通井规、刮管器处理井筒时均有遇阻，本体损伤比较严重，后又下入套管清扫器 + 刮管器组合虽遇阻但经处理后在不进行正冲反挤情况下顺利下入；经过井筒详细处理，为后期封隔器的下入提供了比较好的井况，使封隔器可以顺利地下入、坐封、验挂、验封、丢手。

通过施工发现，虽然该井本次作业为套管内施工，但井筒内的金属碎屑和地层砂导致作业过程中出现遇卡，采油厂根据井况进行深入分析，采用新型的套管清扫器进行井筒清理，效果非常明显，为后期的防砂管柱下入创造了良好的条件，该井的作业经验对后期类似井况的处理具有一定的借鉴意义。

第四章　油气藏井壁稳定及生产控制技术

第一节　防砂完井概论

一、油气藏主动防砂管理

（一）油气藏出砂预测方法

1. 孔隙度法

地层的孔隙结构与地层的胶结强度有关，胶结强度大小与储层的埋深、胶结物的种类、胶结方式、地层颗粒尺寸形状密切相关。表示地层胶结能力的物理量就是地层强度。一般来说，地层埋藏越深，孔隙度越小，地层强度就越高。研究表明，若疏松砂岩地层岩石孔隙度大于30%时，油气层极易出砂；孔隙度在20%～30%之间时，油气层出砂减缓；小于20%时油气层基本不出砂。

2. 声波时差法

对地层声波时差 Δt_c 这一临界值进行出砂预测，是目前油井进行出砂预测的常用方法之一。地层声波时差越大，地层孔隙度越高，表明地层越疏松，生产中越易出砂。国内外资料和现场应用经验均表明，Δt_c 临界值在295μs/m左右油气层易出砂，大于此临界值时油井必须采取防砂措施。Δt_c 依油田储层特点的不同而有所差异，大量的现场数据统计表明，胜利油田疏松砂岩油藏的 Δt_c 临界值大约为310μs/m。

3. 出砂指数法

出砂指数法是利用测井资料中的声速及密度等有关数据计算岩石力学参数，采用组合模量法计算地层的出砂指数从而进行出砂预测的一种方法。地层的岩石强度与岩石的剪切模量 G、体积模量 K 有良好的相关性，且均为测井资料中声波、密度、井径、泥质含量等参数的函数。岩石的组合模量定义为：

$$B = K + 4G/3 = \frac{9.94 \times 10^8 \times \rho_r}{(\Delta t)^2} \qquad (4-1-1)$$

式中，B 值即为出砂指数。其值越小表明岩石强度越低，地层越容易出砂。其判定标准为：

当 出砂指数 $B > 2 \times 10^4$MPa 时，在正常生产中油层不会出砂；

当出砂指数 $1.4 \times 10^4\text{MPa} < B < 2 \times 10^4$MPa 时，油层轻微出砂；

当出砂指数 $B < 1.4 \times 10^4$MPa，油井生产过程中出砂量较大。

4. 斯伦贝谢指数法

斯伦贝谢指数法主要考虑剪切模量与体积模量的乘积值，斯伦贝谢比值越大，岩石强度越大，稳定性相对较好油气层不易出砂，反之易出砂。斯伦贝谢比 R_s 定义为：

$$R_s = K_b G = \rho^2 \left(V_c^2 V_s^2 - \frac{4}{3} V_s^4 \right) \tag{4-1-2}$$

式中，K_b 为岩石体积模量；G 为岩石切变模量；ρ 为岩石密度；V_c 为纵波波速；V_s 为横波波速。

根据斯伦贝谢比法判断油气层胶结强度参数见表 4-1-1。

表 4-1-1　油层出砂斯伦贝谢比经验门槛值

参数/MPa	一般砂岩	松软地层	坚硬地层
G	4.14×10^3	2.76×10^3	稍大于 4.14×10^3
K_b	8.97×10^3	5.31×10^3	高至 27.6×10^3
R_s	37.1×10^6	14.7×10^6	稍大于 114×10^6

5. 组合模量法

组合模量法预测出砂需根据声速及密度测井资料，计算岩石的弹性组合模量 E_c：

$$E_c = \frac{9.94\times10^8 \rho_r}{(\Delta t_c)^2} \tag{4-1-3}$$

式中，E_c 为岩石组合模量；ρ_r 为岩石体积密度；Δt_c 为纵波声波时差。

根据测井资料、岩石特性及出砂分析结果，E_c 值越小地层出砂可能性越大。通常情况下，当 $E_c > 2.608\times10^4$MPa 时，油井正常生产不出砂；反之出砂。根据现场应用情况，通常出砂判定标准为：

$E_c > 2.608\times10^4$MPa 时，油井正常生产不出砂；

$1.5\times10^4\text{MPa} < E_c < 2.608\times10^4$MPa 时，油井正常生产轻微出砂；

$E_c < 1.5\times10^4$MPa，油井生产中严重出砂。

（二）出砂临界生产压差和产量预测

1. 出砂临界压差预测的基本方法

出砂临界生产压差是指随着井底流压的下降，近井储层开始出现地层岩石结构破坏从而导致即将出砂时的生产压差，对应于该生产压差的产量称为出砂临界产量。出砂临界生产压差的预测原理是首先建立井筒或射孔孔眼周围地层岩石在弹性变形条件下的应力分布模型，进而得到近井地带应力分布，该应力分布与井底流压有关；然后选择合适的岩石破坏准则，对于临界出砂状态，意味着岩石破坏准则方程的等式成立，求解即可得到临界出砂状态对应的井底流压，结合储层静压与井底流压之差可计算得到油气层出砂临界生产压差。

岩石破坏准则表征弱固结砂岩的变形破坏性质或破坏条件，实质是表征岩石破坏条件的应力-应变的函数，可作为判断地层岩石在特定应力状态下是否发生破坏的判据。岩石破坏准则在油井出砂预测中起到十分重要的作用。如果已知井眼或射孔孔眼周围地层的应力状态，选择合适的岩石破坏准则，便可预测是否出砂以及出砂临界生产压差的具体大小。目前岩石破坏准则有极限塑性应变准则、莫尔-库仑准则、Drucker-Prager 准则、拉伸破坏准则、压缩破坏准则、Hoek-Brown 准则等。在疏松砂岩储层的出砂预测领域，最常用的岩石破坏准则数学模型是考虑地层孔隙压力的莫尔-库仑准则：

$$\sigma_1-\beta\cdot P=2C_0\tan\alpha+(\sigma_3-\beta\cdot P)\cdot\tan^2\alpha \tag{4-1-4}$$

$$\alpha=\frac{\varphi_f}{2}+\frac{\pi}{4} \tag{4-1-5}$$

式中，σ_1、σ_3 为柱坐标下的最大、最小主应力，MPa；β 为 Biot 常数；α 为失效角，(°)；P 为孔隙压力，MPa；C_0 为岩石内聚力，MPa；φ_f 为岩石内摩擦角，rad。

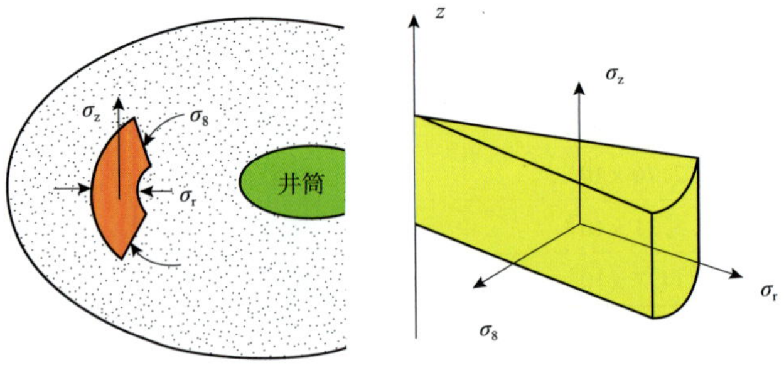

图 4-1-1　地层钻孔后井筒附近地层应力的柱坐标表示方法

以垂直井为例，柱坐标下近井地带的弹性变形应力分布示意图如图 4-1-1 所示。以井筒轴线为柱坐标纵轴，井筒周围地层中任一点可用三个坐标（h，r，θ）表示，该点的应力状态可用垂向应力、径向应力和切/周向应力表示。

在上述物理模型基础上，常用的近井地带弹性应力分布模型为 Lubinski 得到井筒围岩任意位置处的有效应力分布模型：

$$\begin{cases}\sigma_r(r,\theta)=\dfrac{\sigma_H+\sigma_h}{2}\cdot\left(1-\dfrac{r_i^2}{r^2}\right)+\dfrac{\sigma_H-\sigma_h}{2}\cdot\left(1-\dfrac{4r_i^2}{r^2}+\dfrac{3r_i^4}{r^4}\right)\cdot\cos2\theta+\dfrac{r_i^2}{r^2}\cdot P_i\\ \sigma_\theta(r,\theta)=\dfrac{\sigma_H+\sigma_h}{2}\cdot\left(1-\dfrac{r_i^2}{r^2}\right)+\dfrac{\sigma_H-\sigma_h}{2}\cdot\left(1+\dfrac{3r_i^4}{r^4}\right)\cdot\cos2\theta+\dfrac{r_i^2}{r^2}\cdot P_i\\ \sigma_z(r,\theta)=\sigma_v-2\mu(\sigma_H-\sigma_h)\cdot\dfrac{r_i^2}{r^2}\cdot\cos2\theta\\ \tau_{r\theta}(r,\theta)=-\dfrac{\sigma_H-\sigma_h}{2}\cdot\left(1+\dfrac{2r_i^2}{r^2}-\dfrac{3r_i^4}{r^4}\right)\cdot\sin2\theta\end{cases} \tag{4-1-6}$$

将 $r=r_i$ 代入上式得到井壁上的有效应力分布：

$$\begin{cases}\sigma_r(r_i,\theta)=P_i\\ \sigma_\theta(r_i,\theta)=(\sigma_H+\sigma_h)-2(\sigma_H-\sigma_h)\cdot\cos2\theta-P_i\\ \sigma_2(r_i,\theta)=\sigma_v-2\mu(\sigma_H-\sigma_h)\cdot\cos2\theta\\ \tau_{r\theta}(r_i,\theta)=0\end{cases} \tag{4-1-7}$$

当 $\cos2\theta=-1$，$\theta=\pm\pi/2$ 时，井壁处最大径向、切向与垂向应力为：

$$\begin{cases}\sigma_r(r_i)_{max}=P_i\\ \sigma_\theta(r_i)_{max}=(3\sigma_H-\sigma_h)-P_i\\ \sigma_z(r_i)_{max}=\sigma_v+2\mu(\sigma_H-\sigma_h)\end{cases} \tag{4-1-8}$$

当 $\cos2\theta=+1$ 时，井壁处最小径向、切向与垂向应力为：

$$\begin{cases}\sigma_r(r_i)_{min}=P_i\\ \sigma_\theta(r_i)_{min}=(3\sigma_h-\sigma_H)-P_i\\ \sigma_z(r_i)_{min}=\sigma_v+2\mu(\sigma_H-\sigma_h)\end{cases} \tag{4-1-9}$$

式中，r 为距井眼中心的径向距离，m；θ 为与最大水平主应力 σ_H 的夹角，rad；μ 为岩石泊松比，无量纲；r_i 为弹性区域内边界半径，m；P 为地层孔隙压力，随不同位置发生变化，MPa；P_i 为弹性区域内边界孔隙压力，MPa；σ_H、σ_h 为考虑孔隙压力后的原始最大、最小水平主应力，MPa；σ_v 为原始垂向地应力（上覆岩层压力），MPa；σ_r、σ_θ、σ_z 为弹性区有效径向、切向与垂向应力，MPa；$\tau_r\theta$ 为井眼围岩的剪切应力，MPa；σ_z、σ_r、σ_θ 为垂向、径向、切/周向应力，MPa；σ_v、σ_H、σ_h 为原始垂向主应力、水平最大主应力、水平最小主应力，MPa；h 为柱坐标系统中的垂向深度坐标，m。

选定岩石破坏准则和近井地带弹性应力分布模型后，即可预测出砂临界生产压差。首先计算垂向、切向和径向应力中的最大应力 σ_1（一般为切向应力）和最小应力 σ_3（一般为径向应力），即：

$$\begin{aligned}\sigma_1 &= \max\{\sigma_z(r_x,\theta_{max}),\sigma_r(r_x,\theta_{max}),\sigma_\theta(r_x,\theta_{max})\}\\ \sigma_3 &= \min\{\sigma_z(r_x,\theta_{min}),\sigma_r(r_x,\theta_{min}),\sigma_\theta(r_x,\theta_{min})\}\end{aligned} \tag{4-1-10}$$

式中，r_x 为计算的特征位置半径，m；θ_{max} 为应力最大值对应的角度，rad；θ_{min} 为应力最小值对应的角度，rad。

假设使用莫尔－库仑岩石破坏准则，对于临界出砂状态，准则方程取等式：

$$\sigma_1-\beta\cdot P=2C_0\tan\alpha+(\sigma_3-\beta\cdot P)\cdot\tan^2\alpha \tag{4-1-11}$$

由于特征位置 $r=r_x$ 处的最大、最小应力 σ_1、σ_3 是井底流压 P_{wf} 的函数，则可得到有关井底流压 P_{wf} 的平衡方程：

$$\sigma_1(P_{wf})-\beta\cdot P(P_{wf})=2C_0\tan\alpha+[\sigma_3(P_{wf})-\beta\cdot P(P_{wf})]\cdot\tan^2\alpha \tag{4-1-12}$$

以 P_{wf} 为未知数，求解方程得到的井底流压即为出砂临界井底流压，转换可得到临界生产压差：

$$\Delta P_c=P_r-P_{wfc} \tag{4-1-13}$$

式中，P_{wfc} 为出砂临界井底流压，MPa；ΔP_c 为出砂临界生产压差，MPa；P_r 为地层静压，MPa。

2. 常用的出砂临界压差预测模型

国内外不同的研究者发展了众多的出砂临界压差预测模型，这些模型由于假设条件和物理模型、应力分布模型以及岩石破坏准则选取不同，最终的方程形式各异，但其研究方法都是基于上述出砂临界压差预测的基本思路和方法。下面列出几种目前常用的出砂临界压差预测模型。

中国石油大学（华东）等考虑地层岩石孔隙中的流体压力，使用莫尔－库仑准则得到出砂临界井底流压计算公式为：

$$\Delta P_c=P_r-\frac{2C_0\tan\alpha-\dfrac{2\mu}{1-\mu}\sigma_{ze}-\dfrac{2\mu}{1-\mu}\beta\cdot P_r}{\dfrac{2\mu}{1-\mu}\beta-2} \tag{4-1-14}$$

式中，C_0 为岩石内聚力，MPa；μ 为岩石泊松比，无量纲；σ_{ze} 为外边界处的垂向应力，MPa；β 为 Biot 数；α 为失效角，rad。

西南石油学院提出了判别岩石坚固程度的“C”公式及对应的出砂临界压差预测公式：

$$\Delta P_c=\frac{S_c-\dfrac{2\mu}{1-\mu}\cdot(\bar{\rho}_r gH_w\times10^{-6}-P_r)}{2} \tag{4-1-15}$$

式中，S_c 为地层岩石的抗压强度，MPa；P_r 为地层压力，MPa；H_w 为储层深度，m；$\bar{\rho}_r$ 为上覆岩层的平均密度，kg/m³。

苏联学者 JI. G. MeⅡk 等提出经验公式：

$$\Delta P_{c}=P_{r}-\left[\rho_{r}g\cdot\psi\cdot H\cdot\cos\alpha\cdot\left(\frac{2\mu}{1-\mu}-F_{\varphi}\right)-C_{0}\right] \tag{4-1-16}$$

式中，ψ 为岩石压力传导系数，1/Pa；g 为重力加速度，9.8m/s²；H 为产层厚度，m；α 为地层倾角，(°)；ρ_r 为上覆岩层的平均密度，kg/m³。F_φ 为岩石颗粒摩擦系数，无量纲。

3. 出砂临界流速和产量预测

根据预测得到的出砂临界压差，可由油井流入动态关系计算对应的出砂临界产量：

$$Q_{c}=J\times\Delta P_{c} \tag{4-1-17}$$

对应的出砂临界流速为：

$$v_{c}=\frac{Q_{c}B}{2\times86.4\times\pi r_{x}h\phi\rho_{l}} \tag{4-1-18}$$

式中，Q_c 为出砂临界产量，t/d；v_c 为出砂临界流速，m/s；J 为产液指数，t/(d·MPa)；h 为储层厚度，m；ϕ 为孔隙度，小数；B 为体积系数；ρ_l 为产出液密度，kg/m³。

4. 防砂后极限生产压差预测

目前油气田主要机械防砂工艺措施为独立机械筛管和砾石充填类防砂工艺，防砂屏障为砾石充填层和机械筛管的滤砂层。防砂后生产过程中，地层砂会逐渐侵入砾石层或筛管挡砂层造成防砂屏障渗透率下降。并且，生产压差越大，产量越高，地层砂侵入砾石层越严重。因此，油井防砂之后的合理极限生产压差（工作制度）优化的总体思路是，考察储层出砂临界压差，以及挡砂介质在生产压差驱动下对地层砂侵入的程度及其对产能的影响，进而优化合理生产压差和产量。具体步骤如下：

(1) 首先预测得到油气井不防砂情况下的出砂临界生产压差 ΔP_c。

(2) 根据采取的防砂工艺，计算分析挡砂介质堵塞规律及其受生产压差影响的程度和变化规律。

(3) 根据挡砂介质堵塞程度随生产压差的变化规律，确定合理的有效生产压差 ΔP_e，该压差为允许的高于不防砂临界出砂生产压差 ΔP_c 的最大值。

(4) 防砂井合理生产压差应控制在 $\Delta P=\Delta P_c+\Delta P_e$ 之上。

图 4-1-2 为某油井 0.425～0.85mm 砾石层渗透率随细砂侵入比例和围压的变化规律。图 4-1-3 为某井计算得到的防砂产能比随充填砾石渗透率的变化规律。

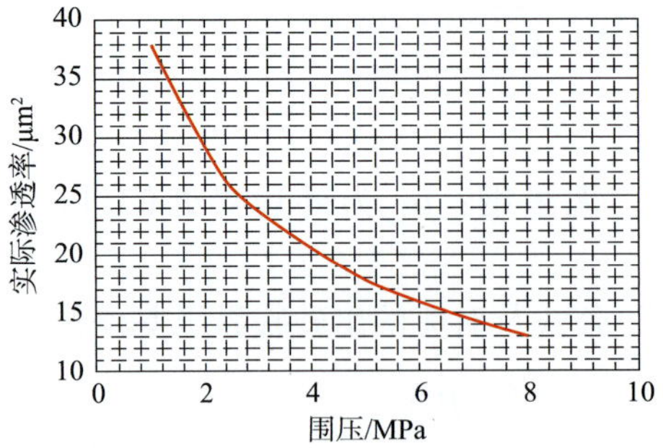

图 4-1-2　砾石渗透率随围压的变化规律

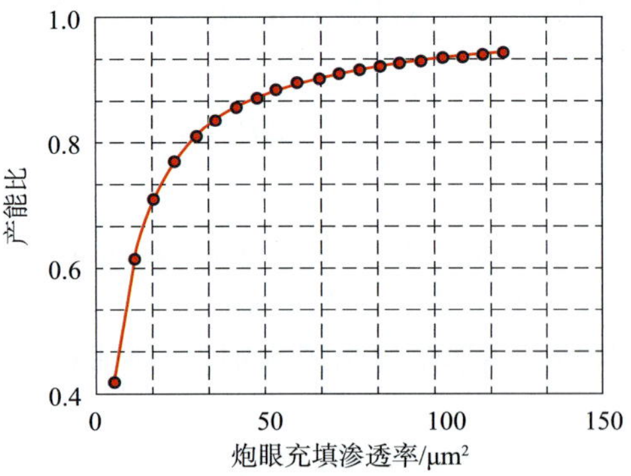

图 4-1-3　产能比随充填渗透率变化

根据图 4－1－3 的产能预测结果，砾石层渗透率约 30μm² 之前，产能比增加明显；超过 30μm² 后，随着充填渗透率的提高，产能比变化不大。因此，应最少保证环空充填带渗透率不低于 30μm²，对应图 4－1－2 中的最大围压/生产压差为不超过 2.0MPa。预测该井的出砂临界生产压差约为 1.65MPa，允许的合理生产压差为 3.65MPa，约为不防砂情况下出砂临界压差的 2～3 倍。一般推荐防砂后的合理生产压差可取不防砂情况下出砂临界压差的 2.5 倍左右。对于独立机械筛管二次防砂，推荐取 2 倍，尽量降低对防砂筛管的堵塞概率。

通过含砂在线监测可获取油井实时连续出砂数据（图 4－1－4），为疏松砂岩油藏油井安全生产提供预警功能，另外也为出砂油井管理提供了重要的实时数据支撑。

5. 防砂决策依据与时机选择

防砂时机优化与选择是指在油井防砂之前，允许油井出砂及携砂生产一段时间，以排出井底近井地带的游离砂和细粉砂成分，疏通近井地带；同时避免防砂过早地层细粉砂在近井地带堆积，增加挡砂屏障的附加表皮系数，进而影响油井产量。

防砂时机优化的方法主要是根据地层砂不防砂情况下，一定生产压差出砂量随时间的变化规律来确定。根据目前研究成果，在稳定生产以及不防砂情况下，地层出砂速度随时间的变化呈如图 4－1－5 所示的关系。

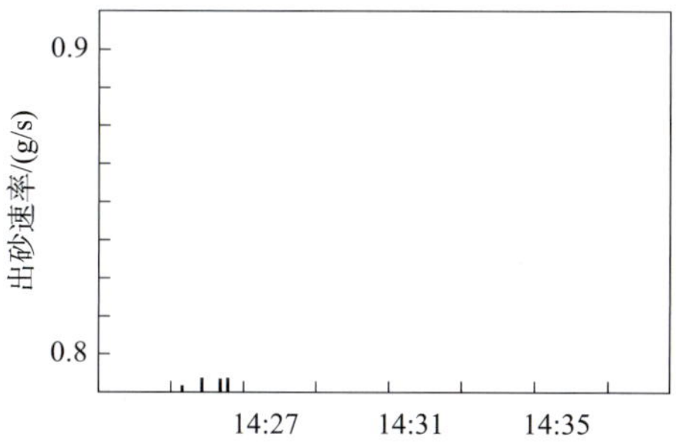

图 4－1－4　孤东 3－17－32 井出砂速率监测图

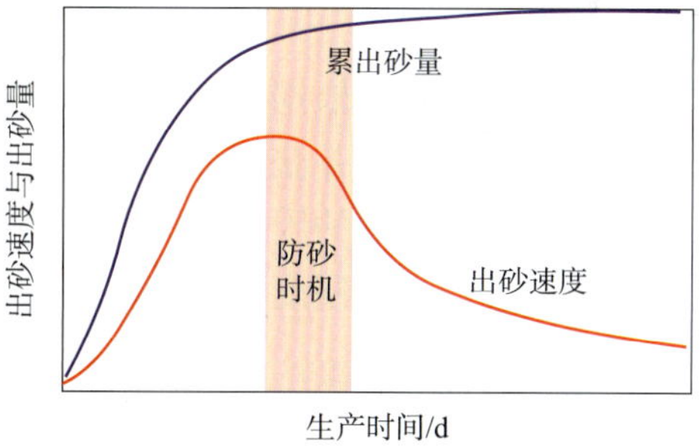

图 4－1－5　稳定生产以及不防砂情况下地层出砂速度随时间的变化

良好的防砂时机是避免过早出现出砂高峰期，即图 4－1－5 所示的阴影位置所处的时间。因此，要进行防砂时机优化，需要预测得到地层出砂速度随时间的变化关系。

图 4－1－6 为胜利春光油田春 17－10 井预测得到在不防砂情况下不同生产压差下的出砂速度随生产时间的变化规律。

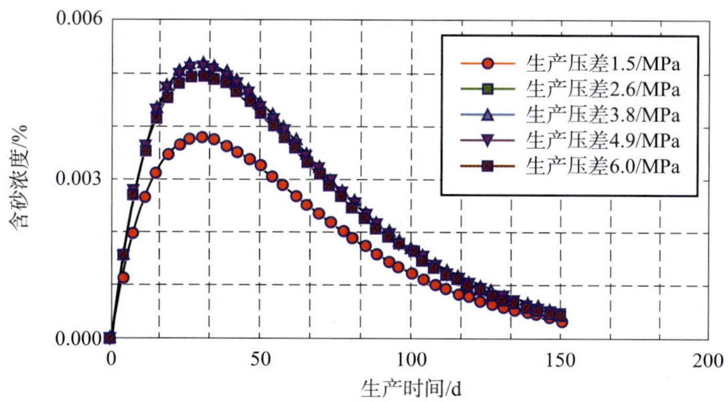

图 4－1－6　春 17－10 井地层出砂含砂浓度随生产时间变化

在给定的生产压差下，储层出砂速度随生产时间发生明显变化。在投产初期，假定各项生产条件不变的情况下，储层出砂量和出砂速度随着生产时间的推移明显以较快的速度增加，达到一定峰值后，出砂速度随着生产变化而逐步减缓，直到稳定在一个较低值。该井出砂速度峰值对应的生产时间约为30d左右，当生产时间达到50d后，出砂速度峰值开始回落。根据前面的分析，良好的防砂时机可避免过早出现出砂高峰期，因此推荐春光油田白垩系储层的油井防砂时间在生产压差2~6MPa时为投产后30~50d。即油井投产后，如果地面条件允许，可不防砂生产，30~50d后再采取防砂措施。

二、油气藏防砂方法及工艺

（一）防砂方法分类与优选

1. 防砂方法分类

根据疏松砂岩储层特点，油气井防砂工艺主要分为机械滤砂管防砂、化学防砂（树脂固砂以及树脂涂覆砂防砂）、筛管砾石充填防砂、压裂防砂、机械与化学复合防砂5大类防砂方法。

2. 防砂方法优选

防砂方法选择原则应根据出砂预测和试采资料，立足于先期防砂完井，同时考虑保护油层，减少伤害，以确保油井获得最大产能为目标。

防砂方法优选须考虑的因素有完井类型、完井井段长度、井身状况、油层物性、油藏流体物性、生产方式、工作制度、产能损失、成本费用等。具体如表4-1-2所示。

表4-1-2 防砂方法优选所考虑的因素及分级

一级因素	二级因素	
地质因素	胶结程度	油砂中值
	垂向非均质性	地层砂分选性
	地层砂均匀度	泥质含量
	出砂程度	出砂类型
油藏因素	产液黏度	沥青质含量
	含水饱和度	水气夹层
	油藏压力	油藏温度
	渗透率	油层厚度
生产因素	产能大小	开采方式
	井液腐蚀	防砂阶段
	生产压差	地层亏空
井身结构	油层中深	井段长度
	井眼尺寸	井身状况
	完井方式	套管状况
	夹层厚度	射孔参数

防砂工艺方法的优选是根据油气井出砂预测和实际出砂情况，考虑影响地层出砂的各种决策因素，借助各种防砂工艺适应性知识库（表4－1－3）、室内实验结论并结合专家经验，利用模糊数学和BP人工神经网络的有关原理对各种防砂方法进行综合技术评判，评价各种防砂工艺与特定油气层、区块的适应性，筛选出技术上可行的防砂工艺方法；然后对这些防砂方法分别进行防砂作业后的产能预测以及防砂效果评价在充分考虑各种经济因素影响，采用不同防砂有效期方案的经济评价方法进行经济评价，最后优选出技术上合理、经济上可行的防砂工艺类型和方法。

表4－1－3　防砂工艺适应知识库

因素	防砂方法					
	衬管	滤砂管	筛管＋砾石充填	树脂固砂	树脂涂层砂	压裂防砂
适应地层砂尺寸	中－粗	中－粗	细－粗	细粉－中	各种尺寸	细－粗
泥质低渗透地层	—	—	—	—	—	—
非均质地层	适用	适用	适用	—	适用	适用
多油层	适用	适用	适用	—	适用	—
井段长度	短－长	＞3m	短－长	＜5m	＜10m	短－长
高压井	—	—	—	适用	—	适用
高产井	—	—	适用	适用	—	—
裸眼井	—	—	适用	—	—	—
热采井	—	适用	适用	—	—	适用
严重出砂井	—	—	适用	适用	适用	适用
产液腐蚀性强	—	适用	适用	适用	适用	适用
定向井	适用	适用	适用	适用	适用	难度大
老油井	适用	适用	适用	适用	适用	适用
套管完井	适用	适用	适用	适用	适用	适用
套管直径	常规	常规	常规	小－常规	小－常规	常规
井内留物	有	有	有	无	无	有
费用	低	低	中	高	中－高	高
成功率	高	高	高	低－中	中－高	中－高
有效期	短	短	长	中－长	中－长	长

（二）防砂工艺设计

防砂工艺效果预测与评价如下：

1）防砂后静态产能预测

使用防砂产能比表示油井防砂后的产能与不防砂情况下产能的比值，用于评价防砂措施对油井产能的影响。

套管射孔油井的防砂产能比为：

$$PR=\frac{\ln\dfrac{0.472r_e}{r_w}+S+S_p}{\ln\dfrac{0.472r_e}{r_w}+S+S_p+S_{sc}} \tag{4-1-19}$$

式中，PR 为防砂产能比，无量纲；S 为油井固有表皮系数，如井斜、部分射开等造成的表皮系数；S_p 为油井射孔表皮系数；S_{sc} 为防砂附加表皮系数；r_e、r_w 为油井泄油半径和井眼半径，m。

只要首先计算得到油井固有表皮系数、射孔表皮系数以及防砂措施造成的附加表皮系数，就可计算防砂产能比。

对于管外砾石充填和化学剂挤注区域，其中的流动为径向流动，其达西和非达西流表皮系数分别为：

$$S_{in}^{l}=\left(\frac{k_f}{k_{in}}-1\right)\ln\frac{r_{in}}{r_w} \tag{4-1-20}$$

$$S_{in}^{t}=q\cdot\frac{k_f}{\mu}\cdot\frac{\beta_{in}\rho}{2\pi h}\left(\frac{1}{r_w}-\frac{1}{r_{in}}\right)\cdot\left(\frac{k_f}{k_{in}}-1\right) \tag{4-1-21}$$

充填有砾石的射孔炮眼内为单向线性流动，其达西和非达西流表皮系数分别为：

$$S_g^{l}=\frac{hk_f}{h_pk_g}\frac{2L_p}{SD\cdot r_p^2} \tag{4-1-22}$$

$$S_g^{t}=q\cdot\frac{2k_fh\cdot\beta_g\rho BL_p}{\mu h_p^2\cdot SD^2\cdot\pi r_p^4} \tag{4-1-23}$$

对于出砂严重的老井，炮眼长度按水泥环厚度计算；对于新井，按实际给定值计算。

套管完井的油井进行砾石充填防砂后，套管与筛管环空中充满砾石形成环空砾石层。其中的流动以往通常按锥形扩散流动计算，其达西和非达西流表皮系数分别为：

$$S_{ga}^{l}=\frac{2k_fh}{k_gh_p\cdot SD}\cdot\frac{r_{ci}-r_{so}}{R-r_p}\cdot\left(\frac{1}{r_p}-\frac{1}{R}\right) \tag{4-1-24}$$

$$S_{ga}^{t}=q\cdot\frac{2k_fh\cdot\beta_g\rho B}{3\mu\pi h_p^2\cdot SD^2}\cdot\frac{r_{ci}-r_{so}}{R-r_p}\cdot\left(\frac{1}{r_p^3}-\frac{1}{R^3}\right) \tag{4-1-25}$$

若射孔相位角不等于0°或180°：

$$R=\sqrt{\frac{2r_{so}}{SD}} \tag{4-1-26}$$

若射孔相位角等于0°或180°：

$$R=\sqrt{\frac{A_r}{\pi\cdot h_p\cdot SD}},\ A_r=2r_{so}\cdot h_p\cdot\arccos\left(\frac{r_{so}-r_p}{\sqrt{(r_{so}-r_p)^2+r_{ci}^2}}\right) \tag{4-1-27}$$

筛管或滤砂管渗透层内的流动按径向流计算，忽略非达西流动，其相应的表皮系数为：

$$S_s^{l}=\frac{k_f}{k_s}\ln\frac{r_{so}}{r_{si}} \tag{4-1-28}$$

上述各符号说明如下：h_p 为油层射孔段长度，m；k_g 为砾石层原始渗透率，μm²；k_{in} 为化学剂或涂敷砂等管外挤注区域渗透率，μm²；k_s 为筛管/滤砂管渗透层渗透率，μm²；L_p 为射孔孔眼长度，m；R 为筛管上锥形扩散底面圆等效半径，m；r_{ci} 为套管内半径，m；r_{in} 为化学剂或涂敷砂等管外挤注区域半径，m；r_p 为射孔孔眼半径，m；r_{si} 为筛管/滤砂管内半径，m；r_{so} 为筛管/滤砂管外半径，m；r_{wk} 为裸眼井油层段扩眼半径，m；SD 为射孔密度，孔/m；S_g^l、S_g^t 为炮眼砾石层达西流和非达西流表皮系数；S_{ga}^l、S_{ga}^t 为筛套环空砾石层达西和非达西流表皮系数；S_{in}^l、S_{in}^t 为充填/挤注区域的达西流和非达西流表皮系数；V_c 为化学防砂化学剂溶液挤注量，m^3；V_g 为砾石/涂敷砂/干灰砂管外充填量，m^3；φ 为地层孔隙度，小数；ΔP_g 为射孔炮眼砾石层的流动压降，Pa；ΔP_{in} 为管外挤注区域流动压降，Pa；ΔP_{ga} 为筛套环空砾石层流动压降，Pa；β_g 为炮眼砾石层紊流速度系数，m^{-1}；β_{in} 为挤注区域紊流速度系数，m^{-1}。

设 PI_0 为根据防砂前正常数据计算得到的防砂前油井产液指数，则防砂后的产液指数为

$$PI = \mathrm{NPI} \cdot PI_0 \tag{4-1-29}$$

根据上述分析，防砂井产能预测的核心是对防砂措施的评价，即评价防砂措施对油井产能造成的影响，归结为当量产能比。这样，只要知道油井防砂前的生产情况，便可准确预测防砂后的生产动态。

2）动态产能及有效期预测

上述对油井防砂后的产能预测属于静态预测，仅利用防砂施工参数预测防砂后初始防砂表皮系数和产能比。实际上，即使油井生产条件不变，由于挡砂介质堵塞防砂井表皮和产能是随时间逐步降低的，造成油井产量逐步降低。降低到一定程度后，防砂措施失效。这是目前油井防砂后有效期预测的理论基础，其研究目前处于初步阶段。

所谓动态产能预测是指对于防砂后油井产能随时间变化的动态规律进行预测。油井产能动态变化的根本原因之一是挡砂介质被逐步堵塞造成渗透率和产能比下降。要进行动态产能预测，挡砂介质堵塞渗透率的变化规律预测是关键。

根据大量的砾石层挡砂堵塞规律实验结果，拟合堵塞渗透率比随时间的变化规律近似符合对数变化规律：

$$k_r = 1 - Y_s A_r \ln(t) + B_r \tag{4-1-30}$$

式中，t 为实验（生产）时间，s；k_r 为时间 t 时的砾石层堵塞渗透率比；A_r、B_r 为经验拟合系数；Y_s 为综合堵塞影响系数。

综合堵塞影响系数 Y_s 用来表征含砂率、GSR、黏土含量、细质含量、产液强度、原油黏度等生产参数对堵塞变化规律和最终堵塞程度的影响。综合堵塞影响系数 Y_s 通过上述各单项生产条件的堵塞影响系数加权平均计算得到：

$$Y_S = W_{qs}Y_{qs} + W_{GSR}Y_{GSR} + W_{Rc}Y_{Rc} + W_{Rf}Y_{Rf} + W_{Uo}Y_{Uo} + W_{ql}Y_{ql} \tag{4-1-31}$$

式中，Y_{qs}、Y_{GSR}、Y_{Rc}、Y_{Rf}、Y_{Uo}、Y_{ql} 分别为含砂率、GSR、黏土含量、细质含量、原油黏度、产液强度的单项堵塞影响系数；W_{qs}、W_{GSR}、W_{Rc}、W_{Rf}、W_{Uo}、W_{ql} 分别为上述对应各单项因素所占的权重系数。

根据实验结果得到的砾石层 FPR 与各生产条件的定量关系，发现砾石层 FPR 随各因素的基本变化规律相似，可统一采用如下经验公式描述单项堵塞影响系数与生产参数之间的关系：

$$Y_i = \left(\frac{X_i}{K_i}\right)^{n_i} \tag{4-1-32}$$

式中，Y_i 为第 i 个生产因素单项堵塞影响系数；X_i 为第 i 个生产条件的实验数据；K_i 为第 i 个因素的拟合特征值；n_i 为第 i 个因素的拟合系数。

砾石充填层随生产时间延长逐步被堵塞，堵塞渗透率（比）通过上述经验模型计算，然后可计算给定生产时间下的防砂表皮系数 S_{SC}。防砂介质堵塞造成的产能比为：

$$R(t)=\frac{\ln\frac{0.472r_e}{r_w}+S}{\ln\frac{0.472r_e}{r_w}+S+S_p+S_{sc}(t)} \tag{4-1-33}$$

式中，r_w 为井眼半径，m；r_e 为油井控制泄油半径，m；S 为由钻井污染引起的油井固有表皮系数，无量纲；S_p 为射孔表皮系数，无量纲；$S_{sc}(t)$ 为在 t 时间由于防砂介质堵塞造成的防砂表皮系数，无量纲；$R(t)$ 为 t 时间的由于防砂介质堵塞造成的产能比，无量纲。

上述产能比的定义是防砂后与防砂前产能的比值。为表征投产后防砂产能的下降规律，定义产能保持率为：

$$K(t)=\frac{R(t)}{R(0)} \tag{4-1-34}$$

式中，$K(t)$为投产后 t 时间的产能保持率；$R(0)$ 为投产初期的综合产能比。

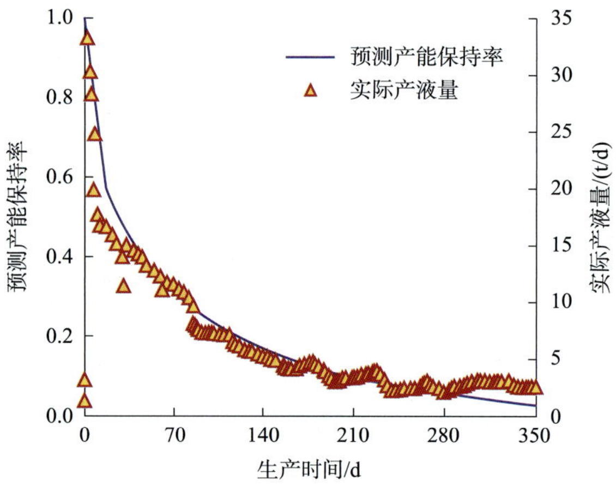

图 4-1-7　某井产能保持率与实际产量对比

图 4-1-7 为预测到某油井防砂产能保持率与实际产液量的对比变化规律。根据防砂有效期评价界限（即防砂失效的最低产能保持率界限）即可预测防砂有效期。

3）防砂效果评价方法

防砂效果评价是油井防砂综合决策的重要内容之一，只有进行科学客观地评价，才能确定防砂决策是否科学、防砂措施是否合理，总结成功的经验，寻找失败的原因，为改进防砂工艺决策和参数设计提供依据。

防砂措施对油井生产动态主要产生如下 3 方面的作用：

（1）挡砂作用。即防砂措施应该能够阻挡地层继续出砂或将其阻挡在井底。

（2）增产作用。即采取防砂措施后提高了油井的实际产量。在有些情况下，防砂后能够放大压差生产从而达到增产效果也是防砂措施的重要目的之一。

（3）对井底流动条件的改善作用。任何防砂措施都会在井底产生新的阻力区域或改变已有渗流介质的特性，即改变井底附近的流动条件，从而对油井的表皮系数、产油指数产生影响。防砂措施前后油井的日产量的变化除了与井底流动条件改善有关外，还可能与采取的工作制度有关；而表皮系数、无阻流量、采油指数等指标则与工作制度无关，才能更真实地体现防砂措施对油井生产动态的实质影响。

根据上述分析，防砂措施效果的综合评价应考虑上述 3 方面的作用，相应的效果评价体系可分为 3 个层次：第一个层次为挡砂效果评价；第二个层次为增产效果评价；第三个层次为防砂措施改善井底流动条件的效果评价。前两个层次的评价反映的是直观现象，而第三个层次的评价才真实反映防砂措施对油井流动条件的影响，对于分析防砂参数设计和施工是否合理具有重要意义。

防砂措施的挡砂效果评价根据防砂措施前后的出砂监测得到的含砂率或出砂速度进行，可参考相关标准或推荐做法。

防砂措施的增产效果评价反映防砂措施在增产方面的作用。增产效果评价指标包括平均日增油量、累积增油量。增产效果评价的基础数据为油井防砂措施前后的生产日报资料，进行评价时须首先确定措施前后的评价期限。具体方法可参考相关标准或推荐做法。

防砂措施改善井底流动条件效果评价依据数据来源有 2 种：①防砂措施前后的产能试井资料，这是最直接也是最准确的资料；②防砂措施前后的生产日报资料。根据实际矿场资料的齐备情况，可使用油井的采液指数作为防砂措施前后评价油井井底流动条件改善的评价指标。假设计算得到的防砂前、后的产液指数分别为 K_0 和 K_1，则将其变化比作为改善井底流动条件评价指标，即

$$M_3 = \frac{K_1 - K_0}{K_0} \tag{4-1-35}$$

式中，M_3 为防砂措施改善井底流动条件效果评价指标。

挡砂效果评价指标、增产效果评价指标、改善井底流动条件效果评价指标反映防砂措施对油井影响的 3 个不同的方面；引入权重系数，将 3 方面效果评价指标加权得到综合效果评价指标：

$$M = M_1 \cdot W_1 + M_2 \cdot W_2 + M_3 \cdot W_3 \tag{4-1-36}$$

式中，W_1、W_2、W_3 分别为挡砂效果、增产效果、改善井底流动条件效果的权重系数，$W_1 + W_2 + W_3 = 1$；M 为综合评价指标，无量纲。

当 $M = 1$ 时，表示效果最好；$M \leqslant 0$ 时表示效果差或无效。由综合评价指标 M 可根据表 4-1-4 定性判断防砂措施的综合效果。

表 4-1-4　综合效果评价定量指标与定性指标之间的关系

定量指标	定性指标
>0.75	好
0.40～0.75	较好
0.20～0.40	一般
0.05～0.20	较差
<0.05	极差

上述防砂措施效果综合评价方法体系方便灵活、操作性强，既可以通过权重系数设置单独体现某一方面的效果，也可以体现考虑各方面效果的综合效果。

第二节　化学防砂

化学防砂方法是用化学剂将地下未胶结的砂粒固结或将地面预固好的砾石充填到地层进行固结达到防砂产油的目的。化学防砂大致可分 3 类（图 4-2-1）：一类是树脂胶结地层砂，可以用成品树脂注入地层，也可以在地层中合成树脂来胶结地层砂；第二类是形状记忆

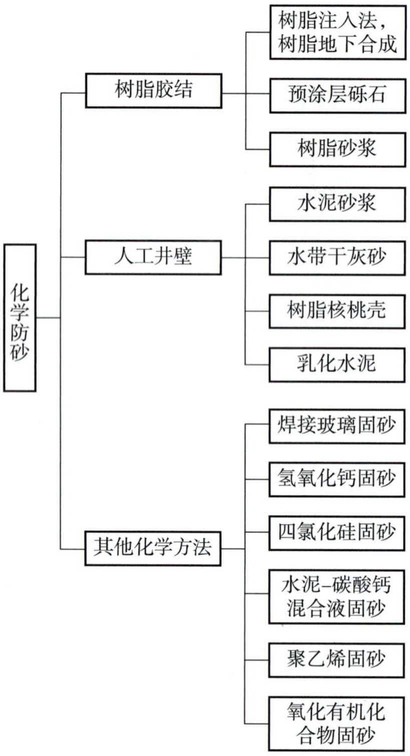

图 4－2－1　化学防砂分类

筛管。形状记忆筛管种类很多，如预涂层砾石、树脂砂浆、水带干灰砂、水泥砂浆、乳化水泥、树脂核桃壳等，这些形状记忆筛管材料都要通过管柱泵送到产层，并挤入套管以外的储层孔隙中去，形成密实充填层，使地层恢复或部分恢复原始应力，待这些充填材料凝固，形成具有一定强度的挡砂屏障后，再把井筒中多余的充填物钻铣掉，使油、气井具备开井生产条件；第三类是其他化学固砂法。这一类方法制约条件较多，使用不广泛，主要以下几种：焊接玻璃固砂法、氢氧化钙固砂法、四氯化硅固砂法、水泥－碳酸钙混合液固砂法、聚乙烯固砂法和氧化有机化合物固砂法。

一、化学固砂防砂

防砂用固砂剂主要有有机固砂剂和无机固砂剂。无机固砂剂有水泥、石灰、硅酸、硅酸钙等，有机固砂剂包括冻胶型固砂剂（以聚丙烯酰胺为主）、树脂型固砂剂（酚醛树脂、环氧树脂、呋喃树脂、脲醛树脂）、形状记忆聚合物型固砂剂和沥青质等。

（一）有机固砂剂

目前应用较为广泛的有机固砂剂为树脂型固砂剂，常用的树脂型固砂剂主要有酚醛树脂、环氧树脂、糠醛树脂、呋喃树脂、脲醛树脂、有机硅树脂等。

1. 树脂固砂剂的性能

1）常用树脂固砂剂的性能及适用条件（表 4－2－1）

表 4－2－1　常用树脂固砂剂的性能及适用条件

树脂名称	性能			适用条件
	抗压强度/MPa	渗透率保留率/%	使用温度/℃	
酚醛树脂	≥2	60～70	100	适用于油井和注水井早期防砂，出砂量少，黏土含量低的油砂层
脲醛树脂	2.0～2.5	30～40	100	—
呋喃树脂	2.1～3.5	60～70	350	—
环氧树脂	15	60～70	100	—
有机硅	2～5	90 以上	100	—

2）常用高温树脂固砂剂的性能及适用条件（表 4－2－2）

表 4-2-2　常用高温树脂固砂剂的性能及适用条件

树脂名称	性能			适用条件
	渗透率/μm^2	抗压强度/MPa	使用温度/℃	
有机硅固砂	8~20	1~3	300 以上	适用于油井和注水井早期防砂，出砂量少，黏土含量低的油砂层
改性呋喃树脂		2.1~3.5	300 以上	—
有机硅改性呋喃	1~5	1~3	300 以上	—

3）常温或低温树脂固砂剂

目前常用的常温或低温树脂固砂剂主要为新型环氧-酚醛树脂，是采用共混的方法制备的一种以环氧树脂和酚醛树脂为主要原料，不需要其他固化剂的新型树脂固砂剂。其固结温度可低至 35℃。

2. 树脂固砂剂的施工

以酚醛树脂新井施工为例，树脂固砂剂的施工步骤如下：

（1）通井、替泥浆：用小于套管内径 4~6mm 的通井规通至油层底界以下 20m，要求通井过程无遇阻现象，然后采用无固相清洁液体将井筒内泥浆顶替干净，在射孔段替入添加防膨剂和防乳化剂的射孔液。

（2）射孔：采用负压射孔，要求孔密 20 孔/m 以上，孔径不小于 ϕ10mm。

（3）刮管、洗井：下入适合套管刮管器刮管，刮管速度小于 20 根/h，刮削至油层底界 10m 后充分反洗井，排量 600L/min 左右，直至将井内的脏物完全冲出为止。

（4）下入防砂施工管柱。

①全井采用光油管施工管柱，管柱尾深在油层顶界以上 5~10m，装好井口进行施工。

②多油层长井段井采用分层化学防砂工艺管柱，从下而上逐段防砂，每段控制井段长在 20m 以内。

（5）正挤活性柴油，柴油中加入 1% 的 FAE 活性剂，即为活性柴油，用量为每米射孔油层不少于 500L，排量 300L/min。

（6）正挤盐酸浓度为 5%~7%，每米射孔油层不少于 200L，排量 300L/min。

（7）正挤柴油用量 $2m^3$，排量 300L/min。

（8）正挤酚醛树脂溶液每米射孔油层不少于 200L，排量 300L/min。

（9）正挤增孔剂（柴油）用量为树脂用量的 2~3 倍，排量 300L/min。

（10）正挤固化剂（盐酸）盐酸浓度 10%~12%，用量为树脂量的 2~3 倍，排量 300L/min。

（11）正挤顶替液（柴油）将盐酸全部挤入油层，排量 300L/min。

（12）关井候凝 48h 以上。

（13）压井、探树脂面、钻塞至人工井底。

（14）下入生产管柱投产。

（二）无机固砂剂

目前常用的无机固砂剂种类为无机硅固砂剂、水泥-碳酸钙混合液、氯化硅、氢氧化钙等，其性能及适用条件见表4－2－3。

表4－2－3　常见无机固砂剂的性能及适用条件

无机固砂剂种类	性能	适用条件
无机硅固砂剂	固砂强度大，渗透率保留率高，耐温350℃以上	适用于热采井
氢氧化钙		适用于热采井
水泥－碳酸钙混合液	碳酸钙的最佳含量为50%～65%	适用于产量小于2t/d、含水量大于50%和地层压力高于$25kg/cm^2$的油井

二、形状记忆筛管防砂

（一）形状记忆筛管防砂种类及适用条件

形状记忆筛管防砂的种类很多，目前常用的主要有水带干灰砂、树脂砂浆、树脂核桃壳及覆膜砂，其性能及适用条件见表4－2－4。

表4－2－4　常见人工井壁防砂的性能适用条件

人工井壁种类		性能	适用条件
水带干灰砂		油井水泥不过期、不结块；石英砂度范围应为地层砂粒度中值的4～8倍	已出砂的油井防砂，油层井段在20m以内的油井防砂，低压油井后期防砂，浅井（100m左右）防砂
树脂砂浆		树脂黏度为1000～2000mPa·s；石英砂粒度范围应为地层砂粒度中值的4～8倍	适用于油水井后期防砂；油层井段在20m以内的、吸收能力较高的油水井
树脂核桃壳		树脂黏度为1000～2000mPa·s；核桃壳粒度范围应为地层砂粒度中值的4～8倍	适用于油水井早期防砂；射孔井段在20m以下的全井防砂；出砂量较少的油井防砂
覆膜砂	酚醛树脂覆膜砂	抗压强度≥4.0MPa 渗透率保留率≥80%	适用于油层温度大于65℃，油层吸收能力较大的油水井防砂
	环氧树脂覆膜砂		

（二）常用形状记忆筛管防砂施工工艺

1. 人工井壁老井防砂的施工步骤

1）水带干灰砂老井防砂的施工步骤

（1）压井、起原井生产管柱。

（2）探砂面、并冲砂至人工井底。

（3）下入适合套管刮管器刮管，刮管速度小于20根/h，刮削至油层底界10m后充分反洗井，排量600L/min左右，直至将井内的脏物完全冲出为止。

（4）套管试压：下入带有封隔器的验套管柱，在油层顶界10m左右避开套管接箍位置坐封，在油套环空打压12MPa，稳压5min，压降小于0.5MPa合格。

（5）下光油管尾深至油层顶界以上10m左右。

(6) 连接施工车辆地面管线，试压。

(7) 正循环携砂液，至套管返水，关套管闸门。

(8) 正挤携砂液，调整泵压和排量，求地层吸收能力，当泵压稳定，排量在500L/min以上，确认吸收能力符合要求。

(9) 加砂（已配好的干灰砂）应控制加砂比在5%～10%（体积比），若排量超过1000L/min时，加砂比可提高至10%～15%，在正常情况下将干灰砂加完。若加砂过程中出现泵压上升，排量下降，应依据情况停止加砂。一般当泵压上升值为稳定值的50%时，应立即停止加砂。

(10) 正挤顶替液，使携带干灰砂的液体全部挤入地层。

(11) 关井候凝72h以上。

(12) 探砂面，冲砂，钻塞至人工井底。

(13) 下入生产管柱投产或投注。

2) 树脂砂浆老井防砂的施工步骤

(1) 压井、起原井生产管柱。

(2) 探砂面、并冲砂至人工井底。

(3) 下入适合套管刮管器刮管，刮管速度小于20根/h，刮削至油层底界10m后充分反洗井，排量600L/min左右，直至将井内的脏物完全冲出为止。

(4) 套管试压：下入带有封隔器的验套管柱，在油层顶界10m左右避开套管接箍位置坐封，在油套环空打压12MPa，稳压5min，压降小于0.5MPa合格。

(5) 下光油管尾深至油层顶界以上10m左右。

(6) 连接施工车辆地面管线，试压。

(7) 正挤携砂液至泵压稳定，排量达500L/min则开始加入已拌合好的树脂砂浆，携砂比控制在10%（体积比），在正常情况下将砂浆加完，若泵压上升值为稳定值的30%时应立即停止加砂。

(8) 正挤顶替液（同携砂液），使砂浆全部进入地层，但不要过量。

(9) 正挤固化剂，其用量应为砂浆量的2～3倍。

(10) 关井候凝72h以上。

(11) 压井、探砂面、冲砂或钻塞至人工井底。

(12) 下入生产管柱投产。

3) 树脂核桃壳人工井壁老井防砂的施工步骤

(1) 压井、起原井生产管柱。

(2) 探砂面、并冲砂至人工井底。

(3) 下入适合套管刮管器刮管，刮管速度小于20根/h，刮削至油层底界10m后充分反洗井，排量600L/min左右，直至将井内的脏物完全冲出为止。

(4) 套管试压：下入带有封隔器的验套管柱，在油层顶界10m左右避开套管接箍位置坐封，在油套环空打压12MPa，稳压5min，压降小于0.5MPa合格。

(5) 光油管完成井深至油层顶界以上5～10m。

(6) 连接施工车辆地面管线，清水试压。

(7) 正替轻质原油，将井内压井液全部替出，使井筒内充满油。

（8）正替携砂液出油管鞋。

（9）正挤携砂液求地层吸收能力，当泵压稳定，排量达500L/min左右时，即可满足加入树脂核桃壳（通称为“砂”）的条件。

（10）加入树脂核桃壳携砂比控制在5%～10%（体积比），在正常情况下将设计量加完。若泵压上升超过稳定值的30%～50%时，应停止加“砂”。

（11）正挤顶替液（同携砂液）使树脂核桃壳全部进入射孔炮眼内。

（12）正挤10%～12%的盐酸作为固化剂，其用量为树脂核桃壳的2～3倍。

（13）正挤顶替液（同携砂液），将酸全部挤入地层。

（14）关井候凝48h以上。

（15）压井、探砂面、钻冲至人工井底。

（16）下入生产管柱投产。

4）覆膜砂的施工步骤（以环氧树脂覆膜砂为例）

（1）压井、起原井生产管柱。

（2）探砂面、并冲砂至人工井底。

（3）下入适合套管刮管器刮管，刮管速度小于20根/h，刮削至油层底界10m后充分反洗井，排量600L/min左右，直至将井内的脏物完全冲出为止。

（4）套管试压：下入带有封隔器的验套管柱，在油层顶界10m左右避开套管接箍位置坐封，在油套环空打压12MPa，稳压5min，压降小于0.5MPa合格。

（5）光油管完成至油层顶界以上5～10m。

（6）连接施工车辆地面管线，清水试压合格。

（7）正替携砂液至套管出口返水，关套管闸门。

（8）正挤携砂液，调整泵压和排量，当泵压稳定，排量达500L/min以上时，开始加入覆膜砂，携砂比控制在5%～10%（砂液体积比），在正常情况下将覆膜砂加完。若加砂过程中出现泵压上升，排量下降，应依据情况停止加砂。若泵压上升值为稳定值的50%时应立即停止加砂。

（9）正挤顶替液（同携砂液）至覆膜砂全部挤入地层。

（10）关井候凝72h以上。

（11）压井、探砂面，并冲钻至人工井底。

（12）下入生产管柱投产。

2. 人工井壁新井防砂的施工步骤

1）水带干灰砂新井防砂的施工步骤

（1）通井，通至人工井底，大排量替泥浆，将泥浆替出井筒。

（2）射孔，按照射孔通知单要求，对井段实施射孔。

（3）根据射孔情况做好井控、压井。

（4）刮管、洗井，下入适合套管刮管器刮管，刮管速度小于20根/h，刮削至油层底界10m后充分反洗井，排量600L/min左右，直至将井内的脏物完全冲出为止。

（5）下光油管尾深至油层顶界以上10m左右。

（6）连接施工车辆地面管线，试压。

（7）正循环携砂液，至套管返水，关套管闸门。

（8）正挤携砂液，调整泵压和排量，求地层吸收能力，当泵压稳定，排量在500L/min以上，确认吸收能力符合要求。

（9）加砂（已配好的干灰砂）应控制加砂比在5%～10%（体积比），若排量超过1000L/min时，加砂比可提高至10%～15%，在正常情况下将干灰砂加完。若加砂过程中出现泵压上升，排量下降，应依据情况停止加砂。一般当泵压上升值为稳定值的50%时，应立即停止加砂。

（10）正挤顶替液，使携带干灰砂的液体全部挤入地层。

（11）关井候凝72h以上。

（12）探砂面，冲砂，钻塞至人工井底。

（13）下入生产管柱投产或投注。

2）树脂砂浆新井防砂的施工步骤

（1）通井，通至人工井底，大排量替泥浆，将泥浆替出井筒。

（2）射孔，按照射孔通知单要求，对井段实施射孔。

（3）根据射孔情况做好井控、压井。

（4）刮管、洗井，下入适合套管刮管器刮管，刮管速度小于20根/h，刮削至油层底界10m后充分反洗井，排量600L/min左右，直至将井内的脏物完全冲出为止。

（5）下光油管尾深至油层顶界以上10m左右。

（6）连接施工车辆地面管线，试压。

（7）正挤携砂液至泵压稳定，排量达500L/min则开始加入已拌和好的树脂砂浆，携砂比控制在10%（体积比），在正常情况下将砂浆加完，若泵压上升值为稳定值的30%时应立即停止加砂。

（8）正挤顶替液（同携砂液），使砂浆全部进入地层，但不要过量。

（9）正挤固化剂，其用量应为砂浆量的2～3倍。

（10）关井候凝72h以上。

（11）压井、探砂面、冲砂或钻塞至人工井底。

（12）下入生产管柱投产。

3）树脂核桃壳人工井壁新井防砂的施工步骤

（1）通井，通至人工井底，大排量替泥浆，将泥浆替出井筒。

（2）射孔，按照射孔通知单要求，对井段实施射孔。

（3）根据射孔情况做好井控、压井。

（4）刮管、洗井，下入适合套管刮管器刮管，刮管速度小于20根/h，刮削至油层底界10m后充分反洗井，排量600L/min左右，直至将井内的脏物完全冲出为止。

（5）光油管完成井深至油层顶界以上5～10m。

（6）连接施工车辆地面管线，清水试压。

（7）正替轻质原油，将井内压井液全部替出，使井筒内充满油。

（8）正替携砂液出油管鞋。

（9）正挤携砂液求地层吸收能力，当泵压稳定，排量达500L/min左右时，即可满足加入树脂核桃壳（通称为“砂”）的条件。

（10）加入树脂核桃壳携砂比控制在5%～10%（体积比），在正常情况下将设计量加完。若泵压上升超过稳定值的30%～50%时，应停止加“砂”。

（11）正挤顶替液（同携砂液）使树脂核桃壳全部进入射孔炮眼内。

（12）正挤10%～12%的盐酸作为固化剂，其用量为树脂核桃壳的2～3倍。

（13）正挤顶替液（同携砂液），将酸全部挤入地层。

（14）关井候凝48h以上。

（15）压井、探砂面、钻冲至人工井底。

（16）下入生产管柱投产。

4）覆膜砂的施工步骤（以环氧树脂覆膜砂为例）

（1）通井，通至人工井底，大排量替泥浆，将泥浆替出井筒。

（2）射孔，按照射孔通知单要求，对井段实施射孔。

（3）根据射孔情况做好井控、压井。

（4）刮管、洗井，下入适合套管刮管器刮管，刮管速度小于20根/h，刮削至油层底界10m后充分反洗井，排量600L/min左右，直至将井内的脏物完全冲出为止。

（5）光油管完成至油层顶界以上5～10m。

（6）连接施工车辆地面管线，清水试压合格。

（7）正替携砂液至套管出口返水，关套管闸门。

（8）正挤携砂液，调整泵压和排量，当泵压稳定，排量达500L/min以上时，开始加入覆膜砂，携砂比控制在5%～10%（砂液体积比），在正常情况下将覆膜砂加完。若加砂过程中出现泵压上升，排量下降，应依据情况停止加砂。若泵压上升值为稳定值的50%时应立即停止加砂。

（9）正挤顶替液（同携砂液）至覆膜砂全部挤入地层。

（10）关井候凝72h以上。

（11）压井、探砂面，并冲钻至人工井底。

（12）下入生产管柱投产。

第三节　独立滤砂管防砂

独立滤砂管防砂技术是将具有挡砂效果的滤砂管下入到油层部位，借助顶部封隔器封隔从而实现挡砂的防砂方法。滤砂管具有较高的渗透性，允许地层流体通过但可以阻挡地层砂。该技术工序简单、施工安全、费用低、作业周期短，后期处理较简单。但是不足之处是无法实现对地层的改造，防砂有效期较砾石充填防砂短，泥质、地层砂堵塞后，产量下降较快。滤砂管防砂技术在常规直斜井、热采井中均有应用，是粗砂砾岩、水平井的重要防砂方式之一。滤砂管防砂工艺适用于地层出砂轻微、地层砂粒度中值较大、分选性较好的疏松砂岩油藏。目前常用的滤砂管有：金属棉滤砂管、树脂滤砂管、金属毡滤砂管、割缝筛管、筛网式滤砂管等。

一、滤砂管类型与适用条件

（一）金属棉滤砂管

目前金属棉滤砂管主要有两种形式：整体式金属棉和镶嵌式金属棉，其结构如图4-3-1、图4-3-2所示，技术参数见表4-3-1。镶嵌式由滤网、不锈钢金属棉丝、压板、焊缝、基管组成，整体式的由中心管（基管）、金属棉、保护管和扶正器组成。基管和保护管上均有钻孔，提供流体流动通道。在基管和保护管之间的夹层中充填有不锈网纤维，即金属棉，作为滤砂管的过滤介质。由于镶嵌式采用钻孔钢管上镶焊金属棉过滤片，焊接强度低，容易造成过滤片焊接不牢而脱落，导致整根滤砂管失效，后被整体式滤砂管所取代。

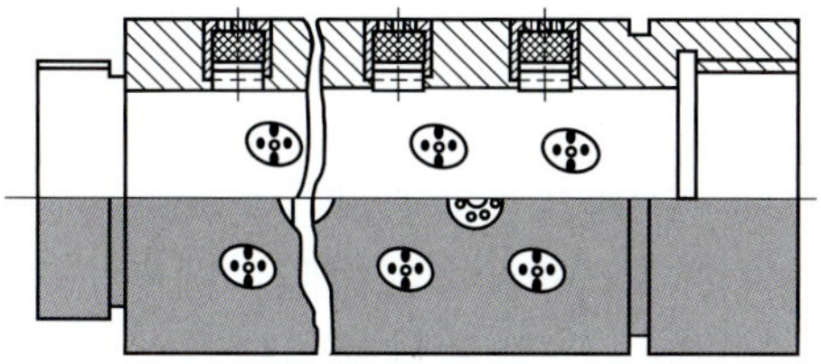

图4-3-1 镶嵌式滤砂管结构示意图

1—多孔盖；2—镶嵌式滤砂网

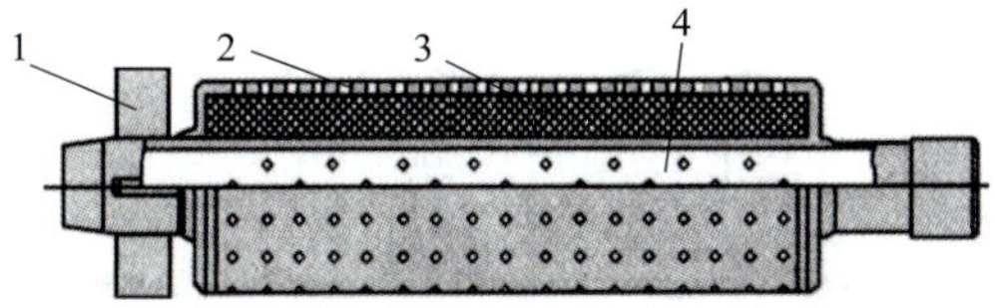

图4-3-2 金属棉滤砂管结构示意图

1—扶正片；2—保护管；3—金属棉；4—中心管

表4-3-1 金属棉滤砂管规格性能表

种类	最大外径/mm	中心管规格/mm	中心管滤孔规格	适用套管/in	金属棉厚度/mm	金属棉尺寸/mm	最小内径/mm
整体式	184	5½in	Φ10mm170孔/m	9⅝	10.5	Φ150×93	124
	133	3½in	Φ10mm300孔/m	7	10.5	Φ114×93	76
镶嵌式	146	140×120	Φ10mm170孔/m	7	5~7	Φ22	120
	140	140×120	Φ10mm170孔/m	7	5~7	Φ22	120
	108	108×82	Φ10mm131孔/m	5½	5~7	Φ22	82
	102	102×78	Φ10mm131孔/m	5½	5~7	Φ22	78

（二）金属毡滤砂管

金属毡滤砂管的组成及结构如图4-3-3所示。

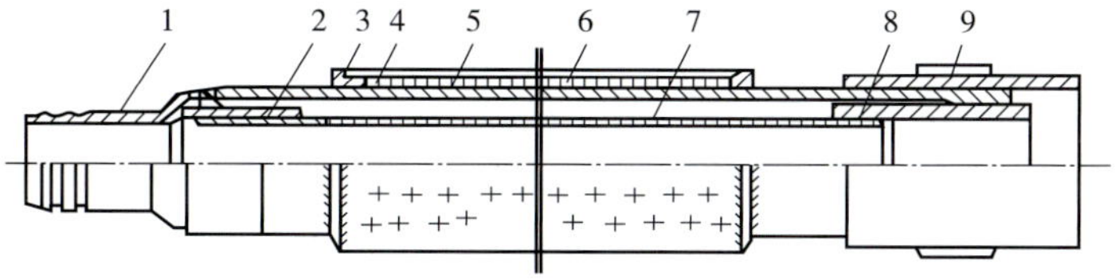

图4-3-3 金属毡滤砂管结构示意图

1—下流通接头；2—密封圈；3—挡板；4—外筛管；5—中心筛管；6—金属毡；7—中心管；8—上流通接头；9—接箍

金属毡滤砂管适用于直井、斜井、定向井、水平井等不同类型的管内和裸眼防砂，是应用最为广泛的滤砂管之一。金属毡滤砂管原理同金属棉滤砂管，只是采用多层不锈钢金属纤维烧结毡作为过滤介质。

金属毡滤砂管耐酸碱腐蚀、耐高温、寿命长，具有可靠性高、抗破坏能力强、渗透性好、挡砂精度高、弯曲性能好等优点。金属毡滤砂管介质挡砂精度为0.06mm和0.1mm，该种滤砂管由于性能优良，目前应用范围较广并已成功应用。其规格及性能见表4-3-2。

表4-3-2　金属毡规格及性能参数

规格/in	基管外径/mm	基管内径/mm	最大外径/mm
5½	139.7	124.2	160
4½	114.3	101.6	140
3½	88.9	76	116
2⅞	73	62	102
2⅜	60	50	76

（三）环氧树脂滤砂管

环氧树脂滤砂管适应于井眼曲度不大、套管无变形、无破损的垂直井。它由滤砂管、引鞋和中心管3部分组成，如图4-3-4所示。用精选好的石英砂和环氧树脂，按一定配比均匀混合，装入特制的模具中，在一定条件下固化成型，脱模后取出获得具有一定外形尺寸、适当渗透率的滤砂管和引鞋。

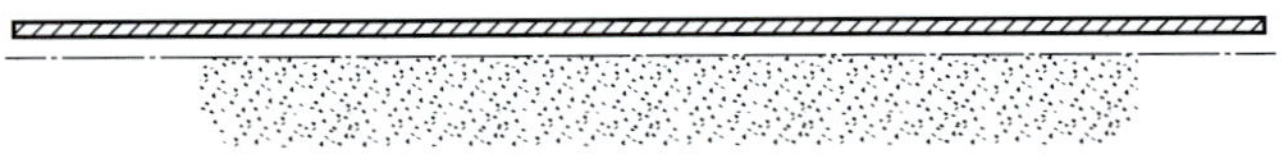

图4-3-4　环氧树脂滤砂管结构示意图

1—中心管；2—引鞋；3—滤砂管

环氧树脂滤砂管的组成及结构如图4-3-4所示，其性能见表4-3-3。

表4-3-3　环氧树脂滤砂管的规格及性能参数

规格	最大外径/mm	中心尺寸/in	渗透率/μm^2	抗压强度/MPa	适合套管/in	挡砂精度/μm
115	117	2½	>139.3	>9	5½	>100
140	142	2½	>139.3	>9	5½	>100

（四）割缝衬管

割缝衬管是在套管或油管上用多种方式切割出多条一定规格的纵向或螺旋直排、交错式缝隙，采用特殊超薄切割片和光束切割后而成，其缝宽（0.15~0.5mm）。缝截面为矩形、梯形（梯形角度为3°~8°）和特形（圆孔）等多种形态，缝隙的布置可根据需要进行加工。适用于地层砂粒径中值大于0.3mm且分选性较好的直井、斜井、水平井、分支井的裸眼完井和砾石充填防砂完井中。

割缝衬管的形式主要分为：纵向割缝和横向割缝，其缝的结构主要有平行式和楔缝式。其结构如图4-3-5所示，技术参数见表4-3-4。

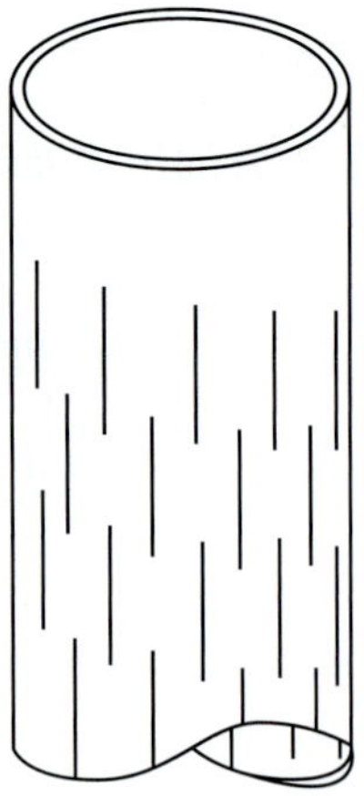

图4-3-5　割缝衬管结构示意图

表 4－3－4　割缝衬管技术参数

管径	60 ~ 300mm
壁厚	0. 5 ~ 10mm
长度	1 ~ 12mm
缝宽	0. 15 ~ 0. 5mm
缝长	0. 5 ~ 1000mm
割缝形状	直缝、梯形缝

（五）筛网式滤砂管

筛网式滤砂管自外向内由外保护套、过滤层、冲孔板、基管及端环等组成。挡砂粒径可以根据地层砂粒度组成或用户要求确定，可选挡砂粒径：70 ~ 300μm。其结构如图 4－3－6 所示，尺寸参数见表 4－3－5。

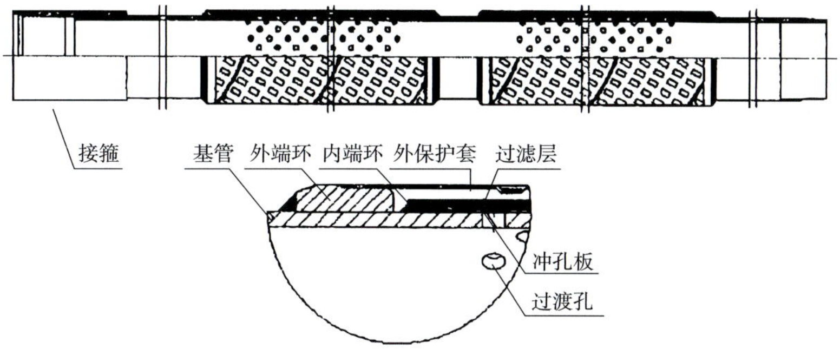

图 4－3－6　筛网式滤砂管结构示意图

表 4－3－5　筛网式滤砂管尺寸参数

型号	基管外径/mm	基管内径/mm	滤砂管最大外径/mm
SGSW60 型	60. 3	50. 6	76 ± 2
SGSW73 型	73	62	89 ± 2
SGSW89 型	88. 9	76	108 ± 2
SGSW101 型	101. 6	86	120 ± 2
SGSW114 型	114. 3	99. 6	135 ± 3
SGSW127 型	127	108. 6	150 ± 3
SGSW140 型	139. 7	124. 3	162 ± 3
SGSW168 型	168. 3	150. 4	185 ± 3
SGSW178 型	177. 8	159. 4	202 ± 3

二、直斜井滤砂管防砂工艺设计

（一）管柱设计原则

主体滤砂管长度应超过目的层上、下限各 2 ~ 2. 5m；对管柱采取扶正措施，优选可溶性扶正器，扶正器最大外径比套管内径小 4 ~ 6mm；优先选用相应尺寸双向卡瓦悬挂式丢手工具。

（二）滤砂管参数选择（表 4－3－6、表 4－3－7）

表 4－3－6　滤砂管直径选择表

套管尺寸/in	滤砂管外径/mm
4½	50≤D≤73
5	73≤D≤90
5½	90≤D≤108
7	108≤D≤140
9⅝	140≤D≤180

表 4－3－7　滤砂管过滤精度选择表

地层砂粒度中值/mm	过滤精度/mm
>0.08	0.06
>0.1	0.07
>1.2	0.09

（三）滤砂管施工管柱

主要由丝堵、滤砂管、扶正器、光管及悬挂防砂封隔器等组成，其施工管柱结构示意图如图 4－3－7、图 4－3－8 所示。

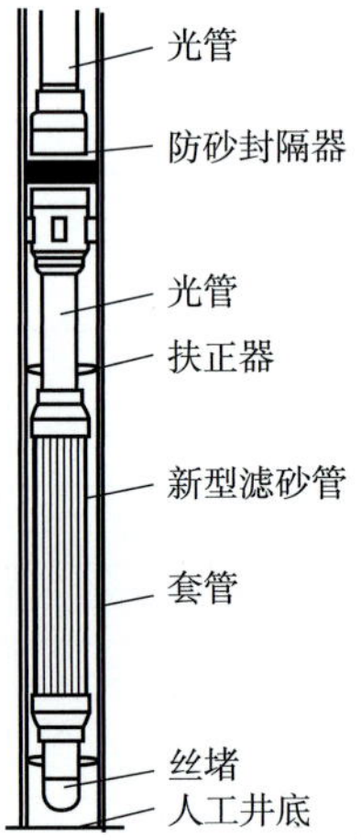

图 4－3－7　滤砂管施工管柱图

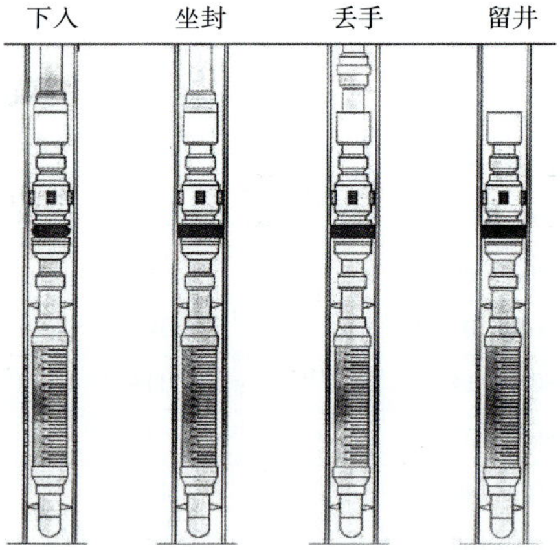

图 4－3－8　滤砂管防砂工艺流程图

三、可膨胀滤砂管防砂

（一）可膨胀滤砂管膨胀机理

膨胀衬管包括普通的可膨胀式割缝衬管、可膨胀式实体管和其他特殊类型的防砂膨胀管。特殊类型的膨胀防砂管由膨胀外套、膨胀基管、过滤层等组成（图 4－3－9）。

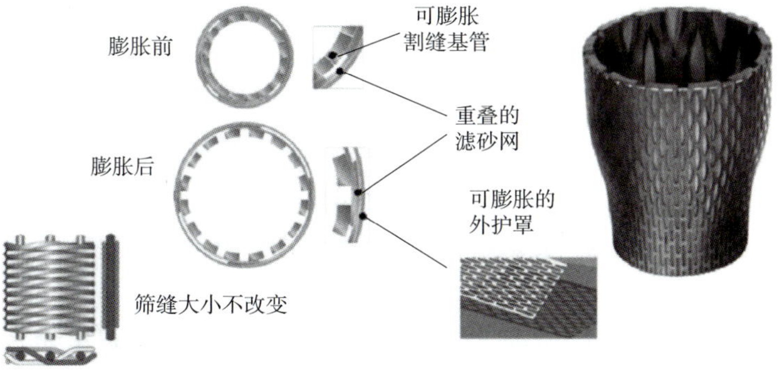

图 4－3－9　金属膨胀管

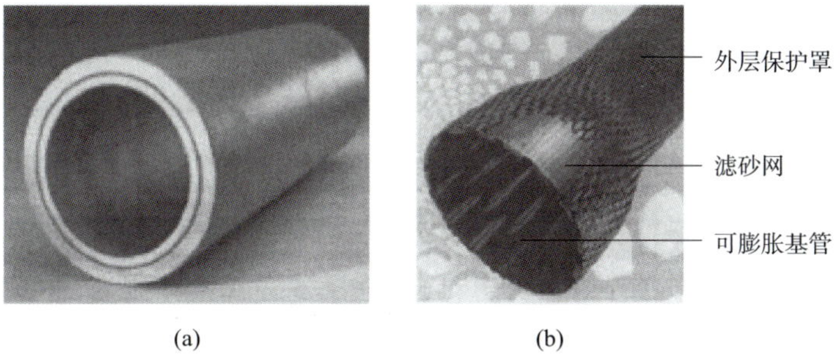

图 4－3－10　膨胀实体管和膨胀防砂筛管

膨胀实体管如图 4－3－10（a）所示，后来又在膨胀割缝管的基础上发展了用于防砂的膨胀防砂筛管，如图 4－3－10（b）所示。割缝膨胀管主要用于封隔复杂层段，代替常规割缝衬管防砂。而实体膨胀管主要用于修补套管、建井、多分支井和单一井径油井的建井。实体套管膨胀技术与割缝管膨胀技术的原理基本相同，都是基于管材的三维塑性变形，以割缝管膨胀技术简要说明其膨胀原理：膨胀工具为膨胀锥和心轴，在裸眼井内下入割缝管，割缝管的本体上有许多变错排列且相互重叠的轴向割缝，用拉力或压力使膨胀锥从上往下或从下往上膨胀，达到使管柱膨胀的目的。

膨胀衬管下入后通过膨胀锥使其径向膨胀贴紧井壁，减小了筛管与井壁之间的间隙，增大了过流面积，减小了渗流阻力。膨胀衬管完井与常规衬管相比具有明显的优点，如图 4－3－11 所示。

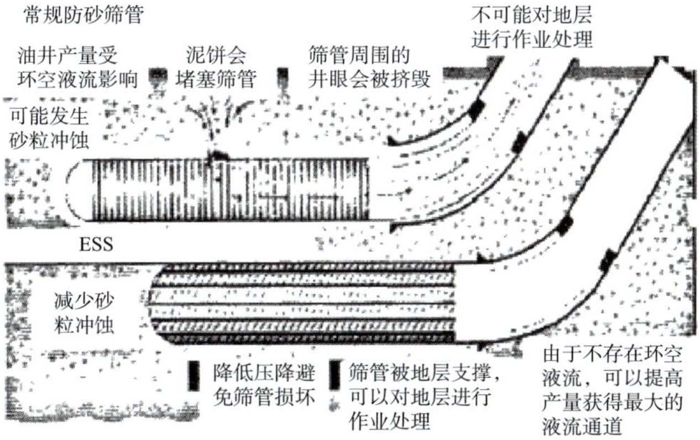

图 4－3－11　膨胀筛管与常规防砂筛管对照图

可膨胀管技术就是将管柱下入井底，以机械或液压的方法，由上到下或由下往上，通过拉力或压力使管柱发生永久塑性变形，从而达到增大采油管柱或井眼内径的目的。

（二）可膨胀滤砂管技术优缺点

1. 可膨胀式衬管完井的优点

（1）膨胀衬管紧贴在井壁，对防止井壁垮塌，起到了有效的支撑作用，同时还可防止地层砂在近井范围内的运移，降低了因砂粒运移对防砂管的冲蚀，提高了渗流能力。

（2）施工工艺简单，地面设备少，有利于在水平井、大斜度井和分支井中的应用。

（3）防砂段内径大、过流面积大，降低了油流阻力，有利于后续的措施作业。

（4）节省一次油层套管作业和减少固井、射孔步骤，能减轻地层伤害程度，提高了完井时效。

（5）利用管外封隔器实现分层开采和找堵水作业。

2. 可膨胀式衬管完井的缺点

（1）对于井眼不规则井，膨胀衬管在膨胀后，无法对整个防砂段实现“零间隙”，防砂效果难以得到保证。

（2）在膨胀过程中对井下条件要求较高，膨胀一旦中断，难以得到有效处理。

（3）膨胀衬管本身的抗拉强度较低，处理井下阻、卡时受到限制。

（4）防砂精度受到限制。

第四节　砾石充填防砂

一、套管内砾石充填防砂工艺基础

（一）地层预处理工艺

地层预处理是根据地层砂样分析化验的结果和防砂井的具体情况，确定酸化解堵方案和黏土稳定处理方案，同时考虑防乳化、防止新生沉淀物等化学处理的问题。该项措施对于提高作业成功率，恢复防砂井的产能有密切关系。

预处理工艺包括机械、声波、化学工艺，不同的工艺适应的地层情况不同，主要分类及适用性见表 4－4－1。

表 4－4－1　不同地层预处理工艺对比

地层预处理类型	预处理液类型	工艺原理	特点	适用性
机械	高压脉冲水射流解堵	脉冲射流解堵工具，主要由冲管、导向器、阻尼器、旋转喷头和多个自振空化喷嘴组成，利用地面高压泵压入工作液，使工具在井下同时产生低频旋转水力波、高频振荡射流冲击波和空化噪声超声波，穿透防砂筛管综合作用于地层，达到全方位解堵效果	高压脉冲水射流解堵技术施工简单、作业周期短、成本低廉、适应性强、成功率高	①由于防砂施工不当造成中心管沉砂，开井后供液不足或停产的油井；②生产过程中由于黏土矿物分散、运移造成近井地带堵塞的防砂井；③地层分选性差、泥质粉细砂运移造成挡砂层堵塞的防砂井；④入井液中固相微粒的侵入造成近井地带污染的防砂井；⑤地层有一定产能但产液量递减快的防砂井

续表

地层预处理类型	预处理液类型	工艺原理	特点	适用性
声波	声波振荡解堵	声波振荡解堵技术是将声波振荡与混气液负压排液工艺相结合而形成的一项新的物理法解堵工艺技术。不仅充分发挥和增强了声波的解堵效果，同时又能较好地将排入井筒中的固体物质彻底地携带并排出井，融合了声波振荡和气化液负压排液的共同优点	声波振荡解堵工艺具有以下几项特点：①在水平段实现定点（选择）解堵，释放中、低渗透段的产液能力；②能够有效解除筛管及近井地带污染，避免了化学解堵中化学物质对地层产生的伤害；③适用于裸眼、割缝管和筛管等各类井型，费用低、施工简单且周期短，降低了施工成本	浅层水平井声波振荡解堵工艺的选井条件如下：①因颗粒运移、胶质、沥青质等造成防砂管堵塞的井；②因液量较低，漏失严重，常规酸化后排液较困难的井；③水平井段较长，需针对低产段解堵、释放产能的井；④根据水平井堵水、控水等工艺需求，需要简便定点解堵的水平井
化学	泡沫酸解堵	缓速复合酸、起泡剂、氮气	以泡沫 + N_2，降低混合密度，提高泥质解除效果，聚合物胶结堵塞、泥质堵塞，可采取复合酸液解堵	高泥质、粉细砂油藏、聚合物胶结堵塞

（二）充填材料优选

1. 携砂液优选

1）防砂对携砂液要求

（1）携砂液应满足的基本条件：

①洁净度高，固相颗粒随着液体进入地层时不会堵塞地层孔隙。

②与地层岩石和流体的配伍性良好，减少生成新的沉淀物堵塞地层孔隙。

③对于聚合物类和清洁携砂液要求控制好破胶黏度，低残渣，尽量减少对地层的伤害。

（2）携砂液技术要求：

①稠化型携砂液通用技术指标见表 4－4－2。

表 4－4－2　稠化型携砂液通用技术指标

序号	项目	指标
1	表观黏度（30℃）/mPa·s	30～120
2	悬砂能力（10%砂比）/min	≥2.0
3	水不溶物含量（质量分数）/%	≤20
4	有机氯含量	0.0%
5	携砂液与地层水配伍性	无絮凝，无沉淀

②冻胶型携砂液通用技术指标见表 4－4－3。

表 4－4－3　冻胶型携砂液通用技术指标

序号	项目	指标
1	表观黏度/mPa·s（30℃）	≥20
2	交联时间/s	10～120
3	悬砂能力（30%砂比）/min	≥120

续表

序号	项目		指标
4	破胶性能	破胶时间/min	≤120
		破胶液表观黏度/mPa·s	≤5.0
5	残渣含量/(mg/L)		≤600
6	有机氯含量		0.0%
7	携砂液与地层水配伍性		无絮凝，无沉淀

③黏弹性表面活性剂携砂液通用技术指标见表4-4-4。

表4-4-4　黏弹性表面活性剂携砂液通用技术指标

序号	项目		指标
1	悬砂能力		1. 稠化状态，采用稠化型携砂液的指标
			2. 冻胶状态，采用冻胶型携砂液的指标
2	黏弹性	储能模量/Pa	≥2.0
		耗能模量/Pa	≥0.3
3	破胶性能	破胶液的表面张力/(mN/m)	≤25
		破胶液界面张力/(mN/m)	≤1.6
4	残渣含量/(mg/L)		≤100
5	有机氯含量		0.0%
6	携砂液与地层水配伍性		无絮凝，无沉淀

2）不同携砂液类型、适用条件、性能（表4-4-5）

表4-4-5　不同携砂液对比

携砂液类型	性能	适用条件
污水（卤水和稠化卤水）	摩阻大，要求高排量，低砂比充填。充填密实，作业时长，筛缝易堵塞	低密度常规充填作业，长井段充填，裸眼井充填
聚合物类（胍胶）	温度升高，黏度一直降低，随剪切时间延长，黏度基本保持不变。作业时间短，破碎率少，筛管不易堵塞	胍胶携砂液主要用于高密度挤压充填防砂的需要；胍胶携砂液交联后，也可用于压裂防砂施工
清洁携砂液	温度身高，黏度先增大再降低，黏稳性好。随剪切时间延长，清洁携砂液黏度逐渐增大．摩阻最小	清洁携砂液对地层伤害较小，可在低渗透率储层中使用，由于携砂性能、耐剪切性好，也可用于压裂防砂施工

2. 充填砾石优选

1）充填砾石设计

充填砾石尺寸的设计最普遍采用的索西埃（Saucier）公式，即：

$$D_{50} = (5 \sim 6)\ d_{50} \tag{4-4-1}$$

式中，D_{50}为设计砾石的粒度中值，mm；d_{50}为地层砂样粒度中值，mm。

在实际使用时，若地层砂非均质严重，砂粒粒度分布范围广，上式可为：

$$D_{50} = (4 \sim 8)\ d_{50} \tag{4-4-2}$$

常用工业砾石规范见表4-4-6。若按式（4-4-2）的设计计算值与表中的规范不一致，则可选用表中粒度更小一级的砾石，以保证防砂效果。

表 4-4-6　常用工业砾石规范

标准筛目	颗粒直径/mm	颗粒直径/mm	粒度中值/mm	渗透率/μm^2	孔隙度/%
10~20	2.006~0.838	2.01~4.75	1.42	325	32
10~30	2.006~0.584	2.01~4.75	1.30	191	33
16~30	1.194~0.584	1.19~4.75	0.89		
20~40	0.838~0.432	0.84~4.75	0.64	121	35
30~40	0.534~0.432	0.58~4.75	0.50	110	
40~50	0.432~0.305	0.42~4.75	0.36	66	
40~60	0.432~0.254	0.42~4.75	0.33	45	32
60~70	0.254~0.203	0.25~4.75	0.23	31	

2）充填砾石用量计算

管内循环砾石充填环空充填砂量是由封隔器以下套管与防砂管柱之间的环形空间体积决定的，包括筛管与套管之间的环形空间体积、光管与套管之间的环形空间体积、所有炮眼总体积、留塞体积、其他管柱（如安全接头、扶正器等）与套管之间的环形空间体积。对于地层不亏空的新井来讲，通常再增加20%的附加量，原则上是多挤入为好，以确保防砂的有效性。对于老井及地层亏空井，需要将老井排出的地层砂量，以及地层亏空量计算在内。

3）筛缝尺寸设计

对于机械滤砂管类防砂，根据地层砂筛析数据设计筛管的缝宽或挡砂精度是一项十分重要的工作，设计结果的合理性直接决定防砂效果。目前防砂筛管多达几十种，主要有：绕丝筛管、割缝衬管、金属棉滤砂管、金属毡滤砂管、金属网布滤砂管、冶金粉末滤砂管、树脂石英砂滤砂管、双层预充填砾石绕丝筛管、精密复合微孔滤砂管、精密冲缝滤砂管等。

由于每种筛管挡砂机理不同，其筛缝宽或挡砂精度的设计方法也不尽相同。

（1）经典方法。

要阻挡100%砾石，筛管缝宽（精度）应略小于最小砾石尺寸。不同的筛管类型有不同的设计方法。

$$W=(1/3\sim2/3)D_{gmin} \tag{4-4-3}$$

$$D_{gmin}=D_{50}/1.2272$$

$$D_{gmax}=D_{50}/0.836$$

式中，W 为筛管缝宽（精度），mm；D_{gmin} 为砾石最小尺寸，mm。D_{gmax} 为砾石最大尺寸，mm。

实际应用中，公式中的系数通常取2/3，即 $W=2/3D_{gmin}$，以减小筛管对地层流体阻力。

（2）Coberly 方法。

Coberly & wagner、Schwartz、Rogers 都提出绕丝筛管、割缝衬管的缝宽应略小于最小砾石尺寸即：$W\leqslant D_{gmin}$；实际应用中，常取 $W=(0.5\sim1)D_{gmin}$，取平均值为：

$$W=0.75D_{gmin} \tag{4-4-4}$$

（3）差值法。

要求缝宽比最小砾石尺寸小0.076mm，即：

$$W = D_{gmin} - 0.076 \quad (4-4-5)$$

（4）匹配法。

可按照表4-4-7根据砾石尺寸选择匹配的筛管缝宽。

表4-4-7　筛管缝宽与砾石尺寸匹配关系表

工业砾石尺寸				绕丝（割缝）筛管精度/mm	
标准筛/目数	粒径/mm	中值 D_{50}/mm	中值 D_{gmin}/mm		
40~60	0.25~0.425	0.3342	0.2723	0.09~0.18	0.20
30~50	0.3~0.6	0.43	0.3504	0.12~0.23	0.25
20~40	0.425~0.85	0.6267	0.5107	0.17~0.34	0.35
16~30	0.6~1.18	0.8872	0.7229	0.24~0.48	0.50
12~20	0.85~1.7	1.6002	1.3039	0.43~0.87	0.80
8~16	1.18~2.36	2.0352	1.6584	0.55~1.10	1.0

（5）不同方法选择结果分析。

对0.425~0.85mm砾石进行筛析分析，得出该尺寸砾石的 $D_{50}=0.6439$mm，经计算该工业砾石：$D_{gmin}=D_{50}/1.2272=0.5247$mm，$D_{gmax}=D_{50}/0.836=0.7702$mm。

表4-4-8　0.425~0.85mm砾石采用不同方法进行筛管精度选择结果

序号	选择方法	选择依据		选择结果
1	经典方法	$W=(1/3\sim2/3)D_{gmin}$	$W=2/3\cdot D_{gmin}$	（0.18~0.35）0.35mm
2	Coberly法	$(0.5\sim1)D_{gmin}$	$W=0.75\cdot D_{gmin}$	（0.26~0.52）0.40mm
3	差值法	$W=D_{gmin}-0.076$		0.45mm
4	匹配法	/		0.30mm

从表4-4-8可知，目前采用的匹配法在选择砾石尺寸时，筛管精度偏高，为了尽可能减小筛管对地层流体的阻力，筛管精度可在目前选择基础上降低10%~30%，比如如果工业砾石尺寸为0.425~0.85mm时，可将筛管精度从0.30mm降低到0.35mm，此时不会加剧出砂，可以在一定程度上提高产液量。

4）不同砾石的类型、适用条件、技术指标、优选标准与方法

（1）工业砾石性能指标：

目前，油田常用的充填砾石主要有石英砂、陶粒和覆膜砂等，但由于覆膜砂和陶粒成本相对较高，应用较多的充填砾石还是以石英砂为主，表4-4-9是这3种充填砾石的性能对比。

表4-4-9　砾石充填防砂常用砾石性能对比

项目	石英砂	覆膜石英砂	普通陶粒
规格	0.425~0.85mm		0.45~0.90mm
体积密度/(g/cm^3)	1.5~1.65	1.6	1.6~1.9
视密度	2.65	2.55	2.7~3.8
圆球度	0.7	0.8	0.8~0.9
酸溶解度/%	7	/	8
浊度NTU	100	/	100

续表

项目		石英砂	覆膜石英砂	普通陶粒
破碎率/%	28MPa	1.4	/	/
	41MPa	4.0	0.1	1.6
	52MPa	/	0.4	2.3
	69MPa	/	1.5	6.8
	83MPa	/	4.5	8.5

从表4－4－9可以看出，在密度、圆球度、破碎率等方面陶粒相对石英砂都具有良好的优势，但陶粒、覆膜砂成本较高，所以砾石充填应用较多的还是石英砂。

（2）工业砾石应用条件，见表4－4－10。

表4－4－10 不同支撑剂对比

砾石类型	优选标准与方法	适用条件
石英砂	石英砂的平均球度应是0.6或更大；平均圆度应是0.6或更大	陆地浅层低压油藏，综合技术与经济性能对比，优选石英砂
陶粒	均质球形颗粒，分布集中，尺寸均一，且浊度低、破碎率低，防砂层导流能力高，机械强度高、稳定性好，有效工作寿命长。陶粒支撑剂和树脂覆陶粒支撑剂的平均球度应是0.7或更大；平均圆度应是0.7或更大。压裂用陶粒支撑剂的球度、圆度不低于0.8，浊度不高于100NTU	高压挤压及压裂施工

（三）直斜井砾石充填防砂工艺设计

1. 工艺管柱设计

工艺管柱设计（单层、多层）：包括整体管柱结构组成；各种工具规格尺寸（列表）、筛管（包括绕丝筛管、复合绕丝）规格尺寸。

对于防砂层为单层或夹层较短、油藏的均质性较好、出砂加剧、地层亏空严重的多层井，采用单层砾石充填防砂管柱。在非均质性严重的多油层井中，为解决笼统充填影响防砂效果的难题，采用分层充填防砂管柱。

1）砾石充填工具

砾石充填工具是单层挤压充填防砂工艺管柱中的关键部件，种类较多，最常用的是具有大通径、高承压、强悬挂的高压挤压充填工具系列，主要由坐封装置、密封组件、锁紧装置、悬挂装置、丢手装置、解封装置和填砂装置7部分组成（图4－4－1）。

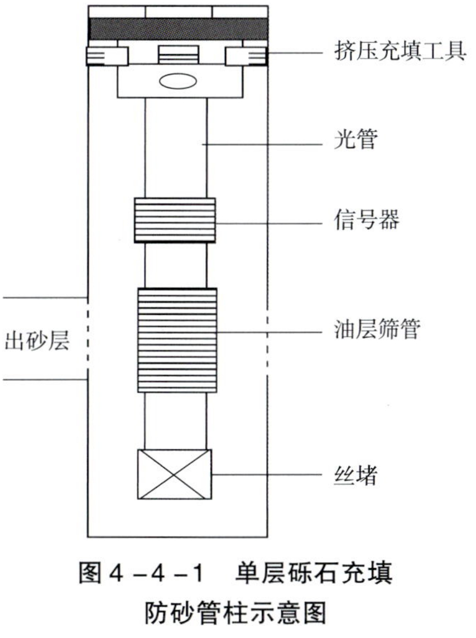

图4－4－1 单层砾石充填防砂管柱示意图

2）防砂筛管

目前，石油工业的防砂筛管种类繁多，功能齐全，在直斜井砾石充填防砂上应用较多、防砂效果好，而且成本相对较低的是常规的绕丝筛管和复合绕丝筛管。

(1) 绕丝筛管。

为满足高产和防砂的需要，优选出的绕丝筛管规格必须既能保证大的生产流通面积又提供了合适的筛套空间（表4－4－11）。

表4－4－11　国产绕丝筛管规格表

代号	筛管公称尺寸/mm (in)	筛管尺寸/mm		基管外径尺寸/mm
		外径	内径	
QPS60	60 (2⅜)	74	62	60.3
QPS73	73 (2⅞)	87	75	73.0
QPS89	89 (3½)	104	92	88.9
QPS102	102 (4)	117	105	101.6
QPS114	114 (4½)	130	118	114.3
QPS127	127 (5)	140	130	127.0
QPS140	140 (5½)	155	143	139.0
QPS168	168 (6⅝)	184	172	168.3
QPS178	178	194	182	177.8

(2) 复合绕丝筛管。

复合绕丝筛管主要由带孔中心管、精密过滤层、绕丝层组成。首先将作为基管的油管按照生产要求钻出有过流孔的中心管，把防砂过滤网按照精度要求排列层数卷成圆筒形一层一层套入中心管叠加成型，使得多层防砂过滤网压紧，最后形成整体过滤单元复合套筒，然后在整体过滤单元复合套筒外进行绕丝的缠绕；其精度根据粒度中值要求进行排列，最后两头用支撑盘将整体过滤单元复合套筒与中心基管焊接而成。其规格参数见表4－4－12。

表4－4－12　复合绕丝筛管规格表

型号	基管外径/mm	基管内径/mm	筛管最大外径/mm	筛管长度/mm	连接方式
GRS 114	114.3	99.6	138±2	10000～110000	LC (BC)
GRS 127	127	108.6	153±3		
GRS 140	139.7	124.3	165±3		
GRS 168	168.3	150.4	190±3		
GRS 178	177.8	159.4	205±3		

2. 施工参数设计

1) 充填排量的设计

为确保挤压过程中，充填砂能够进入地层，施工排量应确保在炮眼附近携砂液的流速大于充填砂进入炮眼携砂液的最小流速 V_C，最小流速 V_C 确定如下：

$$V_C = 1.566(1-C_v)^{0.543n_v}\gamma^{-0.09}d_p^{0.18}\left(\frac{\Delta\rho g}{\rho_1}\right)^{0.543}[0.8156(D_o-D_i)]^{0.457} \qquad (4-4-6)$$

式中，V_C 为临界流速；C_v 为颗粒平均浓度；n_v 为颗粒沉降受阻指数；γ 为动力黏度；$\Delta\rho$ 为颗粒与液体之间的密度差，kg/m^3；g 为重力加速度，m/s^2；d_p 为颗粒平均直径，m；D_o 为套管内径，m；D_i 为油管外径，m。

然后通过最小流速 V_c，结合炮眼孔径和孔密，得出1m油层流量，根据油层厚度，并取合适的安全携带系数，计算出油层挤压施工排量。

2）充填砂量设计

（1）循环充填砂量设计计算公式如下：

$$V = n(V_i + V_o) \tag{4-4-7}$$

式中，V 为充填总砂量；V_i 为留塞体积；V_o 为管外充填体积；n 为经验系数，取值1.2～1.5。

（2）挤压充填体积计算如下：

$$V_o = \pi R^2 H \xi \tag{4-4-8}$$

式中，R 为地层充填半径；H 为射孔油层厚度；ξ 为地层充填系数一般取0.3～0.5。

3）充填砂粒径的设计

充填砂粒径的设计目前普遍应用的是Saucier理论和方法。根据Saucier的推荐，充填砂粒度中值为地层砂粒度中值的5～6倍，即：

$$D_{mg} = (5 \sim 6) D_{mf} \tag{4-4-9}$$

式中，D_{mg}为充填砂粒度中值；D_{mf}为地层砂粒度中值。

3. 施工工艺程序

井眼准备的内容及施工步骤（单层、多层等）：

（1）起原井管柱：起出原井管柱，观察原井管柱损坏及井底落物情况。

（2）探冲砂、调整砂面：下光油管探冲砂至人工井底，清除井内余砂，调整砂面。

（3）通井：下通井规通至砂面（人工井底）。

（4）射孔：按射孔的孔径孔密选择射孔枪弹进行射孔

（5）刮管、洗井：下带套管标准刮管器刮管至砂面（人工井底），在各封隔器坐封位置反复刮削多次。用本地区污水充分反洗井，直至将井内的脏物完全冲出为止。

（6）油管、套管试压：对油管试压35MPa，稳压5min，压降小于0.5MPa为合格。大排量洗井2周以上，起管柱时要求水泥车边起边灌水。下套管试压工具油层以上10～20m，试压12MPa，5min不降为合格。

二、压裂充填防砂

（一）压裂防砂选井选层要求

1. 岩石强度及油藏条件要求

地层骨架完整，具有一定的胶结强度，地层闭合压力足够大，能保持住支撑剂，地层能量充足，压裂液易返排。

2. 邻近层要求

目的层附近无气、水层，离油水边界或气水边界足够远或有可靠的遮挡层。

3. 固井措施要求

套管质量及固井质量要满足压裂施工要求。

（二）压裂防砂一体化工艺方案设计

1. 压裂液优选

考虑压裂液的造缝能力、与地层的配伍性、油层保护等因素进行压裂液的优选。

1）压裂液应满足的条件

（1）具有一定的造缝能力，滤失小，悬砂能力强。

（2）低残渣，满足油层保护要求，对地层无固相伤害。

（3）与地层岩石和流体的配伍性良好。

（4）破胶可控制，易于返排。

（5）低摩阻。

（6）便于配制，价格具有优势。

2）常用压裂液类型及适用条件

目前常用的压裂液主要有水基压裂液、油基压裂液和泡沫基压裂液3种，不同的压裂液类型适应的地层情况不同，主要分类及适用性见表4-4-13。

表4-4-13　压裂液分类及适用性

基液类型	压裂液类型	主要成分	特点	适用性
水基	冻胶压裂液	水、稠化剂、交联剂、破胶剂	黏度高、造缝能力好、耐温耐剪切性能好	适用于大多数油气层和不同规模的地层改造
	线性胶	稠化剂、表面活性剂	黏度低，造缝能力差	适用于低砂量、低砂比的充填改造
油基	冻胶型	油、胶化油+交联剂	黏度较高、耐温性能较好、携砂能力较强、对储集层伤害较小，施工困难、易燃	泥质含量高，水敏地层
	线性胶	油、胶化油	黏度低、携砂能力弱，对储集层伤害较小，易燃	水敏地层
泡沫基	水基	水、起泡剂、氮气或二氧化碳	黏度高，携砂和悬砂性能好，摩阻损失小、滤失量小，液体效率高、含水量小，密度低，气体膨胀能力强，易于压后返排，对油层污染小	低压地层
	酸基	酸、起泡剂、氮气		低压水敏地层
	醇基	醇、起泡剂、氮气		低压水锁地层

3）压裂液现场使用要求

施工前，现场要进行基液性能及交联情况测试，保证施工的顺利进行。

2. 支撑剂优选

支撑剂优选需要考虑的因素有：①支撑剂的物理性质；②在不同地质及工程条件下，支撑剂的导流能力；③价格优势。

1）支撑剂类型选择

支撑剂类型选择主要从地层闭合压力、油井深度、导流能力、开发方式、价格因素几个方面进行综合考虑，具体选择方法如表4-4-14。

表 4－4－14　支撑剂选择标准

名称	地层闭合压力	油井深度	导流能力	开发方式	价格
石英砂	低闭合压力	浅井	低	常规	低
陶粒	中高闭合压力	中深井	高	热采	高

2）支撑剂粒径的选择

根据地层砂粒度中值和 Saucier 理论，进行支撑剂粒径的选择，砾石粒径为：$D_{50}=(5\sim10)\ d_{50}$，进行粒径选择时应考虑地层砂分选系数，对于分选性较好的地层可以放大充填砾石的粒径。

3. 工艺管柱设计

根据目的井条件，考虑排量、压力、生产要求等因素确定对充填工具的技术要求。根据挡砂需求、后期投产要求选择绕丝筛管。

1）充填工具选择

压裂防砂充填工具目前主要采用一体化工具，压裂及环空充填同时进行，保证了裂缝缝端的裂缝导流能力及环空的密实性。目前几种常用工具及性能见表 4－4－15，其他充填工具类型可根据实际情况进行参照对比。

表 4－4－15　常用充填工具性能

型号	适用套管/in	最大排量/(m^3/min)	承压/MPa	耐温/℃	开发方式
JC－152	7	4.5	35	100	常规
JC－118	5½	3.8	35	100	常规
JC－152R	7	4.5	35	350	热采
JC－118R	5½	3.8	35	350	热采

2）绕丝筛管的选择

对于常规井选择普通绕丝筛管，热采井选用热采绕丝筛管，筛缝缝宽的选择主要考虑防砂砾石的粒度中值 D_{50} 及砾石最小尺寸中值 D_{gmin}，具体选择方法见表 4－4－16。

表 4－4－16　筛管缝宽设计准则

工业砾石尺寸				绕丝筛管精度/mm	
标准筛/目数	粒径/mm	中值 D_{50}/mm	中值 D_{gmin}/mm		
40～60	0.25～0.425	0.3342	0.2723	0.09～0.18	0.20
30～50	0.3～0.6	0.43	0.3504	0.12～0.23	0.25
20～40	0.425～0.85	0.6267	0.5107	0.17～0.34	0.35
16～30	0.6～1.18	0.8872	0.7229	0.24～0.48	0.50
12～20	0.85～1.7	1.6002	1.3039	0.43～0.87	0.80
8～16	1.18～2.36	2.0352	1.6584	0.55～1.10	1.0

4. 裂缝形态模拟与施工参数优化

Meyer 为目前常用的压裂防砂优化软件，本部分包括软件进行优化所需的资料（储层、流体、测井、同区块邻井施工压力曲线），优化过程，优化结果（裂缝形态、泵注程序）。

1）资料收集（表 4－4－17）

表4-4-17 Meyer软件优化所需资料

资料类型	内容
测井资料数据	油层深度、声波、密度、伽马测井、泥质含量、孔隙度渗透率、自然电位
井筒数据	井斜、油管/套管数据、井深结构数据
油层及流体数据	油层数据、射孔数据、流体性质、岩性、压力、温度
岩石力学属性	杨氏模量、泊松比、地应力
流体滤失属性	流体滤失系数
泵注程序表	排量、压裂液类型及数量、支撑剂类型、砂比
井史、临井资料	前期施工情况、同区块井的施工情况

2）优化步骤

（1）前期准备，包括地质、油藏资料、开发历史、井筒资料、测井数据资料收集等。

（2）综合分析油井基础资料、对测井数据进行处理。

（3）根据测井资料进行地应力剖面计算。

（4）分析临井资料及井史确定初步的泵注程序、压裂液、支撑剂类型。

（5）把前期准备的数据录入Meyer软件中，包括基本资料，油层资料、井筒结构、岩石力学参数、射孔层段、泵注程序，流体滤失等参数。

（6）进行施工参数优化及裂缝形态模拟。

3）优化结果（表4-4-18）

表4-4-18 通过Meyer进行软件优化后主要得到裂缝的几何形态及泵注程序

裂缝形态								泵注程序			
造缝长	支撑缝长	总缝高	平均缝宽	铺砂浓度	导流能力	缝高顶部	缝高底部	排量	砂比	液量	地面压力

5. 工艺程序

包括地层预处理要求、压裂防砂施工过程及压裂液返排要求、现场施工资料录取要求（表4-4-19）。

表4-4-19 压裂防砂工艺程序

序号	步骤	要求
1	地层预处理	使用酸液或氮气泡沫进行混排，避免施工时近井地带的污染物推向地层深部
2	压裂防砂施工过程	1. 阶梯排量测试；2. 小型压裂；3. 压裂防砂施工
3	压裂液返排	及时进行压裂液返排
4	资料录取要求	记录油套管压力、排量、砂比、累计砂量、累计液量等参数。施工结束后，保留施工曲线、数据表和每秒一点的施工记录、电子文档

三、复杂结构井砾石充填防砂

对直斜井而言，砾石充填就其防砂强度、有效期和提高油井产能来说，是目前最有效和最成熟的防砂方式。在水平井段内，不论是进行裸眼砾石充填或是套管内砾石充填，其工艺都是复杂的。

（一）水平井套管内砾石充填防砂工艺

1. 水平井管内砾石充填工艺

在水平井中进行砾石充填主要难点之一是充填砾石还未达到水平井筒末端时就发生提前堵塞，尤其是对于长水平段的密实充填，主要是如何克服充填过程中高密度砂浆在狭长的环形空间内由于重力沉降作用造成的 α 波和 β 波砂堤，避免充填不密实和提前砂堵，造成防砂施工失败，甚至是作业事故。主要体现在：

①由于砾石沉降、携砂液漏失等原因，长水平段充填不密实，容易形成亏空区。

②受管柱自重影响，下部环空充填厚度薄，容易失效。

此外，水平井砾石充填完井管柱复杂，完井施工工艺复杂，对施工设备、人员技术水平综合要求高，尤其是在长水平段实现密实充填的难度极大，仍无法在多分支井有效实现砾石充填完井；在海上油气田进行砾石充填完井还需要大型的专业泵注橇装船舶等设备，并且完井施工周期长、成本高，且施工工艺复杂、施工风险高（图 4－4－2）。

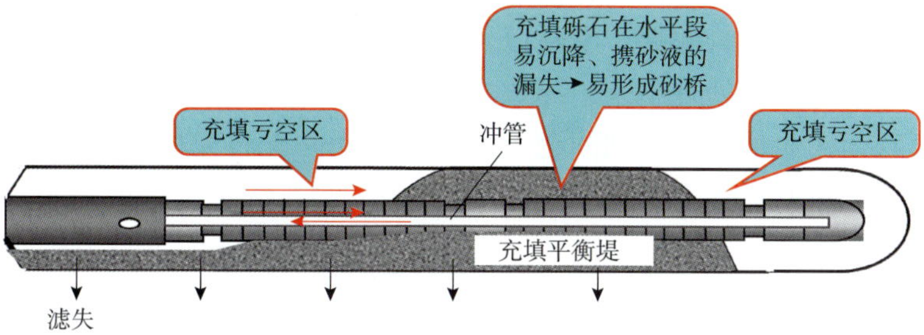

图 4－4－2　水平井密实充填难

因此，水平井砾石充填防砂工艺设计需要考虑：

（1）由于水平井井身结构的特殊性，充填工具坐封时处于水平段，不能采取投球的方式进行打压坐封。

（2）为了能够有效消除充填过程中的砂堵，提高砾石充填效率；循环充填时，对于分段射孔、生产层为前后两段的水平井，工艺管柱必须实现分段充填。

（3）挤压充填时，必须保证充填工具及管柱有足够大的流通通道，并且施工过程中建立稳定连续的密实挡砂屏障。

（4）施工中必须考虑安全可靠及施工周期和作业成本的问题。

2. 水平井旁通管砾石充填工艺

哈里伯顿的旁通管高速水充填完井技术就是为了避免砾石形成沙堤后造成砂堵，在筛管内部设计了流道，在不能避免砂堵的情况下，迫使砂浆转向，通过旁通管使砂浆绕过桥堵段来实现趾端的充填（图 4－4－3）。

由于旁通管流道复杂，流动面积受限，施工中仍然存在较高风险，且成本较高。各大石油技术服务公司都竞相发展砾石充填完井技术，目前代表充填完井最高水平的水平井完井最重要指标是一趟管柱实现充填水平段的长度，目前最高指标是 800 多米，并需要通过一趟管柱将长水平段分成几段进行充填完井施工。

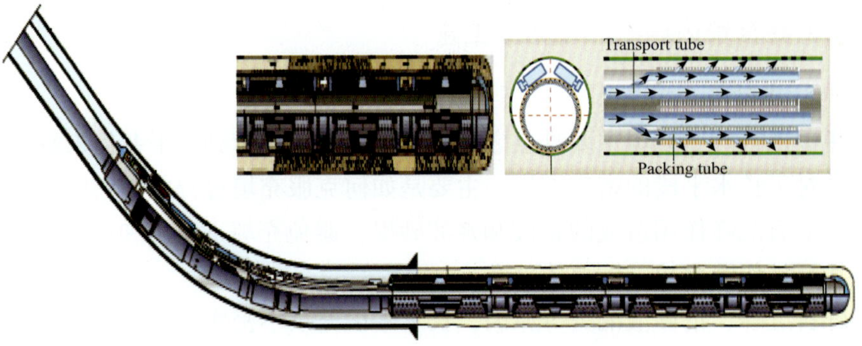

图 4－4－3　哈里伯顿旁通管充填完井管柱

（二）裸眼水平井砾石充填防砂工艺设计

目前裸眼水平井充填主要采用底部逆向充填方式，固井后钻盲板完井较难满足底部充填的需要，主要原因是：顶部注水泥后，需要把关闭胶塞、分级箍内腔、水泥塞及盲板 4 部分钻掉，钻塞周期长，存在套管侧钻、卡钻以及将套管倒扣松开的危险；钻塞后在管柱内腔沉留大量铝块钻屑等落物难以处理出来，导致内、外充填工具不能实现准确插入对接，充填施工风险大，也给后续作业带来一系列问题。因此，裸眼井砾石充填防砂工艺设计中应考虑以上安全隐患，尽可能采取免钻塞工艺（图 4－4－4）。

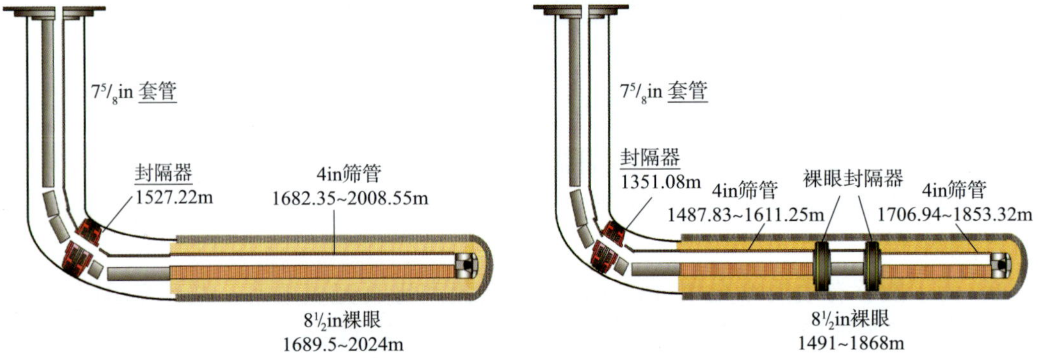

图 4－4－4　裸眼水平井砾石充填完井

裸眼水平井砾石充填完井密实充填难，国内外实践表明：采用常规的砾石充填工艺，一般充填效果不稳定，目前正处现场试验阶段。

在进行裸眼砾石充填时，有时砾石完全充填到位之前，井眼有可能已经坍塌；

扶正器有可能被埋置在疏松地层中，因而很难保证长筛管居中；

裸眼及套管充填时，因充填液的滤失量大，不仅会造成油层损害，而且在现有泵送设备及充填液性能的条件下，其充填长度将受到限制。

第五节　形状记忆筛管及自充填防砂

形状记忆材料是指可通过外界环境刺激改变本身初始形状，发生内部相转变，使材料各项性能发生变化，而且可通过逆向刺激使材料恢复初始形状的一种智能材料。利用形状记忆特性，将由形状记忆材料制成的形状记忆筛管（以下简称形状记忆筛管）送入井下预定位置后，利用地层温度激发筛管膨胀，形状记忆筛管将恢复其初始形状。由于初始形状比井筒尺寸大，在形状记忆筛管膨胀接触井壁后，将对井壁产生正向的支撑力以稳定地层，降低地层剪切失效可能。

一、概述

（一）形状记忆材料

所谓形状记忆性，是指具有初始形状的制品经形变固定后，通过光、热、电、酸碱度（pH 值）、相转变反应等外部刺激手段的处理，又可恢复其初始形状的特性。20 世纪 70 年代初期，人们发现了形状记忆效应并初步将这一性能应用于军事领域。20 世纪 80 年代中期，人们开始发现一系列新的形状记忆聚合物，法国的 Orkem 公司于 1984 年研制成功了世界上第一种形状记忆聚合物——聚降冰片烯形状记忆聚合物；随后日本公司在形状记忆聚合物方面做了很大的研究，旭化成公司研制成功了苯乙烯 - 丁二烯形状记忆聚合物；日本三菱重工研制出了一系列的形状记忆温度从 -30℃到 100℃的形状记忆形状记忆聚合物材料，包括块状材料、薄膜材料和泡沫材料，有些已经商业化。形状记忆材料在智能材料中占有非常重要的位置，因此在最近的 20 多年获得了长足的发展，形状记忆材料也因此被称为智能材料。形状记忆材料大致可分为形状记忆合金、形状记忆陶瓷、形状记忆聚合物。

形状记忆聚合物（Shape Memory Polymer）是一类新型功能高分子材料，是形状记忆材料中的一种，有着极多的优点。首先，这种材料可以完成“记忆起始态→固定变形态→恢复起始态”的循环，有良好的形状记忆功能。其次，它有良好的电绝缘性，可以制作成形状记忆绝缘装置。此外，它的大变形性能受到人们的关注，很容易使其变形。它的玻璃化转变温度可以根据原料配比的不同进行变化，自由地选择各种玻璃化转变温度的形状记忆聚合物。它也可以制作成复合材料，将其他材料的优良性能融入形状记忆聚合物中，使其更广泛地应用于社会生产的各个领域。总之，这种在智能材料领域中相对成熟的研究，将越来越受到科研工作者的关注。

形状记忆聚合物包括固态的形状记忆高分子和高分子凝胶体系两大类，它们都属于新型功能高分子材料的范畴，研究领域非常广泛，也很活跃，并在电力电子、航空航天、包装、医疗、智能控制系统等领域具有广泛的用途。1959 年，英国科学家 A. Charlesby 在其所著的《原子辐射与聚合物》一书中，就对辐射交联后的聚乙烯所具有的形状记忆现象进行了描述，但并未受到普遍的重视。直到 20 世纪 70 年代中期，美国国家航空航天局（NASA）对辐射交联聚乙烯的形状记忆效应进行了细致的研究，引起了人们的关注。近年来，又先后发现了降冰片烯、反式聚异戊二烯、苯乙烯—丁二烯共聚物、形状记忆聚合物等聚合物也具有形状记忆效应，并具有重要的应用价值。

（二）形状记忆筛管

形状记忆筛管是自充填防砂技术的核心技术载体，是采用形状记忆聚合物等具有形状记忆功能的材料及特殊结构的基管制作而成，在井下通过温度等条件变化激发膨胀，从而实现充填环空、支撑井壁和挡砂过流的作用。一种形状记忆筛管的结构包括打孔基管、侧流保护套、形状记忆材料及可溶保护涂层。如图4－5－1所示，最里层是3½in打孔基管，圆孔在管体上呈螺旋式分布，孔径、孔密可调；从里向外的第二层是侧流保护套，它是由不锈钢材料316L和镍合金编织而成的一种桥式金属滤网，用于提高过流面积、降低筛管堵塞概率；第三层是压缩态温敏性形状记忆材料，在特定的温度激发下，形状记忆材料发生膨胀，紧贴套管内壁或者裸眼井壁；最外层是可溶保护层，用于防止入井过程中筛管提前膨胀，降低下入风险。设计基于3½in基管的形状记忆筛管，整机长度9.8m，膨胀前最大外径133mm，膨胀后外径190.5mm，适用于6in裸眼井防砂完井（图4－5－1、表4－5－1、图4－5－2）。

图4－5－1　形状记忆筛管结构

表4－5－1　形状记忆筛管规格尺寸

基管外径/mm	适应井眼/mm	筛管长度/m	单段形状记忆聚合物长/mm	形状记忆聚合物膨胀前外径/mm	形状记忆聚合物膨胀后外径/mm	连接端环外径/mm	吊卡段长（接箍距筛管顶部长度）/mm	液压钳段长度（筛管距公扣长度）/mm
88.9	152.4	9.8	2000	133	190.5	143	580	570

图4－5－2　形状记忆筛管实物图

（三）自充填完井技术原理

独立筛管完井和砾石充填完井是广泛应用的防砂完井技术。砾石充填完井工艺流程是先下入独立筛管，随后下入充填管柱，通过地面泵送携砂液实现井眼环空的充填，砾石充填完井具有防坍塌、耐冲蚀、完井有效期长等优势，但存在施工工艺复杂，易砂堵，充填长度受限等不足。因此，提出了形状记忆筛管自充填防砂完井技术，只需下入一趟管柱将处于压缩状态的形状记忆筛管送入井底，利用地层温度激发筛管膨胀即可实现充填环空、支撑井壁、过流挡砂的功能（图4－5－3）。

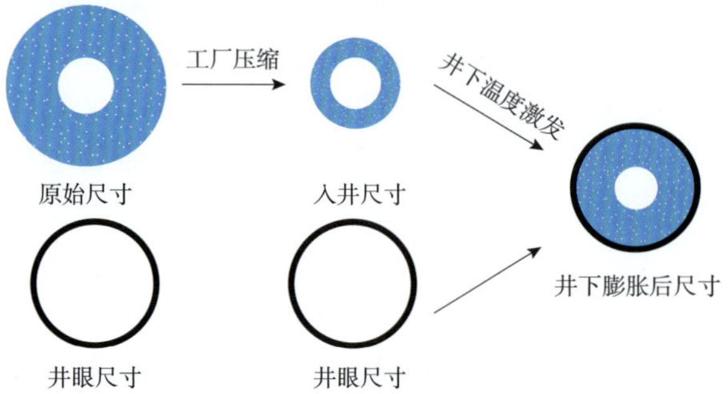

图4－5－3　形状记忆筛管原理示意图

形状记忆筛管防砂完井充填长度不

受限制，能够以独立筛管完井的简单工艺实现砾石充填的完井效果，大幅度节省施工周期和地面配套装置，可用于长水平段、复杂井型及海上平台等井场条件受到限制的油气井防砂完井，具有广泛的应用前景。设计了形状记忆筛管结构，制作了国内首支形状记忆筛管，利用室内物理模拟装置优化了筛管材料体系，配套了形状记忆筛管防砂完井工艺并进行了入井实验，验证了形状记忆筛管自充填防砂完井技术的可行性和先进性。

（四）技术优势

形状记忆筛管防砂完井技术，只需下入一趟管柱将处于压缩状态的形状记忆筛管送入井底，利用地层温度激发筛管膨胀即可实现充填环空、支撑井壁、过流挡砂的功能。形状记忆筛管防砂完井充填长度不受限制，能够以独立筛管完井的简单工艺实现砾石充填的完井效果，大幅度节省施工周期和地面配套装置，可用于长水平段、复杂井型及海上平台等井场条件受到限制的油气井防砂完井，具有广泛的应用前景。相比砾石充填具有以下优点：

（1）密实充填：不规则裸眼、水平井上部环空。

（2）工艺简单、风险低、周期短：一趟管柱作业，无须泵送砂浆，适于海上作业。

（3）提产能：适于超长水平井、阶梯式水平井、多分支、多层系。

二、形状记忆筛管力学性能

形状记忆聚合物就是一种环境响应型的智能材料。在外界温度刺激下形状记忆聚合物有两种不同的状态：低温下的玻璃态和高温下的橡胶态。从玻璃态到橡胶态的转变温度称为玻璃化转变温度 T_g。如图 4－5－4 所示，起始状态的形状记忆聚合物首先加热至转化温度 T_g，然后通过外力使其在模具内压缩到设计的形状。将温度降低至转化温度 T_g 以下，并撤去外力，在较低温度下，聚合物将固定其压缩状态，直到环境温度上升至 T_g 之后，形状记忆聚合物又重新恢复其初始状态。

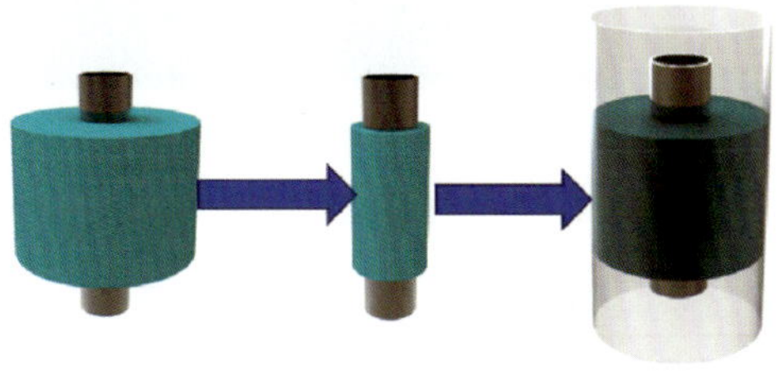

图 4－5－4　形状记忆筛管膨胀环空自充填的变化过程

利用上述形状记忆特性将由形状记忆材料制成的形状记忆筛管（以下简称形状记忆筛管）送入井下预定位置后，利用地层温度激发筛管膨胀，形状记忆筛管将开始恢复其初始形状。由于初始形状比井筒尺寸大，在形状记忆筛管膨胀接触井壁后，将对井壁产生正向的支撑力以稳定地层，降低地层剪切失效可能。

为此本项目围绕形状记忆筛管在膨胀过程和接触井壁后的力学行为开展研究，以期建立形状记忆筛管膨胀过程中力学状态预测方法和膨胀接触井壁后的井壁稳定评价方法，反过来可由待作业地层参数客观优化形状记忆筛管相关尺寸，为形状记忆筛管材料性能优化提供理论指导。

形状记忆筛管在工厂由起始状态制造为压缩状态，在井下受温度等条件变化激发具有恢复为起始状态的趋势，受到井壁空间维度的限制，但同时受到井壁空间维度的限制，在膨胀充填满井眼环空后，持续对井壁提供正向的应力，支撑井壁的同时，降低出砂趋势。通过对形状记忆筛管的力学性能研究，建立具有一般性的形状记忆筛管井眼强化设计与分析理论。

（一）形状记忆筛管力学性能测试

形状记忆筛管具有良好的变形和回复能力、广泛可调的玻璃化转变温度及可重复拉伸－回复等特性都是其作为自充填材料的基础条件。形状记忆聚合物的热力学性质随着井下温度、压力及流体条件的不同而不同，在许多情况下，大多数聚合物在湿热环境下的力学行为与室温条件下的力学性能有很大不同，这是由于湿热或水解的退化作用。完善的形状记忆筛管力学性能表征实验是设计、制备和分析形状记忆筛管的必要前提。

1. 力学性能测试设备

本文应用 GT－TCS－2000 型和 AJ－7000S 型电子万能试验机进行形状记忆筛管的静态力学性能测试，测试实验装置及各部分组件如图 4－5－5、表 4－5－2 所示。考虑传统力学性能测试机无水浴测试环境，制作了水浴测试箱，内有热电偶来监测温度变化，外有温度控制箱可调节水浴温度。若将其放入 AJ－7000S 型电子万能试验机内，还可观察围压对测试项目的影响。

(a)液体环境　　(b)干燥条件

图 4－5－5　力学性能测试装置

表 4－5－2　力学性能试验装置

组件名称	使用范围
载荷传感器	0～5kN，精度为极限载荷 0.2%
环境温度箱	25～150℃，升/降温速率 0～10℃/min
光学引伸计	位移范围 0～2000mm，速率 0.01～2000mm/min
气动夹具	闭合力 0～1MPa

2. 膨胀率测试

膨胀后形状记忆筛管作为支撑管最主要的吸引力在于膨胀后可在井壁表面提供一定的接触压力以防止地层失稳。在膨胀性能测试中，将压缩好的试样固定安装于测试罐内，并浸没于水中。测试过程中在试件上端施加 8.9N 到 13.3N 的恒定压力以追踪试件上表面的位置（载荷控制模式）。测试温度从室温（26℃）加热到 70℃，加热速率 5℃/h，70℃后保持温度恒定，直到试样完全膨胀后停止实验，模拟形状记忆筛管自由膨胀过程。选择 70℃是因为该温度接近形状记忆筛管的玻璃转化温度。实验过程中，载荷、位移、温度及压力等数据通过传感器自动测量。温度从室温升高至 70℃，记录膨胀过程中试样高度变化。膨胀率 α 由试样轴向高度变化计算，计算公式如式（4－5－1）。绘制膨胀率随时间变化曲线，对比环境压力与34.5MPa静水压力情况（图4－5－6、图4－5－7）。

$$\alpha = \frac{h - h_i}{h_i} \qquad (4-5-1)$$

式中，h 为膨胀后的试件高度；h_i 为起始试件高度。

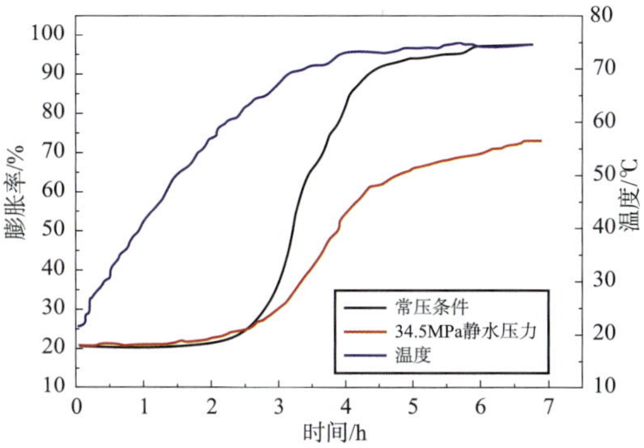

图4－5－6　试样膨胀过程曲线

图4－5－7　膨胀前后试样对比

从测试实验数据可知压缩状态形状记忆聚合物在环境从室温升至70℃过程中的膨胀特性。形状记忆聚合物在63℃左右开始膨胀，在常压环境下从室温升至70℃过程中预压缩的树脂基本完全膨胀到原高度，而在34.5MPa环境压力条件下，需要更长的膨胀时间才能完全膨胀，其膨胀速率较低，起胀温度稍高（表4－5－3）。

表4－5－3　膨胀过程数据对比

测试内容	环境压力	34.5MPa静水压力
7h内膨胀率/%	96.6	73
膨胀率70%所用时间/h	3.65	6.03
膨胀起始温度/℃	63	67

3. 膨胀接触力

将压缩试件安装好后放入室温水槽内并不断加热至46℃，载荷头保持8.9N到13.3N的恒定压力以追踪试件上表面的位置（载荷控制模式），在试件膨胀到测试头位置后，载荷头固定以监测膨胀压力变化（就是说在试件膨胀到位后监测膨胀压力变化）。图4－5－8展示了形状记忆聚合物试件从压缩态开始到膨胀到位结束时的应力应变过程，测试结果表明形状记忆聚合物试件在大约64h内从一开始的75%压缩应变不断膨胀至测试位置（37%压缩应变）。在形状记忆聚合物试件膨胀至测试位置后，加载头固定以测量接触压力变化。从图中可知接触压力从一开始的6.9kPa涨至41.3kPa，并从实验开始后的2周维持这一压力直到4周左右。

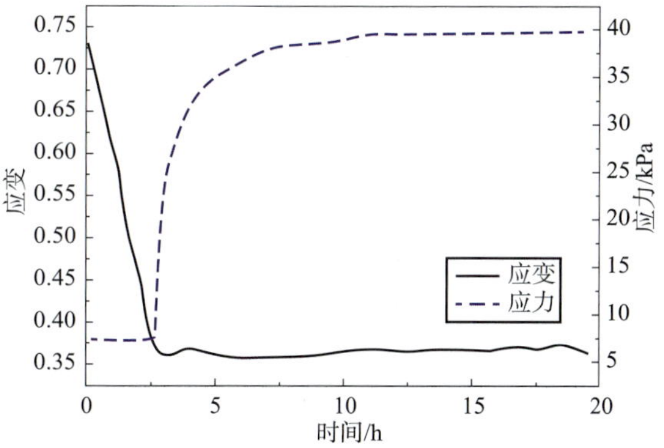

图4－5－8　温度46℃条件下形状记忆聚合物膨胀接触力变化

4. 定温抗压实验

在试件做完膨胀测试之后立即进行抗压性能测试。载荷头处于位移控制模式，加载速率2mm/min，加载到试件的70%压缩量时停止。载荷、位移、温度等数据都通过传感器自动记录，这些测试都用于分析形状记忆聚合物膨胀后结构的抗压性能。为凸显抗压性能对形状记忆聚合物的重要性，我们对比分析了不同环境条件下形状记忆聚合物试样的抗压性能曲线。图4－5－9为同样的形状记忆聚合物试样在室温、70℃热水和70℃空气中的应力应变曲线。干燥环境下形状记忆筛管表现出典型的泡沫材料弹性关系，在开始压缩时压缩应力较低，压头逐渐接触并压实材料，表现出材料有起始变形模量，随着压缩应力增大材料应变急剧增加表现出超弹性性能。而在水浴环境中，形状记忆筛管表现出较弱的抗压性能，开始压缩后即产生大变形，这与聚合物材料的水环境退化作用有关（图4－5－10、图4－5－11）。

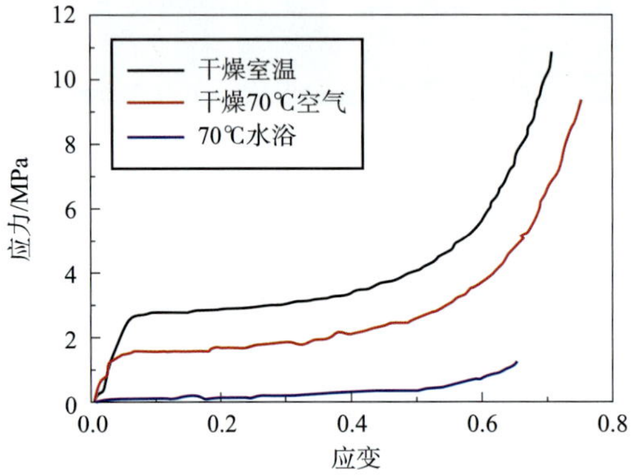

图4－5－9　不同环境下压缩应力应变曲线

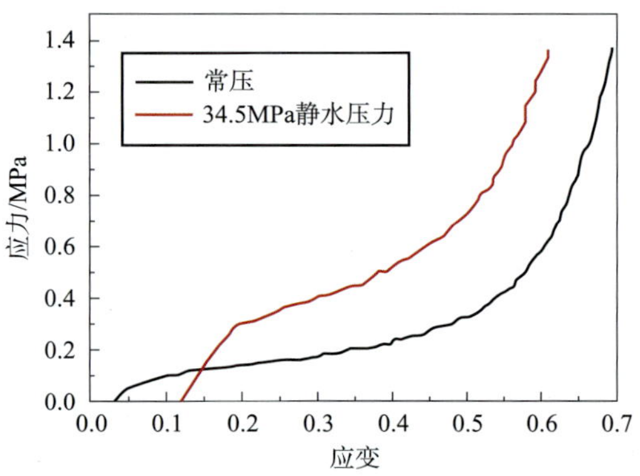

图4－5－10　常压环境与34.5MPa静水压力下压缩应力应变曲线

图4－5－11　试样压缩前后对比

图4－5－10对比分析了70℃下常压条件和34.5MPa环境压力下形状记忆聚合物泡沫的压缩应力应变曲线。常压下测试试件压缩应变从0.033开始，34.5MPa环境压力下压缩应变从0.115开始，这是由于试件在两种条件下的最终膨胀量不同。在同一压缩应力作用下，常压条件试件压缩应变比34.5MPa静水压力下试件压缩应变大，这说明围压的存在提高了形状记忆聚合物泡沫刚度，使其抵抗变形的能力增强。

表4－5－4对比分析了压缩应变分别为20%、40%和60%时的压缩强度。屈服点是形状记忆聚合物结构的特征点，划分弹性变形区域和屈服变形区域。在弹性变形区域，形状记忆聚合物处于线弹性变形，该结构由单元壁的弯曲控制。在屈服区域，形状记忆聚合物泡沫单元屈服可能涉及脆性压坏（室温干燥环境），弹性屈曲（转化温度附近）、孔壁单元屈服或上述模式的结合。从测试数据可知，形状记忆聚合物泡沫在70℃热水常压下具有较弱的抗压缩能力，特别是在10%到40%的压缩应变下。扁平的屈服区域表明形状记忆聚合物泡沫较弱的结构响应。然而，在测试中，孔隙单元屈服处于黏弹性屈曲，并没有结构破坏和永久变形。当压缩载荷撤除后，压缩的泡沫试样将回复到原始高度，从这一方面讲形状记忆筛管可对内部筛管起到很好的保护作用。

表4-5-4 压缩性能数据

测试内容	环境压力	34.5MPa 静水压力
20%压缩应变时应/MPa	0.145	0.29
40%压缩应变时应力/MPa	0.235	0.518
60%压缩应变时应力/MPa	0.593	1.339
屈服应力/MPa	0.0552	0.29

静水压力测试表明，围压对抗压能力和屈服应力有增强作用，在同压缩应变下，34.5MPa 静水压力下压缩应力是常压条件下的2至3倍。知道形状记忆聚合物泡沫在不同条件下的屈服应力对于形状记忆聚合物泡沫的应用十分重要，当压缩应力超过屈服强度后，形状记忆聚合物泡沫将会屈服，此时孔隙度下降。

屈服点表征了泡沫材料的结构特征，是弹性变形区域与屈服区域的分界点。在弹性变形区域，泡沫结构变形成线弹性关系；在屈服区域，泡沫结构的空隙破坏涉及脆性破碎（室温干燥环境），弹性压曲（T_g 温度及以上的干燥或潮湿环境）。屈服应力对于泡沫结构的井下应用至关重要，当泡沫结构上的应力超过屈服应力后，泡沫结构将会屈服破坏。

5. 应力松弛测试

将完全膨胀的形状记忆聚合物试件在万能试验机上进行应力松弛测试。将试样分别放于70℃、60℃和50℃热水中，保持40%恒定压缩应变，持续实验14d，记录载荷、位移和温度数据变化。该实验是为了模拟已产生的接触压力在井下湿热环境中可维持的有效时间，应力松弛测试结果如下：以0.1in/min 的压缩速度将试件压缩至原高度的40%应变时，其初始压缩应力为0.241MPa（常压）、0.324MPa（34.5MPa 静水压力），然而在随后的5h 后该应力很快降低至较低水平。该结果表明了形状记忆筛管对瞬时压缩应变的响应（图4-5-12）。

由图中可见在14d 后，其对应的最终接触应力分别为41.4kPa，96.5kPa 和179.3kPa。这些数据表明作业或测试温度对控制形状记忆聚合物的应力松弛抗性至关重要。如果能在井下控制温度，将可控制形状记忆聚合物的松弛抗性。为进一步评估形状记忆聚合物的长期应力松弛性能，将70℃，60℃和50℃的应力松弛曲线重新表示在对数时间标尺下，如图4-5-13所示。通过延伸每一条应力松弛曲线的直线部分，可见70℃下的接触压力在460d 后将松弛为10kPa，然而在60℃和50℃下，接触压力将分别维持在41.4kPa 和96.5kPa 水平，即使在3年后也稳定在该水平。

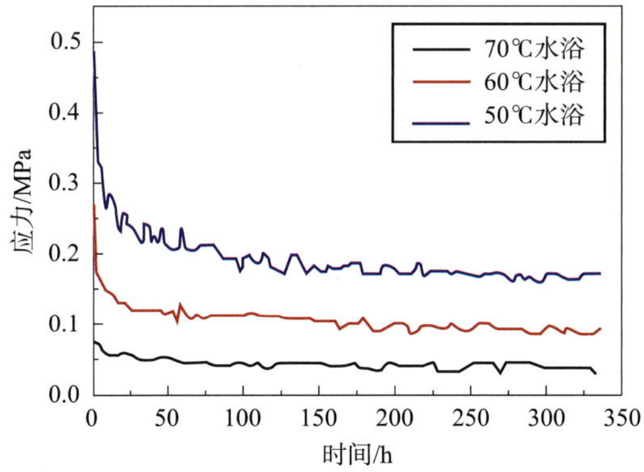

图4-5-12 常压条件下形状记忆聚合物在不同水温下应力松弛曲线

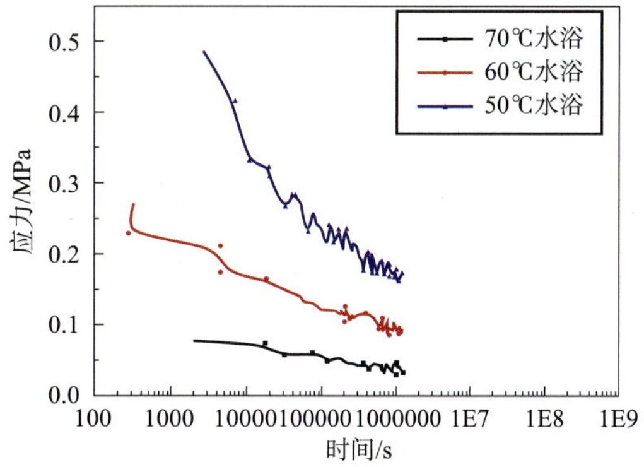

图4-5-13 对数曲线下形状记忆聚合物在不同水温下应力松弛情况

6. 蠕变响应

同样将完全膨胀的形状记忆聚合物试件在万能试验机上进行蠕变测试。将试样分别放于70℃，60℃和50℃热水中，保持0.241MPa和0.0689MPa恒定压缩应力，持续2~14d，记录载荷、位移和温度数据变化。该实验是为了模拟水平井中井下筛管组合重力作用下形状记忆聚合物的蠕变响应或者地层蠕变后对形状记忆聚合物的挤压作用，蠕变测试结果如图4-5-14~图4-5-16所示。

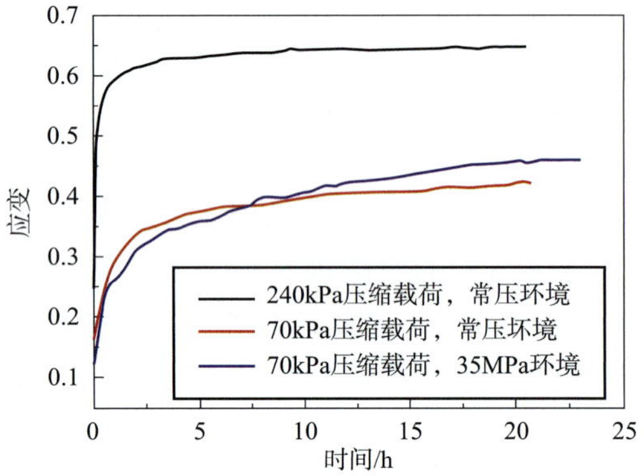

图4-5-14 温度70℃水浴不同压缩载荷下形状记忆聚合物蠕变情况

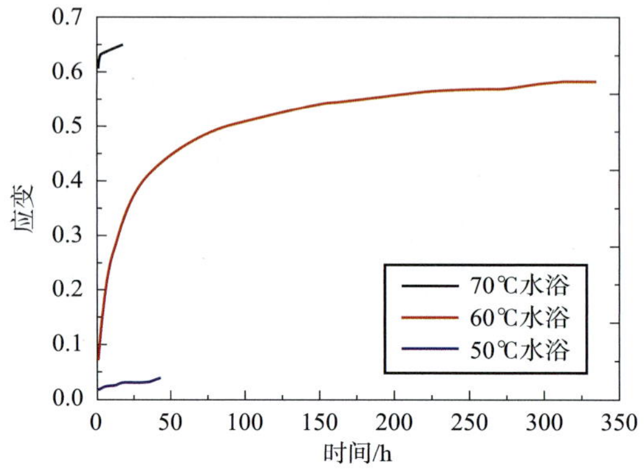

图4-5-15 压缩载荷0.24MPa时常压环境下形状记忆聚合物蠕变情况

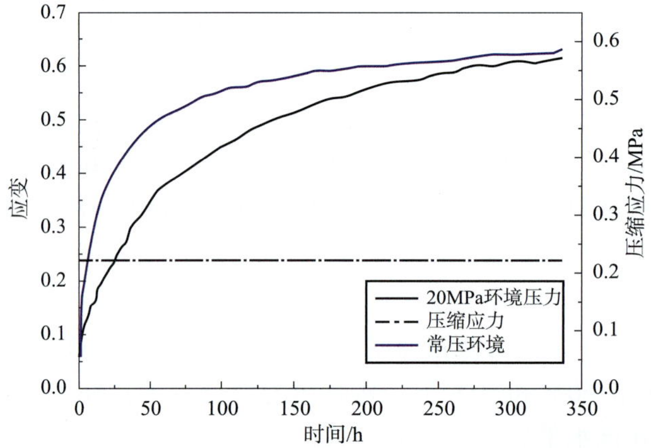

图4-5-16 温度60℃，压缩载荷0.24MPa时形状记忆聚合物蠕变情况

蠕变测试在70℃水浴中进行，分别在常压环境和34.5MPa水压环境下施加不同的压缩载荷。图4-5-14表现了形状记忆聚合物分别在常压环境和34.5MPa水压环境下70kPa和240kPa恒定压缩应力下的蠕变曲线。从蠕变曲线结果可知：

（1）尽管在起始70kPa下的压缩应变只有几个百分点（2%到4%），形状记忆聚合物的高度在8h内很快压缩到40%应变，表明了较弱的结构响应。

（2）在常压环境70kPa压缩应力下形状记忆聚合物在初始40%应变后有较慢的蠕变速度，表明在常压环境下形状记忆聚合物具有一定的蠕变抗性。

（3）在34.5MPa环境压力下形状记忆聚合物具有较慢的蠕变速率和较小的蠕变应变，这是由于较高的环境压力提高了起始时刻的瞬时刚度。在几小时之后，在34.5MPa环境下的试件开始以较高的蠕变速率蠕变，并比常压环境下具有较高的总应变，这表明70℃静水压力对形状记忆聚合物蠕变抗性具有反向效应。

（4）0.24MPa 的常压缩应力使试样过载，并在几分钟内使试样压缩至 60% 应变，甚至在常压环境。所有这些蠕变测试结果表明当前形状记忆聚合物的作业温度应该设置在 70℃以下，这样形状记忆聚合物可以更好地在需要的载荷条件下抵抗蠕变变形。

蠕变测试进一步在 0.24MPa 压缩应力、较低温度、较长持续时间下进行。图 4－5－15 表现了形状记忆聚合物在 60℃和 50℃典型的蠕变曲线。从图可知，在 70℃下蠕变应变在 20h 后近乎为 65%，60℃下 14d 后接近 58%，50℃下 2d 后接近 3.5%，这一数据进一步表明测试温度对形状记忆聚合物蠕变速率的重要影响。为进一步研究静水压力对蠕变行为的影响，分别测试了形状记忆聚合物在常压环境和 20MPa 静水压力下试件蠕变 14d 的应变行为。图 4－5－16 即为相应的蠕变曲线。从图中可再次看出在起始 50h 内 20MPa 环境下的形状记忆聚合物相对于常压环境下的形状记忆聚合物具有较慢的蠕变速率和较低的蠕变应变，这是由于在静水围压下形状记忆聚合物的结构刚度得到加强。然而在这一初始阶段后，20MPa 围压下的试件相较于常压下试件开始以较高速率蠕变，并在 14d 后达到 61% 的应变，在同样测试温度同样时间下常压试件最终应变为 58%，二者差别较小。

7. 成果小结

本节对树脂基形状记忆筛管开展了力学性能测试，测试内容包括定温自由膨胀、定温受限膨胀、定温压缩实验和应力松弛与蠕变测试等。测试结果表明形状记忆筛管具有较好的膨胀性能，数小时内即可膨胀完成，膨胀回复率在 90% 以上；膨胀接触井筒后会产生一定的接触应力，应力大小在 1MPa 左右。压缩性能测试为后续计算分析提供了基本数据，测试结果表明干燥环境下材料有起始变形模量，随着压缩应力增大材料应变急剧增加表现出超弹性性能；而在水浴环境中，形状记忆筛管表现出较弱的抗压性能，开始压缩后即产生大变形。应力松弛测试表明形状记忆筛管的松弛抗性较低，在一定压缩载荷下具有较高的压缩应力，但一定时间后该应力即松弛至较低水平，温度越高这种现象越明显。若可通过某些手段改变井底温度或通过刺激液体改变转化温度即可延缓形状记忆聚合物的松弛效应。蠕变测试表明形状记忆筛管的蠕变抗性与松弛结果类似，在一定压缩载荷下随着时间增加压缩应变均增加，围压的存在可缓解蠕变的速率，但最终应变大小与常压环境相差无几；温度越高，材料表现得越软，一定时间后压缩应变越大。

（二）形状记忆筛管膨胀过程力学行为

为了理解形状记忆筛管在储层环境下的力学行为，本章首先建立有限元模型来模拟形状记忆筛管的膨胀过程，描述了基于相转换的形状记忆本构模型，在商业有限元软件 ABAQUS 中通过 Hyperform 模型计算并进行压缩过程与膨胀过程模拟。其次，为方便尺寸结构优化设计，创新提出了形状记忆筛管膨胀的大变形理论计算方法，通过对压缩实验数据的反演，可获得模型基本参数，进而分析计算膨胀过程。

1. 形状记忆效应本构模型

根据文献调研，假设形状记忆效应是由玻璃态与橡胶态的相互可逆转化而实现的，为此建立基于相态转化的本构模型来描述形状记忆筛管的热力学行为。形状记忆筛管内部相态间的能量转换可通过储存能量的变化来描述：

$$H_{total}=f_r(T)H_r+f_g(T)H_g \tag{4-5-2}$$

式中，H_{total}为给定温度 T 下总的亥姆霍兹能量；H_r 为橡胶态材料在温度 $T \geq T_g$ 时亥姆霍兹能量；H_g 为玻璃态材料在温度 $T \leq T_g$ 时亥姆霍兹能量；f_r、f_g 为温度的函数，并且 $f_r + f_g = 1$。

在温度 $T \geq T_g$ 时，$f_r \approx 1$，$f_g \approx 0$，因此 $H_{total} \approx H_r$；在温度 $T \leq T_g$ 时，$f_r \approx 0$，$f_g \approx 1$，因此 $H_{total} \approx H_g$。因此，通过演化 f_r 和 f_g 将可描述亥姆霍兹能量的转换。

为了模型描述，假设材料存在橡胶态和玻璃态，并且这两者相态转换通过每一相态体积百分数的改变而实现。随着温度变化，单个相态的体积分数将变化。在本模型中，我们考虑橡胶态和玻璃态的体积分数仅是温度的函数。每一相态的体积分数作为温度的函数被定义为：

$$f_r = \frac{1}{1 + \exp[-(T - T_r)/A]}$$

$$f_g = 1 - \frac{1}{1 + \exp[-(T - T_r)/A]} \tag{4-5-3}$$

式中，A 为表征相转换区宽度的参数；T_r 为参考温度并接近 T_g。

注意这些方程与 VTF 函数相似，一般被用于表征流体在温度高于转化温度时的黏度函数。

在变形存储过程中冷却阶段形成的玻璃态可能有不同的变形历史。因此，进一步将玻璃态划分为两个相态：起始玻璃态（IGP）和冻结玻璃态（FGP）。因此，在该模型中存在 3 种相态：

橡胶态（RP）：在温度大于转化温度后，材料将处于橡胶态。橡胶态的体积百分比为 f_r。当温度降低时，橡胶态的体积分数将降低。在极限情况，$T \geq T_g$，$f_r = 1$，而 $T \leq T_g$，$f_r = 0$。

冻结玻璃态（FGP）：FGP 指由于温度降低最新形成的玻璃态，FGP 态的体积分数为 f_T。当温度降低时，FGP 态的体积分数将增加。

起始玻璃态（IGP）：IGP 指材料起始构型中存在的玻璃态。材料的这一相态在施加外部载荷后将变形。IGP 的体积分数为 f_{g0}。由于降低温度将引起新的玻璃态产生，FGP 增加而 IGP 的体积分数将不变化。另一方面，当温度升高时，IGP 的体积分数将降低。注意在大多数形状记忆聚合物应用中，预变形阶段都在 $T > T_g$ 温度下进行。在这种情况下 $f_{g0} \approx 0$。然而同样可能存在 T_g 附近给试样加载的情况。为了模型的完整性，考虑一般情况在 T_g 附近展开分析，并且 $f_{g0} \neq 0$。

相态的体积分数应该满足 $f_{g0} + f_T = f_g$，$f_r + f_{g0} + f_T = 1$。尽管 f_g，f_{g0} 和 f_T 是玻璃态的体积分数，但他们指的是不同热力学历史：f_g 是给定温度下材料玻璃态的总体积分数；f_{g0} 是从分析开始就存在的玻璃态；f_T 是在冷却过程中形成的玻璃态。正如下面所讨论的，由于不同的热力学历史，FGP 是变形之后所形成的玻璃态，IGP 是从分析开始时就存在的玻璃态。

正如上述定义的 3 种相态，总的赫姆霍兹能量可表示为

$$H_{total} = f_r H_r + f_{g0} H_{g0} + f_T H_T \tag{4-5-4}$$

总的应力为

$$T = f_r T_r + f_{g0} T_{g0} + f_T T_T \tag{4-5-5}$$

尽管更加复杂的材料理论可用于描述能量转换，但本文旨在建立理论框架－描述形状记忆效应。

从上述分析可知材料从高温压缩，低温冷却至高温膨胀的形状记忆变化历程是一个复杂

的相变过程，涉及温度、力、化学和时间的综合作用，理论上要全面地分析难于处理。由于本项目旨在分析形状记忆筛管在钻完井工程中的应用，聚焦于形状记忆筛管在井下温压环境中的力学行为，故而将上述模型简化处理。假设形状记忆筛管在地层温度膨胀过程中，式（4－5－2）中的玻璃相 $f_g(T)$ U_g 相对于橡胶相可以忽略，对于橡胶相在 ABAQUS 软件中用 Hyper－form（超弹性泡沫）的模型模拟。

$$U_r = \sum_{i=1}^{N} \frac{2\mu_i}{\alpha_i^2}\left\{\lambda_1^2 + \lambda_2^2 + \lambda_3^2 - 3 + \frac{1}{\beta}[(J)^{-\alpha\beta_i} - 1]\right\} \tag{4-5-6}$$

式中，N，μ_i，α_i，β_i 为模型参数。

同时形状记忆聚合物是一种黏弹性材料，其模量会随温度与时间发生变化。对于黏弹性材料其变形往往同时表现出黏性和弹性，加载条件、温度、时间等因素均会对其黏弹性产生影响。聚合物的黏弹性行为可以采用弹簧和黏壶单胞模型进行表示，黏弹性材料在外力作用下产生的响应由两个部分组成，即弹性部分和黏性部分，其中弹性部分对外力的响应规律符合虎克定律，应变稳定达到平衡状态的时间短、速度快，因此可近似认为应力应变的响应与时间无关，是瞬时性的，而黏性部分具有时间依赖性，需要经过一定的时间才能产生响应。

为了描述形状记忆聚合物的时间依赖行为，通过将松弛系数引入模型参数来表现材料的黏弹性行为：

$$\mu_i^R = \mu_i^o\left[1 - \sum_{k=1}^{N} g_k^p(1 - e^{-t/\tau_k})\right] \tag{4-5-7}$$

式中，g_k^p，τ_k 为模型参数。方程（4－5－6）至（4－5－7）中的模型参数可通过实验数据拟合得出。

2. 形状记忆筛管有限元仿真

为了验证上述选择模型的正确性，本章选取树脂基为研究对象，用 ABAQUS 作为有限元分析的工具，在实验数据的基础上，首先模拟形状记忆聚合物的等温压缩过程。在单向压缩试验中得到的数据通常以名义应变 ε_{nom} 和名义应力 σ_{nom} 表示，其计算公式为：

$$\varepsilon_{nom} = \frac{\Delta l}{l_0}\sigma_{nom} = \frac{F}{A_0} \tag{4-5-8}$$

式中，Δl 为试样的长度变化量；l_0 为试样的初始长度；F 为载荷；A_0 为试样的初始截面积。

与金属材料不同，树脂基形状记忆聚合物在高温下表现出橡胶超弹性行为，ABAQUS 应用应变势能来表达超弹性材料的应力应变关系。与塑性数据不同，对于超弹性材料的实验数据将名义应力和名义应变的值提供给 ABAQUS，压缩应力和应变作为负值输入。圆柱试样高 42.5mm，直径 20mm，压缩后高度变为 13.5mm，式样被压缩 29mm，上下底面润滑良好。分析步为 29 个时间增量步。压头用刚体表示。由单向压缩试验得到试样的名义应力和名义应变数据来拟合材料的本构模型。环境温度设为 70℃。采用轴对称模型简化计算量，定义对称边界条件和加载位移即可模拟计算。

压缩后的试样如图 4－5－17 所示，分析步结束时试样按设计压缩了 29mm。从后处理程序可获得压缩过程中压头上接触应力随压缩位移的变化过程。从曲线可知，有限元模拟得到的应力应变曲线较为光滑，且压缩实验数据与模拟试样数据较为吻合，证明采用的本构模型和参数选择适用于模拟形状记忆筛管在高温下的力学行为，可继续深入模拟形状记忆筛管在井筒内的力学行为（图 4－5－18）。

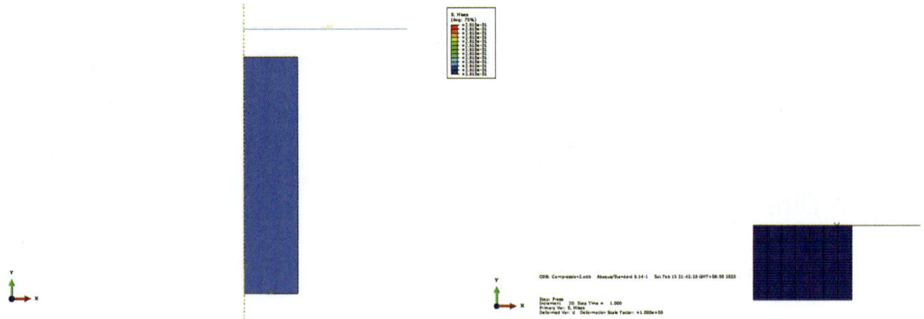

(a)模型装配图　　(b)压缩后试样图

图 4－5－17　形状记忆聚合物高温压缩模拟

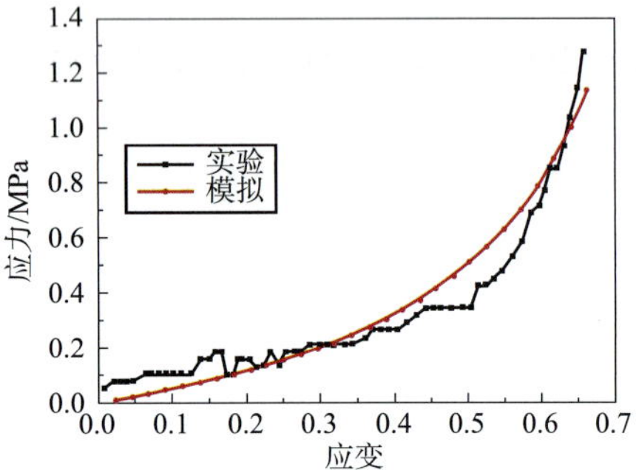

图 4－5－18　压缩实验与模拟试样对比

3. 井下膨胀状态模拟

为模拟形状记忆筛管在井筒内的膨胀过程，采用如表 4－5－5 所示的形状记忆筛管和模拟井筒尺寸。采用轴对称壳单元分别模拟形状记忆筛管和井筒，赋予材料参数和截面属性，并划分网格。仿真所设置材料参数包括形状记忆筛管的单轴压缩实验数据，不同温度下的弹性模量、泊松比，松弛实验数据及热膨胀系数等。形状记忆筛管与井筒之间设置为硬接触，将形状记忆筛管外表面选为接触面主面，将目的井眼内表面选为接触面从面，当二者之间无间隙时则两面产生接触约束；当两个接触面的相互作用力变为零或负值时，此时接触面彼此分开，接触约束失去作用。定义初始温度场 26℃，最终环境温度 70℃。定义输出变量，建立作业并提交分析。

表 4－5－5　形状记忆筛管和模拟井筒尺寸

形状记忆筛管尺寸		
外径/mm	内径/mm	长度/m
132	90	5
模拟井筒尺寸		
外径/m	内径/mm	长度/m
50	152	5

经有限元仿真可以看出，所设计的树脂基形状记忆筛管在井下温度环境（70℃）可激发膨胀，在模拟时间内形状记忆筛管径向位移不断增加，径向应力由基管处的最大值向最外边界逐渐降低，膨胀接触井筒后对井筒仍保留有 970kPa 的支撑力（图 4－5－19、图 4－5－20）。

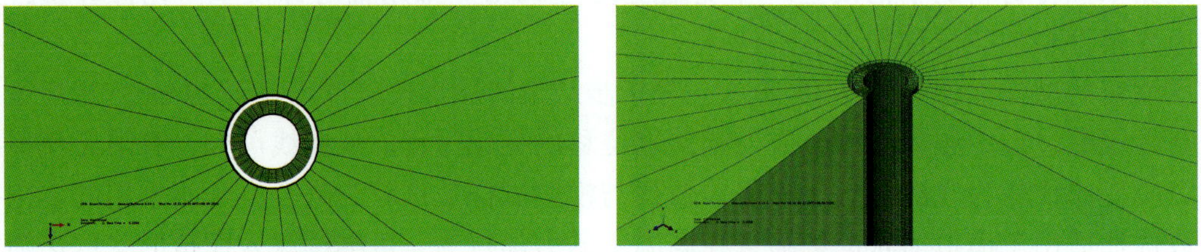

(a)形状记忆筛管膨胀前俯视图　　(b)形状记忆筛管膨胀前侧视图

图 4－5－19　形状记忆筛管膨胀前初始状态

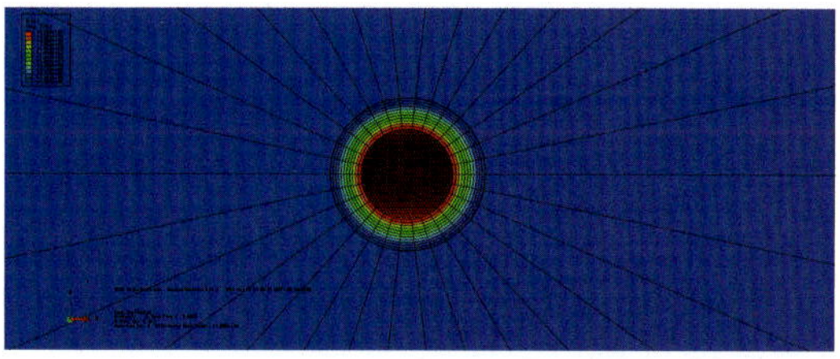

(a)形状记忆筛管膨胀后俯视图

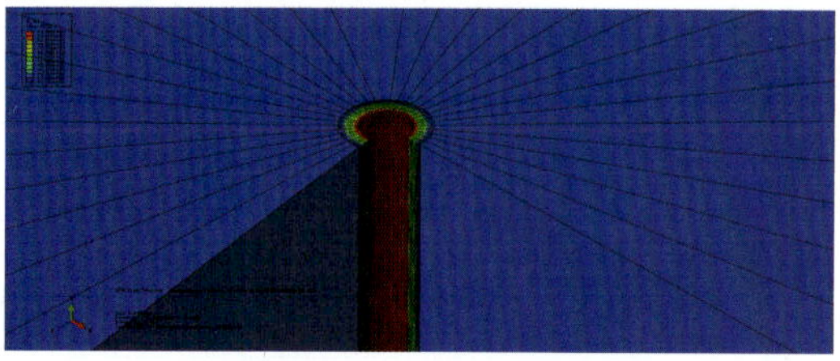

(b)形状记忆筛管膨胀后侧视图

图 4-5-20 形状记忆筛管膨胀后应力状态

4. 形状记忆筛管大变形力学模型

1）问题简化

考虑商业软件模拟的不便及操作烦琐性，为使形状记忆筛管结构尺寸优化有据可依，有法可行，本项目又尝试建立了形状记忆筛管大变形理论模型，通过简化研究问题，创新提出了大变形分析方法。为了简化问题，本模型采取的假设条件如下：

（1）当温度升高到临界值后，材料的记忆形状可以完全恢复。

（2）假定膨胀恢复时间足够长，材料的变形已稳定，忽略时间效应。

（3）形状记忆筛管的本构采用 Odgen 模型来描述。

基于假设条件（1）（2）和（3），该问题可简化为包含几何非线性和本构非线性的弹性问题，借助数值方法进行求解。由于形状记忆筛管的相关参数事先是未知的，需要根据实验数据进行反演求解。

因此，首先根据开展的单轴压缩实验，分别测量了不同轴向压缩量下的轴向压力，利用实验结果可以反演出 Odgen 模型中未知参数的数值；利用反演后的本构模型，应用到模拟真实完井过程中形状记忆筛管的变形和受力问题。

2）力学参数反演

形状记忆筛管的变形势能函数可表示为：

$$U = \sum_{i=1}^{N} \frac{2\mu_i}{\alpha_i^2}[\lambda_z^{\alpha_i} + \lambda_r^{\alpha_i} + \lambda_\theta^{\alpha_i} - 3 - \alpha_i \ln(\lambda_z \lambda_r \lambda_\theta)] \tag{4-5-9}$$

式中，λ_z、λ_r 和 λ_θ 为变形的主特征值，其中，λ_z 为轴向方向的值；λ_r 为径向方向的值；λ_θ 为环向方向的值；μ_i 和 α_i 为无因次实数；N 为正整数。该 3 个值需要利用实验数据进行反演计算。

根据实验结果现象，圆柱材料在压缩后轴向长度变短，但是径向变形可忽略不计(图 4-5-21)，因此可以近似假定 $\lambda_2=1$ 和 $\lambda_3=1$。

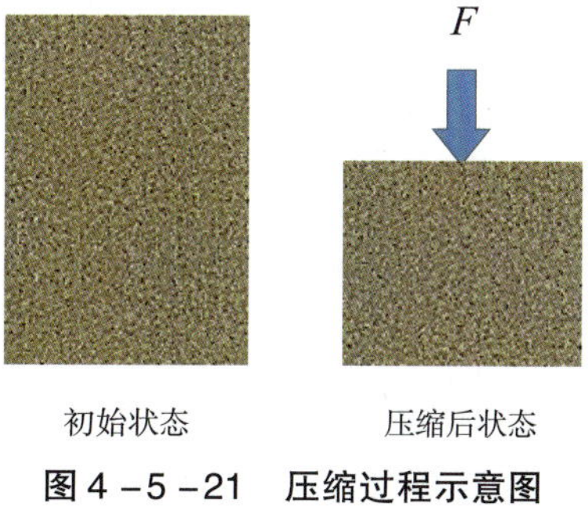

图 4-5-21 压缩过程示意图

此时，根据势能函数可得到轴向应力计算公式为：

$$t_z = \sum_{i=1}^{N} \frac{2\mu_i}{\alpha_i}(\lambda_z^{\alpha_i-1} - \lambda_z^{-1}) \tag{4-5-10}$$

式中，t_z 为轴向方向上的 Biot 应力，N/m²。

根据实验中轴向变形与测量应力结果代入到上述计算公式中，利用非线性拟合方法确定 μ_i、α_i 和 N 的结果。其结果的数值为：

$$\begin{cases} N=2 \\ \alpha_1=0.11335 \quad \mu_1=1.42299 \\ \alpha_2=28.2891 \quad \mu_2=5.44801 \end{cases} \tag{4-5-11}$$

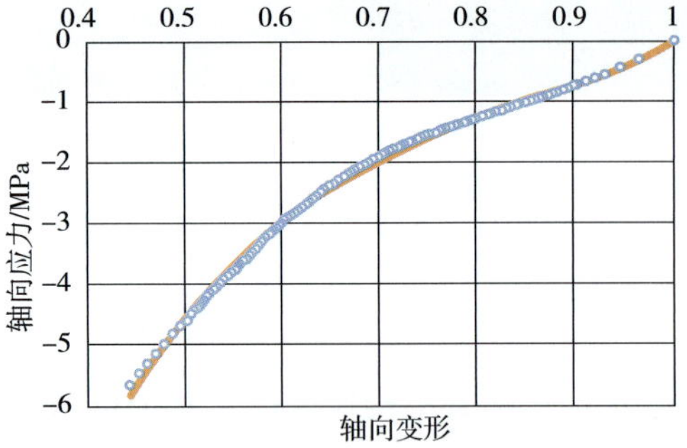

图 4-5-22　参数反演结果对比

拟合的计算结果与实验结果在图 4-5-22 中，表明上述拟合结果准确性很高，可用于下一步的案例分析。

3）膨胀恢复后载荷分布计算

当形状记忆恢复且稳定时，形状记忆筛管的外径与井壁内径相同，内径与基管外径相同，在该过程中形状记忆筛管发生了大变形。对于形状记忆筛管而言，径向压缩变形几乎不影响轴向的变形，因此该问题可以简化为平面应力问题，如图 4-5-23 所示。

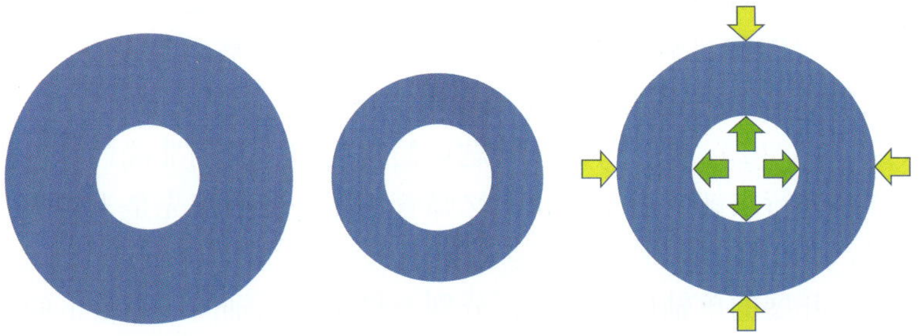

图 4-5-23　形状记忆筛管膨胀过程示意图

根据轴对称问题的特点，形状记忆筛管变形量为：

$$r=r(R)=u(R)+R \tag{4-5-12}$$

式中，R 为初始构型下记忆材料的径向坐标；u 为径向位移；r 为径向变形后的新坐标。

此时，变形梯度和应变分别为：

$$F=\frac{\mathrm{d}r}{\mathrm{d}R}\mathrm{e_r e_r}+\frac{r}{R}\mathrm{e_\theta e_\theta} \tag{4-5-13}$$

$$K=F-I=\frac{\mathrm{d}u}{\mathrm{d}R}\mathrm{e_r e_r}+\frac{u}{R}\mathrm{e_\theta e_\theta} \tag{4-5-14}$$

径向和周向变形的主特征值分别为：

$$\lambda_\mathrm{r}=\frac{\mathrm{d}r}{\mathrm{d}R} \quad \lambda_\theta=\frac{r}{R} \tag{4-5-15}$$

根据变形势能函数，得到 Biot 应力 $t=t_\mathrm{r}\mathrm{e_r}+t_\theta\mathrm{e_\theta}$ 的各个分量结果为：

$$t_\mathrm{r}=\frac{\mathrm{d}U}{\mathrm{d}\lambda_\mathrm{r}} \quad t_\theta=\frac{\mathrm{d}U}{\mathrm{d}\lambda_\theta} \tag{4-5-16}$$

由于该问题对轴对称问题，Biot 应力等效为名义应力。

根据虚功原理，得到平衡条件：

$$\iint_{\Omega^0}\frac{\partial U}{\partial K}:\delta K\cdot\mathrm{d}\Omega=\iint_{\Omega^0}\delta u^T f_\mathrm{b}\cdot\mathrm{d}\Omega+\int_{\Gamma_s^0}\delta u^T t\cdot\mathrm{d}\Gamma \tag{4-5-17}$$

式中，$\mathrm{d}\Omega$ 代表面积微元；$\mathrm{d}\Gamma$ 代表边界微元；两者都是在初始构型上进行积分。u 为位移场，需要满足位移边界条件；δ 为虚变量，是指任意两个满足位移边界条件约束下变量之差；K 为应变张量；f_b 为体积力矢量；t 为名义应力矢量。

利用上述方程可得到该问题的解，然而由于该问题涉及大变形，且材料本构是非线性的，无法直接得到解析解，需要采用有限元法进行求解。

4）数值求解方法

将整个圆环看成多个微小圆环而组成，每一个微小圆环都是一个轴对称问题（图 4－5－24）。由于微小圆环的内外径差别很小，其内部位移场可采用如下插值模式：

$$u = N_1 U_1 + N_2 U_2 \qquad (4-5-18)$$

式中，U_1 和 U_2 为内外结点的位移；N_1 和 N_2 为形状函数。

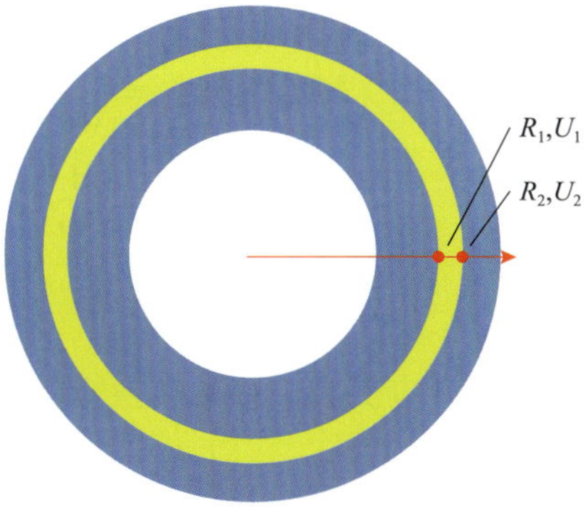

图 4－5－24　有限元离散模型

圆环初始构型的径向坐标其插值计算也满足：

$$R = N_1 R_1 + N_2 R_2 \qquad (4-5-19)$$

式中，R_1 和 R_2 为内外结点的径向坐标。

形状函数的计算公式为：

$$N_1 = \frac{1-\xi}{2} \qquad N_2 = \frac{1+\xi}{2} \qquad (4-5-20)$$

式中，ξ 为等参变形，取值范围为［－1，1］。

定义应变和位移的转换矩阵 B_N，其计算公式为：

$$B_N = \begin{bmatrix} \dfrac{\partial N_1}{\partial R} & \dfrac{\partial N_2}{\partial R} \\ \dfrac{N_1}{R} & \dfrac{N_2}{R} \end{bmatrix} \qquad (4-5-21)$$

对于该微元而言，平衡方程的左边转换为：

$$A(U,\delta U) = \delta U^T \cdot \left\{ \iint_{\Omega^0} B_N{}^T T \cdot \mathrm{d}\Omega \right\} = \delta U^T P^{\mathrm{int}} \qquad (4-5-22)$$

其中，U 为结点位移向量，定义公式为 $U =［U_1 \quad U_2］^T$；T 为名义应力向量，其定义公式为 $T =［t_r \quad t_\theta］^T$；$P^{\mathrm{int}}$ 为结点处的等效内力，可利用 Gaussion 数值积分法进行求解。

此处，根据 Odgen 模型，名义应力向量的计算公式为：

$$T = \begin{bmatrix} t_r \\ t_\theta \end{bmatrix} = \begin{bmatrix} \dfrac{\partial U}{\partial \lambda_r} \\ \dfrac{\partial U}{\partial \lambda_\theta} \end{bmatrix} = \begin{bmatrix} \displaystyle\sum_{i=1}^{N} \frac{2\mu_i}{\alpha_i}\left(\lambda_r{}^{\alpha_i - 1} - \lambda_r{}^{-1}\right) \\ \displaystyle\sum_{i=1}^{N} \frac{2\mu_i}{\alpha_i}\left(\lambda_\theta{}^{\alpha_i - 1} - \lambda_\theta{}^{-1}\right) \end{bmatrix} \qquad (4-5-23)$$

在该问题中忽略了体积力作用，因此右边第一项为零。对于右边第二项而言，可直接简化为：

$$L(\delta U) = \delta U^T \cdot 2\pi \begin{bmatrix} -t_{r,1} R_1 \\ t_{r,2} R_2 \end{bmatrix} = \delta U^T \cdot P^{\mathrm{ext}} \qquad (4-5-24)$$

式中，$t_{r,1}$ 和 $t_{r,2}$ 分别为内外结点位置处径向应力；P^{ext} 为结点处等效外力。

根据平衡方程可以得到：

$$R(U,\delta U)=A(U,\delta U)-L(\delta U)=\delta U^{T}\cdot\{P^{int}-P^{ext}\}=0 \tag{4-5-25}$$

上述方程给出了某一个单元的位移非线性方程，P^{ext} 与位移无关，P^{int} 是位移的非线性函数，需要采用迭代法求解上述方程，例如采用 Newton – Rapson 方法进行求解。

在采用 Newton – Rapson 方法，需要事先求解 $R(U,\delta U)$ 的线性增量，即

$$\begin{aligned}\Delta R(U,\delta U) &= \frac{\mathrm{d}}{\mathrm{d}\omega}R(U+\omega\cdot\Delta U,\delta U)\\ &= \frac{\mathrm{d}}{\mathrm{d}\omega}A(U+\omega\cdot\Delta U,\delta U)\\ &= \delta U^{T}\cdot\left\{\iint_{\Omega 0}B_{N}{}^{T}DB_{N}\cdot\mathrm{d}\Omega\right\}\cdot\Delta U=\delta U^{T}\cdot K_{T}\cdot\Delta U\end{aligned} \tag{4-5-26}$$

式中，D 为应变和位移的转换矩阵，其计算公式为：

$$D=\begin{bmatrix}\dfrac{\partial t_{r}}{\partial\lambda_{r}} & \dfrac{\partial t_{r}}{\partial\lambda_{\theta}}\\ \dfrac{\partial t_{\theta}}{\partial\lambda_{r}} & \dfrac{\partial t_{\theta}}{\partial\lambda_{\theta}}\end{bmatrix}=\begin{bmatrix}\sum\limits_{i=1}^{N}\dfrac{2\mu_{i}}{\alpha_{i}}[(\alpha_{i}-1)\lambda_{r}{}^{\alpha_{i}-2}+\lambda_{r}{}^{-2}]\\ \sum\limits_{i=1}^{N}\dfrac{2\mu_{i}}{\alpha_{i}}[(\alpha_{i}-1)\lambda_{\theta}{}^{\alpha_{i}-2}+\lambda_{\theta}{}^{-2}]\end{bmatrix}$$

式中，K_T 为切线刚度矩阵，可利用 Gaussion 数值积分法进行求解。

此时，Newton – Rapson 方法中迭代方程表示为：

$$\delta U^{T}\cdot K_{T}\cdot\Delta U=\delta U^{T}\cdot(P^{ext}-P^{int}) \tag{4-5-27}$$

为了求解整体位移场，需要将单元进行组装，形成整体问题的解。考虑到虚位移的任意性，可将非位移约束点的 δU^T 直接去掉，并添加位移场的约束，最终 Newton – Rapson 迭代方程的形式如下：

$$\begin{cases}M(U^{k})\cdot\Delta U^{k}=R(U^{k})\\ U^{k+1}=U^{k}+\Delta U^{k}\end{cases} \tag{4-5-28}$$

式中，U^k 和 U^{k+1} 为第 k 和 $k+1$ 迭代步各个结点径向位移组成的向量，表示为：

$$U^{k}=[U_{1}{}^{k}\cdots U_{i}{}^{k}\cdots U_{N+1}{}^{k}] \tag{4-5-29}$$

式中，$M(U^k)$ 为与 U^k 相关的刚度矩阵；$R(U^k)$ 为与 U^k 相关的残差向量。该两个量都可以根据第 k 迭代步求解得到。

5. 实例分析

案例分析中参数如下：基管外径 89mm，形状记忆筛管内径 90、外径 132mm（膨胀前），原始外径 190mm，长度 2m；井筒内径 152mm。

形状记忆筛管恢复形状后，其内径等于基管外径，外径等于井筒内径，为一典型的已知位移边界条件的大变形问题，形状记忆筛管的本构采用实验结果得到，并依据上述求解方法，可得到各个结果。

图 4 – 5 – 25 显示了沿着不同径向位置点的径向位移，最外侧处的径向压缩位移最大。

图 4 – 5 – 26 显示了沿着不同径向位置点的径向应变和周向应变，最外侧处的径向压缩应变最大，周向压缩应变最小。

图 4 – 5 – 27 为名义和柯西径向应力和周向应力随着径向距离的变化，径向压应力随着

径向距离增大而减小，周向压应力随着径向距离增大而减小。因此，形状记忆筛管恢复形状后对于基管的挤压力要大于对于井壁的挤压力。

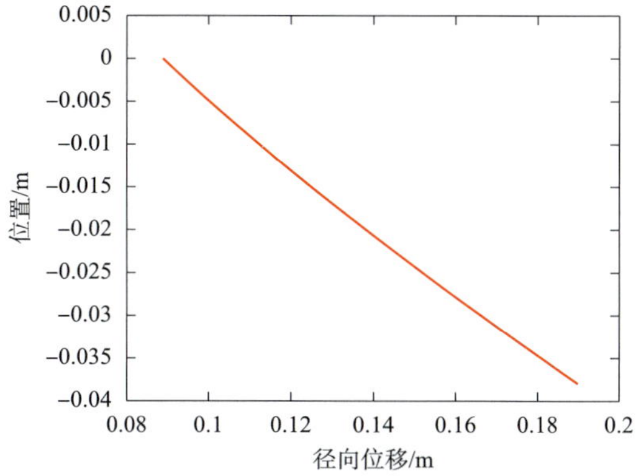

图 4－5－25　径向位移分布

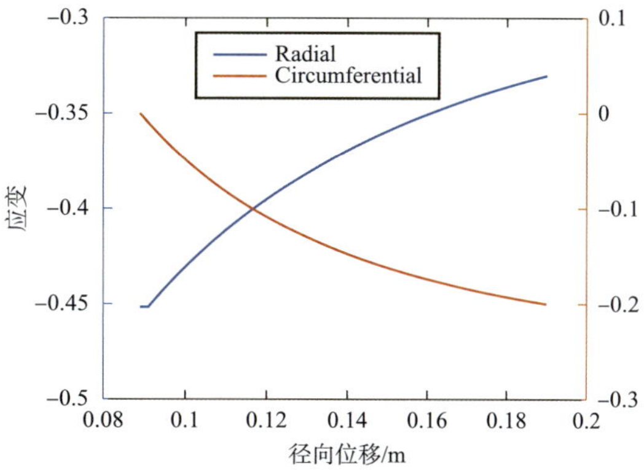

图 4－5－26　径向与周向应变

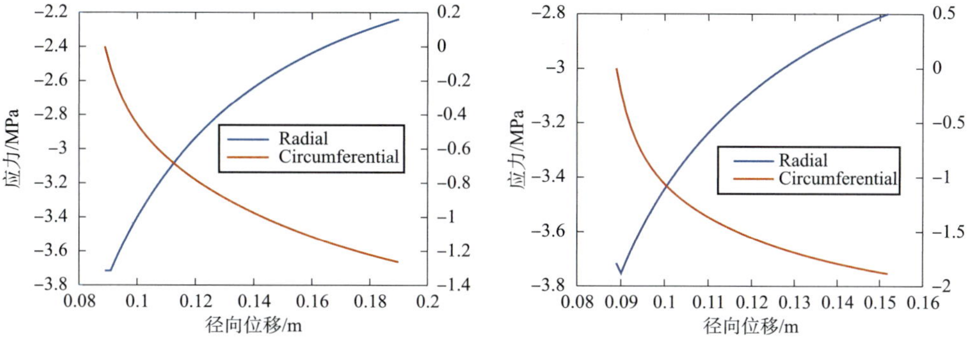

图 4－5－27　名义应力分布与柯西应力分布

图 4－5－28 为柯西径向应力和周向应力的分布图，其规律与上述分析是一致的。

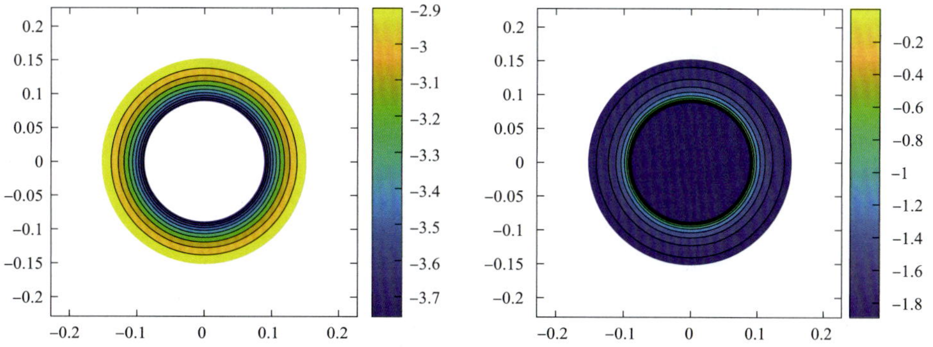

图 4－5－28　径向应力和周向应力分布结果

图 4－5－29～图 4－5－33 分别为假设的三种材料恢复形状记忆后的径向应力和周向应力计算结果，其中材料 2 的参数与实验结果相同，材料 1 的 μ_i 为材料 2 的一半，代表低弹性模量情形；材料 3 的 μ_i 为材料 2 的 2 倍，代表高弹性模量情形。由上述结果可知，随着材料弹性模量的增大，膨胀后材料对基管和井壁的接触力增大。当材料与井壁的接触力过小时，材料对井壁的支撑作用小，井壁可能发生屈服失效；当材料与井壁的接触力过大时，材料对基管的挤压力增大，可能导致基管挤毁失效，因此材料性能的优选要介于两种失效情形之间。

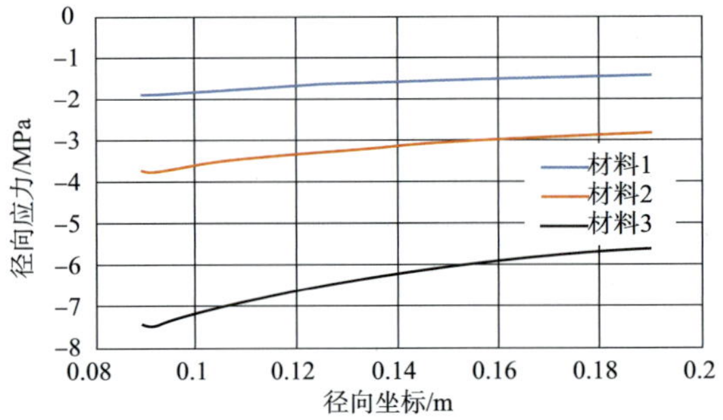

图 4-5-29　三种材料径向应力对比

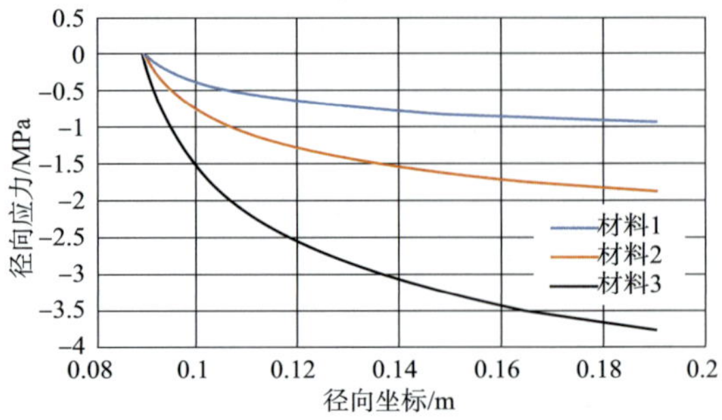

图 4-5-30　三种材料周向应力对比

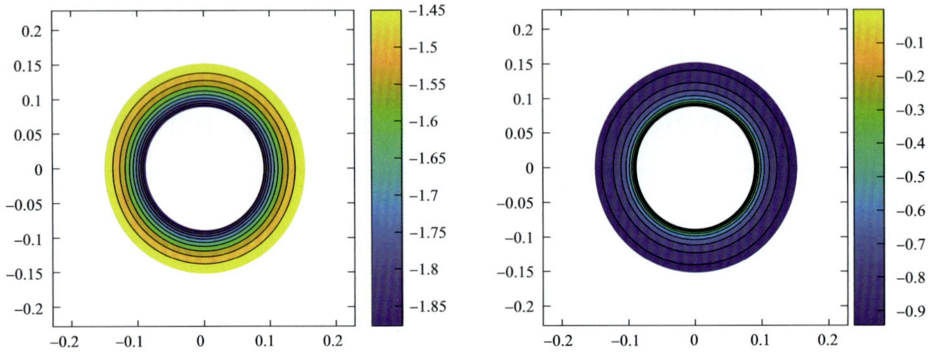

图 4-5-31　材料 1 的径向应力和周向应力分布结果

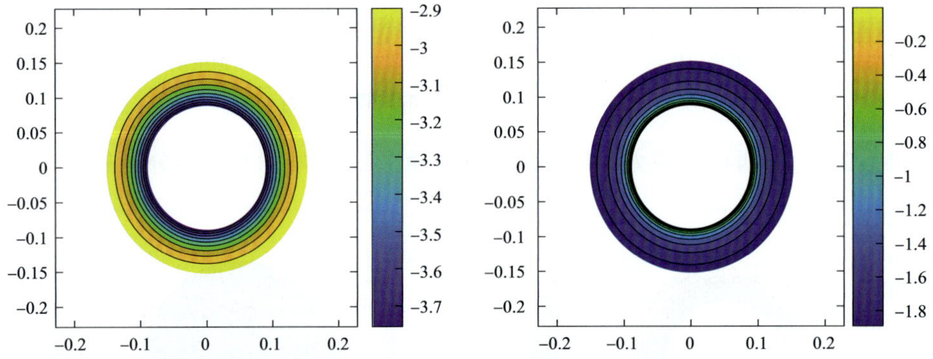

图 4-5-32　材料 2 的径向应力和周向应力分布结果

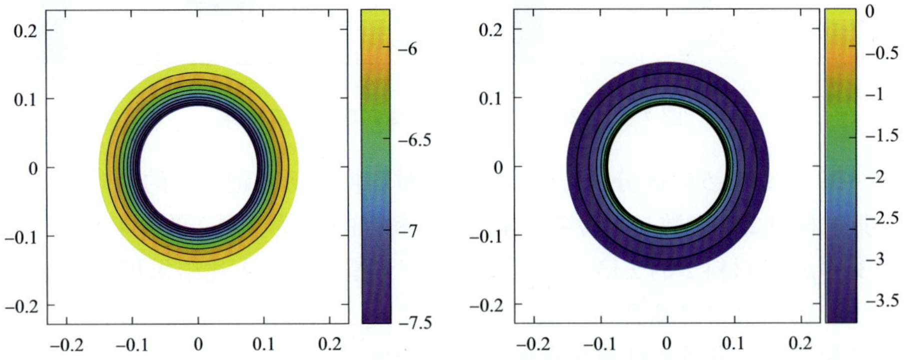

图 4-5-33　材料 3 的径向应力和周向应力分布结果

图 4-5-34 ~ 图 4-5-38 分别为三种初始外径下膨胀恢复后的径向应力和周向应力计算结果，其中外径 2 的参数与实验结果相同，外径 1 为外径 2 的 0.9 倍，代表小初始外径；外径 3 为外径 2 的 1.1 倍，代表大初始外径。由上述结果可知，随着初始外径的增大，恢复膨胀后材料对基管和井壁的接触力增大。当材料与井壁的接触力过小时，材料对井壁的支撑作用小，井壁可能发生屈服失效；当材料与井壁的接触力过大时，材料对基管的挤压力增大，可以导致基管挤毁失效，因此材料初始外径的优选要介于两种失效情形之间。

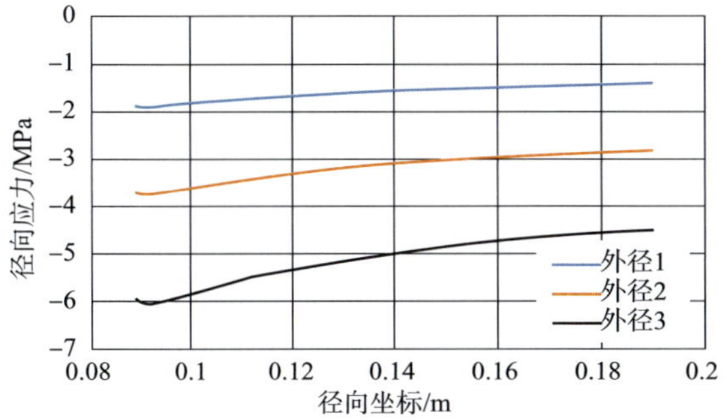

图 4-5-34　不同外径径向应力对比

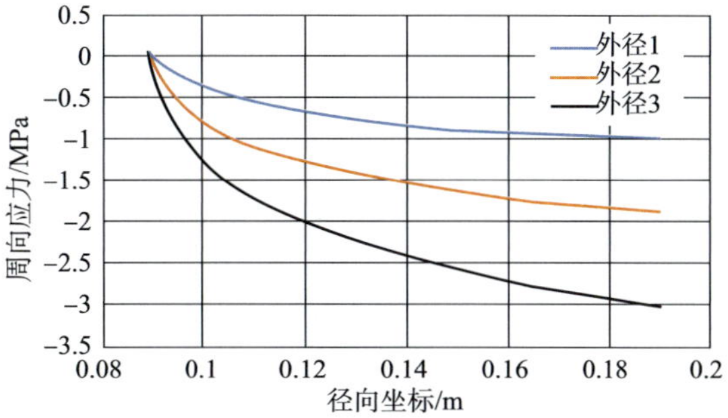

图 4-5-35　不同外径周向应力分布

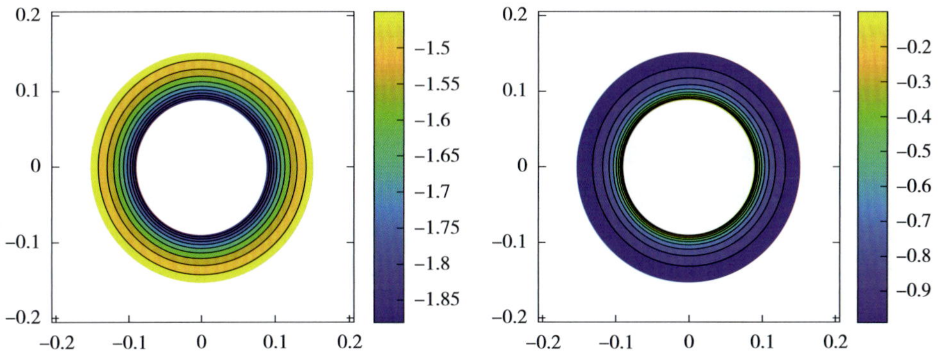

图 4-5-36　外径 1 的径向应力和周向应力分布结果

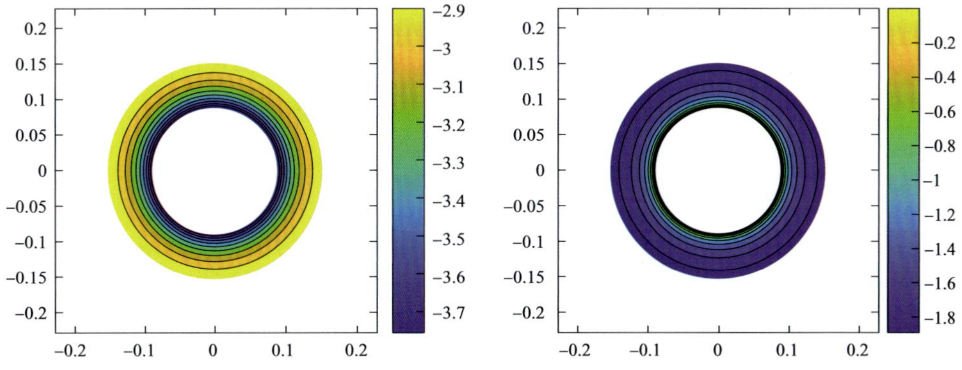

图 4-5-37　外径 2 的径向应力和周向应力分布结果

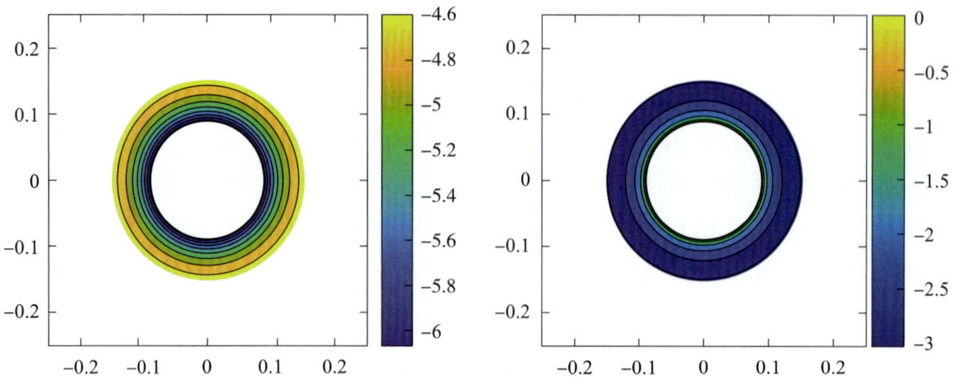

图 4-5-38　外径 3 的径向应力和周向应力分布结果

6. 小结

本章首先采用商业有限元软件对形状记忆筛管的膨胀过程进行模拟，包括定温压缩和井下受热膨胀模拟，压缩模拟结果与实验数据一致；基于前述模型，井下受热后形状记忆筛管可膨胀到接触井壁，由于接触应力较小，在井壁上显示不明显。为了更加方便地了解与优化形状记忆筛管尺寸，创新提出了膨胀大变形分析方法，该方法可根据实验数据反演模型参数，进而对形状记忆筛管膨胀过程中的应力变化和外径变化进行分析计算。主要结论如下：

（1）采用 Odgen 模拟记忆合金的本构关系，单轴压缩实验结果表明该本构适用于模拟记忆合金的受力和变形。

（2）建立了形状记忆合金恢复形状的变形和受力计算有限元模型，并采用 Newton - Rapson 方法进行迭代求解，数值求解表明该算法快速且稳定。

（3）恢复形状后的径向压应力随着径向距离增大而减小，形状记忆筛管恢复形状后对于基管的挤压力要大于对于井壁的挤压力。

（4）随着材料弹性模量的增大或者初始外径的增大，恢复膨胀后材料对基管和井壁的接触力增大。当材料与井壁的接触力过小时，材料对井壁的支撑作用小，井壁可能发生屈服失效；当材料与井壁的接触力过大时，材料对基管的挤压力增大，可以导致基管挤毁失效，因此材料弹性模量和初始外径的优选要介于两种失效情形之间。

（三）形状记忆筛管井眼强化性能

井壁稳定与否最终都要表现在井眼围岩的应力状态。地层岩石在地应力、地层中孔隙压力和井筒流体压力联合作用下，超过其额定载荷后，就会产生某种程度的失效破坏。该失效主要是由于岩石的应力水平超过弹性范围后，岩石产生塑性变形所致。

1. 形状记忆筛管井眼强化弹性解

1）近井地应力分布

油气钻井相当于在原始地层中钻孔，改变了地层原始应力分布状况，造成地层应力集中。以井筒轴线为柱坐标纵轴，井筒周围地层中任一点可用三个坐标（h，r，θ）表示，该点的应力状态可用如下 3 个特征应力表示：①垂向应力 σ_z，柱坐标中通过某一点沿垂向上所受的应力；②径向应力 σ_r，柱坐标中通过某一点沿井轴径向上所受的应力；③切/周向应力 σ_θ，柱坐标中通过某一点沿井轴为中心的切向上所受的应力。上述 3 个应力的位置关系如图 4-5-39、图 4-5-40 所示。

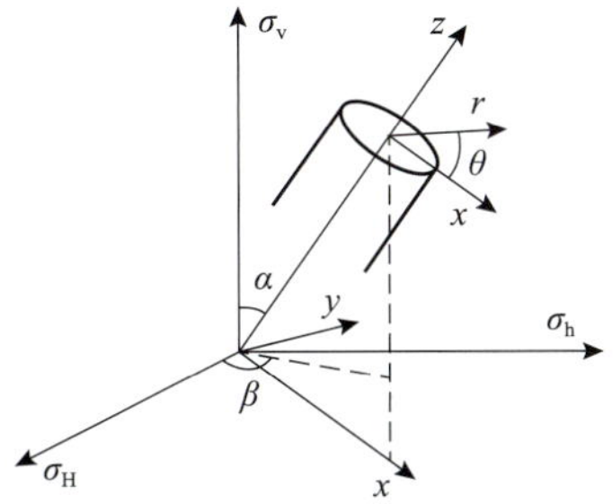

图4-5-39 坐标系统变化示意图

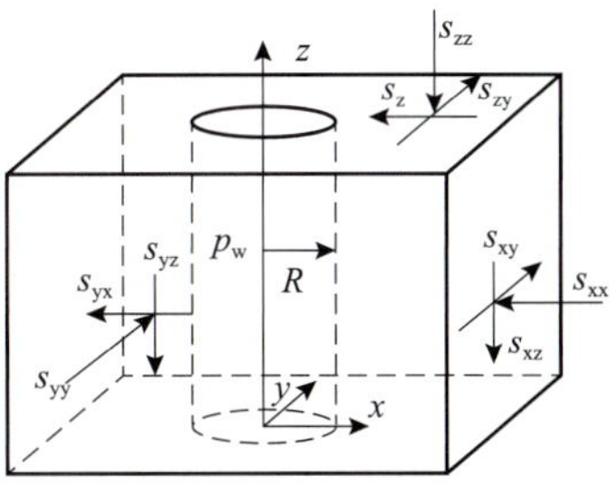

图4-5-40 井眼坐标与原地应力

井筒周围的地层应力分布就是根据地层原始主应力，即垂向主应力、水平最大和最小主应力，计算特定条件下井筒附近周围任一点的垂向应力、切向应力和径向应力。假设条件：

(1) 地层岩石为均质、各向同性、线弹性多孔介质。

(2) 形状记忆筛管渗透性良好（可通过表面打孔实现与地层流体连通）。

(3) 地层受原始地应力、孔隙压力、井内流体压力和形状记忆聚合物筛管的共同作用。

(4) 忽略构造应力场和温度场对地层的影响。

(5) 井壁围岩处于平面应变状态，井眼沿纵向不变形。

根据单元受力平衡，可推出垂直井井筒围岩任意位置处的有效应力分布为：

$$
\begin{aligned}
\sigma_r(r,\theta) &= \frac{\sigma_H+\sigma_h}{2}\left(1-\frac{r_i^2}{r^2}\right)+\frac{\sigma_H-\sigma_h}{2}\left(1-\frac{4r_i^2}{r^2}+\frac{3r_i^4}{r^4}\right)\cos2\theta+\frac{r_i^2}{r^2}(P_i+\sigma_{smp})\\
\sigma_\theta(r,\theta) &= \frac{\sigma_H+\sigma_h}{2}\left(1+\frac{r_i^2}{r^2}\right)-\frac{\sigma_H-\sigma_h}{2}\left(1+\frac{3r_i^4}{r^4}\right)\cos2\theta-\frac{r_i^2}{r^2}(P_i+\sigma_{smp})\\
\sigma_z(r,\theta) &= \sigma_v-2\mu(\sigma_H-\sigma_h)\frac{r_i^2}{r^2}\cos2\theta\\
\tau_{r\theta}(r,\theta) &= -\frac{\sigma_H-\sigma_h}{2}\left(1+\frac{2r_i^2}{r^2}-\frac{3r_i^4}{r^4}\right)\sin2\theta
\end{aligned}
\tag{4-5-30}
$$

式中，r 为距井眼中心的径向距离，m；θ 为与最大水平主应力 σ_H 的夹角，rad；μ 为岩石泊松比，无量纲；r_i 为弹性区域内边界半径，m；P_i 为弹性区域内边界孔隙压力，MPa；σ_H、σ_h 为考虑孔隙压力后的原始最大、最小水平主应力，MPa；σ_v 为原始垂向地应力，MPa；σ_r、σ_θ、σ_z 为弹性区有效径向、切向与垂向应力，MPa；$\tau_{r\theta}$为井眼围岩的剪切应力，MPa；σ_{smp}为形状记忆筛管膨胀到位后与井筒的相互作用力。

2）岩石破坏准则

莫尔库仑准则是目前岩石力学最常用的一种岩石破坏准则。该准则认为岩石沿某一剪切面破坏，不但与该剪切面上的剪应力大小有关，而且还与该面上的正应力有关。岩石并不是沿最大剪应力作用面产生破坏，而是沿剪应力与正应力达到最不利组合的某一面产生破坏。

$$|\tau| = C_0+\sigma\tan\phi_f \tag{4-5-31}$$

式中，τ 为岩石剪切面的抗剪切强度，MPa；σ 为剪切面上的正应力，MPa；C_0 为岩石内聚力，MPa；ϕ_f 为岩石内摩擦角，rad。

考虑地层岩石孔隙中的流体压力，用主应力表示的莫尔库仑准则可表示为：

$$\sigma_1-\beta\cdot P = 2C_0\tan\alpha+(\sigma_3-\beta\cdot P)\cdot\tan^2\alpha \tag{4-5-32}$$

$$\alpha = \frac{\phi_f}{2} + \frac{\pi}{4} \tag{4-5-33}$$

式中，σ_1、σ_3 为最大、最小应力；MPa；β 为 Biot 常数；α 为失效角，（°）；P 为孔隙压力，MPa。

3）临界生产压差

地层岩石在地应力、地层中孔隙压力和井筒流体压力联合作用下，超过其额定载荷后，就会产生某种程度的失效破坏。该失效主要是由于岩石的应力水平超过弹性范围后，岩石产生塑性变形所致。如果已知井眼或射孔孔眼周围地层的应力状态，选择合适的岩石屈服准则，可预测是否出砂以及出砂临界生产压差的具体大小。

考虑地层岩石孔隙中的流体压力，用主应力表示的莫尔库仑准则如式（4－5－32），当满足该式时，岩石发生破坏。在特征位置 $r = r_x$ 处，岩石应力状态正好符合上述破坏准则，此时孔隙压力是井底流压 P_{wf} 的函数，表示为：

$$P(r_x) = P_{wf} + \frac{P_o}{\ln \frac{r_o}{r_w}} \cdot \ln \frac{r_x}{r_w} \tag{4-5-34}$$

特征位置 $r = r_x$ 处的最大、最小应力 σ_1、σ_3 是井底流压 P_{wf} 的函数。将其代入式（4－5－32）得到关于井底流压 P_{wf} 的平衡方程：

$$\sigma_1(P_{wf}) - \beta \cdot P(P_{wf}) - 2C_0\tan\alpha - [\sigma_3(P_{wf}) - \beta \cdot P(P_{wf})] \cdot \tan^2\alpha \geqslant 0 \tag{4-5-35}$$

以 P_{wf} 为未知数，求解方程（4－5－35）得到的井底流压即为出砂临界井底流压，转换可得到临界生产压差：

$$\Delta P_c = P_{wfc} - P_r \tag{4-5-36}$$

式中，P_{wfc} 为出砂临界井底流压，MPa；ΔP_c 为出砂临界生产压差，MPa；P_r 为地层静压，MPa。

2. 形状记忆筛管井眼强化塑性解

根据 Coulomb 失效准则，当应力超过临界应力时材料将会由弹性状态转变为塑性态。弹性解表明在疏松地层井眼周围将存在塑性区域。根据材料塑性流动法则，结合岩石破坏准则可确定岩石的塑性区域。引入形状记忆聚合物筛管边界条件影响，可进一步确定形状记忆聚合物筛管对塑性半径的影响，进而评价支撑稳定井壁的效果。

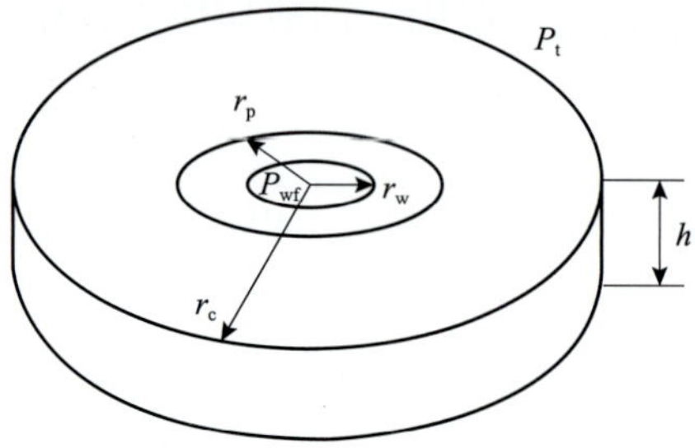

图 4－5－41 出砂井弹、塑性地层应力分布模型

所谓出砂半径就是指在一定的生产条件下，近井地带塑性出砂区的半径大小。在地层出砂以前，整个地层发生弹性形变，整个泄油区为一个弹性变形区；而对于出砂地层，在井筒周围出砂区域，地层发生塑性破坏，因此存在一个塑性区，整个地层分为塑性区和弹性区两部分，塑性区的半径即为出砂半径（图 4－5－41）。

根据莫尔库仑破坏准则，当达到莫尔库仑方程表示的临界应力后，岩石材料将由弹性变形转变为塑性变形状态。然而在求解塑性区应力分布时，首先需确认最大最小主应力。根据弹性应力分析可知，在井眼周围径向应力最小，为此首先假设 $\sigma_r < \sigma_z < \sigma_\theta$。

根据塑性区应力平衡方程为：

$$\frac{d\sigma_r}{dr}+\frac{\sigma_r-\sigma_\theta}{r}=0 \tag{4-5-37}$$

弹塑性边界上的库伦准则：

$$f=\sigma_\theta-\sigma_r\tan^2\alpha+(\tan^2\alpha-1)p-2S_0\tan\alpha=0 \tag{4-5-38}$$

结合塑性流动法则

$$\varepsilon_r^p=\kappa\frac{\partial f}{\partial\sigma_r}=-\kappa\tan^2\alpha$$

$$\varepsilon_\theta^p=\kappa\frac{\partial f}{\partial\sigma_\theta}=\kappa$$

$$\varepsilon_z^p=\kappa\frac{\partial f}{\partial\sigma_z}=0 \tag{4-5-39}$$

及胡克定律可将弹性应变与应力联系起来：

$$E\varepsilon_r^e=\sigma_r-\upsilon(\sigma_\theta+\sigma_z)-(1-2\upsilon)\beta p \tag{4-5-40}$$

$$E\varepsilon_\theta^e=\sigma_\theta-\upsilon(\sigma_r+\sigma_z)-(1-2\upsilon)\beta p \tag{4-5-41}$$

$$E\varepsilon_z^e=\sigma_z-\upsilon(\sigma_r+\sigma_\theta)-(1-2\upsilon)\beta p \tag{4-5-42}$$

将式（4-5-40）~式（4-5-42）代入库仑准则（4-5-38）和塑性应变关系（4-5-39），可得出σ_r、σ_θ的表达式：

$$\begin{aligned}&[\tan^4\alpha+1-\upsilon(\tan^2\alpha+1)^2]\sigma_r=2G\varepsilon_r+2G\varepsilon_\theta\tan^2\alpha\\&+[\tan^2\alpha(\tan^2\alpha-1)-\upsilon(\tan^4\alpha-1)+(\tan^2\alpha+1)\cdot(1-2\upsilon)\beta]p\\&-2S_0\tan\alpha[\tan^2\alpha(1-\upsilon)-\upsilon]+2G\varepsilon_{z0}\upsilon(\tan^2\alpha+1)\end{aligned} \tag{4-5-43}$$

$$\begin{aligned}&[\tan^4\alpha+1-\upsilon(\tan^2\alpha+1)^2]\sigma_\theta=2G\varepsilon_r\tan^2\alpha+2G\varepsilon_\theta\tan^4\alpha\\&+[\upsilon(\tan^4\alpha-1)-(\tan^2\alpha-1)+\tan^2\alpha(\tan^2\alpha+1)\cdot(1-2\upsilon)\beta]p\\&-2S_0\tan\alpha[\upsilon(\tan^2\alpha+1)-1]+2G\varepsilon_{z0}\upsilon\tan^2\alpha(\tan^2\alpha+1)\end{aligned} \tag{4-5-44}$$

将关于σ_r、σ_θ的表达式（4-5-43）、式（4-5-44）代入平衡方程式（4-5-37），并结合应变与位移关系：

$$\varepsilon_r^e=\frac{du}{dr} \tag{4-5-45}$$

$$\varepsilon_\theta^e=\frac{u}{r} \tag{4-5-46}$$

求解可得塑性区应力解：

$$\begin{aligned}\sigma_r&=P_i+\sigma_{smp}+\frac{\mu_f q}{2\pi hk_p}\ln\frac{r}{r_i}-\frac{1}{t}\left(2C_0\tan\alpha-\frac{\mu_f q}{2\pi hk_p}\right)+2\tan^2\alpha\frac{A_1}{V}r^t\\\sigma_\theta&=P_i+\sigma_{smp}+\frac{\mu_f q}{2\pi hk_p}\ln\frac{r}{r_i}-\frac{1}{t}\left(2C_0\tan\alpha-\tan^2\alpha\frac{\mu_f q}{2\pi hk_p}\right)+2\tan^4\alpha\frac{A_1}{V}r^t\\\sigma_z&=[2\mu(1-\beta)+\beta]\left(P_i+\frac{\mu_f q}{2\pi hk_p}\ln\frac{r}{r_i}\right)-\frac{\mu}{t}\left(4C_0\tan\alpha-(1+\tan^2\alpha)\frac{\mu_f q}{2\pi hk_p}\right)\\&+\frac{(1+\mu)(1-2\mu)}{1-\mu}(\sigma_{ze}-\beta\cdot P_r)+\mu(1+\tan^2\alpha)\cdot2\tan^2\alpha\frac{A_1}{V}r^t\end{aligned} \tag{4-5-47}$$

$$t = \tan^2\alpha - 1$$

$$V = \tan^4\alpha + 1 - \mu\ (\tan^2\alpha + 1)^2 \tag{4-5-48}$$

$$A_1 = \frac{\mu}{1-\mu}\beta A_p \ln\frac{r_o}{r_i} \tag{4-5-49}$$

式中，A_1、A_p 为积分常数；t、V 为中间变量；k_p 为塑性区渗透率，μm^2；q 为流体流量，m^3/s；μ_f 为流体黏度，Pa·s；h 为油气层厚度，m；r 为半径，m；r_w 为井眼半径，m；P_i 为井底流压，MPa；σ_r、σ_θ 为分别为径向应力和切向应力，MPa；μ 为泊松比，无量纲。

在地层应力发展过程中，当 $\sigma_r < \sigma_z = \sigma_\theta$ 时可求解地层的内部塑性应力区域（$R_i < r < R_b$），R_b 为内部塑性区半径。

$$\sigma_r = P_i + \sigma_{smp} + \frac{\mu q}{2\pi h k_c}\ln\frac{r}{R_i} + \frac{1}{t}\left(2S_0\tan\alpha - \frac{\mu q}{2\pi h k_c}\right)\left[\left(\frac{r}{R_i}\right)^t - 1\right] \tag{4-5-50}$$

$$\sigma_\theta = \sigma_z = P_i + \sigma_{smp} + \frac{\mu q}{2\pi h k_c}\left(1 + \ln\frac{r}{R_i}\right) + \frac{1}{t}\left(2S_0\tan\alpha - \frac{\mu q}{2\pi h k_c}\right)\left[(t+1)\ \left(\frac{r}{R_i}\right)^t - 1\right] \tag{4-5-51}$$

整个塑性区应力解为：

在 $R_i < r < R_c$ 区域内，

$$\sigma_r = P_i + \sigma_{smp} + \frac{\mu q}{2\pi h k_c}\ln\frac{r}{R_i} + \frac{1}{t}\left(2S_0\tan\alpha - \frac{\mu q}{2\pi h k_c}\right)\left[\left(\frac{r}{R_i}\right)^t - 1\right] \tag{4-5-52}$$

$$\sigma_\theta = P_i + \sigma_{smp} + \frac{\mu q}{2\pi h k_c}\left(1 + \ln\frac{r}{R_i}\right) + \frac{1}{t}\left(2S_0\tan\alpha - \frac{\mu q}{2\pi h k_c}\right)\left[(t+1)\ \left(\frac{r}{R_i}\right)^t - 1\right] \tag{4-5-53}$$

而对于垂向应力 σ_z，在 $R_i < r < R_b$ 区域内，

$$\sigma_z = P_i + \sigma_{smp} + \frac{\mu q}{2\pi h k_c}\left(1 + \ln\frac{r}{R_i}\right) + \frac{1}{t}\left(2S_0\tan\alpha - \frac{\mu q}{2\pi h k_c}\right)\left[(t+1)\ \left(\frac{r}{R_i}\right)^t - 1\right] \tag{4-5-54}$$

在 $R_b < r < R_c$ 区域内

$$\begin{aligned}\sigma_z = {} & [2\nu(1-\beta)+\beta]\left(P_i + \sigma_{smp} + \frac{\mu_f q}{2\pi h k_p}\ln\frac{r}{R_i}\right) + \nu\frac{\mu_f q}{2\pi h k_p} \\ & + \frac{(1+\nu)(1-2\nu)}{1-\nu}(\sigma_{zo} - \beta\cdot P_o) + \frac{\nu}{t}\left(2S_0\tan\alpha - \frac{\mu_f q}{2\pi h k_p}\right)\cdot\left[(t+2)\left(\frac{r}{R_i}\right)^t - 2\right]\end{aligned} \tag{4-5-55}$$

塑性屈服半径计算：

设塑性带的半径为 r_c，由于弹、塑性边界处应力必须是连续的，有：

$$\begin{aligned}(\sigma_r)_p\big|_{r=r_p} &= (\sigma_r)_e\big|_{r=r_p} \\ (\sigma_\theta)_p\big|_{r=r_p} &= (\sigma_\theta)_e\big|_{r=r_p} \\ (\sigma_z)_p\big|_{r=r_p} &= (\sigma_z)_e\big|_{r=r_p}\end{aligned} \tag{4-5-56}$$

式中，$(\sigma_r)_p$、$(\sigma_r)_p$、$(\sigma_z)_p$ 为弹性区有效径向、切向与垂向应力，MPa；$(\sigma_r)_e$、$(\sigma_r)_e$、

$(\sigma_z)_e$ 为塑性区有效径向、切向与垂向应力，MPa；r_c 为弹塑性边界半径，m；r 为以井筒轴线为中心的半径距离，m。

选择上述连续条件中的径向应力连续条件作为求解条件，根据选取的弹性区及塑性区应力分布计算模型计算应力分布，以弹塑性边界处的径向应力相等作为连续条件，可求得弹塑性边界半径即出砂半径 r_c。由于难以直接得到塑性半径 r_p 的显示表达式，因此需采用数值计算。计算步骤如下：

（1）首先计算地层的垂直主应力、最大水平主应力和最小水平主应力。

（2）给定内外边界条件，一般为井筒半径 r_i、井底有效内压 $P_i+\sigma_{smp}$、外边界半径 r_o，外边界压力 P_o。

（3）计算出砂临界压差与井底流压 P_{wfc}，若 $P_{wf} \leqslant P_{wfc}$，则继续；否则，不出砂，$r_p=r_w$，结束。

（4）采用数值计算或试算法计算出砂半径 r_p，计算方法如下：

设定［r_i，r_o］之间的分段数 N 及一系列 r_n；取一个 r_n，计算 r_n 处的孔隙压力分布 P；使用弹性区应力分布模型计算 $r=r_i$ 处的径向应力 $(\sigma_r)_e$；使用塑性区应力分布模型计算 $r=r_n$ 处的径向应力 $(\sigma_r)_p$。判断，如果 $|(\sigma_r)_e-(\sigma_r)_p| \leqslant \varepsilon$（允许误差），$r_n$ 即为出砂半径 r_c；否则，更换下一个 r_{i+1}，转（2）。具体计算流程如图 4-5-42 所示。

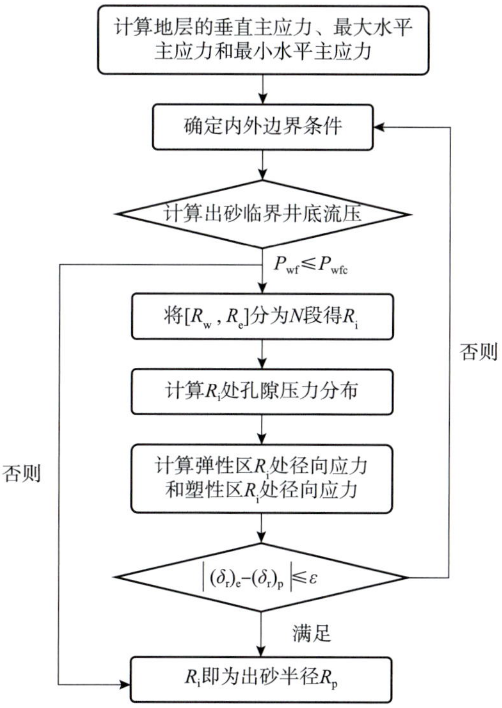

图 4-5-42　临界塑性半径计算流程

3. 应用实例分析

首先分析地层未出砂前形状记忆筛管对近井地带弹性应力分布的影响。

1）单井临界压差敏感性分析

假设某井井眼直径 200mm，外边界半径 200m，边界压力 12MPa，井底流压 9.5MPa。原始水平主应力为 19.73MPa 和 14.35MPa，原始垂直主应力为 17.68MPa。地层岩石泊松比为 0.25，弹性模量 2017MPa。根据弹性解可分析井眼近井地带应力分布及临界生产压差。

地层是否剪切失效主要取决于最大与最小主应力之差，应力差越大，地层受到的剪切作用越大，也越容易屈服失稳。考虑形状记忆筛管影响后的裸眼近井地带弹性应力分布如图4-5-43 所示。在该地层参数下，径向应力最小，周向应力最大，从近井地带至远井地带地层应力逐渐趋于稳定。而考虑形状记忆筛管影响后，近井地带地层应力分布得到明显改善，径向应力随着形状记忆筛管接触应力的增大而增大，周向应力随着形状记忆筛管接触应力的增大而降低，因此近井地带地层承受的应力差由于形状记忆筛管的膨胀影响而降低了。图 4-5-44 详细地表现了地层应力差在井径方向的变化趋势。井周应力差在裸眼井壁上达到最大，随地层径向延伸而逐渐稳定，而在形状记忆筛管接触应力影响下该应力差随着接触应力的增大将不断减小。图中接触应力为 8MPa

时，最小应力差约为2MPa，比远井地带应力差还小。为此只要地层所受有效应力不超过破裂压力，都能尽可能提高形状记忆筛管的膨胀接触力。图4－5－45为井周360°内井径0.4m圆周上的地层应力分布，90°和270°方位角上有最大的应力差，在形状记忆筛管影响下表现出与单一方向上相同的影响趋势。

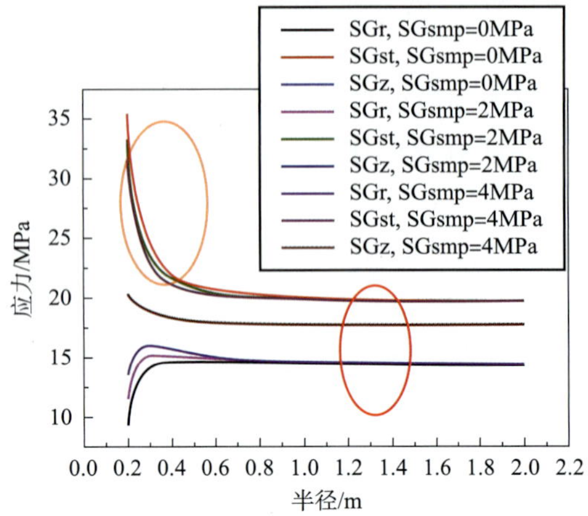

图4－5－43　近井区域单一方向弹性应力解（α=90°方向）

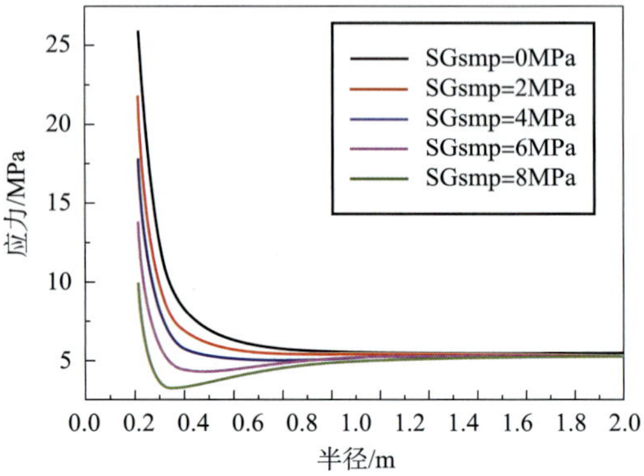

图4－5－44　最大最小主应力之差与形状记忆聚合物接触应力关系（α=90°方向）

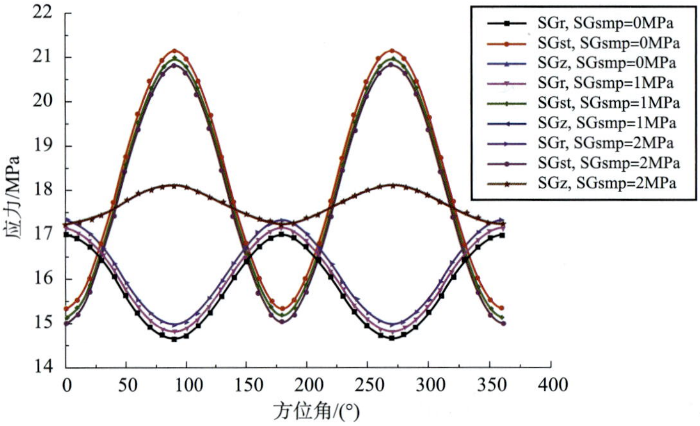

图4－5－45　井周弹性应力分布

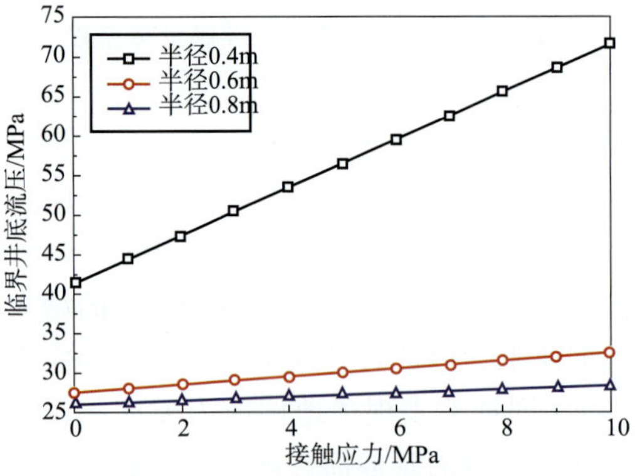

图4－5－46　临界井底流压

图4－5－46显示了形状记忆筛管影响下的临界井底流压。显然在近井地带（井周0.4m），临界井底流压随着形状记忆筛管接触应力的增加而不断增加。根据临界生产压差定义可知，在当前地层条件下，形状记忆筛管接触应力为10MPa时，临界生产压差可提高69.7%。为此研究高膨胀率和高刚度形状记忆筛管将对井壁稳定起到很好的强化作用。

2）单井塑性屈服敏感性分析

当应力超过临界应力时地层将会由弹性状

态转变为塑性态。考虑某地层失稳井相关参数如下：岩石泊松比 0.45，内聚强度 101.4kPa，内摩擦角 60°，弹性模量 5765MPa，Biot 数取 1.0，生产初期地层压力为 32.065MPa。单井控制区域的外边界半径 10m，外边界压力 32.065MPa，井眼直径 100mm。原始垂直主应力为 65.5MPa，原始水平主应力为 60.255MPa。

首先判断地层三个主应力中垂向应力与切向应力的相对大小，根据弹性应力解的垂向应力与切向应力相等可求得临界泊松比

$$\nu' = \frac{(\tan^2\alpha + 1)\sigma_{zo} - [\tan^2\alpha(2\beta - 1) + 1]P_o - 2S_o\tan\alpha}{(3\tan^2\alpha + 1)\sigma_{zo} - [\tan^2\alpha(4\beta - 1) + 1]P_o - 2S_o\tan\alpha} \tag{4-5-57}$$

在内外塑性区域的边界上，满足在外部塑性区内的垂向应力和切向应力相等。由此可得：

$$b_1\left(\frac{R_b}{R_i}\right)^t + b_2\ln\frac{R_b}{R_i} + b_3 = 0 \tag{4-5-58}$$

其中

$$b_1 = \frac{1}{t}\left(2S_o\tan\alpha - \frac{\mu q}{2\pi hk_c}\right)[(t+1) - \nu(t+2)],\ b_2 = (1-2\nu)(1-\beta)\frac{\mu q}{2\pi hk_c}$$

$$b_3 = (1-2\nu)(1-\beta)P_i + (1-\nu)\frac{\mu q}{2\pi hk_c} - \frac{(1+\nu)(1-2\nu)}{1-\nu}(\sigma_{zo} - \beta P_o) - \frac{1}{t}\left(2S_o\tan\alpha - \frac{\mu q}{2\pi hk_c}\right)(1-2\nu)$$

在弹塑性应力边界，必须满足径向应力的连续性。将塑性区域的径向应力和弹性区的切向应力代入库伦准则，可求得关于塑性半径 R_c 的方程为

$$c_1R_c^{t+2}\ln\frac{R_o}{R_c} + c_2R_c^t\ln\frac{R_o}{R_c} + c_3R_c^2 + c_4R_c^2\ln\frac{R_c}{R_i} + c_5R_c^2\ln\frac{R_o}{R_c} + c_6\ln\frac{R_o}{R_c}\ln\frac{R_c}{R_i} + c_7\ln\frac{R_c}{R_i} + c_8\ln\frac{R_o}{R_c} + c_9 = 0 \tag{4-5-59}$$

其中

$$c_1 = \left(2S_o\tan\alpha - \frac{\mu q}{2\pi hk_c}\right)R_i^{-t},\ c_2 = -\frac{t+2}{t}c_1R_o^2,\ c_3 = -\frac{1-2\nu}{2(1-\nu)}\beta(P_o - P_i)$$

$$c_4 = \frac{1-2\nu}{2(1-\nu)}\beta\frac{\mu q}{2\pi hk_c},\ c_5 = \frac{\mu q}{2\pi hk_c},\ c_6 = -\left(2 - \frac{1-2\nu}{1-\nu}\beta\right)c_5R_o^2,\ c_7 = -c_4R_o^2$$

$$c_8 = \left[\frac{2\nu}{1-\nu}\sigma_{zo} + \frac{1-2\nu}{1-\nu}\beta(P_o + P_i) - 2P_i + \frac{2}{t}2S_o\tan\alpha - \frac{t+2}{t}\frac{\mu q}{2\pi hk_c}\right]R_o^2,\ c_9 = -c_3R_o^2$$

根据上述推导的塑性半径方程，并代入实例井的相关参数，利用数值方法可计算近井地带地层弹塑性应力分布，如图 4-5-47 所示。图 4-5-47，图 4-5-48 对比分析了形状记忆筛管影响下的塑性应力分布，地层应力从井壁开始沿着径向不断增加，垂向应力与周向应力在内部塑性区重合，超过第一塑性区后二者分离，在弹塑性应力分界处地层应力开始缓慢变化。显然在形状记忆聚合物接触应力 5MPa 时，弹塑性接触半径明显由 0.9m 降低为 0.8m。若进一步提高形状记忆聚合物材料的膨胀性能和膨胀后材料的刚度，将大大增加井壁的强化能力。图 4-5-49 整理了进一步提高形状记忆筛管膨胀接触力后计算得出的塑性半径变化范围。显然外部塑性半径随着膨胀接触力的增加而不断降低。

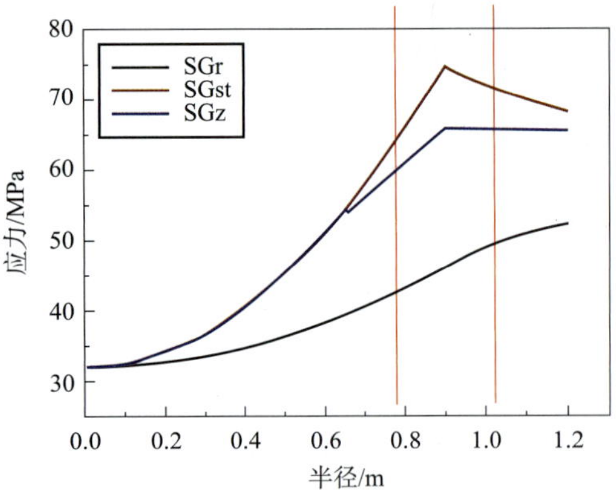

图 4-5-47　塑性应力分布（无形状记忆聚合物筛管时）

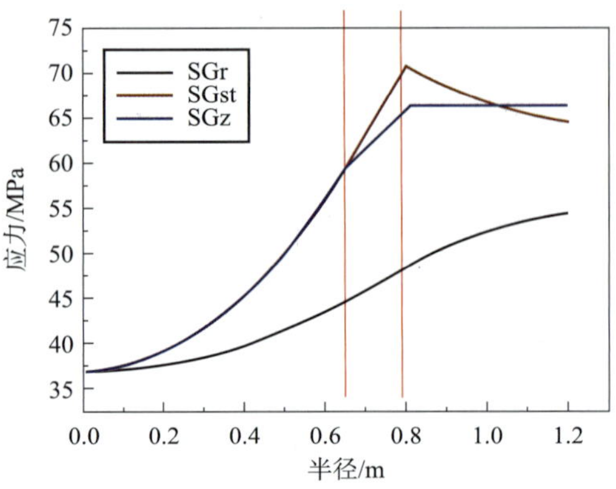

图 4-5-48　塑性应力分布（形状记忆聚合物接触应力 5MPa）

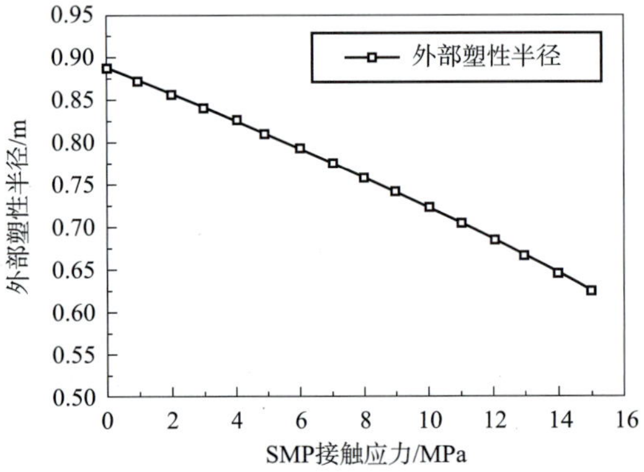

图 4-5-49　塑性半径随形状记忆聚合物接触应力变化

根据上述近井地带地层应力分布可知，已知现有形状记忆筛管膨胀接触性能，可预测对地层稳定的影响；同时若针对拟开展作业地层，提前知道地层相关参数并按设计计算方法可反算出需要形状记忆筛管膨胀后达到的力学性能，为形状记忆筛管设计提供指导。

4. 小结

创新地建立了形状记忆筛管影响下的井眼强化理论分析方法。通过形状记忆筛管膨胀过程模拟得出的膨胀接触力可为井眼强化分析提供输入参数，结合地层参数可评价其对地层近井地带弹塑性应力分布的影响，结合岩石临界破坏准则，可预测形状记忆筛管影响下的临界生产压差，临界塑性半径等。该模型亦可反过来根据地层参数对形状记忆筛管的材料设计提出具体的参数要求，为形状记忆筛管的优化提供了理论指导。

（四）形状记忆筛管性能评价方法

为了评价形状记忆筛管性能，设计了全尺寸形状记忆防砂筛管性能评价实验系统，该装置可实时、定量监测形状记忆筛管样机在膨胀过程中、膨胀后的参数，评价不同体系形状记忆筛管的膨胀性能、渗流性能和挡砂性能，并可对形状记忆筛管结构进行优化。模拟井筒外径 179mm、内径 152.4mm。

1. 形状记忆筛管带压膨胀性能定性评价方法

1）实验原理

利用可视模拟实验装置，能够通过肉眼进行定性观察形状记忆筛管的膨胀情况，这样不仅有助于了解形状记忆筛管的整个膨胀过程，还能够定性了解其膨胀性能，从而提高形状记忆筛管完井技术在现场应用的成功率。另外，在形状记忆筛管下井之前，需要评价包裹形状记忆筛管的防膨胀保护层的性能，也可以利用该装置进行评价。将带有防膨胀保护层的实验筛管放入可视模拟实验装置中去，将循环流体加热至起膨温度，观察形状记忆筛管的膨胀情况。随后，加入溶解液溶掉防膨胀保护层，观察形状记忆筛管的膨胀情况。通过该实验，可以评价防膨胀保护层的工作性能。

2）实验装置

整套实验流程主要是由进液槽、增压泵、预热器、可视模拟实验装置、温度传感器、流量计、出液槽和循环泵等组成。进液槽用来储存准备进入可视模拟实验装置的流体；增压泵为实验流体提供动力；预热器将实验流体加热至实验所需的温度；可视模拟实验装置是该实验的核心部件，能够放置包含形状记忆筛管的实验筛管；温度传感器用来计量循环流体温度；流量计用来计量循环流体的流量；出液槽用来存储循环出来的流体，通过循环泵能够将出液槽中的流体泵入液槽中，既有利于流体的重复利用，又能够快速提高流体的温度。这里，进液槽、增压泵、预热器和出液槽可以由上海跃进医疗机械厂生产的超级恒温器来代替。其中，可视模拟实验装置如图 4－5－50 所示。

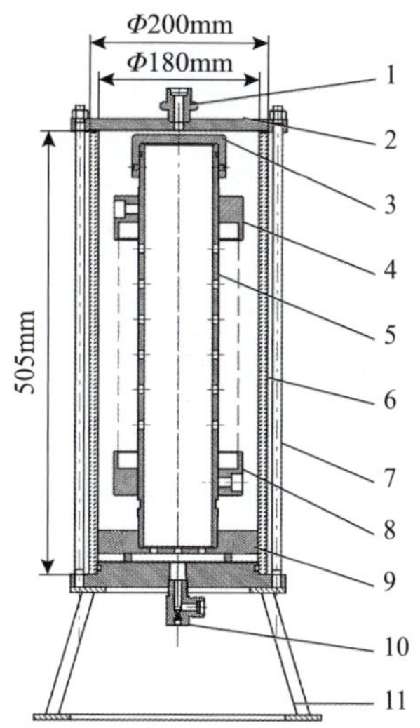

图 4－5－50　可视模拟实验装置图

1—出液口；2—上盖；3—压帽；4—上卡环；5—套有形状记忆筛管的基管；6—外罩；7—拉杆；8—下卡环；9—底座；10—进液口；11—支架

在该装置中，出液口与出液槽一端相连，使流体最终进入出液槽中去；上盖用来密封外罩的上部，保障流体不从上面冒出。使用玻璃等透明材料，便于实验人员从上面观察；压帽密封基管的上部，防止流体从基管的上部进入膨胀套筒与外罩的环空中，保障流体只能通过形状记忆筛管进入环空；上卡环用来固定形状记忆筛管的上端；基管上开有一定数量的圆孔，外表面套有形状记忆筛管；外罩用来模拟井筒尺寸，大小可根据实际模拟井眼调整，也可以模拟具有一定井眼扩大率（例如井眼扩大率为 5%）的井筒。使用玻璃等透明材料，便于从侧面观察；拉杆用来连接上盖和底座，便于固定外罩；下卡环用来固定形状记忆筛管的下端；底座用来固定基管和外罩的下端，并且留有进液口，与增压泵一端相连，使流体进入实验装置中去；支架用来支撑和放置整套实验装置。另外，实验流体可以是清水，也可以是含有酸性物质或碱性物质的水，还可以是白油等模拟油。

实验的具体步骤如下：

（1）开始实验时，按照可视模拟实验装置图连接实验装置；

（2）按照实验流程图将可视模拟实验装置和其他实验仪器连接在一起；

（3）在实验过程中，首先循环实验流体，观察是否有泄漏；

（4）将循环流体加热至 45℃，循环 5～6h，从上面和侧面观察形状记忆筛管是否膨胀；如果没有膨胀，可将温度提高至 53℃，再次循环 5～6h，不断以 3℃ 为梯度提高温度，得到形状记忆筛管的起膨温度。待形状记忆筛管开始膨胀后，保持起膨温度不变，观察其膨胀到外罩内壁的过程并获得膨胀时间。

通过该实验，可以粗略地估计出材料的起膨温度与膨胀时间，能够为形状记忆筛管的定量性能评价提供依据。图 4－5－51 为膨胀前后情况。

图 4-5-51　膨胀情况对比

2. 环空形状记忆筛管动态膨胀性能测试方法

1）测试方法

（1）形状记忆筛管膨胀性能实验。

实验开始时，位移传感器紧贴形状记忆筛管外表面，通过实时观察位移传感器的位移变化，得到形状记忆筛管外径随时间的变化情况。如果外径随时间增大，说明形状记忆筛管在膨胀；如果外径随时间变小，说明形状记忆筛管在收缩。通过该实验，能够掌握形状记忆筛管的膨胀性能。

当形状记忆筛管膨胀至样机内壁后，将会与重力传感器的顶杆接触。随着自充填材料的持续膨胀，形状记忆筛管将膨胀位移转化为膨胀力作用于顶杆（即重力传感器），重力传感器的数值可以在电脑配套软件中得到，进而获得自充填材料膨胀到位后的膨胀力。

（2）形状记忆筛管渗流性能实验。

形状记忆筛管的孔隙结构与储层中所取岩心的孔隙结构类似。因此，根据平面径向流公式，得到形状记忆筛管的渗透率为：

$$K = 2.654 \times 10^{-3} \frac{Q\mu \ln(R_1/R_2)}{L(P_1 - P_2)} \tag{4-5-60}$$

式中，K 为形状记忆筛管渗透率，$10^{-3}\mu m^2$；Q 为循环流体出口流量，L/min；μ 为循环流体在该温度下的黏度，mPa·s；R_1 为形状记忆筛管未膨胀的外径，m；R_2 为形状记忆筛管内径，m；L 为形状记忆筛管长度（去掉端环压住的部分），m；P_1 为循环流体入口压力，MPa；P_2 为实验基管内腔压力，MPa。

通过该公式，能够得出形状记忆筛管在不同时刻的渗透性能。

（3）形状记忆筛管抗压强度实验。

利用手摇泵给位移传感器的活塞缓慢加力，活塞会缓慢移动直到紧贴形状记忆筛管；随后继续给活塞缓慢加力，当位移值明显减小时，记录此时的压力。

$$P_c = \frac{P_s \times S_h - f}{S_{wan}} \tag{4-5-61}$$

式中，P_c 为材料的抗压强度，MPa；P_s 为手摇泵所产生的压强，MPa；f 为活塞的摩擦力，N；S_h 为活塞截面积，mm^2；S_{wan} 为弯面截面积，mm^2。

通过该公式可以计算出形状记忆筛管的抗压强度。

（4）形状记忆筛管挡砂精度实验。

将某一粒径的模拟地层砂放入实验样机的分支管中，驱替 24h 后停止循环，收集底座上的砂子，根据砂子的质量和循环流体的体积计算出砂量，并利用激光粒度分析仪进行粒度分析。

（5）耐酸碱性评价实验。

与岩心样品的方法类似。

2）测试装置

为了能够定量测试形状记忆筛管的膨胀性能，自主研发了形状记忆筛管膨胀性能模拟实验系统，该系统由模拟部分、计量部分、循环部分和加热部分4部分组成。模拟部分包括实验样机与模拟井筒，能够将实验样机放入模拟井筒中进行性能测试；其中的实验样机由实验基管、侧流保护套和形状记忆聚合物层等组成，通过端环将侧流保护套和形状记忆聚合物层固定在基管上，与真实的形状记忆筛管相比，只有长度上的区别，所以能够较准确地反映实际筛管的性能；计量部分包括膨胀力传感器、位移传感器、温度传感器、压力传感器和流量传感器，利用计算机中的数据采集系统进行数据采集；循环部分包括进液槽、循环泵和出液槽，保证流体在整个实验系统中循环使用；加热部分包括两台高压泵和预热器，保证模拟井筒中达到所需的实验温度。整个实验系统如图4-5-52所示。

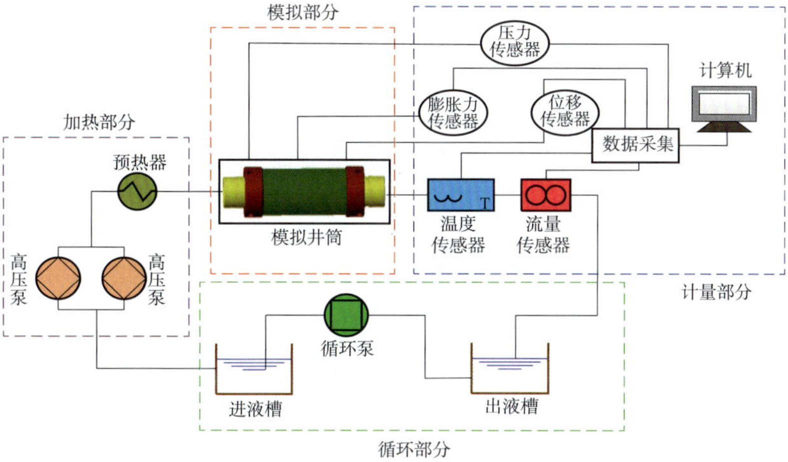

图4-5-52　形状记忆筛管模拟测试实验流程图

其中，进液槽用来储存准备进入实验样机的流体；高压泵为实验流体提供动力；预热器将实验流体加热至实验所需的温度；实验样机是该实验的核心部件，能够放置实验筛管进行相关实验；出液槽用来存储循环出来的流体，通过循环泵能够将出液槽中的流体泵入液槽中，既有利于流体的重复利用，又能够快速提高流体的温度；入口压力传感器、实验基管内压力传感器、实验基管内温度传感器、重力传感器、出口流量计及实验样机中测量的位移和膨胀力可以在电脑中直接记录不同时刻的数值。

实验样机俯视图如图4-5-53所示。

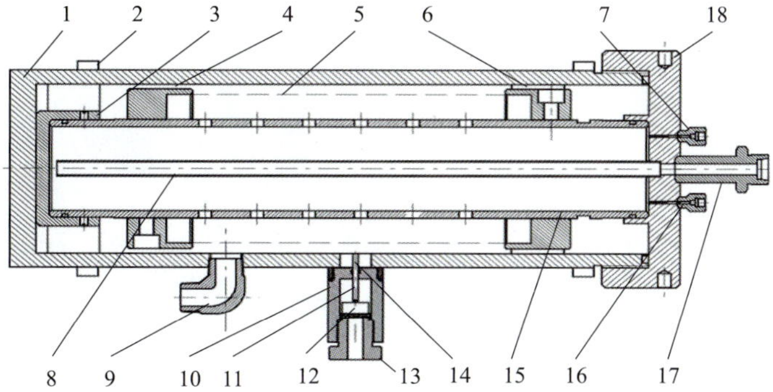

图4-5-53　形状记忆筛管渗流性能测试实验装置

1—筒体；2—支架；3—压帽；4—左卡环；5—自充填材料；6—右卡环；7—温度口；8—冲管；9—弯管接头；10—外壳；11—顶杆；12—重力传感器；13—顶盖；14—侧孔；15—基管；16—压力口；17—流体出口；18—底座

实验样机主视图如图 4 -5 -54 所示。

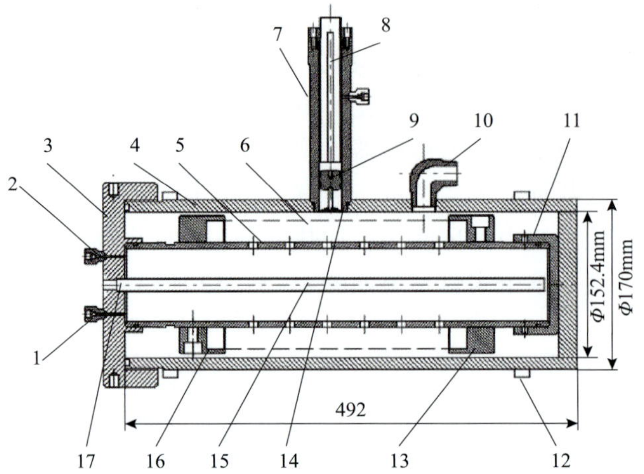

图 4 -5 -54　形状记忆筛管膨胀性能测试实验装置

1—温度口；2—压力口；3—底座；4—筒体；5—基管；6—形状记忆筛管；7—分支管；8—测量杆；9—活塞；10—弯管接头；11—压帽；12—支架；13—上卡环；14—侧孔；15—冲管；16—下卡环；17—流体出口

该实验装置主要是由筒体、支架、压帽、左卡环、形状记忆筛管、右卡环、温度口、冲管、弯管接头、外壳、顶杆、重力传感器、顶盖、侧孔、分支管、测量管、活塞、基管、压力口、流体出口和底座组成。筒体用来模拟实际油井的井壁；支架可以固定整个实验装置；压帽用来堵住基管的一端，防止流体从这一端直接进入基管中；基管与上卡环和下卡环配合，用来固定自充填材料；温度口和压力口可以用来测量循环流体的出口温度和出口压力；冲管是为了增加流体的流动距离，模拟流体在水平井筒中的流动；弯管接头可以使流体进入筒体内；侧孔用来安装膨胀力测量系统；外壳与侧孔相连，可以固定顶杆；顶杆与自充填材料接触，将膨胀力传递给重力传感器；顶盖用于将重力传感器固定在外壳中；流体可以通过流体出口流出；底座用来固定筒体和基管；侧孔用来固定分支管；分支管用来测量材料膨胀到井壁后的抗压强度；活塞用来扶正测量杆；通过测量杆的移动来记录膨胀材料的膨胀位移，可以得到不同时刻的膨胀情况。图 4 -5 -55、图 4 -5 -56 为实验装置实物图比。

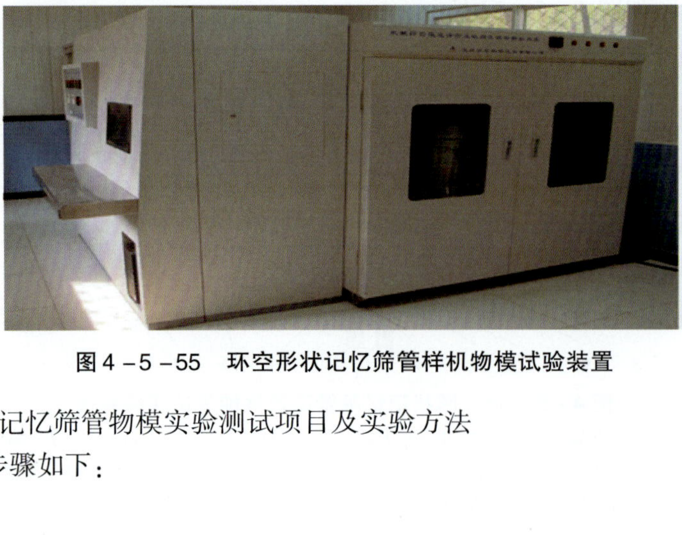

图 4 -5 -55　环空形状记忆筛管样机物模试验装置

3）环空形状记忆筛管物模实验测试项目及实验方法

实验的具体步骤如下：

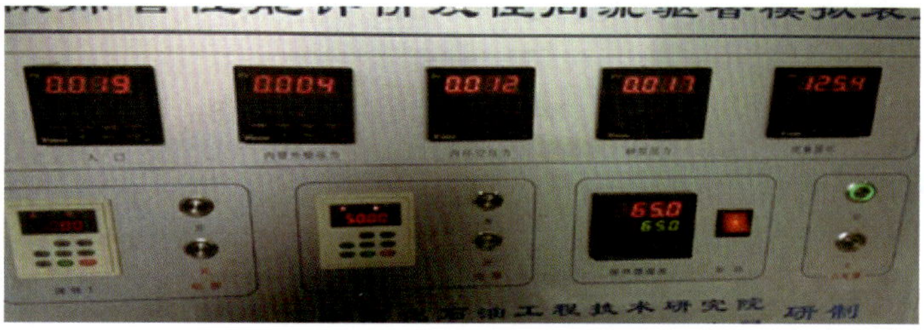

图 4-5-56　压力及流量监测

（1）相关实验准备。

①需要的实验部件包括：自充填完井模拟装置、实验样机、形状记忆筛管、实验基管、实验泵、进液槽、出液槽、各种流体管线、电脑（包含配套软件）、部件之间连接的密封圈等。

②准备循环用水。

③准备实验用砂。

④准备测试抗压强度的手摇泵。

⑤准备 U 盘、扳手、螺丝刀、量筒、夹具、翻转支架等常用实验辅助工具。

⑥检查电脑中的实验软件是否能够正常运行。

（2）组装实验样机。

①将形状记忆筛管套在实验基管上，两端用端环卡住。

②把压帽装在实验基管的一端（这一端靠近端面无孔的端环）。

③装配底座（在需要的地方装上密封圈）。

④装配位移传感器（活塞处先不加密封圈）。

⑤装配重力传感器。

⑥连接各流体管线。

⑦所有实验仪表的初始值全部归零。

（3）按照实验流程图连接实验仪器设备。

（4）测试形状记忆筛管未膨胀前的渗透率。

①实验开始前所有实验仪表的数值全部归零。

②在电脑中打开实验软件，设置数据记录时间间隔，开始记录（记录初始的入口压力、实验基管内压力、位移及膨胀力）。

③开泵循环（泵的频率设置为 5Hz），确保没有流体渗漏。

④缓慢打开各个进液孔，排掉实验样机中残留的气体。

⑤调整泵的频率至 10Hz，设置初始温度为 40℃（这一温度不能膨胀，数值可调整），循环 40min，如果入口压力保持不变时记录此时的入口压力，用量筒估算流体的流量。

⑥将泵的频率调至 15Hz 和 20Hz，重复步骤⑤。

⑦将不同频率下的压力和排量绘制在图版上，通过线性回归得出二者之间的关系，根据平面径向流公式计算膨胀前的渗透率。

（5）通过设定不同的温度，测试形状记忆筛管的渗透率变化与膨胀性能。

①调整泵的频率至 20Hz（该排量需模拟井下生产），控制实验基管内温度为 40℃，入

口压力稳定后，记录入口压力、实验基管内腔压力、位移及膨胀力。循环 5 ~ 6h，如果位移在 0.2mm 内波动，说明材料未开始膨胀。

②将控制温度提高至 43℃，记录入口压力、实验基管内腔压力、位移及膨胀力。循环 5 ~6h，如果位移在 0.2mm 内波动，说明材料未开始膨胀。

③以 3℃作为一个梯度，保持排量不变，依次提高温度进行循环，如果位移值增加超过 1mm，说明此时已经开始膨胀。这时，需保持温度不变，以 5min 一个时间间隔记录入口压力、实验基管内腔压力、位移及膨胀力随时间的变化情况。总之，通过该实验可以确定形状记忆筛管在井下的起膨温度与膨胀速率。

（6）膨胀到位后，测试形状记忆筛管的膨胀力和膨胀后的渗透率

①当位移值增加到 8 ~9mm，继续循环 5 ~6h，以 5min 一个时间间隔记录入口压力、实验基管内腔压力、位移及膨胀力随时间的变化情况，记录 5 ~6h 后停止实验。

②调整泵的频率至 10Hz，用冷水循环 40min，如果入口压力保持不变时记录此时的入口压力，用量筒估算流体的流量，根据平面径向流公式计算此时的渗透率（也可以通过变频率进行验证）。

（7）测试不同排量下形状记忆筛管的膨胀性能。

①增大流体排量，观察形状记忆筛管的位移变化，绘制该排量下位移随时间的变化曲线。

②通过改变排量，绘制不同排量下位移随时间的变化曲线。

③停泵，观察形状记忆筛管的位移变化，绘制位移随时间的变化曲线。

④堵住流体出口，适当增加入口压力，观察位移随时间的变化。如果位移减小，说明形状记忆筛管内存在无效孔。

（8）测试形状记忆筛管的挡砂精度。

①清洗事先准备好的实验用砂，确保砂子中没有杂质。

②将实验用砂装入进液弯头中，连接好实验管线；在 60℃（模拟井底温度）、泵的频率为 20Hz 的条件下，以 5min 一个时间间隔记录入口压力和实验基管内腔压力，循环约 24h，如果入口压力基本稳定，说明砂子没有进入形状记忆筛管。

③更换小一级粒径的砂子，连接好实验管线；以 5min 一个时间间隔记录入口压力和实验基管内压力，如果入口压力在持续增加，说明有砂子通过形状记忆筛管，循环 24h 后停止循环，收集底座上的砂子，根据砂子的质量和循环流体的体积计算出砂量，并利用激光粒度分析仪进行粒度分析。

（9）测试形状记忆筛管的抗压强度。

①在位移传感器的活塞处装上密封圈，此处不进液。

②安装完毕后，记录位移传感器的初始位移；开泵 1 循环（泵的频率设置为 5Hz），保持实验基管内腔的温度为 50℃。

③通过手摇泵缓慢增加入口压力，以 0.5min（30s）一个时间间隔记录入口压力和位移传感器的位移，当位移移动超过 0.2mm 时停止增加压力，此时的压强所产生的作用力即为活塞的摩擦力。

④停止循环，利用手摇泵给活塞缓慢加力，位移值会缓慢变小，最后保持不变。继续加力，当位移值明显减小时，记录此时的压力。

⑤将温度变为55℃、60℃、65℃和70℃，重复以上步骤，测量不同温度下形状记忆筛管的抗压强度。

（10）实验装置的拆卸。

①关泵停止循环。

②取出重力传感器并排出实验样机中的循环流体。

③拧开实验样机的底座。

④利用实验配套夹具取出实验筛管。

（11）测试形状记忆筛管的耐酸碱性。

利用恒温箱，在60℃（可以模拟井底温度）的条件下，将形状记忆筛管在不同的介质[去离子水、盐水、污水、煤油、10%酸（12%盐酸与3%氢氟酸的混合酸液）、10%氢氧化钠]中浸泡240h，然后60℃烘干浸泡240h样品，测定样品浸泡前后的质量。

4）测试实验结果及分析

将利用同一配方加工好的形状记忆筛管按照上述实验方法和步骤进行测试，其测试结果如下：

本次实验使用1#实验样机，利用形状记忆筛管膨胀性能模拟实验系统，实验条件及具体实验结果如下：

（1）初始膨胀的响应温度。

在测试其响应温度时，循环流体的排量为0.1L/min，不同温度下实验样机的外径变化如图4－5－57所示。

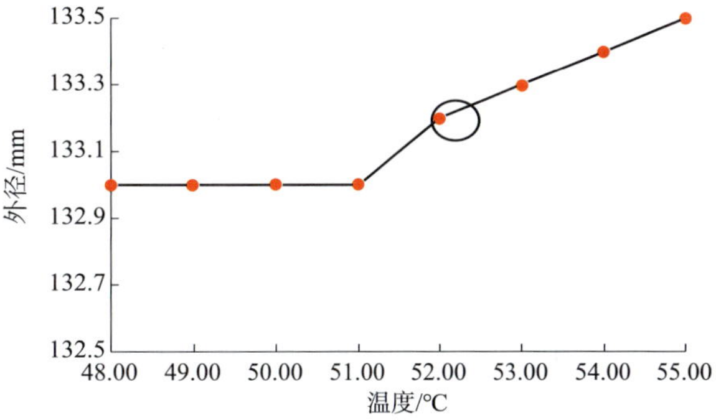

图4－5－57　不同温度下形状记忆筛管实验样机外径

从图中可以看出，当温度低于52℃时，形状记忆筛管没有位移变化；当温度达到52℃时，形状记忆筛管才有了一定的位移，说明该形状记忆筛管的响应温度为52℃。在使用该配方的形状记忆筛管下入出砂井时，井底温度必须高于这一温度，否则，该筛管不能自动膨胀，失去环空自充填的作用。

如果提高实验流体的排量，实验样机的响应温度会发生一定的变化，如图4－5－58所示。

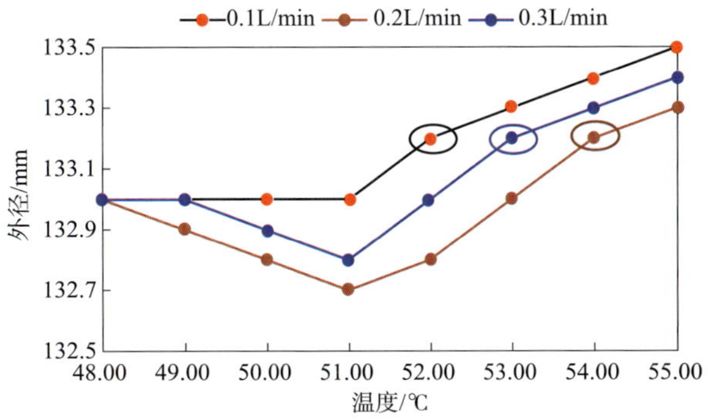

图4－5－58　不同温度下形状记忆筛管实验样机外径

从图中可以看出，随着循环流体排量的增加，实验样机在达到响应温度之前会表现为一定程度的收缩。这是由于流体的排量增加时，会在实验样机内外两侧产生较大的压差，该压差会使形状记忆筛管发生收缩变形；只有当实验样机的升温膨胀位移超过其收缩变形时，在宏观上才能表现为膨胀。因此，在其他条件一定时，排量越高，其响应温度越高。

对于某一具体的出砂井，在设计形状记忆筛管之前，必须掌握其生产段长度（或水平段长度）、井底温度、原油黏度和油井产量等井身结构和油藏参数。在实验过程中，如果循环流体使用地层模拟原油，循环流体的排量 Q 按式（4－5－62）进行计算：

$$Q = 1.44 \times \frac{l}{L} Q_o \tag{4-5-62}$$

式中，Q 为循环流体排量，L/min；Q_o 为油井产量，m^3/d；L 为水平段长度，m；l 为形状记忆筛管长度，m。

如果循环流体为水，循环流体的排量 Q 按式（4－5－63）进行计算：

$$Q = 1.44 \times \frac{\mu_w l}{\mu_o L} Q_o \tag{4-5-63}$$

式中，μ_w 为循环水黏度，mPa·s；μ_o 为原油黏度，mPa·s。

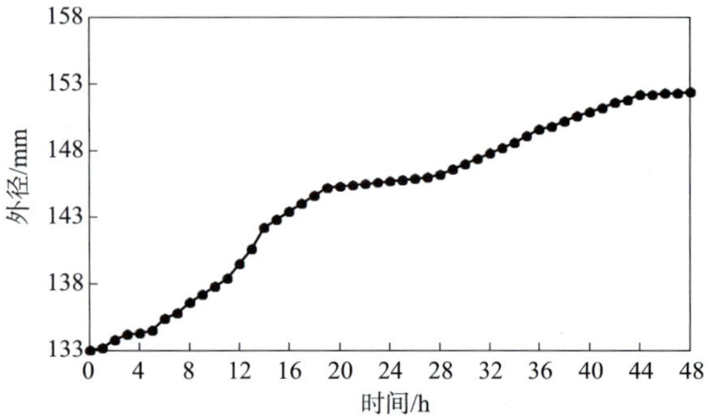

图 4－5－59　形状记忆筛管实验样机外径

因此，在设计具体出砂井的形状记忆筛管时，循环流体的排量必须能够代表其真实产量，这时得到的响应温度才是井底真实的响应温度。

（2）膨胀过程中的外径变化。

在本实验中，如果模拟井筒中温度一直保持 52℃，不同时刻的形状记忆筛管实验样机外径如图 4－5－59 所示。

从图中可以看出，随着时间的延长，膨胀位移逐渐增加，并且在 48h 内完全膨胀至模拟井筒的管壁。从膨胀速率来看，刚开始较快，越接近管壁速率越慢这主要是由于压缩态的形状记忆聚合物层在开始膨胀时释放预应力的速度快，随着预应力的不断释放，其释放速率也在不断减小。随后，在其他条件不变的前提下，将循环流体的温度分别提高至 57℃和 62℃，在不同时刻的外径如图 4－5－60 所示。

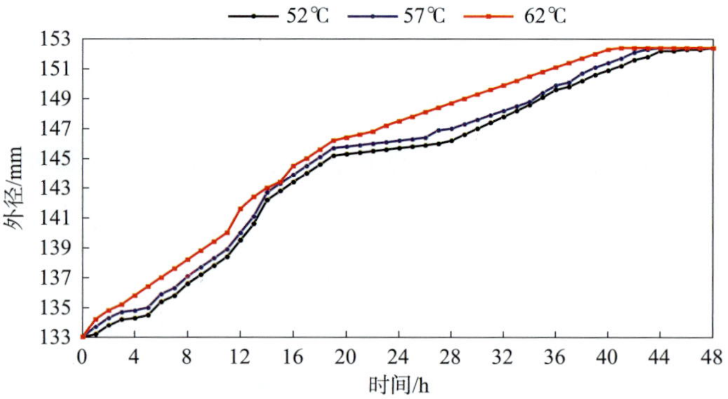

图 4－5－60　不同温度下形状记忆筛管实验样机外径

由图可知，模拟井筒中的温度越高，实验样机的膨胀速率越快。而且，提高温度能够使膨胀至管壁的时间由 48h 缩短至 44h 和 41h，其原因是高温加快了材料释放自身预应力的速度，从而缩短了整个膨胀周期。

在其他条件不变的前提下，如果循环流体的排量增加至 0.2 L/min 和 0.3L/min，该实验样机在不同时刻的外径如图 4－5－61 所示。

图中的实验结果表明，模拟井筒中的循环流体排量越高，实验样机的膨胀速率越慢。而且，提高排量会使实验样机膨胀至管壁的时间由 48h 延长至 60h 和 71h，其原因是高排量实验样机形成的压差在一定程度上会阻止其发生膨胀。排量越高，形成的压差越大，阻力越大，故膨胀至模拟井筒管壁的时间越长。

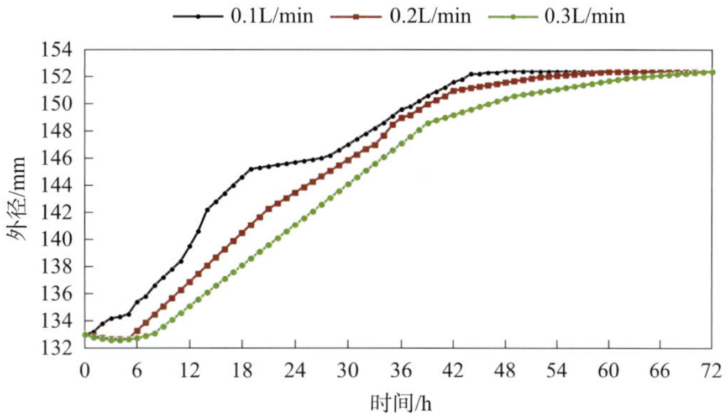

图 4 –5 –61　不同排量下形状记忆筛管实验样机外径

当实验样机膨胀至模拟井筒的管壁时，温度继续保持 52℃，循环流体的排量提高至 0. 6L/min，实验样机的外径变化如图4 –5 –62 所示。

从图中可以看出，随着时间的增加，其外径在逐渐减小。出现这种现象的原因是由压差引起的位移收缩值大于由温度引起的位移膨胀值，故宏观表现为材料在收缩。这一现象不利于形状记忆筛管在预定的时间内膨胀到位。然而，在实际完井过程中，我们也可以使这一规律服务于生产。例如在形状记忆筛管下入过程中，如果由于某种意外导致形状记忆筛管提前膨胀，整个完井管柱很难下至目的层位。这时，可以通过逐渐加大循环流体的排量，使形状记忆筛管发生一定程度的收缩，从而保证完井管柱顺利下至目的层位。

（3）膨胀力。

在本实验中，当实验样机膨胀至模拟井筒的井壁后，膨胀力随时间的变化如图4 –5 –63 所示。

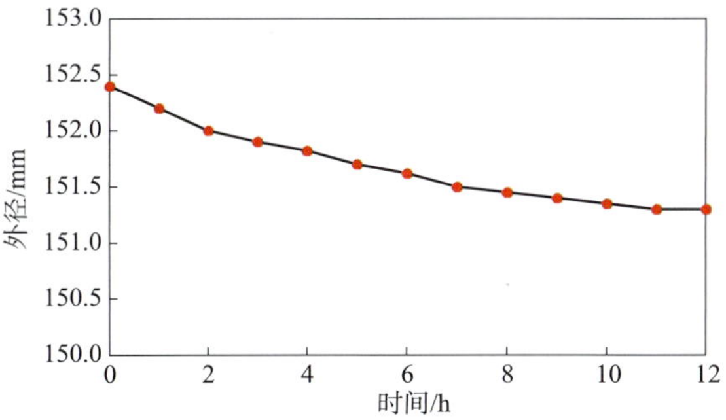

图 4 –5 –62　形状记忆筛管实验样机外径

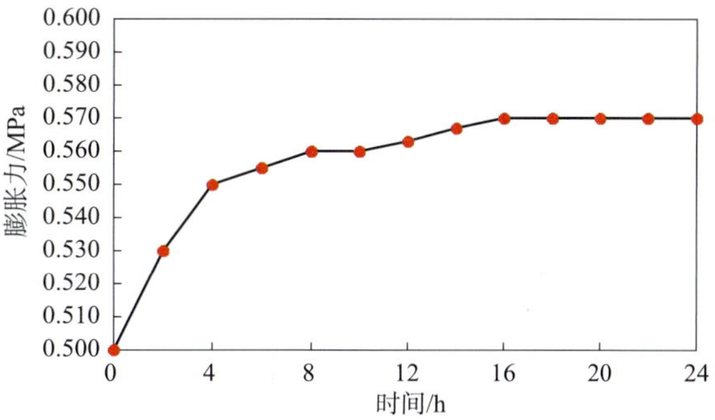

图 4 –5 –63　不同时刻的膨胀力

从图中可以看出，刚开始膨胀力增加的幅度较快，随着时间的延长，膨胀力逐渐趋于稳定，最终的膨胀力为 0. 57MPa。其主要原因是实验样机的膨胀位移会转化为膨胀力，然而，随着时间的延长，井壁产生的反作用力会抵消掉一部分膨胀力，所以在一段时间以后膨胀力将会趋于平衡。在实际的出砂井中，将该膨胀力作用于裸眼井壁时，能够避免出现井壁坍塌、砂堵等井下事故。

图 4 –5 –64 展示了一组典型形状记忆筛管样机的膨胀过程。可以看出，形状记忆筛管起胀温度为 42℃，用时 12h 膨胀到位，该组实验膨胀到位所需温度为 62℃。从膨胀过程上看，膨胀速率均在 1. 6mm/h 以下，即便是温度达到 62℃时，最后的 3mm 膨胀到位也需要 12h，这给形状记忆筛管入井提供了充足的施工时间。同时，由于原始态形状记忆材料的外径远大于井筒，形状记忆筛管在膨胀到位后仍具有相当好的继续膨胀能力，对井壁有一定的

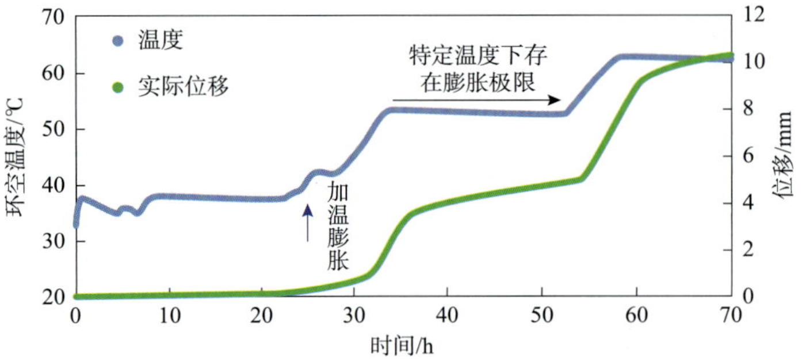

图 4－5－64　形状记忆筛管膨胀过程

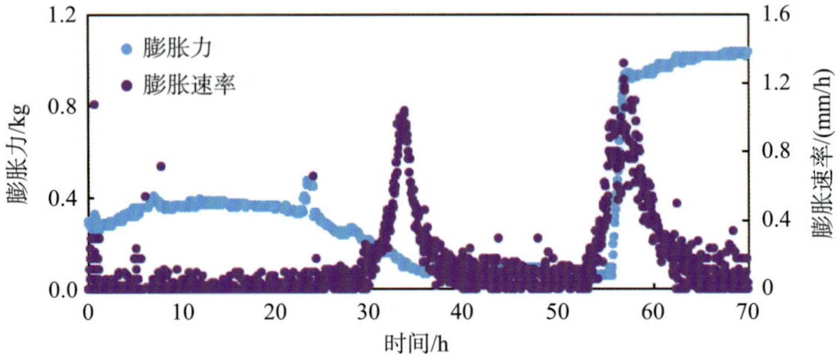

图 4－5－65　密实充填环空后对井壁支撑力监测

支撑力，也代表继续膨胀充填大肚子井眼及预防地层出砂的能力，因此可以在裸眼/套管井中进行应用。

图 4－5－65 展示了自充填筛管的膨胀速率和膨胀力的变化。可以看出，温度不变时，膨胀速率非常平稳，一旦温度增加，则膨胀速率有一个急剧增加又迅速降低的过程。总体上，膨胀速率均在 1.6mm/h 以下，即便是温度达到 62℃时，最后的 3mm 膨胀到位也需要 12h，这给自充填筛管入井提供了充足的施工时间，不存在中途膨胀遇卡的风险。

制作了不同配方的形状记忆筛管样机 60 余套，进行了激发膨胀的启动温度、不同温度梯度对膨胀速率的影响、环空充填率等功能性模拟实验以及充填完成后的渗透率、挡砂精度、抗堵塞等性能测试共计 60 组 3197h，实验结果表明，形状记忆筛管样机采用温度激发膨胀后外径圆整度高，外形恢复率 >90%，膨胀体积倍数，3～5 倍，可保障对环空的密实充填。同时，形状记忆筛管实验样机具有非常好的渗流性能和挡砂性能，膨胀前渗透率（500～1500）$\times 10^{-3}\ \mu m^2$，膨胀后达到 5～50μm^2，挡砂精度可达 0.03～0.1mm，适用温度：45～85℃（图 4－5－66、表 4－5－6）。

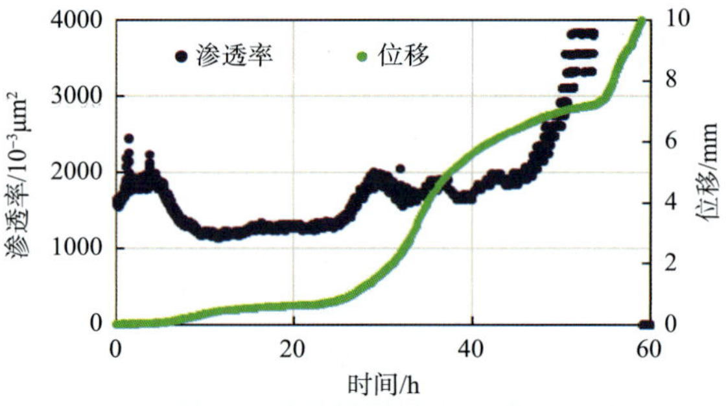

图 4－5－66　渗透率变化曲线

表 4－5－6　膨胀前后相关参数

序号	起胀温度/℃	膨胀到位所需最低温度/℃	膨胀前渗透率/$10^{-3}\mu m^2$	膨胀后渗透率/$10^{-3}\mu m^2$	完成膨胀时间/h	挡砂精度/mm
1	50	63.7	499.62	9360	55.55（9.84mm）	0.061
2	47	63	1260	12520	46.78（8.48mm）	0.041
3	55	72	1576	221609	52.5（5.24mm）	0.061
4	42	62.3	586.78	21732	70.05（10.3mm）	0.061
5	58	75.3	1530	7147	59.26（8.49mm）	0.061

3. 环空形状记忆筛管井壁支撑及挡砂性能

目前，国内外防砂管性能的检测装置及方法均是以机械筛管或机械筛管中的挡砂单元为对象进行检测或评价，主要是进行挡砂机理及挡砂精度方面的评价研究。随着防砂工艺技术及工具的发展，研发了以形状记忆聚合物为主要挡砂介质，在井下完成自膨胀的环空形状记忆筛管。环空形状记忆筛管主要应用于裸眼水平井防砂完井，结合独立筛管完井工艺简单可靠，及砾石充填完井环空充填挡砂精度高、有效期长的优势，目前的防砂管评价实验装置及方法对于该类筛管还不适用，不能很好地对环空形状记忆筛管的整体性能进行评价。

针对环空形状记忆筛管的性能特点，建立具有带压条件下环空形状记忆筛管的自膨胀、挡砂精度、力学性能的检测及评价，为井下应用提供依据。

1）评价方法

（1）砾石充填及独立筛管完井采用的筛管均为机械筛管，对于该类筛管的性能评价指标主要有：

①流通性能：定量评价筛管允许地层流体通过的能力，即流通性能评价指标。

②挡砂性能：定量评价筛管阻挡地层砂流入的能力，即挡砂性能评价指标。

③抗堵塞性能：定量评价筛管抵抗泥质、细砂等堵塞物的能力，即抗堵塞性能评价指标。

环空自充填筛管与机械筛管的功能相比较，环空自充填筛管由于具有自膨胀性能和井壁支撑性能既有共性，又具有独特性，主要包括 3 个方面：

①带压膨胀性能。

②温度激发性能。

③井壁支撑力学性能定量评价不同筛管的综合性能，即综合性能评价指标。

其中温度引发性能、带压膨胀性能为自膨胀筛管的定性指标，流通性能，挡砂性能及抗堵塞性能为定量指标。

（2）环空形状记忆筛管性能评价实验模型建立。

防砂筛管性能评价方法为：首先建立防砂筛管流通性能、挡砂性能、抗堵塞性能评价方法，在此基础上配置合理的权重系数，得到功能指标和均衡指标，由此建立筛管综合性能评价方法。上述的评价指标根据实验数据结果分别计算得到。

据达西渗流公式：

$$K = \frac{q\mu L}{A\Delta P} \tag{4-5-64}$$

①筛管流通性能评价方法。

为了便于多种筛管的流通性能对比，建立多筛管流通性能指标计算公式：

$$S_{1(j)} = \frac{k_{s(j)}}{k_{smax}} \tag{4-5-65}$$

式中，$S_{1(j)}$ 为第 j 个筛管的流通性能评价指标；$k_{s(j)}$ 为第 j 个筛管的综合渗透率；k_{smax} 为所有评价的筛管的综合渗透率的最大值。

$$k_s = k_{s0}X_k + k_{sa}(1 - X_k) \tag{4-5-66}$$

$$k_{sa} = \frac{1}{N}\sum_{i}^{N} k_{si} \tag{4-5-67}$$

式中，k_s 为筛管综合渗透率；k_{S0} 为筛管初始渗透率；k_{sa} 为实验过程中的平均渗透率；N 为实验过程的测试点数；X_k 为加权平均系数，取值为 0.5。

$$k_{si}=\frac{q_i\mu}{2\pi L_s\Delta P_i}\ln\frac{d_{so}}{d_{si}} \tag{4-5-68}$$

式中，μ 为实验用流体的黏度；L_s 为实验筛管的有效长度；d_{s0} 为实验筛管的外径；d_{si} 为实验筛管的内径；q_i 为第 i 时刻通过筛管的流量；ΔP_i 为第 i 时刻筛管内外两侧压差；k_{si} 为第 i 时刻筛管的渗透率。

②筛管挡砂性能评价方法。

使用筛管挡砂性能评价指标 S_d 表征筛管的挡砂性能，计算公式如下：

$$S_d=\frac{V_tR-V_s}{V_tR} \tag{4-5-69}$$

式中，V_s 为实验中通过筛管的地层砂总体积；V_t 为实验中所使用地层砂的总体积；R 为允许过砂比，指的是实验使用的地层砂中小于实验筛管理想过滤精度的那部分体积占总体积的比例系数，可由地层砂筛析曲线、地层砂体积与筛管理想过滤精度求得。

V_tR 为允许出砂量，V_tR-V_s 为实验使用的地层砂中可能通过筛管但没有产出的地层砂体积，该评价指标值介于 0 ~ 1 之间，该值越大表示筛管挡砂性能越好。

③筛管抗堵塞性能评价方法。

$$S_k=\frac{P_0}{\overline{P}} \tag{4-5-70}$$

式中，S_k 为筛管抗堵塞性能评价指标；P_0 为初始驱替压差，可取实验过程中前某一段时间若干数据点的平均值；$\overline{P}$ 为整个评价时间内的平均驱替压差。

该值大于等于 1 表示筛管不存在堵塞问题，小于 1 表示筛管存在堵塞问题；该值越大，表明抗堵塞性能越好。

（3）筛管综合性能权重计算模型。

①筛管功能指标。

筛管功能指标 S_1，定义为流通性能指标、挡砂性能指标和抗堵塞性能指标的加权平均值，其计算公式为：

$$S_1=W_lS_l+W_dS_d+W_kS_k \tag{4-5-71}$$

$$W_l+W_d+W_k=1 \tag{4-5-72}$$

式中，W_l 为筛管流通性能评价权重系数，推荐取值为 0.3；W_d 为筛管挡砂性能评价权重系数，推荐取值为 0.3；W_k 为筛管抗堵塞性能评价权重系数，推荐取值为 0.4。

②筛管均衡指标。

性能良好的筛管不但要求流通性能、挡砂性能、抗堵塞性能的加权平均值高，而且还要求这 3 个性能相对均衡，因此提出筛管均衡指标 S_2，其计算公式为：

$$S_2=|S_l-S_d|+|S_d-S_k|+|S_k-S_l| \tag{4-5-73}$$

③筛管综合性能评价指标。

功能指标 S_1 越大，均衡指标 S_2 越小，则筛管的综合性能越好，因此提出筛管综合性能评价指标 S 为：

$$S=S_1-S_2 \tag{4-5-74}$$

该值越大，筛管的综合性能越好。

2）实验装置

实验装置应能满足检测环空形状记忆筛管样机的性能要求，主要包括环空形状记忆筛管的带压膨胀性能、形状记忆筛管膨胀后的流通能力、挡砂精度、抗堵塞能力及对井壁的支撑性能，根据以上技术要求设计筛管性能实验装置。

（1）实验功能及流程设计。

环空形状记忆筛管性能检测实验装置主要包括以下几个部分：模拟地层及井筒系统、热流体循环系统、压力测量系统、温度控制系统、数据采集处理系统及辅助系统。其中地层及井筒模拟系统由模型本体、模型上盖、模拟套管及盖板、模拟油管及盖板、可调式密封底座、冲管等组成（图 4 –5 –67）。

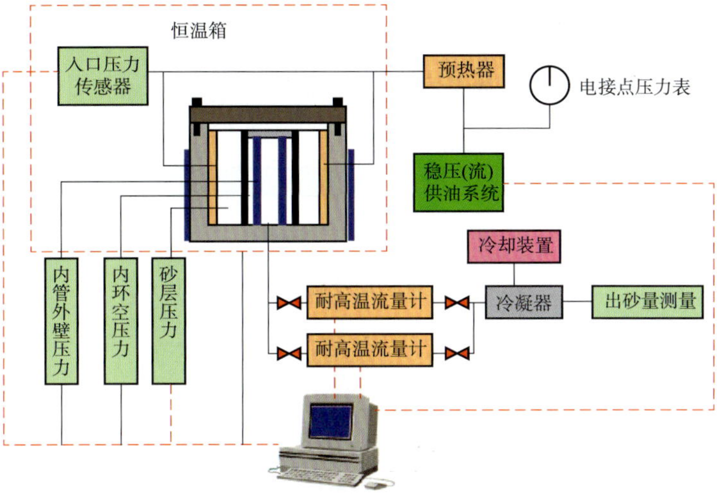

图 4 –5 –67　评价实验装置整体系统图

实验装置主要由以下部分组成：模拟系统、循环系统、测量系统、温度系统、数据采集处理系统及辅助系统组成。

环空形状记忆筛管的膨胀激发方式为温度激发，因此泵装置采用了预加热流体，加热流体可以为水、白油及液压油等不易挥发和无毒液体，温度为 20 ~ 120℃。

评价装置总体技术指标如下：

①装置内径 640mm，装置砂层高度 420mm［砂体支撑架与装置主体内壁距离为 20mm（油环），以 5½in 筛管为例，环空尺寸为 30mm，砂体厚度 200mm］。

②进油口 8 个，均匀分布在高压釜体四周。

③砂体支撑架内径 600mm，壁面上打有孔眼，孔眼直径 20mm，密度 3 个/100mm，均匀分布，砂体支撑架外壁用 40 目筛网包裹。

④井壁支撑架内径 200mm，壁面上打有孔眼，孔眼直径 20mm，密度 3 个/100mm，均匀分布，井壁支撑架外壁用 40 目筛网包裹。

⑤工作温度：室温 ~ 120℃。

⑥装置本体最大工作压力：6MPa。

（2）装置主体组成设计。

模型由模型本体、模型上盖、模型密封圈、各个接口、砂体支撑架、井壁支撑架、防砂管及可调角度支架等组成。模型入口设计了 8 个进油口，可同时进液，也可有选择的进液，只需打开相应的阀门即可。模型上设计有压力引流管，可根据需要调节引流管插入的位置，实现压力引流管的插入深度可调，引流管设计了 3 套，可插入到内管外壁、内环空中、砂层中、外环空中（与入口连通），可测量内管外壁压力、内环空中某位置压力、砂层中压力、外环空中压力，引流管头部设计有过滤头，可防止细砂流入引流管堵塞引流管道（图 4 – 5 – 68）。

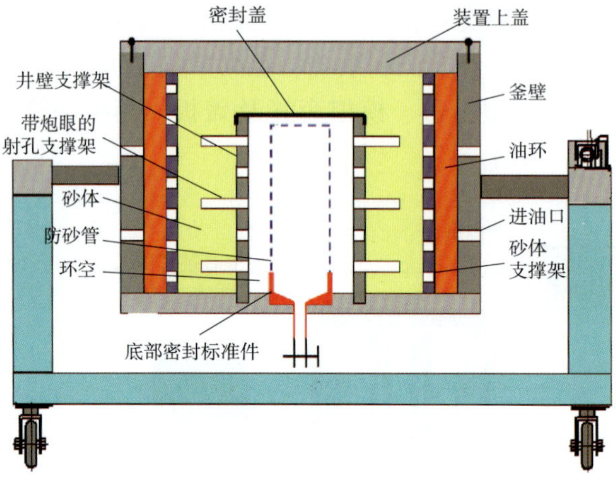

图 4 – 5 – 68　可移动及旋转实验釜体设计

釜体结构和模拟井壁如图 4 – 5 – 69、图 4 – 5 – 70 所示。

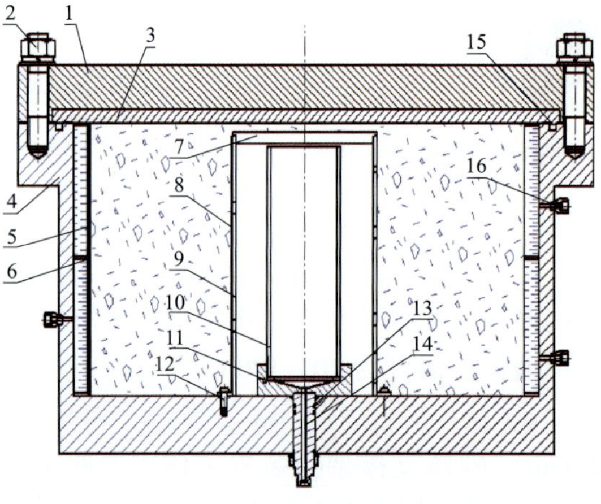

图 4 – 5 – 69　实验釜体结构示意图

1—封头；2—连接螺杆；3—压板；4—下釜体；5—油环防沙过滤网；6—油环；7—内筒盖；8—内筒防沙过滤网；9—内筒；10—测试管；11—测试管固定架；12—固定螺杆；13，15—O 形密封圈；14—出油管；16—加压口

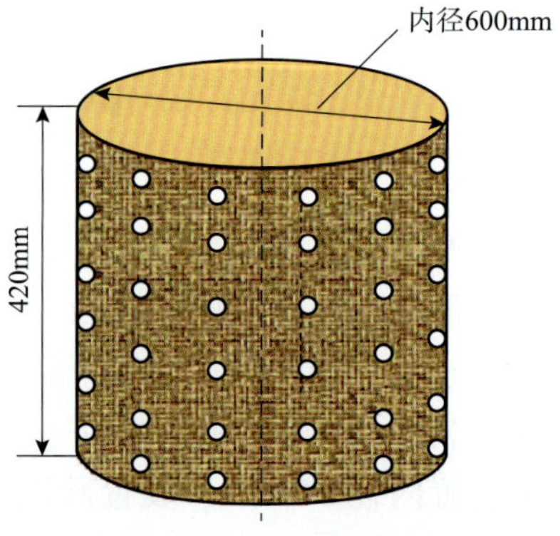

图 4 – 5 – 70　模拟井壁设计

砂体支撑架内径 600mm，壁面上打有孔眼，孔眼直径 20mm 密度 3 个/100mm，均匀分布，砂体支撑架外壁用 40 目筛网包裹。砂体支撑架用于支撑实验砂体，保证砂体支撑架外壁与装置内壁的距离是 20mm。

裸眼支撑架和套管射孔支撑架：裸眼支撑架的作用是支撑砂体，能够模拟裸眼井的完井方式；套管射孔支撑架：根据实际套管射孔的孔密、孔径设计，能够模拟套管射孔井的完井方式。支撑架内径 200mm，壁面上打有孔眼，孔眼直径 20mm，密度 3 个/100mm 均匀分布，井壁支撑架外壁用 40 目筛网包裹。

裸眼支撑架和套管射孔支撑架示意图如图 4 –5 –71 所示。

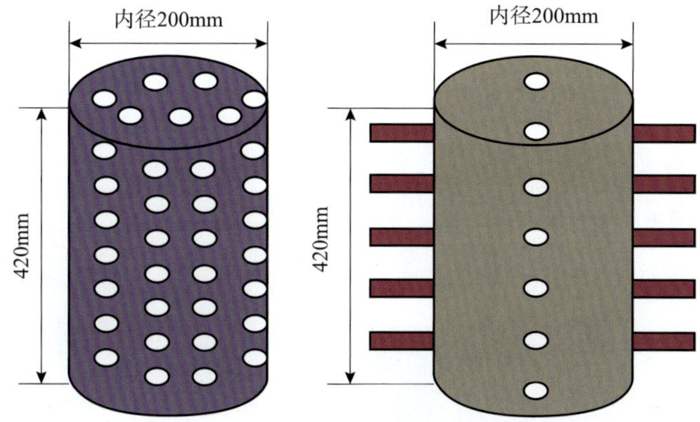

图 4 –5 –71 实验釜体结构设计

模型系统设计有可调角度支架，可调角度支架上设计有蜗轮蜗杆转动机构，可实现 0 ~ 90° 的旋转，并可在任意角度上锁定。模型转动机构结构示意图如图 4 –5 –72 所示。

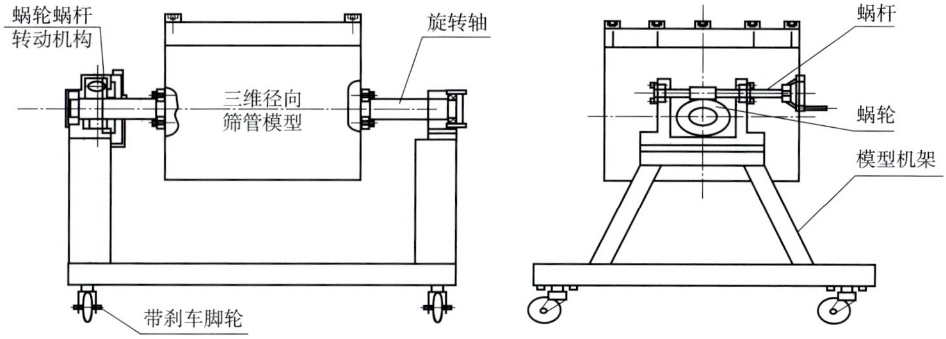

图 4 –5 –72 实验釜体可水平旋转结构设计

模型及支架可整体放入到恒温箱内加温，在进入恒温箱内和移出恒温箱设计有专门的液压升降移动小车，可方便模型的起吊和搬迁。

实验测试项目及实验方法见表 4 –5 –7。

表 4 –5 –7 物模实验测试项目及实验方法

实验项目	实验方法
自膨胀环空充填性能	热流体（水、酸液、油）驱替，引发可膨胀筛管膨胀充填环空
渗流性能	通过监测可膨胀外壁压力、出口压力，根据达西公式计算渗透率
带压膨胀性能	关闭出口控制阀门，打开驱替柱塞泵，检测模拟井筒内压力，在一定压力下加热引发筛管膨胀，冷却后观察筛管膨胀性能
抗堵塞性能	通过长时间驱替，监测压力变化，测出渗透率变化而获得
挡砂精度	在填砂井筒中填满不同粒度的模拟地层砂，实验装置通过膨胀后的筛管驱替，通过收集底座中砂样做粒度分析获得

3）实验结果及分析

实验过程中记录流量、压力数据，并观察和收集底座中有无产出砂样，按所建立的评价模型计算实验结果；实验后泄压并打开釜体，取出筛管样机，观察并测量筛管样机变化情况。

从图 4－5－73 可以明显地看到形状记忆筛管的膨胀情况，目测热化学作用引发膨胀后的环空形状记忆筛管样机环空自充填效果，以及良好的孔隙度，通过实验数据利用所建立的模型计算形状记忆筛管的各项参数见表 4－5－8。

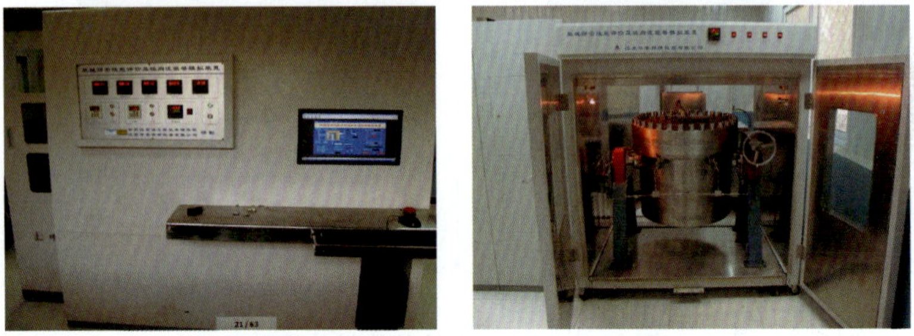

图 4－5－73　筛管样机实验实验过程

表 4－5－8　环空形状记忆筛管实验结果

项目	参数
充填引发温度	65℃
渗透率	$>40525\times10^{-3}\mu m^2$
挡砂精度	>0.06mm
附加压降	0.05～0.085MPa
膨胀倍数	>3.6 倍

所研制的形状记忆聚合物复合材料作为形状记忆筛管，具有高的膨胀倍数，良好的热化学自引发膨胀性能，和良好的孔喉结构及渗流过滤性能。

三、复杂结构井自充填防砂完井工艺

针对独立筛管防砂完井无法支撑井壁、有效期短的缺点，以及砾石充填防砂完井工艺复杂、易砂堵、费用高的不足，提出了利用新型形状记忆材料实现油气井环空充填的形状记忆筛管及自充填防砂完井技术。在优化设计形状记忆筛管机械结构的基础上，形成了形状记忆筛管生产工艺，研发了形状记忆筛管性能评价实验装置，开展了大量评价实验，并配套形成了形状记忆筛管自充填防砂完井工艺，开展了入井应用试验。结果表明，自主研发的形状记忆防砂筛管膨胀性能优越、能完全充填环空和炮眼，且膨胀后渗透性好、挡砂精度高。形状记忆筛管自充填防砂完井技术工艺简单，能适应不规则井眼，具有很好的推广价值。

（一）一趟管柱多层自充填防砂完井

多层系井一趟多层形状记忆膨胀筛管防砂完井施工步骤：

（1）井筒准备。

①探冲砂：下光油管实探砂面并记录深度；油田水冲砂至 1290m，洗井合格后起出。

②通刮、洗井：下 Φ150×1200mm 通刮一体式工具通刮至深 1280m（如有遇阻显示，则详细记录遇阻井段位置，做好描述）；在坐封油层段反复刮削至无阻无卡，大排量反洗井干净，后起出施工管柱。

③通井验套：下 Φ140×6000mm 型通井规硬通至 1280m（通井过程中如有遇阻显示，则详细记录遇阻井段位置，做好描述）；起出通井管柱。

④油层震波深部解堵：下油管+解堵工具，完成工具深 1267m。

投入过滤器，接地面施工管线试压合格；水泥车排量 400～500L/min，泵压 12～15MPa，对 1267.2～1270.6m，1271.6～1276.6m 生产井段进行震波解堵，提放管柱速度 0.5～1.0m/min，上下重复 5 遍，直至解除堵塞；然后大排量反洗干净，起出管柱。

要求：a. 进口水质清洁，避免污水再次入井；b. 水龙带工作压力满足施工安全需要；c. 出口返出污物通知采油、工艺部门取样分析。

（2）下形状记忆筛管自充填防砂管柱。

①管柱组合（自下而上）：3½in 底部循环阀 0.34m+3½in×1.9in 密封筒 1.74m+油管短节 2.1m+扶正器+形状记忆筛管组+扶正器+层间封隔器+形状记忆筛管（做盲管用）+层间封隔器+形状记忆筛管。根据层段数进行组合使用，中间增加盲管调配管柱，如图 4－5－74 所示。

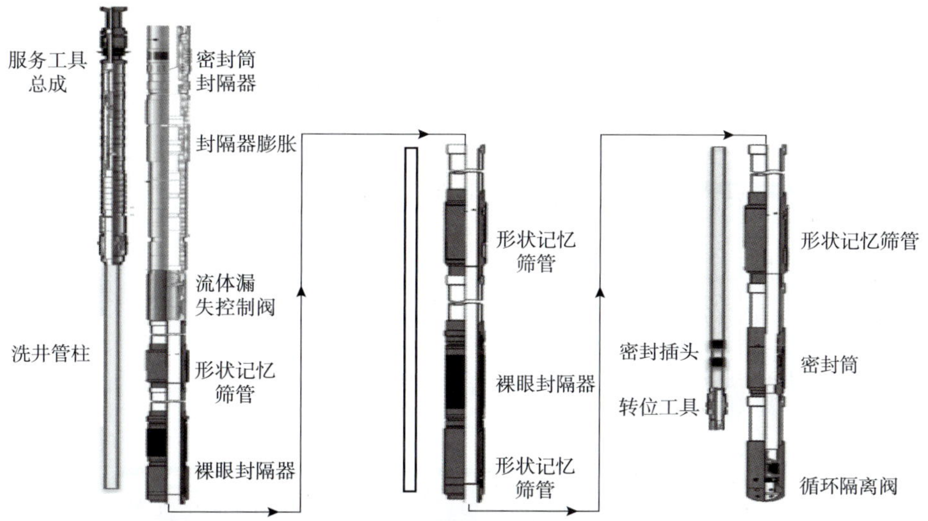

图 4－5－74 简化工艺：形状记忆筛管一趟多层或多段分段充填完井管柱

封隔器下部最后一根油管坐到井口后，在防砂管柱内下入 1.9in 下冲管柱。管柱组合：1.9in 插入密封+1.9in 油管，加压探底后测量最后一根 1.9in 冲管放入，通过与外管长度对比确认插入到位。起出最后一根试插 1.9in 油管，调整配长短节。

①9in 配长短节下完后连接大通径封隔器+下冲坐封服务工具+Φ73/89mm 油管至设计深度。

②送入防砂管柱：现场按管柱设计实测丈量、配好防砂管柱，平稳下入井中，匀速下钻，下放速度不超过 1 根/min，全程视频监控。到位后测试匀速上提悬重、匀速下放悬重并记录，为后期倒扣丢手提供依据。

③正循环热水 1 周，激发形状记忆筛管膨胀充填环空，热水温度 80℃以上（准备蒸汽

锅炉车备用)。

④坐封、验封、丢手：管柱送入到位后油管内投球（45mm），沉球15min后用泵车小排量送球，球到位后泵压上升时停泵。确认套管满液后用打压坐封，第一次正打压6MPa稳压2min，然后多次分台阶打压：

12MPa×5min，泄压至0；

16MPa×5min，泄压至0；

18MPa×5min，泄压至0；

18MPa×3min，泄压至0。

关防喷器，向套管环空反打压7MPa，稳压10min，无压降为合格。

验封合格后，上提管柱悬重至中和点，正转20～30圈倒扣丢手。

（3）下生产管柱。

①管柱组合（自下而上）：喇叭口＋油管＋Φ70防腐泵（泵深900m）＋泄油器＋89mm内衬油管至井口。

②抽油杆组合（自下而上）：Φ70泵脱节器＋抽油杆＋Φ28mm光杆。

③开井试抽：上提、下放杆柱碰泵、调防冲距0.9m。开抽憋压正常后，试抽正常后，根据实际情况调整油井工作制度，按地质液量要求调配生产参数。

④开井前采油要做好抽油机检查、单井管线疏通等工作。

（二）水平井防砂完井管柱

在5½in筛管内自充填防砂完井方案如下（图4－5－75）：

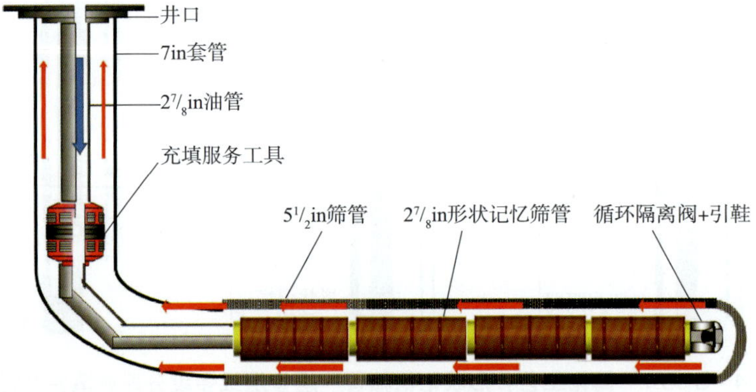

图4－5－75　水平井防砂完井管柱示意图

筛管本体外径：100mm，最大膨胀外径：130mm，通径：62mm。边冲边下入形状记忆筛管防砂管柱：循环隔离阀＋形状记忆筛管＋油管＋服务工具；坐封顶部封隔器、丢手、起出服务管柱；形状记忆筛管井下温度膨胀充填环空完井。

（三）侧钻井自充填防砂完井管柱

下入形状记忆筛管防砂管柱：循环隔离阀＋形状记忆筛管＋裸眼封＋油管＋服务工具；酸洗泥饼、投球、坐封顶部封隔器、丢手、上提管柱、坐封裸眼封隔器；起出服务管柱、形状记忆筛管井下温度膨胀充填环空完井（图4－5－76）。

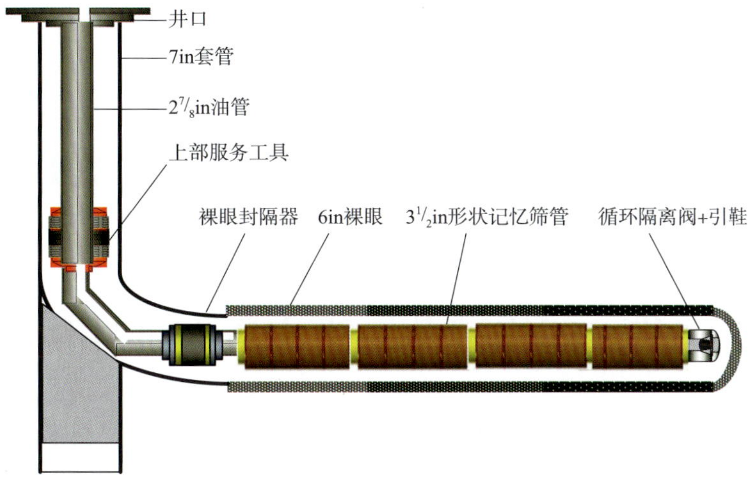

图 4-5-76　侧钻井防砂完井工艺示意图

（四）结语

基于热致形状记忆聚合物材料的形状记忆筛管，既具有独立筛管工艺简单、下入性好的优点，又能达到砾石充填的防砂效果，具有广泛的应用前景。研发了全尺寸形状记忆防砂筛管性能评价实验系统，该装置可实时、定量监测形状记忆筛管膨胀过程中、膨胀后的参数，利用该装置开展了 10 组实验，评价了不同体系形状记忆筛管的膨胀性能、渗流性能和挡砂性能，并对形状记忆材料配方和筛管结构进行了优化。研究表明，自主研制并优化后的形状记忆防砂筛管膨胀后无缺失并密实充填环空，井壁支撑力强，渗透率最高可至 35μm^2，附加压差最低可小于 1kPa，挡砂精度最高达 0.061mm，可用于长水平段、复杂井型及海上平台等井场条件受到限制的油气井防砂完井。

第五章　油气水及地层物性高精度识别技术

第一节　压恢试井、生产数据试井现状

压恢试井与生产数据试井是高精度识别油气水及地层物性的重要技术。为了解特定井及对应储层的参数，开展压恢试井与生产数据试井，可以为高效经济的开发油气田提供重要的技术支持。

一、国内外压恢试井技术现状

（一）概述

试井是以渗流力学为理论基础，以测试仪表为手段，通过测量油气、水井的压力以及产量等生产动态数据，研究和确定测试井和油、气、水层的生产能力、物性参数以及辨别井间或层间连通关系的技术，其对油气田新区勘探开发、老区动态调整都具有极为重要的作用。压恢试井则是常用的一种试井方式，通过压恢试井，一方面，可以获得测试井及附近油气层的相关参数，主要有：储层类型、平均地层压力、地层流动系数、地层渗透率、表皮系数、井筒储集系数等；另一方面，可以对油气田开发过程中的地层压力、产量等动态参数进行监测，认识和了解储层动态特征，为开发方案的调整制定提供理论指导和技术支持。

（二）国外压恢试井技术现状

在20世纪20年代，美国就已研制和使用最高读数压力计测量井底最高压力。1937年，Muskat提出了用压力恢复曲线外推地层压力和估算地层参数的方法，目前仍为可使用的基本技术之一。1949年Van Everdingen在AIME上发表了利用Laplace变换求解不稳定渗流问题的论文，标志着不稳定试井分析理论基础的诞生，基于Van Everdingen的压降解，建立了油井定产量生产情况下的压降试井分析方法。1951年Homer在压降解的基础上，提出油井压力恢复试井分析方法。这一方法自提出以来得到了广泛应用，至今如此，原因是它具有坚实的理论基础和广泛的实用性。20世纪50年代以后，试井解释进入常规试井解释和现代试井解释阶段。常规试井解释方法主要有Miller－Dyes－Hutchison和Horner以及Matthews分别提出的MDH法、霍纳法以及MBH法，常规试井解释方法原理简单，易于使用，但是只有当试井资料出现中期径向流直线段时才有效可用。1970年，H. Stehfest提出一种Laplace反演方法，可以将拉氏空间解变换到实空间，对现代试井解释方法的形成起到促进作用。1970年以后，试井解释方法进入到现代试井解释阶段，Ramey提出了试井解释的新方法－双对数分析法。之后，Gringarten等在Ramey图版的基础上，把井筒储集系数和表皮系数组合成为

一个参数团 $C_{De}{}^{2S}$，简化了典型曲线图版的绘制和应用过程。1982 年，Bourdet 等研制出压力导数图版，在压力典型曲线上增加了压力导数进行拟合解释，使得试井解释技术进一步发展。此后，专家学者们根据油田开发进展和实际需要，先后又提出了早期试井资料解释方法、数值试井等方法，试井解释理论得到进一步完善，每一种新方法的提出都能够使得试井理论更准确地解决某种条件下的试井问题。

（三）国内压恢试井技术现状

我国开展试井工作的时间较晚，最开始是 20 世纪 50 年代，这个时期主要从事测压工作和系统试井。到了 60 年代初，国内试井工作开始真正发展起来，主要从事为了解井的完善性为目的系统试井和以求地层压力、流动系数及地层渗透率为目的的压力恢复试井。在 70 年代，各大油田开始全面推广使用常规试井分析方法。随着时代的发展，在 80 年代，我们开始引进国外的先进技术和设备，极大地提高了试井工作的效率和准确性，同时自身也开始研究试井解析软件，此时我国的试井技术发生了质的飞跃。我国在试井理论模型和解释方法方面，主要的发展时期是 1984—1996 年这十多年间，当时国内许多专家，吸收了国外的先进理论，包括分形理论、叠加原理、小波理论等，投入到我国试井理论的研究工作中。在此期间，建立了各种考虑不同内外边界条件的均质、双重介质、多重介质、复合介质等直井、斜井、水平井试井理论模型，随后用解析解法、数值解法（差分法，有限元法、边界元法）、半解析方法（Laplace 变换法和数值反演法综合应用）、分形理论等求解这些模型，取得了很多成果。

杨龙等利用叠加积分方法，先给出了在封闭油气藏中存在有限导流垂直裂缝的生产井井底压力分布公式，再根据杜哈美原理，计算出垂直裂缝井的弹性产量数据，用不稳定的方法预测了单一的、存在有限导流垂直裂缝井的产量。考虑了表皮和井储的影响，可确定油气藏的最终采出量。

刘振宇运用有限元方法详细阐述了压裂井的导流能力、缝长等因素对压裂井产能的影响，得到了变导流能力裂缝及楔形裂缝的产量递减曲线及压力分布立体图。郭永存等针对低渗透问题，给出了无量纲化的渗流控制方程、初始条件以及边界条件，并使用差分方法进行数值模拟计算，计算结果使 Gringarten - Bourdet 图版进行井底压力分析，给出了一种计算动边界位置的方法，并详细讨论了动边界变化情况。刘能强从反褶积的意义入手，论述了反褶积方法和 Schroeter 方法及其在试井解释中的应用。实例说明，反褶积方法能综合测试全过程所探测的信息，帮助正确确定模型，得出比常规解释更多、更可靠的解释结果，是一个很有用的新方法、新工具。蔡山等使用无网格方法针对低渗透问题进行数值模拟，计算结果使用 Gringarten - Bourdet 图版进行井底压力分析，分析结果表明，在低渗透问题中，压力是随时间逐渐向外扩展的，且影响到井底压力曲线特征。

张洪等针对油田独特的地质特征，建立了一个综合的早期试井解释方法系统。其中，压恢数据的特征综合试井解释方法在原有的压降试井特征综合方法的基础上，采用叠加原理进行了创新，应用结果表明明显提高了测试资料解释的准确率。陈永兰等利用早期试井样本曲线拟合技术，只需要 4 个周期的数据就可以进行解释。黎福长等利用压力恢复曲线的早期特征分析可以获得井筒附近的信息，还可结合中期径向流直线段，进一步获得裂缝半长等参数。胡小虎则利用半对数曲线上压力恢复的径向流直线段进行解释，得到相关参数。邹存友等通过双对数曲线来划分流动阶段，进而用早期和中期段数据进行线性回归，用直线段斜率来解释计算获取地层参数。李笑萍等使用续流资料的褶积积分分析的方法，使压力恢复曲线的径向流半对数直线段明显提前，从而得到理想的解释效果。

陈伟等通过 Laplace 反褶积压力半对数分析的方法，消除了早期井筒的影响，降低了早期资料解释的多解性。李笑萍等通过建立早期续流分析的试井模型，孙贺东等采用有效井径的概念，建立了无限大均质储层多井系统中测试井井底压力的动态模型，通过 Laplace 变换方法，得到了 Laplace 空间下以 Bessel 函数表示的精确解，建立了邻井同时生产或同时关井这两种情形下的试井典型曲线图版，进而建立了相应的多井压力恢复试井分析方法。

（四）存在问题及发展方向

1. 当下存在的问题

（1）无法对井底压力的测试数据进行充分地利用，因为在直线段分析法当中，主要是采用井底压力的近似公式进行计算的，但该公式却存在时间段限制，如果不在特定时间段当中，无法应用该公式进行表示，在这种情况下，会使大量测试资料被浪费。

（2）难以掌握直线段的起始点，但对于试井分析而言，准确把握直线段分析法的起始点具有至关重要的作用，想要将这种目标完成，需要对其他分析图形进行运用，尤其在同一图形当中的多条直线，其他分析图形更是不可或缺的，但在实际生产当中，井底压力会受到多种因素的影响，包括液面波动以及噪声等因素，所以其在数据处理期间会产生一定的误差。特别是在地层条件较为复杂或受井筒因素影响的情况下，对半对数进行数据结果的分析基本无法保证准确性。

2. 关于压恢试井的下步发展方向

随着油气开发的深入，致密油气藏、页岩油气藏以及特深层油气藏已经成了下步重点勘探开发的领域。为了有效支撑该部分油气田开发，要重点研究适用于该类油气藏的压恢试井技术。

二、国内外生产数据试井技术现状

（一）概述

油气井生产数据是分析油气井生产动态、认识地下流体流动状况、分析油气井产能及未来产量预测的重要信息来源。对于油气井测试数据有效和准确的分析，能够为开展油气井生产优化提供重要的决策依据。所以，如何处理并有效、准确地分析油气井生产数据，并将从测试资料解释中所得到的信息和认识应用于油气井生产优化设计，对于实现最佳的油气田开采效果具有重要意义。

（二）国外生产数据试井技术现状

1. 测试资料解释技术现状

石油工业发展至今，许多专家和学者开展了利用生产数据解释地层特征、参数、油气井生产动态的研究。Arps 根据统计的油田生产数据回归出产量递减模型，在曲线图版上叠加显示重整流量或累计流量，提出对产量进行评价与预测的方法，成为日后各个改进的产量递减模型的基础；Fetkovich 在 Arps 曲线的基础上进行了改进，通过自动寻找拟合点计算地层参数，达到了与试井同样的目的。

现代试井理论的诞生为测试资料的解释又开辟了新的道路。在经典的压力降落试井分析、压力恢复试井分析、多流量试井分析应用的基础上，很多改进的试井分析方法也被提出。

德克萨斯 A&M 大学 Blasingame 提出的物质平衡时间方程，有效地应用曲线拟合技术，综合考虑压力变化、地质模型特点进行非线性回归拟合，最终运用压降试井分析原理获得所需要的油气藏动态信息，同时进行准确的储量评价和产能预测，并取得了成功，也被现代生产数据分析软件 Ecrin 采用，作为常规分析手段。其主要特点是通过对生产数据（流压和产量）的重整分析，获得较为规则的压降分析曲线。该技术提供了多种分析方法，从常规的递减曲线分析方法，到充分利用试井技术的双对数曲线分析方法，从单井到多井，从单相到多相，从解析模型到数值模型等，成功地将产能预测与油藏动态描述技术相结合，有效拓宽了生产数据在生产实际中的应用范围。

德克萨斯 A&M 大学 Ehlig－Economides 等提出的将传统的关井压力恢复数据和长期生产数据结合，利用阶梯式的数据处理方法，将二者结合在一起合成与其等效的常产量压降测试过程，从而解决了短期压力恢复试井和长期生产数据分析难以统一解释模型的问题。

常规油气藏的动态测试资料的解释方法已经广泛地应用在实测资料的解释上，并已得到验证。随着非常规油气藏资源开发的深入，许多国外专家学者尝试在传统的试井分析和产量分析方法的基础上，研究适用于非常规油气井的测试资料分析和产能预测方法：P P Valko 和 W J Lee 提出了一种结合可延伸指数递减模型和集中数据采集异常样式的页岩气井产量预测方法，并应用于单井和多井的产量预测。与 Arps 产量递减预测模型相比较，这种新方法在没有时间和流量限制条件下能够预测最终采收率。

2. 测试资料解释与生产优化一体化技术现状

油气井生产优化虽然在多方面进行了研究（例如包括压裂技术、酸化以及注水驱替的增产措施研究、油气井的设计方法研究、井位优化研究等），但与测试资料解释相结合的优化设计研究还没有大规模开展。

Ehlig－Economides 等提出了一套油气井优化设计标准。根据不同的储层情况，例如均质无水层无气顶厚层、有水层有气顶储层、多层储层、内部含夹层储层、天然裂缝储层、构造不整合储层、层序不整合储层、拉伸不整合储层以及倾斜储层等，设计了一套完整的油气井优化设计方案，但是并没有将测试资料的解释结果作为优化设计的考虑因素。

Song 和 Ehlig－Economides 提出了长期生产数据的流量归一化模型，将长期的生产数据进行流量归一化处理，得到虚拟常产量生产的压力变化曲线，利用试井分析的方法解释储层特征和流体流动状态，并用其进行产能评价和产量预测。将利用测试数据解释的储层渗透率和增产措施效果作为参考因素，从生产优化或经济效益的角度出发，设计了一套油气井优化设计方法。

结合测试资料并充分利用解释结果进行的油气井生产优化设计将成为未来油气田开发的重要途径。利用动态测试资料解释结果作为油气井优化设计的依据之一，必将使得油气井的生产优化与生产动态更加紧密的结合，达到更理想的油气井产能优化效果和油气田开发效果。

根据测试资料解释结果进行生产优化的方法不仅对常规油气藏有指导作用，在非常规（如致密砂岩、页岩气等）领域也有广阔的应用前景。B Song、M J Economides 和 C A Ehlig－Economides 在页岩气井生产分析理论的基础上提出了一套多级压裂水平页岩气井的优化设计方法。通过采集必要的地层参数、流体参数和现有条件下的经济参数，针对期望达到的优化目标，提供最优设计方案。

（三）国内生产数据试井技术现状

1. 测试资料解释技术现状

刘其先等应用 Excel 软件中的直线回归功能对递减曲线进行了回归分析，这为一般研究人员进行产量预测提供了一种较为快捷的方法。充分应用 Excel 软件功能，对诸如双曲等曲线形式，无法进行直接回归分析，采用迂回分析，先通过对原始数据的变化，将其变为直线形式后，不断调参，满意后再返回曲线形式，把经验同算法紧密联系，实现了人机有效结合，从而得到较为准确的预测油气田年产量的曲线模型，对未来年产量进行合理预测。这种化曲为直的思想和方法可快速、直观地处理一些较复杂的问题。

叶瑛等利用生产数据进行试井分析，在文 23 气田成功应用 25 井次，得到了与试井成果等效的资料，该技术的成功应用提供了气井动态监测的新途径。

李成勇等从生产数据分析基本原理出发，研究了 Blasingame 拟压力曲线等技术的分析思路。在充分利用 Y37 井区单井压力、产量等动态数据的基础上分析了 Y37 井区目前的井网控制程度，提出了气藏加密调整方案建议。

王晓冬等通过定义并使用物质平衡时间概念，将井底定产条件下的无量纲井壁压力倒数转换为井底定压条件下的无量纲产量函数，在完成复杂解析解之后，通过数值计算得到生产数据分析的典型曲线图版，进而形成了一种普通水平井生产数据分析方法。

王小平等提出一种气井生产数据自动拟合分析方法，其应用实例表明该方法性能良好，是目前在计算机自动分析生产数据这一领域中比较先进的方法。

2. 测试资料解释与油气井生产优化一体化技术现状

石广志等通过油田开发动态生产数据之间的关联分析来判断地层连通性，编制了相应的软件进行了现场应用，为油田开发方案的编制和后续调整提供了一种简单、实用的工具。

冯曦等在求解低渗透致密储层试井模型解析解以及试井标准曲线算法方面做了探索性研究，获得了一些有实用价值的新认识。

彭建国等通过实践初步摸索出一套针对低渗层措施增产的资料解释评价方法，在应用中收到了较好效果，为二连探区勘探部署及开发建产提供了重要依据。

（四）存在问题及发展方向

在利用生产数据进行测试资料解释方面：

（1）国内一些学者也做了初步理论研究，但尚局限于了解油气藏压力变化趋势、合理控制生产压差、了解产量递减规律等方面。

（2）利用油气藏的采出量与油气藏压降之间关系的油气藏物质平衡方程，是判断油气藏类型、计算动态储量并进行油气藏动态预测的重要技术，但国内尚未应用于生产，也没有形成有效的实用软件，丰富的生产数据未充分发挥潜在的应用价值。

在测试资料解释与油气井生产优化一体化方面：

（1）国外进行了理论研究，尚未大规模应用，同时从目前应用情况看尚有诸多不完善之处。

（2）国内有些学者进行了初步尝试，但理论比较欠缺，远未达到应用测试资料指导生产优化设计的效果。

针对生产数据试井未来的发展方向主要体现在以下几点：

（1）应用油气井生产数据进行测试资料解释可以进一步认清油气井生产动态特征，准确确定地层参数，合理评价与预测产能。油气井生产数据分析逐步从缺少物理机理的纯数学统计方法的产量递减分析转向更具有理论说服力的基于试井分析的产量压力耦合的方法研究。解释模型正朝着从单相流到多相流、从单井到多井、从理想化的解析模型到复杂化的数值模型发展。

（2）测试资料解释与油气井生产优化一体化朝着完善理论研究（从考虑单相流到多相流、从单井到多井、从解析模型到数值模型）、大规模进行现场应用的方向发展。

（3）利用生产数据进行测试资料解释和测试资料解释与油气井生产优化一体化技术正从常规油气井到非常规油气井应用方向发展。

第二节　应用压恢试井识别地层物性参数技术

一、压恢试井解释方法

（一）试井的目的

试井是评价油藏获得油层参数重要手段之一，同岩心资料分析及地球物理测井相比，它所提供的资料更能反映出油层动态变化情况，这是因为它是根据油藏处于动态变化过程中所获介于得的信息来描述油藏的。这种资料既是油藏工程师们在编制油田开发方案进行数值模拟时必不可少的，又是采油工程师们为提高油井产量，用最佳方法开采每口油井的可靠依据。

对一口油井来说，油从地下流到面必须服从两个规律，一是从地层流向井底时，遵循液流在多孔介质中的渗流规律，另一个是油从井底流到地面的规律，它服从垂直管流的规律，当这两个规律相互协调时，油才能从地层流到地面。

如图 5－2－1 所示的是一个油井产能曲线。

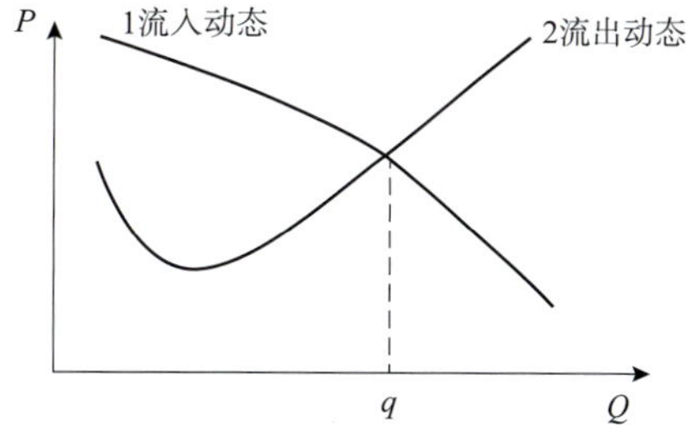

图 5－2－1　油井产能曲线

曲线 1 反映了油井的渗流特性通常称为流入动态（或 IPR）曲线。曲线 2 反映了油流在垂直管中的上升规律，通常称为流出动态曲线。两条曲线的交点便是油井的产量。

如若提高产量，就必须设法使两曲线的交点 q 向右移动，为此可由改变两条曲线中任一条来达到。通常情况下，因油井中已下入了油管，其尺寸基本不变。这样流出动态曲线一般也不变，因此油井产量的改变主要取决于油井的渗流特性即 IPR 曲线的变化。

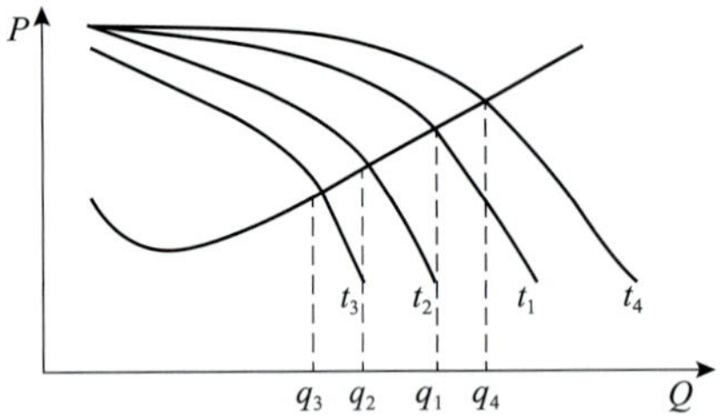

图 5－2－2　随时间推移的 IPR 曲线及措施后的 IPR 曲线

一般说来，如果油井没有进行任何措施时，随着时间的推移，油井的 IPR 曲线向左下方移动（如图 5－2－2中曲线 t_1，t_2，t_3），此时油井产量逐渐下降，如果油井进行了酸化和压裂，则 IPR 曲线向右上方移动，此时油井产量增加如图 5－2－2 中曲线 t_4所示。很显然当两条曲线不相交时，油井也就没有产量。油井生产时，既要遵循油藏渗流规律，也要遵循井筒流动规律。

当油藏中流体的流动处于平衡状态（静止或稳定状态）时，若改变其中某一口井的工作制度即改变流量（或压力），则在井底将造成一个压力扰动，此扰动将随着时间的推移而不断向井壁四周地层径向地扩展，最后达到一个新的平衡状态，这种压力扰动的不稳定过程与油藏、油井和流体的性质有关。因此，在该井或其他井中用仪器将井底压力随时间的变化规律测量出来，通过分析，就可以判断和确定井和油藏的性质，这就是不稳定试井的基本原理。

不稳定试井包括单井试井和多井试井，本节只讨论单井试井（即压力降落试井、压力恢复试井）和探边测试等。本节讨论的内容也适用于注水井的不稳定试井。

（二）试井解释方法

试井解释方法是一种典型的信息分析方法，用图解表示为：

I—S—O

即已知输入信息“I”应用于未知系统“S”，系统反应的结果为输出信息“O”在试井分析中，通常是用产量代表输入信息，油藏为未知系统，压力变化代表输出信息。这种信息分析又分为正问题和反问题。

1. 反问题

所谓反问题是指通过输入和输出信息可能得到的所有资料来识别和描述未知系统，在数学上用符号表示为：S＝O/P。在试井分析中，也就是说当已知油井产量变化（输入信息 I）及相应的压力变化（输出信息 O）时，来确定油藏的模型及相应的参数（未知系统 S）。

2. 正问题

所谓正问题是指在已知输入信息 I 及假定一个特定的模型 S 的条件下，调整系统基本参数，直到计算机所计算的结果同 O 一致。正问题实际上相当于数值模拟。在这里主要讲反问题分析法。

反问题的解一般不是唯一的，即对于同一个输入及输出信息，往往有可能对应着几种不同的油藏动态（试井模型），但是随着输入及输出信息的增加，这种可能的解的数目会减少。

（三）试井解释模型

完整的试井解释模型由 3 部分组成。即内边界条件，外边界条例和油藏基本特性。

1. 边界条件

任何油藏中通常有4个可能的内边界，即井筒储存、表皮因子、裂缝和钻开程度。

（1）井筒储存。井筒储存也称续流，它表示井筒对储存或排空流体的能力的特性。这种储存作用是由于井筒中流体的存在，当油井开井生产时，在压降期间，由于储存作用使地面产量大于井底流量，并随着时间的推移而不断减少，使地面的流量同井底流量逐渐一致。同理，当油井在关井的压力恢复中，由于井筒储存作用井底流量也是逐渐降为零。

井筒储存能力的大小用井筒储存系数表示。

井筒储存系数在数值上等于井底变化为1个单位时井筒中流体体积的变化。其数学表达式为：

$$c = \frac{dv}{dp} \tag{5-2-1}$$

式中，dv 为在井筒条件下，井筒中流体的体积变化值；dp 为井底压力变化值。

（2）表皮效应。是指油井在钻井过程中受到泥浆污染或是由于酸化或压裂后，使井底附近渗透能力发生变化而产生的压力损失改变的一种现象。表皮效应的大小通常用井壁阻力系数（或表皮因子）S 表示。

对于均质油藏：当 $S \geqslant 0$ 表明油井受到污染，当 $S \leqslant 0$ 说明油井经过压裂或酸化措施，当 $S=0$ 说明油井既没有措施，也没有受到污染。

对于双孔隙介质油藏：$S \leqslant -3$ 说明油井有改造措施，$S \geqslant 3$ 说明油井有污染。

（3）裂缝：这里主要指由于水力压裂后在井底附近所产生的高传导性的裂缝。

（4）钻开程度：是指油井中射开的油层部分同整个油层的厚度之比。钻开程度不同，其井壁阻力系数也不同。如果钻开程度为1，则在油井未受到污染条件下，其井壁阻力系数 $S=0$。

2. 油藏基本特性

尽管各个油藏及每一油藏各个部分不尽相同，但从试井角度来说，可以把油藏特性分为4种基本类型：均质特性、双重孔隙特性、双渗透特性及复合油藏。

图5-2-3示意了前3种基本类型。

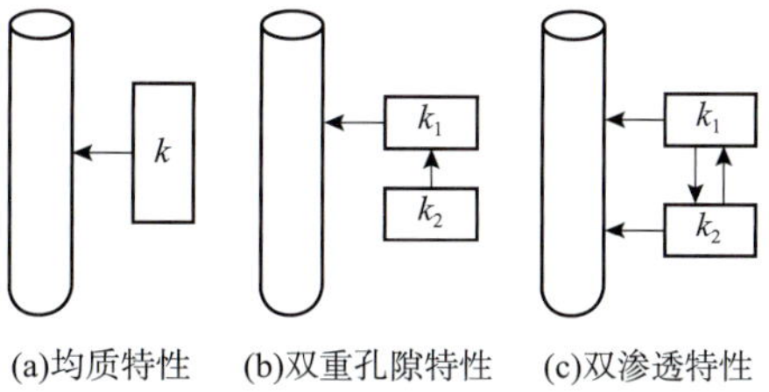

图5-2-3　油藏基本特性示意图

（1）均质特性：是指仅有一种孔隙介质，而且这种孔隙介质直接同油井接触，油从这种介质直接流入油井。从均质的意义来讲，这里主要是一种宏观上的数值概念。因为实际油层不可能各点的渗透率，孔隙度完全一样。

（2）双重孔隙特性：是指具有不同孔隙度和不同渗透率的两种介质同时存在于油藏中，而只有其中一种介质（一般是高渗率介质）直接同油井相联系，而另一种介质只是作为前一介质的油源。图5-2-3（b）形象地反映出这一特点。介质 k_2 作为油源由 k_2 流到 k_1，再通过 k_1 流入油井中。在试井解释中一般把裂缝油藏当作双重孔隙介质来处理。

（3）双渗透特性：是指具有不同渗透率的两种介质同时与油井接触。两种介质都有流体直接流入井且各种介质间也有流体的流动。如图5-2-3（c）所示。

（4）复合油藏：是指油藏在平面上存在着两种不同渗流特性的介质。

3. 外边界条件

外边界一般分为两种情况：

（1）不渗透边界：边界是封闭的没有流体穿过，油藏开采过程中地层压力不断下降。

（2）定压边界：边界为不封闭，在边界上有定量流体穿过，保持压力不变。

上述 3 个基本条件的不同组合就构成了不同的试井解释模型。

（四）常规试井分析方法

在试井图版拟合方法实际应用之前，广泛使用半对数分析方法，现在常称之为常规试井分析方法；而后的图版拟合方法常称为现代试井解释方法。

1. 测试程序

①井以恒定产量生产至井底流动压力稳定。

②将仪器下入井内预定位置（尽可能接近油层中部），测得稳定的井底流压。

③关井，仪表自动记录井底压力随时间的变化。

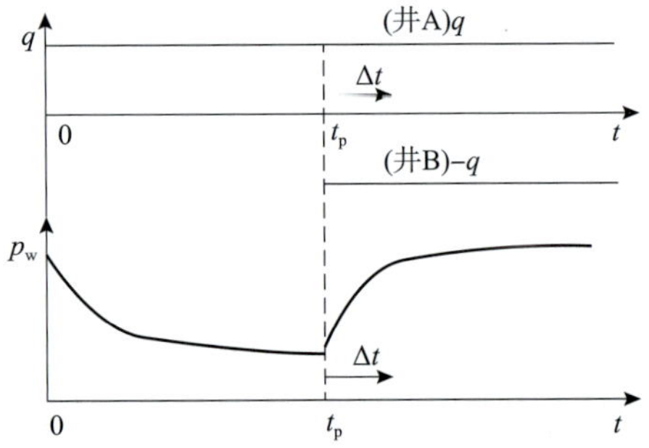

图 5－2－4　压力恢复曲线叠加示意图

2. 分析方法

测试井从零时刻起以恒定产量 q 生产，至 t_p 时刻关井。这可类比为两口井（井距为 0）的流动系统（图 5－2－4）：井 A 从零时刻起一直以恒定产量 q 生产，井 B 从 t_p 时刻（即关井时刻）起以恒定的负产量（$-q$）生产（或以注入量 q 注入）。

由叠加原理可知，若 t_p 和（$t_p+\Delta t$）均在径向流动阶段，则实际井底压力随时间的变化为熟悉的霍纳公式：

$$p_{ws}=p_i+2.121\times10^{-3}\frac{qB\mu}{Kh}\lg\frac{\Delta t}{t_p+\Delta t}\tag{5-2-2}$$

或

$$p_{ws}=p_i-2.121\times10^{-3}\frac{q\mu B}{Kh}\lg\frac{t_p+\Delta t}{\Delta t}\tag{5-2-3}$$

式中，p_{ws} 为关井恢复压力，MPa；Δt 为关井时间，h。

由式（5－2－2）、式（5－2－3）可知，在半对数坐标系中，p_{ws} 与 $\frac{t_p+\Delta t}{\Delta t}$（或 $\frac{\Delta t}{t_p+\Delta t}$）的关系曲线（也称为霍纳曲线）是一直线（也可称霍纳直线），其斜率的绝对值为：

$$m=2.121\times10^{-3}\frac{q\mu B}{Kh}\tag{5-2-4}$$

由此可算出流动系数和渗透率。

由式（5－2－3）可知，当 $\Delta t\to\infty$，即关井无限时间时，关井压力应到达油藏静压（或原始压力）：

$$\lim_{\Delta t\to\infty}p_{ws}=p_i\tag{5-2-5}$$

所以，用作图方法将霍纳直线段外推到横坐标 $\frac{\Delta t}{t_p+\Delta t}=1$ 处，所对应的压力就是压力 p_i。

（五）图版拟合解释方法

图版拟合解释方法是现代试井解释方法的核心。

1. 图版概念和拟合原理

根据常见的各种油（气）藏，建立各种相应的试井解释理论模型（即微分方程和定解条件），求出它们的解，把这些解分别绘制成无因次压力与无因次时间（或其他有关量）之间的关系曲线，这就是样板曲线，或称为解释图版。

通过图版拟合可以识别油（气）藏类型，并计算出有关参数。以雷米（Ramey）图版为例，这是无因次压力 p_D 与无因次时间 t_D 的双对数曲线。因此，在尺寸与解释图版相同的双对数坐标纸上，画出实测压差 Δp 与对应测试时间 t 的关系曲线，并选用正确的试井解释样板曲线时，它们应具有完全相同的形状，而且 $\lg p_D-\lg\Delta p$、$\lg t_D-\lg t$ 都是一个常数。所以通过上下、左右平移，可以使实测曲线与该样板曲线互相重合，由此便可算出地层参数。

现在已开发了许多解释图版，它们的拟合解释原理基本上均与上述相同：

整理实测数据，按要求列出 $\Delta p-t$ 数据表；

在与图版坐标比例相同的透明坐标纸上绘制实测曲线；

进行图版拟合，选择拟合点，读出各个拟合值；

计算参数，手工拟合的具体做法见本节“雷米图版”部分。

2. 解释图版及其应用

这里只介绍用于压力降落和恢复试井解释的图版。常见的试井解释图版有雷米（Ramey）解释图版、格林加坦（Gringarten）解释图版等。格林加坦等研制成功的多种模型解释图版，具有较多的优点，并且已经在我国推广使用。这里仅以均质格林加坦（Gringarten）解释图版为例做简要介绍。

这种模型的格林加坦图版是在双对数坐标系中，以无因次压力 p_D 为纵坐标，t_D/C_D 为横坐标的曲线图，每一条样版曲线对应一个 C_De^{2S} 值，如图5-2-5所示。实际解释时用《现代试井解释图版》中的图1（简称图版1）。

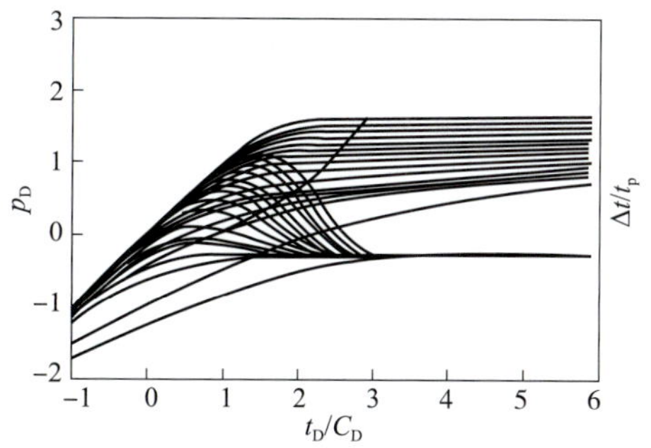

图5-2-5　均质格林加坦（Gringarten）图版

格林加坦解释图版具有下列特点：

①均质地层中各种情形的压力动态变化在一个图版上，易于使用。

②图中标出了中期直线段的开始位置。

③可用作压力恢复资料的拟合，但应从图版右边的 $\frac{\Delta t}{t_p}$ 值做检验，扩大了图版的功能。

（六）不稳定试井资料解释

常规试井解释方法和现代试井解释方法已经结合在一起，成为新的、较为完善的不稳定试井解释方法。由于格林加坦图版具有较多的优点，且已在我国推广使用，故以下的解释图版拟合分析，均采用这一图版。

1. 诊断曲线和特征直线

1）诊断曲线

理论和实践都已证明：在双对数曲线（包括 $\Delta p-\Delta t$ 曲线和压力导数曲线）上，各种不同类型的油藏，它们在各个不同的流动阶段，均具有各不相同的形状。因此，我们可以通过双对数曲线分析来判断某些油藏类型，并且区分各个不同的流动阶段。由于这个缘故，双对数曲线（包括压差曲线和压力导数曲线）被称作“诊断曲线”。

2）特征直线

常规试井解释方法分析地层特性的手段是确定某种直线关系。不同油藏，在不同流动阶段和在不同的坐标系中，压力与时间的某种函数往往呈现直线关系。根据这些直线的斜率和截距可以求出地层和测试井的有关参数。这种反映不同类型油藏在不同流动期的一些特征的直线称为特征直线。

3）各种诊断曲线、特征直线及其应用

通过诊断曲线和特征直线，可以比较准确地识别不同的油藏类型和不同的流动阶段。各种流动阶段、各种情形在诊断曲线上的特征和它们的特征直线见表 5－2－1。

（1）早期阶段。

①纯井筒储存阶段的诊断曲线和特征直线。

表 5－2－1　诊断曲线与特征直线

类别		诊断曲线特征	特征直线	可求得参数
早期段	纯井筒储存	双对数直线段斜率为 1	在直角坐标系中，$\Delta p\sim t$（或 Δt）为过原点的直线段	C，资料误差
	无限导流裂缝	双对数直线段斜率为½	在直角坐标系中，Δp 与 $\sqrt{t}$（或 $\sqrt{\Delta t}$）为过原点的直线段	X_f
	有限导流裂缝	双对数直线段斜率为¼	在直角坐标系中，Δp 与 $\sqrt[4]{t}$（或 $\sqrt[4]{\Delta t}$ 为过原点的直线段	K_{fw}
中期段		双对数导数曲线呈水平直线段	p（或 Δp）－$\lg t$（或 $\lg\frac{t_p+\Delta t}{\Delta t}$）成直线（即半对数直线段）	$\frac{Kh}{\mu}$（或 K） S、p^*
晚期段	恒压边界	双对数水平直线段	半对数水平直线段（坐标同中期段）	$\bar{p}$（平均压力）
	单线性边界	双对数曲线上翘	两条半对数直线段斜率比为 1∶2	d（线性断层及其离测试井距离）
	封闭系统	双对数直线段斜率为 1	直角坐标系中 p（或 Δp）$\sim t$ 的直线段	N（储量）

在双对数图上 $\Delta p\sim t$（或 Δt）关系曲线的斜率为 1。早期阶段斜率为 1 的双对数直线，即 45°线，就是纯井筒储存的“诊断曲线”（图 5－2－6）。从直线上的点可求解井筒储存系数 C。在直角坐标系中，$\Delta p\sim t$（或 Δt）成一条过原点的直线，其斜率为$\frac{qB}{24C}$（图5－2－7）。这就是纯井筒储存阶段的特征直线。

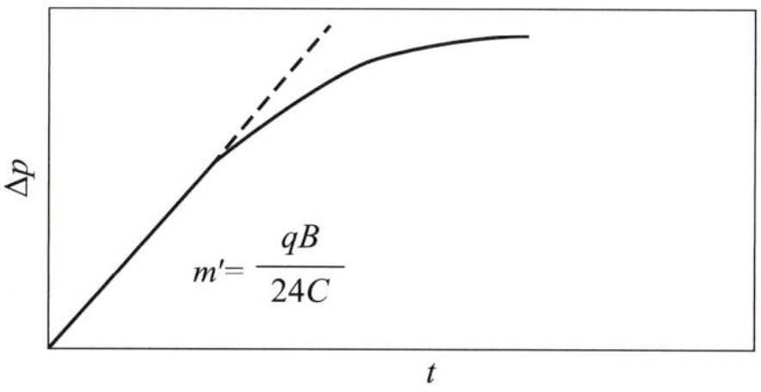

图 5－2－6　纯井筒储存的诊断曲线

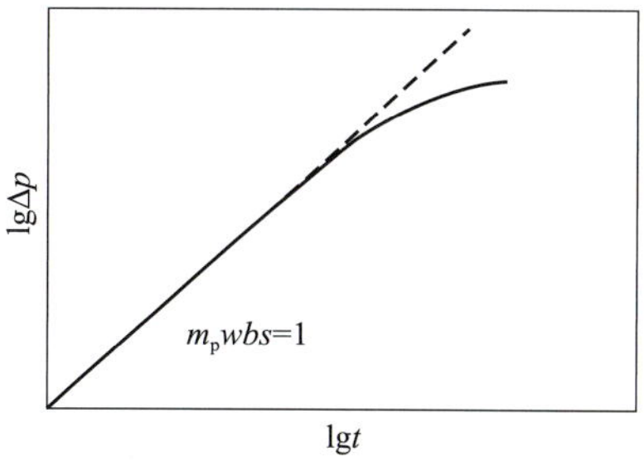

图 5－2－7　纯井筒储存的特征直线

②无限导流垂直裂缝井的诊断曲线和特征直线。

无限导流垂直裂缝井这一情形的早期，压差与时间的平方根成正比。所以，早期双对数曲线呈现斜率为$\frac{1}{2}$的直线［图 5－2－8（a）］。而在直角坐标系中，$\Delta p\sim\sqrt{t}$（或$\sqrt{\Delta t}$）成一条通过原点的直线［图 5－2－8（b）］。它们分别为这一情形的诊断曲线和特征直线。

③有限导流垂直裂缝井的诊断曲线和特征直线。

这一情形的诊断曲线是斜率为$\frac{1}{4}$的双对数直线［图 5－2－9（a）］，特征直线则是直角坐标系中$\Delta p\sim\sqrt[4]{t}$的过原点的直线［图 5－2－9（b）］。

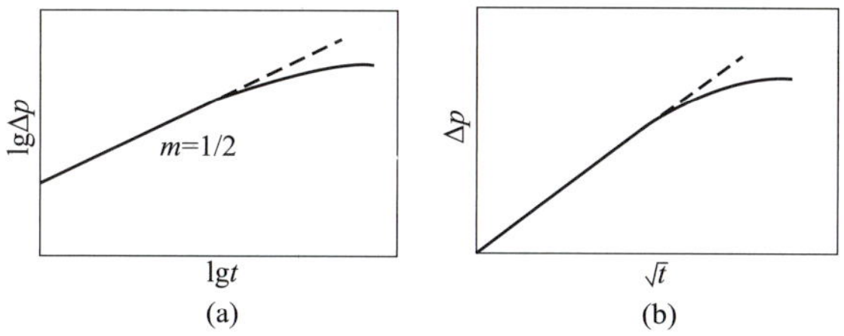

图 5－2－8　无限导流垂直裂缝井的诊断曲线和特征直线

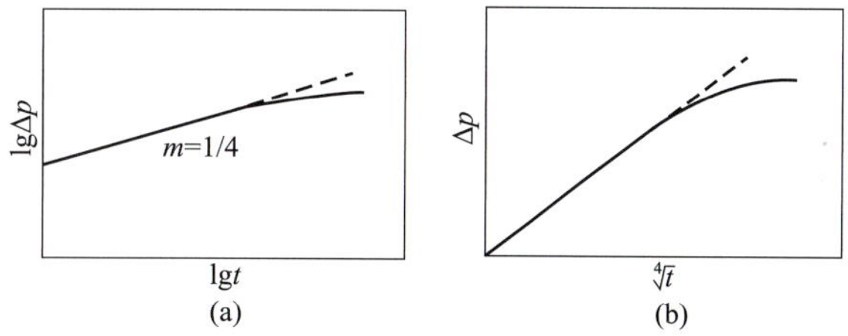

图 5－2－9　有限导流垂直裂缝井的诊断曲线和特征直线

（2）无限作用径向流动阶段（中期阶段）。

压差的双对数曲线对径向流动特性的诊断作用甚差，但导数的双对数曲线却可对它作出明确的诊断，因为径向流动阶段导数曲线呈水平直线段。

径向流动阶段的特征直线就是常规试井分析的半对数直线，从半对数直线段的斜率可以计算$\frac{Kh}{\mu}$（或K）和S等。

（3）外边界反映阶段（晚期阶段）。

①恒压边界的诊断曲线和特征直线。

如前所述，在恒压边界情形，到了后期，流动将达到稳定状态（即$\frac{\partial p}{\partial t}=0$）。在双对数曲线或半对数曲线上，都出现一条水平直线，这就是恒压边界的诊断曲线和特征直线。

②不渗透边界的诊断曲线和特征直线。

如果测试井附近有一条直线型不渗透边界（如密封断层），测试时间足够长，则压力（或压差）与时间的半对数曲线将呈现两个直线段，它们的斜率比为 1∶2。利用压降曲线两条直线段的交点所对应的时间可计算测试井到断层的距离。

在压力恢复情形，若测试时间足够长，而且关井前的生产时间 t_p 比最大关井时间 Δt_{max} 长得多，即 $t_p \geqslant \Delta t_{max}$，则在半对数曲线图中也会出现第二条直线，两条直线的斜率比也是 1∶2，这时也可计算测试井到断层的距离 d。右 $t_p \geqslant \Delta t_{max}$ 条件不能满足时，则 1∶2 的斜率比难以有效形成。

③封闭系统的诊断曲线的特征直线。

对于不渗透边界所围成的油藏（称为封闭系统），在拟稳定流动阶段 $\Delta p \sim t$ 的双对数曲线是一条斜率为 1 的直线，这就是拟稳定流动阶段的诊断曲线；在直角坐标系中，$p_{wf} \sim t$ 成一直线，这就是拟稳定流动的特征直线。由直线斜率可以求得该封闭系统的储量。

二、直井压恢试井分析识别地层物性

本章主要讲述垂直井、均质地层，在考虑井筒存储 C_D 和表皮因子 S 后，各种外边界条件下的无量纲井底压力及其导数的表达式，同时画出图版中的典型曲线，并给出利用图版中的典型曲线拟合来分析井底压力数据的方法。

（一）均质无限大地层直井试井分析

物理模型：

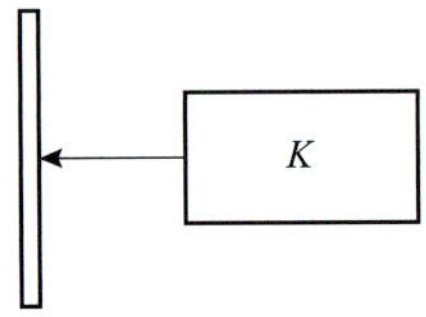

图 5-2-10　均质介质物理模型

在均质无限大地层中，假设地层及地层中的流体满足如下条件（图 5-2-10）：

（1）油藏各向同性且为等厚度。

（2）地层中的流体及岩石为微可压缩。

（3）多孔介质中的流体满足达西流动。

（4）考虑表皮因子和井筒存储。

（5）油井以定产量 q 生产且开井前地层压力为原始地层压力 P_i。

1. 方程及其解

根据均质无限大地层的假设，渗流力学方程及其定解条件为：

$$\frac{\partial^2 P_D}{\partial r_D^2} + \frac{1}{r_D} - \frac{\partial P_D}{\partial r_D} = \frac{\partial P_D}{\partial t_D} \tag{5-2-6}$$

$$P_D = (r_D, t_{D=0}) = 0 \tag{5-2-7}$$

$$\lim_{r_D \to \infty} P_D \ (r_D,\ t_D) \ = 0 \tag{5-2-8}$$

$$\left[C_D \frac{dP_{WD}}{dt_D} - r_D \frac{\partial P_D}{\partial r_D}\right]_{r_D=1} = 1 \tag{5-2-9}$$

$$P_{WD} = \left[P_D - S\frac{\partial P_D}{\partial r_D}\right]_{r_D=1} \tag{5-2-10}$$

对上述方程及其定解条件进行 Laplace 变换，对 Laplace 空间上的方程及其定解条件进行求解，最后得到 Laplace 空间上的井底压力 $\overline{P}_{WD}$ 的表达式，再进行 Laplace 解析反演，最后得到无量纲井底压力 P_{WD} 的表达式为：

$$P_{WD}(S, C_D, t_D) = \frac{4}{\pi^2}\int_0^{\infty} \frac{[1 - \exp(-u^2 t_D)]du}{u^3\{[C_D u J_0(u)] - (1 - C_D u^2 S)J_1(u)]^2 + [C_D u Y_0(u) - (1 - C_D u^2 S)Y_1(u)]^2\}} \tag{5-2-11}$$

式中，$J_0(u)$、$J_1(u)$为0阶、1阶第一类Bessel函数；$Y_0(u)$、$Y_1(u)$为0阶、1阶第二类Bessel函数。

2. 图版的制作及特征

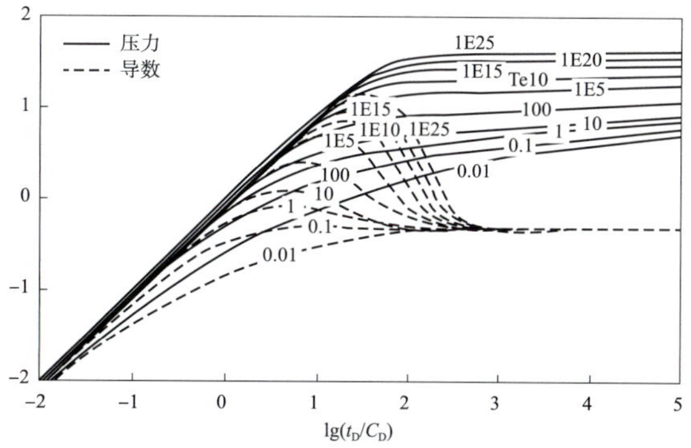

图5－2－11　有井筒存储和表皮效应的均质、无限大地层 Gringarten－Boundet 图版

对式（5－2－11）进行求解，就能得到垂直井、均质、无限大地层的典型曲线，在由式（5－2－11）所表示的井底无量纲压力与无量纲时间的方程上，有两个参量C_D即和S。这样在构造典型曲线时，也就要考虑两个参变量对典型曲线的影响。这就在一定程度上C_De^{2S}增加了图版中典型曲线的条数。Gringarten等人在通过大量计算情况下，建议用下面的曲线参数及其坐标系统，来作由式（5－2－11）所表示的井底无量纲压力与无量纲时间的典型曲线图。在典型曲线中用P_{WD}作纵坐标，用t_D/c_D作横坐标，用C_De^{2S}作曲线参数来构造井底无量纲压力的双对数典型曲线。这种典型曲线所构成的图版我们叫作Gringarten图版（图5－2－11）。

在Gringarten图版中，每条典型曲线对应一个C_De^{2S}，根据对典型曲线的研究，人们发现不同的C_De^{2S}代表着井筒及其周围地层的污染或改善程度，一般来说：

$C_De^{2S}>1\times10^3$ 为污染井；

$5<C_De^{2S}\leqslant1\times10^3$ 为完善井；

$0.5<C_De^{2S}\leqslant5$ 为酸化见效井；

$C_De^{2S}\leqslant0.5$ 为压裂见效井。

由于Gringarten图版中的典型曲线有一定的相似性。因此，仅使用Gringarten图版去进行试井解释会产生一定的误差，也可能会造成试井解释结果的不唯一性。鉴于这种情况，目前都是将井底无量纲压力和它的导数联合起来，构造成双对数无量纲压力及其导数的组合典型曲线，即Gringarten－Boundet典型曲线（图5－2－12）。

图5－2－12是$C_De^{2S}=10^{10}$时，均质、无限大地层中，井底无量纲压力及其导数与时间的典型曲线图，从图中可以看出均质无限大地层中典型曲线的有关特征。在均质无限大地层中，直井的井底无量纲压力及其导数与时间的双对数图（图5－2－13）。

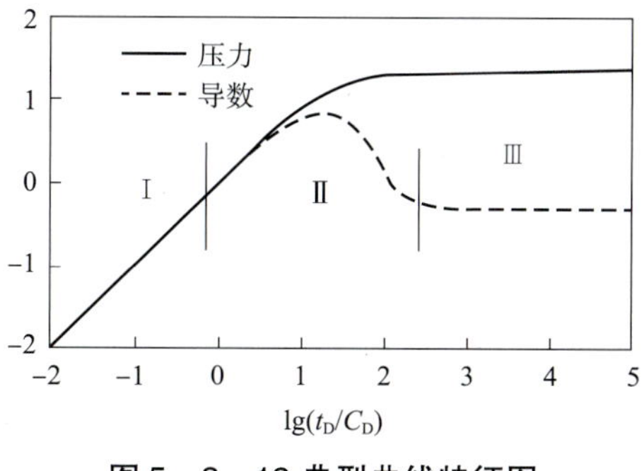

图5－2－12 典型曲线特征图

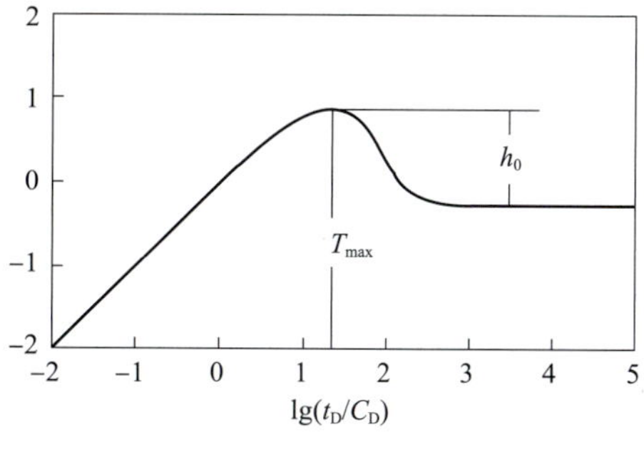

图5－2－13　导数峰值图

（二）均质地层中有一条断层或供给边线试井

1. 物理模型（图 5－2－14）

2. 方程及其解

在均质无限大地层中，如果地层中有一条断层或供给边线，且设井至边界的距离为 L，在均质地层的假设条件下，无量纲的方程及其边界条件为：

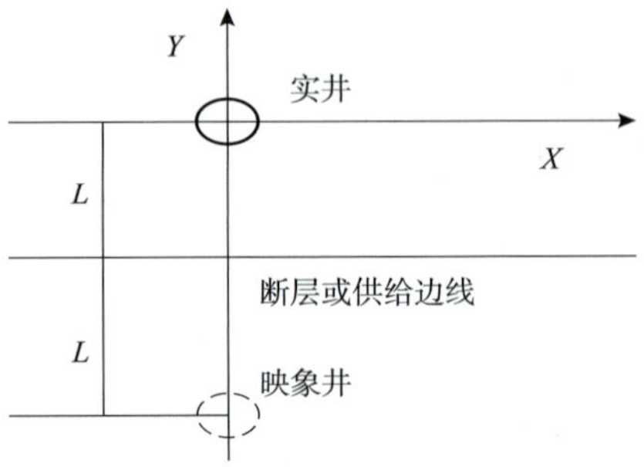

图 5－2－14 地层中有一条断层或供给边线

$$\frac{\partial^2 P_D}{\partial x_D^2}+\frac{\partial^2 P_D}{\partial y_D^2}=\frac{\partial P_D}{\partial t_D} \quad (5-2-12)$$

$$P_D(x_D,\ y_D,\ t_D=0)=0 \quad (5-2-13)$$

$$P_D(x_D,\ y_D\to\infty,\ t_D)=0 \quad (5-2-14)$$

$$P_D(x_D\to\pm\infty,\ y_D,\ t_D)=0 \quad (5-2-15)$$

$$\left[C_D\frac{dP_{WD}}{dt_D}-r_D\frac{\partial P_D}{\partial r_D}\right]_{r_D=1}=1 \quad (5-2-16)$$

$$P_{WD}=\left[P_D-S\frac{\partial P_D}{\partial r_D}\right]_{r_D=1} \quad (5-2-17)$$

$$P_D(x_D,\ y_D=-L_D,\ t_D)=0\ （对供给边线） \quad (5-2-18)$$

或

$$(\partial P_D/\partial y_D)_{y_D=-L_D}=0\ （对断层） \quad (5-2-19)$$

式中，无量纲量的定义参见第一章中无量纲量的定义。

我们可以使用叠加原理来构造方程的解。很明显上述方程的解，可用图（5－2－14）中的无限大地层中两口井的叠加解来表示。因此，井底压力 $P_{WD}(t_D,\ C_D,\ S,\ L_D)$ 可写成：

$$P_{WD}(t_D,\ C_D,\ S,\ L_D)=P_{WD1}(t_D,\ C_D,\ S)+P_{WLD}(t_D,\ L_D) \quad (5-2-20)$$

式中，$P_{WD1}(t_D,\ C_D,\ S)$ 为无限大地层中的井底无量纲压力。

$$P_{WLD}\ (t_D,\ L_D)\ =\ -0.5E_i(\ -L_D^2/t_D)\ （封闭断层）$$

$$P_{WLD}\ (t_D,\ L_D)\ =\ -0.5E_i(\ -L_D^2/t_D)\ （供给边线） \quad (5-2-21)$$

和均质无限大地层的典型曲线一样，我们以 $\lg(t_D/c_D)$ 为横坐标，$\lg(P_{WSD})$ 为纵坐标，以 C_De^{2S} 为曲线主参数，以 L_De^S 为曲线辅助参数构造均质有断层或有供给边线地层的典型曲线。图 5－2－15 是 $C_De^{2S}=1000$、$L_De^S=200$ 时地层中有一条断层或供给边线时的井底无量纲压力典型曲线。

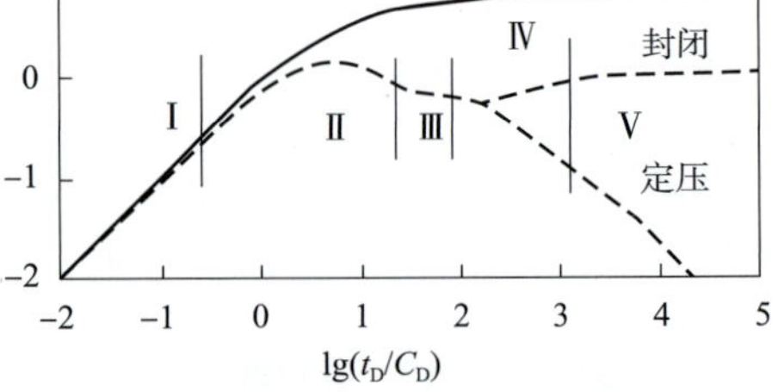

图 5－2－15 典型曲线双对数图

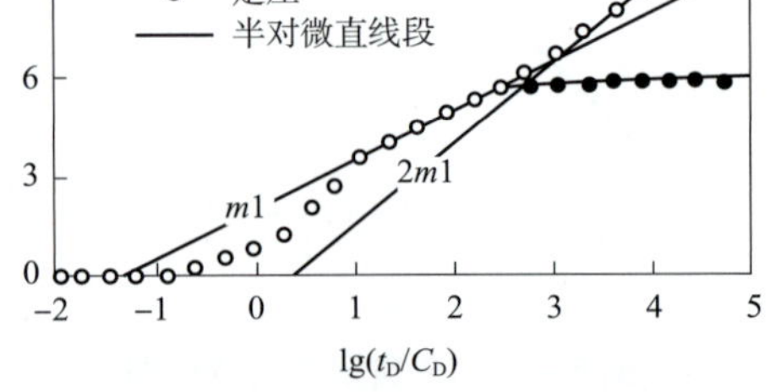

图 5－2－16 典型曲线半对数图

地层中有一条断层或供给边线的均质油藏，井底无量纲压力的典型曲线，一般由 5 部分组成。图 5－2－15 表示了典型曲线的 5 个部分。

（1）第Ⅰ段是受井筒存储控制的流动段，在该流动段中，双对数压力及其导数曲线表现为斜率为 1 的直线段。对于所有的 C_De^{2S} 该直线段都存在。只不过是当 C_De^{2S} 较小时，该直线段出现较早。

（2）第Ⅱ段是由井筒存储向具有无限大地层特征的径向流过渡段。在该段，压力导数曲线会出现峰值，压力导数峰值与 C_De^{2S} 等关系与均质无限大地层的规律相同。

（3）第Ⅲ段是具有无限大地层特征的径向流阶段。在该段无量纲井底压力导数值为 0.5，在半对数图上，该段表现为一直线段（图 5－2－16 第一条直线段）。

（4）第Ⅳ段是由具有无限大地层特征的径向流段向反映边界特征的流动段过渡。

（5）第Ⅴ段是反映均质地层中有断层或供给边线段的特征。如果地层中有一条断层，压力导数曲线是一数值为 1 的水平线。而半对数图上会出现一直线段，该直线段的斜率是第一条直线段斜率的 2 倍（图 5－2－16 第二条直线段）。如果地层中有一条供给边线，导数曲线向下掉并趋近于 0，而压力曲线一为值为 ln（$2L_D$）水平线。

外边界的距离 L_De^S 也影响典型曲线的形状。图 5－2－17 和图 5－2－18 分别是外边界的距离 L_De^S 对地层中有一条断层和供给边线的典型曲线的影响。从图中可以看出 L_De^S 值越大，边界反应的时间越晚，即压力导数曲线偏离 0.5 水平线时间越晚。如果 L_De^S 值很小，压力导数典型曲线可能不会出现 0.5 的水平线段（图 5－2－15 中的第Ⅲ段），而直接过渡到压力导数为 1 的水平线段（图 5－2－15 中的第Ⅳ段）。如果存在这样的实测数据，对这种实测曲线（L_De^S 值很小），有时人们会误用均质无限大的模型来做解释。例如图 5－2－17 就是一个实例。在该例中，实测曲线是通过试井设计得到的，设计中选用均质地层有一条断层的模型，并且 $k=0.0481\mu m^2$、$C=0.264m^3/MPa$、$S=1.274$ 和 $L=5.2m$。由于 L 很小，实测曲线的双对数压力及导数图表现出无限大地层的特征。如果用 Gringart－Bourdet 的均质无限大图版去拟合实测曲线，得到如下的参数：$k=0.0255\mu m^2$、$C=0.264m^3/MPa$、$S=-1.00$。图 5－2－17 是该井例的典型曲线拟合图，图 5－2－18 是该井例的压力历史拟合图。从图 5－2－19 和图 5－2－20 中可以看出：典型曲线拟合图和压力历史拟合图都很好，但解释结果与设计时输入的参数值差别很大，解释出来的 k 值为设计时输入的 k 值降低 50%，而 S 值相差更大，C 值几乎不变。由此可见，将地层中有断层的井的实测压力数据，误用均质无限大地层的典型曲线来拟合，尽管典型曲线拟合图和压力历史拟合图都很好，但得到的 k 和 S 值都变小，而 C 值不变。

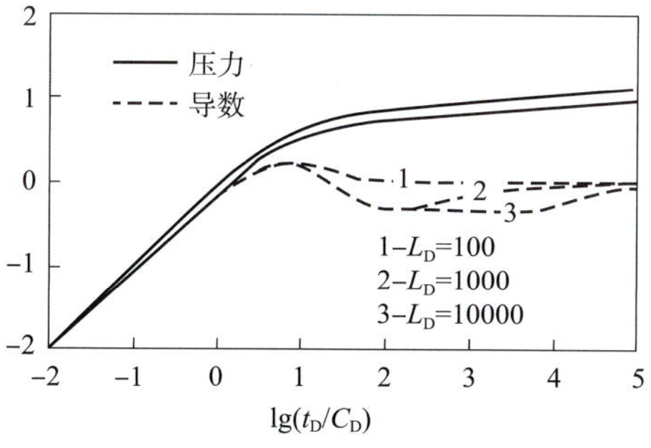

图 5－2－17 断层距离对典型曲线影响

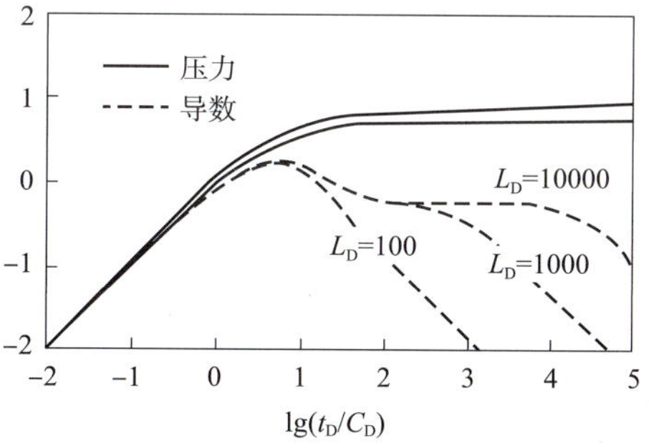

图 5－2－18 距离对定压典型曲线影响

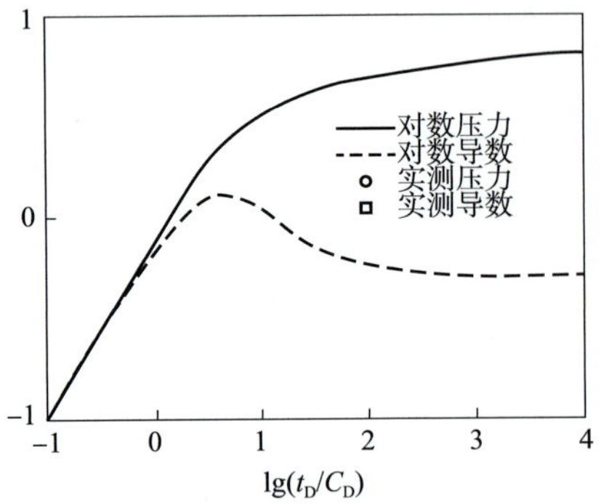

图 5－2－19　曲线拟合图

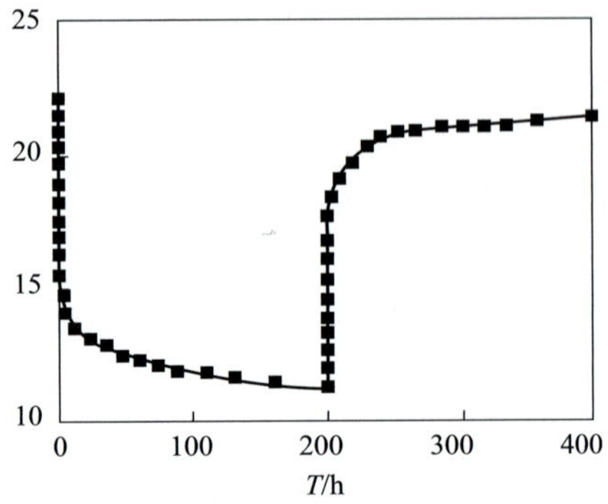

图 5－2－20　压力历史拟合图

（三）均质地层角度油藏井底压力试井分析

如图 5－2－21 所示的均质地层、角度形油藏中一口井，如果该井以定产量 q 生产，那么油藏中的无量纲压力分布所满足的方程及定解条件为：

$$\frac{\partial^2 P_D}{\partial r_D^2}+\frac{1}{r_D}\frac{\partial P_D}{\partial r_D}+\frac{1}{r_D^2}\frac{\partial^2 P_D}{\partial \theta_D^2}=\frac{\partial P_D}{\partial t_D}\quad (0\leqslant\theta\leqslant\alpha) \tag{5-2-22}$$

$$P_D(r_D,\ \theta,\ t_D=0)=0 \tag{5-2-23}$$

$$\lim_{r_D\to\infty} P_D\ (r_D,\ \theta,\ t_D)=0 \tag{5-2-24}$$

$$P_D(r_D,\ \theta=0,\ t_D)=0\ (\text{定压边界}) \tag{5-2-25}$$

$$\text{或}\quad \partial P_D/\partial\theta(r_D,\ \theta=0,\ t_D)\ =0\ (\text{封闭边界}) \tag{5-2-26}$$

$$P_D(r_D,\ \theta=\alpha,\ t_D)\ =0\ (\text{定压边界}) \tag{5-2-27}$$

$$\text{或}\ \partial P_D/\partial\theta(r_D,\ \theta=\alpha,\ t_D)=0\ (\text{封闭边界}) \tag{5-2-28}$$

$$\left[C_D\frac{\mathrm{d}P_{WD}}{\mathrm{d}t_D}-r_D\frac{\partial P_D}{\partial r_D}\right]_{r_D=1}=1 \tag{5-2-29}$$

$$P_{WD}=\left[P_D-S\frac{\partial P_D}{\partial r_D}\right]_{r_D=1} \tag{5-2-30}$$

上述方程的解析解非常复杂，甚至不存在解析解。我们可以用数值解来得到井底无量纲压力与无量纲时间的数值关系，但数值解计算速度较慢。下面给出较简单一种情况的解析解，即直角形（$\alpha=\pi/2$）油藏的井底压力与无量纲时间的解析解。如果是直角油藏，可以使用叠加原理来得到井底压力与无量纲时间的解析解。对于直角油藏，边界类型及其映像井只可能有以下的 3 种情形：

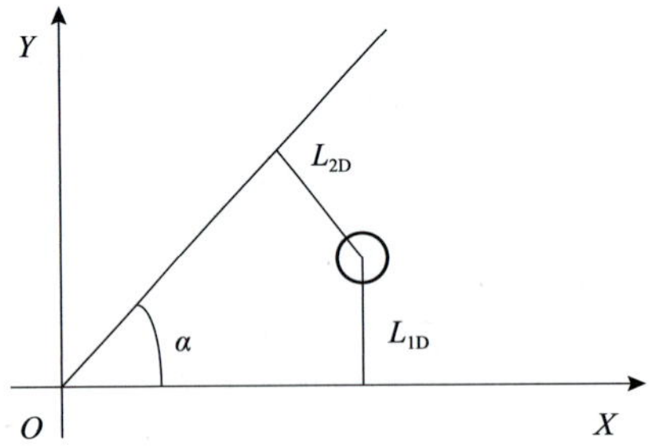

图 5－2－21　均质地层角度油藏中一口井

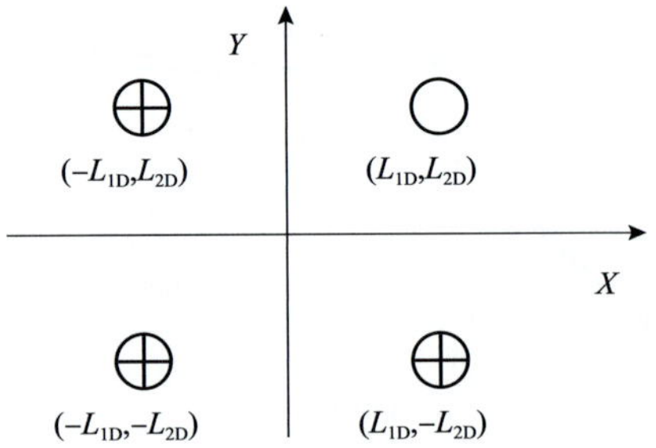

图 5－2－22　全封闭直角油藏

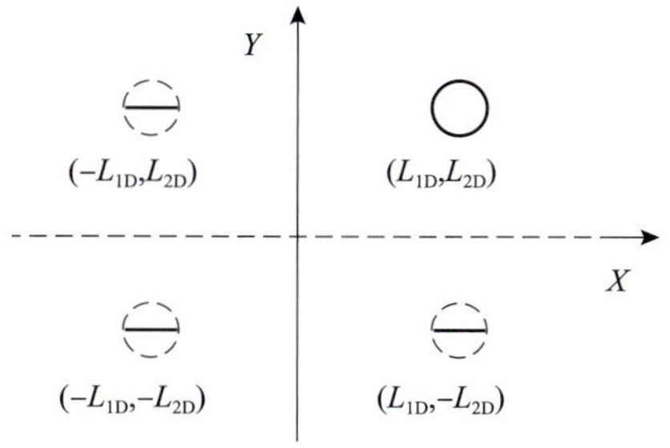

图 5－2－23　混合边界直角油藏

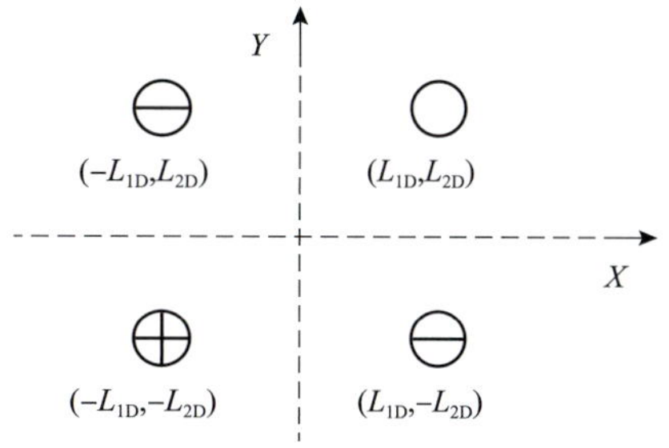

图 5－2－24　全定压边界直角油藏

图中：◯为实际井；◌为映像井；“＋”加映像井的压力分布；“－”减映像井的压力分布

根据图 5－2－22～图 5－2－24 中的映像井分布位置，可以用无限大地层中的四口井的叠加解来构造直角形油藏的井底压力的表达式。为了考虑井筒存储和表皮效应，对实际井在井筒处（$r_D=1$）的压力用无限大地层中有 C_D 和 S 的解来表示；映像井在井筒处（L_{1D}、L_{2D}）产生的压力分布用线源解来表示，于是：

（1）对于两边都封闭的直角油藏（图 5－2－22）井底无量纲压力 P_{WD} 可表示为：

$$P_{WD}=P_{WD1}-\frac{1}{2}\left[E_i\left(-\frac{L_{1D}^2}{t_D}\right)+E_i\left(-\frac{L_{2D}^2}{t_D}\right)+E_i\left(-\frac{L_{1D}^2+L_{2D}^2}{t_D}\right)\right] \tag{5-2-31}$$

（2）对于混合边界直角油藏（图 5－2－23），井底无量纲压力 P_{WD} 可表示为：

$$P_{WD}=P_{WD1}-\frac{1}{2}\left[E_i\left(-\frac{L_{1D}^2}{t_D}\right)+E_i\left(-\frac{L_{2D}^2}{t_D}\right)+E_i\left(-\frac{L_{1D}^2+L_{2D}^2}{t_D}\right)\right] \tag{5-2-32}$$

（3）对于两边都定压直角油藏（图 5－2－24），井底无量纲压力 P_{WD} 可表示为：

$$P_{WD}=P_{WD1}-\frac{1}{2}\left[E_i\left(-\frac{L_{1D}^2+L_{2D}^2}{t_D}\right)-E_i\left(-\frac{L_{1D}^2}{t_D}\right)-E_i\left(-\frac{L_{2D}^2}{t_D}\right)\right] \tag{5-2-33}$$

式中，P_{WD1} 为有 C_D 和 S 的均质无限大地层中井底压力表达式。

由上述方程可以知道：直角油藏的井底压力表达式，除了与 C_D 和 S 有关以外，还与井位 L_{1D}、L_{2D} 及边界类型有关。所以，直角油藏的典型曲线参数有 C_De^{2S}、L_{1D}、L_{2D} 以及边界类型。图 5－2－25 给出了 $C_De^{2S}=1000$、$L_{1D}=L_{2D}=1000$ 时，三种边界类型下的典型曲线。图 5－2－25 中典型曲线也由 5 个部分组成，前三个部分与均质地层典型曲线完全相同（图 5－2－26 半对数图中的第一条直线段），第Ⅳ、Ⅴ段说明如下。

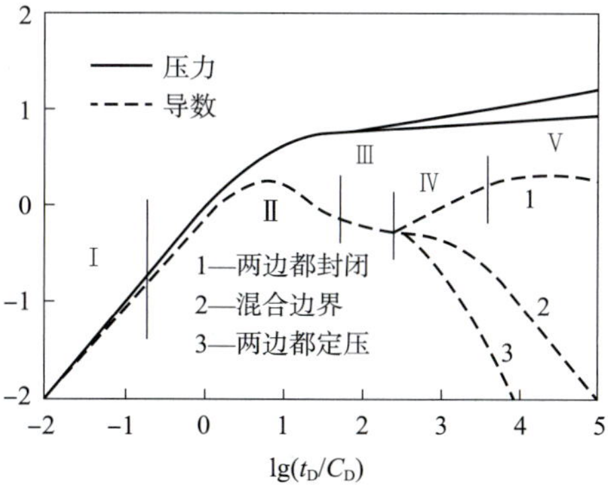

图 5－2－25　井底压力及导数双对数曲线

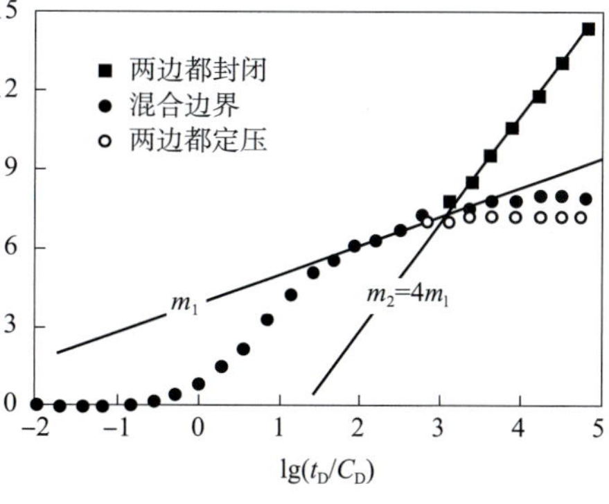

图 5－2－26　井底压力半对数曲线

第Ⅳ段是过渡段，它是由均质无限大地层的特征向直角油藏特征过渡，压力导数曲线偏离0.5的水平线。对于两边都封闭的直角断层，导数曲线高于0.5水平线，对于混合型或两边都定压型直角油藏，导数曲线低于0.5水平线向下掉。

第Ⅴ段是直角油藏特征反映段，当直角油藏两边都是封闭时，其双对数压力导数最终趋近于数值为2的水平线；对于混合型或两边都定压的直角油藏，其压力导数曲线向下掉，压力导数最终趋近于0。

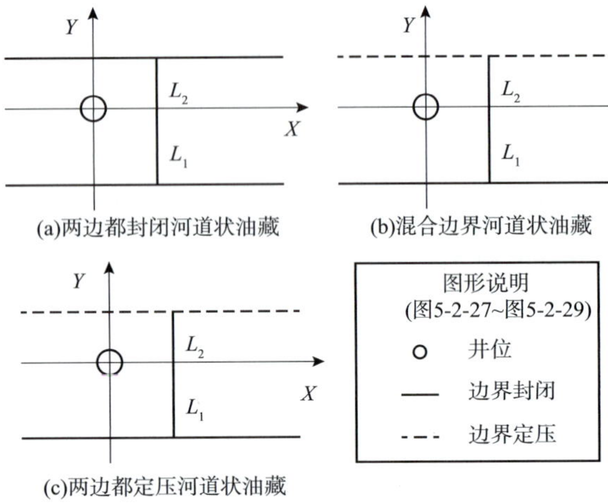

图5-2-27　河道状油藏边界类型

(四) 均质地层河道状油藏

由于是河道状的油藏，其边界类型只可能有以下3种，即两边都封闭、两边都定压以及混合边界。如图5-2-27所示。

如果直接求解方程是一件非常困难的事。然而，我们也可以利用叠加原理，并根据图5-2-27、图5-2-28和图5-2-29所示的边界类型，来得到方程的解。由于油藏被局限在两条平行线之间，那么河道状油藏中一口井，映像井的个数也就有无穷多个。考虑到井筒存储和表皮效应，使用映像井并将油藏拓展成无限大的平面，其井底压力可表示成：

$$P_{WD}(t_D) = P_{WD1}(t_D) + P_{WLD}(t_D) \tag{5-2-34}$$

式中，$P_{WD1}(t_D)$ 为均质无限大地层中单一产量生产条件下的井底压力；$P_{WLD}(t_D)$ 为映像井在井底处所产生的压力分布。

对于两边都封闭的河道油藏：

$$P_{WLD}(t_D) = -\frac{1}{2}\sum_{n=1}^{\infty}\left[E_i\left(-\frac{A_n^2}{t_D}\right)+E_i\left(-\frac{B_n^2}{t_D}\right)\right] \tag{5-2-35}$$

对于两边都定压的河道油藏：

$$P_{WLD}(t_D) = -\frac{1}{2}\sum_{n=1}^{\infty}(-1)^n\left[E_i\left(-\frac{A_n^2}{t_D}\right)+E_i\left(-\frac{A_n^2+L_{2D}^2}{t_D}\right)\right]+\frac{1}{2E_i}\left(-\frac{L_{2D}^2}{t_D}\right) \tag{5-2-36}$$

对于混合边界的河道状油藏：

$$P_{WLD}(t_D) = -\frac{1}{2}\sum_{n=1}^{\infty}(-1)^n\left[2E_i\left(-\frac{(C_n+L_{2D})^2}{t_D}\right)-E_i\left(-\frac{C_n^2}{t_D}\right)-E_i\left(-\frac{(C_n+2L_{2D})^2}{t_D}\right)\right]+\frac{1}{2}E_i\left(\frac{-L_{2D}^2}{t_D}\right) \tag{5-2-37}$$

由方程（5-2-37）可知：河道状油藏的井底压力除了与井筒存储系数 C_D 和表皮因子 S 有关外，还与油井的井位及 L_{1D}、L_{2D} 外边界的类型有关。图5-2-28是 $C_De^{2S}=1000$、$L_{1D}=L_{2D}=1000$ 时，外边界分别是两边都封闭、混合和两边都定压情形下，3种边界类型的井底无量纲压力及其导数的双对数图。从图中可以看出，在边界未影响井底压力前，双对数压力及其导数曲线特征与无限大地层中的双对数压力及导数特征相同。当外边界影响到井底压力后，对于两边都封闭的河道状油藏，压力及其导数双对数曲线相互平行，且其斜率为1/2。对于混合型边界或两边都定压边界的河道状油藏，双对数压力曲线变平，双对数导数曲线向下掉，且趋近于0。

图5－2－29是 $C_{\mathrm{D}}\mathrm{e}^{2S}=1000$、$L_{1\mathrm{D}}=L_{2\mathrm{D}}=1000$ 时，外边界分别是两边都封闭、混合和两边都定压情形下，3种边界类型的井底无量纲压力的半对数图。从图中可以看出，在边界未影响井底压力前，井底无量纲压力的半对数图上有一直线段。在边界影响到井底压力后，3种边界类型的井底无量纲压力的半对数图都不存在直线段。在晚期，两边都封闭的河道状油藏，其 Δp 与 $\sqrt{\Delta t}$ 图上有一直线段，表明两边都封闭的河道状油藏，在晚期地层向井筒流动为线性流。而两边都定压或混合边界的河道状油藏，在晚期地层向井筒流动为稳定流。

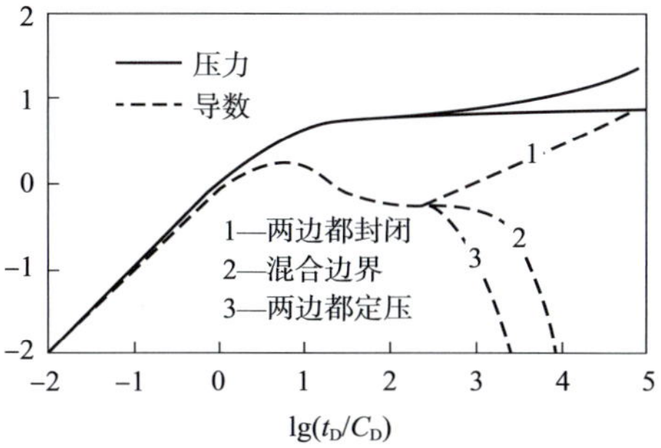

图5－2－28　井底压力及导数双对数曲线

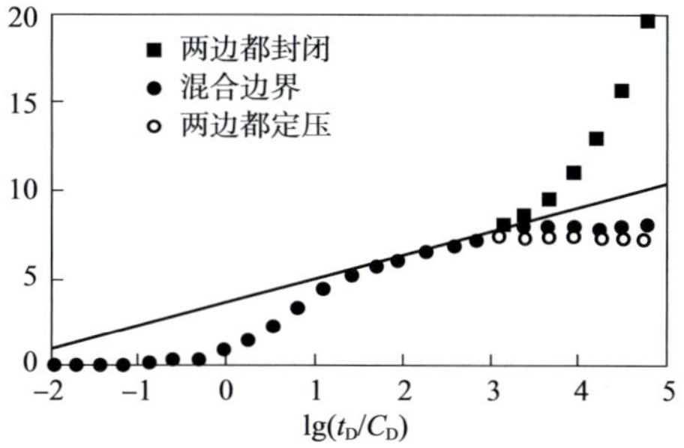

图5－2－29　井底压力半对数曲线

（五）均质圆形地层中心一口井

如果地层是均质圆形，在圆心处有一口以产量 q 生产的油井，考虑井筒存储和表皮因子以后，无量纲压力分布所满足的方程及定解条件为：

$$\frac{\partial^2 P_{\mathrm{D}}}{\partial r^2}+\frac{1\partial}{r_{\mathrm{D}}}\frac{P_{\mathrm{D}}}{r_{\mathrm{D}}\partial r_{\mathrm{D}}}=\frac{\partial P_{\mathrm{D}}}{\partial t_{\mathrm{D}}} \tag{5-2-38}$$

$$P_{\mathrm{D}}(r_{\mathrm{D}},\ t_{\mathrm{D}}=0)=0 \tag{5-2-39}$$

$$P_{\mathrm{D}}(r_{\mathrm{D}}=R_{\mathrm{D}},\ t_{\mathrm{D}})=0\ (\text{定压}) \tag{5-2-40}$$

$$\left.\frac{\partial P_{\mathrm{D}}}{\partial r_{\mathrm{D}}}\right|_{r_{\mathrm{D}}=R_{\mathrm{D}}}=0\ (\text{封闭}) \tag{5-2-41}$$

$$\left[C_{\mathrm{D}}\frac{\mathrm{d}P_{\mathrm{WD}}}{\mathrm{d}t_{\mathrm{D}}}-r_{\mathrm{D}}\frac{\partial P_{\mathrm{D}}}{\partial r_{\mathrm{D}}}\right]_{r_{\mathrm{D}}=1}=1 \tag{5-2-42}$$

$$P_{\mathrm{WD}}=\left[P_{\mathrm{D}}-S\frac{\partial P_{\mathrm{D}}}{\partial r_{\mathrm{D}}}\right]_{r_{\mathrm{D}}=1} \tag{5-2-43}$$

通过方程进行Laplace数值反演，可以给出井底无量纲压力及其导数的双对数图。图5－2－30、图5－2－31是 $C_{\mathrm{D}}\mathrm{e}^{2S}=1000$，$R_{\mathrm{D}}=1000$ 时，外边界分别为封闭或定压情况下，无量纲井底压力及其导数的双对数图。从图中可以看出，在外边界未影响井底压力前，双对数典型曲线的特征与无限大地层中双对数典型曲线的特征相同。当外边界影响井底压力后，对于全封闭油藏，压力及其导数逐渐相切，其切线为一45°的直线段；对于全定压油藏，双对数压力曲线变平，导数曲线下掉。

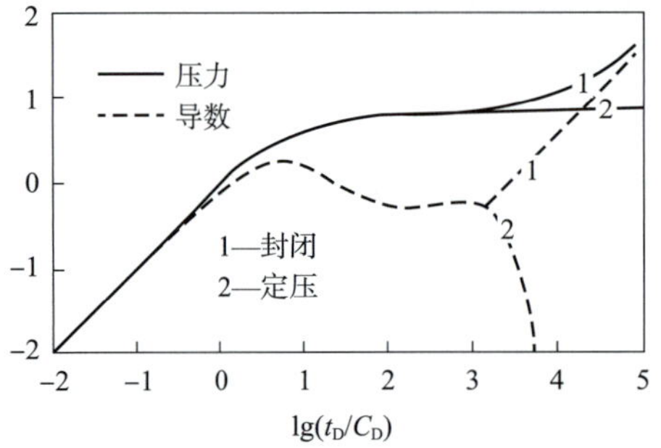

图 5 -2 -30　圆形封闭或定压地层的典型曲线

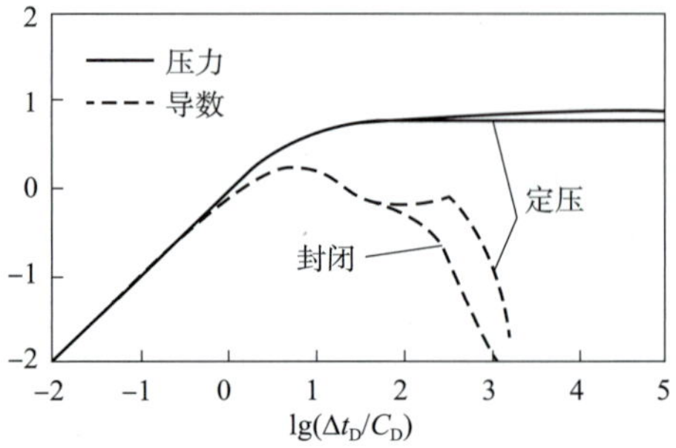

图 5 -2 -31　圆形地层压力恢复典型曲线

（六）均质复合油藏

由于某种原因，使得地层或流体参数在油藏中的某一位置处发生突变，可以使用复合油藏的模型来描述“地层或流体参数在地层中的某一位置处发生突变”的油藏井底压力的变化。

如果地层为无限大或圆形，在考虑井筒存储 C_D 和表皮因子 S 以后，无量纲压力分布所满足的方程及定解条件可以写成：

$$\frac{1}{r_D}\frac{\partial}{\partial r_D}\left(r_D\frac{\partial P_{1D}}{\partial r_D}\right)=\frac{\partial P_{1D}}{\partial t_D}\quad(1\leqslant r_D\leqslant r_{fD})\tag{5-2-44}$$

$$\frac{1}{r_D}\frac{\partial}{\partial r_D}\left(r_D\frac{\partial P_{2D}}{\partial r_D}\right)=\frac{PC_{12}}{M_{12}}\frac{\partial p_{2D}}{\partial t_D}\quad(r_{fD}\leqslant r_D<R_D)\tag{5-2-45}$$

$$P_{2D}\ (r_D\to\infty,\ t_D)=0\ (\text{无限大边界})\tag{5-2-46}$$

$$\left[C_D\frac{\mathrm{d}P_{WD}}{\mathrm{d}t_D}-r_D\frac{\partial P_{1D}}{\partial r_D}\right]_{r_D=1}=1\tag{5-2-47}$$

$$P_{WD}=\left[P_{1D}-S\frac{\partial P_{1D}}{\partial r_D}\right]_{r_D=1}\tag{5-2-48}$$

对式（5 -2 -48）进行 Laplace 数值反演，可以得到井底压力 P_{WD} 与无量纲组合时间 t_D/c_D 的数值关系。最后制成复合油藏典型油线。

图 5 -2 -32 是无限大地层中，$C_De^{2S}=1000$、$r_{fD}=1000$、$M_{12}=0.5$、$PC_{12}=0.5$ 时的复合油藏典型曲线。从图中可以看出，在复合油藏中，双对数压力导数曲线上有两条水平线。第一条导数水平线对应的导数值为 0.5，它表示内环的流动达到径向流；第二条导数水平线对应的导数值为 $M_{12}/2$，它表示外环的流动达到径向流。复合油藏双对数典型曲线的这一特征反映在半对数图上，表现为：压力与时间的半对数图上有两条直线，第一条直线段的斜率 m_1，反映的是内环的地层特性参数。第二条直线段的斜率 m_2，反映的是外环的地层特性参数。两直线斜率比 $m_2/m_1=M_{12}$（图 5 -2 -33）。

在复合油藏中，影响典型曲线的参数除 C_De^{2S} 以外，还有流度比 M_{12}、储容比 PC_{12}、无量纲内环半径 r_{fD}。M_{12} 对典型曲线的影响表现在当外环达到径向流时，压力导数为 $M_{12}/2$。PC_{12} 对典型曲线的影响为：PC_{12} 越大，导数趋近 $M_{12}/2$ 的过渡段曲线越高（图 5 -2 -34）。r_{fD} 对典型曲线的影响表现在：r_{fD} 越大，压力导数偏离数值为 0.5 的水平线越晚。如果是圆形油藏，当外边界影响井底压力时。对全封闭地层，双对数压力曲线和双对数导数曲线都上翘，当流动达到拟稳态时，两曲线相切且成为45°的直线；对圆形定压地层，双对数压力曲线变平，导数曲线下掉（图5－2－35）。

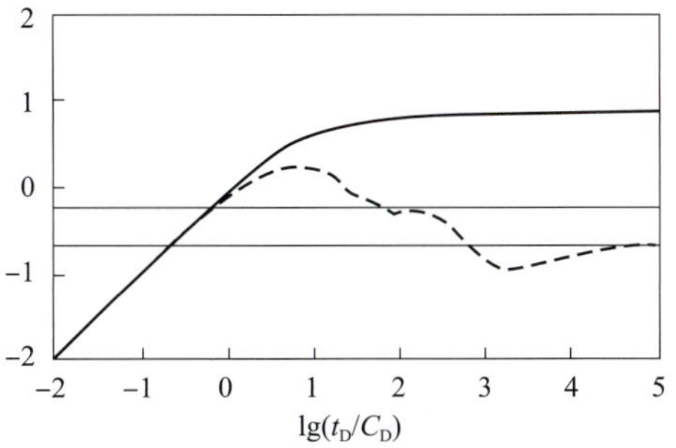

图5－2－32　复合油藏双对数典型曲线

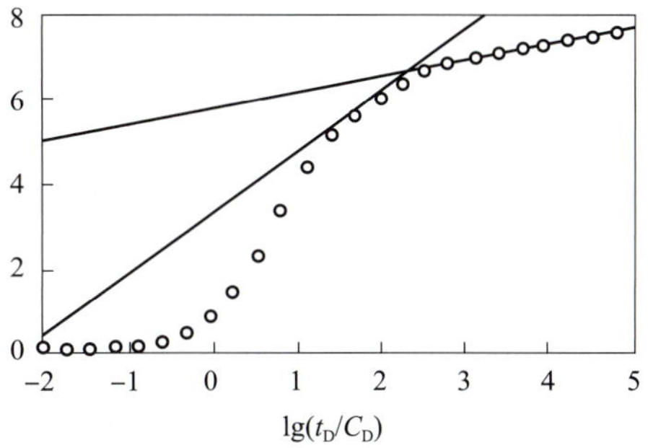

图5－2－33　复合油藏半对数曲线

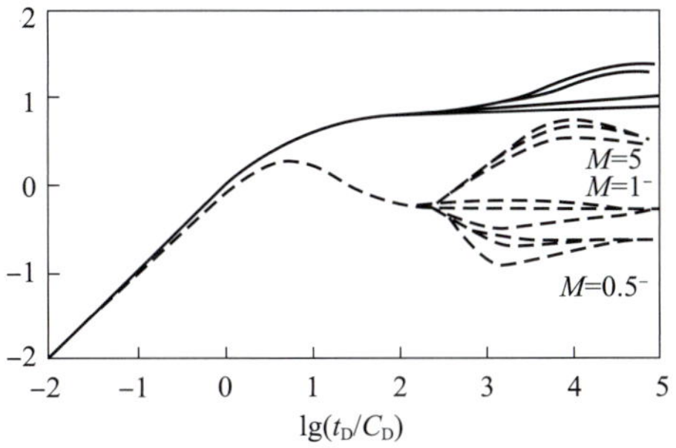

图5－2－34　复合油藏典型曲线

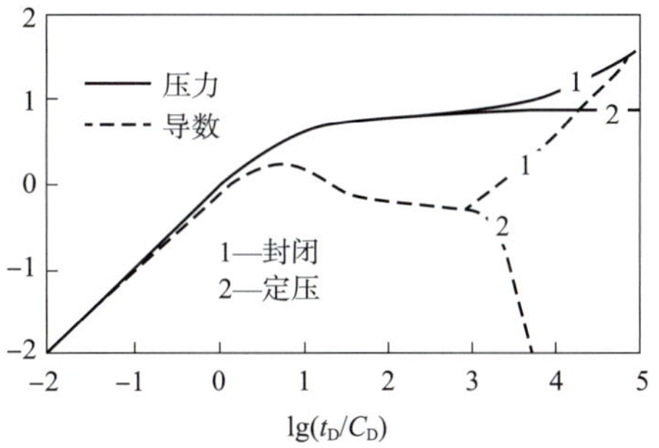

图5－2－35　圆形复合油藏典型曲线

不同的直线边界所构成的地层，可用不同数目和不同位置的映像井来等效。映像井所产生的压力分布是正还是负取决于直线边界是定压还是封闭。具体内容可参见均质地层直线边界油藏的井底压力计算方法，这里不一一叙述。

三、井筒条件下压恢试井分析识别地层物性

本部分将重点讨论，均质各向异性地层中，部分射开井、水平井和垂直裂缝井，在有井筒存储和表皮条件下的试井分析问题。对于部分射开井、水平裂缝井和水平井，人们还要讨论底水或气顶对井底压力的影响。

井底压力卷积形式的解也适用于均质、复杂井筒条件井底压力。在Laplace空间上，式（5－2－49）可以写成：

$$\overline{P_{WD}}(u)=\frac{u\,\overline{P_D}(u)+S}{u\{1+C_D u[u\,\overline{P_D}(u)+S]\}} \qquad (5-2-49)$$

式中，$\overline{P_D}$（u）为Laplace空间上不考虑C_D、S瞬时源井底压力；u为Laplace变量；S为表皮因子；C_D为无量纲井筒存储常数。

本章中所研究的井底压力都是首先利用式（5－2－49）给出Laplace空间上压力降落的典型曲线，然后再通过对式（5－2－49）进行数值Laplace反演而得到实空间上的井底压

力。下面我们将具体介绍各种井筒条件下的井底压力的求法。

（一）无限大地层中的均匀流量垂直裂缝

1. 井底压力的解及典型曲线

无限大地层中，不考虑 C_D 和 S 均匀流量型垂直裂缝，以单一产量生产时的井底压力 $P_{WD}(t_{Dxf})$ 可表示成：

$$P_{WD}(t_{Dxf})=\sqrt{\pi t_{Dxf}}\mathrm{erf}\left(\frac{1}{2\sqrt{t_{Dxf}}}\right)-\frac{1}{2}E_i\left(-\frac{1}{4t_{Dxf}}\right) \tag{5-2-50}$$

均匀流量型垂直裂缝井，有井筒存储和表皮因子时，Laplace 空间上的井底压力 $\overline{P_{WD}}(u)$。值得注意的是此时式（5－2－49）中的 C_D 应为 C_{Dxf}，S 是垂直裂缝表皮 S_m。

对式（5－2－49）进行数值 Laplace 反演，就可以得到给定时间下的井底压力及导数数值解，然后绘制成井底压力及导数双对数曲线，即 $\lg P_{WD}-\lg t_{Dxf}$ 和 $\lg P'_{WD}-\lg t_{Dxf}$ 的组合曲线 $[P'_{WD}=\mathrm{d}P_{WD}/\mathrm{d}(\ln t_{Dxf})]$。很明显，这类典型曲线中的参数有 C_{Dxf} 和 S_m，而 S_m 由于是垂直裂缝表皮，因而 $S_m\geqslant 0$。

图 5－2－36 是 $C_{Dxf}=0.01$，$S_m=1.0$ 时的一条典型曲线，从图中可以看出：无限大地层中均匀流量型垂直裂缝的典型曲线是由 4 部分组成。

第Ⅰ部分井筒存储段，在这一部分中，由于受井筒存储的影响，压力及其导数双对数曲线重合，并且为一 45°的直线段；

第Ⅱ部分是由井筒存储段向线性流段的过渡，在这部分中，压力导数出现峰值，其峰值的高低受 S_m 值影响，S_m 越大这一峰值越高；

第Ⅲ部分是线性流段，在这一部分中压力及其导数曲线近似平行，且其直线段斜率都为 1/2。主要是由于垂直裂缝中的线性流动所引起；

第Ⅳ部分是地层径向流段，在这一部分中，从整个地层来看，垂直裂缝井相当于一口直井，从而形成径向流动。此时的井底压力可以用半对数时间来表示（图 5－2－37）。而双对数压力导数曲线为一数值为 0.5 的水平线。

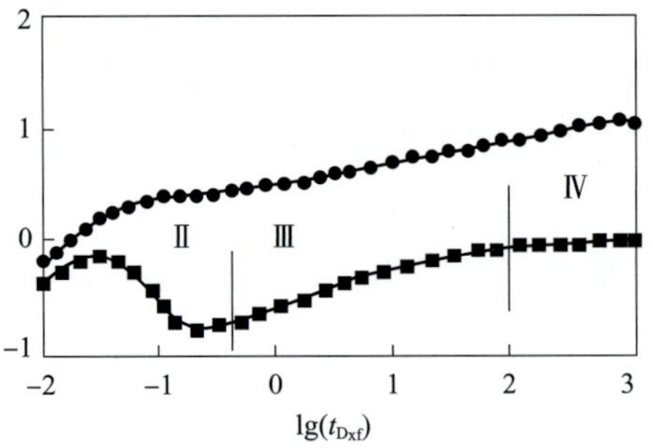

图 5－2－36　双对数典型曲线

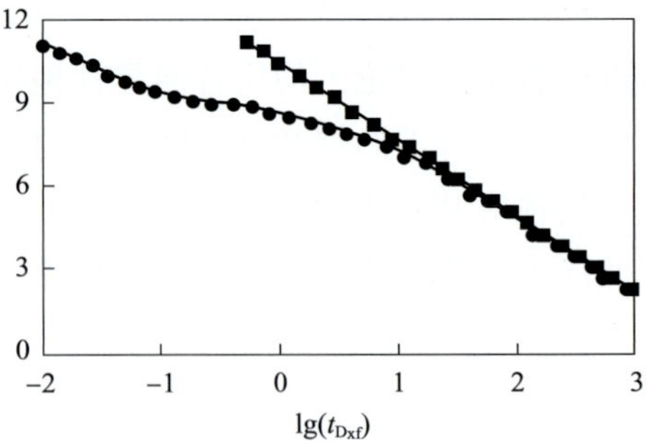

图 5－2－37　井底压力半对数图

虽然无限大地层中均匀流量型垂直裂缝井的典型曲线，从理论上讲是由 4 部分组成，但实际的均匀流量型垂直裂缝井底压力实测数据，往往只出现第Ⅲ和第Ⅳ部分。因为大部分情况下，垂直裂井的井底压力只有在时间非常小的情况下才能出现井筒存储效应，而这个时间往往是测不到的。

2. 试井分析

无限大地层中均匀流量型垂直裂缝的典型曲线受 C_{Dxf} 和 S_m 控制。因此，它的图版也比较难以处理。从均匀流量型垂直裂缝图版可知，如果利用图版进行手工拟合，势必要制作许多幅图版，才有可能满足现场试井分析的需要。为此，我们不主张只通过图版拟合来得到试井分析结果，我们希望使用试井软件中的现算技术（即通过调整曲线参数来计算典型曲线）来得到试井分析的结果。

在对实际的压力数据进行解释时，要根据不同的情况和要求进行不同的处理。如果是单一产量压力降落井的井底压力数据，就可以直接画出 $\lg\Delta t-\lg\Delta P$ 及 $\lg\Delta t-\lg\Delta P'$（$\Delta P'=\mathrm{d}\Delta P/\mathrm{d}\ln t$）双对数组合图；如果是多级流量压力数据（包括压力恢复数据），就需要画出 $\lg\Delta t-\lg\Delta P$ 和 $\lg\Delta t-\lg\Delta P'$（$\Delta P'=\mathrm{d}\Delta P/\mathrm{d}\sum\Delta t$）双对数组合图。试井分析的步骤可归纳为：

（1）利用单一产量压力降落的图版初步得到时间拟合值 T_M、压力拟合值 P_M、无量纲井筒存储常数 C_{Dxf} 和垂直裂缝表皮 S_m。

（2）调整 C_{Dxf} 和 S_m 或者调整有量纲参数如 k、C、S_m 等，计算新的无量纲压力及其导数的典型曲线。如果是多流量压力数据，还必须计算多流量典型曲线及修正导数再进行曲线拟合。如果曲线拟合效果令人满意，那么得到时间拟合值 T_M、压力拟合值 P_M、C_{Dxf} 和 S_m。

（3）由压力拟合值 P_M 可以得到 k，由时间拟合值 T_M 得到 X_f、S 等参数。

（二）有界地层中的均匀流量型的垂直裂缝

无限大地层中的均匀流量型垂直裂缝井，典型曲线主要受 C_{Dxf} 和 S_m 两个参数控制。如果是有界地层（如地层中有一条断层或供给边线、河道形油藏、角度油藏、U 形油藏、矩形油藏和圆形油藏等），那么典型曲线不但与 C_{Dxf} 和 S_m 有关，还与井至边界的距离、垂直裂缝与边界的夹角以及边界类型（定压或封闭）有关。由于有界地层中的垂直裂缝井方面的内容很多，但用的方法都大致相同（即先求解无井筒存储和表皮效应的瞬时线源解，然后再利用式（5-2-49）及 Laplace 数值反演去计算井底压力。因此，这里仅讨论地层中有断层或供给边线时，井底压力表达式及其典型曲线。

图 5-2-38 是地层中有一条断层时，垂直裂缝与断层的位置图。根据叠加原理，这种地层的均匀流量型垂直裂缝的解，可以通过无限大地层中两口均匀流量型垂直裂缝井的叠加来构造。

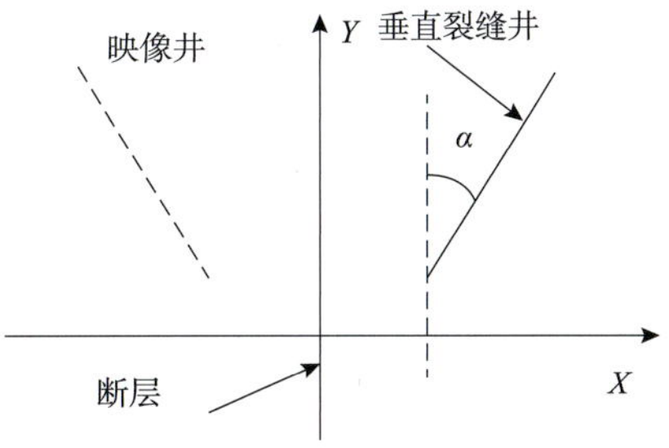

图 5-2-38　垂直裂缝与断层的位置图

根据对点源沿垂直裂缝方向的积分，可以得到地层中有一条断层时，不考虑井筒存储和表皮效应的均匀流量垂直裂缝井的井底压力：

$$P_D(t_{Dxf})=\sqrt{\pi t_{Dxf}}\,\mathrm{erf}\left(\frac{1}{2\sqrt{t_{Dxf}}}\right)-\frac{1}{2}E_i\left(-\frac{1}{t_{Dxf}}\right)-\frac{1}{2}\int_0^1 E_i\left[-\frac{(2L_D\sin\alpha-x')^2+(2L_D\cos\alpha)^2}{4t_{Dxf}}\right]\mathrm{d}x' \quad (5-2-51)$$

如果地层中有一供给边线，不考虑井筒存储和表皮效应的均匀流量垂直裂缝井的压力可表示成：

$$P_{D}(t_{Dxf}) = \sqrt{\pi t_{Dxf}}\,\mathrm{erf}\left[\frac{1}{2\sqrt{t_{Dxf}}}\right] - \frac{1}{2}E_{i}\left(-\frac{1}{t_{Dxf}}\right) + \frac{1}{2}\int_{0}^{1}E_{i}\left[-\frac{(2L_{D}\sin\alpha - x')^{2} + (2L_{D}\cos\alpha)^{2}}{4t_{Dxf}}\right]\mathrm{d}x' \quad (5-2-52)$$

图 5－2－39 是 $C_{Dxf}=l_{E-3}$，$S_{m}=0$，$L_{D}=10$，$\alpha=90°$时，地层中有一条断层和有一供给边线时双对数压力及其导数图。从图中可以看出，在边界未影响井底压力前，双对数压力及其导数曲线形状与无限大地层中的双对数压力及其导数曲线形状大致相同；当边界影响到井底压力时，双对数压力导数曲线反应较敏感。如果地层中有一条断层，双对数导数曲线偏离数值为 0.5 水平线并向上过渡到数值为 1 的水平线，最终双对数压力导数曲线变成数值 1 的水平线；如果地层中有一供给边线，那么在边界影响井底压力后，双对数压力导数曲线偏离 0.5 水平线向下掉，最终压力导数趋近于 0，双对数压力曲线也变成一水平线。图 5－2－40 为其半对数图。

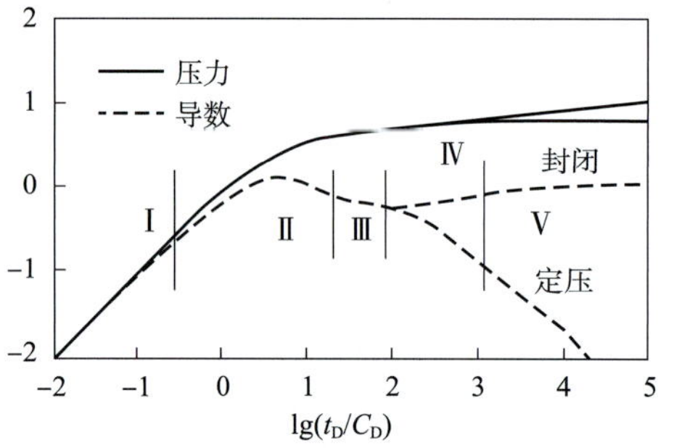

图 5－2－39　典型曲线双对数图

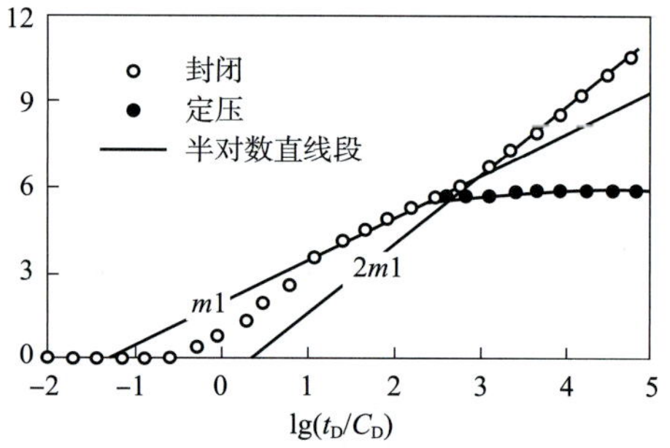

图 5－2－40　典型曲线半对数图

在有界地层均匀流量型垂直裂缝中，垂直裂缝与边界的夹角 α 也影响典型曲线，通过大量研究表明：α 对典型曲线影响很小。所以在实际的应用中我们可以不考虑 α 角，一般都认为 $\alpha=90°$。

对于其他有界地层中的垂直裂缝井，这里就不再详细讨论典型曲线。图 5－2－41 ~ 图 5－2－44分别是直角油藏、河道形油藏、U 形油藏和矩形油藏中，均匀流量垂直裂缝井的典型曲线。这些图中 $C_{Dxf}=0.001$，$S_{m}=2.0$，$L_{iD}=5$（L_{iD}是井到第 i 边的距离）。有界地层中，均匀流量型垂直裂缝的井底压力数据的试井分析方法，以及多流量井底压力数据的压力导数修正都与无限大地层中的相同。

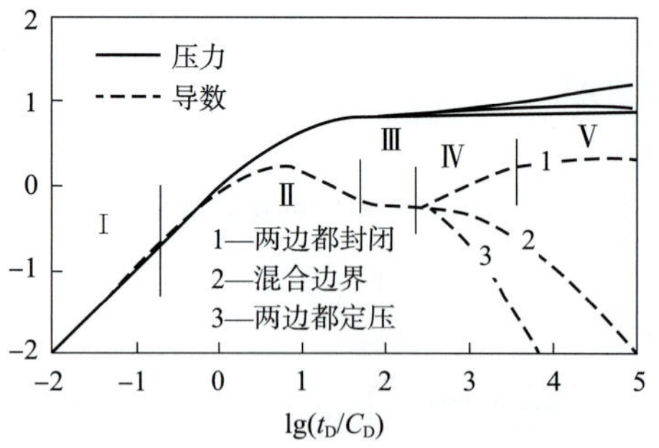

图 5－2－41　直角油藏双对数曲线

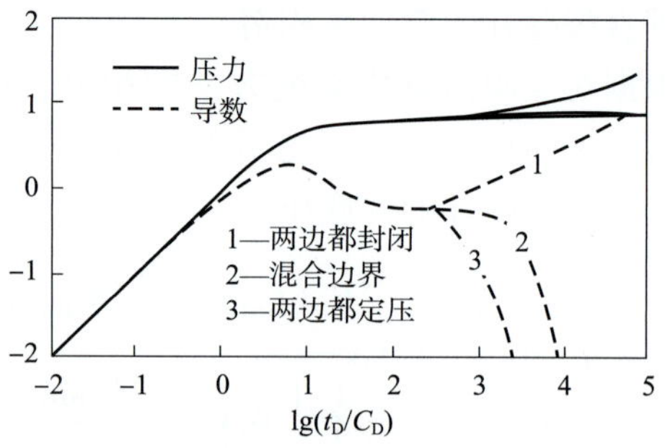

图 5－2－42　河道状油藏双对数曲线

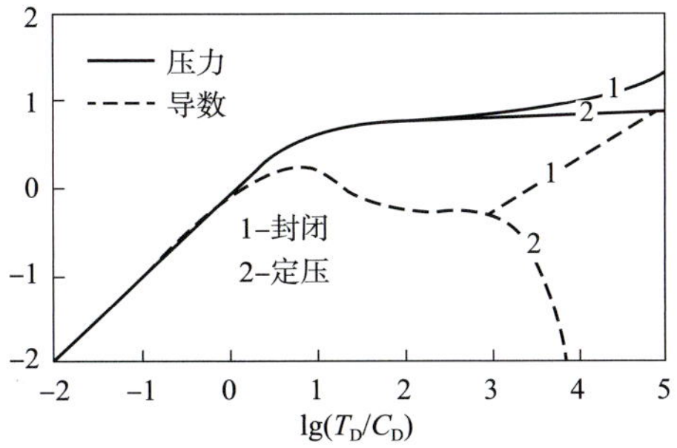

图 5－2－43　U 形油藏双对数曲线

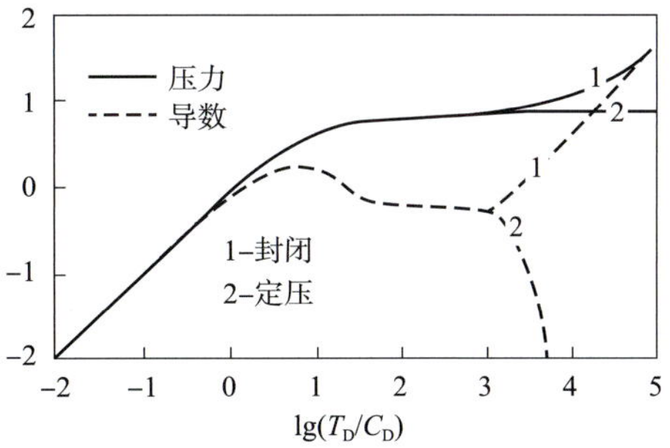

图 5－2－44　矩形油藏双对数曲线

（三）无限导流垂直裂缝

1. 井底压力及其典型曲线

无限大地层中，不考虑井筒存储和表皮效应的无限传导垂直裂缝，当该井以单一产量生产时的井底压力可写成：

$$P_D(t_{Dxf}) = \frac{1}{2}\sqrt{\pi t_{Dxf}}\left[\mathrm{erf}\left(\frac{\gamma_1}{\sqrt{t_{Dxf}}}\right)+\mathrm{erf}\left(\frac{\gamma_2}{\sqrt{t_{Dxf}}}\right)\right]-\frac{1}{2}\left[\gamma_1 E_i\left(-\frac{\gamma_1^2}{t_{Dxf}}\right)+\gamma_2 E_i\left(-\frac{\gamma_2^2}{t_{Dxf}}\right)\right] \tag{5-2-53}$$

式中，$\gamma_1=0.129951$，$\gamma_2=0.870046$。

制成双对数无量纲压力和导数典型曲线。图 5－4－45 就是无限大地层中考虑井筒存储和表皮效应无限导流垂直裂缝的典型曲线。从图中可以看出，无限传导垂直裂缝的井底压力典型曲线与均均流量垂直裂缝井底压力典型曲线非常相似。无限传导垂直裂缝典型曲线也有 4 部分组成，每部分的典型曲线形状都与均匀流量垂直裂缝典型曲线形状相似。C_{Dxf}和 S_m对无限传导垂直裂缝典型曲线的影响和均匀流量垂直裂缝一样，图 5－2－46 为井底压力半对数图。

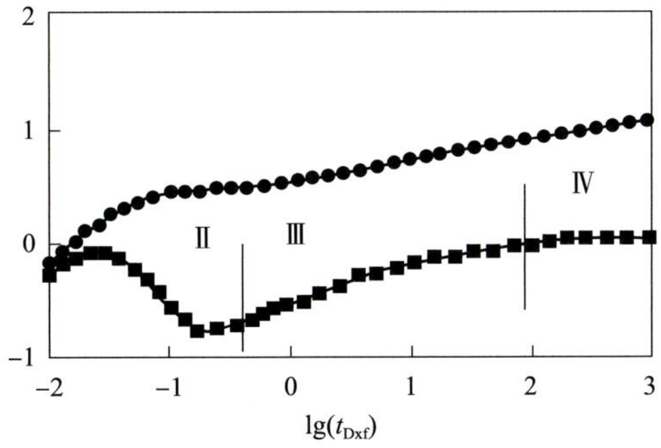

图 5－2－45　双对数典型曲线

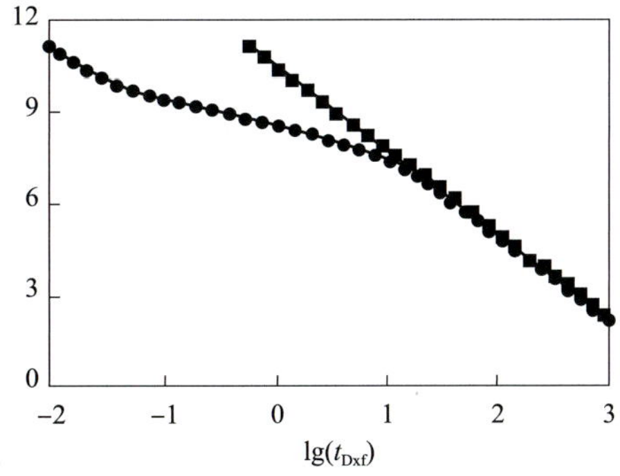

图 5－2－46　井底压力半对数图

对于有界地层无限传导垂直裂缝的井底压力典型曲线的构造方法与均匀流量垂直裂缝的构造方法相同。这里就不再多叙述。

2. 试井分析方法

如果有一口井是无限传导垂直裂缝，那么井底压力数据试井分析方法，主要取决于该井的生产历史。如果只分析单一产量压力降落井的井底压力数据，只需对实测数据作（lg（Δp）~lg$t$）和（lg$\Delta p'$ ~ lg$t$）及（lg$\Delta p'$ ~ lgΔt）和（$\Delta P' = \mathrm{d}\Delta P/\mathrm{d}\Delta \ln t$）双对数组合曲线。然后，直接在无限传导垂直裂缝井的图版上进行曲线拟合。如果是多个流量段（包括压力恢复），那么就要对压力导数做修正，并绘制成和的双对数组合曲线（$\Delta P' = \mathrm{d}\Delta P/\mathrm{d}\Sigma\Delta t$）。同时也要计算多流量典型曲线，对多流量的无量纲井底压力导数也要作修正，最后才能进行曲线拟合。曲线拟合完成后，得到时间拟合值 T_{M}、压力拟合值 P_{M}、C_{Dxf}和 S_{m}，如果是有界地层，曲线拟合后还可以得到 L_{iD}。根据这些拟合值及油田基本参数，得到试井分析的解释结果。

（四）有限传导垂直裂缝

1. 方程及其解

有限传导垂直裂缝是假设裂缝中的流动也满足渗流力学方程。图 5-2-47 给出了无限大地层 1/4 区域内有限传导垂直裂缝的流动区域图（如果是有界地层就要考虑整条裂缝的流动情况，因为有界地层并不是全对称的）。根据图 5-2-47，可以给出有限传导垂直裂缝井所满足的方程。

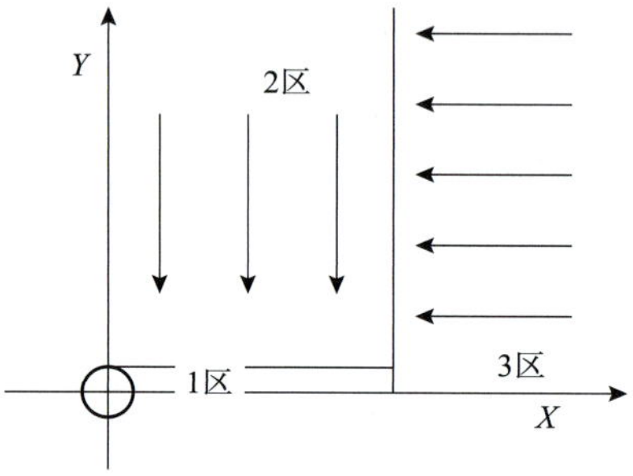

图 5-2-47　垂直裂缝求解区域

在裂缝中（即 1 区）满足以下方程及定解条件：

$$\frac{\partial^2 P_{1\mathrm{D}}}{\partial x_{\mathrm{D}}^2} + \frac{2}{FD}\frac{\partial P_{2\mathrm{D}}}{\partial y_{\mathrm{D}}}\bigg|_{y_{\mathrm{D}}=0} = C_1\frac{\partial P_{1\mathrm{D}}}{\partial t_{\mathrm{D}}} \tag{5-2-54}$$

$$P_{1\mathrm{D}}(t_{\mathrm{D}}=0,\ x_{\mathrm{D}})=0 \tag{5-2-55}$$

$$\frac{\partial P_{1\mathrm{D}}}{\partial x_{\mathrm{D}}}\bigg|_{x_{\mathrm{D}}=0} = -\frac{\pi}{FD}\left(1 - C_{\mathrm{Dxf}}\frac{\partial P_{\mathrm{WD}}}{\partial t_{\mathrm{D}}}\right) \tag{5-2-56}$$

$$\frac{\partial P_{1\mathrm{D}}}{\partial x_{\mathrm{D}}}\bigg|_{x_{\mathrm{D}}=1} = 0 \tag{5-2-57}$$

在 2 区（$0 \leqslant x_{\mathrm{D}} \leqslant 1$ 和 $0 \leqslant y_{\mathrm{D}} < \infty$）满足以下方程及定解条件：

$$\frac{\partial P_{2\mathrm{D}}}{\partial y_{\mathrm{D}}^2} + \frac{\partial P_{3\mathrm{D}}}{\partial x_{\mathrm{D}}}\bigg|_{x_{\mathrm{D}}=1} = \frac{\partial P_{2\mathrm{D}}}{\partial t_{\mathrm{D}}} \tag{5-2-58}$$

$$P_{2\mathrm{D}}(t_{\mathrm{D}}=0,\ y_{\mathrm{D}})=0 \tag{5-2-59}$$

$$P_{1\mathrm{D}} = P_{2\mathrm{D}} - S_{\mathrm{m}}\frac{\partial P_{2\mathrm{D}}}{\partial y_{\mathrm{D}}}\bigg|_{y_{\mathrm{D}}=0} \tag{5-2-60}$$

$$P_{2\mathrm{D}}(t_{\mathrm{D}},\ y_{\mathrm{D}}\to\infty)=0 \tag{5-2-61}$$

在 3 区（$0 \leqslant x_{\mathrm{D}} < \infty$，$0 \leqslant y_{\mathrm{D}} < \infty$）满足以下方程及定解条件：

$$\frac{\partial^2 P_{3\mathrm{D}}}{\partial x_{\mathrm{D}}^2} = \frac{\partial P_{3\mathrm{D}}}{\partial t_{\mathrm{D}}} \tag{5-2-62}$$

$$P_{3\mathrm{D}}(t_{\mathrm{D}}=0,\ x_{\mathrm{D}})=0 \tag{5-2-63}$$

$$P_{2\mathrm{D}}(t_{\mathrm{D}},\ y_{\mathrm{D}})=P_{3\mathrm{D}}(t_{\mathrm{D}},\ x_{\mathrm{D}}=1) \tag{5-2-64}$$

$$P_{3\mathrm{D}}(t_{\mathrm{D}},\ x_{\mathrm{D}}\to\infty)=0 \tag{5-2-65}$$

式中

$$x_D=\frac{x}{x_f};\ y_D=\frac{x}{x_f};\ C_1=\frac{\eta}{\eta_f}=\frac{k\phi_f C_{ft}}{k_f\phi C_t};\ F_D=\frac{k_f\cdot b_f}{k\cdot x_f}$$

下标 f 表示裂缝中的参数；b_f为裂缝宽度，m；C_{ft}为裂缝中的综合压缩系数；S_m为裂缝中的表皮。

如果是有界地层，方程中无穷远处的边界条件将要作相应的修改，是采用定压形式或采用封闭形式要根据问题的需要而定。

图 5-2-48 就是有限传导垂直裂缝井的图版中的一条典型曲线。各参数对典型曲线的影响在这里就不再讨论了。从图 5-2-48 中可以看出：无限大地层中，考虑 C_{Dxf}和 S_m的有限导流垂直裂缝典型曲线由四部分构成。分别为：第Ⅰ部分井筒存储段，在该段中双对数压力及导数曲线重合并呈 45°的直线段；第Ⅱ部分为井筒存储段向双线性流段的过渡；第Ⅲ部分为双线性流段，在该段中压力及其导数双对数曲线平行且为斜率为 1/4 的直线段；第Ⅳ部分为无限大地层中的径向流段，在该段中压力导数为 0.5 水平线。

图 5-2-49 为井底压力半对数图。

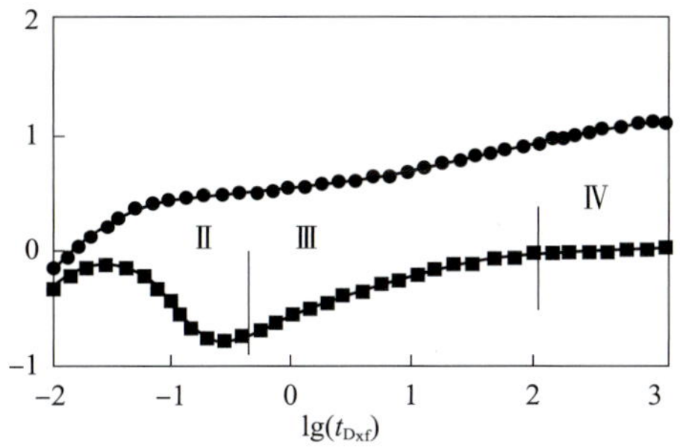

图 5-2-48　双对数典型曲线

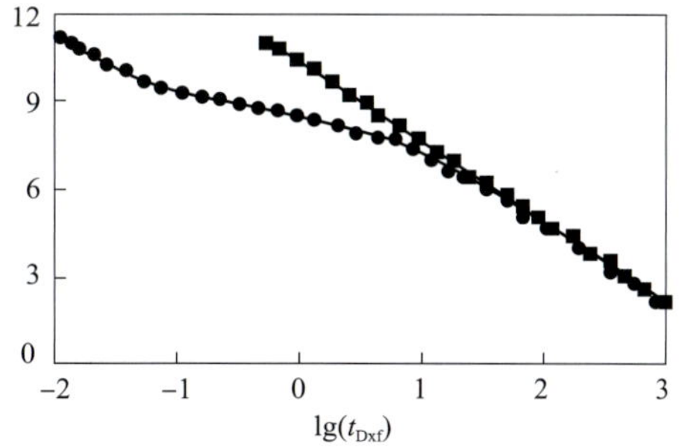

图 5-2-49　井底压力半对数图

2. 试井分析方法

对有限导流垂直裂缝井的井底压力数据的分析，主要取决于该井段数据是单产量压力降数据还是多级流量数据。如果是单一产量压力降数据，只需对实测数据作（$\lg\Sigma\Delta t-\lg\Sigma\Delta p$）及（$\lg\Sigma\Delta t-\lg\Sigma\Delta p'$）双对数组合曲线（$\Delta P'=\mathrm{d}\Delta P/\mathrm{d}\Delta\ln t$），然后直接在有限导流图版上进行曲线拟合。如果是多级流量段上的井底压力数据（包括压力恢复）。那么就要对压力导数作修正，并绘制成（$\lg\Sigma\Delta t-\lg\Sigma\Delta p$）及（$\lg\Sigma\Delta t-\lg\Sigma\Delta p'$）的双对数组合曲线（$\Delta P'=\mathrm{d}\Delta P/\mathrm{d}\Sigma\Delta t$）；同时也要计算多流量典型曲线，对无量纲的压力导数作修正，最后才能进行曲线拟合。曲线拟合完成后，得到时间拟合值 T_M、压力拟合值 P_M、C_{Dxf}、S_m、F_D和 L_{iD}。

（五）垂直裂缝井的多流量修正压力导数

在第四章，我们详细地讨论了多流量井底压力的修正压力导数，同时指出：对于不同模型的多流量井底压力导数应采用不同的修正方法，而不应对所有模型都采用式（5-2-58）的修正。但我们在未对压力数据做试井解释前无法知道采用什么模型来解释。因此，只能用式（5-2-58）进行修正。

对于垂直裂缝井多流量井底压力导数，采用式（5-2-58）的修正也是不合理的。因为，垂直裂缝井的各流动段有的处于线性流阶段，有的处于椭圆流阶段。为针对不同的流动段进行不同的修正，我们分别称处于径向流阶段的为径向流修正；处于线性流阶段的为线性流修正；处于椭圆流阶段的为椭圆流修正。下面以单一产量生产后关井压力恢复情况阐明各种不同的修正方法。

当时间较大以至于垂直裂缝井的流动已形成椭圆流动，在不考虑 C_{Dxf} 和 S_m 时的垂直裂缝井关井期间的井底压力可表示成：

$$
\begin{aligned}
P_{WSD}(\Delta t_D) &= P_{WD}(t_{pD}) + P_{WD}(\Delta t_D) - P_{WD}(t_{pD}+\Delta t_D) \\
&= \sinh^{-1}(\sqrt{4t_{pD}}) + \sinh^{-1}(\sqrt{4\Delta t_D}) - \sinh^{-1}(\sqrt{4(t_{pD}+\Delta t_D)})
\end{aligned}
\tag{5-2-66}
$$

对椭圆流动的等效时间在时间较小时，可代替线性流的等效时间，在时间较大时，能代替径向流的等效时间。根据椭圆流修正的特殊性，对垂直裂缝井采用椭圆流修正是最合适的。因为，无限大地层中无限导流或均匀流量垂直裂缝井的井底压力双对数曲线，一般由4个部分组成，在井筒存储段（Δt_D 较小），Δt_{eD3} 几乎与 Δt_D 相等；在线性流段，由于 Δt_D 相对来说也较小，因此可用 Δt_{eD3} 代替 Δt_{eD2}；在时间 Δt_D 较大时，井底压力达到径向流，这时可用 Δt_{eD3} 代替 Δt_{eD1}。在垂直裂缝井双对数无量纲井底压力导数曲线过渡段用 Δt_{eD3} 修正是很合理的。所以对垂直裂缝井的压力恢复数据应采用椭圆流修正。

（六）水平裂缝井试井

在对油井实施水力压裂时，水力压裂的方向取决于应力的分布，裂缝面的方向是通过最大主应力方向，而最大主应力与产油层的上覆岩层负荷成正比。因此如果产层较浅，可能产生水平裂缝。由于水平裂缝平行于上顶和下底，因此，水平裂缝的位置及上顶和下底的边界类型如底水、气顶或不渗透都会影响到水平裂缝的井底压力。

对不考虑井筒存储和表皮因子的水平裂缝，可以利用乘积解得到水平裂缝井的井底压力 P_D（t_D，z_{WD}）。下面以 r 方向为无限大的水平裂缝井为例进行说明。

对上顶和下底都封闭的水平裂缝井，井底压力 P_D（t_D，z_{WD}）可表示为：

$$
P_D(t_D,z_{WD}) = \left[1 + 2\sum_{n=1}^{\infty}\exp\left(-\frac{n^2\pi^2}{h_D^2}t_D\right)\times\cos^2(n\pi z_{WD})\right]\times
\left[1 - e^{-\frac{1}{2t_D}}\sum_{k=0}^{\infty}I_k\left(\frac{1}{2t_D}\right)\right]
\tag{5-2-67}
$$

对有底水和气顶的水平裂缝井，井底压力 P_D（t_D，z_{WD}）可表示为：

$$
P_D(t_D,z_{WD}) = \left[2\sum_{n=1}^{\infty}\exp\left(-\frac{n^2\pi^2}{h_D^2}t_D\right)\sin^2(n\pi z_{WD})\right]\times
\left[1 - \exp\left(-\frac{1}{2t_D}\right)\times\sum_{k=0}^{\infty}I_k\left(\frac{1}{2t_D}\right)\right]
\tag{5-2-68}
$$

对有气顶但无底水的水平裂缝井，井底压力 P_D（t_D，z_{WD}）可表示为：

$$
P_D(t_D,z_{WD}) = \left\{2\sum_{n=0}^{\infty}\exp\left[-\frac{(2n+1)^2\pi^2 t_D}{4h_D^2}\right]\times\sin^2\left(\frac{2n+1}{2}\pi\times z_{WD}\right)\right\}\times
\left[1 - e^{-\frac{1}{2t_D}}\sum_{k=0}^{\infty}I_k\left(\frac{1}{2t_D}\right)\right]
\tag{5-2-69}
$$

对有底水但无气顶的水平裂缝井，井底压力 P_D（t_D，z_{WD}）可表示成：

$$P_{\mathrm{D}}(t_{\mathrm{D}},z_{\mathrm{WD}}) = \left\{2\sum_{n=0}^{\infty}\exp\left[-\frac{(2n+1)^2\pi^2 t_{\mathrm{D}}}{4h_{\mathrm{D}}^2}\right]\cos^2\left(\frac{2n+1}{2}\pi z_{\mathrm{WD}}\right)\right\}\times \left[1-\mathrm{e}^{-\frac{1}{2t_{\mathrm{D}}}}\sum_{k=0}^{\infty}I_{\mathrm{k}}\left(\frac{1}{2t_{\mathrm{D}}}\right)\right] \tag{5-2-70}$$

式中

$$h_{\mathrm{D}}=\frac{h}{r_{\mathrm{f}}}\sqrt{\frac{k_{\mathrm{h}}}{k_{\mathrm{z}}}},\quad z_{\mathrm{WD}}=\frac{z_{\mathrm{W}}}{h},\quad t_{\mathrm{D}}=\frac{3.6k_{\mathrm{h}}t}{\phi\mu C_1 r_{\mathrm{f}}^2}$$

式中，$I_{\mathrm{k}}(x)$ 为第 K 阶虚宗量 Bessel 函数；k_{h}，k_{z} 为水平和垂直方向的渗透率；r_{f} 为水平裂缝的半径。

对式（5-2-69）进行 Laplace 变换，可以得到 Laplace 空间上，不考虑井筒存储和裂缝表皮因子瞬时源解的压力表达式$\overline{P_{\mathrm{D}}}(u, z_{\mathrm{WD}})$，将$\overline{P_{\mathrm{D}}}(u, z_{\mathrm{WD}})$代入式（5-2-70），可以得到 Laplace 空间上，考虑井筒存储和裂缝表皮的井底压力表达式，对这个井底压力作 Laplace 数值反演，可以得到无限大地层中水平裂缝井井底压力与无量纲时间的数值关系。最后制成（$\lg\Sigma\Delta t \sim \lg\Sigma\Delta p$）及（$\lg\Sigma\Delta t \sim \lg\Sigma\Delta p'$）的双对数典型曲线。对于上顶下底全封闭，全定压和混合边界时的无限大地层中水平裂缝井有 C_{Dxf}和 S_{m}双对数典型曲线，上顶及下底只要有一边定压，后期的双对数压力曲线变平，导数曲线下掉并趋向于 0。

如果 r 方向是有界地层（像一条断层或供给边线或其有界地层），仍然可以使用叠加原理来得到水平裂缝的井底压力典型曲线。对于有界地层可以使用有界地层中的圆柱源代替无限大地层中的圆柱源，进而得到有界地层中不考虑井筒存储和表皮效应的瞬时源解。水平裂缝井的试井分析方法和垂直裂缝井的分析方法大体相同。由曲线拟合可以得到时间拟合值 T_{M}、压力拟合值 P_{M}、C_{Dxf}、z_{WD}、h_{D}和 S_{m}。根据这些数值可以得到地层参数。

（七）水平井试井分析

水平井开采是提高油气井产量的重要途径之一。特别是低渗油藏、有铅直天然裂缝或垂向渗透率远大于水平渗透率的油藏、有严重水锥或气顶及薄层油藏，利用水平井开发有明显的经济效益。因此，水平井试井分析方法的研究也十分重要。

水平井试井与直井试井分析相比困难得多，主要原因是水平井涉及三维各向异性方程，同时水平井的上顶下底的类型（封闭或定压）、水平井的井位、水平井的布井方式都会影响到水平井的井底压力。

对于水平井，考虑井筒存储和表皮效应以后的井底压力可以表示为：

$$\overline{P_{\mathrm{WD}}}=\frac{u\overline{P_{\mathrm{D}}}+S/L_{\mathrm{D}}}{u\left[1+C_{\mathrm{D}}u\left(u\overline{P_{\mathrm{D}}}+S/L_{\mathrm{D}}\right)\right]} \tag{5-2-71}$$

式中，$\overline{P_{\mathrm{D}}}$为各种边界条件下，Laplace 空间中无 C_{D}，S 定产量的水平井井底压力；L_{D} 为无量纲的水平井井长；C_{D} 为无量纲井筒存储常数；u 为 Laplace 变换中的常数。

对方程（5-2-71）进行 Laplace 数值反演，可以得到实空间上的井底压力与时间的数值关系，最后制作成典型曲线。

图 5-2-50 是地层中有一条断层，且上顶及下底都封闭的水平井的井底压力及导数双对数图，可以看出当边界开始起作用时，后期的压力导数是数值为 1 的水平线。图 5-2-51是图 5-2-50 半对数图，从图中可以看出，半对数图上有两条直线段。

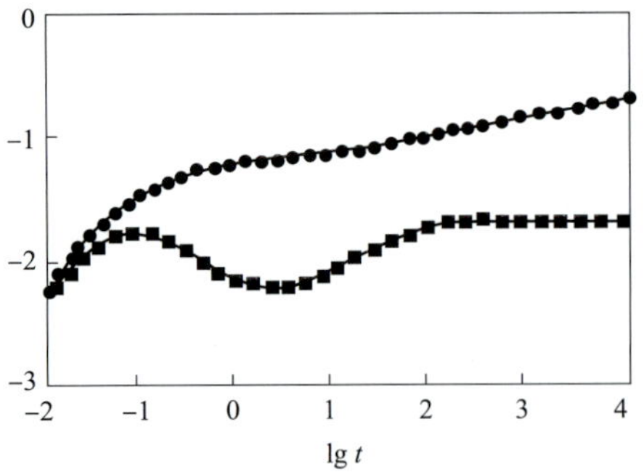

图 5-2-50　井底压力及导数的双对数图

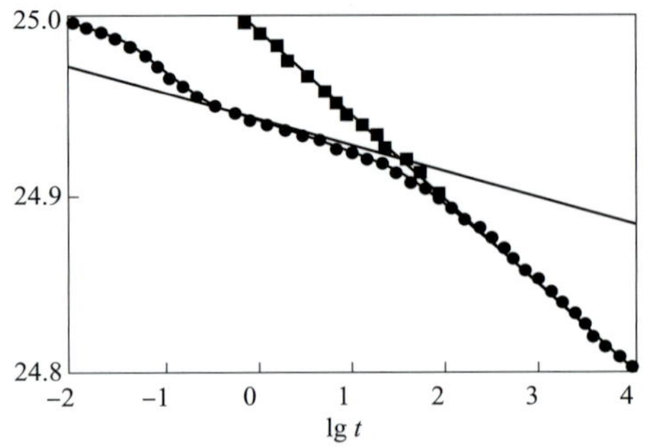

图 5-2-51 井底压力半对数图

图 5-2-52 是无限大地层无气顶和底水水平井的井底压力及导数的双对数图，从图中可以看出，无限大地层中水平井的井底压力典型曲线是由 5 个部分组成，第 Ⅰ 段是井筒存储段；第 Ⅱ 段是由井筒存储向垂直方向径向流的过渡段；第 Ⅲ 段是垂直方向径向流段；第 Ⅳ 段是垂直方向的径向流段向总的径向流过渡段；第 Ⅴ 段是总的径向流段。图 5-2-53 是图 5-2-52半对数图，从图中可以看出，半对数图上有 3 条直线段。

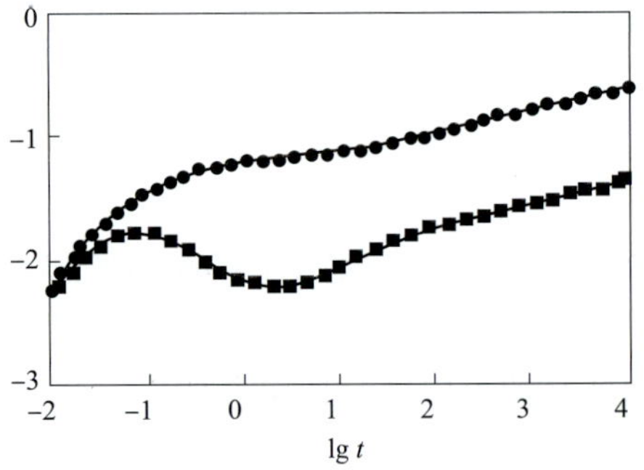

图 5-2-52　井底压力及导数的双对数图

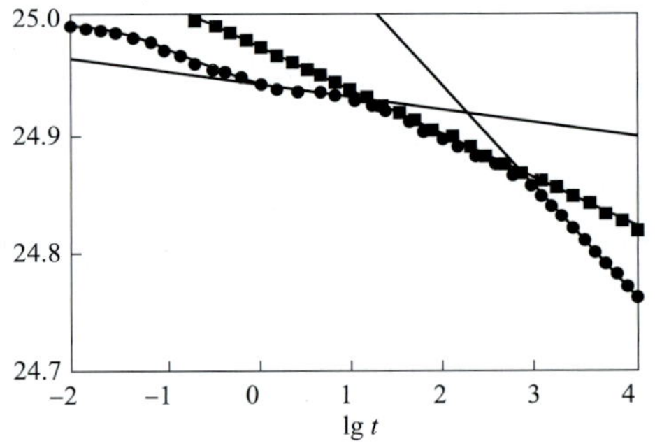

图 5-2-53　井底压力半对数图

水平井的典型曲线受许多参数的影响，这些参数有 $C_{D}e^{2S}$、h_{D}、h_{DL}和 z_{WD}各参数对典型曲线的影响，我们就不再叙述了。如果是有界地层，典型曲线的后期将发生变化，其变化规律与直井大体相同。

由于水平井（典型曲线）也会受到气顶和底水的影响。因此，只要有底水或气顶，水平井的典型曲线都会呈现出同样的规律即双对数压力曲线变平，压力导数曲线下掉并趋近于 0。图 5-2-54 是有气顶的无限大地层中水平井的井底压力及导数双对数图。图 5-2-55 是图 5-2-54 半对数图，从图中可以看出，半对数图上有一条直线段。

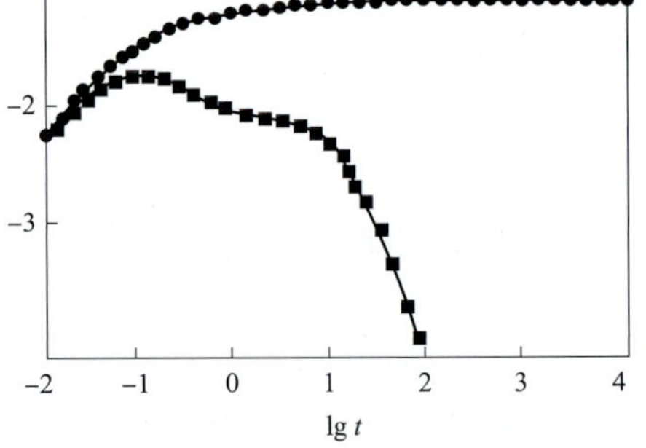

图 5-2-54　井底压力及导数的双对数图

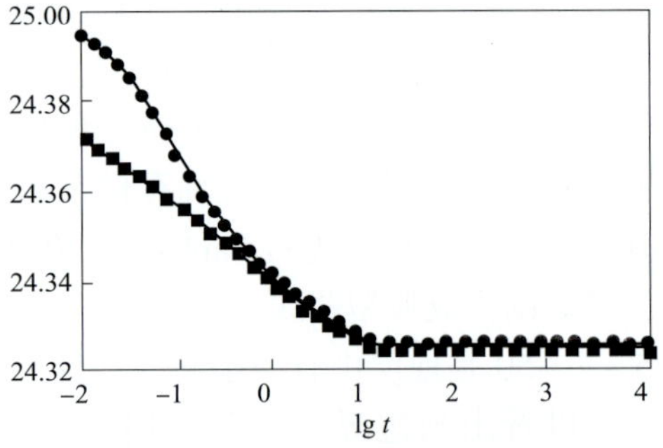

图 5-2-55　井底压力半对数图

（八）有限长度圆柱体水平井

目前所有文献中对水平井的研究都是将水平井看成线源，并且将线源解在（x_w，y_w，z_w，z_w+r_w）点的压力分布看成是水平井的井底压力。但如果采用线源解来代替真实的水平井，那么在 C_De^{2S}较小时，无量纲压力及其导数的双对数典型曲线，会出现如图 5－2－56 所示的情况。当 $t_D/c_D \to 0$ 时，井底压力 P_{WD}与 t_D/c_D的双对数图并非成一条45°的直线段。而是出现压力和导数相交的奇怪的曲线形状，造成这种情况的主要原因就是因为采用线源解代替真实的有限长度圆柱体水平井。

经过求解得到：

$$P_{WD}=\frac{\sqrt{h_{DR}}}{8L_D}\frac{1}{t_D/C_D}\exp\left[-\frac{1}{4\ (t_D/C_D)}\right] \tag{5-2-72}$$

式（5－2－72）表明，当 $t_D/c_D \to 0$ 时，P_{WD}很快趋近于 0，而并非趋近于 t_D/c_D，这就是造成图 5－2－56 中所示的早期“奇怪现象”的原因。

为了避免出现这种错误现象，用有限长度圆柱体的水平井模型代替线源解。假定水平井的轴线位置为（y_w，z_w），如图 5－2－57 所示。这样，可以认为有限长圆柱体水平井是由沿 $(z-z_w)^2+(y-y_w)^2=r_w^2$ 均匀分布的无穷多个线源井叠加而成。下面以无限大地层中有限长度圆柱体水平井为例进行说明。

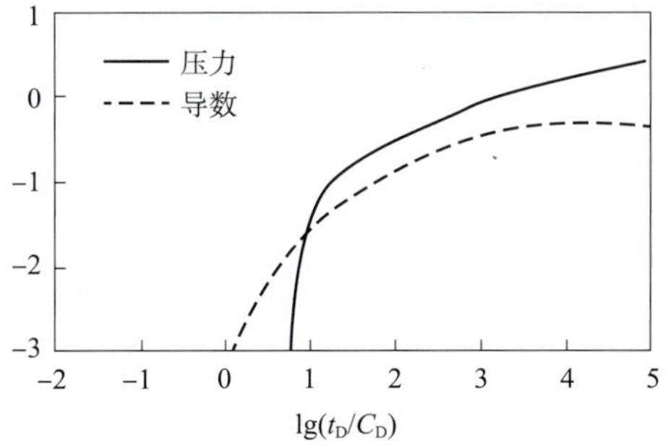

图 5－2－56　$C_De^{2S}=0.01$ 水平井线源解典型曲线

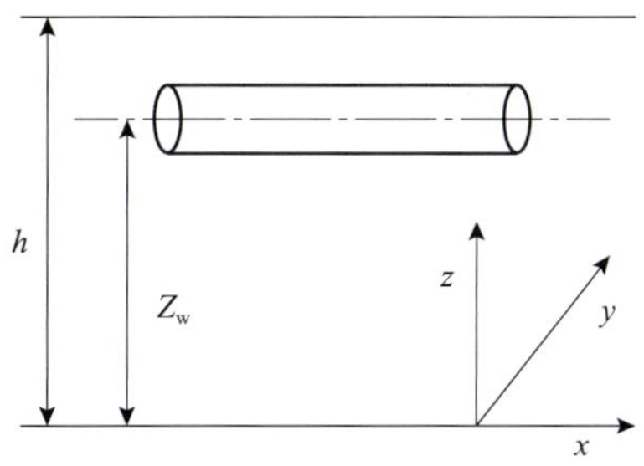

图 5－2－57　水平井的位置图

由于有限长度圆柱体水平井只涉及 y 和 z 方向的 Green 函数，而与 x 方向的 Green 函数无关。因此，只需要研究 y 和 z 方向的 Green 函数。获得无量纲化的地层压力表达式：

$$P_D=\frac{\pi}{L_D}\int_0^{t_D}G_{xD}\cdot G_{yzD}\mathrm{d}\tau_D \tag{5-2-73}$$

虽然式（5－2－73）是从 x，y 方向无限大地层中推导出来的，但它对各种边界条件的水平井都适用。

如果考虑井筒存储和表皮因子，那么，可以进行 Laplace 变换，并将变换后的$\overline{P_D}$代入式（5－2－71），得到 Laplace 空间上有井筒存储和表皮因子时的井底压力$\overline{P_{WD}}$，对$\overline{P_{WD}}$进行数值 Laplace 反变换，就可以得到 P_{WD}与 t_D/c_D的数值关系，最后制成水平井的典型曲线图版。图 5－2－58 是与图

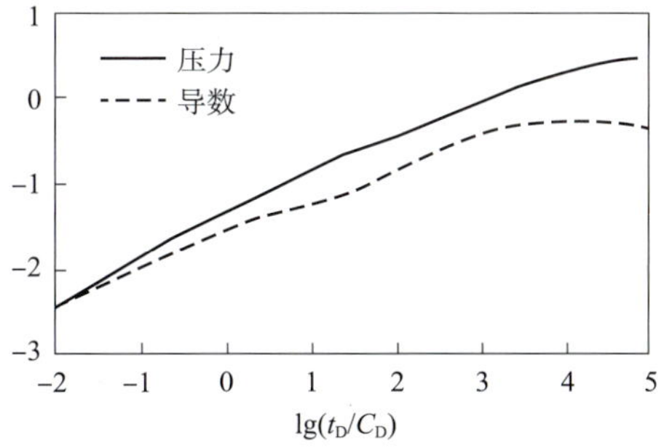

图 5－2－58　$C_De^{2S}=0.01$ 有限长度圆柱体水平井典型曲线

5－2－56有相同曲线参数的无底水和气顶的无限大地层水平井典型曲线，从中可以看出该典型曲线的早期是一条斜率为45°的直线段，没出现图5－2－56中的“奇怪现象”。

四、非均质地层压恢试井分析识别地层物性

本部分将重点叙述各种边界条件下，双孔或双渗油藏的试井分析问题。本章首先从试井分析的方程入手，通过对方程的求解，得到双孔或双渗试井分析的图版，最后给出试井分析方法，并通过实例具体说明试井分析的应用。

（一）双孔无限大地层试井分析

1. 双孔无限大地层试井模型

在双孔介质地层中，可以根据对双孔中不同流态，将双孔介质模型分成拟稳态流双孔和不稳态流双孔模型。在不稳态流双孔模型中，根据基岩介质的不同又可分成：

①基岩为板块状双孔模型。

②基岩为球形的双孔模型。

③基岩为圆柱形的双孔模型。

虽然有不同流态的双孔介质，但双孔介质的渗流力学方程都可以化成裂缝中的渗流方程和基岩中的渗流方程。无论哪种介质，裂缝流动中的渗流方程都相同，不同的是基岩中的渗流方程。

（1）稳态流动的双孔介质。

在稳态流双孔介质中，裂缝系统中的流体满足的渗流力学微分方程为：

$$\frac{1}{r}\frac{\partial}{\partial r}\left(r\frac{\partial p_{\mathrm{f}}}{\partial r}\right)=\left(\frac{\phi\mu C_{\mathrm{t}}}{3.6k}\right)_{\mathrm{f}}\frac{\partial p_{\mathrm{f}}}{\partial t}+\left(\frac{\mu}{k}\right)_{\mathrm{f}}q_{\mathrm{mf}} \tag{5－2－74}$$

基岩系统中的流体满足的微分方程为：

$$\frac{(\phi C_{\mathrm{t}})_{\mathrm{m}}}{3.6}\frac{\partial p_{\mathrm{m}}}{\partial t}=-\left(\frac{\mu}{k}\right)_{\mathrm{f}}q_{\mathrm{mf}} \tag{5－2－75}$$

（2）不稳态流双孔介质方程。

基岩为板块状的双孔介质不稳态流动方程也由两部分组成，即裂缝介质所满足的渗流方程和基岩介质满足的渗流方程。其中裂缝系统满足的渗流方程为：

$$\frac{\partial^2 p_{\mathrm{m}}}{\partial z^2}=\frac{(\phi\mu C_{\mathrm{t}})_{\mathrm{m}}}{3.6k_{\mathrm{m}}}\frac{\partial P_{\mathrm{m}}}{\partial t} \tag{5－2－76}$$

式中，h_{m}为板块的厚度，m。

2. 双孔无限大地层试井模型的解

无限大地层中，考虑井筒存储和表皮因子的双孔介质，在Laplace空间上的方程为：

$$\frac{\partial^2\overline{P_{\mathrm{fD}}}}{\partial r_{\mathrm{D}}^2}+\frac{1}{r_{\mathrm{D}}}\frac{\partial\overline{P_{\mathrm{fD}}}}{\partial r_{\mathrm{D}}}=f(u)u\overline{P_{\mathrm{fD}}} \tag{5－2－77}$$

式中，对于不同介质的双孔模型分别给出$f(u)$。

3. 双孔无限大地层试井模型典型曲线

图5－2－59～图5－2－62就是稳态流双孔、基岩为板块不稳态流双孔、基岩为球形的

不稳态双孔和基岩为圆柱形的不稳态流双孔的典型曲线。

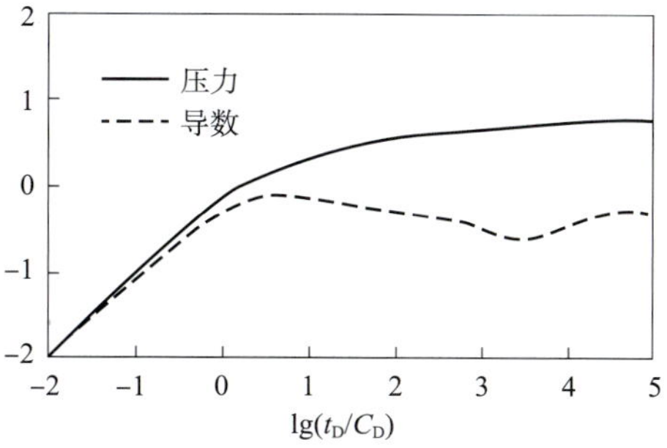

图 5-2-59 稳态流双孔介质典型曲线

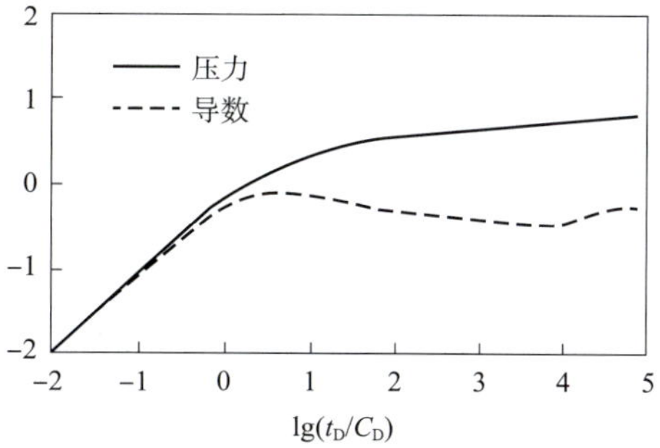

图 5-2-60 板块状双孔介质典型曲线

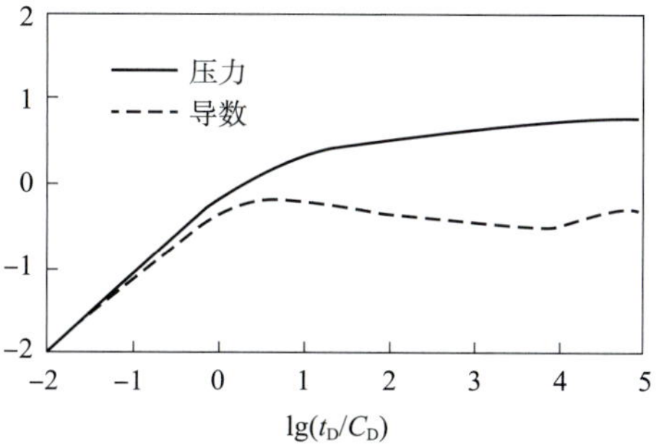

图 5-2-61 球形双孔介质典型曲线

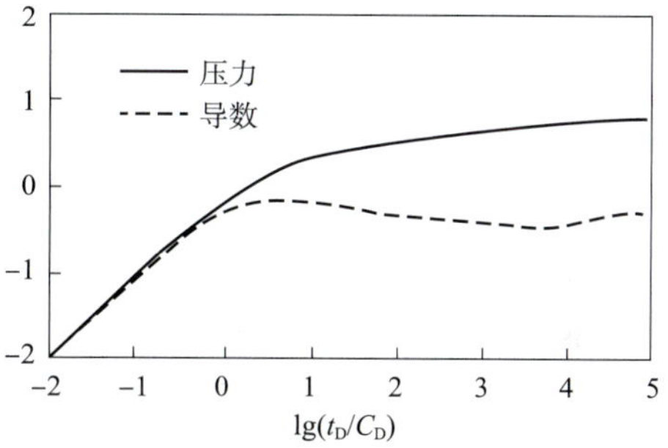

图 5-2-62 柱状双孔介质典型曲线

从图 5-2-59 可以看出，稳态流双孔的典型曲线由 5 部分组成：

第Ⅰ部分为井筒存储段；

第Ⅱ部分为井筒存储向裂缝径向流过渡段，在双对数导数曲线上导数有一峰值；

第Ⅲ段为裂缝径向流段，在双对数导数曲线上表示为有一数值为 0.5 的水平线；

第Ⅳ部分是裂缝径向流向地层总径向流过渡段，双对数导数曲线出现“V”形；

第Ⅴ部分是地层总径向流段，在该段上，双对数导数曲线是一数值为 0.5 的水平线。

稳态流双孔的半对数曲线上会出现两条互相平行的直线段（图 5-2-63）。

图 5-2-60～图 5-2-62 是不稳态流双孔介质，介质分别为板块状，球形和圆柱状的典型曲线，这三组典型曲线非常相似，他们由 5 个部分组成。

第Ⅰ部分是井筒存储段；

第Ⅱ部分是井筒存储向裂缝径向流过渡段；

第Ⅲ部分是裂缝径向流段，在该段上双对数压力导数表现为数值为 0.25 的水平线；

第Ⅳ部分是裂缝径向流向地层总径向流过渡段；

第Ⅴ部分是系统总径向流段，在该段上，双对数导数曲线是一数值为 0.5 的水平线。

对于不稳态流双孔模型，井底压力的半对数曲线上有三条直线段，第二条直线段与第一、第三条直线段相交，第一与第三条直线段平行。第一与第三条直线段斜率是第二条直线段斜率的 2 倍。图 5-2-64 就是板块状基岩不稳态流双孔模型井底压力的半对数图。

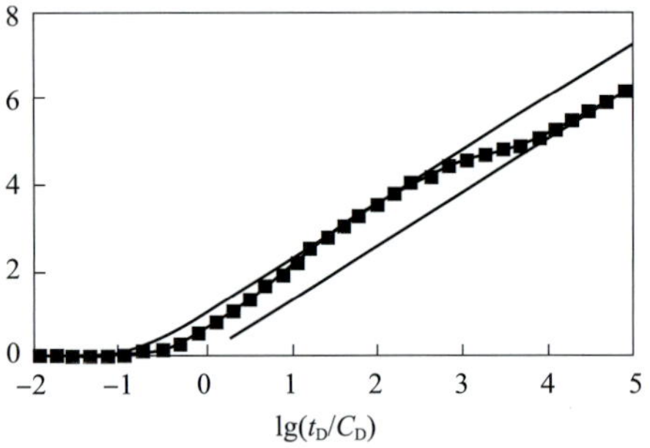

图 5－2－63 稳态流双孔半对数图

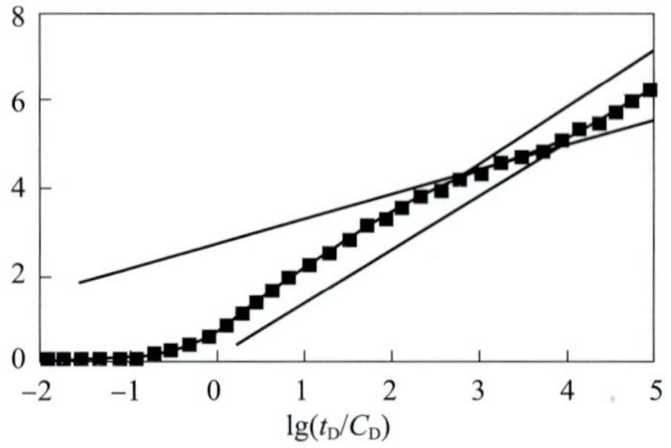

图 5－2－64 不稳态流双孔半对数图

在双孔介质中的典型曲线上，除了 C_De^{2S} 影响典型曲线形状外，ω 和 λe^{-2S} 也影响典型曲线的形状，就稳态流双孔介质而言，ω 主要影响双对数压力导数曲线中“V”字形的深度。ω 越大（最大值为 1），双对数导数曲线“V”字形深度越浅，ω 值越小（最小值为 0），双对数导数典型曲线“V”字形深度越深。λe^{-2S} 主要影响双对数导数曲线“V”字形出现时间的早晚。λe^{-2S} 越大，“V”字形出现时间越早；λe^{-2S} 越小，双对数导数曲线中“V”字形曲线出现越晚。

双孔无限大地层的井底压力试井分析，仍然可分成单产量压力降落试井分析和多级流量（包括压力恢复）压力数据的试井分析。如果是单一产量压力降落数据，只需要对实际的压力进行求导，画出压力及其导数（$\lg\Sigma\Delta t \sim \lg\Sigma\Delta p$）及（$\lg\Sigma\Delta t \sim \lg\Sigma\Delta p'$）的组合双对数曲线。并将这组合的双对数曲线放在双孔无限大地层有 C_D 和 S 图版上进行拟合，给出初步的解释结果。再通过调整有关参数，使得曲线拟合得到最佳效果。最后得到时间拟合值 T_M、压力拟合值 P_M、C_De^{2S}、ω 和 λe^{-2S}。

如果是多级产量下的压力数据试井分析，必须对实际的压力导数进行修正，然后画出压力及其修正导数（$\lg\Sigma\Delta t - \lg\Sigma\Delta p$）及（$\lg\Sigma\Delta t - \lg\Sigma\Delta p'$）的双对数组合曲线，并在压降双孔图版中拟合得到初步的解释结果。调整有关参数，计算多级流量下的典型曲线，并对其导数进行修正。经过多次反复后，得到最佳的曲线拟合效果，最后给出时间拟合值 T_M、压力拟合值 P_M、C_De^{2S}、ω 和 λe^{-2S}。

（二）有边界地层双孔模型

在 Laplace 空间上，无限大双孔地层线源解的压力分布可表示为：

$$\overline{P_D}(r_D, u) = \frac{1}{u}K_0\left(\sqrt{f(u)}\,ur_D\right) \tag{5-2-78}$$

式中，$f(u)$ 由式（5－2－32）～式（5－2－42）给出。

如果双孔地层中有边界（例如地层中有一条断层或定压边界、河道型油藏、角度油藏、U 形油藏和矩形油藏等），可以用映像井的叠加，得到有边界地层中，有井筒存储和表皮效应的井底压力解。

与处理均质有边界地层的井底压力方法相同，在双孔有边界地层中的井底压力可以分成两部分和，一部分是无限大地层双孔介质有井筒存储和表皮效应的解，其解可以通过对式（5－2－44）进行 Laplace 数据反演得到；另一部分是映像井在井底处所产生的压力分布叠加。不同的边界类型，映像井的个数及分布可用第四章均匀地层中相同边界类型得到。在叠加的映像井中，每个映像井所产生的压力分布可由式（5－2－49）的数值 Laplace 反变换得到。

对上式进行 Laplace 数值反演，可以得到双孔介质地层中，有一条断层或供给边线时的井底压力及其导数与时间的数值关系，最后制成典型曲线。

图 5－2－65 是地层中有一断层时，无量纲断层距离对典型曲线的影响。从图中可以看出只要地层中有断层，并且断层已影响到井底压力，那么压力导数曲线就会偏离无限大地层中的导数曲线向上翘。断层距离越大，导数曲线开始上翘的时间越晚。无论断层距离如何变化，当时间趋近于无穷时，压力导数趋近于数值为 1 的水平线。

其他边界的双孔介质油藏，考虑井筒存储和表皮因子的井底压力解，这里就不一一讨论，我们给出一些图形供大家参考。

图 5－2－66 是角度油藏（$\alpha=90°$）双孔介质，有 C_D、S 的井底压力典型曲线，从图中可以看出：如果两边都封闭，当时间趋近于无穷大时，导数曲线趋近于数值为 2 的水平线。当两边有一边或两边是定压时，在边界影响到井底压力后，导数曲线下掉，并趋近于 0。

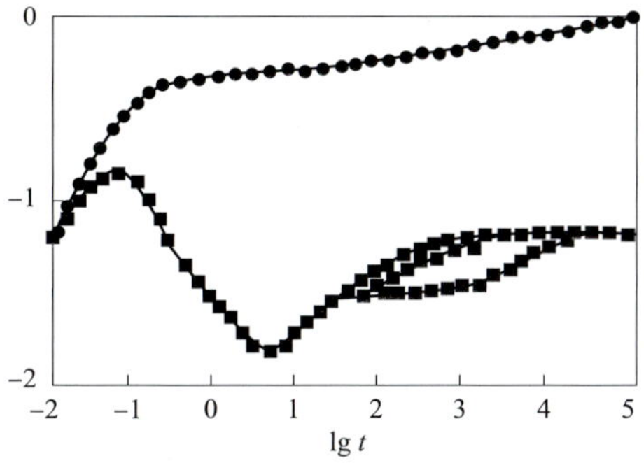

图 5－2－65　不同断层距离对井底压力影响

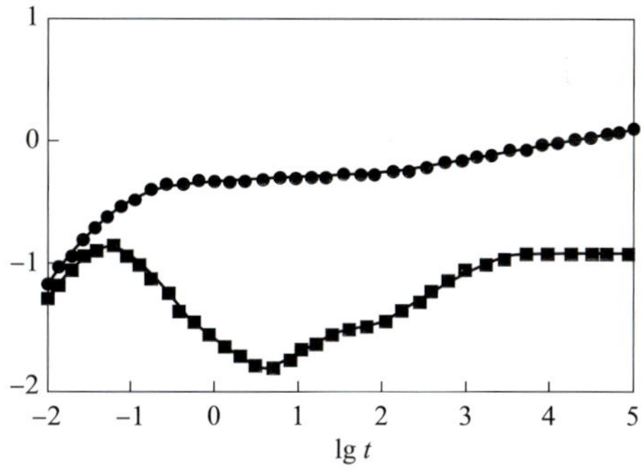

图 5－2－66　角度油藏井底压力双对数曲线

图 5－2－67 是河道形油藏、双孔介质，有 C_D 和 S 井底压力典型曲线，从图中可以看出：如果边果未影响井底压力前，典型曲线与无限大地层相同。当边界影响井底压力曲线时，如果两边都封闭，双对数压力和导数曲线都上翘，并且近似平行也近似成为斜率是 1/2 的直线。当两边是混合边界或两边都定压时，双对数压力曲线变平，双对数导数曲线下掉，并趋近于 0。

图 5－2－68 是双孔介质，U 形油藏有 C_D 和 S 的井底压力典型曲线。从图中可以看出：在边界未影响到井底压力前，井底压力典型曲线与无限大地层的典型曲线相同。当边界影响井底压力曲线后，如果三边都封闭，双对数压力及其导数曲线都上翘。如果三边都定压（一边或数边定压一样），双对数压力曲线变平，压力导数曲线下掉并趋近于 0。

图 5－2－69 是双孔介质，矩形油藏有 C_D 和 S 的井底压力典型曲线。从图中可以看出：在边界，当边界影响井底压力后，对全封闭的矩形油藏双对数压力及其导数曲线都上翘，并且相切成一条斜率为 1 的直线段。如果是全定压（一边或数边定压也一样）油藏，双对数压力曲线变平，双对数导数曲线下掉并趋近 0（图 5－2－70）。

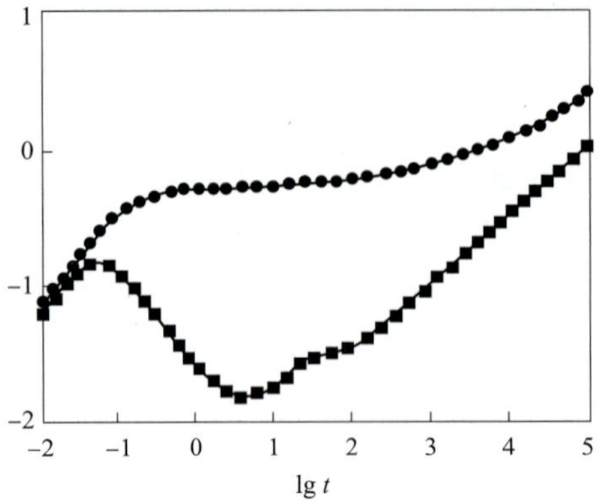

图 5－2－67　河道油藏井底压力双对数曲线

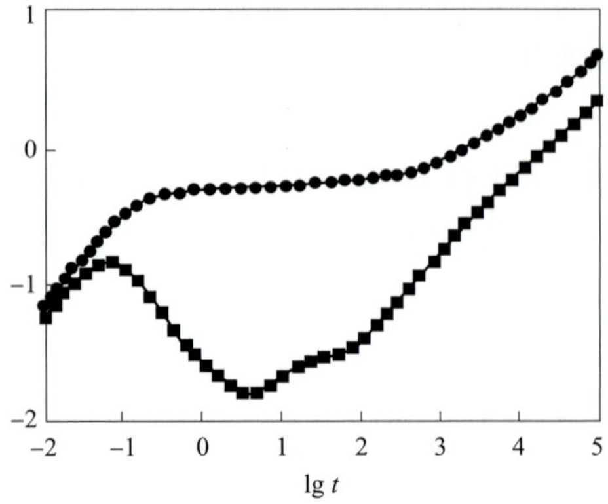

图 5－2－68　U 形油藏井底压力双对数曲线

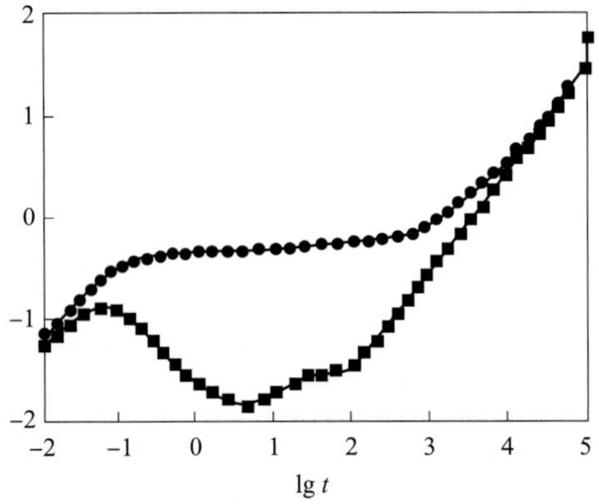

图 5－2－69　全封闭矩形油藏井底压力

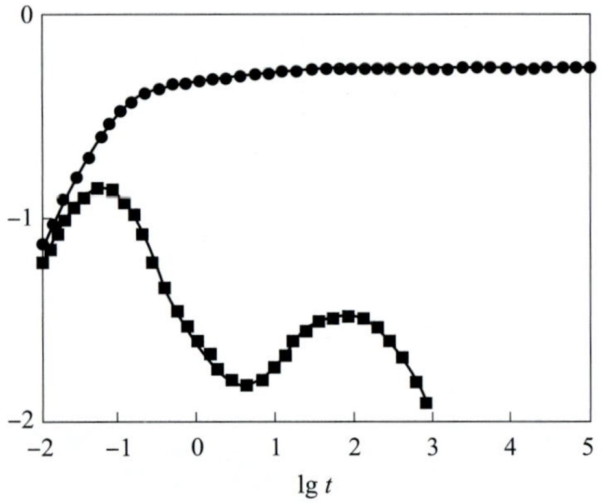

图 5－2－70　全定压矩形油藏井底压力

以上只讨论较简单的情况下，各种有边界油藏的双孔介质典型曲线，很明显井位也会影响双孔介质不同的有边界油藏的典型曲线，由于是双孔介质，井位对典型曲线的影响更大，使得典型曲线变得更加复杂。由于这部分的内容很多，我们不能一一叙述，有兴趣的读者可以运行“DKS2.0 试井软件”来设计不同井位下双孔介质中的井底压力曲线，以便做出比较。

双孔介质油藏中有边界的试井分析方法与均质地层中有边界的试井分析方法相同。对于多流量井的试井分析方法也与均质地层中的相同。

(三) 双孔复合油藏

在双孔介质中，由于某种原因，使得地层中的某些参数，在内外环的区域内发生变化，对于这样区域的试井分析，只能用双孔复合油藏的模型进行描述。下面以圆形或无限大地层为例，说明双孔复合油藏的某些特征。

1. 无限大或圆形有界地层

在有井筒存储和表皮效应的双孔复合油藏中，Laplace 空间上的裂缝系统的压力所满足的方程可以写为：

$$\nabla^2 \overline{P_{\mathrm{fD1}}} = uf_1(u)\overline{P_{\mathrm{fD1}}}(1 \leqslant r_{\mathrm{D}} \leqslant r_{\mathrm{fD}}) \tag{5-2-79}$$

$$\nabla^2 \overline{P_{\mathrm{fD2}}} = uf_2(u)\overline{P_{\mathrm{fD2}}}(1 \leqslant r_{\mathrm{D}} \leqslant r_{\mathrm{fD}}) \tag{5-2-80}$$

式中，$f_1(u)$和$f_2(u)$对于不同类型的双孔模型有不同的表达式。

对方程进行 Laplace 数值反演，最后可以得到双孔复合油藏中，考虑井筒存储和表皮效应时的井底压力与时间的关系数据。根据这些关系数据，可以制成典型曲线。

图 5－2－71 是无限大地层、复合油藏、稳定流双孔井底压力典型曲线，从图中可以看出复合油藏稳定流双孔模型典型曲线的特点。该典型曲线是由 9 个部分组成

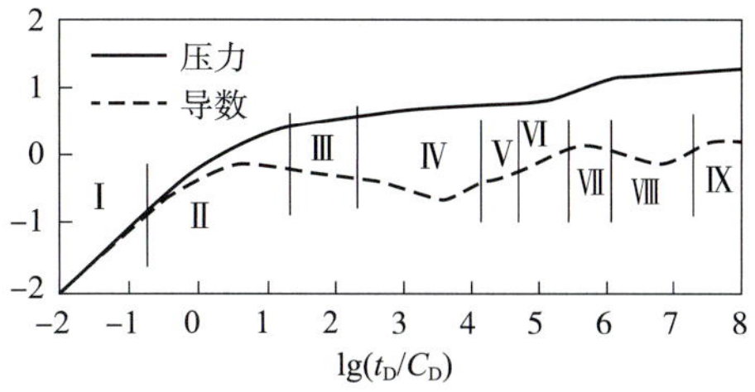

图 5－2－71　无限大地层双孔复合油藏双对数典型曲线

第Ⅰ段是井储控制段；

第Ⅱ部分是由井筒存储向内环裂缝径向流过渡；

第Ⅲ段是内环裂缝径向流段；

第Ⅳ段是内环裂缝径向流向内环总径向流过渡；

第Ⅴ段是内环总径向流段；

第Ⅵ段是内环向外环过渡段；

第Ⅶ段是外环裂缝径向流段；

第Ⅷ段是外环裂缝径向流向总的径向流过渡段；

第Ⅸ段是外环总径向流段。

在这 9 个流动段中，ω_1 控制第一个“V”字形深度（ω_1 越小，“V”字曲线深度越深）；λ_1 控制第一个“V”字形曲线的出现时间（λ_1 越小，“V”字曲线出现越晚）；r_{fD}控制由内环向外环过渡段出现的时间（r_{fD}越大，过渡段出现的时间越晚）；ω_2 是控制外环“V”字形曲线深度（ω_2 越小，“V”字曲线深度越深）；λ_2 是控制“V”字形曲线出现的时间（λ_2 越小“V”字形曲线出现越晚）；M_{12}是控制外环达到总径向流动时的压力导数值（当外环达到系统总径向流动时，其压力导数值为 $M_{12}/2$。

从图 5－2－72 我们可以知道，双对数压力导数图有 4 条水平线，说明在半对数图上会出现 4 条直线段。图 5－2－72 是图 5－2－71 的半对数图，从图中可以看出半对数图上有 4 条直线段，这 4 条直线段可分成 2 组，第一组为第一、二条直线，这两条直线平行；第二组为第三、四条直线，这两条直线也是平行的。两组直线斜率比 m_2/m_1 就是流度比 M_{12}。

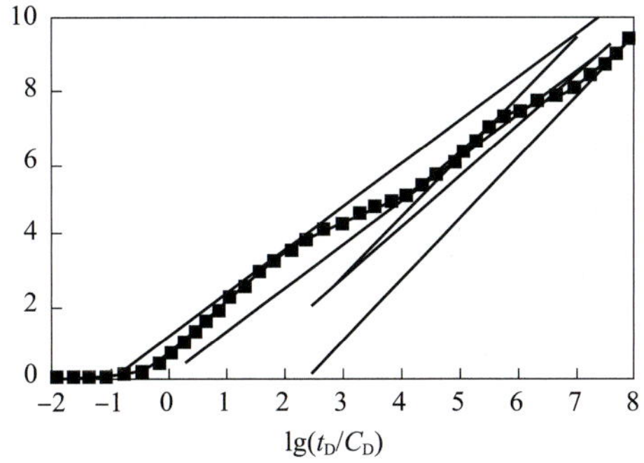

图 5－2－72　无限大地层双孔复合油藏井底压力半对数图

图 5－2－71 和图 5－2－72 是双孔复合油藏中各参数都选得十分恰当时表现出来的典型特征。在大多数情形下，很难得到这种典型曲线特征。因此，双孔复合油藏的曲线特征往往十分复杂，主要是因为双孔复合油藏的曲线参数除 C_De^{2S} 以外，还有 λ_1e^{-2S}、ω_1、λ_2e^{-2S}、ω_2、$r_{fD}e^S$、PC_{12}、M_{12}共 8 个参数，这 8 个参数都会影响典型曲线的形状，综合影响就更加复杂。

2. 双孔介质有界地层

如果是圆形有界油藏（图 5－2－73），井底无量纲压力的典型曲线就更复杂些，但当外边界影响到井底压力时，如果是全封闭油藏，双对数压力及其导数曲线上翘。在流动达到拟

稳态时，压力和导数曲线相切，成为一条斜率为1的直线段。如果是全定压油藏，双对数压力曲线变平，导数曲线下掉（图5-2-74）。其导数值趋近于0。

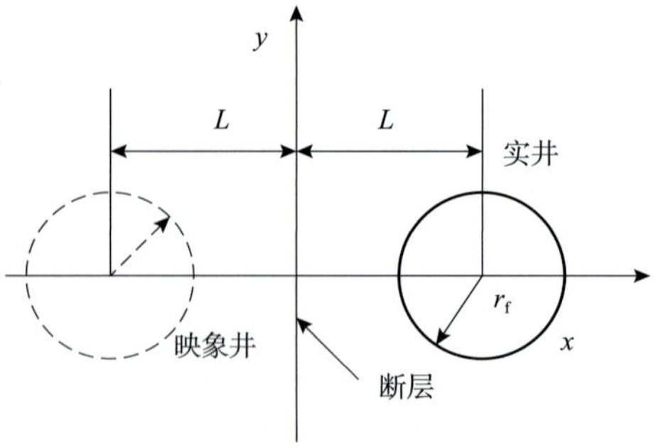

图5-2-73　双孔复合圆形油藏典型曲线

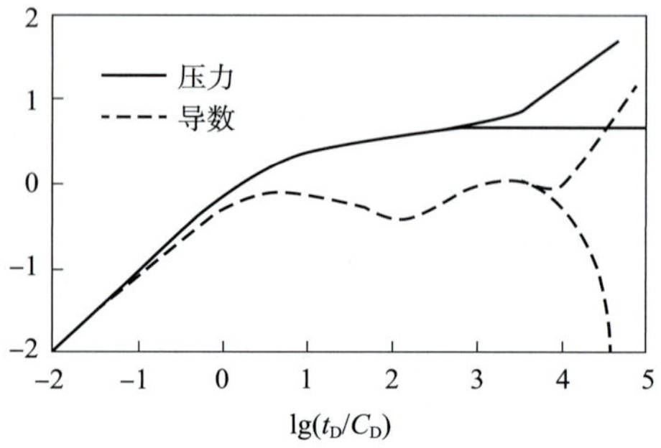

图5-2-74　双孔复合油藏中有一条断层时的实井及映像井位置图

如果是由直线构成的定压或封闭边界油藏，我们仍然使用叠加映像井的方法来构造井底压力的表达式。对直线所构成不同类型的边界（半无限大地层、角度油藏、河道形油藏、U形油藏、矩形油藏），映像井的个数及方位等与均质地层相同，这里就不再多叙。所不同的是无限大地层中的线源解，在地层中产生的压力分布。下面将给出无限大地层中，双孔、复合油藏线源解在地层中所产生的压力分布。

考虑表皮因子和井筒存储以后，由直线所构成边界的井底压力可用两部分之和来表示，一部分是双孔、复合无限大地层的井底压力，另一部分是由映像井的叠加在井底处产生的压力分布，每个映像井在井底处产生的压力分布由式（5-2-61）给出。

由直线所构成的地层，考虑表皮因子和井筒存储后，典型曲线形状十分复杂，影响参数也很多，无法一一给出，有兴趣的读者可以根据方程（5-2-59）和方程（5-2-61）去计算分析。

（四）双渗油藏

1. 方程及其解

考虑无限大油藏中心一口油井，分别有两层渗透率不同的地层向油井供液，两层之间有流体窜流，如图5-2-75所示。假设：

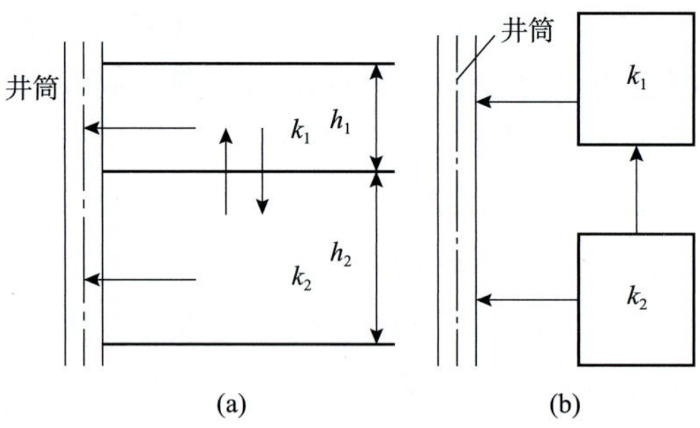

图5-2-75　双渗油藏示意图

（1）岩石和流体为微可压缩，地层中流体为单相。

（2）流体渗流满足达西流动。

（3）两层之间流体窜流为拟稳态，并采用Warren-Root窜流模型。

（4）考虑表皮效应和井筒存储效应。

（5）每层都不存在纵向渗流。

根据以上的假设，我们可以写出，考虑表皮效应和井筒存储效应时，无限大地层中的双渗油藏，地层压力所满足的方程及定解条件：

$$\left(\frac{kh}{\mu}\right)_1 \nabla^2 = (\phi C_t h)_1 \frac{\partial p_1}{\partial t} - \alpha\left(\frac{k}{\mu}\right)_2 (p_2 - p_1) \tag{5-2-81}$$

$$\left(\frac{kh}{\mu}\right)_2 \nabla^2 p_2 = (\phi C_t h)_1 \frac{\partial p_2}{\partial t} - \alpha\left(\frac{k}{\mu}\right)_1 (p_2 - p_1) \tag{5-2-82}$$

对方程无量纲化以后，采用 Laplace 变换，在 Laplace 空间上，获得无量纲井底压力的表达式，再进行 Laplace 数值反演，最后可得到井底压力与时间的无量纲关系。并制成双渗油藏的典型曲线。有关双渗油藏典型曲线更详细情况，请参阅 DKS2.0 软件。

2. 试井分析方法

双渗无限大地层的井底压力试井分析，仍然可分成单产量压力降落试井分析和多级流量(包括压力恢复）压力数据的试井分析。如果是单一产量压力降落数据，我们只需要对实际的压力进行求导，画出压力及其导数（$\lg\Sigma\Delta t-\lg\Sigma\Delta p$）及（$\lg\Sigma\Delta t-\lg\Sigma\Delta p'$）的组合双对数曲线。并将这组合的双对数曲线放在双渗无限大地层有 C_D 和 S 图版上进行拟合，给出初步的解释结果。再通过调整有关参数，使得曲线拟合得到最佳效果。最后得到时间拟合值 T_M、压力拟合值 P_M、$C_D e^{2S}$、ω 和 λe^{-2S}。

如果是多级产量下的压力数据试井分析，必须对实际的压力导数按式进行修正。然后画出压力及其修正导数（$\lg\Sigma\Delta t-\lg\Sigma\Delta p$）及（$\lg\Sigma\Delta t-\lg\Sigma\Delta p'$）的双对数组合曲线，并在压降双渗图版中拟合得到初步的解释结果。调整有关参数，计算多级流量下的典型曲线，并对其导数进行修正。经过多次反复后，得到最佳的曲线拟合效果，最后给出时间拟合值 T_M、压力拟合值 P_M、$C_D e^{2S}$、ω 和 λe^{-2S}。

无论是单一产量压力降数据，还是多级产量（包括关井压力恢复）压力数据，只要得到拟合参数，都可以计算出井筒及地层参数。

第三节　生产数据试井分析方法识别地层物性参数

一、生产制度平稳的油气井试井分析方法

(一) 数据归一化

由于渗透率极低很难得到径向流，因此非常规油气井的压力恢复测试能提供近井地带的储层信息，而很难得到远井地带的信息，所以非常规油气井进行压力恢复测试次数也较少。通过长期生产数据的分析能更有效地解释得到裂缝形态、泄流体积大小、地下流体流动状态关键信息。利用流量重整压力方法（RNP）可以对非常规油气井的长期生产数据进行分析。

对于气体，采用气体的拟压力代替压力，进行流量重整拟压力计算：

$$RNm(P) = \frac{\Delta m(p)}{q} = \frac{m(p_i) - m(p_{wf})}{q} \tag{5-3-1}$$

将流量重整压力或是流量重整拟压力针对物质平衡时间（即累积产量除以瞬时产量）的自然对数求导，得到导数：

$$RNP' = \frac{\mathrm{d}RNP}{\mathrm{d}\ln(t_e)} = \frac{\mathrm{d}RNP}{\mathrm{d}(t_e)}\frac{\mathrm{d}(t_e)}{\mathrm{d}\ln(t_e)} = t_e\frac{\mathrm{d}RNP}{\mathrm{d}(t_e)} \tag{5-3-2}$$

$$RNm(P)' = \frac{\mathrm{d}RNm(P)}{\mathrm{d}\ln(t_e)} = \frac{\mathrm{d}RNm(P)}{\mathrm{d}(t_e)}\frac{\mathrm{d}(t_e)}{\mathrm{d}\ln(t_e)} = t_e\frac{\mathrm{d}RNm(P)}{\mathrm{d}(t_e)} \tag{5-3-3}$$

因为流量重整压力（或拟压力）将总体上持续降落的压力和流量过程转化成与其等效的常产量压降过程，所以将流量重整压力（或拟压力）和其对应的导数曲线与物质平衡时间在双对数坐标中进行绘图，便可以利用试井分析理论对其进行分析。

（二）流场分析

随着生产时间的延长，多级分段压裂的页岩气水平井一般会连续出现不同的流动状态，即流场。由于可能持续时间过短、出现的太早或太晚，部分流场在实际的生产数据分析中可能看不到。理论上会出现以下流场形态：双线性流、线性流、复合线性流、“拟”拟稳态流、“拟”径向流、拟稳态流（图5-3-1）。

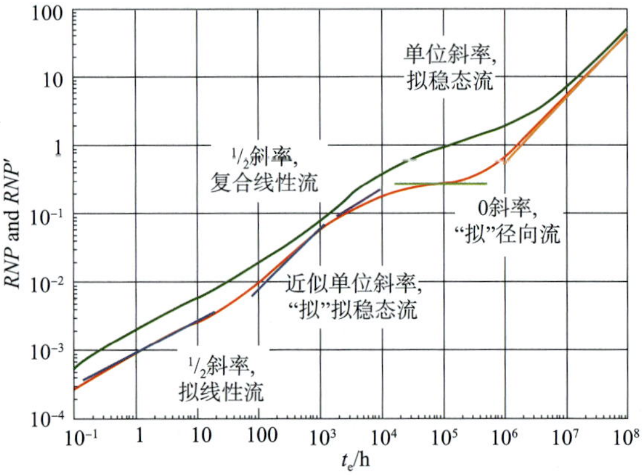

图5-3-1　分段压裂水平井流场演化 RNP 形态

早期的裂缝内线性流动：由于水力裂缝的存在，早期的流动会以裂缝内部的线性流动为起始。流体沿着裂缝面垂直于井筒方向流动（表5-3-1）。但是由于该流场出现很早，且因为持续时间很短，在实际生产数据中很难观察到，或者是被储集效应掩盖。

地层—裂缝双线性流动：如果裂缝的导流能力不高，有可能出现地层-裂缝双线性流动。其中，流体在水力裂缝中的流动垂直于井筒方向，在地层中的线性流动垂直于水力裂缝面。这两个线性流动方向相互垂直，并且压力梯度相差不多的时候，在诊断曲线中就会出现双线性流的特征（表5-3-1）。

地层线性流动：随着流动时间的增加，地层中的线性流动的压降将会逐渐增大，一般很快就能远远超过水力裂缝中的压降，进而形成地层主导的线性流动。这种地层线性流在非常规油气井的生产中可能会持续很多年，有的非常规油气井到停产为止可能都一直处于地层线性流阶段。地层线性流持续的时间一般与地层的渗透率和水力裂缝的距离有关（表5-3-1）。

单裂缝拟径向流动：随着地层线性流的进行，压力波前缘将会向远离裂缝面的地层深处扩散，如果裂缝的长度相对于裂缝间距较小，或者说裂缝的长度比间距小，有可能形成围绕单个水力裂缝的拟径向流（表5-3-1）。

拟拟稳态流（改造体积内消耗）：在地层线性流动发生一段时间之后（一般需要几个月甚至几年时间），裂缝间的干扰发生以后，压力基本上将在分段压裂水平井所控制的改造页岩体积内发生消耗。由于改造体积外有效渗透率极低，导致压力波向改造体积外扩散的速度很慢，导致在相当长的一段时间内压力在压裂体积内部进行消耗，其特点类似于在有限的储层范围内进行的压力损耗，即拟稳态流动。如果非常规油气井采用平台开发策略，即若干口井平行排列，那么单井可能由于临井的压力波扩散在四周形成压力波对冲导致的等效无流量边界，那么拟拟稳态流就会转化成拟稳态流（表5－3－1）。

复合线性流：如果在很长时间之后非常规油气井依然能够进行生产，对于单井模式，压力波理论上可以穿越改造页岩体积在更大的地层范围中进行传播。由于一般情况下水平井段与裂缝长度的比（改造页岩体积的长宽比）一般都比较大，一旦压力波扩展出改造页岩体积，就会形成主要垂直于水平井筒方向的复合线性流（表5－3－1）。

环改造页岩体积的拟径向流（不易出现）：理论上如果压力波在复合线性流形成之后继续扩散，在更加广的地层范围内会形成环绕整个改造页岩体积的拟径向流（表5－3－1）。时间越向后推移，其流场形态越接近径向流，因为压力波的传播范围逐渐增大而改造体积的大小相对压力波传播范围逐渐渺小。

如果在远处有实际的地质边界，如封闭性的断层、地层尖灭、地层的不整合、构造的尖灭或是不整合，压力波在还改造页岩体积的拟径向流之后可能触碰边界，导致边界效应的出现。

表5－3－1 页岩气水平井流态汇总表

流态名称	流态流动示意图	规整化压力/导数曲线流态图版
双线性流	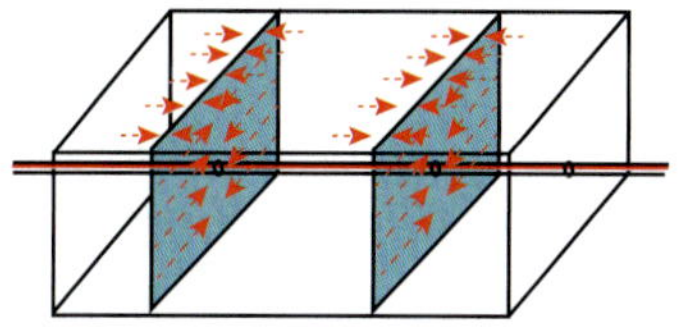	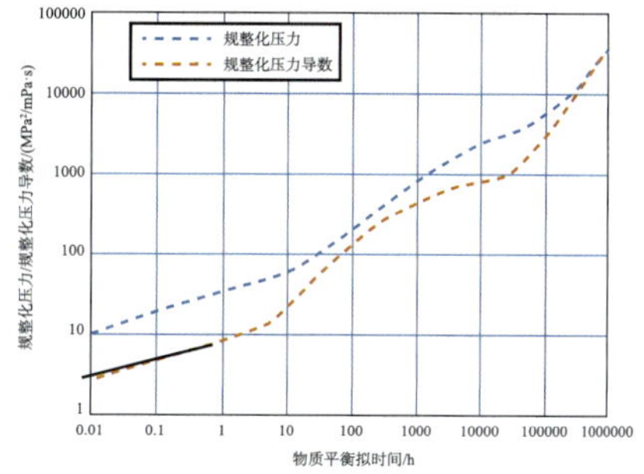
线性流	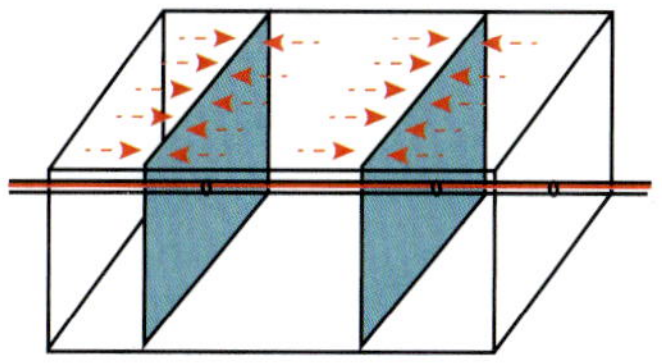	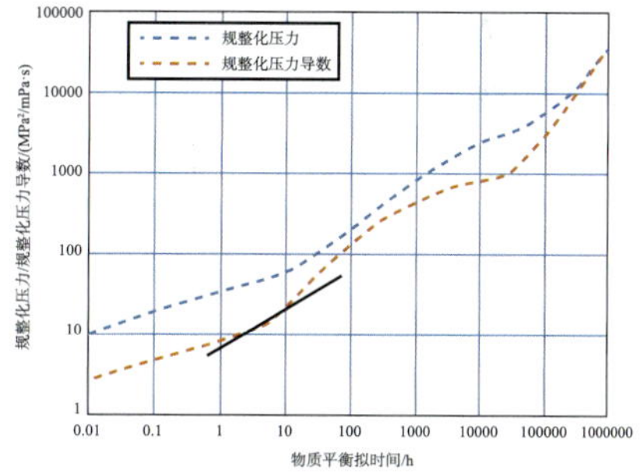
改造体积内拟稳态流	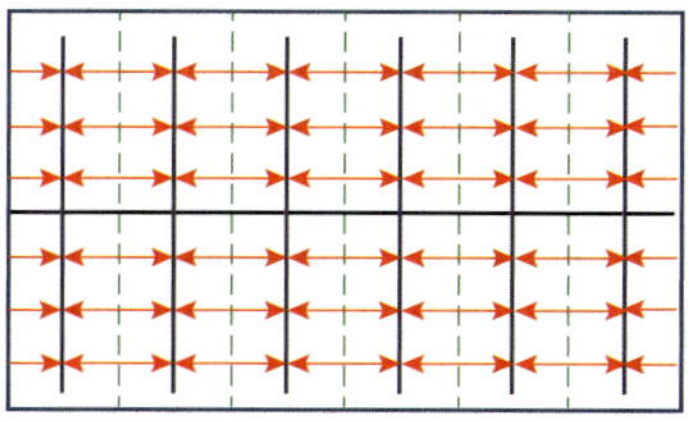	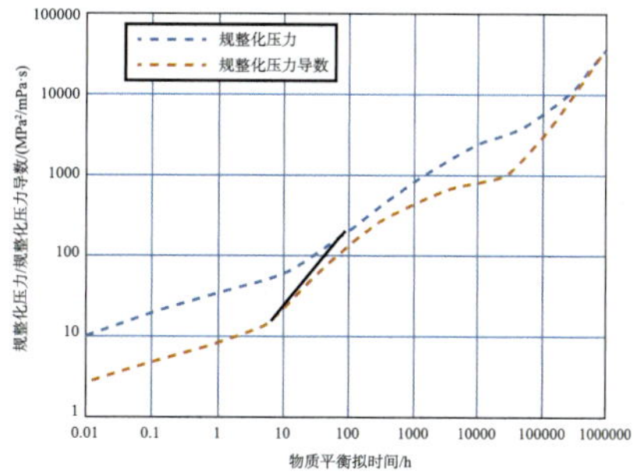

续表

流态名称	流态流动示意图	规整化压力/导数曲线流态图版
复合线性流	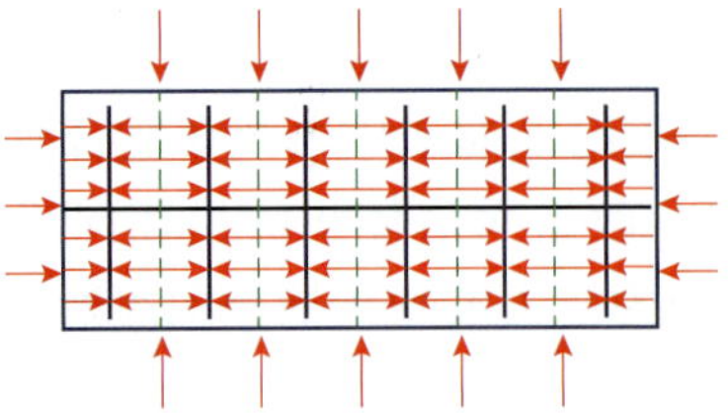	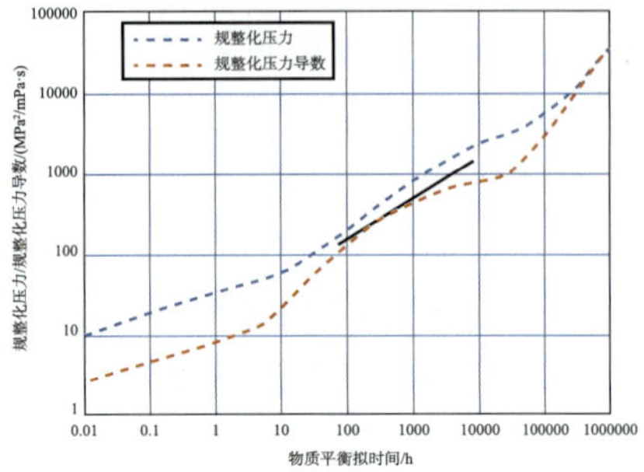
改造体积外拟径向流	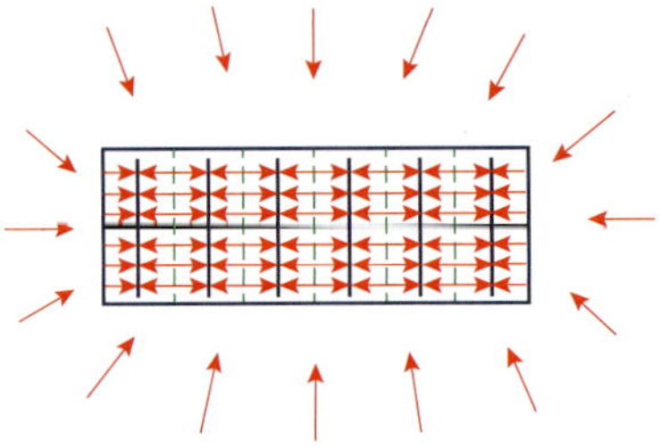	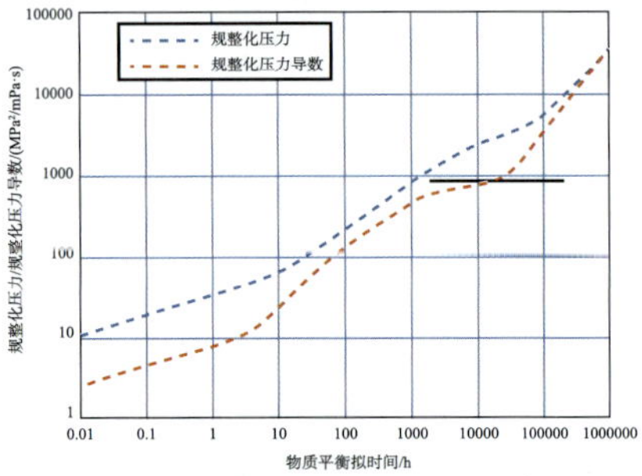
边界拟稳态流	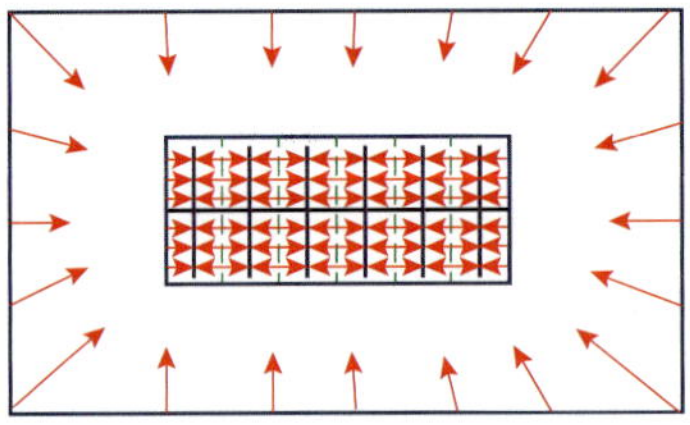	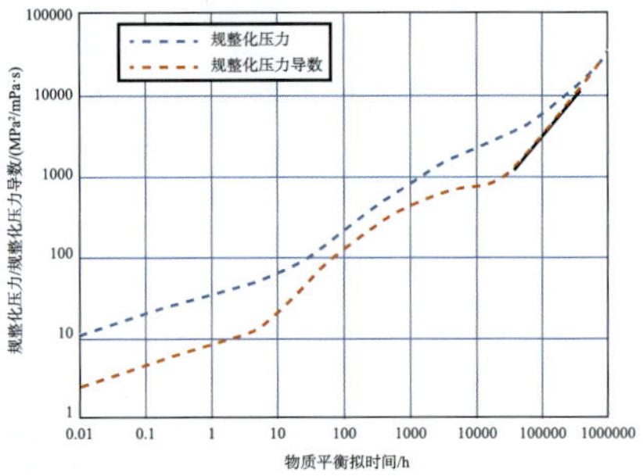

那么，完整的流场变化状态可以利用流量重整压力曲线和其导数曲线进行识别（表5－3－1）：最开始的流场是裂缝内部的线性流动，流量重整压力和导数曲线在双对数坐标都呈1/2斜率，但是由于持续时间十分短，体现的不明显；如果裂缝的导流能力不高，在裂缝内部的线性流动之后，会产生由于裂缝线性流和地层线性流正交导致的双线性流阶段，流量重整压力和导数曲线在双对数坐标都呈1/4斜率；随着时间推移，地层的线性流动越来越占据主导地位，就会出现垂直于水力裂缝地层线性流，流量重整压力和导数曲线在双对数坐标都呈1/2斜率；当导数曲线在代表地层线性流的1/2斜率偏离时，表明缝间干扰发生了，随后，流量重整压力和导数曲线在双对数坐标都呈近似于1的斜率，并且两条曲线有一起聚拢的趋势，这就是拟拟稳态流阶段，代表了压力基本控制在改造页岩体积内进行消耗；如果能够继续生产，可以看到压力波传播到改造页岩体积之外的复合线性流，流量重整压力和导数曲线在双对数坐标都呈1/2斜率；之后是环绕改造页岩体积的拟径向流阶段（导数斜率为0）和外边界引发的边界效应。

（三）参数求解

（1）在地层线性流阶段。

井底压力高时，可以用气井的压力数据，绘制产量重整化压力及导数与物质平衡时间的双对数图，有如下关系：

$$n_f x_f \sqrt{k} = \left(\frac{724\, q_g \overline{B_g}}{m_{LF} h}\right)\sqrt{\frac{\overline{\mu_g}}{\phi\, \overline{c_t}}} \tag{5-3-4}$$

式中，$mRNP-LF$ 是流量重整压力与物质平衡时间的1/2次方在直角坐标上所作出的直线的斜率；$mRNm(P)-LF$ 是流量重整拟压力函数与有效时间（物质平衡时间）的1/2次方在直角坐标上所作出的直线的斜率。

可以看出，如果已知地层的渗透率（或者裂缝长度），就可以通过地层线性流阶段的数据求解得到裂缝长度（或者渗透率）。

（2）缝间干扰出现时。

由于压力波沿线性传播符合以下公式：

$$x_i = 2\sqrt{\frac{kt}{948\phi\, \overline{\mu_g}\, \overline{c_t}}} \tag{5-3-5}$$

则根据已知的裂缝间距和观察到的缝间干扰时间，可以预测页岩地层的渗透率：

$$k = \frac{948\phi\, \overline{\mu_g}\, \overline{c_t} x_s^2}{16\, t_{int}} \tag{5-3-6}$$

式中，x_s是裂缝间距；t_{int}是缝间干扰出现的时间。

（3）“拟”拟稳态流阶段。

当流场演化进入“拟”拟稳态流阶段，可以近似地将其视作拟稳态流，进而利用该流场阶段的生产数据计算井控的SRV体积。对于压力较高的气体，有：

$$\frac{\mathrm{d}RNm(p)}{\mathrm{d}t_e} = \frac{RNm(p)'}{t_e} = \frac{2.36T}{\overline{\mu} \overline{Z} V_p \overline{c_t}} \tag{5-3-7}$$

通过改造页岩体积的计算，从而推算有效的裂缝长度：

$$x_f = \frac{V_p}{2L\Delta\phi} = \frac{41.7\, \overline{B_g} t_e}{2L\Delta\phi\, \overline{c_t} RNP'} = \frac{2.36T\, t_e}{2L\Delta\varphi\, \overline{\mu} \overline{Z} \overline{c_t} RNm(P)'} \tag{5-3-8}$$

（4）吸附对参数计算的影响。

吸附指数能够修正由于吸附气解吸附造成的压力波前缘传播的延缓和气体产量的增加。吸附指数的经验计算公式为：

$$A_c = \left(\frac{6875.34}{p_i} + 2.4298\times 10^{-4} p_i - 0.1992\right)\phi^{-1.0215} \tag{5-3-9}$$

考虑吸附气体的影响时，吸附指数 $I_{ads}>1$，那么从长期生产数据解释所得到的视孔隙体积将比真实的改造孔隙体积大，相应的，视有效裂缝半长也大于实际的有效裂缝半长；而视有效渗透率要大于真实的有效渗透率。

二、生产制度突变的生产数据试井分析方法

生产数据试井能反映油气井的远井信息，特别是对非常规油气井而言，由于压力恢复试井难以出现径向流，生产数据试井分析极为重要，但也有局限性。对于国外非常规油气井，生产

制度普遍平稳，生产数据试井分析适用性好；而对国内生产制度突变或频繁变化的非常规油气井适用性很差，这主要是因为不断变化的生产制度破坏了物质平衡时间的单调性。

如图 5－3－2 所示，对于国外非常规油气井，由于生产制度基本不发生大的变化，物质平衡时间与生产时间之间呈良好的相关性，因此，生产数据试井分析曲线比较平滑，容易拟合；对于国内非常规油气井，由于生产制度经常调整、突变，物质平衡时间与生产时间相关性差，因此，生产数据试井分析曲线波动大，拟合困难。

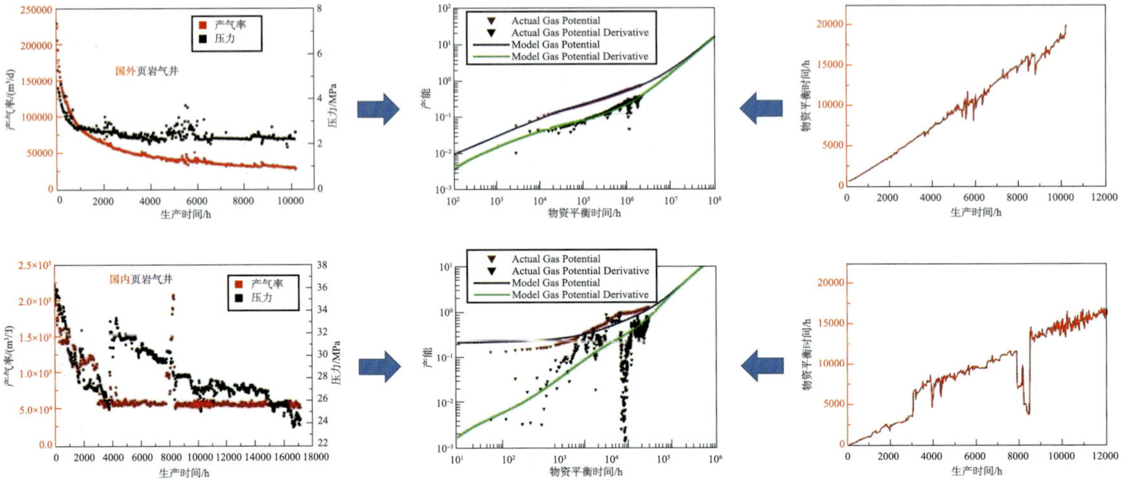

图 5－3－2　国内外油气井生产数据试井对比

针对生产制度突变的非常规油气井，形成了基于累积量的新型双对数图版和参数反演方法。页岩气地面测量的压力及流量数据都随时间变化，目前所有的分析方法都是基于时间进行各种变换，如双对数压力与导数及半对数分析采用 $\lg(t)$，线性流分析采用$\sqrt{t}$，双线性流分析采用$\sqrt[4]{t}$，球形流分析采用 $1/\sqrt{t}$等，同时将流量作为一个常数出现在方程的系数中。如果流量也是时间的函数，如果仍然基于时间进行各种变换，流量因为不是常数，目前常规分析方法的所有公式就不正确。为此，我们提出基于累积量进行各种变换，其定义为：

$$V(t) = \int_0^t q(\tau)\,\mathrm{d}\tau \tag{5-3-10}$$

当产量是常数时，采用时间作为基本变量与采用累积量作为基本变量，压力随时间变化图与压力随累积量变化图形态是一致的。以下的研究可以看到，当产量随时间变化时，也会有同样的结论。因此，采用累积量作为分析基础变量的优点有：

（1）考虑了流量随时间的变化，避免了流量不是常数带来的各种麻烦。

（2）累积量是一个随时间变化的量，不仅可以代替时间作为基础变量，也是随时间的单调递增函数。

（3）同一口井，压力恢复数据、地面压力与流量的数据，压力恢复基于时间的压力及导数双对数图，以及地面压力与流量的数据中基于累积量的压力及导数双对数图具有相似性，表明：地面压力与流量的数据如果以累积量作为基本变量可以解释出地层参数（图 5－3－3）。

（4）有累积量与压力的关系方程，可以直接进行产能预测，避免了试井分析求参，采用渗流公式再计算产能带来二次误差等（图 5－3－4）。

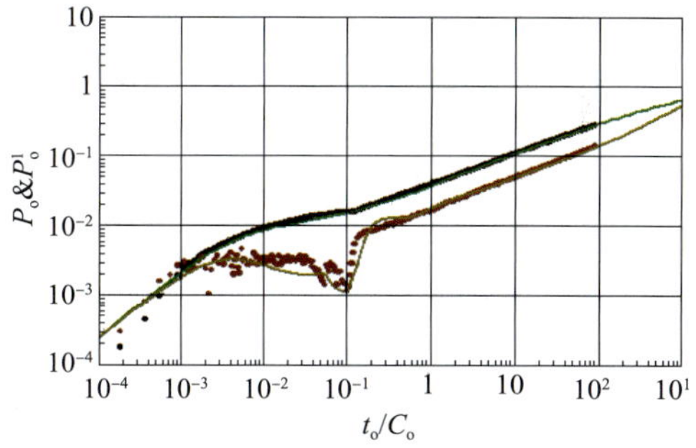

图5-3-3　压力恢复双对数曲线

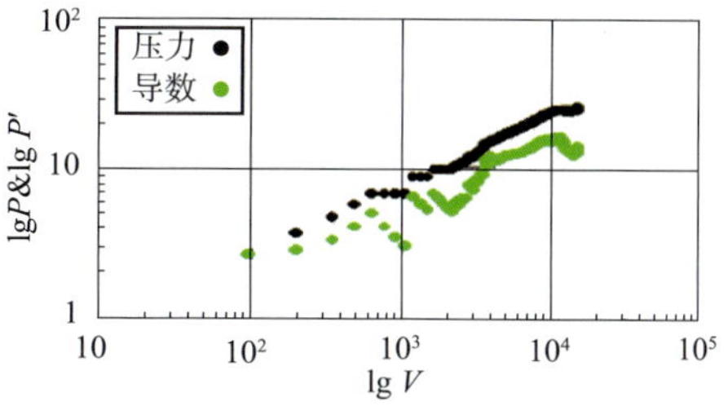

图5-3-4　基于累积量的试井双对数曲线

压力及导数双对数图可以判断径向流，对裂缝井可以判断线性流等如图5-3-5和图5-3-6所示。

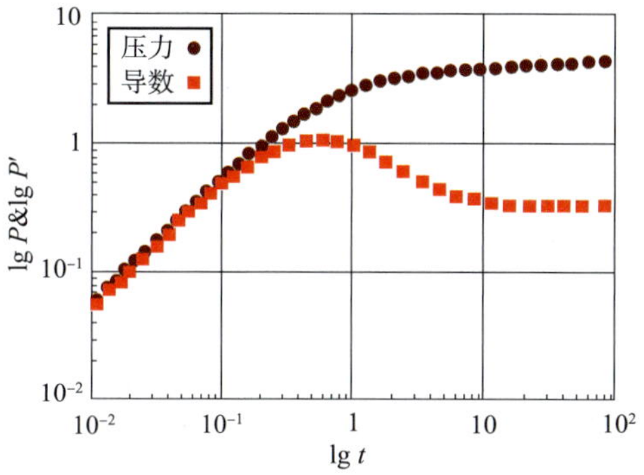

图5-3-5　径向流双对数图

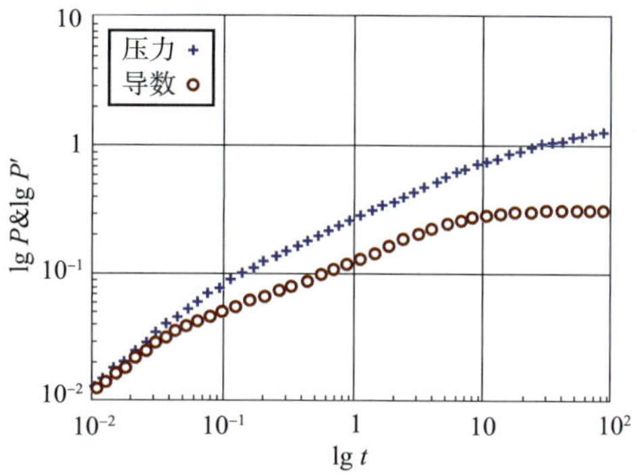

图5-3-6　线性流双对数图

由于累积量与时间基本参数有一致性，我们认为对变流量的压力采用累积量作为基本量，也可以进行曲线诊断。

利用2口井的数据进行了对比，这两口井都进行了压力恢复测试，同时也录取了地面压力和流量数据。图5-3-7及图5-3-8分别给出了相关的对比图，从图中可以看出，虽然以时间为基本参数的压力及导数双对数图来源于压力恢复测试资料，而以累积量为基本参数的压力及导数双对数图来源于地面试采数据，但同一口井曲线反映了同样的特征，说明以累积量为基本参数的压力及导数双对数图可以用于曲线诊断，即从以累积量为基本参数的压力及导数双对数图上可以判断裂缝、径向流及边界等。建立多种图版的坐标形式、自由组合，可满足实际生产中各类压力及流量变化的需要。

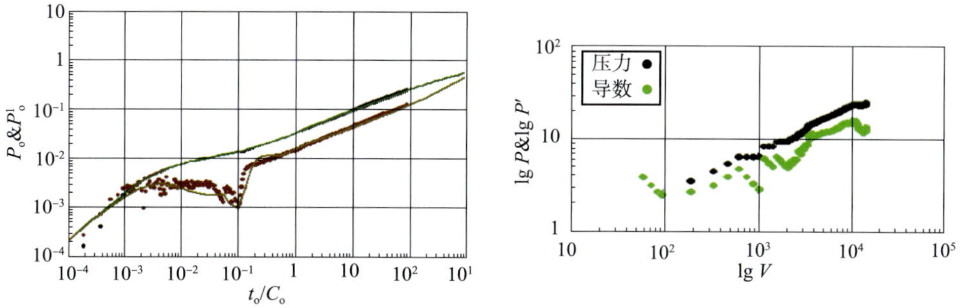

图5-3-7　压力及导数图与累积量下的压力及导数双对数图1

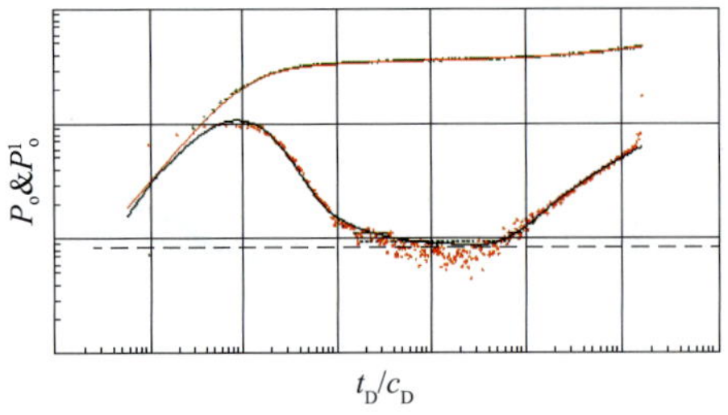

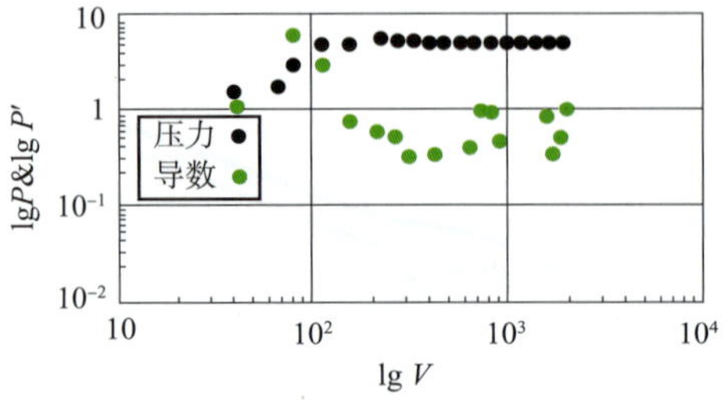

图 5 -3 -8　压力及导数图与累积量下的压力及导数双对数图 2

三、生产制度频繁变化的油气井试井分析方法

为了尽可能掌握生产制度频繁变化对油气井数据历史拟合产生的影响，采用虚拟等效时间对原始地层标准压力进行修正。

原始地层压力为 p_i 的油气井生产一段时间 t_p 后，会产生压降漏斗，对于全封闭地层，由压降漏斗可计算得到平均压力 $\bar{p}$。如果关井一段时间后再开井（或改变工作制度）生产，此时原始地层压力已经发生了变化，若继续使用 p_i 进行计算，必然会存在误差。通过定义了虚拟等效时间 t_e，将关井时刻的平均压力 $\bar{p}$ 代替下一生产阶段的原始压力，合理地修正了生产制度频繁变化对生产数据拟合的影响。

如图 5 -3 -9 所示，图中实线部分为一段生产压力历史，t_0 为生产开始点，t_1 为关井时间点，t_2 为开井时间点，p_i 为原地地层压力，$\bar{p}$ 为 t_1 时刻的平均压力。在开井点 t_2 处，将压力历史以定流量的方式逆推至 $\bar{p}$，对应的时刻即为虚拟等效时间 t_e，其物理意义为：将开井之前的压力数据，转换为平均地层压力为 $\bar{p}$，从 t_e 时刻起，以 t_2 时刻的流量 q_2 开始生产至 t_2，再按原始生产数据继续生产。通过这种方式，将存在开关井（或改变工作制度）的数据等效转换为分段连续数据，合理修正了原始地层压力，还大大减少了累积误差。

如图 5 -3 -10 所示，图中实线部分为一段生产标准压力历史，其中 t_1 为关井时间点，t_2 为开井时间点，$\overline{m}_{t_1}$ 为 t_1 时刻的平均标准压力。将 $\overline{m}_{t_1}$ 视为原始标准压力 m_i，得到 t_2 时刻的无量纲压力 m_{Dt_2}，通过图 5 -3 -10 所示的图版，找到对应的无量纲时间 t_D，通过转换为实际时间即为虚拟等效时间 t_{e1}。

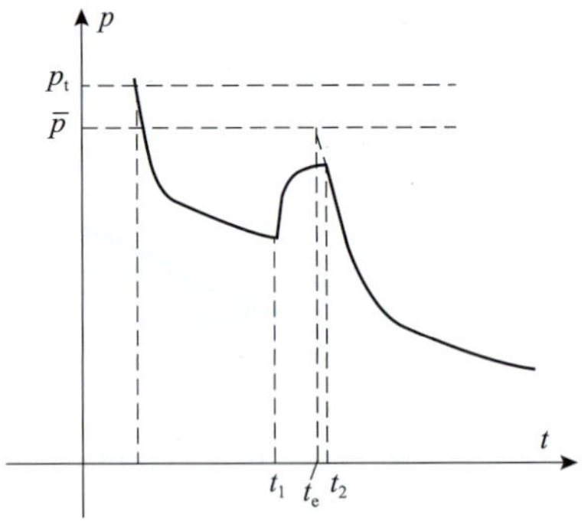

图 5 -3 -9　虚拟等效时间的定义

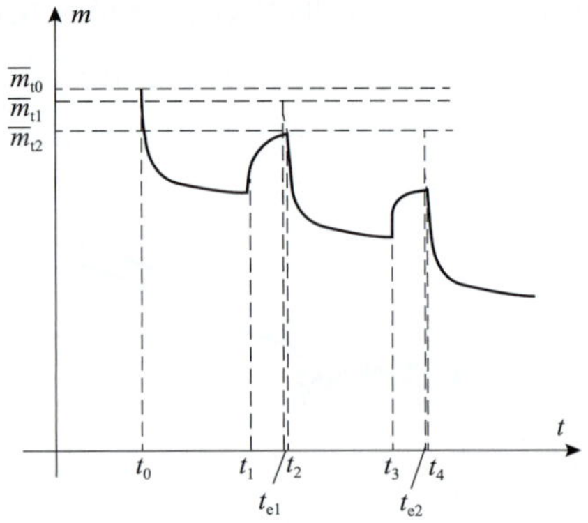

图 5 -3 -10　原始地层标准压力修正示意图

引入虚拟等效时间后，我们可以将开井后（$t > t_2$）的数据视为从时刻 t_{e1} 开始，原始地层标准压力为$\overline{m}_{t_1}$，以流量 q_{t2} 定流量生产至 t_2 时刻，再按原始生产数据继续生产。通过这种等效转换方式，将原本存在开关井等影响的间断数据变成了分段连续数据，再通过分段拟合的方式进行历史拟合。如此一来，不仅合理修正了开关井等对原始地层标准压力的误差干扰，还将存在间断、波动的历史数据转换为分段连续数据，减少了累积误差。其中 $\overline{m}_{t_0}$ 即为上一段开关井数据中关井点的地层平均标准压力（若之前没有开关井，则为原始地层标准压力）。

如果数据存在多次开关井，则可分别对每个开关井段，按上述方法对原始地层标准压力进行修正，并折算虚拟等效时间，具体过程如图 5－3－10 所示。

以某井为例，选择采用虚拟等效时间法和不采用虚拟等效时间法进行历史拟合，其压力及流量历史拟合结果见图图 5－3－11～图 5－3－14。对比可以明显看出，采用虚拟等效时间方法，所得到的历史拟合结果更好。

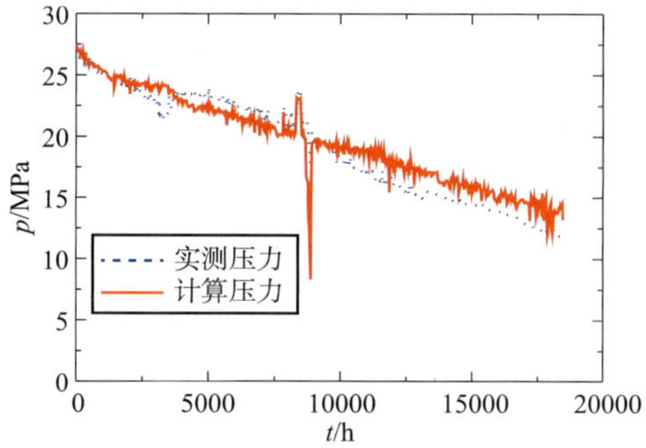

图 5－3－11　未经虚拟等效时间修正的压力历史拟合

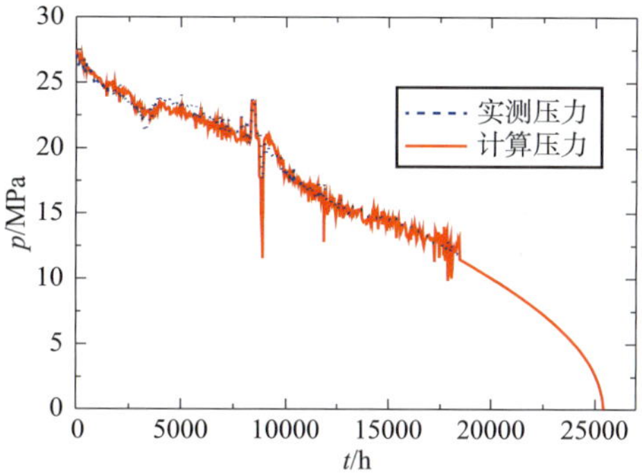

图 5－3－12　虚拟等效时间修正过的压力历史拟合结果及预测

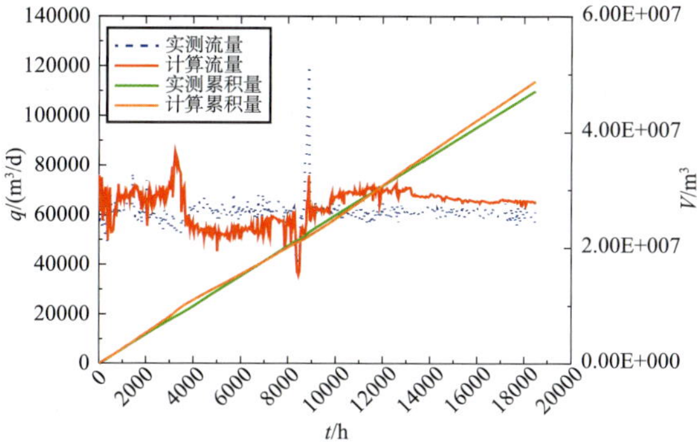

图 5－3－13　未经虚拟等效时间修正的流量历史拟合

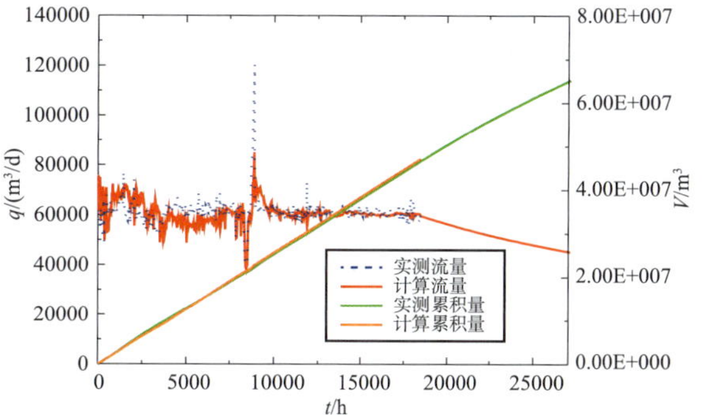

图 5－3－14　虚拟等效时间修正过的流量历史拟合结果及预测

第四节　多相流不规则裂缝油气井试井分析模型

非常规油气井试井分析模型需要考虑水平井段的几何形态、裂缝的形态和位置、储层类型、地下流动特征、流体类型、外边界条件、井筒条件等因素（表 5－4－1）。

表 5-4-1　非常规油气井试井分析模型建模考虑因素

项目	内容
水平井形态	规则水平段井径；非规则水平段井径
裂缝形态	非对称；不等长；不等间距；倾斜
地质类型	均质；复合；双重孔隙介质
外边界条件	无限大；有限大封闭边界；有限大定压边界
裂缝导流	无限导流能力；有限导流能力
井筒	线源井筒；有体积井筒＋表皮
流体类型	气相；气水两相流动
流动特征	吸附；滑脱效应；扩散效应；地层应力敏感性

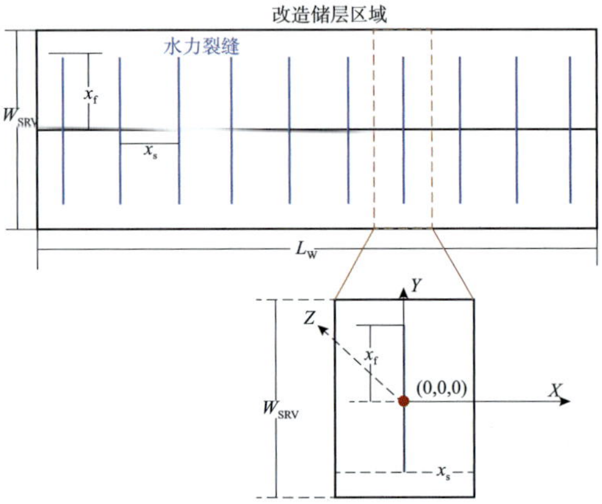

图 5-4-1　理想分级压裂水平非常规油气井单元平面示意图

一、均匀分段压裂水平井试井模型

理想的分段压裂水平井模型具有以下特征：

水平井井身轨迹为直线形态，裂缝三维尺寸相等，导流能力相同，缝间距相等，地层为均质地层，流体为单相气体流动，无吸附气且不考虑滑脱效应、扩散效应和地层物性的应力敏感性。图 5-4-1 展示了这种理想分段压裂水平井的模型平面图。由于地层性质均质和裂缝完全相同，我们根据对称原则可取其中一个单元进行建模，裂缝条数与单元模型的积则为整个模型。

直角坐标原点为（0，0，0）。裂缝垂直于水平井，完全穿透储层，水平面上沿 Y 方向延展，半长为 x_f，且两翼关于坐标原点对称。坐标原点为源汇点，以产量 q 进行生产。

根据基础试井模型，我们有如下控制方程：

$$\frac{k}{\mu}\left(\frac{\partial^2 p}{\partial x^2}+\frac{\partial^2 p}{\partial y^2}+\frac{\partial^2 p}{\partial z^2}\right)+\frac{q}{n_f}\delta(x,y,z)=\phi c_t\frac{\partial p}{\partial t} \tag{5-4-1}$$

这是在理想状况下的非常规油气井渗流模型。泄流单元和整个页岩气井的动态是一样的，只是在产量上整个页岩气井是单条裂缝的 n_f 倍。

二、不规则水平井和裂缝几何形态的分段压裂水平井试井模型

在实际情况下，水平井水平段的井眼轨迹并非理想的直线，此外，裂缝的形态也不可能完全相同：各条裂缝的长度不一定相等，缝间距不一定均匀。考虑这些情况，我们建立不规则裂缝形态的页岩气井渗流模型。图 5-4-2 为通用的适用于水平井和裂缝几何形态的分段压裂水平井模型的平面示意图。图 5-4-3 为沿着裂缝面的剖面示意图。

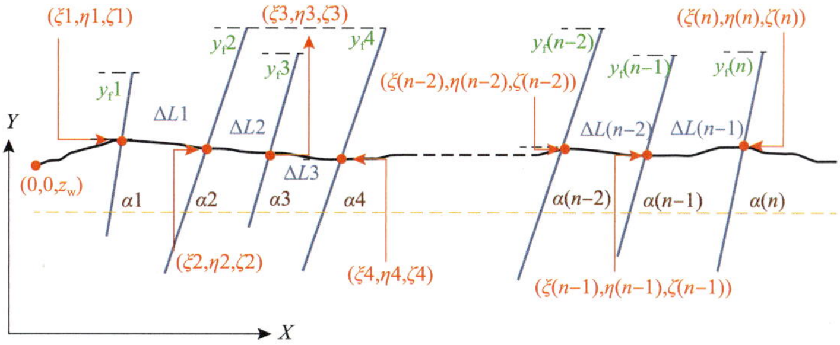

图 5－4－2　通用分级压裂水平页岩气井单元平面示意图

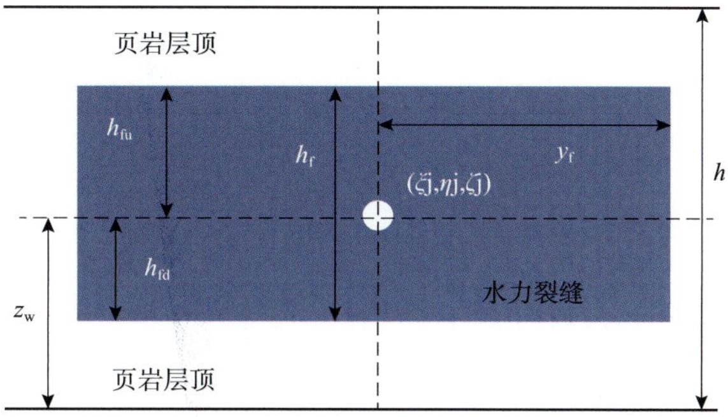

图 5－4－3　通用分级压裂水平页岩气井单裂缝剖面示意图

根据三维点源渗流方程，我们有如下控制方程：

$$\frac{k_x}{\mu}\frac{\partial^2 p}{\partial x^2}+\frac{k_y}{\mu}\frac{\partial^2 p}{\partial y^2}+\frac{k_z}{\mu}\frac{\partial^2 p}{\partial z^2}+q\delta(x-\xi,y-\eta,z-\zeta)=\phi\, c_t\frac{\partial p}{\partial t} \tag{5-4-2}$$

以上是广义的分段压裂水平页岩气井的渗流模型。这个广义模型涵盖了一些理想假设情况下的页岩气水平井模型未考虑的特征，当然对一些更复杂的情况还未做考虑。

水平井段的几何形态：由于通用模型考虑的是点源，所以对各条裂缝与水平井段交点空间坐标的定义是任意的。在 Y 方向和 Z 方向上各条裂缝与水平井径的交点可随裂缝 X 的位置不同发生改变，在不考虑井筒流动压力变化的情况下，解决了水平井段几何形态不规则的问题。

对于裂缝形态，通用模型解决了不对称、不等长、不等间距、倾斜裂缝的问题：由于考虑的是点源问题，即便在水平井径两边的裂缝长度不等，可以将其等效处理为对称裂缝，因为裂缝为模型的源，而不依赖与井筒（假设储层中的流体不能直接流入井筒）的相对位置；通过定义每条裂缝的半场 y_{fj}（即第 j 条裂缝的半长，由于裂缝大体延伸方向默认为 Y 方向，故裂缝半长定义记作 y_f），考虑了各条裂缝不等长的情况；通过定义各条裂缝与水平井径交点之间的距离 DL_j，考虑了各条裂缝间距的不同；通过定义各条裂缝与坐标体系中 X 方向的夹角 j，考虑了裂缝倾斜的问题。

三、不规则裂缝气水两相流分段压裂水平井试井模型

在非常规地层孔隙中除了游离气，往往存在一定体积的原生水，饱和度变化幅度较大。通常情况下，由于非常规储层的孔隙尺寸较小且孔喉形态复杂，水相流动通常不予考虑。但是，对于返排阶段，气水两相流动应予以考虑。若考虑气水两相流动，则需考虑气水之间的

相互作用关系，主要包括气水两相各自的相对渗透率与饱和度的关系以及气水两相之间的毛细管压力的影响。

在建立气水两相流动的非常规油气渗流模型时，需要考虑分别对气水两相的流动进行描述。同时，通过气水两相之间相互作用的关系式将各相的流动控制方程相关联。我们将会得到如下模型（考虑源坐标为坐标原点）：

$$\begin{cases} \dfrac{k_x k_{rg}}{\mu_g}\dfrac{\partial^2 p_g}{\partial x^2}+\dfrac{k_y k_{rg}}{\mu_g}\dfrac{\partial^2 p_g}{\partial y^2}+\dfrac{k_z k_{rg}}{\mu_g}\dfrac{\partial^2 p_g}{\partial z^2}+q_g\delta(x,\ y,\ z)=\phi c_g\dfrac{\partial p_g}{\partial t} \\ \dfrac{k_x k_{rw}}{\mu_w}\dfrac{\partial^2 p_w}{\partial x^2}+\dfrac{k_y k_{rw}}{\mu_w}\dfrac{\partial^2 p_w}{\partial y^2}+\dfrac{k_z k_{rw}}{\mu_w}\dfrac{\partial^2 p_w}{\partial z^2}+q_w\delta(x,\ y,\ z)=\phi c_w\dfrac{\partial p_w}{\partial t} \\ S_w+S_g=1 \\ p_w=p_g-p_c(S_w) \\ p_g(x,\ y,\ z,\ 0)=p_i \\ \dfrac{\partial p_g(x,\ y,\ z,\ t)}{\partial x}\bigg|\left(x=-\dfrac{x_{SRV}}{2},\ x=\dfrac{x_{SRV}}{2}\right)=0 \\ \dfrac{\partial p_g(x,\ y,\ z,\ t)}{\partial y}\bigg|(y=-y_f,\ y=y_f)=0 \\ \dfrac{\partial p_g(x,\ y,\ z,\ t)}{\partial z}\bigg|\left(z=-\dfrac{h}{2},\ z=\dfrac{h}{2}\right)=0 \end{cases} \tag{5-4-3}$$

第五节　基于油藏数值模拟技术的分析方法

一、非常规油气拟气水两相流试井模型

由于非常规油气开采中涉及大量的压裂液注入，为此，考虑到试井分析的关井测试时间很短（相对于非常规油气开发），而试井又是反演过程，这里只能采用黑油模型。流体流动假设存在二相：水和气。通常情况下水是润湿相，气是非润湿相。假定气相不溶于水中，因为毛管压力只会影响初始饱和度分布和压降，忽略毛管力。

拟压力表示的水气两相的渗流方程

$$\nabla^2 m=\frac{\phi c_w}{\lambda_t}\frac{\partial m}{\partial t}+B_w q_w+B_g q_g \tag{5-5-1}$$

由此可见，气水两相流动最终可以采用拟压力来表示，拟压力的方程形式与单相方程完全一致，其求解方法与单相方程完全相同，气水两相试井问题，重点就是如何采用相渗曲线计算拟压力。其他与单相试井完全相同。

二、气水两相流数值模型的建立及求解

1. 流动模型

考虑井储、表皮因子，假定地层是水平的，多相流的达西定律，考虑吸附气对产量的贡献，经过简单推导，可得气水两相流动方程：

$$\nabla \cdot \left[\frac{K}{\mu_g B_g}(\nabla p - \gamma_g \nabla z)\right] = \frac{\partial}{\partial t}\left(\frac{\phi S_g}{B_g}\right) + \frac{\partial}{\partial t}(\rho_s V_{ads}) + q_g \tag{5-5-2}$$

式中，ρ_s 为页岩密度；V_{ads}为非常规油气极限吸附量。

2. 网格划分

PEBI（perpendicular bisection）网格能克服规则网格的缺点，被广泛应用于数值试井软件中。大规模体积压裂改造后，主裂缝受到支撑剂良好支撑，其导流能力强，分支缝因为缝开度小、支撑剂少或没有等原因，其导流能力差。鉴于二者导流能力的巨大差异，等效主裂缝（或简称为“主裂缝”）可认为是无限传导。图5－5－1为缝网压裂示意图，其中标识了主裂缝、压裂改造区域1、压裂改造区域2。水平井往往是多段多簇压裂的，因而这里的等效主裂缝既可以是每簇的裂缝等效，也可以是多簇裂缝的等效。

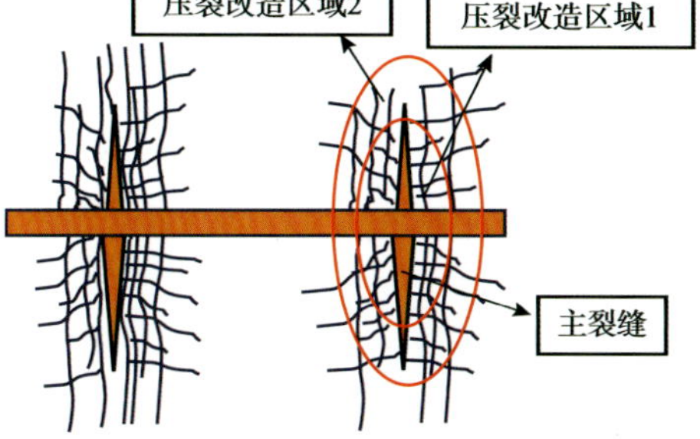

图5－5－1　等效主裂缝及渗透率提高的区域示意图

在网格划分中，主裂缝划分为网格。在SRV内，由于渗透率的变化差异较大，可用渗透率分布或多个区域来表示SRV内渗透率的非均质性。

三、气水两相流数值软件研发

相对于浅层非常规油气井，深层非常规油气井含水率要高得多，在进行试井解释时要考虑井筒中气水两相流动机制，因此建立试井解释模型时，要加入气水两相流模型。首先在输入界面中增加了两相流模型的选项，同时需要在软件中输入相对渗透率曲线，计算气、水相对渗透率。试井曲线拟合模块中，可以同时拟合气产量（累积量）、水产量（累积量），同时软件提供了新的功能，即通过输入的流量－曲线自动计算出井周围的饱和度随时间的变化（图5－5－2、图5－5－3）。

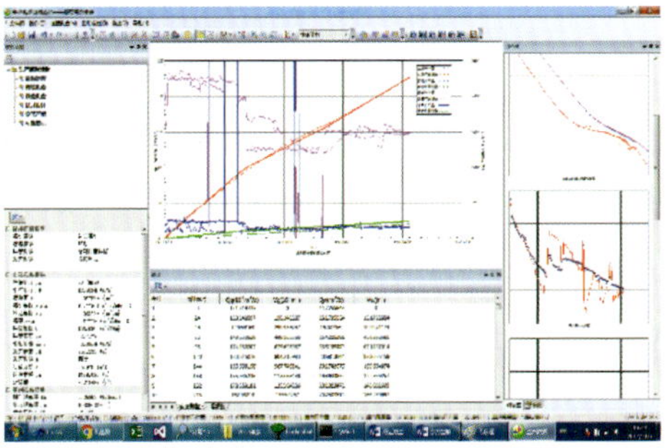

图5－5－2　软件中流量拟合示意图

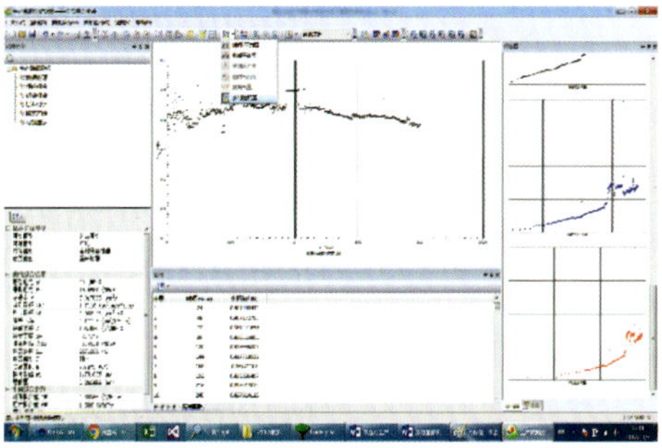

图5－5－3　软件中饱和度随时间变化图

深层非常规油气井采用气水两相流试井模型进行历史曲线试井分析，在建立了单井气水生产规律的基础上，基于现有生产数据曲线拟合，预测未来气、水产量以及生产压力变化规律。自主研发的产能评价模块已经能够实现气水两相流非常规油气井的产能预测功能，并且根据气井的实际生产状况，研发了多种产能预测方法。除了常规的定压力预测和定流量预测方法之外，模块中实现了先定产后定压、先定压后定产产能预测方法，如图5－5－4中只需要输入转折点的流压和定产中的流量，或者转折点的流量和定压中的流压，就可以一键实现先定压再定产或先定产再定压的预测如图 5 –5 –5 所示。

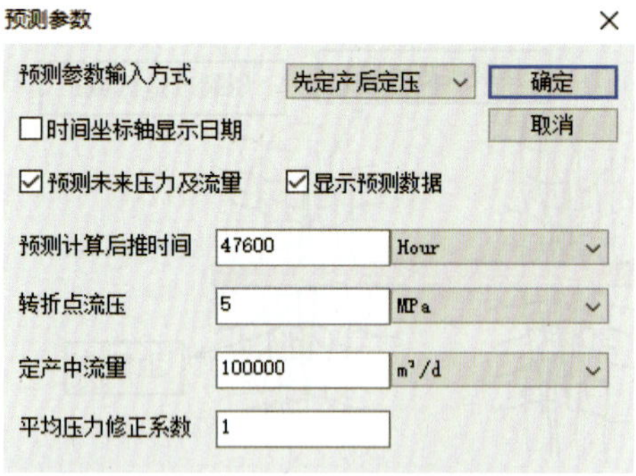

图 5 –5 –4　软件中先定产再定压设置

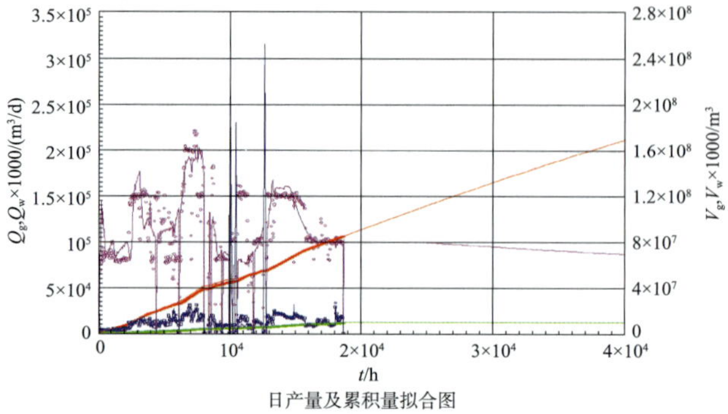

图 5 –5 –5　先定产再定压预测结果示意图

软件中还提供了根据压力趋势进行预测功能，根据目前生产压力变化趋势，预测未来同样压力趋势条件下，气井的生产状况（图 5 –5 –6）。这种产量预测方法更加符合目前气井自然递减生产规律，只要选择想要应用的压力趋势的生产曲线，软件自动计算之后的压力变化趋势，然后进行相应的产量变化趋势预测（图 5 –5 –7）。

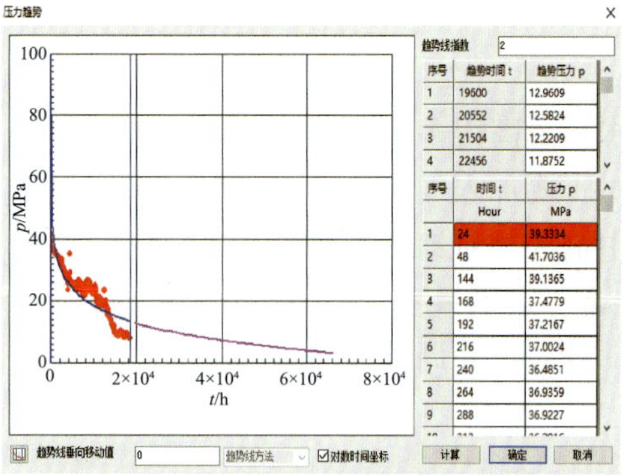

图 5 –5 –6　软件中压力趋势线计算

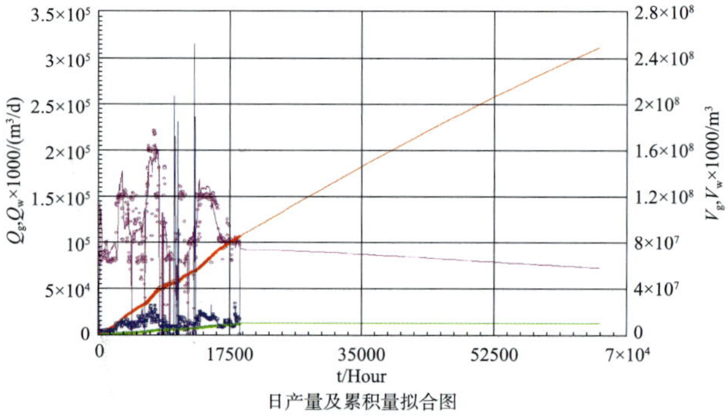

图 5 –5 –7　应用压力趋势线预测结果示意图

应用试井分析及产能评价软件对深层非常规油气井试井资料进行解释及产能预测，应用 10 井次，以焦页 24 –4 井为例，展示了试井曲线拟合效果，以及未来产量预测结果图 5 –5 –8 ~ 图 5 –5 –11。10 口井解释结果见表 5 –5 –1。

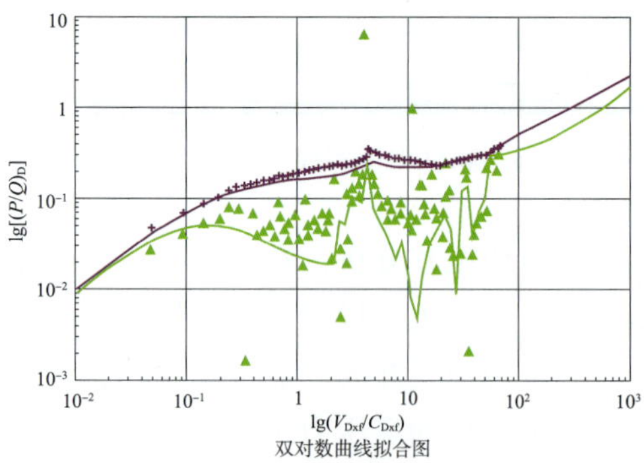

图 5 –5 –8　24 –4 井双对数曲线拟合图

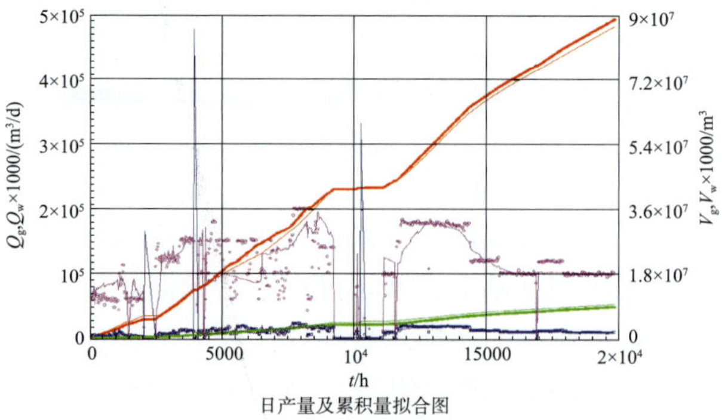

图 5 –5 –9　24 –4 井产量及累产拟合图

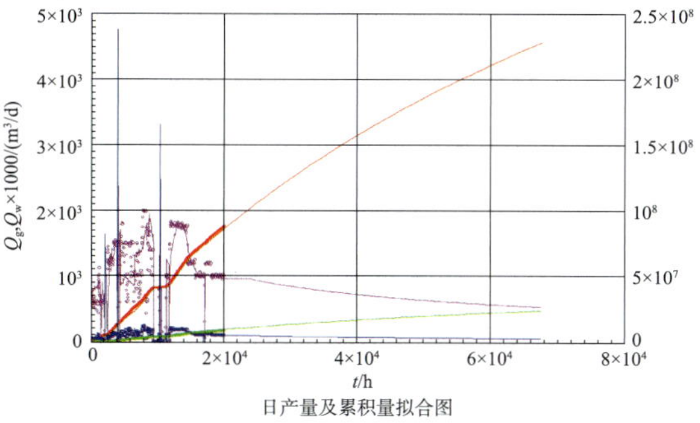

图 5－5－10　先定产后定压预测结果图

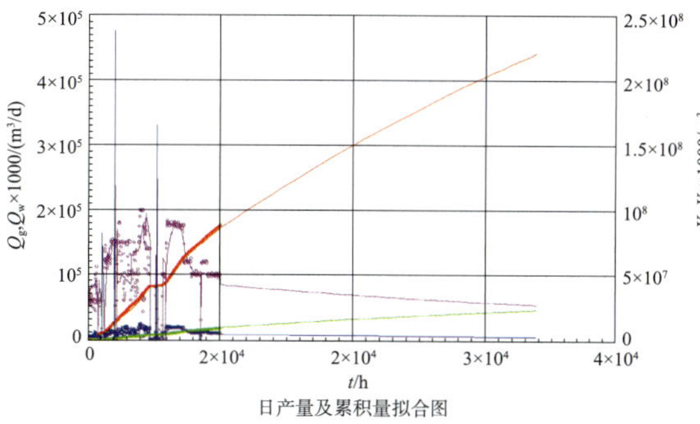

图 5－5－11　采用压力趋势预测结果图

表 5－5－1　产量预测与实际结果对比

井号	K/ $10^{-3}\mu m^2$	X_f/ m	$x \times y$/ m	含水饱和度/ %	总储量/ 10^8t	预测 5 年累产/ 10^8t	预测误差/ %
24－5	0. 025	103	19674 ×28	0. 43	4. 27	2. 17	12
34－4	0. 021	123	22234 ×32	0. 43	3. 48	2. 27	5. 7
34－5	0. 023	79	1788 ×264	0. 44	2. 51	1. 66	3. 9
36－4	0. 016	74	1680 ×300	0. 35	3. 03	1. 79	8. 3
24－4	0. 024	92	2100 ×400	0. 42	4. 2	1. 33	5
16－2	0. 015	177	2031 ×410	0. 33	2. 08	0. 89	9. 7
37－5	0. 017	107	1660 ×280	0. 49	2. 29	1. 46	14. 6
38－1	0. 013	85	1586 ×256	0. 6	1. 64	0. 31	4

从曲线上看，本井拟合效果较好，解释结果为：地层渗透率 $0.024 \times 10^{-3}\mu m^2$，表皮 0. 08，裂缝半长 92m，矩形边界 2100m ×400m，探测半径 165m，总储量 4.2×10^8t，剩余可采储量 3×10^8t，吸附气储量 1.5×10^8t，水饱和度 42%。本井共生产 20000h，应用 12000h，预测后面 8000h 的累积产量，并与实际生产数据进行对比（图 5－5－12），结果显示累积产量预测误差为 12%。应用两种方法进行预测，预测 5 年后累积产量分别为 1.33×10^8t 和 1.26×10^8t，误差 5%。

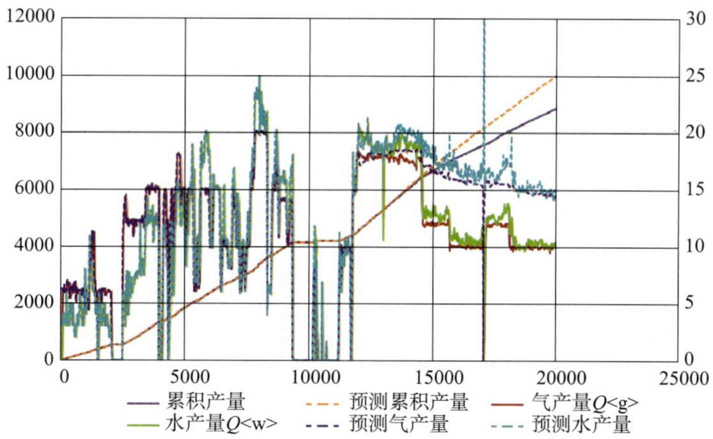

图 5－5－12　2－24 井产量预测与实际结果对比图

第六节　现场应用

在非常规油气井进行了近200井次应用。

一、井口到井底压力折算

焦页6－1HF、焦页6－2HF、焦页6－3HF、焦页7－1HF、焦页7－2HF、焦页7－3HF等井自研软件计算与实测流压平均精度为92.6%，在工程误差允许范围内（图5－6－1、图5－6－2）。

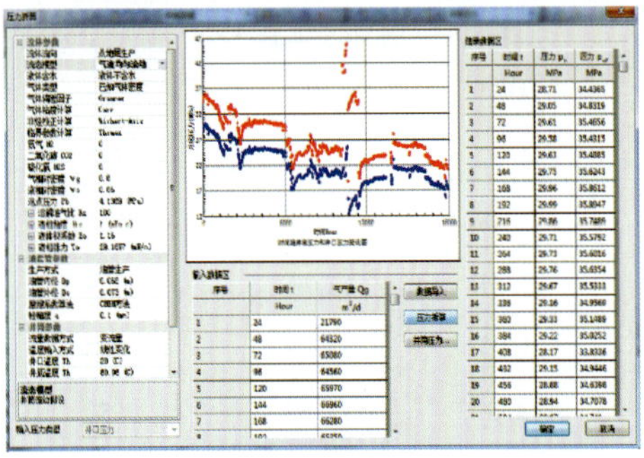

图5－6－1　井口到井底压力折算模块

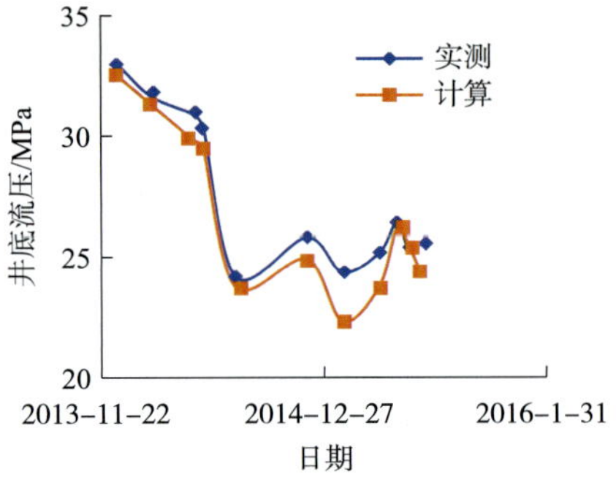

图5－6－2　焦页7－2HF井计算井底流压与实测流压对比

二、压力恢复试井解释

对于焦页7－1、焦页7－2、焦页7－3井压恢测试数据，应用saphir和自研软件进行分别解释（图5－6－3、图5－6－4），曲线拟合效果符合解释要求，解释结果比较吻合，对比见表5－6－2。

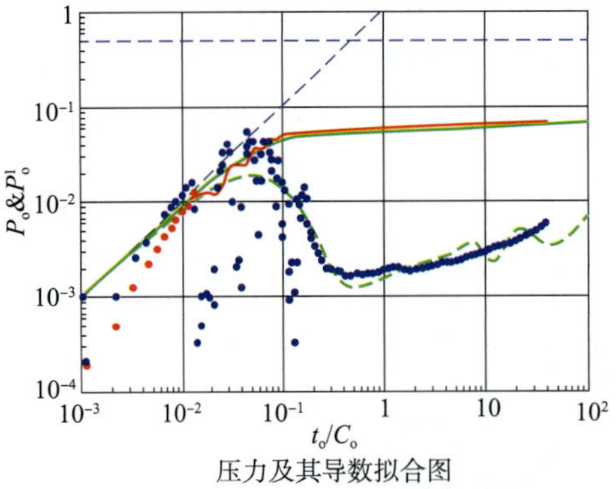

图5－6－3　自研软件压恢试井解释（焦页7－1HF）

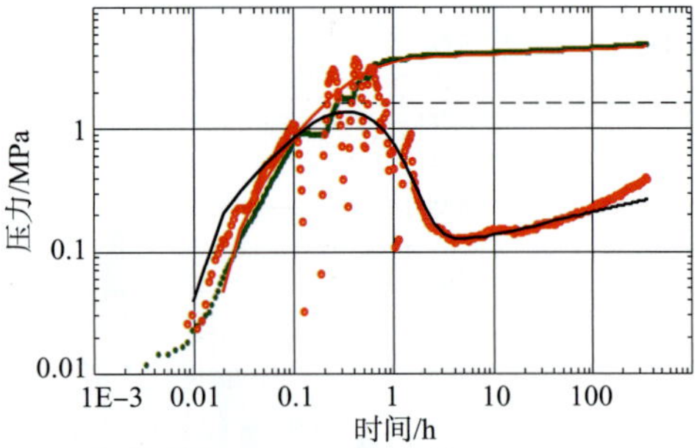

图5－6－4　国外软件压恢试井解释（焦页7－1HF）

三、生产数据试井解释，常规裂缝模型

用自研软件与商业软件对100余口井生产数据解释，双对数图版、压力历史拟合、解释

结果基本一致。以焦页6－2井为例，分析页岩气井解释结果。

Topaze软件解释结果：应用Topaze软件进行解释，生产数据从2012年11月29日到2016年3月1日。Topaze解释时，选取全部生产数据进行拟合，应用自研压力折算软件，将井口压力折算至井底，折算深度2400m。应用均质模型，矩形边界，考虑生产过程中表皮随时间变化，考虑吸附气产出。曲线拟合效果较好，总体来说前期拟合质量一般，双对数曲线后期有偏差，拟合图如图5－6－5～图5－6－7所示。

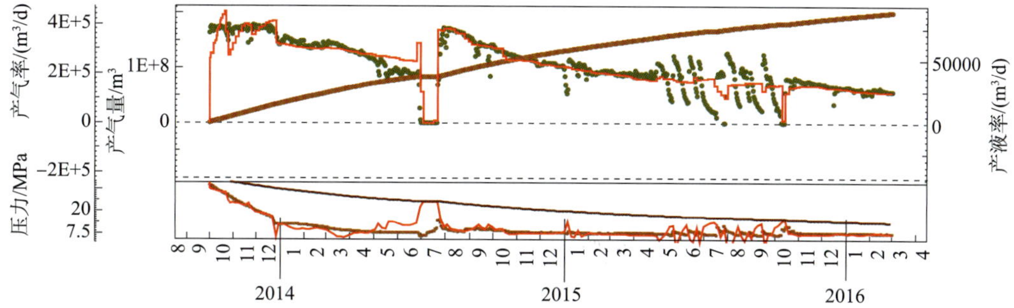

图5－6－5 压力、流量历史拟合图

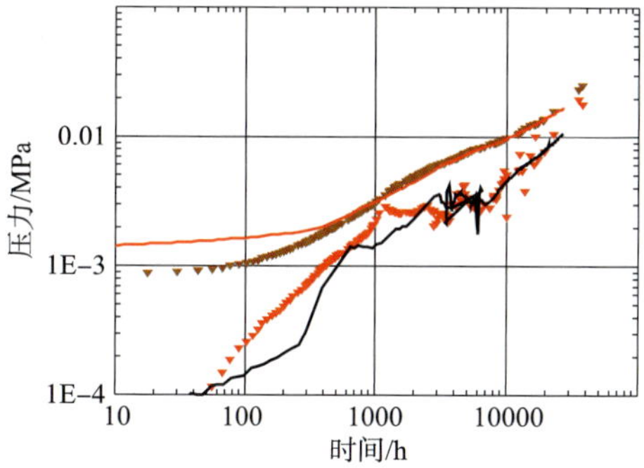

图5－6－6 log－log曲线拟合图

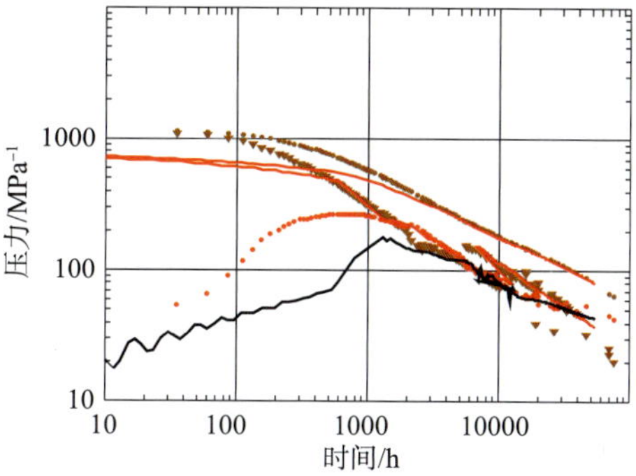

图5－6－7 Blasingame曲线拟合图

生产数据分析软件解释结果：应用同样的生产数据，用自研生产数据分析软件进行拟合，采用同样的模型，软件进行了曲线早期的积分初值校正，以及关井点地层压力计算校正，总体来说曲线拟合效果较好，但压力历史拟合图中有较大波动，原因为对应流动段中流量变化极为剧烈，造成压力计算时波动明显，拟合图如图5－6－8～图5－6－11所示。

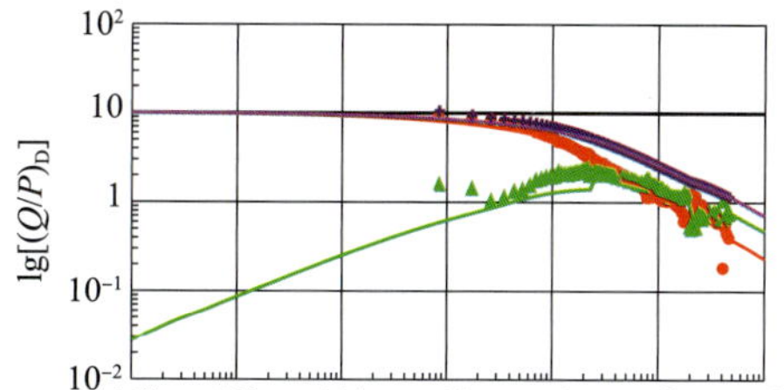

图5－6－8 log－log曲线拟合图

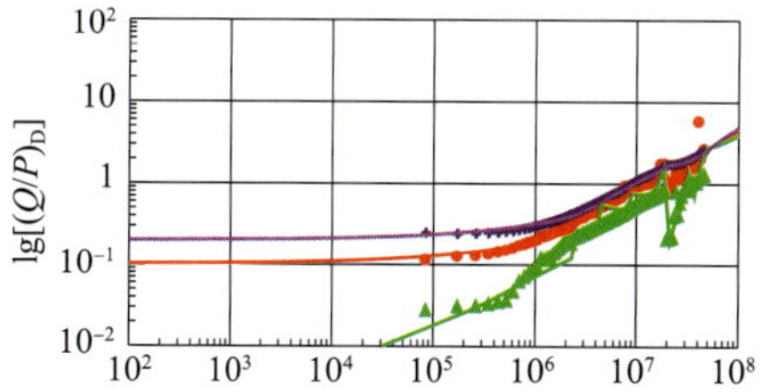

图5－6－9 Blasingame曲线拟合图

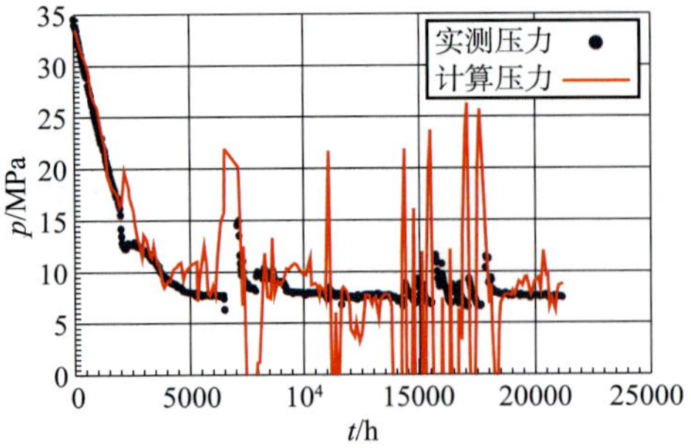

图5－6－10　压力历史拟合图

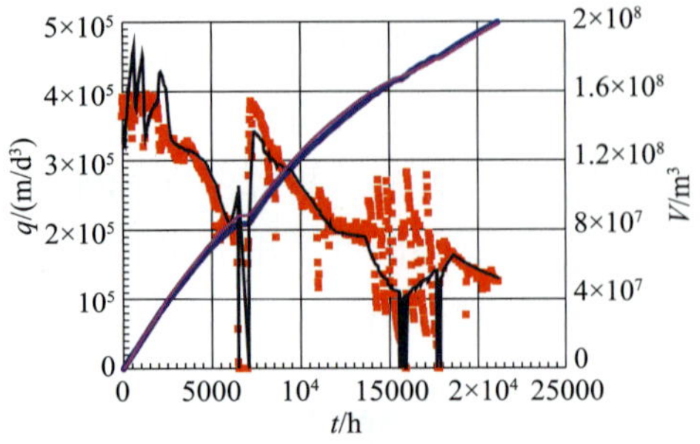

图5－6－11　流量历史拟合图

解释结果对比：应用两种软件进行曲线拟合，拟合效果较好，从生成的 log－log 曲线看，曲线形态一致，代表的流动规律相同，开发的生产数据分析软件理论正确，生成的图版符合页岩气井流动特征，本软件增加了流动初期的积分初值校正和生产过程中产量突变时地层压力计算校正等方法，使得理论曲线与实测曲线拟合效果更好。通过解释结果对比（表5－6－1），两种软件解释结果较为一致，由此证明本方法建立的页岩气井试井模型是合理的。

表5－6－1　试井分析结果对比

参数	Topaze	自研软件	参数	Topaze	自研软件
渗透率/$10^{-3}\mu m^2$	0.02	0.059	裂缝角度	90°	90°
表皮	0.06～0.22	0.1	边界长/m	1600	1518.781
裂缝半长/m	130	78.145	边界宽/m	400	392.099
地层压力/MPa	38	38			

部分页岩气井生产数据试井解释结果对比表（表5－6－2）。

表5－6－2　试井分析结果对比

井号	软件	K/$10^{-3}\mu m^2$	S	X_f/m	r_e/m	井号	软件	K/$10^{-3}\mu m^2$	S	X_f/m	r_e/m
JY1HF	Topaze	0.0093	0.2	116	1070×534	JY6－3HF	Topaze	0.006	0.1	100	
	自研软件	0.009	0.1	115	1067×533		自研软件	0.0056	0.03	72	1597×338
JY1－2HF	Topaze	0.01	0.1	77	1556×584	JY7－2HF	Topaze	0.004	0.05	60	1500×500
	自研软件	0.012	0.05	78	1624×586		自研软件	0.004	0.04	58	1514×486
JY1－3HF	Topaze	0.0036	0.12	99	1160×576	JY7－3HF	Topaze	0.002	0.01	80	1700×400
	自研软件	0.0046	0.1	99	1153×574		自研软件	0.0025	0.01	63	1772×386
JY1－4HF	Topaze	0.01	0.15	130	1200×600	JY8－1HF	Topaze	0.004	0.07	60	1700×340
	自研软件	0.01	0.1	132	1224×612		自研软件	0.0036	0.05	60	1791×408
JY3－3H	Topaze	0.006	0.1	100	1000×400	JY8－2HF	Topaze	0.02	0.15	50	1560×400
	自研软件	0.0038	0.1	113	1127×452		自研软件	0.02	0.1	49	1560×326
JY6－1HF	Topaze	0.007	0.16	80	1600×280	JY8－3HF	Topaze	0.01	0.15	100	1700×500
	自研软件	0.009	0.1	76	1665×319		自研软件	0.011	0.12	107	1695×499

四、生产数据解释，不规则缝模型

基于产气剖面测试、微地震测试数据，可进行不规则裂缝或缝网建模，预测不同压裂段的产出贡献（图 5－6－12）。

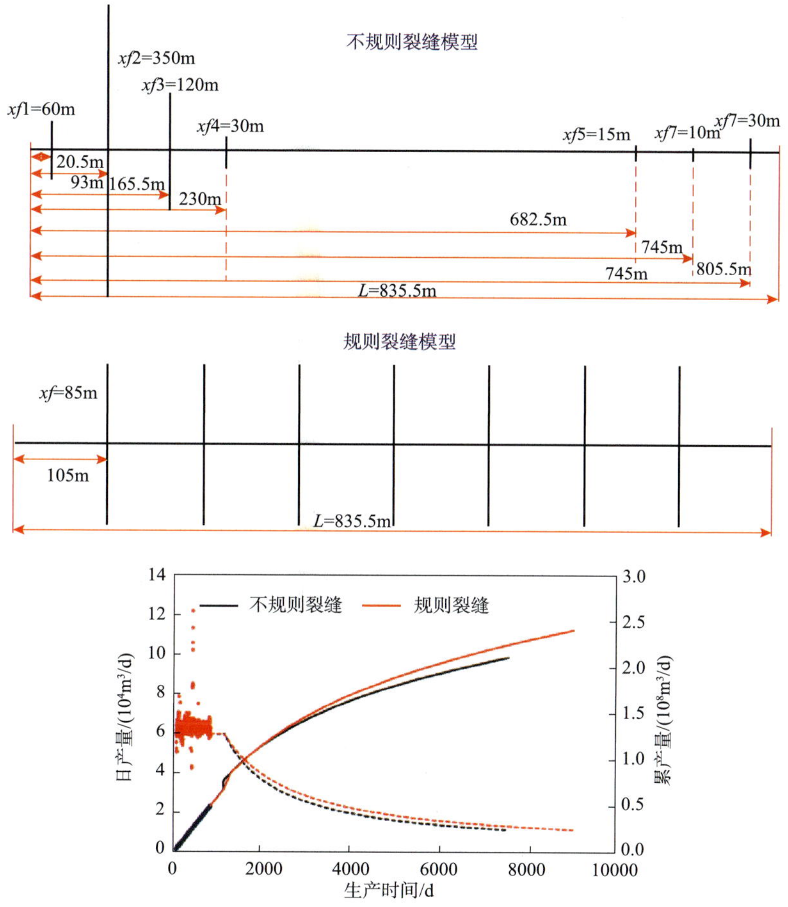

图 5－6－12　不规则裂缝产量预测（焦页 1HF）

五、生产数据解释，生产制度突变的新方法

应用 5 口井，对比表明：考虑生产制度突变或频繁变化的页岩气井分析模型和方法更适用于国内页岩气井（图 5－6－13）。

六、生产数据解释，气水两相流模型

用自研软件进行 5 口深层页岩气井生产数据解释，双对数图版、压力历史拟合、解释结果基本一致。焦页 24－4 井为例，分析页岩气井解释结果。

Topaze 软件解释结果：应用 Topaze 软件进行解释，生产数据从 2015 年 6 月 28 日到 2017 年 10 月 9 日，共生产 20016h，835 个数据点。应用自研压力折算软件，将井口压力折算至井底，折算深度2650m。应用均质模型，矩形边界，考虑生产过程中表皮随时间变化，考虑吸附气产出。曲线拟合效果较好，双对数曲线后期有偏差，拟合图（图5－6－14～图5－6－16）。

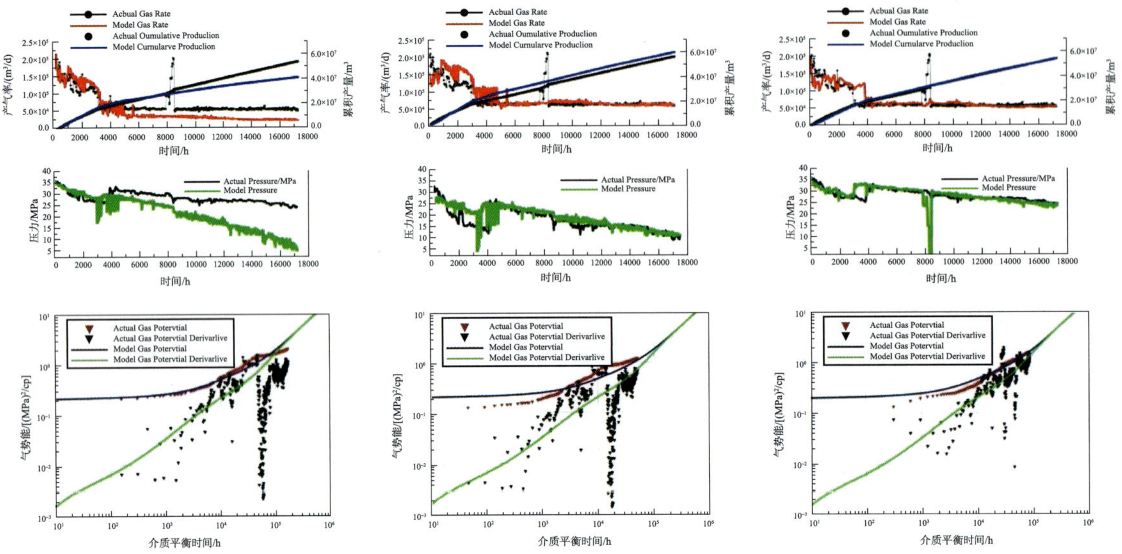

国外软件(前面拟合好)　　国外软件(后面拟合好)　　新方法

图5－6－13　生产制度突变或频繁变化页岩气井的试井解释对比（焦页1－2HF）

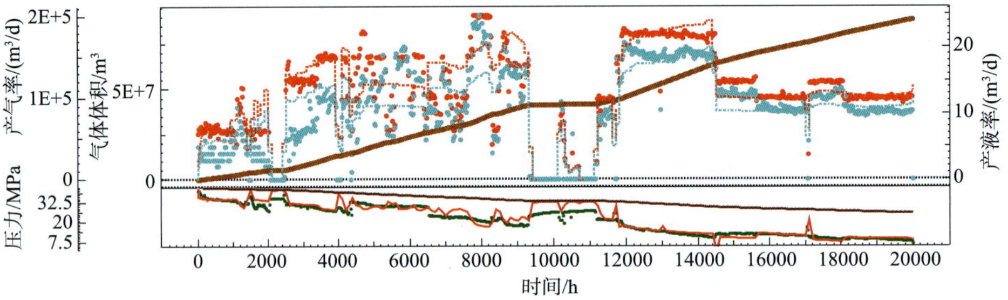

图5－6－14　压力、流量历史拟合图

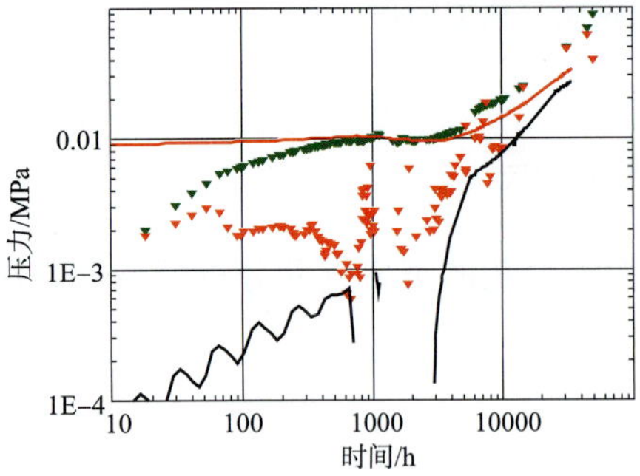

图5－6－15　log－log 曲线拟合图

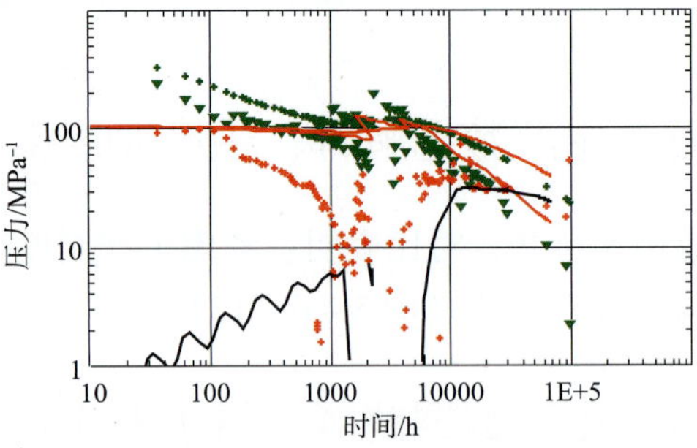

图5－6－16　Blasingame 曲线拟合图

生产数据分析软件解释结果：用自研生产数据分析软件进行拟合，采用同样的模型，软件进行了曲线早期的积分初值校正，以及关井点地层压力计算校正，曲线拟合效果较好，拟合图如图5－6－17～图5－6－20所示。

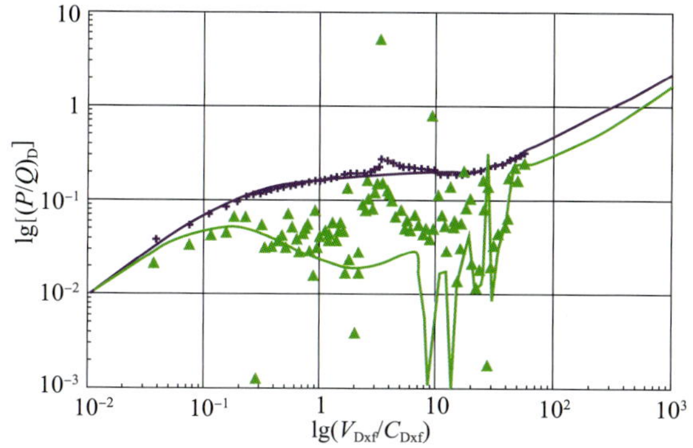

图 5-6-17 log-log 曲线拟合图

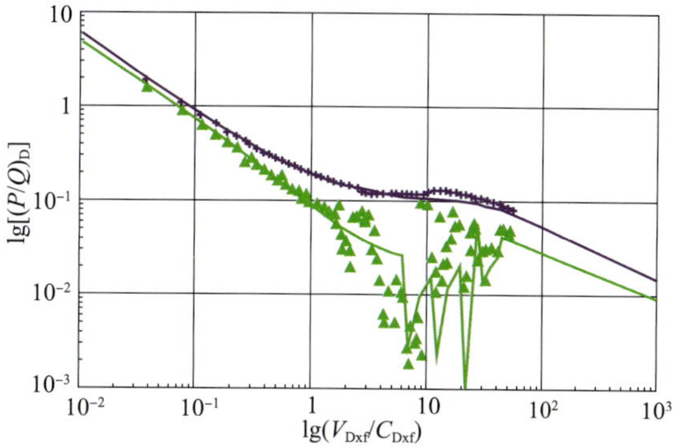

图 5-6-18 Blasingame 曲线拟合图

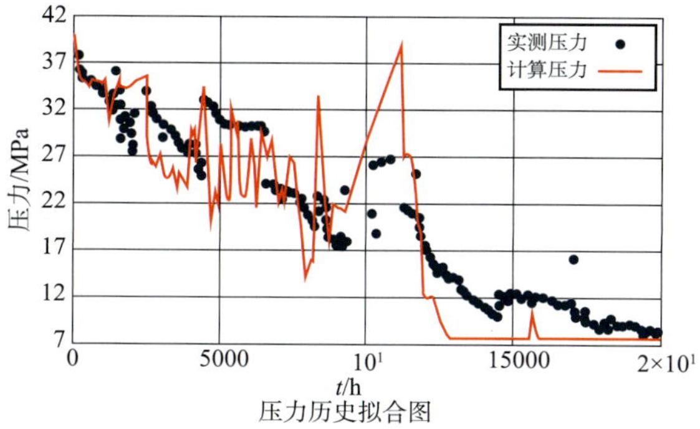

图 5-6-19 流量历史拟合图

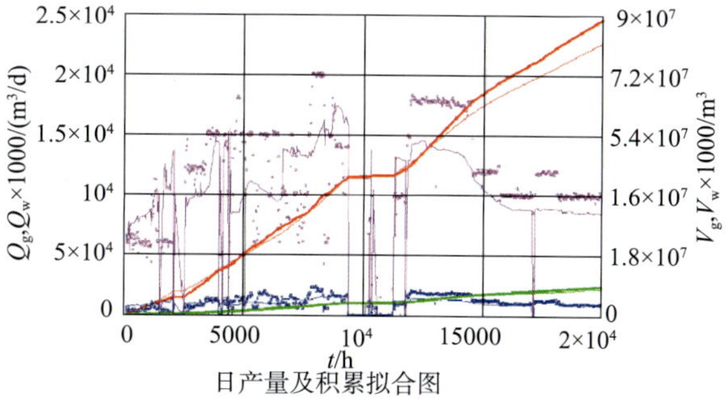

图 5-6-20 压力历史拟合图

解释结果对比：

应用两种软件进行曲线拟合，拟合效果较好，从生成的 log-log 曲线看，曲线形态一致，代表的流动规律相同，开发的生产数据分析软件理论正确，生成的图版符合页岩气井流动特征，本软件增加了流动初期的积分初值校正和生产过程中产量突变时地层压力计算校正等方法，使得理论曲线与实测曲线拟合效果更好。通过解释结果对比(表 5-6-3)，两种软件解释结果较为一致，由此证明本方法建立的页岩气井试井模型是合理的。

表 5-6-3 试井分析结果表

参数	Topaze	软件	参数	Topaze	软件
渗透率/$10^{-3}\mu m^2$	0.02	0.025	平均含水饱和度	0.4	0.43
表皮系数	0.09~0.25	0.08	边界长/m	2000	2139
裂缝半长/m	130	91.8	边界宽/m	400	400
地层压力/MPa	42.23	42.23	总储量/$10^8 m^3$	4.03	4.24

参考文献

[1] Liu Y, Ji Z, Yang L, et al. A downhole automatic water distribution technology with remote wireless communication system – a case study in Changqing Oilfield [M]//Youth technical sessions proceedings. CRC Press, 2019: 279 – 284.

[2] 冯硕，张艺耀，李进，等．渤海油田远程无线智能注水工艺技术及应用［J］．石油机械，2021，49（11）：79 – 83. DOI：10. 16082/j. cnki. issn. 1001 – 4578. 2021. 11. 012.

[3] 刘香山，宋辉辉，张福涛，等．海上油田智能注采工艺技术研究与应用［J］．石油工程建设，2020，46（S1）：237 – 241.

[4] He L, Xiaohan P, Deli J, et al. Connotation, application and prospect of the fourth – generation separated layer water injection technology [J]. Petroleum exploration and development, 2017, 44 (4): 644 – 651.

[5] 李志刚．井下近钻头测量与无线短传技术研究［D］．中国石油大学，2010.

[6] 余浩．井下声波通信系统研究［D］．长江大学，2017.

[7] Tong G, Xiaohan P, Yafeng J, et al. Study on Non – Contact Connection Separated Layer Production Technology and Its Application Test [C] //SPE/IATMI Asia Pacific Oil & Gas Conference and Exhibition. OnePetro, 2017.

[8] Cheng Z, Xu Y, Gu C, et al. Research on Pressure Wave and Communication of Real – time Testing and Adjustable System in Oilfield Layered Water Injection [C] //Proceedings of the Asia – Pacific Conference on Intelligent Medical 2018 & International Conference on Transportation and Traffic Engineering 2018. 2018: 208 – 212.

[9] 杜晓霞，季公明，郭宏峰，等．无缆智能注水技术研究进展概述［J］．海洋石油，2021，41（03）：32 – 36.

[10] He L, Xiaohan P, Kai L, et al. Current status and trend of separated layer water flooding in China [J]. Petroleum exploration and development, 2013, 40 (6): 785 – 790.

[11] 贾庆升．无线智能分层注采技术研究［J］．石油机械，2019，47（07）：99 – 104.

[12] 徐方臣．基于电磁感应的井下信号传输系统研制［D］．哈尔滨工业大学，2012.

[13] Xiaofei J I A, Kuiqian M A, Yunpeng L I, et al. Injection allocation determination method for separate injection well based on remaining oil distribution [J]. Petroleum drilling techniques, 2012, 40 (5): 72 – 76.

[14] 陈沛沛．基于井下压力连续波信号传输的编解码技术研究［D］．中国石油大学，2007.

[15] 耿淦，顾鹏．井下近钻头测量与无线短传技术分析［J］．石化技术，2021，28（04）：85 – 86.

[16] Peng Z, Zhenghua W, Zhigang F, et al. Research and Experiment on Smart Remote Testing and Regulating Technology for Separate Injection [J]. International Journal of Oil, Gas and Coal Engineering, 2021, 8 (6): 167.

[17] 张鹏淼．150℃潜油电泵油井井下多参数监测技术研究［D］．哈尔滨工业大学，2015.

[18] 何海峰．海上疏松砂岩油藏分层防砂分层采油技术［J/OL］．石油钻探技术：1 – 9.

[19] Anopov A, Alshuraim F, Shammeri F, et al. Permanent Downhole Chemical Tracer System for Wireless Surveillance and Optimizing Well Production [C]//SPE/IADC Middle East Drilling Technology Conference and Exhibition. OnePetro, 2018.

[20] Deshan Q, Jianchao W, Xin Y. Problem Analysis and Protection of Separate Layer Water Injection String [J]. Fault – block Oil & Gas Field, 2002: 02.

[21] Liang Y, Zhang S, Pei X, et al. Practice and Understanding of Separate – Layer Polymer Injection in Daqing

Oil Field [J]. SPE Production & Operations, 2011, 26 (03): 224 - 228.

[22] 何燕侠. 井下声波传输信号检测技术研究 [D]. 西安石油大学, 2013.

[23] Zhang L, Xu C, Zhang K, et al. Production optimization for alternated separate - layer water injection in complex fault reservoirs [J]. Journal of Petroleum Science and Engineering, 2020, 193: 107409.

[24] Du G. Research and Application of Cable Controlled Layered Water Injection Technology in Daqing Oilfield [C]//IOP Conference Series: Earth and Environmental Science. IOP Publishing, 2019, 384 (1): 012068.

[25] Yang L, Yu J, Ju M, et al. Intelligent Monitoring and Controlling Technology of Water Injection in Ultra - low Permeability Reservoir of Ordos Basin [C]//Proceedings of the International Field Exploration and Development Conference 2017. Springer, Singapore, 2019: 1353 - 1362.

[26] Zhang X, Zhu R, Li G, et al. Application of wireline intelligent separate - layer water injection technology in Huabei Oilfield [C]//Journal of Physics: Conference Series. IOP Publishing, 2021, 1983 (1): 012043.

[27] 王友聪. 井下视频信号传输方式的优劣对比 [J]. 新疆有色金属, 2013, 36 (S1): 243 - 245 + 248.

[28] 张为义. 井下随钻电磁波传输信号采集与信息处理研究 [D]. 电子科技大学, 2021.

[29] 陈鹏, 曾伟, 郭华. 井下无线信号传输特性的分析 [J]. 煤矿安全, 2010, 41 (04): 138 - 142.

[30] 张文. 井下信号传输与调理方法研究 [D]. 哈尔滨工程大学, 2013.

[31] Zhenwang Z, Chunyun W, Meiqing Z. Research and application of separate layer water injection and quantification injection allocation [J]. Oil Drilling & Production Technology, 2000: 04.

[32] 王凤波. 井下信号的数字传输与采集技术的研究 [D]. 大庆石油学院, 2005.

[33] 赵国山, 管志川, 刘永旺. 声波在钻柱中的传播特性 [J]. 中国石油大学学报 (自然科学版), 2010, 34 (01): 55 - 59.

[34] Su Y, Han M, Zhang B, et al. Study on and Application of Intelligent Regulation and Distribution Technology for Separate Water Injection Wells [C]//International Petroleum and Petrochemical Technology Conference. Springer, Singapore, 2020: 716 - 726.

[35] Liu Y, Chen Z, Meng X, et al. Overview the 5 Years Experience of Intelligent Separate - Layer Injection Technology in B Offshore Oilfield [C]//International Petroleum Technology Conference. OnePetro, 2021.

[36] 周静, 高建邦, 邱彬, 等. 声信号在井下管结构传输特性的研究 [J]. 石油矿场机械, 2015, 44 (03): 6 - 10.

[37] 刘义刚, 张乐, 蓝飞, 等. 无缆智能注水井管柱声波信号传输频率的筛选 [J]. 北京石油化工学院学报, 2021, 29 (01): 51 - 54.

[38] 马哲, 杨锦舟, 赵金海. 无线随钻测量技术的应用现状与发展趋势 [J]. 石油钻探技术, 2007 (06): 112 - 115.

[39] He L, Danfeng X, Lizhi Z, et al. Integrated technologies of testing and controlling for high efficiency separate layer water injection [C]//IPTC 2008: International Petroleum Technology Conference. European Association of Geoscientists & Engineers, 2008: cp - 148 - 00166.

[40] Shifeng H, Xudong W, Xubo G, et al. Research and field test of the integrated pipe string of separate layer production and injection [C]//IOP Conference Series: Earth and Environmental Science. IOP Publishing, 2020, 513 (1): 012025.

[41] 王新亚. 有缆智能分层采油系统井下通信技术研究 [D]. 西安石油大学, 2021.

[42] 郑立臣, 俞佳庆, 杨清海, 等. 振动波井下通信技术 [J]. 石油勘探与开发, 2017, 44 (02): 295 - 300.

[43] Tong G, Jing W, Shan G, et al. Design of Automatic Layered Water Injection System Based on Internet of Things [C]//2020 IEEE 8th International Conference on Computer Science and Network Technology (ICCSNT). IEEE, 2020: 194 - 197.

[44] Changzan L, Bo D, Ling Y, et al. Adaptive power line communication for intelligent separate layer production with single – core cables [C]//IOP Conference Series: Materials Science and Engineering. IOP Publishing, 2020, 799 (1): 012046.

[45] Pei X, Sun F, Jia D, et al. Downhole Real – Time Monitoring for Conventional Waterflooding Wells [C]// SPE Asia Pacific Oil & Gas Conference and Exhibition. OnePetro, 2016.

[46] 赵立新，蒋明虎，赵雪峰，等. 复杂结构水平井产能关系研究 [J]. 中国石油大学学报：自然科学版，2006，30 (3)：77 – 80.

[47] 韩国庆，吴晓东，李相方，等. 国外非常规井模型研究进展 [J]. 石油钻采工艺，2004，26 (1)：47 – 50.

[48] 张中. 水平井调流控水完井作用机理研究. 中国石油和化工标准与质量，2014，3：193.

[49] 王嘉淮，刘延强，杨振杰，等. 水平井出水机理研究进展 [J]. 特种油气藏，2010，17 (1)：6 – 11.

[50] 帅春岗，段永刚，冉林，等. 水平井 ICD 控水方法研究 [J]. 石油钻采工艺，2012，39 (1)：60 – 62.

[51] 刘晖，李海涛，山金城，等. 底水油藏水平井控水完井优化设计方法. 钻采工艺，2013，36 (5)：37 – 40.

[52] Merkulov V. P. Lc dcbit dcs puits dcvies et horizontaux Neft [J]. Khoz. 1958, 6: 51 – 56.

[53] Borisov J. P. Oil Production Using Horizontal and Multiple Deviation Wells [J]. Nedra. Moscow 1964. The R & D Library Translation, Bartlesville, OK, 1984.

[54] Giger F. M. , Reiss L. H. , Jourdan, A. P. The Reservoir Engineering Aspect of Horizontal Drilling [J]. SPE 13024, 1984.

[55] 徐鑫. 水平井控流筛管完井技术研究及应用 [J]. 石油钻探技术，2014，42 (3)：71 – 75.

[56] 王金忠，肖国华，陈雷，等. 水平井管内分段调流控水技术研究与应用 [J]. 石油机械，2011，39 (1)：60 – 61.

[57] Joshi S. D. Horizontal Well Technology [J]. Penn Well Publishing Company, Tulsa, 1991.

[58] Joshi S. D. A Review of Horizontal Well and Drawhole Technology [J]. SPE 16868, 1987.

[59] Joshi S. D. Augmentation of Well Productivity Using Slant and Horizontal Wells [J]. SPE 15375, 1986.

[60] Frick T. P. , Economides M. J. Horizontal Well Damage Characterization and Removal [J]. SPE 21795, 1991.

[61] 徐景达. 关于水平井的产能计算——论 Joshi 公式的应用 [J]. 石油钻采工艺，1991，12 (6)：1 – 8.

[62] Renard G. , Dupuy J. M. Formation Damage Effects on Horizontal – Well Flow Efficiency (includes associated papers 23526 and 23833 and 23839) [J]. SPE 19414, 1991.

[63] 刘慈群. 水平井流量公式 [J]. 石油钻采工艺，1991，13 (1)：32 – 32，40.

[64] 范子菲. 底水驱油藏水平井产能公式研究 [J]. 石油勘探与开发，1993，20 (1)：71 – 75，81.

[65] 程林松，郎兆松，张丽华. 边水驱油藏水平井开采的油藏工程研究 [J]. 石油勘探与开发，1993. 20 (增刊)：121 – 126.

[66] 李璗，王卫红，王爱华. 水平井产量公式分析 [J]. 石油勘探与开发，24 (5)：76 – 79，123.

[67] 熊友明，刘理明，唐海雄，等. 延缓和控制水平井底水脊进的均衡排液完井技术 [J]. 石油钻探技术，2011，39 (4)：66 – 71.

[68] 熊友明，罗东红，唐海雄，等. 延缓和控制底水锥进的水平井完井新方法 [J]. 西南石油大学学报 (自然科学版)，2009，31 (1)：104 – 106.

[69] 张舒琴，等. 水平井中心管完井流入和压力剖面预测 [J]. 钻采工艺，2009，32 (6)：43 – 45.

[70] 张舒琴，等. 中心管采油设计方法及应用 [J]. 石油钻采工艺，2010，32 (2)：62 – 64.

[71] 肖京男，汪志明，赵姗姗. 水平井中心管完井生产段流动耦合模型 [J]. 油气井测试，2011.

[72] 李良川，肖国华，王金忠，等. 冀东油田水平井分段控水配套技术 [J]. 断块油气田，2010，17

(6): 655 -658.
[73] Goode P A, Thambynayagam R K M Pressure Drawdown and Buildup Analysis of Horizontal Wells in Anisotropic Media [J]. SPE 14250, 1987.
[74] Daviau F, Mouronval G, Bourdarot G. et al. . Pressure Analysis for Horizontal Wells [J]. SPE 14251, 1988.
[75] Ozkan E, Raghavan R, Joshi S D. Pressure Analysis for Horizontal Wells [J]. SPE 1637, 1989.
[76] Kuchuk F J, Goode P A, Brice B. W. et al. Pressure - Transient Analysis for Horizontal Wells [J]. SPE 18300, 1990.
[77] Babu D K, Odech A S. Productivity of a Horizontal Well [J]. SPE 18298, 1988.
[78] Elgaghad S A, Osisanya S O. , Tiab D. A Simple Productivity Equation for Horizontal wells Based on Drainage [J]. SPE 35713, 1996.
[79] 杨进先，李海涛，董社霞，等．底水气藏水平井流入控制阀完井优化方法．钻采工艺，2013，36 (2): 45 -47.
[80] 赵旭，姚志良，刘欢乐．水平井调流控水筛管完井设计方法研究 [J]. 石油钻采工艺，2013，35 (1): 23 -27.
[81] 张翠，段希宇，韩倩，等．流入控制阀完井水平井产能及影响因素研究．钻采工艺，2013，36 (2): 76 -79.
[82] 窦宏恩．预测水平井产能的一种新方法 [J]. 石油钻采工艺，1996，18 (1): 76 -81.
[83] Retnanto A, Frick T P, Brand C W. et al. Optimal Configuration of Multiple - Lateral Horizontal Wells [J]. SPE 35712, 1996.
[84] Dikken B J. Pressure Drop in Horizontal Wells and its Effect on Production Performance [J]. Journal of Petroleum Technology, 1990, 42 (11): 1426 -1433.
[85] Landman M J, Marett B P. Optimal Performation Design for Horizontal Wells in Reservoirs With Boundaries [J]. SPE 25366, 1993.
[86] Novy R A. Pressure Drops in Horizontal Wells: When Can They Be Ignored [J]. SPE 24941, 1992.
[87] 周生田，张琪．水平井水平段压力降的一个分析模型 [J]. 石油勘探与开发，1997，24 (3): 53 -59.
[88] Ozkan M, Sarica C. Effect of Conductivity on Horizontal Well Pressure Behavior [J]. SPE 24683, 1993.
[89] Sarica C, Haciislamoglu M, Raghavan R. et al. Influence of Wellbore Hydraulics on Pressure Behavior and Productivity of Horizontal Gas Wells [J]. SPE 28486, 1994.
[90] Ozkan E, Sarica C, Raghavan R. The Influence of Pressure Drop Along the Wellbore on Horizontal Well Productivity [J]. SPE 25502, 1995.
[91] Anklam E G, Wiggins M L. Horizontal - Well Productivity and Wellbore - Pressure Behavior Incorporating Wellbore Hydraulics [J]. SPE 94316, 2005.
[92] Penmatcha V R. Modeling of Horizontal Wells with Pressure Drop in the Well [D]. California: Stanford University, 1997.
[93] Ouyang L B, Arbabi S, Aziz K. General Wellbore Flow Model for Horizontal, Vertical and Slanted Well Completions [J]. SPE 36608, 1998.
[94] 胥元刚．水平井筒摩擦压降对产能的影响 [J]. 油气田地面工程，1995，14 (4): 9 -10, 14.
[95] 刘想平，郭呈柱．油层中渗流与水平井筒内流动的耦合模型 [J]. 石油学报，1999，20 (3): 82 -86.
[96] 吴淑红，刘翔鹗．水平段井筒管流的简化模型 [J]. 石油勘探与开发，1999，26 (4): 64 -65, 106.
[97] 刘想平，刘翔鹗．水平井筒内与渗流耦合的流动压降计算模型 [J]. 西南石油学院学报，2000，22 (2): 36 -39.

[98] 程林松，兰俊成．考虑水平井筒压力损失的数值模拟方法［J］．石油学报，2002，23（1）：67－71.
[99] Salas J. R，Clifford P J，Jenkins D P. Multilateral Well Performance Prediction［J］. SPE 35711，1996.
[100] Permadi P，Wibowo W，Permadi A K. Inflow Performance of a Stacked Multilateral Well［J］. SPE 39750，1998.
[101] Ouyang L B，Aziz K. A Simplified Approach to Couple Wellbore Flow and Reservoir Inflow for Arbitrary Well Configurations［J］. SPE 48936，1998.
[102] Wolfsteiner C，Durlofsky L J. Aziz K. Approximate Model for Productivity of Nonconventional Wells in Heterogeneous Reservoirs［J］. SPE 62812，2000.
[103] 曲占庆，张琪，吴志民，等．水平井压裂产能电模拟实验研究［J］．油气地质与采收率，2006，13（3）：53－55.
[104] 张佳，赵忠辉，谢进，等．调流控水完井工艺在塔河油田的应用［J］．内蒙古石油化工，2013（7）：154－156.
[105] 田翔，李黎，谢雄，等．水平井平衡控水筛管（ICD）完井技术在惠州油田的应用［J］．石油天然气学报，2012，34（9）：238－240.
[106] 强晓光，姜增所，宋颖智．调流控水筛管在冀东油田水平井的应用［J］．石油矿场机械，2011，40（4）：77－79.
[107] 张磊，潘豪．稳油控水技术在底水油藏水平井开发前期设计中的应用［J］．重庆科技学院学报（自然科学版），2012，14（5）：40－46.
[108] 曾显磊，罗东红，陶彬，等．井下流量平衡器完井技术在疏松砂岩底水油藏水平井开发中的应用［J］．中国海上油气，2011，23（6）：398－402.
[109] 王庆，刘慧卿，张红玲，等．水平井调流控水筛管流体流动耦合模型研究［C］．渗流力学与工程的创新与实践（第十一届全国渗流力学学术大会论文集），2011，48－53.
[110] 王庆，刘慧卿，张红玲，等．油藏耦合水平井调流控水筛管优选模型［J］．石油学报，2011，32（2）：346－349.
[111] Han G Q，Li X F，Wu X D. Experimental Research on Multi－lateral Wells by the Electric Field Analogue Model［J］. Petroleum Science，2004，1（4）：66－71.
[112] Bendakhlia H，Aziz K. Inflow Performance Relationships for Solution－Gas Drive Horizontal Wells［J］. SPE 19823，1989.
[113] Cheng A M. Inflow Performance Relationships for Solution－Gas－Drive Slanted/Horizontal Wells［J］. SPE 20720，1990.
[114] Wiggins M L，Wang H S U. A Two－Phase IPR for Horizontal Oil Wells［J］. SPE 94302，2005.
[115] Retnanto A.，Economides M. J. Inflow Performance Relationships of Horizontal and Multibranched Wells in a Solution－ Gas－Drive Reservoir［J］. SPE 50695，1998.
[116] 刘想平，蒋志祥．溶解气驱油藏水平井 IPR 的数值模拟［J］．石油学报，2000，21（1）：60－63
[117] Vogel J V. Inflow Performance Relationships for Solution－Gas Drive Wells［J］. JPT，1968，83－92.
[118] Fe＊＊＊＊ovich M J. The Isochronal Testing of Oil Well［J］. SPE 4529，1973.
[119] Sukarno P，Wisnogroho A. Genaralized Two－Phase IPR Curve Equation Under Influence of Non－linear Flow Efficiency［J］. Petroleum Engineers Production Optimization International Symposium Bandung，1995，31－43.
[120] 姚军，刘英才．改进的斜井和水平井 IPR 方程［J］．石油勘探与开发，1999，26（4）：66－67.
[121] Ouyang L B，Thomas L K，Evans C E，et al. Simple But Accurate Equations for Wellbore Pressure Drawdown Calculation［J］. SPE 38314，1997.
[122] Besson J. Performance of Slanted and Horizontal wells on an Anisotropic Medium［J］. SPE 20965，1990.

[123] Shi H, Holmes J A, Durlofsky L J, et al. Drift – Flux Modeling of Two – Phase Flow [J]. SPE 84228, 2005.

[124] Zuber N, Findlay J. A. Average Volumetric Concentration in Two – Phase Flow Systems [J]. Jounal of Heat Transfer, Trans. ASME, 1965, (11): 33 – 38.

[125] Chen Y. Modeling gas – liquid flow in pipes: Flow pattern transitions and drift – flux modeling [D]. Stanford University, 2001.

[126] Alkaya B. Drift – Flux Models for Multiphase Flow in Wells [D]. Stanford University, 2002.

[127] Peaceman D W. Interpretation of Wellblock Pressures in Numerical Reservoir Simulation: Part3 – Off – Center and Multiple Wells Within a Wellblock [J]. SPE 28670, 1994.

[128] Archer R A. Correcting for Frictional Pressure Drop in Horizontal Well Inflow Performance Relationships [J]. SPE 80528, 2003.

[129] 周生田，张琪，李明忠，等．水平井筒变质量流体流动实验研究 [J]. 石油大学学报：自然科学版，1998，22（5）：53 – 55.

[130] 周生田，张琪，李明忠，等．水孔眼流入对水平井中流动影响的实验研究 [J]. 实验力学，2000，15（3）：306 – 311.

[131] 王小秋，汪志明，魏建光，等．井筒与油藏耦合条件下水平井变质量流动规律研究 [J]. 水动力学研究与进展，2005，20（3）：326 – 330.

[132] Islam M R, Chakma A. Comprehensive physical and numerical modeling of a horizontal well [C]. SPE20627, 1990, 111 – 123.

[133] Wibowo W, Permadi P. Horizontal Well Completion With Stinger for Reducing Water Coning Problems [C]. SPE 37464, 1997.

[134] J – D Jansen. A Semianalytical Model for Calculating Pressure Drop Along Horizontal Wells With Stinger Completions [J]. SPE Journal, 2003, 8 (02): 138 – 146.

[135] Augustine. An Investigation of the Economic Benefit of Inflow Control Devices on Horizontal Well Completions Using a Reservoir – Wellbore Coupled Model [C]. SPE 78293, 2002.

[136] BS Aadnoy, Geir Hareland. Analysis of Inflow Control Devices [C]. SPE 122824, 2009.

[137] Liang – Biao Ouyang. Practical Consideration of an Inflow Control Device Application for Reducing Water Production [C]. SPE 124154, 2009.

[138] K Neylon, E Reiso, J A Holmes. Modeling Well Inflow Control With Flow in Both Annulus and Tubing [C]. SPE 118909, 2009.

[139] 刘均荣，于伟强．ICD/ICV 井下流量控制技术 [J]. 石油矿场机械，2013，42（3）：1 – 6.

[140] 何彦庆，荣晓辉．油井流入控制器 [J]. 国外油田工程，2008，24（7）：45 – 46.

[141] 杨继峰，赵永瑞，赵莅龙，等．智能完井流量控制设备技术及应用 [J]. 2013，42（3）：66 – 69.

[142] 曾诚，段永刚，刘宇凡．井下流入控制器在底水油藏水平井中的控水调剖作用 [J]. 钻采工艺，2014，37（5）：67 – 70.

[143] Abdullah M, Qahtani. Flow Simulation in Inflow Control Valves Using Lattice Boltzmann Modeling [C]. SPE 136935, 2010.

[144] Collins D A. Modeling of horizontal wells in reservoir simulation [C]. SPE21221, 1991, 195 – 218.

[145] A Twerda, E Nennie, G Alberts. To ICD or Not to ICD A Techno – economic Analysis of Different Control Strategies Applied to a Thin Oil Rim Dield Case [C]. SPE 140970, 2011.

[146] Lvan Vela, Lumay Viloria – Gomez, Ricardo Caicedo, et al. Well Production Enhancement Results with Inflow Control Device (ICD) Completions in Horizontal Wells in Ecuado [C]. SPE 143431, 2011.

[147] A Sharma, J C Kok, R Neuschaefer, et al. Integration of Dynamic Modeling of ICD Completion Design and

Well Placement Technology: A Case Study of GOM Shelf Reservoir [C]. SPE 146454, 2011.
[148] 周生田，苏晓鹰．水平井生产特性及孔眼密度优化分析 [J]. 中国石油大学学报（自然科学版），2001，25（6）：55－57.
[149] 周生田．射孔水平井孔眼分布优化研究 [J]. 中国石油大学学报（自然科学版），2002，26（3）：52－54.
[150] 周生田．射孔水平井孔眼分布优化分析 [J]. 石油钻探技术，2007，25（5）：55－57.
[151] 汪志明，徐静，王小秋．水平井两相流变密度射孔模型研究 [J]. 石油大学学报（自然科学版），2005，29（3）：65－69.
[152] E B Uelker, A Galimzyanov, L Ostrowski, et al. Passive Inflow Control Devices versus Multiple Fracturing in Horizontal Wells: Selection Criteria for Optimized Completions in Oil Reservoirs [C]. SPE 148190, 2011.
[153] Ali Mojaddam Zadeh, Per Arne Slotte, Robert Aasheim. Optimal Inflow Control Devices Configurations for Oil Rim Reservoirs [C]. SPE 22963, 2012.
[154] Julieta Hernandez Ramirez, Nancy Evelyn Saldierna, Hector A. Mandujano, et al. Application of ICD Technology for Improvement of Well's Productivity and Extension of the Oil Well's Life in Samaria Field [C]. SPE 163086, 2012.
[155] Mahmoud Abd El－Fattah, Varma Gottumukkala, Ahmed Alawi Ahmed Sadah. Application of Nozzle－Based Inflow Control Device (ICD) in Al－Khafji Field [C]. SPE 17171, 2013.
[156] Brandon Least, Stephen Greci, Mike Konopczynski, et al. Inflow Control Devices Improve Production in Heavy Oil Wells [C]. SPE 167414, 2013.
[157] Vidar Mathiesen, Haavard Aakre, et al. Autonomous Valve, A Game Changer Of Inflow Control In Horizontal Wells [C]. SPE 145737, 2011.
[158] Elizabeth G. Horizontal well productivity and wellbore pressure behavior incorporating wellbore hydraulics [D]. A dissertation of doctor of the Oklahoma University, 2001.
[159] Brandon Least, Stephen Greci, Russell Burkey, et al. Autonomous ICD Single Phase Testing [C]. SPE 160165, 2012.
[160] Martin Halvorsen, Geir Elseth, Olav Magne Nevdal. Increased oil production at Troll by autonomous inflow control with RCP valves [C]. SPE 159634, 2012.
[161] Haavard Aakre, Britt Halvorsen. Smart Well With Autonomous Inflow Control Valve Technology [C]. SPE 164348, 2013.
[162] Sudiptya Banerjee, Robert Jobling, Tarik Abdelfattah. The Role of Autonomous Flow Control in SAGD Well Design [C]. SPE 166266, 2013.
[163] Brandon Least, Stephen Greci, Mike Konopczynski. Inflow Control Devices Improve Production in Heavy Oil Wells [C]. SPE 167414, 2013.
[164] 黄春，汤志强．孤东油田防砂工艺技术发展与应用 [J]. 油田化学，1999（02）：185－187.
[165] 邓广渝，衣春霞，张义刚，等．国外防砂技术及发展趋势 [J]. 石油科技论坛，2007（06）：39－43.
[166] 李学良．辽河水平井防砂完井技术现状与发展建议 [J]. 化工管理，2015（17）：147.
[167] 吴志勇．辽河油区油井射孔防砂技术及发展方向探讨 [J]. 石油矿场机械，2011，40（01）：32－37.
[168] 韩超．深水油气田防砂完井技术浅述 [J]. 石化技术，2020，27（06）：113＋164.
[169] 于昕扬．曙光区块油井射孔防砂技术及发展方向研究 [J]. 中国石油和化工标准与质量，2016，36（06）：52＋54.
[170] 范白涛．我国海油防砂技术现状与发展趋势 [J]. 石油科技论坛，2010，29（05）：7－12＋73.
[171] 刘刚，刘澎涛，韩金良，等．油井出砂监测技术现状及发展趋势 [J]. 科技导报，2013，31（25）：

75 – 79.

[172] Sparlin D D . A New Sand – control Technique for Old Sand Problems [J]. 1967.

[173] Zhenxiang, Z. , J. Yang, et al. Prediction of Sand Production and Optimization of Sand Control Methods in the Production Test Process of Deep Water Gas Wells. ARMA – 2020 – 1852, June 28 – July 1, 2020.

[174] Davies D R, Zwolle S, Meijs F H. "Silicalock" – A novel sand – control process for gas wells [J]. Journal of Petroleum Technology, 1983, 35 (11): 2087 – 2094.

[175] Aggour M, Khamsin S A, Osma E S. A New Method of Sand Control: The Process and Its First Field Implementation [C]. SPE – 108250 – MS, 2007.

[176] Caleb DeValve, Gilbert Kao, Stephen Morgan, et al. From Wellbore Breakout to Sand Production Prediction: an Integrated Sand Control Completion Design Methodology and Case Study [C]. SPE – 205935 – MS, 2021.

[177] Abbas, Ahmed K, et al. Practical Approach for Sand – Production Prediction during Production [C]. ARMA 19 – 360, 2019

[178] Abbas Khaksar and Sadegh Asadi, et al. Analytical Sand Production Prediction and Sand Volume Estimation Calibrated with Field Data [C]. ARMA 21 – 1882, 2021.

[179] Fuh G F, Morita N. Sand Production Prediction Analysis of Heterogeneous Reservoirs for Sand Control and Optimal Well Completion Design [M]. IPTC 16940, 2013.

[180] Vaziri H, Xiao Y, Palmer I. Assessment Of Several Sand Prediction Models With Particular Reference To HPHT Wells [J]. SPE – 78235 – MS, 2002.

[181] Younessi A, Gui F, Asadi S, et al. Calibration of Sand Production Prediction Models at Early Field Life in the Absence of Field Sanding Data [C]. SPE – 191978 – MS, 2018.

[182] CAM. Vaaken, D. R. Davies, C. J. Kanter, et al. Sand Production Prediction Review: Developing an Integrated Approach [C]. SPE 22792, 1991.

[183] Hans Vaziri, BP America Inc, Yuing Xiao, et al. Assessment of several sand prediction models with particular reference to HPHT wells [C]. SPE/ISRM 78235, 2002.

[184] Lu Zhou, Ganglin Lei, Yangang Tang, et al. Classification and Combination Characteristics of Fractures in Superdeep Tight Sandstone Reservoir with and its Effect on the Control of the Reservoir in Kelasu Structural Belt in Kuqa Depression [C]. SPE – 186898 – MS, 2017.

[185] Ahmadreza Younessi, Feng Gui, Sadegh Asadi, et al. Calibration of Sand Production Prediction Models at Early Field Life in the Absence of Field Sanding Data [C]. SPE – 191978 – MS, 2018.

[186] 田红，邓金根，孟艳山，等．渤海稠油油藏出砂规律室内模拟实验研究 [J]. 石油学报，2005 (04)：85 – 87 + 92.

[187] 张明，程飞，高科超，等．渤海深部地层出砂预测研究 [J]. 石化技术，2021，28 (03)：133 – 134 + 162.

[188] 李进，许杰，龚宁，等．渤海油田疏松砂岩储层动态出砂预测 [J]. 西南石油大学学报（自然科学版），2019，41 (01)：119 – 128.

[189] 梁丹，曾祥林，房茂军．测井资料在南堡 35 – 2 油田出砂预测中的应用 [J]. 西南石油大学学报（自然科学版），2011，33 (04)：59 – 63 + 188 – 189.

[190] 朱德武．出砂预测技术进展 [J]. 钻采工艺，1996 (06)：23 – 26.

[191] 何湘清，刘向君，罗平亚，等．地应力和油藏压力对弱胶结砂岩油藏出砂的影响 [J]. 西南石油学院学报，2002 (02)：41 – 43 + 2.

[192] 董长银，张清华，崔明月，等．复杂条件下疏松砂岩油藏动态出砂预测研究 [J]. 石油钻探技术，2015，43 (06)：81 – 86.

[193] 李兆敏，林日亿，王渊，等．高含水期射孔井出砂预测模型的建立及应用［J］．石油大学学报（自然科学版），2003（04）：58－61＋65－150.
[194] 刘海龙，张磊，袁伟伟，等．海上稠油热采井出砂临界生产压差研究［J］．非常规油气，2021，8（06）：77－82.
[195] 潘豪，邱浩，黄辉，等．基于C值法的油砂生产井出砂风险预测研究［J］．中国石油大学胜利学院学报，2021，35（03）：68－72.
[196] 李占东，庞鸿，徐金泽，等．基于井周应力作用下气井出砂定量预测［J］．中国矿业大学学报，2020，49（03）：523－529.
[197] 常涛，刘春艳，李振鹏，等．基于流固耦合的油井极限产液量预测新方法［J］．石油钻采工艺，2021，43（02）：212－216.
[198] 曾流芳，刘建军．裸眼井出砂预测模型的解析分析［J］．石油钻采工艺，2002（06）：42－44＋63－80.
[199] 张建国，程远方，崔红英．裸眼完井出砂预测模型的建立［J］．石油钻探技术，1999（06）：39－41.
[200] 杨银山，蓝春连，宋彦海，等．南八仙油田油气层出砂机理认识及出砂预测［J］．钻采工艺，2011，34（05）：52－55＋8.
[201] 何湘清．弱胶结砂岩油藏出砂机理研究［D］．西南石油学院，2002.
[202] 扈福堂，师永民，许文平．涩北气田疏松砂岩气藏出砂预测模型建立［J］．天然气地球科学，2012，23（05）：948－951.
[203] 赵彩庭，邓金根，王利华．砂岩气藏出砂临界压差预测方法［J］．长江大学学报（自然科学版），2011，8（06）：44－46＋6－7.
[204] 张建国，程远方．射孔完井出砂预测模型的建立及验证［J］．石油钻探技术，2001（06）：41－43.
[205] 沈琛，邓金根，王金凤．胜利油田弱胶结稠油藏岩石破坏准则及出砂预测［J］．断块油气田，2001（02）：19－22＋66－67.
[206] 韩志磊，崔云江，许赛男，等．疏松砂岩储层出砂分析测井评价新方法［J］．中国海上油气，2019，31（01）：77－85.
[207] 李进，张晓诚，韩耀图，等．疏松砂岩储层出砂风险综合预测新方法及其应用［J］．大庆石油地质与开发，2021，40（02）：87－94.
[208] 丛洪良，盛宏至．疏松砂岩油藏油井出砂量预测模型及应用［J］．石油天然气学报（江汉石油学院学报），2006（02）：120－122＋166.
[209] 练章华，杨龙，段永刚，等．塑性应变准则在油井出砂预测中的应用［J］．西南石油学院学报，2003（04）：16－18＋4.
[210] 李占东，刘建辉，李中，等．天然气水合物降压开采出砂定量预测新模型［J］．石油学报，2019，40（S2）：160－167.
[211] 李彦龙，刘乐乐，刘昌岭，等．天然气水合物开采过程中的出砂与防砂问题［J］．海洋地质前沿，2016，32（07）：36－43.
[212] 乐涛涛．西非K断块地层出砂机理分析及出砂预测方法研究［J］．科技创新与应用，2020（22）：126－127＋130.
[213] 杜培玲．现河油区疏松油藏出砂预测及防砂方法研究［J］．内蒙古石油化工，2011，37（18）：121－122.
[214] 何汉平，林永学，杨顺辉，等．雅克拉凝析气田出砂预测及防砂措施初探［J］．石油钻探技术，1999（05）：51－54.
[215] 徐守余，王宁．油层出砂机理研究综述［J］．新疆地质，2007（03）：283－286.

[216] 王德新，侯明勋．油层出砂预测模型研究［J］．石油大学学报（自然科学版），2000（05）：17－19＋27－8.

[217] 霍树义，李厚裕，张玉模．油井出砂层位预测技术［J］．地球物理测井，1991（06）：427－431＋5－6.

[218] 吕广忠，陆先亮，栾志安，等．油井出砂预测方法研究进展［J］．油气地质与采收率，2002（06）：55－57＋1.

[219] 王艳辉，刘希圣，王鸿勋．油井出砂预测技术的发展与应用综述［J］．石油钻采工艺，1994（05）：79－86＋101.

[220] 王德新，吕从容．油井中后期出砂预测及防砂对策［J］．石油钻采工艺，1997（03）：81－84＋109.

[221] 左星，申军武，李薇，等．油气井出砂预测方法综述［J］．西部探矿工程，2006（12）：93－94＋96.

[222] 周建良，李敏，王平双．油气田出砂预测方法［J］．中国海上油气．工程，1997（04）：26－36＋59－4.

[223] 李宾元，孙艾茵，刘蜀知．预测水平井产能与出砂量的一种新方法［J］．西南石油学院学报，1994（02）：41－47.

[224] 王建，吕成远，李奋，等．预测油层出砂状况室内模拟实验方法的建立与应用［J］．西北地质，2000（02）：8－13.

[225] 刘伟，闫新江，林海，等．中等固结砂岩出砂机理与规律实验研究［J］．石油科学通报，2021，6（01）：67－78.

[226] 孙峰，葛洪魁，薛世峰，等．生产压差对疏松砂岩储层出砂影响规律研究［J］．中国海上油气，2009，21（01）：39－42.

[227] 王彦利，陈小凡，邓生辉，等．疏松砂岩临界出砂压差的计算方法研究及应用［J］．西南石油大学学报（自然科学版），2009，31（01）：78－80＋190－191.

[228] 刘海龙，张磊，袁伟伟，等．海上稠油热采井出砂临界生产压差研究［J］．非常规油气，2021，8（06）：77－82.

[229] 石先亚，黄侠，史景岩等．压力衰竭下疏松砂岩出砂临界生产压差预测方法［J］．西南石油大学学报（自然科学版），2020，42（03）：115－122.

[230] 宁廷伟．化学防砂技术在胜利油田的应用和发展［J］．油田化学，1994（03）：257－261.

[231] 徐立清．锦州油田化学防砂技术综述［J］．油田化学，2006（01）：96－98＋91.

[232] 刘锐凯．浅谈锦州油田化学防砂技术［J］．决策与信息（财经观察），2008（12）：123.

[233] 胡玉国，邓大智，宿辉，等．我国化学防砂工艺技术现状和发展趋势［J］．精细与专用化学品，2002（23）：14－16＋11.

[234] 孙睿．油田化学防砂技术综述——锦州［J］．科技资讯，2012（04）：91.

[235] Izurieta A，Serrano F，Andrade P，et al. Chemical Sand Consolidation as an Effective Alternative to Conventional Sand Control Methods in Ecuador［C］. SPE－203069－MS，2020.

[236] Burger，J G，C P Gadelle，et al. Development of a Chemical Process for Sand Control［C］. SPE 15410，1986.

[237] Shaffee SNA，Luckham P F，Matar O K，et al. Numerical Investigation of Sand－Screen Performance in the Presence of Adhesive Effects for Enhanced Sand Control［J］. SPE Journal，2019，24（5）.

[238] Hassan N A，Yeap W J，Singh R，et al. Performance Review of Chemical Sand Consolidation and Agglomeration for Maximum Potential as Downhole Sand Control：An Operator's Experience［C］. SPE－202419－MS，2020.

[239] 匡韶华，石磊，于丽宏，等．防砂筛管测试技术现状及发展探讨［J］．石油矿场机械，2013，42（04）：83－88.

[240] 朱云波．机械防砂技术的新发展［J］．西部探矿工程，2007（03）：48－51.

[241] 李天才，郭建春，赵金洲．压裂气井支撑剂回流及出砂控制研究及其应用［J］．西安石油大学学报（自然科学版），2006（03）：44－47＋115－116.

[242] 王奎升，田仲强．油井机械防砂工艺技术与装备的发展水平［J］．石油机械，2000（12）：49－52.

[243] 姜涛，侯洪涛，滕学伟，等．高效安全防砂滤砂管的研制与应用［J］．石油化工应用，2021，40（07）：50－51＋95.

[244] 李壮．稠油水平井砾石充填防砂技术研究与应用［J］．中国石油和化工标准与质量，2021，41（16）：165－166.

[245] 赵志佳．小井眼大通径多层砾石充填防砂工具及配套技术应用［J］．石化技术，2021，28（05）：104－105＋50.

[246] 姜立民，季鹏，雷云军，等．南堡滩浅海疏松砾岩石充填防砂工艺研究及应用［J］．石化技术，2021，28（04）：53－54.

[247] 周泓宇，万小进，吴绍伟，等．水平井控水砾石充填防砂技术研究［J］．石油钻探技术，2021，49（01）：101－106.

[248] 贾立新，韩耀图，李进，等．海上油田长射孔段井砾石充填设计方案优化［J］．非常规油气，2020，7（03）：96－100.

[249] 余莉，何计彬，叶成明．砾石充填防砂试验的出砂演化规律分析［J］．科学技术与工程，2020，20（10）：3933－3939.

[250] 梁丹，康晓东，曾杨，等．压裂充填防砂完井增产规律的数值模拟研究［J］．复杂油气藏，2020，13（03）：72－76. 2020. 03. 015.

[251] 周战凯．压裂充填防砂工艺技术［J］．石化技术，2019，26（10）：73＋78.

[252] 李宏伟．压裂充填防砂工艺经济评价［J］．石化技术，2019，26（10）：262－263.

[253] 蔡增田．通38－10块低渗敏感性稠油油藏压裂防砂工艺研究［D］．中国石油大学（华东），2019.

[254] 韩世亮．压裂防砂技术存在的问题分析及对策探讨［J］．化学工程与装备，2018（11）：206＋208.

[255] 张迪．压裂防砂技术中存在的问题分析及对策探讨［J］．化学工程与装备，2018（07）：56－57＋51.

[256] Fuller M，Palisch T，Fischer C. Sieve Distribution vs Sand Retention：The Impact of Mono－Sieved Gravel on Sand Control［C］. SPE－196139－MS，2019.

[257] Prasad V，Sultan H，Al－Rumaidh A，et al. Advanced Combination of Proppant Fracturing and Sand Control Completion System Unlocks Gas Potential of Unconsolidated Jauf Formation in Bahrain［C］. SPE－202848－MS，2020.

[258] Lott，L. D.，R. Viney，et al. Survey of Sand Control（Southern District Study Commite On Sand Control）. 1954

[259] Wildhack S，Lesniak C，Muessig S，et al. Annual Technical Conference and Exhibition－Ceramic Sand Screens for Sand Control in Unconsolidated Reservoirs：Application and Sand Retention Capabilities in the Maturing Oil Field，Gaiselberg，Austria［M］. SPE 160327，2012.

[260] Whaley K，Rickman R，Mcclelland K，et al. The Development and Qualification of a Novel Proppant System to Enhance Performance of High Rate Soft Sand Water Injection Wells With Cased Hole Sand Control Completions［C］. SPE－180328－MS，2016.

[261] 李泽斌．稠油井防砂方式优选［D］．长江大学，2013.

[262] 刘良跃，熊友明，林少宏，等．低压稠油出砂油田防砂完井方式的优选［J］．西南石油学院学报，2000（04）：56－60＋2.

[263] 岳典典．东河油田防砂工艺技术研究［D］．中国石油大学（北京），2017.

[264] 袁鹏．杜84区块超稠油水平井钻采优化设计及应用研究［D］．东北石油大学，2013.

[265] 邵帅．齐40块稠油蒸汽驱防砂技术研究［D］．大庆石油学院，2009.

[266] 赵恒．疏松砂岩油藏水平井完井方式优选［D］．西南石油大学，2007.

[267] 张红玲，曲占庆，张琪，等．油井防砂方法优选技术及经济综合评价模型［J］．石油大学学报（自然科学版），2001（04）：44－46＋6.

[268] 王杰祥，刘晓，牛成成，等．稠油油藏蒸汽吞吐防砂完井产能评价新方法［J］．石油学报，2020，41（01）：80－87.

[269] 张磊，潘豪，曹砚锋，等．海上疏松砂岩防砂方式优选及决策方法研究［J］．长江大学学报（自然科学版），2019，16（02）：44－50＋7.

[270] Cespedes E A M，Roostaei M，Alberto A. Uzcátegui，et al. Sand Control Optimization for Rubiales Field：Trade－Off Between Sand Control，Flow Performance and Mechanical Integrity［C］. SPE－199062－MS，2020.

[271] Bai J，Y Zhou，et al. Experimental Study on Type and Accuracy Optimization of Sand Control in Sand－Producing Heavy Oil Well［C］. SPE－208563－MS，2021.

[272] Zhenxiang Z，J Yang，et al. Prediction of Sand Production and Optimization of Sand Control Methods in the Production Test Process of Deep Water Gas Wells［C］. ARMA 20－1852，2020.

[273] Araujo－Guerrero，E.，G. Alzate－Espinosa，et al. A New Methodology for Selecting Sand Control or Sand Management as Strategy in Wells With Sand Production Potential. ISRM 9th International Symposium on Geomechanics：ISRM－ISG－2021－01.

[274] Aroyehun M E，Oko F N，Onyeanusi O，et al. Comparative Study of Sand Control Methods in Selected Niger－Delta Sand Stone Reservoirs［C］. SPE－193526－MS，2018.

[275] 朱光明．形状记忆聚合物及其在生物医学工程中的应用［J］．生物医学工程学杂志，2005，22（5）：1083－1084.

[276] 朱光明，梁国正，许前水，等．辐照对聚已内脂结构和性能的影响［J］．高分子学报，2003（5）：667－672.

[277] 王玲，成国祥．热致感应型状记忆高分子材料及其研究成果［J］．中国塑料，2000，14（8）：21－28.

[278] 聂敏，胡平．脂肪族形状记忆形状记忆聚合物的合成及表征［J］－塑料2006，35（3）.

[279] 韩春韶，朱曜峰，丁艳杰，傅雅琴．VGCF/形状记忆聚合物U复合材料的形状记忆性能研究［期刊论文］－材料工程2008

[280] 张峰，李忠明．形状记忆弹性体的研究进展［J］－特种橡胶制品2005（1）.

[281] Ratna D，Kocsis JK，Recent advances in shaoe memoy polymers and composites［J］. Materials Sci，2008，43，254－269.

[282] Leeb S，Chun BC. Structure and thermomachnical properties of polyurethane block copolymer with shape memory effect［J］. Macromolecules，2001，34，6431－6437.

[283] Lomax GR，Hydrophilic Polyuicthane Coatings. Journal of Coated Fabrics，1990，20（10）：88～107

[284] 王诗任，李修成．热致形状记忆高分子材料［J］．高分子材料，1997（3）：44－48.

[285] 张建春．高新技术在纺织工业中的应用和发展前景［J］．毛纺技术，2001（3）：3－8.

[286] Kim Byung Kyu，Shin Young Jo，Cho Seong Mo Shape memory behavior of segmented polyurethane with an amorphous reversible phase，the effect of block length and content 2000

[287] 陈少军，等．高分子材料科学与工程，2005，21（5）：166－169.

[288] TakahashiT，Hayashi N，Hayashi S J Structure and properties of shape－memory polyurethane block copolymers［J］1996（07）.

[289] Lendlein A，Schmidt A M，Langer R AB－polymer networks based on oligo（epsilon－caprolactone）seg-

ments showing shape – memory properties [J] 2001 (03).
[290] 王诗任，等．高分子材料科学与工程，2000，16 (1)：1 –4.
[291] Chun B C Comparison of thermal/mechanical properties and shape memory effect of polyurethane block – copolymers with planar or bent shape of hard segment [J] 2003 (11).
[292] 朱光明，等．高分子材料科学与工程，2010，8 (8)：168 –170.
[293] Han M J, Ji H S Miscibility and shape memory property of poly (vinyl chloride) /thermoplastic polyurethanes blends [J] 2001 (22).
[294] 葛列晖，等．低温可塑性医用支撑固定材料及其制造方法：中国，1283511 [P]. 2001 –02 –14.
[295] Han M J, ByoungK A, Seong M C Miscibility and shape memory effect of thermoplastic polyurethane blends with phenoxy resin [J] 2001 (37).
[296] 杨守生，康茹．阻燃剂对软质形状记忆聚合物泡沫燃烧特性的影响 [J] 塑料工业 2005，33 (8).
[297] Tobushi H, Okumura K, Hayashi S, et al. Thermomechanical constitutive model of shape memory polymer. Mech Mater, 2001, 33: 545 –554.
[298] 朱光明．形状记忆聚合物及其在生物医学工程中的应用．生物医学工程学杂志，2005，22 (5)：1082 —1084.
[299] 周博，刘彦菊，冷劲松，等．形状记忆合金的宏观力学本构模型．中国科学 G 辑：物理学 力学天文学，2009，39 (7)：998 —1006.
[300] 李郑发，王正道，熊志远，等．形状记忆聚合物热力学本构方程．高分子学报，2009，1：23—27.
[301] 周博，刘彦菊，冷劲松．苯乙烯基形状记忆聚合物热力学行为的有限元分析．高分子学报，2009，6：525—529.
[302] 黄克智，黄永刚．固体本构关系．北京：清华大学出版社，1999. 1 –35.
[303] Chen Y C, Lagoudas D C. A constitutive theory for shape memory polymers: Part II a linearized model for small deformation. J Me ch Phys Solids, 2008, 56: 1766—1778.
[304] Zhou B, Liu Y, Lan X, et al. A glass transition model for shape memory polymer and its composite. Int J Mod Phys B, 2009, 23: 1248 –1253.
[305] Kafka V. Shape memory polymers: A mesocale model of the internal mechanism leading to the SM phenomena. Int J Plast, 2008, 24: 1533 –1548.
[306] Tobushi H, Hashimoto T, Hayashi S, et al. Thermomechanical constitutive modeling in shape memory polymer of polyurethane series. J, Intell Mater Syst Struct, 1997, 8: 711 —718.
[307] Liu Y, Gall K, Dunn M L, et al. Thermomechanics of shape memory polymers: Uniaxial experiments and constitutive modeling. Int J Plast, 2006, 22: 279 —31.
[308] 吕海宝．电驱动与溶液驱动形状记忆聚合物混合体系及其本构方程 [博士学位论文]. 哈尔滨：哈尔滨工业大学. 2010.
[309] 周博，刘彦菊，冷劲松．形状记忆聚合物的宏观力学本构模型．中国科学：物理学力学天文学 2010，40 (7)：896 ~903.
[310] 畅若妮．形状记忆聚合物热力学实验研究及其复合材料屈曲变形机理分析 [硕士学位论文]. 北京：北京交通大学. 2009.
[311] 杨朝丽．计算机辅助工程 (CAE) 的发展现状及其应用综述．昆明大学学报，2003，(2)：50 –54.
[312] 李郑发．形状记忆聚合物力学性能研究 [博士学位论文]. 北京：北京交通大学，2011.
[313] 兰鑫．形状记忆聚合物复合材料及其力学基础研究 [博士学位论文]. 哈尔滨：哈尔滨工业大学，2010.
[314] 王星明，段华英，张碧田，等．现代化工，2000，20 (7)：17 –19.
[315] 李春花，娄彦良．功能材料，2000，31 (2)：219 –220.

[316] 郑一泉，任少平，凌有道，等．热感应型形状记忆高分子材料［J］－高分子通报 2006（4）.

[317] 杨青，郑百林，武秀根，贺鹏飞．形状记忆高分子材料记忆行为机理的理论分析［J］－材料工程 2006（z1）.

[318] 韩永良，陈莉，宋雪飞．热致感应型形状记忆高分子材料与纤维［J］－合成纤维工业 2005，28（1）.

[319] 曹玉瑞，张婷．高分子材料凝聚态下的有限元研究［J］－周口师范学院学报，2010（2）.

[320] 张玉红，严彪．形状记忆合金的发展．上海有色金属．2013，33：192－195.

[321] 刘妍妍，唐建国，周伟，等．溶液法合成形状记忆形状记忆聚合物及其性能．2010，39：51－53.

[322] 张福强．形状记忆高分子材料．高分子通报，1993，（3）：34440.

[323] 杨大智．智能材料与智能系统．天津：天津大学出版社，2000，104.

[324] 陶宝祺．智能材料结构．北京：国防工业出版社，1997，22－123.

[325] 詹茂盛，方义，王瑛．形状记忆功能高分子材料的研究现状．合成橡胶工业，2000，23（1）：53－57.

[326] 喻春红，陈强，沈健，等．热致感应型形状记忆聚合物．大学化学，2000，15（4）：33－38.

[327] 杜仕国．形状记忆高分子材料的研究进展．功能材料，1995，26（2）：107－112.

[328] 谭树松．形状记忆合金研究的最新进展及应用．化工科代，1991，（5）：17－21.

[329] 李凤奎，张贤，侯建安，等．具有热致形状记忆功能的热塑性多嵌段形状记忆聚合物．高分子学报，1996，（4）：462－467.

[330] 于明听，周啸，溶液法合成形状记忆聚合物的形状记忆材料及其性能．清华大学学报（自然科学版），2002.，42（5）：607－610.

[331] 许元巨．有形状记忆功能的形状记忆聚合物及其应用．产业用纺织品，2000，18（119）：40.

[332] 白子文，张旭琴，韩雪岗．形状记忆形状记忆聚合物．合成橡胶工业，1999，22（3）：184.

[333] 朱光明，梁国正．具有形状记忆功能的高分子材料．化工新型材料，2002，（2）：20－23.

[334] 张美珍．聚合物研究方法．北京：中国轻工业出版社，2000.

[335] 金和，顾有伟．MAH 改性 PE/PA6 共混体系的热致形状记忆性能［J］－工程塑料应用 2004（02）.

[336] LIU GUOQING Novel Shape－Memory Polymer Based onbHydrogen Bonding［J］2006（14）.

[337] Hayashi，Shunichi. Shape memory polyurethane elastomer molded article［P］．美国专利，US 5145935，1992－09－08.

[338] Hayashi，Shunichi（Mitsubishi，JP），Fujimura，et al. Shape memory film［P］．美国专利，US 5139832，1992－08－18.

[339] 王敏生，光新军，孔令军．形状记忆聚合物在石油工程中的应用前景［J］．石油钻探技术，2018，46（5）：14－20.

[340] 徐守余，王宁．油层出砂机理研究综述［J］．新疆地质，2007，25（3）：283－285.

[341] 王小鲁，杨万萍，等．疏松砂岩出砂机理与出砂临界压差计算方法［J］．天然气工业，2009，29（7）：72－75.

[342] 周林然，卢渊，伊向艺，等．中国油井出砂预测技术现状［J］．油气地质与采收率，2006，13（2）：100－102.

[343] 练章华，刘永刚，张元泽，等．油气井出砂预测研究［J］．钻采工艺，2003，26（5）：30－31.

[344] 王勤田，赵彦超，杨晶，等．油井出砂临界井底流压计算模型及应用［J］．江汉石油学院学报，2002，24（2）：75－76.

[345] 范兴沃，李相方，等．利用人工神经网络实现对油气井防砂方法优选［J］，2003，26（6）：53－54.

[346] 刘大红，宋秀英．刘艳红，等．割缝筛管防砂设计及应用［J］．石油机械，2004，32（8）：13－16.

[347] 李天降，张建军．激光割缝筛管－压裂砾石充填防砂工艺技术［J］．海洋石油，2004，24（1）：

51－53.

[348] 高成元，张家营，徐强，等．一次砾石充填防砂工具的研制［J］．石油机械，2003，31（10）：37－38.

[349] 董长银，张琪，李志芬，等．筛管砾石充填井筒附近压降计算方法［J］．西安石油学院学报，2002，17（2）：33－36.

[350] 张福强．形状记忆高分子材料［J］．高分子通报，1995，16（1）：34－42.

[351] 喻春红，陈强，候向辉，等．化学交联型形状记忆形状记忆聚合物材料研究［J］．机械科学与技术，2001，20（1）：69－70.

[352] METCALFE P. Expandable sand screen technology increases production［J］. World Oil，2000，221（2）：94－95.

[353] MCMILLIN K. Using expandable sand screens in unconsolidatedformations［J］. Offshore，2000，1（11）：52－53.

[354] Gbenga Osunjaye，Tarik Abdelfattah. Open Hole Sand Control Optimization Using Shape Memory Polymer Conformable Screen With Inflow Control Application［R］. SPE 183947－MS，2017：1－14.

[355] Wang X，Osunjaye G. Advancement in Openhole Sand Control Applications Using Shape Memory Polymer［R］. SPE 181361，2016：25－37.

[356] Furgier J，Viguerie B，Aubry E，et al. Stand Alone Screens：What Key Parameters are Really Important for a Successful Design［R］. SPE 165170，2013：89－92.

[357] CARREJO N，HORNER D N，JOHNSON S H. The effects of dynamic loading on the sand management and permeability of shape memory polymer and gravel packs for sand management applications［R］. SPE 143060－MS，2011.

[358] Carrejo N，Horner D N，Johnson M H. Shape Memory Polymer as a Sand Management Alternative to Gravel Packing［R］. CSUG/SPE 147101，2011：151－164.

[359] 孙德旭，陈雪，梁伟，等．形状记忆聚合物类自充填防砂材料制备及性能评价［J］．油田化学，2016，34（2）：217－221.

[360] 童世虎，董雷，徐志洪．形状记忆聚合物的力学性能研究［J］．工程与试验，2009，49（3）：29－32.

[361] 山口章三郎．形态记忆［J］．化学工业，1983，34（10）：57－60.

[362] 崔国杰，包陈义，陈杰，等．水平井裸眼砾石充填防砂工具研制及在海上油田的应用［J］．勘探开发，2015，12：214－216.

[363] 王垚，李春福，林元华，等．SMA 在石油工程中的应用研究进展［J］．材料导报，2016，30（增刊2）：98－102，107.

[364] 张新民．智能材料研究进展［J］．玻璃钢/符合材料，2013，40（6）：57－63.

[365] 童征，沈泽俊，石白茹，等．基于形状记忆聚合物的封隔器研制［J］．石油机械，2014，42（6）：69－71.

[366] 叶海超，光新军，王敏生，等．北美页岩油气低成本钻完井技术及建议［J］．石油钻采工艺，2017，39（5）：552－558.

[367] 张炜，邵明娟，田黔宁．日本海域天然气水合物开发技术进展［J］．石油钻探技术，2017，45（5）：98－102

[368] 光新军，王敏生．海洋天然气水合物试采关键技术［J］．石油钻探技术，2016，44（5）：45－51.

[369] 冷劲松．形状记忆聚合物及其多功能复合材料［M］．北京：科学出版社，2012：85－88.

[370] HU Jinlian，ZHU Yong，HUANG Huahua，et al. Recent advances in shape－memory polymers：Structure，mechanism，functionality，modeling and applications［J］. Progress in Polymer Science，2012，37（12）：

1720－1763.

[371] REN Jiaxiang，GERRARD D，DUAN Ping，et al. Development and characterization of a modified polymeric material for HP/HT downhole sealing applications [R]. SPE 147279，2012.

[372] 周涛，谭惠丰. 热驱动形状记忆聚合物的本构建模方法回顾 [J]. 高分子材料科学与工程，2012，28(5)：165－169.

[373] WANG Z D，LI D F，XIONG Z Y，et al. Modeling thermomechanical behaviors of shape memory polymer [J]. Journal of Applied Polymer Science，2009，113 (1)：651－656.

[374] QI H J，NGUYEN T D，CASTRO F，et al. Finite deformation thermo－mechanical behavior of thermally induced shape memory polymers [J]. Journal of the Mechanics and Physics of Solids，2008，56 (5)：1730－1751.

[375] OZAN C，ZEE W V D，BRUDY M，et al. Mechanical modeling of shape memory polyurethane foam for application as a sand management solution [R]. SPE 146650－MS，2011

[376] Joshi S D. Horizontal Well Technology [J]. Penn Well Publishing Company，Tulsa，1991.

[377] Joshi S D. A Review of Horizontal Well and Drawhole Technology [J]. SPE 16868，1987.

[378] Joshi S D. Augmentation of Well Productivity Using Slant and Horizontal Wells [J]. SPE 15375，1986.

[379] Frick T P，Economides M J. Horizontal Well Damage Characterization and Removal [J]. SPE 21795，1991.

[380] 徐景达. 关于水平井的产能计算——论 Joshi 公式的应用 [J]. 石油钻采工艺，1991，12 (6)：1－8.

[381] Renard G，Dupuy J M. Formation Damage Effects on Horizontal－Well Flow Efficiency (includes associated papers 23526 and 23833 and 23839) [J]. SPE 19414，1991.

[382] Novy R A. Pressure Drops in Horizontal Wells：When Can They Be Ignored [J]. SPE 24941，1992.

[383] 周生田，张琪. 水平井水平段压力降的一个分析模型 [J]. 石油勘探与开发，1997，24 (3)：53－59.

[384] Ozkan M，Sarica C. Effect of Conductivity on Horizontal Well Pressure Behavior [J]. SPE 24683，1993.

[385] Sarica C，Haciislamoglu M，Raghavan R，et al. Influence of Wellbore Hydraulics on Pressure Behavior and Productivity of Horizontal Gas Wells [J]. SPE 28486，1994.

[386] Ozkan E，Sarica C，Raghavan R. The Influence of Pressure Drop Along the Wellbore on Horizontal Well Productivity [J]. SPE 25502，1995.

[387] Anklam E G，Wiggins M L. Horizontal－Well Productivity and Wellbore－Pressure Behavior Incorporating Wellbore Hydraulics [J]. SPE 94316，2005.

[388] Penmatcha V R. Modeling of Horizontal Wells with Pressure Drop in the Well [D]. California：Stanford University，1997.

[389] Ouyang L B，Arbabi S，Aziz K. General Wellbore Flow Model for Horizontal，Vertical and Slanted Well Completions [J]. SPE 36608，1998.

[390] 胥元刚. 水平井筒摩擦压降对产能的影响 [J]. 油气田地面工程，1995，14 (4)：9－10，14.

[391] 刘想平，郭呈柱. 油层中渗流与水平井筒内流动的耦合模型 [J]. 石油学报，1999，20 (3)：82－86.

[392] 吴淑红，刘翔鹗. 水平段井筒管流的简化模型 [J]. 石油勘探与开发，1999，26 (4)：64－65，106.

[393] 刘想平，刘翔鹗. 水平井筒内与渗流耦合的流动压降计算模型 [J]. 西南石油学院学报，2000，22(2)：36－39.

[394] 程林松，兰俊成. 考虑水平井筒压力损失的数值模拟方法 [J]. 石油学报，2002，23 (1)：67－71.

[395] Salas J R，Clifford P J，Jenkins D P. Multilateral Well Performance Prediction [J]. SPE 35711，1996.

[396] Permadi P，Wibowo W，Permadi A K. Inflow Performance of a Stacked Multilateral Well [J]. SPE 39750，1998.

[397] Ouyang L B，Aziz K. A Simplified Approach to Couple Wellbore Flow and Reservoir Inflow for Arbitrary Well

Configurations [J]. SPE 48936, 1998.

[398] Wolfsteiner C, Durlofsky L J, Aziz K. Approximate Model for Productivity of Nonconventional Wells in Heterogeneous Reservoirs [J]. SPE 62812, 2000.

[399] 曲占庆，张琪，吴志民，等. 水平井压裂产能电模拟实验研究 [J]. 油气地质与采收率，2006，13 (3)：53-55.

[400] 周生田，张琪，李明忠，等. 水平井筒变质量流体流动实验研究 [J]. 石油大学学报：自然科学版，1998，22 (5)：53-55.

[401] 周生田，张琪，李明忠，等. 水孔眼流入对水平井中流动影响的实验研究 [J]. 实验力学，2000，15 (3)：306-311.

[402] 王小秋，汪志明，魏建光，等. 井筒与油藏耦合条件下水平井变质量流动规律研究 [J]. 水动力学研究与进展，2005，20 (3)：326-330.

[403] Islam M R, Chakma A. Comprehensive physical and numerical modeling of a horizontal well [C]. SPE20627, 1990, 111-123.

[404] P Permadi, W Wibowo. Horizontal Well Completion With Stinger for Reducing Water Coning Problems [C]. SPE 37464, 1997.

[405] J-D Jansen. A Semianalytical Model for Calculating Pressure Drop Along Horizontal Wells With Stinger Completions [J]. SPE Journal, 2003, 8 (02): 138-146.

[406] Augustine. An Investigation of the Economic Benefit of Inflow Control Devices on Horizontal Well Completions Using a Reservoir-Wellbore Coupled Model [C]. SPE 78293, 2002.

[407] BS Aadnoy, Geir Hareland. Analysis of Inflow Control Devices [C]. SPE 122824, 2009.

[408] Liang-Biao Ouyang. Practical Consideration of an Inflow Control Device Application for Reducing Water Production [C]. SPE 124154, 2009.

[409] K Neylon, E Reiso, J A Holmes. Modeling Well Inflow Control With Flow in Both Annulus and Tubing [C]. SPE 118909, 2009.